*Peter Reineker, Michael Schulz und Beatrix M. Schulz*

**Theoretische Physik IV**

***Beachten Sie bitte auch weitere interessante Titel zu diesem Thema***

Phillips, A. C.

**Introduction to Quantum Mechanics**

2003. Softcover
ISBN: 978-0-470-85324-5

Cohen-Tannoudji, C., Diu, B., Laloe, F.

**Quantum Mechanics**

**2 Volume Set**

1977. Softcover
ISBN: 978-0-471-56952-7

Bachor, H.-A., Ralph, T. C.

**A Guide to Experiments in Quantum Optics**

2004. Softcover
ISBN: 978-3-527-40393-6

Mandl, F.

**Quantum Mechanics**

1992. Softcover
ISBN: 978-0-471-93155-3

Cohen-Tannoudji, C., Dupont-Roc, J., Grynberg, G.

**Atom-Photon Interactions**

**Basic Processes and Applications**

1998. Softcover
ISBN: 978-0-471-29336-1

Halliday, D., Resnick, R., Walker, J.

**Halliday Physik**

**Set mit Lösungsband**

2008. Hardcover
ISBN: 978-3-527-40920-4

*Peter Reineker, Michael Schulz und Beatrix M. Schulz*

# Theoretische Physik IV

## Quantenmechanik 2

mit Aufgaben in Maple

WILEY-VCH

WILEY-VCH Verlag GmbH & Co. KGaA

**Autoren**

***Prof. Peter Reineker***
Universität Ulm
Theoretische Physik
Albert-Einstein-Allee 11
89069 Ulm

***Prof. Michael Schulz***
Abt. Theoretische Physik
Universität Ulm
Albert-Einstein-Allee 11
89069 Ulm

***Dr. Beatrix M. Schulz***
Martin-Luther-Universität Halle-Wittenberg
Fachbereich Physik
Friedemann-Bach-Platz 1
06108 Halle/Saale

1. Auflage 2008


**Bibliografische Information Der Deutschen Bibliothek**
Die Deutsche Bibliothek verzeichnet diese Publikation in der Deutschen Nationalbibliografie; detaillierte bibliografische Daten sind im Internet über <http://dnb.dn-b.de> abrufbar.



Printed in the Federal Republic of Germany

Gedruckt auf säurefreiem Papier.

**Satz** Steingraeber Satztechnik GmbH, Dossenheim

**Druck** betz-druck GmbH, Darmstadt

**Bindung** Litges & Dopf GmbH, Heppenheim

**Umschlaggestaltung** aktivComm GmbH, Weinheim

**ISBN:** 978-3-527-40643-2

Gewidmet unseren akademischen Lehrern

*Prof. Dr. Dr. h.c. mult. H. Haken*

*Prof. Dr. rer. nat. K. Handrich*

*Prof. Dr. rer. nat. G. Helmis*

**Peter Reineker**, geboren 1940 in Freudenstadt, studierte Physik in Stuttgart und Berlin. Er promovierte 1971 an der Universität Stuttgart und arbeitet seit 1975 als Wissenschaftlicher Rat und Professor und seit 1978 als Professor an der Universität Ulm, unterbrochen durch mehrer längere Auslandaufenthalte in den USA und Frankreich. Von 1993–1997 war er im Vorstand der Deutschen Physikalischen Gesellschaft tätig und zuständig für den Bereich Bildung und Ausbildung. Außerdem war er in den Jahren 1999–2004 Mitglied des Executive Committee und Treasurer der Europäischen Physikalischen Gesellschaft. Das Forschungsgebiet von Professor Reineker ist die Statistische Physik und die Theorie kondensierter Materie, insbesondere von organischen Materialien.

**Michael Schulz**, geboren 1959 in Staßfurt, studierte Physik an der Technischen Hochschule Merseburg, wo er 1987 promovierte. Von 1987 bis 1989 arbeitete er zunächst als Wissenschaftler an der TH Merseburg, später an der SUNY in Albany. Nach einigen Jahren als Privatdozent an der Martin-Luther-Universität Halle-Wittenberg war er ab 1996 als Heisenberg-Stipendiat an mehreren Forschungsinstituten tätig und ist momentan Hochschuldozent an der Universität Ulm. Im Jahr 2007 wurde er an der Universität Ulm zum apl. Professor ernannt. Sein Forschungsgebiet ist die Statistische Physik kondensierter Materie und die Dynamik komplexer Systeme im Nichtgleichgewicht.

**Beatrix M. Schulz**, geboren 1961 in Merseburg, studierte Physik an der Technischen Hochschule Leuna-Merseburg. Mehrere Jahre arbeitete sie in Forschungsbereichen in der Industrie (Carl-Zeiss Jena, Leuna-Werke AG), bevor sie im Jahr 2000 an der Martin-Luther-Universität Halle-Wittenberg promovierte. Nach einem Forschungsaufenthalt an der Universität in Ulm ist sie seit 2003 als Wissenschaftlerin an der Martin-Luther-Universität Halle-Wittenberg tätig. Ihr Arbeitsgebiet ist die Statistische Physik ungeordneter mesoskopischer und makroskopischer dynamischer Systeme.

# Inhaltsverzeichnis



*Theoretische Physik IV: Quantenmechanik 2*. Peter Reineker, Michael Schulz, Beatrix M. Schulz

ISBN: 978-3-527-40643-2

# Vorwort

Die Vorlesungen in Theoretischer Physik haben sich im letzten Jahrhundert zu einem unentbehrlichen Bestandteil der Ausbildung junger Studenten zum Diplomphysiker entwickelt. An dieser Situation wird sich auch mit den an den meisten deutschen Universitäten inzwischen eingeführten Bachelor- und Master-Studiengängen nichts ändern. Es ist für den Studierenden nicht immer einfach, sich systematisch Kenntnisse über das theoretische Grundwissen so anzueignen, dass ein zusammenhängender Komplex an Ideen, Konzepten und Methoden entsteht, der im späteren Berufsleben in der Forschung oder der Wirtschaft Anwendung finden kann. An der Universität Ulm wird schon schon seit langem ein fünfsemestriger Theoriekurs – bestehend aus den Kursen Theoretische Mechanik, Elektrodynamik, Quantenmechanik (1 und 2) und Statistische Physik – gehalten. Auf der Grundlage dieses Vorlesungsangebots ist eine fünfbändige Lehrbuchreihe Theoretische Physik entstanden. Mit dem vorliegenden Buch zur Quantenmechanik 2 liegt nun der vierte Band dieser Reihe vor.

Diese Reihe wendet sich zuerst an alle Studierende der Physik, unabhängig davon ob sie sich später in Experimentalphysik, Theoretischer Physik, Computerphysik oder für das Lehramt spezialisieren wollen. In zweiter Linie richtet sich die Lehrbuchreihe an Wissenschaftler, Lehrer und Studenten anderer Naturwissenschaften und der Mathematik. Natürlich kann die Lehrbuchreihe nicht alle Teilgebiete der Theoretischen Physik enthalten. So werden alle Bestandteile von Spezialisierungskursen der Theoretischen Physik (z. B. Hydrodynamik, Allgemeine Relativitätstheorie, Quantenchromodynamik, Theorie der schwachen Wechselwirkung oder Stringtheorie) nicht oder nicht ausführlich behandelt. Hier verweisen wir auf entsprechende Monographien, die praktisch zu jedem dieser Teilgebiete der Theoretischen Physik erhältlich sind.

Um der Trennung in Bachelor- und Masterstudiengang gerecht zu werden, sind Themen und Kapitel, die zusätzlich für die Masterausbildung vorgesehen sind, mit einem Stern gekennzeichnet. Natürlich wird die Zuordnung von Universität zu Universität schwanken, aber im Großen und Ganzen kann man diese Einteilung als eine allgemeingültige Empfehlung ansehen.

*Theoretische Physik IV: Quantenmechanik 2*. Peter Reineker, Michael Schulz, Beatrix M. Schulz

ISBN: 978-3-527-40643-2

Jedes Lehrbuch der Reihe enthält außerdem Aufgaben zur Überprüfung des erworbenen Wissens. Mit arabischen Ziffern sind solche Aufgaben gekennzeichnet, deren Lösung auf klassische Weise – also mit Papier und Bleistift – gefunden werden soll und kann. Demgegenüber ist die Aufgabengruppe, die mit einem CD-Symbol und mit römischen Ziffern gekennzeichnet ist, für die Behandlung unter Verwendung eines computeralgebraischen Programmpakets vorgesehen. Die CD, die jedem Buch dieser Serie beiliegt, enthält Lösungsempfehlungen in Maple. Zum Verständnis der Lösungen benötigt man nur geringe Vorkenntnisse in dieser Programmiersprache. Es ist aber geplant, ein Forum einzurichten, in dem besonders schöne oder technisch interessante Lösungswege von den Lesern zur elektronischen Publikation eingereicht werden können.

Wir möchten uns an dieser Stelle bei Herrn Ch. Supritz und besonders bei Herrn Ch. Warns für die große Hilfe bei der Umsetzung des Manuskripts in die LaTeX-Version bedanken. Auch einer Reihe von Studierenden sei für die Mitteilung von Fehlern in früheren Versionen des Manuskriptes gedankt. Wie bei den früheren Bänden danken wir den Mitarbeitern des Verlags WILEY-VCH für die gute Kooperation.

*Peter Reineker, Michael Schulz, Beatrix M. Schulz*

Ulm und Halle, Juni 2008

# 1
# Einleitung

## 1.1
## Schrödinger's Quantenmechanik und relativistische Quantenmechanik

Aus historischer Sicht kann die Quantenmechanik[1] als umfassende Erweiterung der Newton'schen Mechanik verstanden werden. Obwohl die Quantenmechanik prinzipiell auf alle materiellen Objekte angewandt werden kann, entfaltet sich ihre Stärke bis auf wenige Ausnahmen erst auf mikroskopischen Skalen. Im Gegensatz zur streng deterministischen klassischen Mechanik ist die Quantenmechanik eine probabilistische Theorie, aus der die maximal mögliche Information über das jeweils betrachtete physikalische System berechnet werden kann.

Die Erfolge der Quantenmechanik, insbesondere bei der Berechnung der Eigenschaften von Atomen, Molekülen und kondensierter Materie, haben wesentlich zur Etablierung dieser Theorie beigetragen. Auf der Basis der Kopenhagener Deutung der Quantenmechanik ließ sich ein Axiomensystem aufbauen, das ähnlich den Newton'schen Axiomen den Rahmen der neuen Theorie fixierte. Je genauer man jedoch mikroskopische Phänomene experimentell studieren konnte, um so deutlicher wurde, dass auch die der klassischen Newton'schen Mechanik[2] entsprechende Quantenmechanik keine vollständig adäquate Beschreibung der Experimente liefern konnte.

Eine erste erfolgreiche Ergänzung der Quantenmechanik wurde mit der Einführung des Spins vorgenommen. Dieser innere Freiheitsgrad ist innerhalb der klassischen Mechanik nicht bekannt und besitzt auch kein entsprechendes Äquivalent. Tatsächlich lassen sich bei Berücksichtigung des Spins viele spektroskopische Experimente überhaupt erst erklären oder die Messwerte können quantitativ wesentlich genauer berechnet werden. Wir haben solche Effekte im Band III dieser Lehrbuchreihe ausführlich diskutiert.

Die weitere Verbesserung kann durch relativistische Effekte erwartet werden. Das trifft insbesondere auf die schnellen Elektronen der inneren Atomorbitale zu. Noch stärker sollten relativistische Effekte in myonischen Ato-

1) siehe Band III dieser Lehrbuchreihe
2) siehe Band I dieser Lehrbuchreihe

*Theoretische Physik IV: Quantenmechanik 2.* Peter Reineker, Michael Schulz, Beatrix M. Schulz

ISBN: 978-3-527-40643-2

men zu Buche schlagen, bei denen man die Elektronen eines Atoms durch die weitaus schwereren Myonen ersetzt. In beiden Fällen treten Abweichungen von den Ergebnissen der Schrödinger'schen Quantenmechanik auf, die hauptsächlich auf die relativistische Bewegung der Elektronen bzw. Myonen zurückgeführt werden können. Ebenso können Streuexperimente hochenergetischer Partikel nicht mehr mit der Schrödinger- bzw. Pauli-Gleichung beschrieben werden.

Es gab deshalb bereits relativ früh Versuche, die der Newton'schen Bewegung eines klassischen Teilchens entsprechende Schrödingergleichung durch eine relativistische quantenmechanische Gleichung zu ersetzen. Während man von der Schrödinger-Gleichung die Invarianz gegenüber Galilei-Transformationen forderte, muss die gesuchte relativistische Gleichung invariant gegenüber Lorentz-Transformationen sein.

Tatsächlich konnte man mit der Klein-Gordon-Gleichung und der Dirac-Gleichung zwei Kandidaten finden, die einerseits diese Forderung befriedigten, andererseits aber auch die richtige Beziehung zwischen den Energie- und Impulseigenwerten herstellten. Überraschenderweise stellten sich aber erhebliche Interpretationsprobleme ein, die eine neue Sichtweise erforderten. Die Vollständigkeitsforderung zwingt dazu, auch quantenmechanische Zustände negativer Energie zuzulassen. Dirac umging dieses Problem zwar dadurch, dass er solche Zustände mit Antiteilchen identifizierte, aber damit war es nicht mehr möglich, eine konsistente Einteilchentheorie zu formulieren. Es gibt nämlich Situationen, bei denen sich aus Zuständen positiver Energie solche negativer Energien entwickeln können, siehe Kap. 2.2.4.2. Das würde aber bedeuten, dass ein quantenmechanischer, zunächst durch Eigenfunktionen positiver Energie zusammengesetzter Zustand eines Teilchens sich partiell in einen Zustand umwandelt, der aus Eigenzuständen positiver und negativer Energie besteht und demzufolge sowohl Teilchen als auch Antiteilchen repräsentiert.

Noch schwieriger wird die Situation für die Klein-Gordon-Gleichung. Hier ist es nicht mehr möglich, eine Kontinuitätsgleichung für eine positiv definite Wahrscheinlichkeitsdichte abzuleiten. Auch hier hilft man sich mit einer gegenüber der Schrödinger'schen Quantenmechanik modifizierten Sichtweise, indem man die Wahrscheinlichkeitsdichte jetzt als Ladungsdichte interpretiert. Aber auch damit sprengt man den engen Rahmen einer konsistenten Einteilchentheorie[3].

3) Das Auftreten einer Ladungsdichte mit positivem und negativem Wertebereich verlangt die Existenz positiv und negativ geladener Partikel. Diese Forderung kann nicht mehr im Rahmen einer Theorie, die genau ein Teilchen mit fixierter Ladung beschreibt, konsistent berücksichtigt werden.

Es zeigt sich, dass die Beseitigung der Inkonsistenz der relativistischen Quantenmechanik einzelner Partikel automatisch auf Theorien führt, die man unter dem Begriff "Quantenfeldtheorie" zusammenfassen kann.

## 1.2 Klassische Feldtheorie und Quantenfeldtheorie

Die klassischen Feldtheorien, insbesondere die von Maxwell 1864 axiomatisch begründete Elektrodynamik und die auf Einstein zurückgehende allgemeine Relativitätstheorie (1915), erlaubten es, zwei fundamentale Formen der Wechselwirkung, nämlich die elektromagnetische und die Gravitationswechselwirkung, zu begründen. Spätestens mit der experimentellen Verifikation der Photonen als Quanten des elektromagnetischen Feldes erschien es notwendig, eine dem Übergang von der klassischen Mechanik zur Quantenmechanik entsprechende Quantisierung der klassischen Felder vorzunehmen.

Obwohl mit dem kanonischen Apparat der klassischen Feldtheorie eine tiefgreifende und kräftige Theorie zur Verfügung steht, die einen ähnlichen Übergang zu quantenmechanischen Beschreibungen erlaubt, wie es vom Übergang der Newton'schen Mechanik zur Schrödinger'schen Quantenmechanik bekannt ist, treten doch im Detail einige Probleme auf. Eine vollständig befriedigende Quantisierungsvorschrift für das Gravitationsfeld ist z. B. bis heute nicht bekannt. Aber auch die Quantisierung des elektromagnetischen Feldes führt auf überraschende Probleme. So ist es nicht möglich, die Lorentz-Eichung auf der Ebene der Feldoperatoren einzuführen. Vielmehr kann diese Forderung nur als Erwartungswert formuliert werden. Gleichzeitig führt die Quantisierung des elektromagnetischen Feldes auf experimentell als freie Partikel nicht beobachtbare Photonen[4], die aber ihrerseits für eine konsistente Beschreibung der Wechselwirkung geladener Partikel im Rahmen der Quantenelektrodnamik unbedingt notwendig sind.

Von Bedeutung für die Etablierung einer allgemeingültigen Quantenfeldtheorie ist die erfolgreiche Quantisierung der Materiefelder, also der Wellenfunktionen der Dirac-, Klein-Gordon- und Schrödinger-Gleichung. Hier zeigt sich, dass die im Rahmen der relativistischen Quantenmechanik eingeführte Teilchen-Antiteilchenkonzeption eine direkte Folge der Quantisierung der beiden relativistischen quantenmechanischen Gleichungen ist. Eine zusätzliche Interpretation, wie sie noch zur Aufrechterhaltung der Dirac'schen Quantenmechanik z. B. als Löchertheorie notwendig war, ist jetzt nicht mehr notwendig.

Die Quantenfeldtheorie erlaubt eine neue Sichtweise auf mikroskopische Prozesse, die sich nicht zuletzt in einer systematisch ausgearbeiteten Stö-

4) die sogenannten skalaren und longitudionalen Photonen

rungstheorie zur Behandlung dieser Effekte äußert. Schließlich bietet die Quantenfeldtheorie das geeignete Werkzeug, um auch die zwei weiteren bekannten fundamentalen Wechselwirkungen, nämlich die starke und die schwache Wechselwirkung, in eine gemeinsame Theorie einzubinden. Innerhalb dieses Bandes wird dieses Konzept im Rahmen des Weinberg-Salam-Modells benutzt, um die elektromagnetische und die schwache Wechselwirkung zur sogenannten elektroschwachen Wechselwirkung zu vereinigen.

## 1.3
## Aufbau des Bands "Quantenmechanik 2"

Das erste Ziel dieses Buches wird es sein, die der Newton'schen Mechanik entsprechende Schrödinger'sche Quantenmechanik zu einer lorentzinvarianten relativistischen Quantenmechanik zu erweitern. Dazu werden wir in Kapitel 2 einige Konstruktionszugänge diskutieren, die auf die Dirac-Gleichung für Teilchen mit Spin 1/2 und die Klein-Gordon-Gleichung für spinlose Teilchen führen. Ähnlich wie bei der Einführung der Schrödinger-Gleichung haben diese Überlegungen keinen zwingenden Charakter, sondern dienen nur zur intuitiven Begründung dieser Gleichungen. Genaugenommen gelten die Dirac- und die Klein-Gordon-Gleichung nur auf Grund ihrer guten Übereinstimmung mit experimentellen Resultaten als gesichert. Sie sind deshalb eher als Postulate der jeweiligen Quantentheorie zu verstehen. Mit der Vorgabe dieser quantenmechanischen Evolutionsgleichungen lassen sich jetzt aber gezielt bedeutsame Schlussfolgerungen gewinnen. Eine kleine Auswahl dieser Ergebnisse wird in Kapitel 2 vorgestellt. Insbesondere werden wir zeigen, dass sich der Spin bereits als intrinsische Eigenschaft der Dirac-Gleichung ergibt und dass die Feinstrukturaufspaltung im Spektrum des Wasserstoffatoms ein relativistischer Effekt ist.

In Kapitel 3 wenden wir uns noch einmal der Schrödinger'schen Quantenmechanik zu, die wir jetzt aber im Rahmen der Pfadintegraldarstellung formulieren. Diese Darstellung erlaubt es, den im Rahmen der klassischen Mechanik zentralen Begiffen von Wirkung und Lagrange-Funktion auch im Rahmen der Quantenmechanik einen tieferen Sinn zu geben. Als Anwendung werden wir uns im zweiten Teil dieses Kapitels mit den Grundzügen der quantenmechanischen Streutheorie befassen.

In Kapitel 4 wenden wir uns der Quantisierung von Feldern zu. Dazu wählen wir zwei verschiedene Zugänge. Zunächst zeigen wir, dass die quantenmechanische Formulierung eines Vielteilchensystems auf der Basis der Schrödinger-Gleichung in eine Darstellung gebracht werden kann, die der Quantisierung der Wellenfunktion des korrespondierenden quantenmechanischen Einteilchenproblems entspricht.

Anschließend werden wir eine Quantisierungsvorschrift ableiten, die konsequent auf der zugehörigen klassischen Feldtheorie aufbaut. Dazu benutzen wir das Modell einer eindimensionalen harmonischen Kette. Diese kann einerseits im Rahmen der klassischen Mechanik beschrieben werden und deshalb nach den üblichen Vorschriften in eine quantenmechanische Theorie überführt werden. Andererseits kann man die klassische Dynamik dieser Kette im kontinuierlichen Grenzfall, nämlich im Grenzfall der Saite, durch den Übergang zum Kontinuumsbild auch im Rahmen einer Feldtheorie bestimmen. Führt man den gleichen Übergang erst nach der Quantisierung aus, dann gelangt man zu einer quantenfeldtheoretischen Beschreibung des Problems, die sich zu einem allgemeingültigen Konzept verallgemeinern lässt. Dabei kommt den Feldvariablen und den zugehörigen kanonisch konjugierten Feldimpulsen eine ähnliche Rolle zu wie den Orts- und den zugehörigen kanonisch konjugierten Impulskoordinaten beim Übergang von der klassischen Mechanik zur Quantenmechanik. Mit der so abgeleiteten kanonischen Feldquantisierung – die wir in diesem Band stets im Heisenberg-Bild durchführen – wird es uns dann möglich sein, einerseits das Schrödinger-, Dirac- und Klein-Gordon-Feld als sogenannte Materiefelder, andererseits aber auch das elektromagnetische Feld als ein sogenanntes Austauschfeld zu quantisieren[5].

Im nachfolgenden Kapitel 5 werden wir uns im Rahmen der Quantenelektrodynamik hauptsächlich mit dem quantisierten Maxwell-Dirac-Feld befassen. Im Zentrum steht dabei die theoretische Behandlung von Streumechanismen. Zu diesem Zweck führen wir eine Graphentechnik ein, die einer zur Beschreibung des Problems notwendigen zeitabhängigen Störungstheorie entspricht, die sehr effizient ist und ursprünglich auf Feynman zurückgeht. Schließlich werden wir zeigen, dass Quantenfeldeffekte zur Renormierung von Masse und Ladung des Elektrons führen. Es zeigt sich insbesondere, dass ein wechselwirkungsfreies Elektron in der Realität nicht existieren kann.

Schließlich wollen wir uns in Kapitel 6 mit der phänomenologischen Elementarteilchentheorie befassen. Dabei werden Symmetrieüberlegungen eine

5) Materiefelder im engeren Sinne beschreiben üblicherweise Fermi-Teilchen, die auf Grund solcher Eigenschaften wie Masse oder Ladung mit anderen Teilchen in Wechselwirkung treten. Nach dem Nahwirkungsprinzip, siehe Band II, Kap. 2-4, sind aber zur Vermittlung dieser Wechselwirkung weitere Felder, sogenannte Austauschfelder – z. B. das elektromagnetische Feld oder das Gravitationsfeld – notwendig. Die zu diesen Feldern gehörigen Teilchen haben gewöhnlich einen ganzzahligen Spin und sind deshalb Bosonen. Oft werden aber nicht nur echte Elementarteilchen, z. B. Elektronen oder Quarks, sondern auch stabile Verbindungen (z. B. Protonen und Neutronen als Kombination von je drei Quarks) oder Pionen durch (quantisierte) Felder beschrieben, die man ebenfalls als Materiefelder bezeichnet. Diese zusammengesetzten Teilchen können aber im Gegensatz zu echten Elementarteilchen auch einen ganzzahligen Spin und damit bosonischen Charakter haben.

wichtige Rolle spielen. Darauf aufbauend werden wir in Kapitel 7 die Grundzüge des Standardmodells skizzieren. Insbesondere werden wir in diesem Kapitel die elektroschwache Wechselwirkung diskutieren, die als Vereinigung der elektromagnetischen und der schwachen Wechselwirkung zu verstehen ist und wesentlich zum Verständnis der Elementarteilchentheorie beigetragen hat.

## 1.4
## Grenzen der relativistischen Quantenmechanik und der Quantenfeldtheorie

Die in diesem Band behandelten Dirac- und Klein-Gordon-Gleichungen sind als quantenmechanische Evolutionsgleichungen zwar ebenso wie die Schrödinger-Gleichung zur Beschreibung von Einteilchenproblemen vorgesehen, zeigen aber hier erhebliche Interpretationsprobleme. Insbesondere das Auftreten beliebig großer negativer Energieeigenwerte erzeugt gewisse Verständnisprobleme. Für Elektronen – oder allgemeiner für Teilchen mit Spin $1/2$ – fand Dirac mit der Löchertheorie eine anschauliche Interpretation. Aber bereits dieses einleuchtende Konzept ist keine echte Einteilchentheorie mehr. Vielmehr wird jedes Antiteilchen als ein nicht besetzter Zustand in einem ansonsten vollständig mit Teilchen negativer Energie aufgefüllten Spektrum von Zuständen – dem sogenannten Dirac-See – verstanden. Jedes Loch entsteht also erst durch die Präsenz unendlich vieler anderer Teilchen[6], so dass bereits die Dirac'sche Löchertheorie keine echte Einteilchentheorie mehr ist. Noch aussichtsloser wird diese Interpretation für die Lösungen der Klein-Gordon-Gleichung. Da die hiermit beschriebenen Teilchen den Spin 0 besitzen, kann jeder Zustand negativer Energie beliebig oft besetzt werden, so dass jeder Dirac-See aus spinlosen Teilchen zwangsläufig kollabieren würde.

Innerhalb der Quantenfeldtheorie lösen sich zwar diese Probleme automatisch auf, es entstehen aber neue grundlegende Probleme. Dazu gehört, dass Masse und Ladung von Partikeln erst durch die Wechselwirkung mit einem Halo virtueller Elementar- und Austauschteilchen entsteht und die Frage nach der ohne diese Wechselwirkung verbleibenden nackten Masse und Ladung sogar sinnlos wird.

Noch weitgehend offen sind unsere Vorstellungen über die Elementarteilchen. Nach dem breit akzeptierten Standardmodell gibt es insgesamt 36

6) Diese Teilchen negativer Energie bilden innerhalb der Dirac'schen Löchertheorie einen experimentell nicht direkt beobachtbaren Hintergrund. Erst das Herauslösen eines solchen Teilchens durch Zuführung von Energie führt dazu, dass das Teilchen physikalisch beobachtbar wird und der ehemals besetzte Zustand negativer Energie als Loch und damit als mit umgekehrtem Vorzeichen geladenes Antiteilchen zurückbleibt. Wie wir in Kapitel 2.2.4.3 zeigen werden, kann dieser Vorgang als Paarbildung verstanden werden.

Quarks und 12 Leptonen, 12 Austauschteilchen[7] sowie das experimentell noch nicht verifizierte Higgs-Boson. Es ist aber durch keine fundamentalen Prinzipien abgesichert, dass damit bereits alle Elementarteilchen erfasst sind. In diesem Sinne erscheinen die verschiedenen Gebiete der Quantenfeld- und Elementarteilchentheorie aus unserer heutigen Sicht als eine Reihe von Baustellen, die durchaus noch nicht an allen Stellen zusammenpassen. Tatsächlich lassen sich die verschiedenen Aspekte der in diesem Band nicht mehr behandelten oder nur am Rand gestreiften Quantenchromodynamik, der Quantengravitation oder der Stringtheorie nur bedingt zu einem Gesamtbild zusammenfassen.

Gerade wegen der hier noch auftretenden Ungereimtheiten ist die Quantenfeldtheorie eines der spannendsten Forschungsgebiete der modernen Physik. Ihr Abschluss zu einer, ähnlich wie die nichtrelativistische Quantenmechanik, weitgehend geschlossenen Theorie ist eine der großen Herausforderungen der Zukunft.

7) das Photon, 8 Gluonen der starken Wechselwirkung, drei Eich-Bosonen der schwachen Wechselwirkung sowie das bisher noch nicht nachgewiesene Graviton

# 2
# Relativistische Quantenmechanik

## 2.1
## Relativistische Quantentheorien

Die in Band III dieser Lehrbuchreihe behandelte Quantenmechanik ist geeignet, niederenergetische mikroskopische Phänomene zu beschreiben. Die Basisgleichung dieser nichtrelativistischen Quantentheorie ist die Schrödinger-Gleichung. Diese ist Galilei-invariant und korrespondiert zur Newton'schen Mechanik. Relativistische Effekte konnten mit dieser Gleichung aber nicht beschrieben werden. Bereits für im Zentralkraftfeld des Atomkerns gebundene Elektronen ergeben sich z. B. mit der Spin-Bahn-Kopplung Effekte, die qualitativ erst durch eine relativistische Theorie erklärt werden können.

Natürlich sollen die Axiome der Quantenmechanik[1] auch im relativistischen Fall ihre Gültigkeit behalten. Es wird sich aber herausstellen, dass die mathematische Struktur der neuen, noch zu bestimmenden relativistischen Evolutionsgleichung weitaus stärker als die Schrödinger-Gleichung von mikroskopischen Eigenschaften der zugehörigen Teilchen bestimmt wird. So ist die jetzt zu besprechende Dirac-Gleichung für Teilchen mit dem Spin 1/2 gültig, die etwas später behandelte Klein-Gordon-Gleichung beschreibt dagegen Teilchen mit dem Spin 0. Offenbar lässt sich eine einheitlich formulierte relativistische quantenmechanische Gleichung, die für alle Partikel gleichermaßen gültig ist, nicht finden.[2]

Eine wesentliche Forderung an eine relativistische Theorie ist, dass die zugehörige nichtrelativistische Theorie als Grenzfall in ihr enthalten ist. Wir werden sehen, dass diese Forderung tatsächlich sowohl von der Dirac-Gleichung als auch von der Klein-Gordon-Gleichung erfüllt wird. Ebenso muss die entsprechende klassisch-relativistische Theorie als Folge des Bohr'schen Korrespondenzprinzips aus der quantenmechanisch-relativistischen Theorie folgen.

1) siehe Band III dieser Lehrbuchreihe, Kapitel 4.11

2) Im Prinzip ist uns dieses Problem bereits aus der nichtrelativistischen Quantenmechanik bekannt. So ist die Pauli-Gleichung zur Beschreibung von Spin-1/2-Teilchen geeignet, nicht aber für die Behandlung anderer Partikel.

*Theoretische Physik IV: Quantenmechanik 2.* Peter Reineker, Michael Schulz, Beatrix M. Schulz

ISBN: 978-3-527-40643-2

Die neuen quantenmechanischen Evolutionsgleichungen liefern aber nicht nur die relativistischen Korrekturen zu der Schrödinger'schen Theorie für hochenergetische Partikel, sie führen auch zu neuen Erkenntnissen, etwa über den Zusammenhang zwischen Teilchen und Antiteilchen.

Gleichzeitig treten aber auch neue Probleme auf, die so bisher in der nichtrelativistischen Quantenmechanik unbekannt waren und eine andere Sichtweise und Interpretation erfordern. Ein tiefgreifendes Problem ist das Auftreten von Zuständen mit beliebig großen negativen Energien. Die Erklärungen dieser Eigenschaften liefern zwar einerseits neue Einsichten in die Quantenstruktur der Materie, sind aber in letzter Konsequenz nicht so schlüssig, dass sie eine vollständig befriedigende Antwort auf alle mit dem Problem der negativen Energieeigenwerte verbundenen Fragen erlauben. Erst innerhalb der in Kapitel 5 behandelten Quantenfeldtheorie lassen sich diese im Rahmen einer relativistisch-quantenmechanischen Teilchentheorie auftretenden Probleme beseitigen.

## 2.2 Dirac-Gleichung

### 2.2.1 Die freie Dirac-Gleichung

#### 2.2.1.1 Empirische Konstruktion der freien Dirac-Gleichung

Wir hatten in Band III festgestellt, dass die Schrödinger-Gleichung und die Pauli-Gleichung als quantenmechanische Evolutionsgleichung zwar nicht aus tieferen Prinzipien abgeleitet werden können, aber trotzdem unter bestimmten Voraussetzungen auf der Basis plausibler Argumente empirisch konstruiert werden.

Die Grundidee bestand darin, die Zeitableitung über

$$\hat{E} = i\hbar \frac{\partial}{\partial t} \tag{2.1}$$

mit dem Energieoperator $\hat{E}$ zu identifizieren und die für ein klassisches System gültige Relation $E = H$ auf die Evolutionsgleichung

$$\hat{E}\psi = \hat{H}\psi \tag{2.2}$$

zu übertragen, wobei der Hamilton-Operator unter Verwendung der Jordan'schen Regeln aus der klassischen Hamilton-Funktion konstruiert wird. In der Ortsdarstellung hatten wir dann insbesondere den Impuls $\boldsymbol{p}$ durch den Differentialoperator $-i\hbar\nabla$ zu ersetzen.

Verwendet man die Hamilton-Funktion eines relativistischen Teilchens[3], dann hätte der Hamilton-Operator die Struktur

$$\hat{H} = \sqrt{c^2 \hat{p}^2 + m^2 c^4} \tag{2.3}$$

Da der Impulsoperator unter der Wurzel erscheint, liegt der Gedanke nahe, die Wurzel in eine Reihe nach dem Impulsoperator zu entwickeln. Dann tritt in der zugehörigen Schrödinger-Gleichung die Zeitableitung nach wie vor nur in der ersten Ordnung auf, während aber beliebig hohe Potenzen des Impulsoperators und damit der Ortsableitungen vorkommen. Damit ist aber die innerhalb der relativistischen Physik verlangte Äquivalenz zwischen zeitlichen und räumlichen Ableitungen verletzt. Außerdem würde die zeitliche Evolution der Wellenfunktion jetzt durch eine nichtlokale Theorie beschrieben. Geht man von einer unendlich oft differenzierbaren Wellenfunktion aus, dann bedeuten die in beliebig hohen Ordnungen auf der rechten Seite der quantenmechanischen Evolutionsgleichung (2.2) auftretenden räumlichen Ableitungen, dass die auf der linken Seite stehende zeitliche Änderung der Wellenfunktion an einem Ort und zu einer bestimmten Zeit von den zur selben Zeit an allen anderen Orten vorliegenden Werten der Wellenfunktion bestimmt wird.

Wegen der Vertauschbarkeit von $\hat{E}$ und $\hat{H}$ können wir aber die auf dem Energiesatz beruhende quantenmechanische Gleichung (2.2) wie folgt umformen

$$\hat{E}^2 \psi = \hat{E}\hat{H}\psi = \hat{H}\hat{E}\psi = \hat{H}^2 \psi \tag{2.4}$$

und erhalten deshalb mit (2.1) und (2.3)

$$-\hbar^2 \frac{\partial^2}{\partial t^2} \psi = -\hbar^2 c^2 \nabla^2 \psi + m^2 c^4 \psi \tag{2.5}$$

und weiter nach einer einfachen algebraischen Umformung

$$\left( \frac{1}{c^2} \frac{\partial^2}{\partial t^2} - \nabla^2 \right) \psi + \frac{m^2 c^2}{\hbar^2} \psi = 0 \tag{2.6}$$

Das ist die sogenannte Klein-Gordon-Gleichung, die wir bereits kurz im Band III, Kap. 3.1 konstruiert hatten und die wir im Abschnitt 2.4 dieses Buches genauer analysieren werden. In den Klammern steht der d'Alembert-Operator, der wie gewünscht Zeit- und Raumableitungen in der gleichen Ordnung enthält. Da diese Ordnung zudem endlich ist, verkörpert (2.6) eine lokale Theorie und entspricht deshalb schon eher den Vorstellungen einer relativistischen quantenmechanischen Evolutionsgleichung. Wir kennen den d'Alembert-Operator bereits von der Behandlung elektromagnetischer Wellen[4]. Weil die diesen Wellengleichungen zugrunde liegenden Maxwell-Glei-

**3**) siehe Band II, Kap. 4.2
**4**) siehe Band II, Kap. 9

chungen relativistisch invariant sind[5], ist auch der d'Alembert-Operator ein relativistisch invarianter Operator und folglich ist auch die Klein-Gordon-Gleichung – die ja an sich nichts mit der Elektrodynamik zu tun hat – ebenfalls relativistisch invariant.

Tatsächlich ist die Klein-Gordon-Gleichung ein Kandidat um das quantenmechanische Verhalten bestimmter relativistischer Partikel zu beschreiben. Allerdings weicht die Struktur der Klein-Gordon-Gleichung in einem wesentlichen Punkt vom Konstruktionsschema der im Rahmen der nichtrelativistischen Quantenmechanik so erfolgreichen Schödinger-Gleichung ab: die Zeitableitung tritt jetzt in der zweiten Ordnung auf. Daher wäre es wünschenswert, eine relativistisch-invariante Gleichung zu gewinnen, die auch in diesem Punkt formal mit der nichtrelativistischen Quantenmechanik übereinstimmt. Man könnte sich deshalb vorstellen, dass (2.6) auch aus einem Hamilton-Operator erzeugt werden kann, der von erster Ordnung in den räumlichen Ableitungen ist. Damit wäre zumindest eine Grundvoraussetzung für eine relativistisch-invariante Gleichung, nämlich die Gleichberechtigung der Raum- und Zeitkoordinaten, erfüllt. Dieser von Dirac stammende Vorschlag führt auf den folgenden Ansatz für die gesuchte relativistisch-invariante Gleichung

$$i\hbar\frac{\partial}{\partial t}\psi = c\left[\alpha_1\hat{p}_1 + \alpha_2\hat{p}_2 + \alpha_3\hat{p}_3 + \beta mc\right]\psi = c\left[\sum_{\mu=1}^{3}\alpha_\mu\hat{p}_\mu + \beta mc\right]\psi \tag{2.7}$$

wobei die Koeffizienten $\alpha_x$, $\alpha_y$, $\alpha_z$ und $\beta$ noch zu bestimmen sind. Offenbar können diese Koeffizienten keine einfachen Zahlen sein, da in diesem Fall die Gleichung nicht einmal invariant gegenüber einer einfachen räumlichen Rotation, geschweige denn gegenüber einer beliebigen Lorentz-Transformation, wäre. Wir können aber vermuten, dass sich diese Größen durch Matrizen darstellen lassen. Dann ist auch die Wellenfunktion keine skalare Größe mehr, sondern ein Spaltenvektor

$$\psi = \begin{pmatrix} \psi_1(x,t) \\ \psi_2(x,t) \\ \vdots \\ \psi_N(x,t) \end{pmatrix} \tag{2.8}$$

wobei die Dimension dieses Vektors vorerst noch offen ist. Im Prinzip haben wir es mit einer Gleichung zu tun, deren mathematischen Struktur mit der ordnungsreduzierten Schrödinger-Gleichung[6] und deshalb auch mit der

5) d. h. die mathematische Struktur der Gleichungen ist für jedes Inertialsystem die gleiche. Man spricht deshalb auch von einer Forminvarianz der Maxwell-Gleichungen und damit der Wellengleichungen unter einer Lorentztransformation zwischen verschiedenen Inertialsystemen.

6) siehe Band III, Kap. 9.4.2

Pauli-Gleichung verwandt ist. Wir werden deshalb die $N$-komponentige Wellenfunktion vorerst als Spinor bezeichnen, behalten uns aber vor, diesen Begriff später noch zu präzisieren.

Um die Koeffizienten $\alpha_x$, $\alpha_y$, $\alpha_z$ und $\beta$ zu bestimmen, bilden wir die Zeitableitung von (2.7) und ersetzen die auf der rechten Seite entstehende Ableitung $\partial\psi/\partial t$ wieder durch (2.7). Damit erhalten wir

$$-\hbar^2 \frac{\partial^2}{\partial t^2}\psi = c^2 \left[\sum_{\mu=1}^{3} \alpha_\mu \hat{p}_\mu + \beta mc\right] \left[\sum_{\nu=1}^{3} \alpha_\nu \hat{p}_\nu + \beta mc\right] \psi \tag{2.9}$$

und weiter

$$\frac{1}{c^2}\frac{\partial^2}{\partial t^2}\psi = \left[\sum_{\mu=1}^{3} \alpha_\mu \frac{\partial}{\partial x_\mu} + \frac{i\beta mc}{\hbar}\right] \left[\sum_{\nu=1}^{3} \alpha_\nu \frac{\partial}{\partial x_\nu} + \frac{i\beta mc}{\hbar}\right] \psi \tag{2.10}$$

Multiplizieren wir jetzt die rechte Seite aus, dann gelangen wir schließlich zu[7]

$$\begin{aligned} \frac{1}{c^2}\frac{\partial^2}{\partial t^2}\psi &= \frac{1}{2}\sum_{\mu,\nu=1}^{3} \left(\alpha_\mu\alpha_\nu + \alpha_\nu\alpha_\mu\right) \frac{\partial}{\partial x_\mu}\frac{\partial}{\partial x_\nu}\psi \\ &+ \frac{imc}{\hbar}\sum_{\mu=1}^{3} \left(\alpha_\mu\beta + \beta\alpha_\mu\right) \frac{\partial}{\partial x_\mu}\psi - \frac{m^2c^2}{\hbar^2}\beta^2\psi \end{aligned} \tag{2.11}$$

Wir fordern jetzt im Rahmen unseres Konstruktionsverfahrens, dass jede Komponente des Spinors $\psi$ der relativistisch-invarianten Klein-Gordon-Gleichung genügen muss. Dann liefert der Vergleich mit (2.6) die folgenden Bedingungen

$$\alpha_\mu\alpha_\nu + \alpha_\nu\alpha_\mu = 2\delta_{\mu\nu}\underline{\underline{1}} \qquad \text{für alle} \quad \mu,\nu = 1,\ldots,3 \tag{2.12}$$

sowie

$$\alpha_\mu\beta + \beta\alpha_\mu = 0 \qquad \text{für alle} \quad \mu = 1,\ldots,3 \tag{2.13}$$

und

$$\beta^2 = \underline{\underline{1}} \tag{2.14}$$

wobei $\underline{\underline{1}}$ die Einheitsmatrix ist. Damit die quantenmechanische Evolutionsgleichung (2.7) physikalisch widerspruchsfrei bleibt[8], müssen die Matrizen $\alpha_\mu$

**7**) Der erste Term dieser Gleichung entsteht durch die identische Umformung

$$\sum_{\mu,\nu=1}^{3} \alpha_\mu\alpha_\nu \frac{\partial}{\partial x_\mu}\frac{\partial}{\partial x_\nu}\psi = \frac{1}{2}\sum_{\mu,\nu=1}^{3} \left(\alpha_\mu\alpha_\nu \frac{\partial}{\partial x_\mu}\frac{\partial}{\partial x_\nu} + \alpha_\nu\alpha_\mu \frac{\partial}{\partial x_\mu}\frac{\partial}{\partial x_\nu}\right)\psi$$

wobei im zweiten Summanden zuerst die Indizes umbenannt und dann die partiellen Ableitungen vertauscht wurden.

**8**) Der auf der rechten Seite von (2.7) stehende Hamilton-Operator

$$\hat{H} = c\left[\sum_{\mu=1}^{3} \alpha_\mu \hat{p}_\mu + \beta mc\right]$$

und $\beta$ hermitesch sein. Deshalb haben diese Matrizen nur reelle Eigenwerte. Da weiter wegen (2.12) $\alpha_\mu^2 = \underline{\underline{1}}$ und wegen (2.14) $\beta^2 = \underline{\underline{1}}$ gilt, kommen für die Matrizen $\alpha_\mu$ und $\beta$ nur die Eigenwerte $\pm 1$ in Frage. Multipliziert man (2.13) mit $\beta$ und beachtet (2.14), dann erhält man die Beziehung $\alpha_\mu = -\beta\alpha_\mu\beta$. Damit findet man für die Spur der Matrizen $\alpha_\mu$

$$\mathrm{Sp}\alpha_\mu = -\mathrm{Sp}\beta\alpha_\mu\beta = -\mathrm{Sp}\beta^2\alpha_\mu = -\mathrm{Sp}\alpha_\mu \tag{2.15}$$

und deshalb $\mathrm{Sp}\alpha_\mu = 0$. Da andererseits die Spur einer Matrix gleich der Summe ihrer Eigenwerte ist, diese aber nur die Werte $\pm 1$ haben können, müssen die Matrizen $\alpha_\mu$ eine gerade Dimension haben. Andernfalls kann die Spurfreiheit der Matrizen $\alpha_\mu$ nicht garantiert werden. Für die niedrigste zulässige Dimension $N = 2$ gibt es aber nur Tripel antikommutierender Matrizen[9]. Für $N = 4$ können dagegen vier antikommutierende Matrizen gefunden werden. Eine mögliche Lösung bilden die Matrizen

$$\alpha_\mu = \begin{pmatrix} 0 & \hat{\sigma}_\mu \\ \hat{\sigma}_\mu & 0 \end{pmatrix} \quad \text{und} \quad \beta = \begin{pmatrix} \hat{1} & 0 \\ 0 & -\hat{1} \end{pmatrix} \tag{2.16}$$

die sich aus den drei Pauli-Matrizen $\sigma_\mu$ $(\mu = 1, ..., 3)$

$$\sigma_x = \begin{pmatrix} 0 & 1 \\ 1 & 0 \end{pmatrix} \qquad \sigma_y = \begin{pmatrix} 0 & -i \\ i & 0 \end{pmatrix} \qquad \sigma_z = \begin{pmatrix} 1 & 0 \\ 0 & -1 \end{pmatrix} \tag{2.17}$$

und der zweidimensionalen Einheitsmatrix[10] $\hat{1}$ zusammensetzen.

Offensichtlich haben wir mit (2.7) eine in den Ableitungen nach Ort- und Zeitkoordinaten lineare partielle Differentialgleichung gefunden, die unseren Vorstellungen einer relativistischen quantenmechanischen Evolutionsgleichung entspricht. Um aber wirklich ein geeigneter Kandidat zur Beschreibung relativistischer Quantenphänomene zu sein, muss (2.7) noch weitere Bedingungen erfüllen:

1. Für freie Teilchen muss sich die Energie-Impuls-Beziehung der speziellen Relativitätstheorie $E^2 = c^2\boldsymbol{p}^2 + m^2c^4$ ergeben.

2. Um die Born'sche Wahrscheinlichkeitsinterpretation der quantenmechanischen Wellenfunktion aufrecht zu erhalten, muss sich aus dem Spinor $\psi$ eine Wahrscheinlichkeitsdichte $w$ bilden lassen, die wie im Fall der Schrödinger-Gleichung einer Kontinuitätsgleichung genügt.

muss natürlich ein hermitescher Operator sein.

**9)** nämlich das Tripel der drei Pauli-Matrizen, siehe Band III, Kap. 9.4.2.2 und alle durch Ähnlichkeitstransformationen daraus hervorgehenden Tripel

**10)** Da in diesem Band relativ häufig die zwei- und die vierdimensionale Einheitsmatrix verwendet wird, bezeichnen wir zur besseren Unterscheidung die erste mit $\hat{1}$, die zweite mit $\underline{\underline{1}}$.

3. Die Dirac-Matrizen (2.16) sind sicher nicht die einzigen Lösungen der Bedingungen (2.12-2.14). Deshalb muss gezeigt werden, dass alle anderen Lösungen zu physikalisch äquivalenten quantenmechanischen Evolutionsgleichungen vom Typ (2.7) führen.

4. Schließlich muss gezeigt werden, dass (2.7) tatsächlich eine relativistisch-invariante Gleichung ist.

Die Überprüfung dieser Forderungen werden wir in den nächsten Abschnitten durchführen. Zuvor wollen wir (2.7) in eine für die weiteren Untersuchungen geeignetere Form bringen. Dazu definieren wir die folgenden vier $\gamma$-Matrizen (Dirac-Matrizen)

$$\gamma^0 = \beta \qquad \text{und} \qquad \gamma^\mu = \beta\alpha_\mu \qquad \text{für} \quad \mu = 1, ..., 3 \tag{2.18}$$

mit der expliziten Darstellung

$$\gamma^0 = \begin{pmatrix} \hat{1} & 0 \\ 0 & -\hat{1} \end{pmatrix} \qquad \text{und} \qquad \gamma^\mu = \begin{pmatrix} 0 & \hat{\sigma}_\mu \\ -\hat{\sigma}_\mu & 0 \end{pmatrix} \tag{2.19}$$

Die Hermitizität der Matrizen $\beta$ und $\alpha_\mu$ führt auf die Hermitizität von $\gamma^0$ und unter Beachtung von (2.13) wegen

$$\gamma^{\mu+} = (\beta\alpha_\mu)^+ = \alpha_\mu^+\beta^+ = \alpha_\mu\beta = -\beta\alpha_\mu = -\gamma^\mu \tag{2.20}$$

auf die Antihermitizität von $\gamma^\mu$, d. h. es gilt

$$\gamma^{0+} = \gamma^0 \qquad \text{und} \qquad \gamma^{\mu+} = -\gamma^\mu \tag{2.21}$$

Wir erhalten unter Beachtung von (2.12-2.14) für $\mu, \nu = 1, ..., 3$ die folgenden Antikommutatorrelationen

$$\gamma^\mu\gamma^\nu + \gamma^\nu\gamma^\mu = \beta\alpha_\mu\beta\alpha_\nu + \beta\alpha_\nu\beta\alpha_\mu = -\left(\alpha_\mu\beta^2\alpha_\nu + \alpha_\nu\beta^2\alpha_\mu\right) \tag{2.22}$$

und deshalb

$$\gamma^\mu\gamma^\nu + \gamma^\nu\gamma^\mu = -2\delta_{\mu\nu}\underline{\underline{1}} \tag{2.23}$$

Analog erhalten wir

$$\gamma^0\gamma^\mu + \gamma^\mu\gamma^0 = \beta^2\alpha_\mu + \beta\alpha_\mu\beta = \beta^2\alpha_\mu - \beta^2\alpha_\mu = 0 \tag{2.24}$$

und

$$\gamma^0\gamma^0 + \gamma^0\gamma^0 = \beta^2 + \beta^2 = 2\underline{\underline{1}} \tag{2.25}$$

Wir können jetzt formal einen Vierervektor[11] einführen, dessen kontravariante Komponenten gerade die vier $\gamma$-Matrizen sind

$$\vec{\gamma} = \left(\gamma^i\right) = \left(\gamma^0, \gamma^1, \gamma^2, \gamma^3\right) \tag{2.26}$$

**11**) siehe Band II, Kap. 3.6

mit $i = 0, ..., 3$. Diese Vereinbarung erlaubt es uns, den in Band II dieser Lehrbuchreihe eingeführten Vierervektorkalkül konsequent anzuwenden und damit zu einer wesentlich kompakteren Darstellung zu gelangen[12]. Mit Hilfe des metrischen Tensors[13, 14] erhält man die kovarianten $\gamma$-Matrizen

$$\gamma_i = g_{ij}\gamma^j \tag{2.27}$$

wobei ab jetzt wieder die Einstein'sche Summenkonvention verwendet wird. Damit ergeben sich die folgenden Beziehungen zwischen den ko- und kontravarianten $\gamma$-Matrizen

$$\gamma^0 = \gamma_0 \qquad \text{und} \qquad \gamma^\mu = -\gamma_\mu \tag{2.28}$$

Mit Hilfe des metrischen Tensors lassen sich die Antikommutationsregeln (2.23-2.25) zu der vierdimensionalen Relation

$$\gamma^i\gamma^j + \gamma^j\gamma^i = 2g^{ij}\underline{\underline{1}} \tag{2.29}$$

zusammenfassen, wobei $g^{ij}$ der kontravariante metrische Tensor ist. Natürlich kann man durch Anwendung des metrischen Tensors auf diese Antikommutationsrelation auch die Antikommutationsregeln zwischen kovarianten $\gamma$-Matrizen oder zwischen ko- und kontravarianten $\gamma$-Matrizen ableiten.

Wir multiplizieren jetzt die Gleichung (2.7) mit $\beta/c$ und führen dann die durch (2.18) definierten $\gamma$-Matrizen ein

$$\begin{aligned} i\hbar\beta\frac{1}{c}\frac{\partial}{\partial t}\psi = i\hbar\gamma^0\frac{\partial}{\partial x^0}\psi &= \left[\sum_{\mu=1}^{3}\beta\alpha_\mu\hat{p}_\mu + \beta^2 mc\right]\psi \\ &= \left[-\sum_{\mu=1}^{3} i\hbar\gamma^\mu\frac{\partial}{\partial x^\mu} + mc\right]\psi \end{aligned} \tag{2.30}$$

wobei wir die Raum-Zeit-Koordinate durch die kontravarianten Komponenten $(x^i) = (x^0, x^1, x^2, x^3) = (ct, x, y, z)$ ausdrücken. Mit dem zugehörigen vierdimensionalen Differentialoperator, dessen Komponenten

$$(\partial_i) = \left(\frac{\partial}{\partial x^i}\right) = \left(\frac{\partial}{c\partial t}, \frac{\partial}{\partial x}, \frac{\partial}{\partial y}, \frac{\partial}{\partial z}\right) \tag{2.31}$$

**12)** Wir erinnern hier an die in Band II getroffene Vereinbarung, mit lateinischen Indizes die Komponenten eines vierdimensionalen Vektors zu bezeichnen, während griechische Indizes für die drei räumlichen Komponenten vorbehalten sind. Symbolisch werden wir einen Vierervektor durch einen Vektorpfeil kennzeichnen, während ein Vektor des dreidimensionalen Raumes fett gedruckt ist.

**13)** siehe Band II, Gleichung (3.75) und (3.76)

**14)** $g_{00} = g^{00} = 1$, $g_{\alpha\alpha} = g^{\alpha\alpha} = -1$, $g_{ij} = g^{ij} = 0$ sonst

sich wie die eines kovarianten Vektors transformieren[15] vereinfacht sich (2.30) unter Beachtung der Einstein'schen Summenkonvention zu

$$\left(i\hbar\gamma^k\partial_k - mc\right)\psi = 0 \tag{2.32}$$

Diese Gleichung ist die Standardform der sogenannten Dirac-Gleichung. Die Dirac-Gleichung ist aus mathematischer Sicht ein gekoppeltes System partieller Differentialgleichungen erster Ordnung.

Jede einzelne Spinorkomponente genügt außerdem der Klein-Gordon-Gleichung (2.6). Allerdings ist die Umkehrung dieser Aussage nicht notwendig korrekt. Nicht jeder, aus Lösungen der Klein-Gordon-Gleichung gebildete Spinor erfüllt auch die Dirac-Gleichung (2.32).

Im Prinzip stellt die Dirac-Gleichung gewisse Abhängigkeiten zwischen Lösungen der Klein-Gordon-Gleichung her. Insofern besteht eine Analogie zur klassischen Elektrodynamik. Jede einzelne Komponente des freien elektrischen und magnetischen Feldes genügt einer Wellengleichung[16]. Die elektrische und magnetische Komponente einer monochromatischen elektromagnetischen Welle besteht aber nicht aus beliebigen Lösungen der Wellengleichung. Vielmehr sorgen die grundlegenderen Maxwell-Gleichungen, aus denen die Wellengleichungen abgeleitet wurden, dafür, dass zusätzliche Bedingungen zwischen den Feldern bestehen, die insbesondere deren Orientierung betreffen[17].

Wir wollen jetzt die weiter oben angekündigten Untersuchungen durchführen, um zu zeigen, dass die Dirac-Gleichung (2.32) tatsächlich ein geeigneter Kandidat für eine relativistisch-quantenmechanische Version der Schrödinger-Gleichung ist[18].

#### 2.2.1.2 **Energie-Impuls-Relation**

Nach de Broglie repräsentiert eine Welle der Form

$$\psi = A \exp\left\{\frac{i}{\hbar}(\boldsymbol{p}\boldsymbol{x} - Et)\right\} \tag{2.33}$$

ein freies Teilchen der Energie $E$ und des Impulses $\boldsymbol{p}$. Diese Überlegung sollte auch für den Spinor der Dirac-Gleichung gelten, wobei aber die Amplitude

**15**) siehe Band II, Kap. 3.6.3
**16**) siehe Band II, Kap. 9.5.1
**17**) siehe Band II, Kap. 9.5.2
**18**) Aber auch wenn dieser Test positiv ausfällt – was tatsächlich der Fall ist – bedeutet das noch nicht, dass die empirisch konstruierte Dirac-Gleichung auch wirklich die Quantenmechanik relativistischer Partikel beschreibt. Erst die Übereinstimmung der Lösungen der Dirac-Gleichung mit experimentellen Ergebnissen gab dieser Gleichung ihre überragende Bedeutung für die relativistische Quantenmechanik.

$A$ jetzt ein noch nicht weiter festgelegter vierdimensionaler Spaltenvektor ist. Da $\psi$ auch der Klein-Gordon-Gleichung genügen muss, genügt es, die de Broglie'sche Welle (2.33) in (2.6) einzusetzen

$$\begin{aligned} \left[\left(\frac{1}{c^2}\frac{\partial^2}{\partial t^2} - \nabla^2\right) + \frac{m^2c^2}{\hbar^2}\right] A \exp\left\{\frac{i}{\hbar}(\boldsymbol{p}\boldsymbol{x} - Et)\right\} &= \\ \left[-\frac{E^2}{c^2\hbar^2} + \frac{\boldsymbol{p}^2}{\hbar^2} + \frac{m^2c^2}{\hbar^2}\right] A \exp\left\{\frac{i}{\hbar}(\boldsymbol{p}\boldsymbol{x} - Et)\right\} &= 0 \end{aligned} \tag{2.34}$$

Diese Gleichung kann für eine nichtverschwindende Welle $A \neq 0$ nur dann erfüllt werden, wenn der Ausdruck in den eckigen Klammern verschwindet. Daraus ergibt sich der folgende Zusammenhang zwischen der Energie $E$ und dem Teilchenimpuls $\boldsymbol{p}$

$$E^2 = c^2\boldsymbol{p}^2 + m^2c^4 \tag{2.35}$$

der mit der relativistischen Energie-Impulsbeziehung wie gefordert übereinstimmt.

#### 2.2.1.3 **Kontinuitätsgleichung**

Aus der Schrödinger-Gleichung konnten wir eine Kontinuitätsgleichung für die Wahrscheinlichkeitsstromdichte $w = |\psi|^2 = \psi^*\psi$ herleiten[19]. Auf Grund dieser Gleichung blieb die durch Integration über das gesamte zugängliche Volumen gebildete Norm

$$\int d^3x \psi^*(\boldsymbol{x}, t)\psi(\boldsymbol{x}, t) = 1 \tag{2.36}$$

eine zeitunabhängige Größe, so dass dadurch erst die Wahrscheinlichkeitsinterpretation möglich wurde.

Aus dem Spinor (2.8) lässt sich ebenfalls sofort eine positiv definite Größe bilden

$$w = \psi^\dagger\psi = (\psi_1^*, \psi_2^*, \psi_3^*, \psi_4^*) \begin{pmatrix} \psi_1 \\ \psi_2 \\ \psi_3 \\ \psi_4 \end{pmatrix} \tag{2.37}$$

die ebenfalls als Wahrscheinlichkeitsdichte interpretiert werden kann. Voraussetzung dafür ist aber, dass sich diese Dichte als zeitartige Komponente $j^0 = wc$ einer Viererstromdichte $j^k$ erweist, deren drei andere Komponenten dann die dreidimensionale Wahrscheinlichkeitsstromdichte $\boldsymbol{j} = (j^1, j^2, j^3)$ bilden. In diesem Fall lautet die Kontinuitätsgleichung[20]

$$j^k_{,k} = \partial_k j^k = \frac{\partial j^0}{\partial x^0} + \sum_{\mu=1}^{3} \frac{\partial j^\mu}{\partial x^\mu} = \frac{\partial w}{\partial t} + \operatorname{div}\boldsymbol{j} = 0 \tag{2.38}$$

**19**) siehe Band III, Kap. 3.3

**20**) Wir erinnern an die in Band II vereinbarte verkürzte Schreibweise für Ableitungen entsprechend $A_{,k} = \partial A/\partial x^k$.

Um eine solche Gleichung zu gewinnen, starten wir von der Dirac-Gleichung (2.32) und ihrer adjungierten Darstellung

$$i\hbar\gamma^k\psi_{,k} - mc\psi = 0 \qquad -i\hbar\psi^\dagger_{,k}\gamma^{k\dagger} - mc\psi^\dagger = 0 \tag{2.39}$$

Durch Multiplikation der ersten Gleichung mit $\psi^\dagger\gamma^0$ von links und der zweiten Gleichung mit $\gamma^0\psi$ von rechts gelangen wir zu

$$i\hbar\psi^\dagger\gamma^0\gamma^k\psi_{,k} - mc\psi^\dagger\gamma^0\psi = 0 \qquad -i\hbar\psi^\dagger_{,k}\gamma^{k\dagger}\gamma^0\psi - mc\psi^\dagger\gamma^0\psi = 0 \tag{2.40}$$

Die Differenz beider Gleichungen liefert dann

$$\psi^\dagger\gamma^0\gamma^k\psi_{,k} + \psi^\dagger_{,k}\gamma^{k\dagger}\gamma^0\psi = 0 \tag{2.41}$$

Beachtet man noch (2.21) und die Antikommutationsrelationen (2.29), dann erhalten wir aus (2.41)

$$\psi^\dagger\gamma^0\gamma^k\psi_{,k} + \psi^\dagger_{,k}\gamma^0\gamma^k\psi = (\psi^\dagger\gamma^0\gamma^k\psi)_{,k} \tag{2.42}$$

Im Prinzip haben wir damit die gesuchte Kontinuitätsgleichung gefunden. Bis auf einen konstanten Faktor können wir aus (2.42) den Viererstrom als $\psi^\dagger\gamma^0\gamma^k\psi$ identifizieren. Um den Anschluss an die Forderung $j^0 = wc$ zu bekommen, multiplizieren wir diese Größe mit der Lichtgeschwindigkeit und erhalten somit

$$j^k = c\psi^\dagger\gamma^0\gamma^k\psi \tag{2.43}$$

Die zeitartige Komponente dieser Viererstromdichte entspricht jetzt wie erwartet der Wahrscheinlichkeitsdichte (2.37)

$$j^0 = c\psi^\dagger\gamma^0\gamma^0\psi = c\psi^\dagger\psi = cw \tag{2.44}$$

während die drei raumartigen Komponenten

$$j^\mu = c\psi^\dagger\gamma^0\gamma^\mu\psi \tag{2.45}$$

den Wahrscheinlichkeitsstrom bilden. Wahrscheinlichkeitsdichte und Wahrscheinlichkeitsstrom erfüllen damit die gesuchte Kontinuitätsgleichung (2.38).

#### 2.2.1.4 *Der Pauli'sche Fundamentalsatz

Der Spinor $\psi$ ist wie die Wellenfunktion im Fall der nichtrelativistischen Quantenmechanik der Träger der quantenmechanischen Information, physikalisch messbar ist aber erst die Wahrscheinlichkeitsdichte $w$. Jede Transformation des Spinors $\psi \to \psi' = U\psi$ mit einer konstanten unitären $4 \times 4$-Matrix $U$ lässt wegen (2.37) die Wahrscheinlichkeitsdichte $w$ invariant

$$w' = \psi'^\dagger\psi' = \psi^\dagger U^\dagger U\psi = \psi^\dagger\psi \tag{2.46}$$

Wegen $\psi = U^\dagger \psi'$ erhalten wir aus der Dirac-Gleichung (2.32)

$$U\left(i\hbar\gamma^k\partial_k - mc\right)U^\dagger\psi' = \left(i\hbar U\gamma^k U^\dagger\partial_k - mc\right)\psi' = 0 \tag{2.47}$$

und damit die transformierte Dirac-Gleichung

$$\left(i\hbar\gamma'^k\partial_k - mc\right)\psi' = 0 \tag{2.48}$$

mit den neuen Dirac-Matrizen

$$\gamma'^k = U\gamma^k U^\dagger \tag{2.49}$$

Offenbar liefern die Lösungen der Dirac-Gleichung (2.32) mit den Matrizen $\gamma^k$ und der unitär transformierten Dirac-Gleichung (2.48) mit den Matrizen $\gamma'^k$ unterschiedliche Spinoren $\psi$ und $\psi'$. Aus physikalischer Sicht sind aber beide Darstellung vollständig äquivalent, was sich z. B. aus der Gleichheit der Wahrscheinlichkeitsdichten $w = w'$ ergibt[21]. Wir kommen damit zu dem Schluss, dass alle Dirac-Matrizen, die aus (2.19) durch unitäre Transformationen (2.49) hervorgehen, physikalisch völlig gleichwertig sind. Tatsächlich liefern nicht nur die entsprechenden Dirac-Gleichungen äquivalente Lösungen, auch die Antikommutatorrelationen (2.29) erweisen sich als invariant unter unitären Transformationen (2.49). Wir erhalten nämlich bei Beachtung von (2.29) für den Antikommutator der transformierten Dirac-Matrizen $\gamma'^k$ und $\gamma'^l$

$$\begin{aligned}\gamma'^k\gamma'^l + \gamma'^l\gamma'^k &= U\gamma^k \underbrace{U^\dagger U}_{\underline{\underline{1}}}\gamma^l U^\dagger + U\gamma^l \underbrace{U^\dagger U}_{\underline{\underline{1}}}\gamma^k U^\dagger \\ &= U(\gamma^k\gamma^l + \gamma^l\gamma^k)U^\dagger = U(2g^{kl}\underline{\underline{1}})U^\dagger = 2g^{kl}\underline{\underline{1}}\end{aligned} \tag{2.50}$$

Damit verbleibt die Frage, ob es auch Matrizen gibt, die zwar die Antikommutationsrelationen (2.29) erfüllen, aber durch keine unitäre Transformation auf die Dirac-Matrizen (2.19) zurückführbar sind. In diesem Fall wäre das empirische Konstruktionsverfahren, das uns die Dirac-Gleichung (2.32) lieferte, nicht eindeutig. Wir müssten dann klären, welche physikalische Bedeutung den verschiedenen, voneinander unabhängigen Gleichungen zukommt.

Die Frage nach der bis auf unitäre Transformationen eindeutigen Bestimmbarkeit der Dirac-Matrizen wird durch den *Pauli'schen Fundamentalsatz* beantwortet. Dieser besagt, dass alle Dirac-Matrizen bis auf unitäre Transformationen äquivalent sind.

**21**) Diese Aussage gilt wegen

$$j'^k = c\psi'^\dagger\gamma'^k\psi' = c\psi^\dagger U^\dagger U\gamma^k U^\dagger U\psi = c\psi^\dagger\gamma^k\psi = j^k$$

auch für den Wahrschlichkeitsstrom.

Um diesen Satz zu beweisen, konstruieren wir zunächst eine vollständige Basis für den Raum der $4 \times 4$-Matrizen, die insbesondere die vier Dirac-Matrizen enthält. Anschließend beweisen wir, dass nur Vielfache der Einheitsmatrix mit allen 16 Elementen dieser Basis kommutieren. Damit können wir zeigen, dass je zwei Basen und damit insbesondere je zwei Sätze von Dirac-Matrizen durch eine Ähnlichkeitstransformation verbunden sind. Im letzten Schritt beweisen wir schließlich den Pauli'schen Fundamentalsatz, indem wir nachweisen, dass diese Ähnlichkeitstransformationen sogar unitär sind.

**Vollständige Basis für den Raum der $4 \times 4$-Matrizen**

Zunächst zeigen wir, dass aus der Einheitsmatrix und jeweils vier Matrizen $\gamma^k$, welche den Antikommutationsrelationen (2.29) genügen, insgesamt 16 linear unabhängige Matrizen $\Lambda_A$ (mit $A = 1, ..., 16$) konstruiert werden können, die den gesamten Raum der $4 \times 4$-Matrizen aufspannen. Diese 16 Matrizen sind

$$\begin{aligned}\{\Lambda_1, \Lambda_2, ..., \Lambda_{16}\} = \{&\underline{\underline{1}},\\ &\gamma^0, i\gamma^1, i\gamma^2, i\gamma^3,\\ &\gamma^1\gamma^0, \gamma^2\gamma^0, \gamma^3\gamma^0, i\gamma^1\gamma^2, i\gamma^2\gamma^3, i\gamma^3\gamma^1,\\ &\gamma^1\gamma^2\gamma^3, i\gamma^1\gamma^2\gamma^0, i\gamma^3\gamma^1\gamma^0, i\gamma^2\gamma^3\gamma^0,\\ &i\gamma^0\gamma^1\gamma^2\gamma^3\}\end{aligned} \tag{2.51}$$

Um zu zeigen, dass diese Matrizen eine Basis für den Raum der $4 \times 4$-Matrizen bilden, benötigen wir einige Eigenschaften. Man prüft unter Verwendung der vorausgesetzten Antikommutationsrelationen der Dirac-Matrizen leicht nach, dass für alle 16 Matrizen

$$\Lambda_A^2 = \underline{\underline{1}} \qquad \text{also} \qquad \Lambda_A^{-1} = \Lambda_A \tag{2.52}$$

gilt. Weiter zeigt man mit Hilfe von (2.29), dass jedes Produkt zweier Matrizen $\Lambda_A$ und $\Lambda_B$ aus (2.51) bis auf einen zusätzlichen Vorfaktor wieder eine Matrix aus (2.51) ist. Dabei gilt

$$\Lambda_A \Lambda_B = \epsilon_{AB} \Lambda_C \qquad \text{mit} \qquad \epsilon_{AB} \in \{\pm 1, \pm i\} \tag{2.53}$$

Ist $A \neq B$, dann ist außerdem stets $C \neq 1$. Für jede Matrix $\Lambda_A \neq \underline{\underline{1}}$ findet man mindestens eine Matrix $\Lambda_B \neq \underline{\underline{1}}$ mit

$$\Lambda_B \Lambda_A \Lambda_B = -\Lambda_A \qquad \text{und} \qquad \Lambda_A \Lambda_B \Lambda_A = -\Lambda_B \tag{2.54}$$

Auch diese Aussage lässt sich unter Verwendung der Antikommutationsrelationen (2.29) leicht beweisen, siehe Tabelle 2.1. Schließlich verschwinden die Spuren aller Matrizen $\Lambda_A \neq \underline{\underline{1}}$. Weil für jede Matrix $\Lambda_A$ wenigstens eine Matrix $\Lambda_B$ existiert, die (2.54) erfüllt, folgt wegen (2.52)

$$\text{Sp}\Lambda_A = -\text{Sp}\Lambda_B \Lambda_A \Lambda_B = -\text{Sp}\Lambda_B^2 \Lambda_A = -\text{Sp}\Lambda_A \tag{2.55}$$

**Tab. 2.1** Beispiele für Paare, die (2.54) erfüllen.

| A | 2 | 3 | 4 | 5 | 6 | 7 | 8 | 9 | 10 | 11 | 12 | 13 | 14 | 15 | 16 |
|---|---|---|---|---|---|---|---|---|---|---|---|---|---|---|---|
| B | 6 | 5 | 3 | 4 | 2 | 2 | 2 | 3 | 4 | 5 | 2 | 10 | 10 | 11 | 2 |

und damit $\mathrm{Sp}\Lambda_A = 0$. Wir können mit diesen Eigenschaften zeigen, dass die 16 Matrizen (2.51) linear unabhängig sind. Dazu müssen wir nur beweisen, dass die Gleichung

$$\sum_{A=1}^{16} c_A \Lambda_A = 0 \tag{2.56}$$

mit den komplexen Koeffizienten $c_A$ nur durch $c_A = 0$ gelöst werden kann. Durch Spurbildung von (2.56) erhalten wir sofort $c_1 = 0$. Wählen wir jetzt aus den verbleibenden Summanden $c_B\Lambda_B$ aus und lösen diesen Term aus der Summe, dann können wir schreiben[22]

$$c_B\Lambda_B + \sum_{A\neq B} c_A\Lambda_A = 0 \tag{2.57}$$

woraus wir durch Multiplikation mit $\Lambda_B$ erhalten

$$\begin{aligned} 0 = \left( c_B\Lambda_B + \sum_{A\neq B} c_A\Lambda_A \right)\Lambda_B &= c_B \underline{\underline{1}} + \sum_{A\neq B} c_A\Lambda_A\Lambda_B \\ &= c_B \underline{\underline{1}} + \sum_{A\neq B} c_A\epsilon_{AB}\Lambda_C \end{aligned} \tag{2.58}$$

wobei wir im ersten Schritt (2.52) und im zweiten Schritt (2.53) verwendet haben. Der Index $C$ wird durch $A$ definiert, ist aber wegen $B \neq A$ von 1 verschieden. Bilden wir jetzt die Spur

$$c_B \mathrm{Sp}\,\underline{\underline{1}} + \sum_{A\neq B} c_A\epsilon_{AB}\mathrm{Sp}\,\Lambda_C = 4\,c_B = 0 \tag{2.59}$$

dann verschwinden wegen der Spurfreiheit aller Matrizen $\Lambda_C$ mit $C \neq 1$ auch alle Summanden $c_A\epsilon_{AB}\mathrm{Sp}\,\Lambda_C$ und wir erhalten folglich $c_B = 0$. Auf diese Weise können wir sukzessive zeigen, dass (2.56) nur durch $c_A = 0$ für $A = 1, ..., 16$ gelöst werden kann. Damit ist aber gezeigt, dass die 16 Matrizen (2.51) linear unabhängig sind. Folglich spannen die Matrizen (2.51) den 16-dimensionalen Raum aller $4 \times 4$-Matrizen auf.

### Schur'sches Lemma

Wir wollen jetzt zeigen, dass die einzigen Matrizen, die mit allen 16 Elementen

**22**) Die Summe läuft nur über den Index $A$.

der oben konstruierten Basis vertauschen, Vielfache der Einheitsmatrix sind. Dazu stellen wir eine beliebige Matrix $M$ mit Hilfe dieser Basis dar

$$M = \sum_{A=1}^{16} c_A \Lambda_A = c_1 \underline{\underline{1}} + c_B \Lambda_B + \sum_{A \neq 1,B} c_A \Lambda_A \tag{2.60}$$

Wir haben dabei in der letzten Darstellung den $B$-ten Summanden ($B \neq 1$) und den Anteil der Einheitsmatrix $\Lambda_1 = \underline{\underline{1}}$ aus der Summe abgespalten. Wegen (2.52) kann die Forderung nach Vertauschbarkeit von $M$ mit einer Matrix $\Lambda_C$ ($C \neq 1$) in der Form

$$M\Lambda_C = \Lambda_C M \qquad \text{oder} \qquad M = \Lambda_C M \Lambda_C \tag{2.61}$$

geschrieben werden. Wir wählen jetzt die Matrix $\Lambda_C$ so, dass sie zusammen mit $\Lambda_B$ aus (2.60) ein Paar bildet, das der Gleichung (2.54) genügt. Dann erhalten wir aus (2.60) und (2.61)

$$\begin{aligned} c_1 \underline{\underline{1}} + c_B \Lambda_B + \sum_{A \neq 1,B} c_A \Lambda_A &= \Lambda_C \left( c_1 \underline{\underline{1}} + c_B \Lambda_B + \sum_{A \neq 1,B} c_A \Lambda_A \right) \Lambda_C \\ &= c_1 \underline{\underline{1}} - c_B \Lambda_B + \sum_{A \neq 1,B} c_A \Lambda_C \Lambda_A \Lambda_C \\ &= c_1 \underline{\underline{1}} - c_B \Lambda_B + \sum_{A \neq 1,B} c_A \rho_{AC} \Lambda_D \end{aligned} \tag{2.62}$$

wobei wir im letzten Schritt berücksichtigt haben, dass das Produkt $\Lambda_C \Lambda_A \Lambda_C$ bis auf den Vorfaktor $\rho_{AC} \in \{\pm i, \pm 1\}$ wieder eine Basismatrix $\Lambda_D$ ($D \neq 1, B$) ist[23]. Wir eliminieren den Summanden $c_1 \underline{\underline{1}}$, multiplizieren (2.62) mit $\Lambda_B$

$$c_B \Lambda_B^2 + \sum_{A \neq 1,B} c_A \Lambda_A \Lambda_B = -c_B \Lambda_B^2 + \sum_{A \neq 1,B} c_A \rho_{AC} \Lambda_D \Lambda_B \tag{2.63}$$

und beachten (2.52) sowie die bereits im vorangegangenen Schritt benutzte Eigenschaft (2.53), nach der Produkte von zwei Basismatrizen bis auf den Vorfaktor auf eine andere Basismatrix führen

$$c_B \underline{\underline{1}} + \sum_{A \neq 1,B} c_A \epsilon_{AB} \Lambda_E = -c_B \underline{\underline{1}} + \sum_{A \neq 1,B} c_A \rho_{AC} \epsilon_{DB} \Lambda_F \tag{2.64}$$

**23)** Da $A \neq 1$ ist, folgt $\Lambda_A \Lambda_C \neq \alpha \Lambda_C$ und deshalb $\Lambda_C \Lambda_A \Lambda_C \neq \beta \Lambda_1$. Da andererseits auch $A \neq B$ ist und $\Lambda_C \Lambda_B \Lambda_C = -\Lambda_B$ gilt, kann nicht auch noch $\Lambda_C \Lambda_A \Lambda_C = \epsilon \Lambda_B$ gelten, weil in diesem Fall nach der Multiplikation mit $\Lambda_C$ von links und rechts die widersprüchliche Beziehung $\Lambda_A = -\epsilon \Lambda_B$ entstehen würde. Allgemein gilt sogar, dass in (2.61) jedem Index $A \neq 1, B$ eindeutig ein Index $D \neq 1, B$ zugeordnet ist.

Auch hier gilt für alle Summanden[24], dass die Matrizen $\Lambda_E$ und $\Lambda_F$ von der Einheitsmatrix verschieden sind[25]. Wir bilden jetzt die Spur von (2.64). Da alle Basismatrizen bis auf $\Lambda_1 = \underline{\underline{1}}$ spurfrei sind, gelangen wir zu $4c_B = -4c_B$ und deshalb $c_B = 0$. Auf diese Weise können wir zeigen, dass alle Koeffizienten $c_A$ der Summe (2.60) mit $A \neq 1$ verschwinden müssen, um die Vertauschbarkeit von $M$ mit allen Matrizen $\Lambda_A$ zu garantieren.

**Ähnlichkeitstransformationen**

Wir wollen jetzt das Kernstück des Pauli'schen Fundamentalsatzes beweisen. Dazu gehen wir davon aus, dass wir zwei verschiedene Quadrupel $(\gamma^0, \gamma^1, \gamma^2, \gamma^3)$ und $(\gamma'^0, \gamma'^1, \gamma'^2, \gamma'^3)$ von $4 \times 4$-Matrizen kennen, die beide die Antikommutationsrelationen (2.29) erfüllen. Wir wollen jetzt zeigen, dass dann eine Matrix $W$ existiert, die alle 16 aus den $\gamma^k$ gebildeten Matrizen $\Lambda_A$ mit den aus $\gamma'^k$ gebildeten Basismatrizen $\Lambda'_A$ verbindet

$$\Lambda'_A = W \Lambda_A W^{-1} \tag{2.65}$$

Dazu zeigen wir zunächst, dass die Matrix

$$W = \sum_{B=1}^{16} \Lambda'_B O \Lambda_B \tag{2.66}$$

mit einer beliebigen Matrix $O$ die Gleichung

$$\Lambda'_A W = W \Lambda_A \tag{2.67}$$

für alle $A = 1, ..., 16$ erfüllt. Um diese Relation zu beweisen, bestimmen wir den Ausdruck

$$\Lambda'_A W \Lambda_A = \sum_{B=1}^{16} \Lambda'_A \Lambda'_B O \Lambda_B \Lambda_A \tag{2.68}$$

Wir wissen bereits, dass jedes Produkt zweier Basismatrizen $\Lambda_B$ und $\Lambda_A$ bis auf den Vorfaktor eine neue Basismatrix $\Lambda_C$ ergibt. Durchläuft der Index $B$ bei festem $A$ die Werte $1, ..., 16$, so wird auch der Index $C$ die Werte $1, ..., 16$ durchlaufen. Wäre das nicht der Fall, dann gäbe es zwei Basismatrizen $\Lambda_B$ und $\Lambda_D$, deren Produkte mit $\Lambda_A$ proportional zur derselben Matrix $\Lambda_C$ sind, also

$$\Lambda_B \Lambda_A = \epsilon_{BA} \Lambda_C \qquad \text{und} \qquad \Lambda_D \Lambda_A = \epsilon_{DA} \Lambda_C \tag{2.69}$$

Durch Multiplikation der beiden Gleichungen mit $\Lambda_A$ von links findet man dann wegen (2.52)

$$\epsilon_{BA}^{-1} \Lambda_B = \Lambda_C \Lambda_A = \epsilon_{DA}^{-1} \Lambda_D \tag{2.70}$$

**24**) Die unter den Summen auftretenden Matrizen $\Lambda_E$ und $\Lambda_F$ hängen natürlich wie schon $\Lambda_D$ vom Summationsindex $A$ ab.

**25**) Wegen $A \neq B$ folgt $E \neq 1$ und wegen $D \neq B$ ist $F \neq 1$.

im Widerspruch zu der Tatsache, dass die beiden Basismatrizen $\Lambda_B$ und $\Lambda_D$ linear unabhängig voneinander sein müssen. Da die Basismatrizen $\Lambda'_A$ nach den gleichen Regeln aus den $\gamma'^k$ konstruiert werden, wie die $\Lambda_A$ aus den $\gamma^k$, sind die Koeffizienten $\epsilon_{BA}$ in den beiden Beziehungen

$$\Lambda_B \Lambda_A = \epsilon_{BA} \Lambda_C \qquad \text{und} \qquad \Lambda'_B \Lambda'_A = \epsilon_{BA} \Lambda'_C \tag{2.71}$$

identisch. Mit (2.52) erhält man dann

$$\Lambda'_A \Lambda'_B = \Lambda'^{-1}_A \Lambda'^{-1}_B = (\Lambda'_B \Lambda'_A)^{-1} = \epsilon^{-1}_{BA} \Lambda'^{-1}_C = \epsilon^{-1}_{BA} \Lambda'_C \tag{2.72}$$

Wir können deshalb (2.68) wie folgt umformen

$$\Lambda'_A W \Lambda_A = \sum_{B=1}^{16} \epsilon^{-1}_{BA} \Lambda'_C O \epsilon_{BA} \Lambda_C = \sum_{B=1}^{16} \Lambda'_C O \Lambda_C \tag{2.73}$$

Da nach den obigen Überlegungen der Index $C$ über alle Werte $1, ..., 16$ laufen muss, können wir für (2.73) mit (2.66) auch

$$\Lambda'_A W \Lambda_A = \sum_{C=1}^{16} \Lambda'_C O \Lambda_C = W \tag{2.74}$$

schreiben. Hieraus erhalten wir durch Multiplikation mit $\Lambda_A$ von rechts die zu beweisende Beziehung (2.67). Bis hierher spielte die Matrix $O$ überhaupt keine Rolle. Tatsächlich ist (2.67) auch dann erfüllt, wenn $O$ und damit auch $W$ die Nullmatrix ist. Um von (2.67) zu der eigentlichen Ähnlichkeitstransformation (2.65) zu gelangen, müssen wir zeigen, dass mindestens eine Matrix $O$ existiert, die $W$ invertierbar macht.

Zu diesem Zweck zeigen wir zuerst, dass die Matrix $O$ so festgelegt werden kann, dass $W \neq 0$ gilt. Würde das nicht der Fall sein, dann müsste jede beliebige Matrix $O$ das Ergebnis $W = 0$ liefern. Setzen wir aber mit Ausnahme von $O_{mn} = 1$ alle anderen Matrixelemente von $O$ null, dann würden wir aus (2.66) die folgende, in der Komponentenschreibweise formulierte Forderung an die Basismatrizen $\Lambda'_B$ und $\Lambda_B$ erhalten

$$\sum_{B=1}^{16} \Lambda'_{B\,km} \Lambda_{B\,nl} = 0 \tag{2.75}$$

Diese Bedingung gilt nicht nur für alle $k$ und $l$ (mit $k, l = 1, ..., 4$) als Komponenten der Matrixgleichung (2.66), sondern auch für alle Werte $m$ und $n$, da jede beliebige Matrix $O$, also auch jede der speziellen Matrizen $O$ mit nur einem nichtverschwindenden Element, auf $W = 0$ führen muss. Damit können wir aber (2.75) in die Matrixgleichung

$$\sum_{B=1}^{16} \Lambda'_{B\,km} \Lambda_B = \sum_{B=1}^{16} c_B \Lambda_B = 0 \tag{2.76}$$

mit den skalaren Koeffizienten $c_B = \Lambda'_{B\,km}$ überführen. Wegen der linearen Unabhängigkeit der Basismatrizen $\Lambda_B$ hat (2.76) zur Konsequenz, dass alle Koeffizienten $c_B$ und damit alle Komponenten der Matrix $\Lambda'_B$ im Widerspruch zur Eigenschaft (2.52) verschwinden müssen. Man kann also stets solche Matrizen $O \neq 0$ finden, aus denen über (2.66) $W \neq 0$ folgt.

Mit dieser Erkenntnis können wir nun auch zeigen, dass man $O$ sogar so festlegen kann, dass $W$ invertierbar wird. Dazu bilden wir die Matrix

$$V = \sum_{B=1}^{16} \Lambda_B Q \Lambda'_B \tag{2.77}$$

bei der die Reihenfolge der $\Lambda$-Matrizen vertauscht ist und $Q$ eine zunächst frei wählbare Matrix ist. Offensichtlich gilt für diese Matrix anstelle (2.67)

$$\Lambda_A V = V \Lambda'_A \tag{2.78}$$

Zusammen mit (2.67) folgt hieraus

$$\Lambda_A V W = V \Lambda'_A W = V W \Lambda_A \tag{2.79}$$

Die Matrix $VW$ vertauscht also mit allen Basismatrizen $\Lambda_A$. Daher muss $VW$ ein Vielfaches der Einheitsmatrix sein, also $VW = \alpha \underline{\underline{1}}$. Kann man $V$ und $W$ so festlegen, dass $\alpha \neq 0$ gilt, dann ist $W$ invertierbar und wir haben die Existenz des Zusammenhangs (2.65) zwischen je zwei beliebigen Sätzen von $\Lambda$-Matrizen bewiesen.

Wir müssen daher nur noch zeigen, dass $VW = 0$ nicht für beliebige Matrizen $O$ und $Q$ gelten kann. Dazu wählen wir $O$ so, dass $W \neq 0$ ist. Falls $VW = 0$ für alle zulässigen Matrizen $V$ gelten würde, dann müsste wegen (2.77) die Gleichung

$$\sum_{B=1}^{16} \Lambda_B Q \Lambda'_B W = 0 \tag{2.80}$$

für beliebige Matrizen $Q$ erfüllt sein. Setzen wir wie beim vorangegangenen Teilbeweis mit Ausnahme von $Q_{mn} = 1$ alle anderen Matrixelemente von $Q$ null, dann lautet (2.80) in Komponentenschreibweise

$$\sum_{B=1}^{16} \Lambda_{B\,km} (\Lambda'_B W)_{nl} = 0 \tag{2.81}$$

Die Gleichung (2.81) darf für keine Indexkombination $k, l, m, n$ verletzt werden. Wie bei der Ableitung von (2.75) können wir (2.81) zu der kompakteren Form

$$\sum_{B=1}^{16} (\Lambda'_B W)_{nl} \Lambda_B = \sum_{B=1}^{16} c_B \Lambda_B = 0 \tag{2.82}$$

zusammenfassen. Die Koeffizienten $c_B = (\Lambda'_B W)_{nl}$ können aber nicht alle verschwinden, weil $W \neq 0$ ist und daher wenigstens $(W\Lambda'_1)_{nl} = W_{nl}$ ein nichtverschwindendes Element besitzt. Wegen der linearen Unabhängigkeit der Basismatrizen $\Lambda_B$ ist damit aber bereits die Allgemeingültigkeit der Aussage $VW = 0$ widerlegt.

Damit haben wir aber auch gezeigt, dass zwischen je zwei Sätzen von Basismatrizen $\{\Lambda_B\}$ und $\{\Lambda'_B\}$ eine Transformation vom Typ (2.65) existiert. Mit anderen Worten, zwischen zwei beliebigen Quadrupeln $(\gamma^0, \gamma^1, \gamma^2, \gamma^3)$ und $(\gamma'^0, \gamma'^1, \gamma'^2, \gamma'^3)$ von Matrizen, die den Antikommutationsrelationen (2.29) genügen, besteht eine Ähnlichkeitstransformation (2.65). Wir kommen damit zu einem ersten wichtigen Teilresultat: Alle Dirac-Matrizen sind somit bis auf eine Ähnlichkeitstransformation äquivalent.

**Unitäre Äquivalenz**

Die in Abschnitt 2.2.1.1 mit den Gleichungen (2.18) und (2.26) eingeführten Dirac-Matrizen $\gamma^i$ erfüllen nicht nur die Antikommutationsrelationen (2.29), sie sind auch hermitesch bzw. antihermitesch. Diese Eigenschaft führt dazu, dass die zwischen zwei Sätzen von Dirac-Matrizen bestehende Ähnlichkeitstransformation (2.65) eine unitäre Transformation ist. Mit $\hat{W} = W/\det W$ können wir die Ähnlichkeitstransformation zwischen verschiedenen Sätzen von Dirac-Matrizen und den daraus konstruierten Basismatrizen zunächst in der Form

$$\Lambda'_A = W\Lambda_A W^{-1} = \hat{W}\Lambda_A \hat{W}^{-1} \tag{2.83}$$

schreiben, wobei

$$\det \hat{W} = 1 \tag{2.84}$$

gilt. Um die Eindeutigkeit der Transformation (2.83) durch einer Matrix $\hat{W}$ mit der Eigenschaft (2.84) zu zeigen, nehmen wir an, es gäbe zwei derartige Transformationen, vermittelt durch die Matrizen $\hat{W}_1$ und $\hat{W}_2$. Dann folgt sofort

$$\Lambda'_A = \hat{W}_1\Lambda_A \hat{W}_1^{-1} = \hat{W}_2\Lambda_A \hat{W}_2^{-1} \tag{2.85}$$

und deshalb

$$\hat{W}_2^{-1}\hat{W}_1\Lambda_A = \Lambda_A \hat{W}_2^{-1}\hat{W}_1 \tag{2.86}$$

Da wegen des Schur'schen Lemmas nur Vielfache der Einheitsmatrix mit allen Matrizen $\Lambda_A$ vertauschen können, gilt $\hat{W}_2^{-1}\hat{W}_1 = \alpha\,\underline{\underline{1}}$ und deshalb $\hat{W}_1 = \alpha\hat{W}_2$. Wegen (2.84) ist außerdem

$$1 = \det \hat{W}_1 = \alpha^4 \det \hat{W}_2 = \alpha^4 \tag{2.87}$$

so dass die Transformationsmatrix $\hat{W}$ bis auf einen Faktor

$$\alpha = \exp(i\pi n/2) \tag{2.88}$$

mit ganzzahligen $n$ bestimmt ist. Insbesondere finden wir für die Transformation der Dirac-Matrizen

$$\gamma'^k = \hat{W}\gamma^k\hat{W}^{-1} \tag{2.89}$$

Die Bildung der Adjungierten dieser Gleichung liefert dann

$$\gamma'^{k\dagger} = (\hat{W}^{-1})^\dagger\gamma^{k\dagger}\hat{W}^\dagger = (\hat{W}^\dagger)^{-1}\gamma^{k\dagger}\hat{W}^\dagger \tag{2.90}$$

Beachtet man nun noch, dass $\gamma^k$ und $\gamma'^k$ entweder beide hermitesch oder beide antihermitesch sind, dann bekommen wir

$$\gamma'^k = (\hat{W}^\dagger)^{-1}\gamma^k\hat{W}^\dagger \tag{2.91}$$

Der Vergleich von (2.89) und (2.91) führt uns schließlich auf $\hat{W} = \alpha(\hat{W}^\dagger)^{-1}$, wobei $\alpha$ durch (2.88) bestimmt ist. Hieraus folgt

$$\hat{W}\hat{W}^\dagger = \alpha\underline{\underline{1}} \tag{2.92}$$

Beachtet man jetzt noch, dass die Diagonalelemente des Produkts der Matrix $\hat{W}$ mit der adjungierten Matrix $\hat{W}^\dagger$ wegen

$$\sum_{m=1}^{4} \hat{W}_{km}\hat{W}^*_{mk} = \sum_{m=1}^{4} \left|\hat{W}_{km}\right|^2 \tag{2.93}$$

reell und positiv sind, dann ist in (2.92) nur $\alpha = 1$ erlaubt. Folglich gilt $\hat{W}\hat{W}^\dagger = \underline{\underline{1}}$, d. h. zwischen je zwei Sätzen von Dirac-Matrizen vermittelt eine unitäre Transformation. Das ist dann auch die Aussage des Pauli'schen Fundamentalsatzes:

Alle Sätze von Dirac-Matrizen[26] sind unitär äquivalent.

Damit sind auch alle Dirac-Gleichungen (2.32), die nach dem in Abschnitt 2.2.1.1 beschriebenen Verfahren konstruiert werden können, unitär äquivalent und folglich physikalisch identisch. Diese Eindeutigkeit erlaubt es uns in Zukunft, vorzugsweise mit den besonders einfachen Darstellungen (2.19) der Dirac-Matrizen zu arbeiten.

#### 2.2.1.5 *Lorentz-Invarianz der Dirac-Gleichung

Um die Dirac-Gleichung (2.32) als eine relativistisch-quantenmechanische Evolutionsgleichung interpretieren zu können, müssen wir jetzt noch zeigen, dass diese Gleichung invariant gegenüber beliebigen Lorentz-Transformationen ist. Wir haben in Band II gezeigt, dass eine solche Transformation die Abbildung physikalischer Größen von einem Inertialsystem $\Sigma$ zu einem anderen

**26)** also Matrizen, die den Antikommutationsrelationen (2.29) genügen und außerdem noch $\gamma^0 = \gamma^{0\dagger}$ sowie $\gamma^\mu = -\gamma^{\mu\dagger}$ erfüllen

Inertialsystem $\Sigma'$ beschreibt. Mathematisch wird die Lorentz-Transformation durch die Transformationsmatrizen[27]

$$\Lambda_i^{i'} = \frac{\partial x^{i'}}{\partial x^i} \qquad \text{und} \qquad \Lambda_{i'}^{i} = \frac{\partial x^i}{\partial x^{i'}} \tag{2.94}$$

mit der Orthogonalitätsrelation

$$\Lambda_{j'}^{i}\Lambda_k^{j'} = \delta_k^i \tag{2.95}$$

definiert. Dabei beziehen sich gestrichene Indizes auf das Inertialsystem $\Sigma'$, ungestrichene auf $\Sigma$. Auch in diesem Abschnitt verwenden wir wieder die Einstein'schen Summenkonvention nach der über doppelt auftretende Indizes summiert wird[28]. Vektorkomponenten werden mit Hilfe dieser Matrizen von einem Inertialsystem in das andere transformiert. So gilt für Koordinaten

$$x^{i'} = \Lambda_i^{i'} x^i \qquad \text{und} \qquad x^i = \Lambda_{i'}^{i} x^{i'} \tag{2.96}$$

und für Differentialoperatoren

$$\partial_{i'} = \Lambda_{i'}^{i}\partial_i \qquad \text{und} \qquad \partial_i = \Lambda_i^{i'}\partial_{i'} \tag{2.97}$$

Die Invarianz der Dirac-Gleichung gegenüber Lorentz-Transformationen ist eine Forderung, die sich aus dem Relativitätsprinzip ergibt. Dieses Prinzip verlangt, dass die Beschreibung eines quantenmechanischen Teilchens in den beiden Bezugssystemen $\Sigma$ und $\Sigma'$ durch die formäquivalenten Gleichungen

$$\left(i\hbar\gamma^k\partial_k - mc\right)\psi(\vec{x}) = 0 \qquad \left(i\hbar\gamma^{k'}\partial_{k'} - mc\right)\psi'(\vec{x}') = 0 \tag{2.98}$$

mit $\vec{x} = (x^0, x^1, x^2, x^3) = (ct, \boldsymbol{x})$ erfolgt. Dabei gelten für die Dirac-Matrizen $\gamma^{k'}$ im Bezugssystem $\Sigma'$ die gleichen Eigenschaften (2.21) und Antikommutationsrelationen (2.29) wie für die Dirac-Matrizen in $\Sigma$. Da wir bereits wissen, dass alle nach dem in Abschnitt 2.2.1.1 vorgestellten Verfahren konstruierbaren Dirac-Gleichungen unitär äquivalent sind, kann der Beobachter in $\Sigma'$ ebenso wie der Beobachter in $\Sigma$ die Dirac-Matrizen (2.19) seiner Beschreibung zugrunde legen.

Neben der Forminvarianz der Dirac-Gleichung bei einer Lorentz-Transformation muss aber auch garantiert werden, dass der in $\Sigma'$ bestimmbare Spinor $\psi'(\vec{x}')$ den gleichen quantenmechanischen Zustand wie der auf $\Sigma$ bezogene Spinor $\psi(\vec{x})$ beschreibt. Deshalb muss zwischen $\psi(\vec{x})$ und $\psi'(\vec{x}')$ eine Transformation der Form

$$\psi'(\vec{x}') = R(\Lambda)\psi(\vec{x}) \qquad \text{und damit} \qquad \psi(\vec{x}) = R^{-1}(\Lambda)\psi'(\vec{x}') \tag{2.99}$$

**27**) siehe Band II, Kap. 3.6.2.2

**28**) Dabei befindet sich bei einer korrekten Schreibweise der eine Index in der kovarianten, der andere in der kontravarianten Stellung.

vermitteln. Für die inverse Transformation von $\Sigma'$ nach $\Sigma$ erhalten wir

$$\psi(\vec{x}) = R(\Lambda^{-1})\psi'(\vec{x}') \qquad \text{und damit} \qquad \psi'(\vec{x}') = R^{-1}(\Lambda^{-1})\psi(\vec{x}) \tag{2.100}$$

Der Vergleich von (2.99) und (2.100) liefert dann die Beziehung

$$R(\Lambda^{-1}) = R^{-1}(\Lambda) \tag{2.101}$$

Setzen wir jetzt $\psi(\vec{x})$ aus (2.99) in die Dirac-Gleichung (2.98) für die Beschreibung des quantenmechanischen Teilchens aus der Sicht eines Beobachters in $\Sigma$ ein, dann erhalten wir

$$\left(i\hbar\gamma^k\partial_k - mc\right) R^{-1}(\Lambda)\psi'(\vec{x}') = 0 \tag{2.102}$$

oder nach der Multiplikation von links mit $R(\Lambda)$

$$\left(i\hbar R(\Lambda)\gamma^k R^{-1}(\Lambda)\partial_k - mc\right) \psi'(\vec{x}') = 0 \tag{2.103}$$

Transformieren wir jetzt noch unter Verwendung von (2.97) die Differentialoperatoren in das System $\Sigma'$, dann gelangen wir zu

$$\left(i\hbar R(\Lambda)\gamma^k R^{-1}(\Lambda)\Lambda_k^{k'}\partial_{k'} - mc\right) \psi'(\vec{x}') = 0 \tag{2.104}$$

Der Vergleich mit der für $\Sigma'$ formulierten Dirac-Gleichung (2.98) führt auf die folgende Bestimmungsgleichung für die unitäre Matrix $R(\Lambda)$

$$R(\Lambda)\gamma^k R^{-1}(\Lambda)\Lambda_k^{k'} = \gamma^{k'} \tag{2.105}$$

Für die identische Lorentz-Transformation $\Lambda = \underline{\underline{1}}$ finden wir sofort die Lösung $R(\underline{\underline{1}}) = \underline{\underline{1}}$. Um diese Gleichung auch für $\Lambda \neq \underline{\underline{1}}$ lösen zu können, gehen wir in zwei Schritten vor. Zunächst werden wir die Matrix $R(\Lambda)$ für infinitesimale Lorentz-Transformationen bestimmen und daran anschließend die Situation bei endlichen Lorentz-Transformationen ableiten.

### Infinitesimale Lorentz-Transformation

Eine solche Lorentz-Transformation ist eine infinitesimal kleine Abweichung von der identischen Abbildung $\Lambda = \underline{\underline{1}}$. Mit den zunächst noch offenen infinitesimalen Parametern $d\omega_{lk}$ können wir allgemein schreiben

$$\Lambda_k^{k'} = \delta_k^{k'} + g^{k'l'}d\omega_{l'k} \qquad \text{und} \qquad \Lambda_{k'}^{k} = \delta_{k'}^{k} + g^{kl}d\omega_{k'l} \tag{2.106}$$

Setzen wir diese Beziehungen in (2.95) ein, dann bekommen wir bis zu Termen erster Ordnung

$$\begin{aligned} \delta_k^i &= \left(\delta_{j'}^i + g^{il}d\omega_{j'l}\right)\left(\delta_k^{j'} + g^{j'l'}d\omega_{l'k}\right) \\ &\approx \delta_{j'}^i\delta_k^{j'} + \delta_{j'}^i g^{j'l'}d\omega_{l'k} + \delta_k^{j'}g^{il}d\omega_{j'l} \\ &\approx \delta_k^i + g^{il'}d\omega_{l'k} + g^{il}d\omega_{kl} \end{aligned} \tag{2.107}$$

Beachtet man noch, dass $l'$ ein Summationsindex ist, der jederzeit umbenannt werden kann, dann folgt hieraus

$$g^{il}\left(d\omega_{lk}+d\omega_{kl}\right)=0 \tag{2.108}$$

und damit die Antisymmetrie der Elemente der infinitesimalen Lorentz-Transformation

$$d\omega_{lk}=-d\omega_{kl} \tag{2.109}$$

Für eine infinitesimale Lorentz-Transformation kann die Matrix $R(\Lambda)$ durch eine Reihenentwicklung nach den $d\omega_{lk}$ bis zur linearen Ordnung dargestellt werden. Wir erhalten

$$R(\Lambda)=\underline{\underline{1}}-\frac{i}{4}\underline{\underline{u}}_{ij}d\omega^{ij} \tag{2.110}$$

wobei die $\underline{\underline{u}}_{ij}$ noch zu bestimmende $4\times 4$-Matrizen sind. Wir setzen jetzt (2.110) und (2.106) in (2.105) ein[29] und erhalten

$$\left[\underline{\underline{1}}-\frac{i}{4}\underline{\underline{u}}_{ij}d\omega^{ij}\right]\gamma^{k}\left[\underline{\underline{1}}+\frac{i}{4}\underline{\underline{u}}_{mn}d\omega^{mn}\right]\left(\delta_{k}^{k'}+g^{k'l'}d\omega_{l'k}\right)=\gamma^{k'} \tag{2.111}$$

Berücksichtigt man wieder nur die Terme erster Ordnung, dann gelangt man zu

$$\gamma^{k}g^{k'l'}d\omega_{l'k}=\frac{i}{4}d\omega^{ij}\underline{\underline{u}}_{ij}\gamma^{k'}-\frac{i}{4}\gamma^{k'}\underline{\underline{u}}_{mn}d\omega^{mn} \tag{2.112}$$

Beachtet man noch die Wirkung der Metrik auf ko- und kontravariante Indizes[30] und die Antisymmetrie der infinitesimal kleinen Elemente der Lorentz-Transformation, dann folgt hieraus

$$\gamma_{k}d\omega^{k'k}=\frac{1}{2}d\omega^{ij}\left(\gamma_{j}\delta_{i}^{k'}-\gamma_{i}\delta_{j}^{k'}\right)=\frac{i}{4}d\omega^{ij}\left(\underline{\underline{u}}_{ij}\gamma^{k'}-\gamma^{k'}\underline{\underline{u}}_{ij}\right) \tag{2.113}$$

und deshalb

$$2i\left(\gamma_{i}\delta_{j}^{k'}-\gamma_{j}\delta_{i}^{k'}\right)=\left(\underline{\underline{u}}_{ij}\gamma^{k'}-\gamma^{k'}\underline{\underline{u}}_{ij}\right)=\left[\underline{\underline{u}}_{ij},\gamma^{k'}\right] \tag{2.114}$$

wobei auf der rechten Seite der gewöhnliche Kommutator zwischen $\underline{\underline{u}}_{ij}$ und $\gamma^{k'}$ steht. Es handelt sich hierbei um ein lineares Gleichungssystem in den noch unbekannten Matrizen $\underline{\underline{u}}_{ij}$. Dieses kann mit den Standardverfahren der

**29**) Man beachte, dass wegen der infinitesimalen Kleinheit der Elemente der Lorentz-Transformation unmittelbar aus (2.110)

$$R^{-1}(\Lambda)=\underline{\underline{1}}+\frac{i}{4}\underline{\underline{u}}_{ij}d\omega^{ij}$$

folgt.

**30**) siehe Band II, Kap. 3.6.1

linearen Algebra gelöst werden. Wir geben deshalb nur die Lösung an und zeigen, dass diese richtig ist. Man findet

$$\underline{\underline{u}}_{ij} = \frac{i}{2}\left[\gamma_i, \gamma_j\right] \tag{2.115}$$

Setzt man den in (2.115) enthaltenen Kommutator in den Kommutator (2.114) ein, dann erhält man

$$\left[\left[\gamma_i, \gamma_j\right], \gamma^{k'}\right] = \left[\gamma_i\gamma_j, \gamma^{k'}\right] - \left[\gamma_j\gamma_i, \gamma^{k'}\right] = 2\left[\gamma_i\gamma_j, \gamma^{k'}\right] \tag{2.116}$$

und deshalb mit (2.115) und unter Beachtung der Antikommutationsrelationen (2.29)

$$\left[\underline{\underline{u}}_{ij}, \gamma^{k'}\right] = i\left[\gamma_i\gamma_j, \gamma^{k'}\right] = i\left(\gamma_i\gamma_j\gamma^{k'} - \gamma^{k'}\gamma_i\gamma_j\right) \tag{2.117}$$

woraus schließlich wieder mit (2.29)

$$\begin{aligned}\left[\underline{\underline{u}}_{ij}, \gamma^{k'}\right] &= i\left(\left(2\delta_j^{k'}\gamma_i - \gamma_i\gamma^{k'}\gamma_j\right) - \left(2\delta_i^{k'}\gamma_j - \gamma_i\gamma^{k'}\gamma_j\right)\right) \\ &= 2i\left(\delta_j^{k'}\gamma_i - \delta_i^{k'}\gamma_j\right)\end{aligned} \tag{2.118}$$

und damit (2.114) folgt. Mit dem Ergebnis (2.115) erhalten wir für die Matrix $R(\Lambda)$ bei einer infinitesimalen Lorentz-Transformation

$$R(\Lambda) = \underline{\underline{1}} + \frac{1}{8}\left[\gamma_i, \gamma_j\right] d\omega^{ij} \tag{2.119}$$

Mit der Existenz dieser Matrix für die Spinortransformation haben wir die relativistische Invarianz[31] bewiesen. Dabei stört es nicht, dass wir bisher nur infinitesimale Lorentz-Transformationen betrachtet haben, denn jede endliche Lorentz-Transformation kann als Hintereinanderausführung unendlich vieler infinitesimaler Lorentz-Transformationen verstanden werden. Da jede infinitesimale Lorentz-Transformation den Spinor $\psi$ mit (2.119) auf einen physikalisch gleichwertigen Spinor $\psi'$ abbildet, dabei aber die Dirac-Gleichung selbst forminvariant lässt, bleibt diese Eigenschaft auch bei beliebigen Wiederholungen der Transformationsprozedur erhalten.

#### Adjungierte Transformationsmatrix

Für die nachfolgenden Rechnungen benötigen wir die adjungierte Transformationsmatrix $R^{\dagger}$ für eine endliche Lorentz-Transformation. Zu diesem Zweck schreiben wir $R^{\dagger}$ als ein Produkt von $N$ aufeinanderfolgenden infinitesimalen Lorentz-Transformationen mit den Elementen $d\omega_{(I)}^{ij}$ $(I = 1, ..., N)$

$$R = \left(\underline{\underline{1}} + \frac{1}{8}\left[\gamma_i, \gamma_j\right] d\omega_{(1)}^{ij}\right) \dots \left(\underline{\underline{1}} + \frac{1}{8}\left[\gamma_i, \gamma_j\right] d\omega_{(N)}^{ij}\right) \tag{2.120}$$

31) d. h. die Invarianz der Dirac-Gleichung gegenüber der Lorentz-Transformation

Hieraus erhalten wir einerseits

$$R^{\dagger} = \left(\underline{\underline{1}} + \frac{1}{8}\left[\gamma_i, \gamma_j\right]^{\dagger} d\omega^{ij}_{(N)}\right) \dots \left(\underline{\underline{1}} + \frac{1}{8}\left[\gamma_i, \gamma_j\right]^{\dagger} d\omega^{ij}_{(1)}\right) \tag{2.121}$$

und andererseits

$$R^{-1} = \left(\underline{\underline{1}} + \frac{1}{8}\left[\gamma_i, \gamma_j\right] d\omega^{ij}_{(N)}\right)^{-1} \dots \left(\underline{\underline{1}} + \frac{1}{8}\left[\gamma_i, \gamma_j\right] d\omega^{ij}_{(1)}\right)^{-1} \tag{2.122}$$

Multiplizieren wir die letzte Gleichung von links und rechts mit $\gamma^0$ und schieben zwischen die Faktoren des Matrixprodukts die Einheitsmatrix $(\gamma^0)^2 = \underline{\underline{1}}$, dann erhalten wir

$$\begin{aligned} \gamma^0 R^{-1} \gamma^0 &= \gamma^0 \left(\underline{\underline{1}} + \frac{1}{8}\left[\gamma_i, \gamma_j\right] d\omega^{ij}_{(N)}\right)^{-1} \gamma^0 \dots \gamma^0 \left(\underline{\underline{1}} + \frac{1}{8}\left[\gamma_i, \gamma_j\right] d\omega^{ij}_{(1)}\right)^{-1} \gamma^0 \\ &= \left(\underline{\underline{1}} - \frac{1}{8}\gamma^0 \left[\gamma_i, \gamma_j\right] \gamma^0 d\omega^{ij}_{(N)}\right) \dots \left(\underline{\underline{1}} - \frac{1}{8}\gamma^0 \left[\gamma_i, \gamma_j\right] \gamma^0 d\omega^{ij}_{(1)}\right) \end{aligned} \tag{2.123}$$

Schließlich bekommen wir mit (2.21) und (2.29) für die räumlichen Indizes

$$\left[\gamma_{\mu}, \gamma_{\nu}\right]^{\dagger} = -\left[\gamma_{\mu}, \gamma_{\nu}\right] \quad \text{und} \quad \gamma^0 \left[\gamma_{\mu}, \gamma_{\nu}\right] \gamma^0 = \left[\gamma_{\mu}, \gamma_{\nu}\right] \tag{2.124}$$

und für jeweils einen räumlichen und zeitlichen Index

$$\left[\gamma_{\mu}, \gamma_0\right]^{\dagger} = \left[\gamma_{\mu}, \gamma_0\right] \quad \text{und} \quad \gamma^0 \left[\gamma_{\mu}, \gamma_0\right] \gamma^0 = -\left[\gamma_{\mu}, \gamma_0\right] \tag{2.125}$$

Offenbar können wir daraus das allgemeine Gesetz

$$\left[\gamma_i, \gamma_j\right]^{\dagger} = -\gamma^0 \left[\gamma_i, \gamma_j\right] \gamma^0 \tag{2.126}$$

ableiten. Daher liefert der Vergleich zwischen (2.121) und (2.123)

$$\gamma^0 R^{-1} \gamma^0 = R^{\dagger} \tag{2.127}$$

Wie man bereits aus der Struktur der infinitesimalen Transformationsmatrix (2.119) ersehen kann, ist $R$ keine unitäre Matrix. Damit bleibt aber die Wahrscheinlichkeitsdichte $\psi^{\dagger}\psi$ beim Übergang von einem Inertialsystem zu einem anderen nicht erhalten. Es handelt sich hierbei aber nicht um eine Verletzung der Forderung, dass die Spinoren $\psi$ in $\Sigma$ und $\psi'$ in $\Sigma'$ physikalisch gleichwertig sein müssen. Da wir die Wahrscheinlichkeitsdichte bereits als zeitartige Komponente des Wahrscheinlichkeitsstroms (2.43) identifiziert haben, bedeutet die Forderung nach physikalischer Äquivalenz der Spinoren in den beiden Inertialsystemen, dass dieser Strom sich wie ein Vierervektor transformieren muss.

**Lorentz-Transformation der Viererstromdichte**
Tatsächlich erhalten wir aus (2.43) mit (2.99)

$$j'^{k'}(\vec{x}') = c\psi'^{\dagger}(\vec{x}')\gamma^0\gamma^{k'}\psi'(\vec{x}') = c\psi^{\dagger}(\vec{x})R^{\dagger}(\Lambda)\gamma^0\gamma^{k'}R(\Lambda)\psi(\vec{x}) \tag{2.128}$$

Mit (2.127) und $(\gamma^0)^2 = \underline{\underline{1}}$ erhalten wir dann

$$j'^{k'}(\vec{x}') = c\psi^{\dagger}(\vec{x})\gamma^0 R^{-1}(\Lambda)\gamma^{k'}R(\Lambda)\psi(\vec{x}) \tag{2.129}$$

woraus mit (2.105) dann das erwartete Transformationsgesetz folgt

$$j'^{k'}(\vec{x}') = c\psi^{\dagger}(\vec{x})\gamma^0\gamma^k\Lambda_k^{k'}\psi(\vec{x}) = \Lambda_k^{k'}j^k(\vec{x}) \tag{2.130}$$

**Endliche Lorentz-Transformation**
Der Vollständigkeit halber wollen wir noch das Transformationsgesetz der Spinoren unter einer endlichen Lorentz-Transformation angeben. Wir beschränken uns hier auf die Hintereinanderausführung von $N$ gleichartigen infinitesimalen Lorentz-Transformationen. In diesem Fall können wir schreiben

$$d\omega_{ij} = \frac{\omega}{N}n_{ij} \tag{2.131}$$

wobei $\omega/N$ ein skalarer Drehwinkel ist und $n_{ij}$ eine Drehachse[32] im vierdimensionalen Minkowski-Raum definiert. Hieraus ergibt sich für die infinitesimale Transformationsmatrix (2.106)

$$\Lambda_k^{k'} = \delta_k^{k'} + g^{k'l'}d\omega_{l'k} = \delta_k^{k'} + \frac{\omega}{N}g^{k'l'}n_{l'k} = \delta_k^{k'} + \frac{\omega}{N}n_k^{k'} \tag{2.132}$$

oder in der kompakteren Matrixdarstellung

$$\Lambda = \underline{\underline{1}} + \frac{\omega}{N}\underline{\underline{n}} \tag{2.133}$$

Dann erhalten wir für die endliche Lorentz-Transformation der Koordinaten des Inertialsystems $\Sigma$ auf die des Inertialsystems $\Sigma'$

$$\vec{x}' = \lim_{N\to\infty}\Lambda^N\vec{x} = \lim_{N\to\infty}\left(\underline{\underline{1}} + \frac{\omega}{N}\underline{\underline{n}}\right)^N\vec{x} = \exp\left\{\omega\underline{\underline{n}}\right\}\vec{x} \tag{2.134}$$

Dieser Zusammenhang erlaubt es, den Parameter $\omega$ und die Matrix $\underline{\underline{n}}$ zu bestimmen. Betrachten wir z. B. die Matrix

$$n_1^0 = n_0^1 = -1 \qquad \text{und} \qquad n_k^{k'} = 0 \quad \text{sonst} \tag{2.135}$$

so finden wir für beliebige natürliche Zahlen $m$ die Eigenschaften $\underline{\underline{n}}^{2m+1} = \underline{\underline{n}}$ und $\underline{\underline{n}}^{2m} = \underline{\underline{r}}$ mit

$$r_0^0 = r_1^1 = 1 \qquad \text{und} \qquad r_k^{k'} = 0 \quad \text{sonst} \tag{2.136}$$

**32**) siehe Band II, Kap. 3.6

Dann aber ist

$$\begin{aligned}\exp\{\omega \underline{\underline{n}}\} &= \underline{\underline{1}} + \left(\omega + \frac{\omega^3}{3!} + \dots\right)\underline{\underline{n}} + \left(\frac{\omega^2}{2!} + \frac{\omega^4}{4!} + \dots\right)\underline{\underline{r}} \\ &= \underline{\underline{1}} + \sinh\omega\,\underline{\underline{n}} + (\cosh\omega - 1)\,\underline{\underline{r}} \end{aligned} \tag{2.137}$$

oder explizit

$$\exp\{\omega \underline{\underline{n}}\} = \begin{pmatrix} \cosh\omega & -\sinh\omega & 0 & 0 \\ -\sinh\omega & \cosh\omega & 0 & 0 \\ 0 & 0 & 1 & 0 \\ 0 & 0 & 0 & 1 \end{pmatrix} \tag{2.138}$$

Der Vergleich der Lorentz-Transformation (2.134) mit der speziellen Lorentz-Transformation zwischen zwei Inertialsystemen mit parallel ausgerichteten Achsen, die sich mit der zur $x$-Achse parallelen Relativgeschwindigkeit $v$ gegeneinander bewegen[33] liefert uns schließlich den Parameter $\omega$, der sich aus der Gleichung

$$\tanh\omega = \frac{v}{c} \tag{2.139}$$

ergibt. Nachdem durch die Vorgabe der Inertialsysteme der Parameter $\omega$ und die Matrix $\underline{\underline{n}}$ und damit die endliche Lorentz-Transformation bestimmt sind, können wir die zugehörige Matrix $R(\Lambda)$ berechnen. Mit (2.119) und (2.131) erhalten wir

$$R(\Lambda) = \lim_{N\to\infty}\left(\underline{\underline{1}} + \frac{\omega}{8N}\left[\gamma_i, \gamma_j\right] n^{ij}\right)^N = \exp\left\{\frac{\omega}{8}\left[\gamma_i, \gamma_j\right] n^{ij}\right\} \tag{2.140}$$

In unserem speziellen Beispiel verschwinden bis auf $n^{01} = -n^{10} = -1$ alle Elemente von $\underline{\underline{n}}$. Deshalb ist mit (2.18), (2.28) und (2.29)

$$\left[\gamma_i, \gamma_j\right] n^{ij} = 2\left[\gamma_1, \gamma_0\right] = -4\gamma_0\gamma_1 = 4\gamma^0\gamma^1 = 4\alpha_1 \tag{2.141}$$

Beachtet man noch $\alpha_1^{2m} = \underline{\underline{1}}$ und $\alpha_1^{2m+1} = \alpha_1$, dann ist[34]

$$R(\Lambda) = \exp\left\{\frac{\omega}{2}\alpha_1\right\} = \cosh\frac{\omega}{2}\,\underline{\underline{1}} + \sinh\frac{\omega}{2}\,\alpha_1 \tag{2.142}$$

Man kann sich leicht davon überzeugen, dass man $R^{-1}(\Lambda)$ aus (2.142) durch die Substitution $\omega \to -\omega$ erhält und dass die so konstruierte inverse Matrix tatsächlich $R(\Lambda)R^{-1}(\Lambda) = \underline{\underline{1}}$ erfüllt.

**33**) siehe Band II, Kap. 3.5

**34**) Der Vergleich von (2.134) mit (2.142) zeigt, dass bei Spinortransformationen nur der halbe Wert des Transformationsparameters $\omega$ eingeht.

## 2.2.2 *Lösungen der freien Dirac-Gleichung

### 2.2.2.1 *Bispinorschreibweise der Dirac-Gleichung

Wir wollen uns jetzt mit den Lösungen der freien Dirac-Gleichung befassen. Zu diesem Zweck wählen wir eine neue, auch für die weitere Behandlung der Dirac-Gleichung sinnvolle Darstellung des Spinors $\psi$. Dieser vierkomponentige Spinor kann in zwei Zweierspinoren zerlegt werden, die wir bereits aus der Behandlung der Pauli-Gleichung[35] kennen

$$\psi = \begin{pmatrix} \chi \\ \varphi \end{pmatrix} \quad \text{mit} \quad \varphi = \begin{pmatrix} \varphi_1 \\ \varphi_2 \end{pmatrix} \quad \text{und} \quad \chi = \begin{pmatrix} \chi_1 \\ \chi_2 \end{pmatrix} \tag{2.143}$$

Wir werden etwas später auch zeigen, dass die zunächst formale Gleichstellung der Zweierspinoren $\chi$ und $\varphi$ mit den Pauli'schen Spinoren nicht nur aus formalen mathematischen, sondern auch aus physikalischen Gründen naheliegend ist. Wegen dieser Darstellung und zur besseren Unterscheidung werden wir den Dirac'schen Viererspinor in Zukunft auch als *Bispinor* bezeichnen.

### 2.2.2.2 *Ebene Wellen

Wie bei der Behandlung der Schrödinger-Gleichung eines freien Teilchens im Rahmen der nichtrelativistischen Quantenmechanik suchen wir zunächst eine stationäre Dirac-Gleichung, deren Eigenlösungen wir dann zur Konstruktion der Wellenfunktion des relativistischen freien Teilchens benutzen können. Zu diesem Zweck ist es sinnvoll, die Dirac-Gleichung (2.32) in eine der Schrödinger-Gleichung verwandte Form zu bringen. Wir multiplizieren (2.32) mit $c\gamma^0 = c\beta$ und erhalten so unter Beachtung von (2.18)

$$i\hbar \frac{\partial}{\partial t} \psi = \hat{H}_{\mathrm{f}} \psi \tag{2.144}$$

mit dem Hamilton-Operator[36] des freien Teilchens

$$\hat{H}_{\mathrm{f}} = -\sum_{\mu=1}^{3} i\, c\hbar \alpha_\mu \frac{\partial}{\partial x^\mu} + mc^2\beta = c\boldsymbol{\alpha}\hat{\boldsymbol{p}} + mc^2\beta \tag{2.145}$$

Der übliche Ansatz $\psi(\boldsymbol{x},t) = \psi(\boldsymbol{x}) \exp\{-iEt/\hbar\}$ führt uns dann auf die gesuchte stationäre Eigenwertgleichung vom Typ $\hat{H}_{\mathrm{f}}\psi = E\psi$. Weiter wissen wir, dass die Ortsunabhängigkeit des Hamilton-Operators die Vertauschbarkeit von Impuls- und Hamilton-Operator nach sich zieht. Deshalb haben $\hat{\boldsymbol{p}}$ und $\hat{H}_{\mathrm{f}}$ die gleichen Eigenfunktionen. Wir kommen deshalb für die zeitunabhängige Wellenfunktion $\psi(\boldsymbol{x})$ sofort auf auf die Eigenlösungen $\psi(\boldsymbol{p}) \exp\{i\boldsymbol{p}\boldsymbol{x}/\hbar\}$.

**35**) siehe Band III, Kap. 9.2.1

**36**) Der Index f deutet an, dass es sich bei $H_{\mathrm{f}}$ um den Hamilton-Operator des freien Teilchens handelt.

Folglich wird jede Lösung der Dirac-Gleichung des freien Teilchens (2.144) aus ebenen Wellen

$$\psi(\boldsymbol{x},t) = \psi(\boldsymbol{p})\mathrm{e}^{\frac{i}{\hbar}(\boldsymbol{px}-Et)} \tag{2.146}$$

mit der Bispinoramplitude

$$\psi(\boldsymbol{p}) = \begin{pmatrix} \chi_0 \\ \varphi_0 \end{pmatrix} \tag{2.147}$$

aufgebaut. Es bleibt nur noch zu klären, wie die Energieeigenwerte $E$ von den Eigenwerten des Impulsoperators $\boldsymbol{p}$ abhängen und welche mathematische Struktur die Amplitude $\psi(\boldsymbol{p})$ besitzt.

Wir setzen deshalb (2.146) in (2.144) ein und verwenden die im vorangegangenen Abschnitt eingeführte Bispinor-Darstellung. Mit (2.16) erhalten wir dann die Matrixgleichung

$$\begin{pmatrix} mc^2 & c\hat{\boldsymbol{\sigma}}\boldsymbol{p} \\ c\hat{\boldsymbol{\sigma}}\boldsymbol{p} & -mc^2 \end{pmatrix}\begin{pmatrix} \chi_0 \\ \varphi_0 \end{pmatrix} = E\begin{pmatrix} \chi_0 \\ \varphi_0 \end{pmatrix} \tag{2.148}$$

aus der sich die beiden Gleichungen

$$mc^2\chi_0 + c\hat{\boldsymbol{\sigma}}\boldsymbol{p}\varphi_0 = E\chi_0 \qquad \text{und} \qquad c\hat{\boldsymbol{\sigma}}\boldsymbol{p}\chi_0 - mc^2\varphi_0 = E\varphi_0 \tag{2.149}$$

ergeben. Dieses homogene Gleichungssystem hat nur dann eine nichttriviale Lösung, wenn die Koeffizientendeterminante

$$\begin{vmatrix} mc^2 - E & c\hat{\boldsymbol{\sigma}}\boldsymbol{p} \\ c\hat{\boldsymbol{\sigma}}\boldsymbol{p} & -mc^2 - E \end{vmatrix} = E^2 - m^2c^4 - c^2(\hat{\boldsymbol{\sigma}}\boldsymbol{p})^2 = 0 \tag{2.150}$$

verschwindet. Beachtet man folgende Identität[37]

$$(\boldsymbol{A}\hat{\boldsymbol{\sigma}})(\boldsymbol{B}\hat{\boldsymbol{\sigma}}) = \boldsymbol{AB} + i(\boldsymbol{A}\times\boldsymbol{B})\hat{\boldsymbol{\sigma}} \tag{2.151}$$

dann erhalten wir mit $\boldsymbol{A} = \boldsymbol{B} = \boldsymbol{p}$ für die Energieeigenwerte

$$E_\pm(p) = \pm E_p \qquad \text{mit} \qquad E_p = \sqrt{m^2c^4 + c^2\boldsymbol{p}^2} \tag{2.152}$$

Mit Hilfe der Energieeigenwerte können wir jetzt die zugehörigen Eigenfunktionen berechnen. Aus (2.149) erhalten wir

$$\varphi_0 = \frac{c\hat{\boldsymbol{\sigma}}\boldsymbol{p}}{mc^2 + E}\chi_0 \tag{2.153}$$

woraus wir sofort die den beiden Vorzeichen der Energieeigenwerte entsprechenden Amplituden

$$\psi^\pm(\boldsymbol{p}) = N_\pm \begin{pmatrix} \chi_0 \\ \dfrac{c\hat{\boldsymbol{\sigma}}\boldsymbol{p}}{mc^2 \pm E_p}\chi_0 \end{pmatrix} \tag{2.154}$$

**37**) siehe Band III, Aufgabe 9.5

bestimmen können. Den hier auftretenden Normierungsfaktor $N_\pm$ werden wir gleich berechnen. Zuvor wollen wir aber den Spinor $\chi_0$ etwas genauer betrachten. Offenbar kann $\chi_0$ beliebig gewählt werden. Andererseits können wir jeden Spinor als Superposition von zwei linear unabhängigen Spinoren darstellen. Als besonders einfach haben sich dafür die beiden Eigenspinoren

$$\chi_+ = \begin{pmatrix} 1 \\ 0 \end{pmatrix} \qquad \text{und} \qquad \chi_- = \begin{pmatrix} 0 \\ 1 \end{pmatrix} \tag{2.155}$$

der Pauli-Matrix $\hat{\sigma}_z$ erwiesen, die eine orthonormale Basis im Raum der Zweierspinoren bilden[38] und sich durch die Orientierung des zugehörigen Spins bezüglich der $z$-Achse unterscheiden. Folglich kann jeder der beiden Bispinoren $\psi^+(\boldsymbol{p})$ und $\psi^-(\boldsymbol{p})$ in (2.154) aus je zwei Viererspinoren aufgebaut werden, die sich hinsichtlich der Verwendung der beiden Zweierspinoren (2.155) anstelle von $\chi_0$ unterscheiden. Der Impulseigenwert $\boldsymbol{p}$ ist vierfach, die beiden Energieeigenwerte $E_\pm(p) = \pm E_p$ sind je zweifach entartet. Jede Amplitude einer ebenen Wellenlösung der Dirac-Gleichung mit dem Impuls $\boldsymbol{p}$ kann deshalb dargestellt werden als Superposition der vier Bispinoren

$$\psi^{(\mu,\lambda)}(\boldsymbol{p}) = N_\lambda \begin{pmatrix} \chi_\mu \\ \dfrac{c\hat{\boldsymbol{\sigma}}\boldsymbol{p}}{mc^2 + \lambda E_p}\chi_\mu \end{pmatrix} \quad \text{mit} \quad \mu = \pm 1 \quad \text{und} \quad \lambda = \pm 1 \tag{2.156}$$

die durch ihre Spinorientierung $\mu = \pm 1$ und das Vorzeichen der Energieeigenwerte $\lambda = \pm 1$ ausgezeichnet werden. Dabei ist zu beachten, dass die Orts- und Zeitabhängigkeit gemäß (2.146) durch die Exponentialfunktion $\exp\{\frac{i}{\hbar}(\boldsymbol{x}\boldsymbol{p} - \lambda E_p t)\}$ gegeben ist. Das Skalarprodukt zwischen je zwei dieser Eigenspinoren ergibt dann

$$\psi^{(\mu',\lambda')}(\boldsymbol{p})^\dagger \psi^{(\mu,\lambda)}(\boldsymbol{p}) = N^*_{\lambda'} N_\lambda \chi^\dagger_{\mu'} \left[\hat{1} + \frac{c^2(\hat{\boldsymbol{\sigma}}\boldsymbol{p})^2}{(mc^2 + \lambda' E_p)(mc^2 + \lambda E_p)}\right] \chi_\mu \tag{2.157}$$

Mit (2.151) und $\chi^\dagger_{\mu'}\chi_\mu = \delta_{\mu'\mu}$ erhalten wir dann

$$\begin{aligned}
(\psi^{(\mu',\lambda')}(\boldsymbol{p}))^\dagger \psi^{(\mu,\lambda)}(\boldsymbol{p}) &= N^*_{\lambda'} N_\lambda \left[1 + \frac{c^2 \boldsymbol{p}^2}{(mc^2 + \lambda' E_p)(mc^2 + \lambda E_p)}\right] \delta_{\mu'\mu} \\
&= N^*_{\lambda'} N_\lambda \left[\frac{(\lambda' + \lambda) mc^2 E_p + (1 + \lambda'\lambda) E_p^2}{(mc^2 + \lambda' E_p)(mc^2 + \lambda E_p)}\right] \delta_{\mu'\mu} \\
&= N^*_{\lambda'} N_\lambda \frac{2\lambda E_p}{mc^2 + \lambda E_p} \delta_{\mu'\mu}\delta_{\lambda'\lambda} \\
&= |N_\lambda|^2 \frac{2E_p}{E_p + \lambda mc^2} \delta_{\mu'\mu}\delta_{\lambda'\lambda}
\end{aligned} \tag{2.158}$$

38) siehe Band III, Kap. 9.2.2

Offenbar bilden die vier Bispinoren (2.156) eine orthogonale Basis. Wählt man für die Normierungsfaktoren

$$N_\lambda = \sqrt{\frac{E_p + \lambda mc^2}{2E_p}} \tag{2.159}$$

dann ist diese Basis sogar orthonormiert.

Die Menge aller durch (2.146) und (2.156) bestimmten ebenen Wellen bildet wie im Fall der nichtrelativistischen Quantenmechanik[39] einen vollständigen Satz von Eigenzuständen, aus denen sich beliebige Wellenpakete entsprechend

$$\psi(\boldsymbol{x}, t) = \frac{1}{(2\pi\hbar)^{3/2}} \int d^3p \sum_{\lambda=\pm 1} \sum_{\mu=\pm 1} C_{\lambda,\mu}(\boldsymbol{p}, t) \psi^{(\mu,\lambda)}(\boldsymbol{p}) e^{\frac{i}{\hbar}(\boldsymbol{x}\boldsymbol{p} - \lambda E_p t)} \tag{2.160}$$

bilden lassen, wobei die evtl. zeitabhängigen Wahrscheinlichkeitsamplituden $C_{\lambda,\mu}(\boldsymbol{p}, t)$ die Form und die zeitliche Entwicklung des Wellenpakets bestimmen. Für ein freies Teilchen sind diese Entwicklungskoeffizienten natürlich zeitunabhängig. Entwickelt man dagegen den Zustand eines quantenmechanisch-relativistischen Teilchen in einem ortsabhängigen Potential[40] nach ebenen Wellen, dann sind die Wahrscheinlichkeitsamplituden $C_{\lambda,\mu}(\boldsymbol{p}, t)$ gewöhnlich zeitabhängig.

Um wirklich jeden beliebigen Quantenzustand beschreiben zu können, müssen alle vier zu einem Impuls $\boldsymbol{p}$ gehörigen Basisspinoren $\psi^{(\mu,\lambda)}(\boldsymbol{p})$ einbezogen werden. Andernfalls haben wir es mit einer unvollständigen Basis zu tun, so dass nicht mehr alle zulässigen quantenmechanischen Zustände dargestellt werden können.

#### 2.2.2.3 *Nichtrelativistischer Grenzfall

Eine nichtrelativistische Situation liegt vor, wenn die Energie $E_p$ von der Größenordnung der Ruheenergie $mc^2$ ist. In diesem Fall ist $|\boldsymbol{p}|/(mc) \ll 1$ und es gilt $E_p - mc^2 \approx \boldsymbol{p}^2/(2m)$. Damit erhalten wir aus (2.159)

$$N_+ \approx 1 \qquad \text{und} \qquad N_- \approx \frac{p}{2mc} \tag{2.161}$$

und die Bispinoren werden

$$\psi^{(\mu,+)}(\boldsymbol{p}) \approx \begin{pmatrix} \chi_\mu \\ 0 \end{pmatrix} \qquad \text{und} \qquad \psi^{(\mu,-)}(\boldsymbol{p}) \approx -\frac{1}{p} \begin{pmatrix} 0 \\ \hat{\sigma}\boldsymbol{p}\chi_\mu \end{pmatrix} \tag{2.162}$$

Für Lösungen mit positiven Energieeigenwerten $E_+(p) = +E_p$ ist im nichtrelativistischen Fall nur der obere Spinor des Bispinors relevant, für negative

39) siehe Band III, Kap. 2.3.5

40) Die Dirac-Gleichung für ein Teilchen in einem Potential wird in Kap. 2.2.3 diskutiert.

Energieeigenwerte $E_-(p) = -E_p$ nur der untere Spinor. Eine etwas genauere Abschätzung zeigt, dass der jeweils vernachlässigte Spinor in (2.162) von der Größenordnung $v/c$ kleiner als der jeweils relevante Spinor ist und erst bei der Berücksichtigung relativistischer Korrekturen eine Rolle spielen, siehe Abschnitt 2.2.3.

#### 2.2.2.4 *Der Spinoperator

Wir wollen jetzt einen Operator konstruieren, der den Spinzustand des relativistischen Teilchens repräsentiert. Dazu stellen wir die Forderung, dass der quantenmechanische Erwartungswert dieses Operators mit dem aus der nichtrelativistischen Quantenmechanik bekannten Erwartungswert des Spinoperators $\hat{\mathbf{S}} = \hbar\hat{\sigma}/2$ wenigstens näherungsweise übereinstimmt. Als Ausgangspunkt unserer Überlegungen betrachten wir den Operator

$$\hat{\mathbf{\Sigma}} = (\hat{\Sigma}_1, \hat{\Sigma}_2, \hat{\Sigma}_3) \qquad \text{mit} \qquad \hat{\Sigma}_\alpha = \frac{\hbar}{2}\begin{pmatrix} \hat{\sigma}_\alpha & 0 \\ 0 & \hat{\sigma}_\alpha \end{pmatrix} \quad \alpha = 1,2,3 \tag{2.163}$$

dessen Erwartungswert im Zustand $\psi$ durch

$$\langle\psi|\,\hat{\mathbf{\Sigma}}\,|\psi\rangle = \int d^3x\,\chi^\dagger\hat{\sigma}\chi + \int d^3x\,\varphi^\dagger\hat{\sigma}\varphi \tag{2.164}$$

bestimmt ist. Im nichtrelativistischen Grenzfall ist – je nachdem ob wir positive oder negative Energieeigenwerte voraussetzen – der zweite Summand gegenüber dem ersten bzw. der erste gegenüber dem zweiten um den Faktor $(v/c)^2$ kleiner und kann deshalb vernachlässigt werden. Wir erhalten damit also bis auf schwache Korrekturen den Erwartungswert des Spins nach der Pauli-Theorie.

Wegen der Diagonalstruktur der einzelnen Komponenten des Spinoperators, siehe (2.163), gelten für die einzelnen Komponenten des Spinoperators die gleichen Regeln wie für die Pauli'schen Spinmatrizen[41]

$$\hat{\Sigma}_\mu\hat{\Sigma}_\nu + \hat{\Sigma}_\nu\hat{\Sigma}_\mu = \frac{\hbar^2}{2}\delta_{\mu\nu}\underline{\underline{1}} \qquad \text{und} \qquad \left[\Sigma_\mu, \hat{\Sigma}_\nu\right] = \frac{i\hbar}{2}\epsilon_{\mu\nu\rho}\hat{\Sigma}_\rho \tag{2.165}$$

Hieraus ergibt sich insbesondere

$$\hat{\mathbf{\Sigma}}^2 = \hat{\Sigma}_1^2 + \hat{\Sigma}_2^2 + \hat{\Sigma}_3^2 = \frac{3}{4}\hbar^2\underline{\underline{1}} \tag{2.166}$$

d. h. wie beim Pauli'schen Spinoperator ist auch jetzt $\hat{\mathbf{\Sigma}}^2$ proportional zur Einheitsmatrix. Damit ist jeder beliebige Bispinor ein Eigenzustand von $\hat{\mathbf{\Sigma}}^2$ zu dem Eigenwert $3\hbar^2/4$. Wegen der Äquivalenz zur Pauli'schen Spinalgebra und deren Beziehungen zur Drehimpulsalgebra kann der Eigenwert von $\hat{\mathbf{\Sigma}}^2$

41) siehe Band III, Gleichung (9.43) und (9.50)

auch durch $\hbar^2 s(s+1)$ ausgedrückt werden. Hieraus folgt unmittelbar, dass alle Bispinoren Partikel mit der Spinquantenzahl $s = 1/2$ beschreiben. Die Dirac-Gleichung ist damit eine relativistisch-quantenmechanische Gleichung für Spin-1/2-Teilchen.

Wegen der Vertauschbarkeit von $\hat{\boldsymbol{\Sigma}}^2$ mit den einzelnen Komponenten des Spinoperators $\hat{\boldsymbol{\Sigma}}$, also $[\hat{\boldsymbol{\Sigma}}^2, \hat{\Sigma}_\mu] = 0$, können wir noch die Eigenwerte einer Komponente $\hat{\Sigma}_\mu$ des Spinoperators zur Charakterisierung des jeweiligen Quantenzustands heranziehen. Üblicherweise wählt man dazu die z-Komponente $\hat{\Sigma}_z$. Wegen

$$\hat{\Sigma}_z = \frac{\hbar}{2}\begin{pmatrix} \hat{\sigma}_z & 0 \\ 0 & \hat{\sigma}_z \end{pmatrix} = \frac{\hbar}{2}\begin{pmatrix} 1 & 0 & 0 & 0 \\ 0 & -1 & 0 & 0 \\ 0 & 0 & 1 & 0 \\ 0 & 0 & 0 & -1 \end{pmatrix} \tag{2.167}$$

hat $\hat{\Sigma}_z$ die Eigenwerte $\pm\hbar/2$ und die zugehörigen Eigenspinoren

$$\psi^{(1)} = \begin{pmatrix} 1 \\ 0 \\ 0 \\ 0 \end{pmatrix} \quad \psi^{(2)} = \begin{pmatrix} 0 \\ 1 \\ 0 \\ 0 \end{pmatrix} \quad \psi^{(3)} = \begin{pmatrix} 0 \\ 0 \\ 1 \\ 0 \end{pmatrix} \quad \psi^{(4)} = \begin{pmatrix} 0 \\ 0 \\ 0 \\ 1 \end{pmatrix} \tag{2.168}$$

mit $\hat{\Sigma}_z \psi^{(1),(3)} = \hbar/2\, \psi^{(1),(3)}$ und $\hat{\Sigma}_z \psi^{(2),(4)} = -\hbar/2\, \psi^{(2),(4)}$.

Genaugenommen ist der Spinoperator (2.163) nur eine Näherung, die eigentlich nur bei relativ niedrigen Energieeigenwerten gültig ist. Man erkennt sofort, dass der Spinoperator (2.163) kein Vierervektor ist und somit auch keine relativistisch-invariante Darstellung des Spins sein kann.

Tatsächlich hat der relativistisch korrekte Spinoperator eine sehr komplizierte Struktur. Um ihn herleiten zu können, muss man die invarianten Operatoren der Poincaré-Gruppe (inhomogene Lorentz-Gruppe), also der Gruppe aller als Drehungen im Minkowski-Raum interpretierbarer Lorentz-Transformationen und aller räumlichen und zeitlichen Translationen, bestimmen. Solche Invarianten werden auch als Casimir-Operatoren bezeichnet. Sie haben die interessante Eigenschaft, dass sie mit allen Generatoren einer Gruppe[42] vertauschen. Wir werden aber hier auf die Konstruktion des relativistisch-invarianten Spinoperators verzichten, da diese für die nachfolgenden Kapitel nicht von zentraler Bedeutung ist und verweisen statt dessen auf die Spezialliteratur [8].

#### 2.2.2.5 *Zustände positiver und negativer Energie

Wir haben in Abschnitt 2.2.2.2 gesehen, dass jeder quantenmechanische Zustand eines relativistischen Teilchens nach ebenen Wellen entwickelt werden

**42**) siehe Kap. 6.2.3.2

kann, wobei ebene Wellen sowohl positiver als auch negativer Energie berücksichtigt werden müssen.

Für die weiteren Untersuchungen, z. B. bei der Durchfürung der Foldy-Wouthuysen-Transformation in Abschnitt 2.2.3.3, ist es deshalb zweckmäßig, über einen Operator $\hat{Z}$ zu verfügen, der das Vorzeichen der Energieeigenwerte ebener Wellen bestimmt. So soll bzgl. der aus den Eigenspinoren (2.156) gebildeten ebenen Wellen gelten

$$\hat{Z}\psi^{(\lambda,\mu)} e^{\frac{i}{\hbar}(\boldsymbol{xp}-\lambda E_p t)} = \lambda \psi^{(\lambda,\mu)} e^{\frac{i}{\hbar}(\boldsymbol{xp}-\lambda E_p t)} \tag{2.169}$$

Mit Hilfe des Hamilton-Operators des freien Teilchens (2.145) können wir schreiben

$$\hat{Z} = \frac{\hat{H}_\mathrm{f}}{|\hat{H}_\mathrm{f}|} = \frac{c\hat{\boldsymbol{\alpha}}\hat{\boldsymbol{p}} + mc^2\beta}{\sqrt{m^2c^4 + c^2\hat{\boldsymbol{p}}^2}} \tag{2.170}$$

Der Vorzeichenoperator $\hat{Z}$ ist wegen $\hat{Z} = \hat{Z}^\dagger$ hermitesch und außerdem wegen $\hat{Z}^\dagger = \hat{Z}^{-1}$ auch unitär. Wenden wir $\hat{Z}$ auf eine Eigenlösung $\psi_E$ der freien Dirac-Gleichung zur durch $E = \lambda E_p$ definierten Energie an, dann erhalten wir wegen $\hat{H}_\mathrm{f}\psi_E = E\psi_E$

$$\hat{Z}\psi_E = \frac{\hat{H}_\mathrm{f}}{|\hat{H}_\mathrm{f}|}\psi_E = \frac{E}{|E|}\psi_E = \operatorname{sgn} E\, \psi_E = \lambda\psi_E \tag{2.171}$$

Mit Hilfe des Operators $\hat{Z}$ können wir Projektionsoperatoren $\hat{P}_+$ und $\hat{P}_-$ konstruieren, die aus einem beliebigen Zustand alle ebenen Wellen positiver bzw. negativer Energie herausfiltern. Prinzipiell kann man jeden Bispinor $\psi$ zerlegen in einen Anteil $\psi^{(+)}$, der aus einer Überlagerung aller ebenen Wellen mit positiver Energie besteht und einen Beitrag $\psi^{(-)}$, der aus den Basiszuständen negativer Energie aufgebaut ist. Dann gilt natürlich $\hat{Z}\psi^{(+)} = \psi^{(+)}$ und $\hat{Z}\psi^{(-)} = -\psi^{(-)}$ und die gesuchten Projektionsoperatoren lauten

$$\hat{P}_+ = \frac{1}{2}(1+\hat{Z}) \qquad \text{und} \qquad \hat{P}_- = \frac{1}{2}(1-\hat{Z}) \tag{2.172}$$

Tatsächlich erhalten wir mit diesen Projektoren

$$\begin{aligned} \hat{P}_\pm\psi &= \frac{1}{2}(1 \pm \hat{Z})\left(\psi^{(+)} + \psi^{(-)}\right) \\ &= \frac{1}{2}\left(\psi^{(+)} + \psi^{(-)} \pm \hat{Z}\psi^{(+)} \pm \hat{Z}\psi^{(-)}\right) \\ &= \frac{1}{2}\left(\psi^{(+)} + \psi^{(-)} \pm \psi^{(+)} \mp \psi^{(-)}\right) = \psi^{(\pm)} \end{aligned} \tag{2.173}$$

Wir können jeden Operator bzgl. seiner Wirkung auf die Zustände positiver und negativer Energie charakterisieren. Ein gerader Operator $[\hat{A}]$ erzeugt bei seiner Anwendung auf einen Zustand positiver Energie $\psi^{(+)}$ bzw. auf einen Zustand negativer Energie $\psi^{(-)}$ wieder einen Zustand $\tilde{\psi}^{(+)}$ positiver bzw. einen Zustand $\tilde{\psi}^{(-)}$ negativer Energie

$$[\hat{A}]\,\psi^{(+)} = \tilde{\psi}^{(+)} \qquad \text{und} \qquad [\hat{A}]\,\psi^{(-)} = \tilde{\psi}^{(-)} \tag{2.174}$$

Ein ungerader Operator $\{\hat{A}\}$ bildet dagegen Zustände, die aus Eigenzuständen positiver Energie aufgebaut sind, auf solche Zustände ab, die nur aus Eigenzuständen negativer Energie bestehen und umgekehrt, also

$$\{\hat{A}\}\,\psi^{(+)} = \tilde{\psi}^{(-)} \qquad \text{und} \qquad \{\hat{A}\}\,\psi^{(-)} = \tilde{\psi}^{(+)} \tag{2.175}$$

Jeder Operator $\hat{A}$ kann in einen geraden und einen ungeraden Operator zerlegt werden. Man findet

$$[\hat{A}] = \frac{1}{2}\,(\hat{A} + \hat{Z}\hat{A}\hat{Z}) \qquad \text{und} \qquad \{\hat{A}\} = \frac{1}{2}\,(\hat{A} - \hat{Z}\hat{A}\hat{Z}) \tag{2.176}$$

woraus sich sofort $\hat{A} = [\hat{A}] + \{\hat{A}\}$ ergibt. Zum Beweis von (2.176) wenden wir $[\hat{A}]$ auf einen Zustand $\psi^{(\pm)}$ an und erhalten

$$[\hat{A}]\psi^{(\pm)} = \frac{1}{2}\left(\hat{A}\psi^{(\pm)} + \hat{Z}\hat{A}\hat{Z}\psi^{(\pm)}\right) = \frac{1}{2}\left(\hat{A}\psi^{(\pm)} \pm \hat{Z}\hat{A}\psi^{(\pm)}\right) \tag{2.177}$$

woraus sich mit (2.172)

$$[\hat{A}]\psi^{(\pm)} = \hat{P}_{\pm}\hat{A}\psi^{(\pm)} = \tilde{\psi}^{(\pm)} \tag{2.178}$$

ergibt. Der links von $\hat{A}$ stehende Projektionsoperator $\hat{P}_{\pm}$ sorgt jetzt dafür, dass unabhängig von der durch $\hat{A}$ vermittelten Abbildung im Endergebnis nur Zustände positiver oder negativer Energie verbleiben.

Im Fall des freien Teilchens kommutieren Hamilton-Operator (2.145) und Impulsoperator wegen (2.170) mit dem Vorzeichenoperator. Wegen (2.176) und $\hat{Z}^2 = 1$ sind daher diese beiden Operatoren gerade.

Das hat insbesondere zur Folge, dass der Quantenzustand eines freien Teilchens, der ausschließlich aus ebenen Wellen positiver (oder negativer) Energien zusammengesetzt ist, auch in Zukunft nur aus positiven (oder negativen) Basiszuständen zusammengesetzt bleibt. Mit anderen Worten, die zeitliche Evolution eines freien Teilchens führt nicht zur Mischung von Zuständen positiver und negativer Energien.

Im Gegensatz dazu ist der Ortsoperator ein gemischter Operator. Beachtet man die aus den Vertauschungsrelationen für Orts- und Impulsoperator ableitbare Beziehung[43]

$$[\hat{\boldsymbol{x}}, \hat{Z}] = i\hbar\frac{\partial \hat{Z}}{\partial \hat{\boldsymbol{p}}} \tag{2.179}$$

**43**) siehe hierzu Band III, Kap. 4.5.2.2

dann bekommt man zunächst unter Verwendung von (2.170)

$$\frac{\partial \hat{Z}}{\partial \hat{\boldsymbol{p}}} = \frac{c\boldsymbol{\alpha}}{|H_\mathrm{f}|} - \frac{H_\mathrm{f} c^2 \hat{\boldsymbol{p}}}{\left(m^2c^4 + c^2\hat{\boldsymbol{p}}^2\right)^{3/2}} = \frac{c\boldsymbol{\alpha}}{|H_\mathrm{f}|} - \frac{c^2 \hat{\boldsymbol{p}} \hat{Z}}{H_\mathrm{f}^2} \tag{2.180}$$

und daraus die Beziehung

$$\hat{\boldsymbol{x}}\hat{Z} - \hat{Z}\hat{\boldsymbol{x}} = i\hbar c \left( \frac{\boldsymbol{\alpha}}{|H_\mathrm{f}|} - \frac{c\hat{\boldsymbol{p}}\hat{Z}}{H_\mathrm{f}^2} \right) \tag{2.181}$$

Durch Multiplikation mit $\hat{Z}$ von rechts erhalten wir hieraus unter Beachtung von $\hat{Z}^2 = 1$ den ungeraden Anteil des Ortsoperators

$$\{\hat{\boldsymbol{x}}\} = \frac{1}{2}\left(\hat{\boldsymbol{x}} - \hat{Z}\hat{\boldsymbol{x}}\hat{Z}\right) = \frac{i\hbar c}{2} \left( \frac{\boldsymbol{\alpha}\hat{Z}}{|H_\mathrm{f}|} - \frac{c\hat{\boldsymbol{p}}}{H_\mathrm{f}^2} \right) \tag{2.182}$$

Da dieser Anteil nicht verschwindet, aber auch nicht mit $\hat{\boldsymbol{x}}$ übereinstimmt, ist der Ortsoperator weder gerade noch ungerade.

## 2.2.3
## *Kopplung an das elektromagnetische Feld

### 2.2.3.1 *Prinzip der minimalen Kopplung

Die Dirac-Gleichung ist ebenso wie die Schrödinger- oder Pauli-Gleichung eine auf empirischen Erfahrungen beruhende Theorie. An dieser Feststellung ändert auch die zu Beginn dieses Kapitels nach logischen und physikalischen Grundregeln durchgeführte Konstruktion der Dirac-Gleichung für ein freies Teilchen nichts.

Eine wichtiges Kriterium, an dem sich die physikalische Bedeutung der Dirac-Theorie messen lassen muss, ist die Berechnung der quantenmechanischer Eigenschaften von Teilchen in elektromagnetischen Feldern. Das ist vor allem deshalb wichtig, weil viele Spin-1/2-Teilchen[44] Ladungsträger sind und deshalb über elektromagnetische Felder mit anderen Teilchen oder ihrer Umgebung wechselwirken. Wir hatten bereits in Band II dieser Lehrbuchreihe darauf hingewiesen, dass die elektromagnetische Wechselwirkung eine der vier bekannten fundamentalen Wechselwirkungsarten ist, die vor allem auf atomaren und molekularen Skalen relevant ist.

Die theoretische Untersuchung des Verhaltens quantenmechanisch-relativistischer Partikel in elektromagnetischen Feldern ist aber auch richtungsweisend für das Verständnis der anderen fundamentalen Wechselwirkungen, insbesondere der schwachen und starken Wechselwirkung.

**44**) Ladungstragende Spin-1/2-Teilchen sind z. B. Elektronen, Protonen oder Quarks, neutrale Spin-1/2-Teilchen sind z. B. Neutrinos.

Von grundlegender Bedeutung für die Erweiterung der Quantentheorie eines freien Teilchens zur Quantentheorie eines Teilchens in einem elektromagnetischen Feld ist das Prinzip der minimalen Kopplung[45]. Formal bedeutet dieses Verfahren, dass im Hamilton-Operator der Vierervektor des kinematischen Impulses $\vec{p}$ durch den Vierervektor des kanonischen Impulses $\vec{p} - e/c\vec{A}$ zu ersetzen ist. Dabei ist $\vec{A}$ das Viererpotential des elektromagnetischen Feldes mit den kovarianten Komponenten $(\phi, -\boldsymbol{A})$ und $e$ die Ladung des Elementarteilchens[46]. Benutzt man die Ortsdarstellung, dann sind alle Ableitungen $\partial_i$ durch den Differentialoperator $\mathcal{D}_i$ mit

$$\partial_i \quad \longrightarrow \quad \mathcal{D}_i = \partial_i + \frac{ie}{c\hbar} A_i \tag{2.183}$$

zu ersetzen. Diese Substitution sichert vor allem die Eichinvarianz der quantenmechanischen Gleichung[47]. Das Prinzip der minimalen Kopplung führt uns von der Dirac-Gleichung eines freien Teilchens (2.32) sofort auf die gesuchte Dirac-Gleichung für ein Teilchen im elektromagnetischen Feld

$$\left( i\hbar\gamma^k \mathcal{D}_k - mc \right) \psi = 0 \qquad \text{oder} \qquad \left( \gamma^k \left( i\hbar\partial_k - \frac{e}{c} A_k \right) - mc \right) \psi = 0 \tag{2.184}$$

Durch Multiplikation mit $\gamma^0$ und unter Beachtung von (2.18) erhalten wir dann die Schrödinger'sche Form der Dirac-Gleichung im elektromagnetischen Feld

$$i\hbar \frac{\partial \psi}{\partial t} = \hat{H}\psi \quad \text{und} \quad \hat{H} = c\boldsymbol{\alpha} \left( \frac{\hbar}{i} \nabla - \frac{e}{c} \boldsymbol{A} \right) + e\phi + mc^2 \beta \tag{2.185}$$

wobei wir jetzt das elektromagnetische Viererpotential durch das skalare Potential $\phi$ als zeitartige Komponente von $\vec{A}$ und durch das Vektorpotential $\boldsymbol{A}$ ausgedrückt haben.

#### 2.2.3.2 *Pauli-Gleichung als nichtrelativistischer Grenzfall der Dirac-Gleichung

Wir wollen uns in diesem Abschnitt ausschließlich auf die stationäre Dirac-Gleichung $\hat{H}\psi = E\psi$ mit dem Hamilton-Operator (2.185) beschränken. Wir können diese Gleichung in zwei gekoppelte Gleichungen für die beiden Zweierspinoren $\chi$ und $\varphi$ des Bispinors $\psi$, siehe (2.143), zerlegen. Mit der expliziten Darstellung der $\alpha$-Matrizen (2.16) bekommen wir

$$\begin{aligned} c\hat{\boldsymbol{\sigma}} \left( \hat{\boldsymbol{p}} - \frac{e}{c} \boldsymbol{A} \right) \varphi + e\phi\chi &= (E - mc^2)\chi \\ c\hat{\boldsymbol{\sigma}} \left( \hat{\boldsymbol{p}} - \frac{e}{c} \boldsymbol{A} \right) \chi + e\phi\varphi &= (E + mc^2)\varphi \end{aligned} \tag{2.186}$$

**45**) siehe Band III, Kap. 9.4.2
**46**) im Fall des Elektrons ist $e = -|e|$
**47**) Den Beweis hierfür haben wir im Band III, Kap. 9.4.2 erbracht.

Aus der zweiten Gleichung (2.186) erhalten wir

$$\varphi = \frac{c\hat{\sigma}\left(\hat{\boldsymbol{p}} - \frac{e}{c}\boldsymbol{A}\right)}{E + mc^2 - e\phi}\chi \tag{2.187}$$

Im nichtrelativistischen Grenzfall ist $E \approx mc^2 \gg e\phi$. Deshalb können wir den Nenner in (2.187) näherungsweise durch $2mc^2$ ausdrücken. Wir bekommen somit

$$\varphi \approx \frac{1}{2mc}\hat{\sigma}\left(\hat{\boldsymbol{p}} - \frac{e}{c}\boldsymbol{A}\right)\chi \tag{2.188}$$

Setzen wir dieses Ergebnis in die erste Gleichung (2.186) ein, dann erhalten wir eine homogene Gleichung für den Spinor $\chi$

$$\frac{1}{2m}\left[\hat{\sigma}\left(\hat{\boldsymbol{p}} - \frac{e}{c}\boldsymbol{A}\right)\hat{\sigma}\left(\hat{\boldsymbol{p}} - \frac{e}{c}\boldsymbol{A}\right)\right]\chi + e\phi\chi = (E - mc^2)\chi \tag{2.189}$$

Den Ausdruck in den eckigen Klammern hatten wir bereits in Band III ausgewertet[48]. Wir können dieses Ergebnis übernehmen

$$\left[\hat{\sigma}\left(\hat{\boldsymbol{p}} - \frac{e}{c}\boldsymbol{A}\right)\right]\left[\hat{\sigma}\left(\hat{\boldsymbol{p}} - \frac{e}{c}\boldsymbol{A}\right)\right] = \left(\hat{\boldsymbol{p}} - \frac{e}{c}\boldsymbol{A}\right)^2 - \frac{e\hbar}{c}\hat{\sigma}(\nabla \times \boldsymbol{A}) \tag{2.190}$$

und unter Beachtung von $\boldsymbol{B} = \operatorname{rot}\boldsymbol{A}$ in (2.189) einsetzen. Das Ergebnis ist die uns bereits bekannte Pauli-Gleichung[49] in der stationären Form

$$\frac{1}{2m}\left(\hat{\boldsymbol{p}} - \frac{e}{c}\boldsymbol{A}\right)^2\chi + e\phi\chi - \frac{e\hbar}{2mc}\hat{\sigma}\boldsymbol{B}\chi = (E - mc^2)\chi \tag{2.191}$$

Eine ähnliche Gleichung bekommt man natürlich auch für die untere Komponente $\varphi$ des Bispinors $\psi$. In Band III wurde diese Gleichung als (9.173) verwendet. Eine weitere Umformung, die den Bahndrehimpuls explizit aufzeigt, ist dort im Anschluss an (9.173) zu finden.

#### 2.2.3.3 *Foldy-Wouthuysen-Transformation

Die soeben dargestellte Ableitung der Pauli-Gleichung aus der Dirac-Gleichung ist ein wichtiges Indiz für die Bestätigung der grundlegenden Bedeutung dieser quantenmechanischen Evolutionsgleichung. Allerdings hat das

**48**) Siehe Band III, Kap. 9.4.2.3, Formel (9.167) und (9.168)

**49**) Siehe Band III, Formel (9.169). Die Verschiebung der Energieeigenwerte um die Ruheenergie $mc^2$ lässt sich am besten durch die Einführung der Differenzenergien $\delta E = E - mc^2$ als neue Energieskala verstehen. Während bei dieser Nomenklatur jede Eigenlösung der in Band III behandelten zeitabhängigen Pauli-Gleichung dann mit $\mathrm{e}^{i\delta Et/\hbar}$ oszilliert, ist die aus der Dirac-Gleichung folgende Lösung mit einem Zeitfaktor $\mathrm{e}^{iEt/\hbar}$ gekoppelt. Der Unterschied besteht nur in dem Faktor $\mathrm{e}^{imc^2t/\hbar}$, der in allen Eigenlösungen auftritt und sich deshalb in allen physikalisch messbaren Größen wie Skalarprodukten oder Erwartungswerten stets heraushebt.

obige Verfahren den Nachteil, dass es nur für stationäre Lösungen und damit zeitunabhängige elektromagnetische Felder funktioniert. Es wäre interessant zu erfahren, wie die Pauli-Gleichung aussehen würde, wenn man diese Zeitabhängigkeiten berücksichtigt. Wir werden sehen, dass man eine solche Darstellung in Form einer Reihenentwicklung bekommen kann, die in den niedrigsten Ordnungen die Pauli-Gleichung, in höheren Ordnungen aber auch relativistische Korrekturen liefert, die experimentell überprüfbar sind und deshalb wesentlich zur Bestätigung der Dirac-Gleichung beitrugen.

Im folgenden werden wir ein systematisches Verfahren behandeln, um den bei positiven Energien relativ kleinen unteren Spinor $\varphi$ des Bispinors $\psi$ aus der Dirac-Gleichung zu eliminieren. Das Verfahren ist eine störungstheoretische Variante der in Band III, Kap. 6 besprochenen Methode der kanonischen Transformation.

Ausgangspunkt unserer Überlegungen ist die Dirac-Gleichung im elektromagnetischen Feld (2.185) in der Schrödinger'schen Form

$$i\hbar \frac{\partial \psi}{\partial t} = \hat{H}\psi \quad \text{und} \quad \hat{H} = c\boldsymbol{\alpha}\left(\hat{\boldsymbol{p}} - \frac{e}{c}\boldsymbol{A}\right) + e\phi + mc^2\beta \tag{2.192}$$

Würden wir die Terme mit den nichtdiagonalen Matrizen $\alpha_\mu$ nicht berücksichtigen, dann wären die beiden Zweierspinoren $\chi$ und $\varphi$ des Bispinors $\psi$ in der Dirac-Gleichung (2.192) bereits entkoppelt und wir hätten eine Evolutionsgleichung für $\chi$ gewonnen. Man kann sich leicht davon überzeugen, dass die beiden Zweierspinoren durch die Matrizen $\boldsymbol{\alpha}$, nicht aber durch $\beta$, gemischt[50] werden. Das Ziel der folgenden Überlegungen und Rechnungen wird es sein, die mischenden Operatoren mit einer kanonischen Transformation aus der Dirac-Gleichung zu eliminieren.

Im Prinzip spielt die Matrix $\beta$ eine ähnliche Rolle wie der Vorzeichenoperator. Während $\hat{Z}$ die Basiszustände der ebenen Wellenlösungen bzgl. des Vorzeichens der Energie unterscheidet, kennzeichnet $\beta$ die oberen und unteren Bispinorkomponenten

$$\beta\begin{pmatrix}\chi\\0\end{pmatrix} = \begin{pmatrix}\chi\\0\end{pmatrix} \qquad \text{und} \qquad \beta\begin{pmatrix}0\\\varphi\end{pmatrix} = -\begin{pmatrix}0\\\varphi\end{pmatrix} \tag{2.193}$$

Man kann auf diese Weise analog zum Vorgehen in Abschnitt 2.2.2.5 Projektoren formulieren, die entweder die obere oder die untere Spinorkomponente aus einem Bispinor herausfiltern,

$$\hat{B}_\pm = \frac{1}{2}\left(\underline{\underline{1}} \pm \beta\right) \quad \text{mit} \quad \hat{B}_+\begin{pmatrix}\chi\\\varphi\end{pmatrix} = \begin{pmatrix}\chi\\0\end{pmatrix} \quad \text{und} \quad \hat{B}_-\begin{pmatrix}\chi\\\varphi\end{pmatrix} = \begin{pmatrix}0\\\varphi\end{pmatrix} \tag{2.194}$$

**50**) Unter einer Mischung versteht man, dass die Dynamik des einen Spinors von der Evolution des jeweils anderen Spinors beeinflusst wird.

Außerdem können wir wieder jeden Operator $\hat{A}$ in einen geraden Anteil $[\hat{A}]$ und einen ungeraden Anteil $\{\hat{A}\}$ zerlegen, die jetzt aber bzgl. der Matrix $\beta$ gebildet werden. Wie in (2.176) erhalten wir

$$[\hat{A}] = \frac{1}{2}\left(\hat{A} + \beta\hat{A}\beta\right) \qquad \text{und} \qquad \{\hat{A}\} = \frac{1}{2}\left(\hat{A} - \beta\hat{A}\beta\right) \tag{2.195}$$

Man überzeugt sich leicht davon, dass $\beta$ ein gerader Operator mit $[\beta] = \beta$ ist, während die Matrizen $\alpha_\mu$ ungerade (mischende) Operatoren sind, weil wegen (2.13) $\{\alpha_\mu\} = \alpha_\mu$ gilt.

### Das Konzept der Foldy-Wouthuysen-Transformation

Das Ziel dieser Transformation ist wie oben bereits erwähnt, alle mischenden – also ungeraden – Beiträge aus dem Hamilton-Operator zu eliminieren. Obwohl man zeigen kann, dass eine solche Transformation existieren muss, wird uns deren explizite Bestimmung im allgemeinen Fall beliebiger elektromagnetischer Felder nur störungstheoretisch gelingen. Die Grundidee besteht in der Einführung einer unitären Transformation des Zustands

$$\psi \longrightarrow \psi' = \mathrm{e}^{i\hat{S}}\psi \qquad \text{bzw.} \qquad \psi = \mathrm{e}^{-i\hat{S}}\psi' \tag{2.196}$$

mit dem hermiteschen und evtl. zeitabhängigen Operator $\hat{S}$. Diese Transformation ändert natürlich nicht die physikalische Bedeutung des quantenmechanischen Zustands. Setzen wird diese Transformation in die Dirac-Gleichung (2.192) ein, dann gelangen wir zu

$$i\hbar\frac{\partial}{\partial t}\left(\mathrm{e}^{-i\hat{S}}\psi'\right) = H\mathrm{e}^{-i\hat{S}}\psi' \tag{2.197}$$

und somit

$$i\hbar\frac{\partial}{\partial t}\psi' = \left[\mathrm{e}^{i\hat{S}}\left(H\mathrm{e}^{-i\hat{S}} - i\hbar\frac{\partial\mathrm{e}^{-i\hat{S}}}{\partial t}\right)\right]\psi' \equiv \hat{H}'\psi' \tag{2.198}$$

Um das oben formulierte Ziel zu erreichen, müssen wir einen Operator $\hat{S}$ finden, der die transformierte Dirac-Gleichung so gestaltet, dass $\hat{H}'$ keine mischenden Terme mehr enthält. Dann sind die beiden Spinoren des Bispinors $\psi'$ entkoppelt und wir können aus der transformierten Dirac-Gleichung sofort die gesuchte Pauli-Gleichung ablesen.

### Foldy-Wouthuysen-Transformation für freie Teilchen

Um ein gewisses Gefühl für die zu erwartenden Ergebnisse zu erhalten, wollen wir im Vorfeld die oben besprochene Transformation auf die Dirac-Gleichung eines freien Teilchens anwenden. In diesem Fall ist sogar eine exakte Elimination aller mischenden Terme möglich. Für $\hat{S}$ wählen wir den Ansatz

$$\hat{S} = -i\frac{\gamma\hat{\boldsymbol{p}}}{|\hat{\boldsymbol{p}}|}\hat{\theta} = -i\beta\frac{\boldsymbol{\alpha}\hat{\boldsymbol{p}}}{|\boldsymbol{p}|}\hat{\theta} \tag{2.199}$$

mit dem noch unbekannten Operator $\hat{\theta}$. Wir nehmen hier der Einfachheit halber an, dass $\hat{\theta}$ sowohl mit den Matrizen $\alpha_\mu$ und $\beta$ als auch mit dem Impulsoperator $\hat{\boldsymbol{p}}$ kommutiert und außerdem auch noch zeitunabhängig ist. Um die explizite Struktur von $\exp\{i\hat{S}\}$ zu bekommen, entwickeln wir den Exponentialoperator in eine Potenzreihe nach $\hat{\theta}$. Wegen der vorausgesetzten Vertauschbarkeit erhalten wir

$$e^{i\hat{S}} = \sum_{n=0}^{\infty} \frac{1}{n!} \left( \frac{\beta \boldsymbol{\alpha} \hat{\boldsymbol{p}}}{|\hat{\boldsymbol{p}}|} \right)^n \hat{\theta}^n \tag{2.200}$$

Die Auswertung erfordert die Kenntnis von Potenzen von $\hat{S}$. Für $\hat{S}^2$ erhalten wir unter Beachtung der Antikommutationsrelationen (2.12) und (2.13)

$$\begin{aligned}
\left( \frac{\beta \boldsymbol{\alpha} \hat{\boldsymbol{p}}}{|\hat{\boldsymbol{p}}|} \right)^2 &= \frac{1}{|\boldsymbol{p}|^2} \sum_{\mu=1}^{3} \sum_{\nu=1}^{3} \beta \alpha_\mu \hat{p}_\mu \beta \alpha_\nu \hat{p}_\nu \\
&= -\frac{1}{\boldsymbol{p}^2} \sum_{\mu=1}^{3} \sum_{\nu=1}^{3} \beta^2 \alpha_\mu \alpha_\nu \hat{p}_\mu \hat{p}_\nu \\
&= -\frac{1}{2\boldsymbol{p}^2} \sum_{\mu=1}^{3} \sum_{\nu=1}^{3} (\alpha_\mu \alpha_\nu + \alpha_\nu \alpha_\mu) \hat{p}_\mu \hat{p}_\nu \\
&= -\frac{1}{\boldsymbol{p}^2} \sum_{\mu=1}^{3} \sum_{\nu=1}^{3} \underline{\underline{1}}\, \delta_{\mu\nu} \hat{p}_\mu \hat{p}_\nu = -\underline{\underline{1}}
\end{aligned} \tag{2.201}$$

Damit sind auch alle höheren Potenzen bekannt

$$\left( \frac{\beta \boldsymbol{\alpha} \hat{\boldsymbol{p}}}{|\hat{\boldsymbol{p}}|} \right)^{2n} = (-1)^n \underline{\underline{1}} \quad \text{und} \quad \left( \frac{\beta \boldsymbol{\alpha} \hat{\boldsymbol{p}}}{|\hat{\boldsymbol{p}}|} \right)^{2n+1} = (-1)^n \left( \frac{\beta \boldsymbol{\alpha} \hat{\boldsymbol{p}}}{|\hat{\boldsymbol{p}}|} \right) \tag{2.202}$$

und wir bekommen für den Exponentialoperator $\exp\{i\hat{S}\}$

$$\begin{aligned}
e^{i\hat{S}} &= \sum_{n=0}^{\infty} \frac{\hat{\theta}^{2n}}{(2n)!} \left( \frac{\beta \boldsymbol{\alpha} \hat{\boldsymbol{p}}}{|\hat{\boldsymbol{p}}|} \right)^{2n} + \sum_{n=0}^{\infty} \frac{\hat{\theta}^{2n+1}}{(2n+1)!} \left( \frac{\beta \boldsymbol{\alpha} \hat{\boldsymbol{p}}}{|\hat{\boldsymbol{p}}|} \right)^{2n+1} \\
&= \underline{\underline{1}} \sum_{n=0}^{\infty} \frac{(-1)^n}{(2n)!} \hat{\theta}^{2n} + \left( \frac{\beta \boldsymbol{\alpha} \hat{\boldsymbol{p}}}{|\hat{\boldsymbol{p}}|} \right) \sum_{n} \frac{(-1)^n}{(2n+1)!} \hat{\theta}^{2n+1} \\
&= \underline{\underline{1}} \cos \hat{\theta} + \beta \frac{\boldsymbol{\alpha} \hat{\boldsymbol{p}}}{|\hat{\boldsymbol{p}}|} \sin \hat{\theta}
\end{aligned} \tag{2.203}$$

Mit der Kenntnis von $\exp\{i\hat{S}\}$ können wir jetzt den Hamilton-Operator des freien Teilchens $\hat{H}_{\mathrm{f}} = c\boldsymbol{\alpha}\hat{\boldsymbol{p}} + mc^2\beta$ auf $\hat{H}'$ entsprechend (2.198) abbilden. Beachtet man, dass $\hat{S}$ zeitunabhängig ist, dann erhält man

$$\begin{aligned}
\hat{H}' &= \left[\underline{\underline{1}}\cos\hat{\theta} + \beta\frac{\boldsymbol{\alpha}\hat{\boldsymbol{p}}}{|\hat{\boldsymbol{p}}|}\sin\hat{\theta}\right]\left[c\boldsymbol{\alpha}\hat{\boldsymbol{p}} + mc^2\beta\right]\left[\underline{\underline{1}}\cos\hat{\theta} - \beta\frac{\boldsymbol{\alpha}\hat{\boldsymbol{p}}}{|\hat{\boldsymbol{p}}|}\sin\hat{\theta}\right] \\
&= c\cos^2\hat{\theta}\,\boldsymbol{\alpha}\hat{\boldsymbol{p}} - c\sin^2\hat{\theta}\left(\beta\frac{\boldsymbol{\alpha}\hat{\boldsymbol{p}}}{|\hat{\boldsymbol{p}}|}\right)\boldsymbol{\alpha}\hat{\boldsymbol{p}}\left(\beta\frac{\boldsymbol{\alpha}\hat{\boldsymbol{p}}}{|\hat{\boldsymbol{p}}|}\right) \\
&- c\sin\hat{\theta}\cos\hat{\theta}\left[\boldsymbol{\alpha}\hat{\boldsymbol{p}}\left(\beta\frac{\boldsymbol{\alpha}\hat{\boldsymbol{p}}}{|\hat{\boldsymbol{p}}|}\right) - \left(\beta\frac{\boldsymbol{\alpha}\hat{\boldsymbol{p}}}{|\hat{\boldsymbol{p}}|}\right)\boldsymbol{\alpha}\hat{\boldsymbol{p}}\right] \\
&+ mc^2\beta\cos^2\hat{\theta} - mc^2\sin^2\hat{\theta}\left(\beta\frac{\boldsymbol{\alpha}\hat{\boldsymbol{p}}}{|\hat{\boldsymbol{p}}|}\right)\beta\left(\beta\frac{\boldsymbol{\alpha}\hat{\boldsymbol{p}}}{|\hat{\boldsymbol{p}}|}\right) \\
&- mc^2\sin\hat{\theta}\cos\hat{\theta}\left[\beta\left(\beta\frac{\boldsymbol{\alpha}\hat{\boldsymbol{p}}}{|\hat{\boldsymbol{p}}|}\right) - \left(\beta\frac{\boldsymbol{\alpha}\hat{\boldsymbol{p}}}{|\hat{\boldsymbol{p}}|}\right)\beta\right] \qquad (2.204)
\end{aligned}$$

Mit Hilfe der Antikommutationsrelationen (2.12) und (2.13) sowie der Beziehung (2.201) können wir die einzelnen Summanden noch vereinfachen. So finden wir

$$\left(\beta\frac{\boldsymbol{\alpha}\hat{\boldsymbol{p}}}{|\hat{\boldsymbol{p}}|}\right)\boldsymbol{\alpha}\hat{\boldsymbol{p}}\left(\beta\frac{\boldsymbol{\alpha}\hat{\boldsymbol{p}}}{|\hat{\boldsymbol{p}}|}\right) = -\left(\frac{\boldsymbol{\alpha}\hat{\boldsymbol{p}}}{|\hat{\boldsymbol{p}}|}\right)\beta\boldsymbol{\alpha}\hat{\boldsymbol{p}}\left(\beta\frac{\boldsymbol{\alpha}\hat{\boldsymbol{p}}}{|\hat{\boldsymbol{p}}|}\right) = -\boldsymbol{\alpha}\hat{\boldsymbol{p}}\left(\beta\frac{\boldsymbol{\alpha}\hat{\boldsymbol{p}}}{|\hat{\boldsymbol{p}}|}\right)^2 = \boldsymbol{\alpha}\hat{\boldsymbol{p}} \qquad (2.205)$$

und

$$\boldsymbol{\alpha}\hat{\boldsymbol{p}}\left(\beta\frac{\boldsymbol{\alpha}\hat{\boldsymbol{p}}}{|\hat{\boldsymbol{p}}|}\right) - \left(\beta\frac{\boldsymbol{\alpha}\hat{\boldsymbol{p}}}{|\hat{\boldsymbol{p}}|}\right)\boldsymbol{\alpha}\hat{\boldsymbol{p}} = 2\boldsymbol{\alpha}\hat{\boldsymbol{p}}\left(\beta\frac{\boldsymbol{\alpha}\hat{\boldsymbol{p}}}{|\hat{\boldsymbol{p}}|}\right) = 2|\hat{\boldsymbol{p}}|\beta\left(\beta\frac{\boldsymbol{\alpha}\hat{\boldsymbol{p}}}{|\hat{\boldsymbol{p}}|}\right)^2 = -2|\hat{\boldsymbol{p}}|\beta \qquad (2.206)$$

sowie

$$\left(\beta\frac{\boldsymbol{\alpha}\hat{\boldsymbol{p}}}{|\hat{\boldsymbol{p}}|}\right)\beta\left(\beta\frac{\boldsymbol{\alpha}\hat{\boldsymbol{p}}}{|\hat{\boldsymbol{p}}|}\right) = -\beta\left(\beta\frac{\boldsymbol{\alpha}\hat{\boldsymbol{p}}}{|\hat{\boldsymbol{p}}|}\right)^2 = \beta \qquad (2.207)$$

und

$$\beta\left(\beta\frac{\boldsymbol{\alpha}\hat{\boldsymbol{p}}}{|\hat{\boldsymbol{p}}|}\right) - \left(\beta\frac{\boldsymbol{\alpha}\hat{\boldsymbol{p}}}{|\hat{\boldsymbol{p}}|}\right)\beta = 2\beta\left(\beta\frac{\boldsymbol{\alpha}\hat{\boldsymbol{p}}}{|\hat{\boldsymbol{p}}|}\right) = 2\frac{\boldsymbol{\alpha}\hat{\boldsymbol{p}}}{|\hat{\boldsymbol{p}}|} \qquad (2.208)$$

Setzen wir die Ausdrücke (2.205-2.208) in (2.204) ein, dann erhalten wir den transformierten Hamilton-Operator

$$\begin{aligned}
\hat{H}' &= \cos 2\hat{\theta}\, c\boldsymbol{\alpha}\hat{\boldsymbol{p}} + \sin 2\hat{\theta}\, c\beta|\hat{\boldsymbol{p}}| + \cos 2\hat{\theta}\, mc^2\beta - \sin 2\hat{\theta}\, mc^2\frac{\boldsymbol{\alpha}\hat{\boldsymbol{p}}}{|\hat{\boldsymbol{p}}|} \\
&= c\boldsymbol{\alpha}\hat{\boldsymbol{p}}\left(\cos 2\hat{\theta} - \frac{mc}{|\hat{\boldsymbol{p}}|}\sin 2\hat{\theta}\right) + mc^2\beta\left(\cos 2\hat{\theta} + \frac{|\hat{\boldsymbol{p}}|}{mc}\sin 2\hat{\theta}\right) \qquad (2.209)
\end{aligned}$$

Auch in diesem Hamilton-Operator treten noch mischende Terme auf. Wir können jetzt aber $\hat{\theta}$ so wählen, dass diese Terme verschwinden. Dazu muss die Bedingung

$$\tan 2\hat{\theta} = \frac{|\hat{\boldsymbol{p}}|}{mc} \qquad (2.210)$$

erfüllt sein. Aus dieser Beziehung können wir jetzt sofort die Größen $\cos 2\theta$ und $\sin 2\theta$ bestimmen. Wir erhalten

$$\cos 2\hat{\theta} = \frac{1}{\sqrt{1 + \tan^2 2\hat{\theta}}} = \frac{mc}{\sqrt{m^2c^2 + |\hat{\boldsymbol{p}}|^2}} \qquad (2.211)$$

und

$$\sin 2\hat{\theta} = \frac{\tan 2\hat{\theta}}{\sqrt{1 + \tan^2 2\hat{\theta}}} = \frac{|\hat{\boldsymbol{p}}|}{\sqrt{m^2c^2 + |\hat{\boldsymbol{p}}|^2}} \tag{2.212}$$

Damit wird nun

$$\hat{H}' = \beta c \frac{m^2c^2 + |\hat{\boldsymbol{p}}|^2}{\sqrt{m^2c^2 + |\hat{\boldsymbol{p}}|^2}} = \beta\sqrt{m^2c^4 + c^2|\hat{\boldsymbol{p}}|^2} \tag{2.213}$$

Der Hamilton-Operator $\hat{H}'$ enthält jetzt keine mischenden Terme mehr und zerfällt wegen der Diagonalstruktur von $\beta$ in zwei Komponenten, von denen die eine Teilchen mit positiver, die andere Teilchen mit negativer Energie beschreibt. Beschränkt man sich auf den positiven Zweig, dann sind wir wieder bei der durch den Hamilton-Operator (2.3) beschriebenen nichtlokalen Theorie angekommen, die ursprünglich zur Entwicklung der Dirac-Gleichung führte.

**Foldy-Wouthuysen-Transformation für Teilchen im elektromagnetischen Feld**

Wir wollen uns jetzt wieder dem eigentlichen Problem, nämlich der Bestimmung des Operators $\hat{S}$ für ein Teilchen im elektromagnetischen Feld, zuwenden. Dazu schreiben wir den Hamilton-Operator (2.192) als

$$H = mc^2\beta + e\phi + c\boldsymbol{\alpha}\left(\hat{\boldsymbol{p}} - \frac{e}{c}\boldsymbol{A}\right) = mc^2\beta + \mathcal{E} + \mathcal{O} \tag{2.214}$$

mit dem bezüglich $\beta$ geraden, also nicht mischenden Operator

$$\mathcal{E} = e\phi \qquad \text{mit} \qquad \beta\mathcal{E} = \mathcal{E}\beta \tag{2.215}$$

und dem ungeraden, also mischenden Operator

$$\mathcal{O} = c\boldsymbol{\alpha}\left(\hat{\boldsymbol{p}} - \frac{e}{c}\boldsymbol{A}\right) \qquad \text{mit} \qquad \beta\mathcal{O} = -\mathcal{O}\beta \tag{2.216}$$

Der transformierte Operator $\hat{H}'$, siehe (2.198)

$$\hat{H}' = \mathrm{e}^{i\hat{S}}\hat{H}\mathrm{e}^{-i\hat{S}} - \mathrm{e}^{i\hat{S}} i\hbar\frac{\partial}{\partial t}\mathrm{e}^{-i\hat{S}} \tag{2.217}$$

setzt sich aus zwei Summanden zusammen, die wir durch eine Reihenentwicklung nach $\hat{S}$ darstellen. Man kann sich leicht davon überzeugen, dass die Taylor-Entwicklung der beiden Exponentialterme, die anschließende Ausmultiplikation und geschickte Zusammenfassung der Terme gleicher Ordnung in $\hat{S}$ auf

$$\begin{aligned} \mathrm{e}^{i\hat{S}}\hat{H}\mathrm{e}^{-i\hat{S}} &= \hat{H} + i\left[\hat{S}, \hat{H}\right] - \frac{1}{2}\left[\hat{S}, \left[\hat{S}, \hat{H}\right]\right] - \frac{i}{6}\left[\hat{S}, \left[\hat{S}, \left[\hat{S}, \hat{H}\right]\right]\right] \\ &+ \frac{1}{24}\left[\hat{S}, \left[\hat{S}, \left[\hat{S}, \left[\hat{S}, \hat{H}\right]\right]\right]\right] + \cdots \end{aligned} \tag{2.218}$$

führt[51]. Ähnlich geht man bei der Darstellung des zweiten Summanden vor. Zuerst entwickelt man die Exponentialfaktoren in eine Reihe, dann führt man die Differentation nach der Zeit aus und schließlich fasst man die Terme gleicher Ordnung zusammen. Auf diese Weise gelangt man zu

$$-ie^{i\hat{S}}\frac{\partial}{\partial t}e^{-i\hat{S}} = -\dot{\hat{S}} - \frac{i}{2}\left[\hat{S}, \dot{\hat{S}}\right] + \frac{1}{6}\left[\hat{S}, \left[\hat{S}, \dot{\hat{S}}\right]\right] + \cdots \tag{2.219}$$

Setzen wir (2.218) und (2.219) in (2.217) ein, dann nimmt der transformierte Hamilton-Operator bis zur dritten Ordnung in $\hat{S}$ folgende Gestalt an

$$\begin{aligned} \hat{H}' &= \hat{H} + i[\hat{S}, \hat{H}] - \frac{1}{2}[\hat{S}, [\hat{S}, \hat{H}]] - \frac{i}{6}[\hat{S}, [\hat{S}, [\hat{S}, \hat{H}]]] \\ &+ \frac{1}{24}[\hat{S}, [\hat{S}, [\hat{S}, [\hat{S}, \hat{H}]]]] + \cdots \\ &\quad -\hbar\dot{\hat{S}} - \frac{i\hbar}{2}[\hat{S}, \dot{\hat{S}}] + \frac{\hbar}{6}[\hat{S}, [\hat{S}, \dot{\hat{S}}]] + \cdots \end{aligned} \tag{2.220}$$

Wir wollen jetzt das eigentliche Verfahren diskutieren. Im Gegensatz zum freien Teilchen lässt sich die kanonische Transformation für ein Teilchen im elektromagnetischen Feld nicht mehr exakt angeben, sondern muss iterativ bestimmt werden. Um eine Vorstellung von der Struktur von $\hat{S}$ zu erhalten, benutzen wir die formale Darstellung (2.214) und verwenden von (2.219) zunächst nur die ersten beiden Terme, also

$$\hat{H}' \approx mc^2\beta + \mathcal{E} + \mathcal{O} + i[\hat{S}, mc^2\beta + \mathcal{E} + \mathcal{O}] \tag{2.221}$$

Wir wollen jetzt die ungeraden Terme aus dem Hamilton-Operator eliminieren. Deshalb legen wir jetzt $\hat{S}$ so fest, dass der Kommutator $[\hat{S}, mc^2\beta]$ gerade den ungeraden Operator $\mathcal{O}$ in $\hat{H}$ kompensiert, also

$$\mathcal{O} + i[\hat{S}, mc^2\beta] = 0 \tag{2.222}$$

gilt. Da $\mathcal{O}$ bzgl. $\beta$ ungerade ist, gilt $\mathcal{O}\beta = -\beta\mathcal{O}$. Dieses Verhalten legt den Ansatz $\hat{S} = a\beta\mathcal{O}$ mit dem noch freien Parameter $a$ nahe. Setzen wir diese Vermutung in (2.222) ein, dann erhalten wir tatsächlich eine einfache algebraische Gleichung

$$i\mathcal{O} = [a\beta\mathcal{O}, mc^2\beta] = amc^2\left(\beta\mathcal{O}\beta - \beta^2\mathcal{O}\right) = -2amc^2\beta^2\mathcal{O} = -2amc^2\mathcal{O} \tag{2.223}$$

aus der wir sofort $a = -i/(2mc^2)$ bestimmen können. Damit ist dann

$$\hat{S} = -\frac{i}{2mc^2}\beta\mathcal{O} \tag{2.224}$$

**51**) Diese Reihenentwicklung hängt nicht von den konkreten Eigenschaften der Operatoren $\hat{S}$ und $\hat{H}$ ab. Sie ist auch als Baker-Hausdorff-Identität bekannt.

Offenbar gibt es im Hamilton-Operator (2.214) Terme der Ordnung $m$ und der Ordnung $m^0$. Setzen wir in (2.220) jetzt (2.221) ein, dann ergibt sich, dass in $\hat{H}'$ zwar nicht alle ungeraden Terme elimiert wurden, aber alle verbleibenden ungeraden Größen sind jetzt mindestens von der Ordnung $m^{-1}$. Neben den ungeraden Beiträgen treten natürlich auch neue gerade Ausdrücke von der Ordnung $m^{-1}$ auf, die wir zusammen in einem neuen geraden Operator $\mathcal{E}'$ vereinigen können. Wir erhalten somit einen transformierten Hamilton-Operator $\hat{H}'$, der wieder die gleiche Struktur wie der ursprüngliche Hamilton-Operator $\hat{H}$ aufweist

$$\hat{H}' \approx mc^2\beta + \mathcal{E}' + \mathcal{O}' \tag{2.225}$$

Im Unterschied zu $\mathcal{O}$ in $\hat{H}$ ist jetzt aber $\mathcal{O}'$ in $\hat{H}'$ von der Ordnung $m^{-1}$. Die konkrete Struktur von $\mathcal{O}$ spielte bei diesem Vorgehen überhaupt keine Rolle. Wir können deshalb mit $\mathcal{O}'$ entsprechend (2.224) einen neuen Operator $\hat{S}'$ bilden, der jetzt von der Ordnung $m^{-2}$ ist und mit diesem aus $\hat{H}'$ einen neuen Hamilton-Operator $\hat{H}''$ erzeugen, der jetzt nur noch ungerade Terme der Ordnung $m^{-2}$ besitzt. Die Fortsetzung dieses Verfahrens liefert uns eine unendliche Folge von unitären Transformationen, die zu einer sukzessiven Reduktion der ungeraden Beiträge führt. Mit der inversen Masse[52] $m^{-1}$ haben wir somit auch den kleinen Parameter einer störungstheoretischen Entwicklung gefunden.

Nach diesen Überlegungen wissen wir, wie der Transformationsoperator $\hat{S}$ zu konstruieren ist. Das beschriebene Verfahren ist aber bei der Verwendung von (2.221) als Transformationsvorschrift nicht konsistent. Will man z. B. alle ungeraden Terme bis zur Ordnung $m^{-3}$ korrekt eliminieren, dann muss man bereits bei der ersten Transformation die allgemeine Transformationsformel (2.220) bis zur Ordnung $\hat{S}^3$ bzw. $\hat{H}\hat{S}^4$ verwenden. Da $\hat{H}$ von der führenden Ordnung $m$ und $\hat{S}$ von der Ordnung $m^{-1}$ ist, haben wir erst damit alle auftretenden Terme bis zur Ordnung $m^{-3}$ vollständig erfasst. Um $\hat{H}'$ bis zu dieser Ordnung konsistent zu berechnen, sind drei Transformationsschritte notwendig, die wir jetzt explizit ausführen wollen.

### Erster Transformationsschritt

Ausgehend vom Hamilton-Operator (2.214) können wir den Transformationsoperator $\hat{S}$ entsprechend (2.224) festlegen. Mit diesen Größen berechnen wir zunächst die Beiträge erster Ordnung in $\hat{S}$ in (2.220). Es handelt sich hierbei um den Kommutator $[\hat{S}, \hat{H}]$ und die Zeitableitung von $\hat{S}$. Wir erhalten unter Beachtung der den ungeraden Operator $\mathcal{O}$ charakterisierenden Beziehung $\mathcal{O}\beta = -\beta\mathcal{O}$ und der für den geraden Operator $\mathcal{E}$ gültigen Vertauschbarkeit

**52**) oder genauer der zugehörigen inversen Ruheenergie $1/(mc^2)$

$\mathcal{E}\beta = \beta\mathcal{E}$, sowie mit $\beta^2 = \underline{\underline{1}}$

$$\begin{aligned}
i\left[\hat{S},\hat{H}\right] &= i\left[-i\frac{1}{2mc^2}\beta\mathcal{O},\, mc^2\beta+\mathcal{E}+\mathcal{O}\right]\\
&= \frac{1}{2}\left[\beta\mathcal{O},\beta\right]+\frac{1}{2mc^2}\left[\beta\mathcal{O},\mathcal{E}\right]+\frac{1}{2mc^2}\left[\beta\mathcal{O},\mathcal{O}\right]\\
&= \frac{1}{2}\left(\beta\mathcal{O}\beta-\beta^2\mathcal{O}\right)+\frac{1}{2mc^2}\left(\beta\mathcal{O}\mathcal{E}-\mathcal{E}\beta\mathcal{O}\right)+\frac{1}{2mc^2}\left(\beta\mathcal{O}^2-\mathcal{O}\beta\mathcal{O}\right)\\
&= -\mathcal{O}+\frac{1}{2mc^2}\beta\left[\mathcal{O},\mathcal{E}\right]+\frac{1}{mc^2}\beta\mathcal{O}^2
\end{aligned} \tag{2.226}$$

Da $\beta$ ein zeitunabhängiger Operator ist, erhalten wir für die Zeitableitung $\dot{\hat{S}}$

$$-\hbar\dot{\hat{S}} = \frac{i\hbar}{2mc^2}\beta\dot{\mathcal{O}} \tag{2.227}$$

Bei der Behandlung der Terme zweiter Ordung in $\hat{S}$ gehen wir analog vor. Mit (2.226) erhalten wir

$$\begin{aligned}
-\frac{1}{2}\left[\hat{S},\left[\hat{S},\hat{H}\right]\right] &= \frac{1}{4mc^2}\left[\beta\mathcal{O}, i\left[S,H\right]\right]\\
&= \frac{1}{4mc^2}\left[\beta\mathcal{O},-\mathcal{O}+\frac{1}{2mc^2}\beta\left[\mathcal{O},\mathcal{E}\right]+\frac{1}{mc^2}\beta\mathcal{O}^2\right]
\end{aligned} \tag{2.228}$$

Mit den leicht überprüfbaren Regeln[53] $[\beta\mathcal{O},\beta[\mathcal{O},\mathcal{E}]] = -[\mathcal{O},[\mathcal{O},\mathcal{E}]]$, $[\beta\mathcal{O},\mathcal{O}] = 2\beta\mathcal{O}^2$ und $\left[\beta\mathcal{O},\beta\mathcal{O}^2\right] = -2\mathcal{O}^3$ ergibt sich

$$-\frac{1}{2}\left[\hat{S},\left[\hat{S},\hat{H}\right]\right] = -\frac{1}{2mc^2}\beta\mathcal{O}^2-\frac{1}{8m^2c^4}\left[\mathcal{O},\left[\mathcal{O},\mathcal{E}\right]\right]-\frac{1}{2m^2c^4}\mathcal{O}^3 \tag{2.229}$$

Für den zweiten Term von der Ordnung $\hat{S}^2$ erhalten wir wegen (2.227)

$$-\frac{i\hbar}{2}\left[S,\dot{S}\right] = \frac{i\hbar}{8m^2c^4}\left[\beta\mathcal{O},\beta\dot{\mathcal{O}}\right] = -\frac{i\hbar}{8m^2c^4}\left[\mathcal{O},\dot{\mathcal{O}}\right] \tag{2.230}$$

**53)** Man benötigt hierzu nur die oben aufgeführten Vertauschungsregeln für gerade und ungerade Operatoren mit der Matrix $\beta$. So finden wir damit z. B.

$$\begin{aligned}
[\beta\mathcal{O},\beta[\mathcal{O},\mathcal{E}]] &= \beta\mathcal{O}\beta[\mathcal{O},\mathcal{E}]-\beta[\mathcal{O},\mathcal{E}]\beta\mathcal{O}\\
&= \beta\mathcal{O}\beta\mathcal{O}\mathcal{E}-\beta\mathcal{O}\beta\mathcal{E}\mathcal{O}-\beta\mathcal{O}\mathcal{E}\beta\mathcal{O}+\beta\mathcal{E}\mathcal{O}\beta\mathcal{O}\\
&= -\mathcal{O}^2\mathcal{E}+\mathcal{O}\mathcal{E}\mathcal{O}+\mathcal{O}\mathcal{E}\mathcal{O}-\mathcal{E}\mathcal{O}^2\\
&= -[\mathcal{O},[\mathcal{O},\mathcal{E}]]
\end{aligned}$$

Die beiden Terme dritter Ordnung in $\hat{S}$ können wir auf die gleiche Weise behandeln. Unter Beachtung von (2.229) kommen wir zu

$$\begin{aligned}
-\frac{i}{6}\left[\hat{S},\left[\hat{S},\left[\hat{S},\hat{H}\right]\right]\right] &= \frac{i}{3}\left[\hat{S},-\frac{1}{2}\left[\hat{S},\left[\hat{S},\hat{H}\right]\right]\right] \\
&= \frac{1}{12m^2c^4}\left[\beta\mathcal{O},-\beta\mathcal{O}^2-\frac{1}{4mc^2}\left[\mathcal{O},\left[\mathcal{O},\mathcal{E}\right]\right]-\frac{1}{mc^2}\mathcal{O}^3\right] \\
&= \frac{1}{12m^2c^4}\left\{-\left[\beta\mathcal{O},\beta\mathcal{O}^2\right]-\frac{1}{mc^2}\left[\beta\mathcal{O},\mathcal{O}^3\right]\right\} \qquad (2.231)
\end{aligned}$$

Hierbei haben wir angenommen, dass alle Komponenten des elektromagnetischen Potentials wesentlich kleiner als die Ruheenergie des Partikels sind. Damit ist auch $\|\mathcal{E}\| \ll mc^2$ und der Term $[\beta\mathcal{O},[\mathcal{O},[\mathcal{O},\mathcal{E}]]]/(m^3c^6)$ kann bereits vernachlässigt werden. Beachtet man noch $\left[\beta\mathcal{O},\beta\mathcal{O}^2\right] = -2\mathcal{O}^3$ und die ebenfalls leicht zu beweisende Relation $\left[\beta\mathcal{O},\beta\mathcal{O}^3\right] = 2\beta\mathcal{O}^4$, dann findet man

$$-\frac{i}{6}\left[\hat{S},\left[\hat{S},\left[\hat{S},\hat{H}\right]\right]\right] = \frac{1}{6m^2c^4}\mathcal{O}^3 - \frac{1}{6m^3c^6}\beta\mathcal{O}^4 \qquad (2.232)$$

Der mit der Zeitableitung verbundene Term dritter Ordnung in $\hat{S}$ ist von der Ordnung $m^{-3}$. Gleichzeitig gilt aber für die Zeitableitung des ungeraden Operators $\dot{\mathcal{O}} \sim \dot{\boldsymbol{A}}$, d. h. $[\hat{S},[\hat{S},\dot{\hat{S}}]]$ ist von der Ordnung $\dot{\boldsymbol{A}}/(m^3c^6)$. Benutzen wir auch jetzt wieder die Annahme, dass das elektromagnetische Feld klein gegenüber der Ruheenergie des Partikels ist, also $|e\boldsymbol{A}| \ll mc^2$, dann können wir den gesamten Beitrag $[\hat{S},[\hat{S},\dot{\hat{S}}]]$ vernachlässigen.

Zum Schluss müssen wir noch den Term der Ordnung $\hat{S}^4\hat{H}$ in (2.220) bestimmen. Berücksichtigt man ausschließlich die Beiträge der Ordnung $m^{-3}$, dann finden wir

$$\frac{1}{24}\left[\hat{S},\left[\hat{S},\left[\hat{S},\left[\hat{S},\hat{H}\right]\right]\right]\right] = \frac{1}{24m^3c^6}\beta\mathcal{O}^4 \qquad (2.233)$$

Mit (2.226, 2.227), (2.229, 2.230) und (2.232, 2.233) können wir jetzt die unitäre Transformation $H \to H'$ wie folgt zusammenfassen

$$\hat{H}' = mc^2\beta + \mathcal{E}' + \mathcal{O}' \qquad (2.234)$$

mit dem neuen geraden Operator

$$\mathcal{E}' = \mathcal{E} + \frac{1}{2mc^2}\beta\mathcal{O}^2 - \frac{1}{8m^2c^4}\left[\mathcal{O},\left[\mathcal{O},\mathcal{E}\right]\right] - \frac{i\hbar}{8m^2c^4}\left[\mathcal{O},\dot{\mathcal{O}}\right] - \frac{1}{8m^3c^6}\beta\mathcal{O}^4 \qquad (2.235)$$

und dem neuen ungeraden Operator

$$\mathcal{O}' = +\frac{1}{2mc^2}\beta\left[\mathcal{O},\mathcal{E}\right] + \frac{i\hbar}{2mc^2}\beta\dot{\mathcal{O}} - \frac{1}{3m^2c^4}\mathcal{O}^3 \qquad (2.236)$$

Der transformierte Hamilton-Operator $\hat{H}'$ enthält damit ungerade Operatoren höchstens noch in der Ordnung $m^{-1}$ und nicht mehr in der Ordnung $m^0$ wie der ursprüngliche Hamilton-Operator $\hat{H}$.

**Zweiter Transformationsschritt**

Wir können den Hamilton-Operator (2.234) einer weiteren unitären Transformation mit

$$\hat{S}' = -\frac{i}{2mc^2}\beta\mathcal{O}' \tag{2.237}$$

unterziehen. Dabei können wir alle bereits bekannten Formeln des ersten Transformationsschritts nutzen. Es müssen lediglich die einzelnen Operatoren durch die neuen (gestrichenen) Größen ersetzt werden, d. h. $\hat{H} \to \hat{H}'$, $\hat{H}' \to \hat{H}''$, $\mathcal{O} \to \mathcal{O}'$ und $\mathcal{E} \to \mathcal{E}'$. Da $\mathcal{O}'$ von der führenden Ordnung $m^{-1}$ und folglich $\hat{S}'$ von der Ordnung $m^{-2}$ ist, brauchen wir jetzt aber bei der Bestimmung des neuen Hamilton-Operators $\hat{H}''$ aus $\hat{H}'$ und $\hat{S}'$ nicht mehr so viele Terme zu berücksichtigen. Tatsächlich wird die maximal zu berücksichtigende Ordnung $m^{-3}$ bereits durch

$$\hat{H}'' = \hat{H}' + i[\hat{S}', \hat{H}'] - \frac{1}{2}[\hat{S}', [\hat{S}', \hat{H}']] - \hbar\dot{\hat{S}}' \tag{2.238}$$

vollständig erfasst. Zur Bestimmung des Beitrages $i[\hat{S}', \hat{H}']$ können wir (2.226) verwenden

$$i\left[\hat{S}', \hat{H}'\right] = -\mathcal{O}' + \frac{1}{2mc^2}\beta\left[\mathcal{O}', \mathcal{E}'\right] + \frac{1}{mc^2}\beta\mathcal{O}'^2 \tag{2.239}$$

Der letzte Term in dieser Beziehung kann – wie auch schon verschiedene Beiträge des ersten Transformationsschritts – vernachlässigt werden, da er wegen $\mathcal{O}' \sim m^{-1}$ mindestens von der Ordnung $m^{-3}$ ist und die führenden Terme dieses Beitrags proportional zu den elektromagnetischen Potentialen sind. Auch der dritte Summand in (2.238) verschwindet. Beachtet man $\hat{H}' \sim m$ und $\hat{S}' \sim m^{-2}$, dann ist $m^{-3}$ die führende Ordnung. Da aber wegen (2.236) diese Beiträge auch noch die elektromagnetischen Felder enthalten, können sie ebenfalls vernächlässigt werden. Berücksichtigt werden muss nur noch der letzte Term in (2.238), also $\dot{\hat{S}}'$. Der neue Hamilton-Operator hat somit die Gestalt

$$\hat{H}'' = mc^2\beta + \mathcal{E}'' + \mathcal{O}'' \tag{2.240}$$

mit den neuen Operatoren

$$\mathcal{E}'' = \mathcal{E}' \qquad \text{und} \qquad \mathcal{O}'' = \frac{1}{2mc^2}\beta\left[\mathcal{O}', \mathcal{E}'\right] + \frac{i\hbar}{2mc^2}\beta\dot{\mathcal{O}}' \tag{2.241}$$

Da $\mathcal{O}'$ bereits von der Ordnung $m^{-1}$ ist, muss der neue ungerade Operator $\mathcal{O}''$ mindestens von der Ordnung $m^{-2}$ sein.

**Dritter Transformationsschritt**

Beim dritten Transformationsschritt verwenden wir

$$\hat{S}'' = -\frac{i}{2mc^2}\beta\mathcal{O}'' \tag{2.242}$$

weshalb $\hat{S}''$ jetzt von der Ordnung $m^{-3}$ ist. Um die Abbildung $\hat{H}'' \to \hat{H}'''$ wie gewünscht bis zur Ordnung $m^{-3}$ in sich konsistent zu belassen, genügt es, die folgenden Terme zu berücksichtigen

$$\hat{H}''' = \hat{H}'' + i[\hat{S}'', \hat{H}''] - \hbar\dot{\hat{S}}'' \tag{2.243}$$

Der letzte Term ist von der Ordnung $m^{-3}$. Da er gleichzeitig proportional zu den elektromagnetischen Potentialen ist, kann dieser Term wieder vernachlässigt werden. Es bleibt nur noch

$$i\left[\hat{S}'', \hat{H}''\right] = -\mathcal{O}'' + \frac{1}{2mc^2}\beta\left[\mathcal{O}'', \mathcal{E}''\right] + \frac{1}{mc^2}\beta\mathcal{O}''^2 \tag{2.244}$$

Der zweite Summand ist von der Ordnung $m^{-3}$ und mindestens linear in den elektromagnetischen Potentialen, der dritte Term ist sogar von der Ordnung $m^{-5}$. Diese beiden Beiträge können also vernachlässigt bleiben und es bleibt $\hat{H}''' = \hat{H}'' - \mathcal{O}''$. Damit bekommen wir

$$\hat{H}''' = mc^2\beta + \mathcal{E}''' + \mathcal{O}''' \tag{2.245}$$

mit

$$\mathcal{E}''' = \mathcal{E}'' \qquad \text{und} \qquad \mathcal{O}''' = 0 \tag{2.246}$$

wobei $\mathcal{O}''' = 0$ bedeutet, dass die führende Ordnung des bzgl. $\beta$ ungeraden Operators höher als $m^{-3}$ ist. Damit haben wir die unitäre Transformation gefunden, die den ursprünglichen Hamilton-Operator $\hat{H}$ bis zu Termen der Ordnung $m^{-3}$ von ungeraden Anteilen befreit.

Mit (2.235), (2.241) und (2.246) erhalten wir damit den transformierten Hamilton-Operator

$$\begin{aligned} \hat{H}''' &= \beta\left(mc^2 + \frac{1}{2mc^2}\mathcal{O}^2 - \frac{1}{8m^3c^6}\mathcal{O}^4\right) \\ &+ \mathcal{E} - \frac{1}{8m^2c^4}\left[\mathcal{O}, \left[\mathcal{O}, \mathcal{E}\right]\right] - \frac{i\hbar}{8m^2c^4}\left[\mathcal{O}, \dot{\mathcal{O}}\right] \end{aligned} \tag{2.247}$$

Die beiden Operatoren $\mathcal{E}$ und $\mathcal{O}$ sind in (2.215) bzw. (2.216) gegeben.

### Auswertung des transformierten Operators

Wir wollen jetzt noch die formale Entwicklung (2.247) des transformierten Hamilton-Operators explizit als Funktion der elektromagnetischen Felder darstellen. Dazu müssen die Einzelbeiträge zu (2.247) ausgewertet werden. Mit (2.216) erhalten wir

$$\mathcal{O}^2 = \alpha_\mu\alpha_\nu(cp_\mu - eA_\mu)(cp_\nu - eA_\nu) \tag{2.248}$$

Für das Produkt der $\alpha$-Matrizen erhalten wir unter Beachtung von (2.16) und der für die Pauli-Matrizen geltenden Relation[54] $\hat{\sigma}_\mu \hat{\sigma}_\nu = \delta_{\mu\nu}\hat{1} + i\varepsilon_{\mu\nu\rho}\hat{\sigma}_\rho$

$$\begin{aligned} \alpha_\mu \alpha_\nu &= \begin{pmatrix} 0 & \hat{\sigma}_\mu \\ \hat{\sigma}_\mu & 0 \end{pmatrix} \begin{pmatrix} 0 & \hat{\sigma}_\nu \\ \hat{\sigma}_\nu & 0 \end{pmatrix} = \begin{pmatrix} \hat{\sigma}_\mu \hat{\sigma}_\nu & 0 \\ 0 & \hat{\sigma}_\mu \hat{\sigma}_\nu \end{pmatrix} \\ &= \begin{pmatrix} \delta_{\mu\nu} + i\varepsilon_{\mu\nu\rho}\hat{\sigma}_\rho & 0 \\ 0 & \delta_{\mu\nu} + i\varepsilon_{\mu\nu\rho}\hat{\sigma}_\rho \end{pmatrix} \end{aligned} \tag{2.249}$$

und deshalb mit der Definition (2.163) des Spinoperators $\hat{\Sigma}$

$$\alpha_\mu \alpha_\nu = \delta_{\mu\nu}\underline{\underline{1}} + \frac{2i}{\hbar}\varepsilon_{\mu\nu\rho}\hat{\Sigma}_\rho \tag{2.250}$$

Damit ist dann

$$\begin{aligned} \mathcal{O}^2 &= (\delta_{\mu\nu}\underline{\underline{1}} + \frac{2i}{\hbar}\varepsilon_{\mu\nu\rho}\hat{\Sigma}_\rho)(c\hat{p}_\mu - eA_\mu)(c\hat{p}_\nu - eA_\nu) \\ &= (c\hat{\boldsymbol{p}} - e\boldsymbol{A})^2 \underline{\underline{1}} + \frac{2i}{\hbar}\hat{\Sigma}_\rho \varepsilon_{\mu\nu\rho}\left\{c^2 \hat{p}_\mu \hat{p}_\nu - ec\hat{p}_\mu A_\nu - ecA_\mu \hat{p}_\nu + e^2 A_\mu A_\nu\right\} \\ &= (c\hat{\boldsymbol{p}} - e\boldsymbol{A})^2 \underline{\underline{1}} - \frac{2iec}{\hbar}\hat{\Sigma}_\rho \varepsilon_{\mu\nu\rho}\left\{\left(\frac{\hbar}{i}\frac{\partial A_\nu}{\partial x_\mu}\right) + A_\nu \hat{p}_\mu + A_\mu \hat{p}_\nu\right\} \end{aligned} \tag{2.251}$$

Dabei wurde ausgenutzt, dass wegen der Antisymmetrie von $\varepsilon_{\mu\nu\rho}$ die Terme $\varepsilon_{\mu\nu\rho}\hat{p}_\mu \hat{p}_\nu$ und $\varepsilon_{\mu\nu\rho}A_\mu A_\nu$ identisch verschwinden. Durch die Vertauschung von $\hat{p}_\mu$ mit $A_\nu$ entsteht die Ableitung $\partial A_\nu / \partial x_\mu$ im letzten Ausdruck. Beachtet man wieder die Antisymmetrie von $\varepsilon_{\mu\nu\rho}$, dann heben sich die letzten beiden Summanden gegenseitig auf und es bleibt

$$\mathcal{O}^2 = (c\hat{\boldsymbol{p}} - e\boldsymbol{A})^2 \underline{\underline{1}} - 2ec\,\hat{\boldsymbol{\Sigma}}\,\mathrm{rot}\,\boldsymbol{A} \tag{2.252}$$

und deshalb[55]

$$\frac{\mathcal{O}^2}{2mc^2} = \frac{1}{2m}\left(\hat{\boldsymbol{p}} - \frac{e}{c}\boldsymbol{A}\right)^2 \underline{\underline{1}} - \frac{e}{mc}\hat{\boldsymbol{\Sigma}}\boldsymbol{B} \tag{2.253}$$

Beachten wir, dass in Termen der Ordnung $m^{-3}$ Feldgrößen nicht mehr berücksichtigt werden, dann bekommen wir auch sofort den nächsten Term in (2.247)

$$\frac{\mathcal{O}^4}{8m^3c^6} = \frac{(\hat{\boldsymbol{p}}^2)^2}{8m^3c^2}\underline{\underline{1}} \tag{2.254}$$

**54**) siehe Band III, Kap. 9.4.2.3, Gleichung (9.166)
**55**) Wir nutzen hier und in den weiteren Rechnungen die bekannten Zusammenhänge zwischen den elektromagnetischen Potentialen $\phi$ und $\boldsymbol{A}$ und den Feldgrößen, also $\boldsymbol{B} = \mathrm{rot}\,\boldsymbol{A}$ und $\boldsymbol{E} = -\nabla\phi - c^{-1}\dot{\boldsymbol{A}}$, siehe Band II, Kap. 4.5.

Die letzten beiden Terme in (2.247) lassen sich zu $\left[\mathcal{O},\,[\mathcal{O},\,\mathcal{E}]+i\hbar\dot{\mathcal{O}}\right]/(8m^2c^4)$ zusammenfassen. Wir erhalten für das zweite Argument des äußeren Kommutators

$$\begin{aligned}\left([\mathcal{O},\,\mathcal{E}]+i\hbar\dot{\mathcal{O}}\right) &= [\boldsymbol{\alpha}(c\hat{\boldsymbol{p}}-e\boldsymbol{A}),\,e\phi]-ie\hbar\,\boldsymbol{\alpha}\dot{\boldsymbol{A}} = ce\boldsymbol{\alpha}\hat{\boldsymbol{p}}\,\phi-ce\phi\,\boldsymbol{\alpha}\hat{\boldsymbol{p}}-ie\hbar\,\boldsymbol{\alpha}\dot{\boldsymbol{A}}\\ &= ice\hbar\,\boldsymbol{\alpha}\left(-\nabla\phi-\frac{1}{c}\dot{\boldsymbol{A}}\right)=ice\hbar\,\boldsymbol{\alpha}\boldsymbol{E} \qquad (2.255)\end{aligned}$$

Damit erhalten wir

$$\left[\mathcal{O},\,[\mathcal{O},\,\mathcal{E}]+i\hbar\dot{\mathcal{O}}\right]=ice\hbar\,[\mathcal{O},\,\boldsymbol{\alpha}\boldsymbol{E}]=ice\hbar\,[\boldsymbol{\alpha}(c\hat{\boldsymbol{p}}-e\boldsymbol{A}),\,\boldsymbol{\alpha}\boldsymbol{E}] \qquad (2.256)$$

Benutzen wir die Komponentenschreibweise, dann können wir mit der Beziehung (2.250) diesen Ausdruck umformen

$$\begin{aligned}&\left[\mathcal{O},\,[\mathcal{O},\,\mathcal{E}]+i\hbar\dot{\mathcal{O}}\right]\\ &= ice\hbar\left\{\alpha_\mu(c\hat{p}_\mu-eA_\mu)\alpha_\nu E_\nu-\alpha_\nu E_\nu\alpha_\mu(c\hat{p}_\mu-eA_\mu)\right\}\\ &= ice\hbar\alpha_\mu\alpha_\nu\left\{(c\hat{p}_\mu-eA_\mu)E_\nu-E_\mu(c\hat{p}_\nu-eA_\nu)\right\}\\ &= ice\hbar\left(\delta_{\mu\nu}\underline{\underline{1}}+\frac{2i}{\hbar}\varepsilon_{\mu\nu\rho}\hat{\Sigma}_\rho\right)\left\{(c\hat{p}_\mu-eA_\mu)E_\nu-E_\mu(c\hat{p}_\nu-eA_\nu)\right\}\\ &= ic^2e\hbar\,\underline{\underline{1}}\left\{\hat{p}_\mu E_\mu-E_\mu\hat{p}_\mu\right\}\\ &\quad -2ce\varepsilon_{\mu\nu\rho}\hat{\Sigma}_\rho\left\{(c\hat{p}_\mu-eA_\mu)E_\nu-E_\mu(c\hat{p}_\nu-eA_\nu)\right\} \qquad (2.257)\end{aligned}$$

Gehen wir wieder zur Vektorschreibweise über, dann erhalten wir hieraus

$$\begin{aligned}\left[\mathcal{O},\,[\mathcal{O},\,\mathcal{E}]+i\hbar\dot{\mathcal{O}}\right] &= ec^2\hbar^2\,\underline{\underline{1}}\,\mathrm{div}\,\boldsymbol{E}\\ &\quad -2ce\,\hat{\boldsymbol{\Sigma}}\Big((c\hat{\boldsymbol{p}}-e\boldsymbol{A})\times\boldsymbol{E}-\boldsymbol{E}\times(c\hat{\boldsymbol{p}}-e\boldsymbol{A})\Big) \qquad (2.258)\end{aligned}$$

Beachtet man jetzt noch die Beziehung $\hat{\boldsymbol{p}}\times\boldsymbol{E}=-\boldsymbol{E}\times\hat{\boldsymbol{p}}-i\hbar\,\mathrm{rot}\,\boldsymbol{E}$, dann folgt

$$\begin{aligned}\frac{1}{8m^2c^4}\left[\mathcal{O},\,[\mathcal{O},\,\mathcal{E}]+i\hbar\dot{\mathcal{O}}\right] &= \frac{e\hbar^2}{8m^2c^2}\,\underline{\underline{1}}\,\mathrm{div}\,\boldsymbol{E}+i\frac{e\hbar}{4m^2c^2}\,\hat{\boldsymbol{\Sigma}}\,\mathrm{rot}\,\boldsymbol{E}\\ &\quad +\frac{e}{2m^2c^3}\,\hat{\boldsymbol{\Sigma}}\Big(\boldsymbol{E}\times(c\hat{\boldsymbol{p}}-e\boldsymbol{A})\Big) \qquad (2.259)\end{aligned}$$

Wenn wir jetzt die Ausdrücke (2.215), (2.253), (2.254) und (2.259) in $\hat{H}'''$ einsetzen, dann erhalten wir

$$\begin{aligned}\hat{H}''' &= \beta\left\{mc^2+\frac{(\hat{\boldsymbol{p}}-\frac{e}{c}\boldsymbol{A})^2}{2m}-\frac{\hat{\boldsymbol{p}}^4}{8m^3c^2}\right\}+\underline{\underline{1}}\left\{e\phi-\frac{e\hbar^2}{8m^2c^2}\,\mathrm{div}\,\boldsymbol{E}\right\}\\ &\quad -\hat{\boldsymbol{\Sigma}}\left\{\frac{ie\hbar}{4m^2c^2}\,\mathrm{rot}\,\boldsymbol{E}+\frac{e}{2m^2c^2}\boldsymbol{E}\times\left(\hat{\boldsymbol{p}}-\frac{e}{c}\boldsymbol{A}\right)\right\}-\frac{e}{mc}\,\beta\hat{\boldsymbol{\Sigma}}\boldsymbol{B} \qquad (2.260)\end{aligned}$$

Die zugehörige quantenmechanische Evolutionsgleichung für den Bispinor $\psi$ zerfällt jetzt in zwei separate Gleichungen für den oberen und unten Spinor. Für den oberen Spinor erhalten wir dann mit (2.163) eine Gleichung vom Typ

$$i\hbar\frac{\partial}{\partial t}\chi = \hat{H}\chi \tag{2.261}$$

mit dem Hamilton-Operator

$$\begin{aligned}\hat{H} &= \hat{1}\left\{mc^2 + \frac{(\hat{\boldsymbol{p}} - \frac{e}{c}\boldsymbol{A})^2}{2m} - \frac{\hat{\boldsymbol{p}}^4}{8m^3c^2} + e\phi - \frac{e\hbar^2}{8m^2c^2}\operatorname{div}\boldsymbol{E}\right\} \\ &- \hat{\sigma}\left\{\frac{ie\hbar^2}{8m^2c^2}\operatorname{rot}\boldsymbol{E} + \frac{e\hbar}{4m^2c^2}\boldsymbol{E}\times\left(\hat{\boldsymbol{p}} - \frac{e}{c}\boldsymbol{A}\right) + \frac{e\hbar}{2mc}\boldsymbol{B}\right\}\end{aligned} \tag{2.262}$$

Es handelt sich hierbei wieder um die Pauli-Gleichung, die aber im Gegensatz zur der in Band III analysierten Version[56] noch einige relativistische Korrekturen enthält.

#### Physikalische Bedeutung

Wir wollen jetzt kurz die Bedeutung der einzelnen Terme dieser Wellengleichung diskutieren. Der erste Klammerausdruck ist bzgl. seiner Wirkung auf einen Spinor diagonal. Vernachlässigt man die Spineigenschaften des Teilchens und damit den zweiten, an die Pauli'schen Spinmatrizen koppelnden Term, dann könnte man dem Hamilton-Operator (2.262) auch eine gewöhnliche Schrödinger-Gleichung mit einer skalaren Wellenfunktion zuordnen.

Die ersten drei Summanden diese Diagonaltermes sind als Entwicklung der relativistischen Energie-Impuls-Beziehung $E = (m^2c^4 + (\boldsymbol{p}c - e\boldsymbol{A})^2)^{1/2}$ nach Potenzen von $(mc^2)^{-1}$ zu verstehen. Die hierdurch repräsentierten Observablen haben ein klassisches Analogon, so dass ihnen entsprechend den Jordan'schen Regeln quantenmechanische Operatoren zugeordnet werden können. Der Ruhemasseterm $mc^2$ kann durch einen geeigneten Phasenfaktor der Wellenfunktion[57] eliminiert werden, ohne dass der physikalische Inhalt der Wellengleichung oder des quantenmechanischen Zustands geändert wird.

Zusammen mit dem elektrostatischen Potential $e\phi$ entspricht der zweite Summand des Diagonalterms der Quantisierung der klassischen Hamilton-Funktion eines geladenen Partikels[58]. Wir haben einige quantenmechanische Phänomene, z. B. den normalen Zeeman-Effekt oder den de Haas-van Alphen-Effekt, die sich aus der diesen Termen entsprechenden Schrödinger-Gleichung ableiten lassen, ausführlich in Band III besprochen.

Beim dritten und fünften Summanden des Diagonaltermes handelt es sich um relativistische Korrekturen, wobei der letztere auch als Darwin-Term bezeichnet wird. Dieser Term hängt mit der sogenannten Zitterbewegung des

**56**) siehe Band III, Kap. 9.4
**57**) nämlich durch $\psi \to \psi \exp\{-imc^2t/\hbar\}$
**58**) siehe Band I, Kap. 7.4.3 und Band III, Kap. 8

quantenmechanischen Teilchens zusammen, die ausführlicher im nächsten Abschnitt besprochen wird.

Der zweite Klammerausdruck im Hamilton-Operator (2.262) berücksichtigt die Spineigenschaften des Partikels. Dabei entspricht der letzte Summand der magnetischen Dipolwechselwirkung, alle anderen Beiträge lassen sich zur Spin-Bahn-Wechselwirkung zusammenfassen. Beide Beiträge ergeben sich direkt aus der Dirac-Gleichung, während wir im Rahmen des Konzepts der Ordnungslinearisierung aus der Schrödinger-Gleichung nur die Kopplung zwischen Spin und Magnetfeld reproduzieren konnten, die Spin-Bahn-Wechselwirkung dagegen empirisch einführen mussten[59].

Die Struktur der Spin-Bahn-Wechselwirkung hängt natürlich von dem jeweiligen elektromagnetischen Feld ab. Für die Bewegung in einem zentralsymmetrischen elektrostatischen Feld haben wir eine besonders einfache Situation vorliegen. Mit $\boldsymbol{A} = 0$ und $\phi = \phi(r)$ bekommen wir

$$\boldsymbol{E} = -\operatorname{grad}\phi = -\frac{\partial \phi}{\partial r}\frac{\boldsymbol{r}}{r} \qquad \text{und} \qquad \operatorname{rot}\boldsymbol{E} = 0 \tag{2.263}$$

und somit vereinfacht sich die Spin-Bahn-Wechselwirkung

$$\hat{H}_{\text{Spin-Bahn}} = -\hat{\sigma}\left\{\frac{ie\hbar^2}{8m^2c^2}\operatorname{rot}\boldsymbol{E} + \frac{e\hbar}{4m^2c^2}\boldsymbol{E}\times\left(\hat{\boldsymbol{p}} - \frac{e}{c}\boldsymbol{A}\right)\right\} \tag{2.264}$$

zu

$$\hat{H}_{\text{Spin-Bahn}} = \frac{e\hbar}{4m^2c^2}\frac{1}{r}\left(\frac{\partial \phi}{\partial r}\right)\hat{\sigma}(\boldsymbol{r}\times\hat{\boldsymbol{p}}) \tag{2.265}$$

Beachtet man noch den Drehimpulsoperator $\hat{\boldsymbol{L}} = \boldsymbol{r}\times\hat{\boldsymbol{p}}$ und den Spinoperator $\hat{\boldsymbol{S}} = (\hbar/2)\hat{\sigma}$, dann erhalten wir die bereits bekannte Spin-Bahn-Wechselwirkung[60]

$$\hat{H}_{\text{Spin-Bahn}} = \frac{e}{2m^2c^2}\frac{1}{r}\left(\frac{\partial \phi}{\partial r}\right)\hat{\boldsymbol{S}}\hat{\boldsymbol{L}} \tag{2.266}$$

## 2.2.4 *Interpretation der Dirac-Theorie

### 2.2.4.1 *Die Zitterbewegung des Elektrons

In der nichtrelativistischen Quantenmechanik ist der Geschwindigkeitsoperator direkt mit dem Impulsoperator verbunden. Man kann diesen Zusammenhang am einfachsten durch die Bewegungsgleichung im Heisenberg-Bild veranschaulichen, wo die Zeitableitung des einer Observablen zugeordneten

**59**) siehe Band III, Kap. 9.4.3
**60**) siehe Band III, Kap. 9.4.3 Gleichung (9.171)

Operators und der Operator der Zeitableitung einer Observablen übereinstimmen[61]

$$\hat{\dot{x}} = \frac{i}{\hbar}[\hat{H}, \hat{x}] = \frac{\hat{p}}{m} \qquad (2.267)$$

Führen wir die gleichen Rechnungen mit dem Hamilton-Operator (2.145) des freien relativistischen Teilchens durch, dann bekommen wir

$$\hat{\dot{x}} = c\hat{\alpha} \qquad (2.268)$$

Nach dieser Gleichung hat jede Komponente des Geschwindigkeitsoperators nur die beiden Eigenwerte $\pm c$. Noch seltsamer ist die Tatsache, dass die Komponenten des Geschwindigkeitsoperators im Gegensatz zu den Impulskomponenten nicht mehr kommutieren. Offenbar gibt es für dieses Phänomen keinen nichtrelativistischen Grenzfall, denn aus (2.268) kann man keinesfalls (2.267) ableiten. Das relativistische Teilchen führt eine permanente Zitterbewegung mit den instantanen Geschwindigkeitskomponenten $\pm c$ aus.

Das ist ein paradox erscheinendes Ergebnis, zumal man experimentell für ein Spin-1/2-Teilchen beliebige Geschwindigkeiten mit $|\dot{x}| < c$ messen kann. Man kann sich natürlich auf den Standpunkt stellen, dass eine Geschwindigkeitsmessung nicht zeitlich lokal erfolgt, sondern stets im Sinne des Grenzübergangs $v = |\Delta x / \Delta t|_{\Delta t \to 0}$ über kurze, aber immer endliche Zeitintervalle erstreckt werden muss. Demnach ist jede Geschwindigkeitsmessung eigentlich äquivalent zu einer Serie kausal aufeinander folgender Ortsmessungen und kann in dieser Hinsicht gewissermaßen als Mittelwertbildung verstanden werden.

Andererseits wäre zu erwarten, dass der quantenmechanische Erwartungswert der Geschwindigkeit eines Partikels wieder den Ehrenfest'schen Theoremen[62] und damit der klassisch-mechanischen bzw. relativistisch-mechanischen Abhängigkeit vom Impuls genügt.

Um diese Aussage zu prüfen, benutzen wir am besten die Darstellung der Operatoren im Heisenberg-Bild. Da die Kommutatoren im Schrödinger-Bild und im Heisenberg-Bild die gleiche mathematische Struktur besitzen[63], folgen aus den im Schrödinger-Bild[64] gültigen Relationen $[\hat{H}_f, \hat{H}_f] = 0$, $[\hat{H}_f, \hat{p}] = 0$

**61)** siehe Band III, Kap. 4.7.3

**62)** siehe Band III, Kap. 4.7.5

**63)** Da zwischen beiden Bildern eine unitäre Transformation vermittelt, ändert sich der Zusammenhang zwischen Operatoren beim Übergang zwischen zwei Bildern nicht. Gilt z. B. im Schrödinger-Bild $[\hat{A}, \hat{B}] = \hat{C}$, dann lässt jede unitäre Transformation diesen Zusammenhang unverändert, d. h. auch im Heisenberg-Bild gilt $[\hat{A}_H, \hat{B}_H] = \hat{C}_H$.

**64)** Wir kennzeichnen in diesem Abschnitt einen Operator $\hat{A}$ nicht weiter, wenn er im Schrödinger-Bild dargestellt wird. Im Heisenberg-Bild werden wir dagegen die übliche Bezeichnung $A_H$ benutzen.

und $[H_f, \hat{\boldsymbol{x}}] = c\hat{\boldsymbol{\alpha}}$ sofort die entsprechenden Relationen im Heisenberg-Bild

$$[\hat{H}_f, \hat{H}_f] = 0 \quad [\hat{H}_f, \hat{\boldsymbol{p}}_H] = 0 \quad \text{und} \quad [\hat{H}_f, \hat{\boldsymbol{x}}_H] = \frac{c\hbar}{i}\hat{\boldsymbol{\alpha}}_H \tag{2.269}$$

wobei wir berücksichtigt haben, dass $\hat{H}_f$ im Schrödinger- und Heisenberg-Bild eine identische Darstellung hat. Schließlich ist mit (2.145)

$$[\hat{H}_f, \hat{\alpha}_\mu] = \hat{H}_f\hat{\alpha}_\mu + \hat{\alpha}_\mu\hat{H}_f - 2\hat{\alpha}_\mu\hat{H}_f \tag{2.270}$$

Für die ersten beiden Terme bekommen wir unter Beachtung von (2.12) und (2.13)

$$c(\alpha_\nu\alpha_\mu + \alpha_\mu\alpha_\nu)\hat{p}_\nu + mc^2(\beta\alpha_\mu + \alpha_\mu\beta) = 2c\,\underline{\underline{1}}\delta_{\mu\nu}\hat{p}_\nu = 2c\,\underline{\underline{1}}\hat{p}_\mu \tag{2.271}$$

Damit lautet die Kommutationsrelation (2.270)

$$[\hat{H}_f, \hat{\boldsymbol{\alpha}}] = 2(c\,\underline{\underline{1}}\hat{\boldsymbol{p}} - \hat{\boldsymbol{\alpha}}\hat{H}_f) \quad \text{also} \quad [\hat{H}_f, \hat{\boldsymbol{\alpha}}_H] = 2(c\,\underline{\underline{1}}\hat{\boldsymbol{p}}_H - \hat{\boldsymbol{\alpha}}_H\hat{H}_f) \tag{2.272}$$

Die Kommutationsrelationen (2.269) liefern uns außerdem

$$\frac{d\hat{H}_f}{dt} = \frac{i}{\hbar}[\hat{H}_f, \hat{H}_f] = 0 \qquad \frac{d\hat{\boldsymbol{p}}_H}{dt} = \frac{i}{\hbar}[\hat{H}_f, \hat{\boldsymbol{p}}_H] = 0 \tag{2.273}$$

woraus wir auf die zeitliche Invarianz des Hamilton-Operators und des Impulsoperators schließen können[65]. Damit ist aber der Impulsoperator im Heisenberg-Bild identisch zum Impulsoperator im Schrödinger-Bild, $\hat{\boldsymbol{p}}_H = \hat{\boldsymbol{p}}$. Aus der Bewegungsgleichung

$$\frac{d\hat{\boldsymbol{\alpha}}_H}{dt} = \frac{i}{\hbar}[\hat{H}_f, \hat{\boldsymbol{\alpha}}_H] = \frac{2i}{\hbar}(c\,\underline{\underline{1}}\,\hat{\boldsymbol{p}} - \hat{\boldsymbol{\alpha}}_H\hat{H}_f) \tag{2.274}$$

bekommen wir unter Beachtung der Anfangsbedingung $\hat{\boldsymbol{\alpha}}_H(0) = \hat{\boldsymbol{\alpha}}$ die Lösung

$$\hat{\boldsymbol{\alpha}}_H(t) = \left(\hat{\boldsymbol{\alpha}} - \underline{\underline{1}}\,\frac{c\hat{\boldsymbol{p}}}{\hat{H}_f}\right) e^{-\frac{2i}{\hbar}\hat{H}_f t} + \underline{\underline{1}}\,\frac{c\hat{\boldsymbol{p}}}{\hat{H}_f} \tag{2.275}$$

Setzen wir diese Lösung unter Verwendung von (2.268) in die Bewegungsgleichung für den Ortsoperator

$$\frac{d\hat{\boldsymbol{x}}_H}{dt} = \frac{i}{\hbar}[\hat{H}_f, \hat{\boldsymbol{x}}_H] = c\hat{\boldsymbol{\alpha}}_H \tag{2.276}$$

ein, dann erhalten wir nach einer einfachen Integration mit der Anfangsbedingung $\hat{\boldsymbol{x}}_H(0) = \hat{\boldsymbol{x}}$

$$\hat{\boldsymbol{x}}_H(t) = \hat{\boldsymbol{x}} + \underline{\underline{1}}\,\frac{c^2\hat{\boldsymbol{p}}}{\hat{H}_f}t + ic\hbar\left(\hat{\boldsymbol{\alpha}} - \underline{\underline{1}}\,\frac{c\hat{\boldsymbol{p}}}{\hat{H}_f}\right)\frac{e^{-\frac{2i}{\hbar}\hat{H}_f t} - 1}{2\hat{H}_f} \tag{2.277}$$

**65**) Diese Aussage ist für den Hamilton-Operator natürlich trivial und wurde bereits in der Tatsache berücksichtigt, dass der Hamilton-Operator im Heisenberg- und Schrödinger-Bild identisch dargestellt wird.

Der quantenmechanische Erwartungswert ist damit durch

$$\overline{\hat{\boldsymbol{x}}}(t) = \overline{\hat{\boldsymbol{x}}} + \underline{\underline{1}}\, c^2 \overline{\hat{\boldsymbol{p}}\hat{H}_{\mathrm{f}}^{-1}}\, t + \frac{ic\hbar}{2} \overline{\left(\hat{\boldsymbol{\alpha}} - \underline{\underline{1}}\, c\hat{\boldsymbol{p}}\hat{H}_{\mathrm{f}}^{-1}\right)\left(\mathrm{e}^{-\frac{2i}{\hbar}\hat{H}_{\mathrm{f}}t} - 1\right)\hat{H}_{\mathrm{f}}^{-1}} \tag{2.278}$$

gegeben. Die beiden ersten Terme stimmen mit unseren anfänglich geäußerten Vermutungen überein. Insbesondere bewegt sich hiernach ein freies Teilchen mit konstanter Geschwindigkeit. Neu – und für ein freies Teilchen völlig unerwartet – ist dagegen der dritte Term, der Oszillationen mit einer Frequenz der Größenordnung $2mc^2/\hbar$ beschreibt.

Um die tiefere Ursache für dieses Phänomen besser zu verstehen, nehmen wir an, dass sich das Teilchen im Zustand positiver Energie $\psi^{(+)}$ befindet[66]. Dieser Zustand ändert sich nicht bei Anwendung des Projektionsoperators $\hat{P}_+$, siehe (2.172)

$$\psi^{(+)} = \hat{P}_+ \psi^{(+)} \tag{2.279}$$

Beachtet man noch (2.272), dann erhalten wir

$$\begin{aligned}
\overline{\left(\hat{\boldsymbol{\alpha}} - \underline{\underline{1}}\,\frac{c\hat{\boldsymbol{p}}}{\hat{H}_{\mathrm{f}}}\right)\frac{\mathrm{e}^{-\frac{2i}{\hbar}\hat{H}_{\mathrm{f}}t} - 1}{\hat{H}_{\mathrm{f}}}} &= \left\langle \psi^{(+)} \right| \hat{P}_+[\hat{H}_f, \hat{\boldsymbol{\alpha}}] \frac{1 - \mathrm{e}^{-\frac{2i}{\hbar}\hat{H}_{\mathrm{f}}t}}{2\hat{H}_{\mathrm{f}}^2} \hat{P}_+ \left| \psi^{(+)} \right\rangle \\
&= \left\langle \psi^{(+)} \right| \hat{P}_+[\hat{H}_{\mathrm{f}}, \hat{\boldsymbol{\alpha}}]\hat{P}_+ \frac{1 - \mathrm{e}^{-\frac{2i}{\hbar}\hat{H}_{\mathrm{f}}t}}{2\hat{H}_{\mathrm{f}}^2} \left| \psi^{(+)} \right\rangle
\end{aligned} \tag{2.280}$$

wobei wir verwendet haben, dass der Projektionsoperator $\hat{P}_+$ und der Hamilton-Operator $\hat{H}_{\mathrm{f}}$ miteinander kommutieren. Wegen (2.170) und (2.172) folgt weiter

$$[\hat{P}_+, \hat{\boldsymbol{\alpha}}] = \frac{1}{2}[\hat{Z}, \hat{\boldsymbol{\alpha}}] = \frac{1}{2|\hat{H}_{\mathrm{f}}|}[\hat{H}_{\mathrm{f}}, \hat{\boldsymbol{\alpha}}] \tag{2.281}$$

und deshalb

$$\begin{aligned}
\hat{P}_+[\hat{H}_{\mathrm{f}}, \hat{\boldsymbol{\alpha}}]\hat{P}_+ = 2|\hat{H}_{\mathrm{f}}|\, \hat{P}_+[\hat{P}_+, \hat{\boldsymbol{\alpha}}]\hat{P}_+ &= 2|\hat{H}_{\mathrm{f}}| \left(\hat{P}_+^2 \hat{\boldsymbol{\alpha}}\hat{P}_+ - \hat{P}_+\hat{\boldsymbol{\alpha}}\hat{P}_+^2\right) \\
&= 2|\hat{H}_{\mathrm{f}}| \left(\hat{P}_+\hat{\boldsymbol{\alpha}}\hat{P}_+ - \hat{P}_+\hat{\boldsymbol{\alpha}}\hat{P}_+\right) = 0
\end{aligned} \tag{2.282}$$

Mit anderen Worten, in einem Zustand positiver Energie verschwinden die seltsamen Oszillationen. Wird der Zustand des Teilchens auch noch durch einen Eigenzustand des Impulsoperators beschrieben, dann ist die Partikelgeschwindigkeit durch $c^2\boldsymbol{p}/E(\boldsymbol{p})$ gegeben.

Man kann mit den gleichen Rechnungen zeigen, dass die Oszillationen auch für jeden Zustand verschwinden, der ausschließlich aus ebenen Wellen negativer Energie aufgebaut ist. Allerdings ist dann die Partikelgeschwindigkeit eines Teilchens im Eigenzustand zum Impulswert $\boldsymbol{p}$ gegeben durch $-c^2\boldsymbol{p}/E(\boldsymbol{p})$.

**66)** d. h. der quantenmechanische Zustand des Teichens ist eine ausschließliche Überlagerung von ebenen Wellen positiver Energie.

Wir haben also das paradoxe Resultat, dass bei negativen Energieeigenwerten die Partikelgeschwindigkeit und der Partikelimpuls entgegengerichtet sind.

#### 2.2.4.2 *Mischung von Zuständen positiver und negativer Energie

Die Diskussion der Zitterbewegung lässt es wünschenswert erscheinen, Zustände negativer Energie als unphysikalisch zu erklären und von allen weiteren Untersuchungen auszuschließen.

Auch ein weiteres Problem wäre damit aus der Welt geschafft. In der Dirac-Theorie ist das Spektrum der Energieeigenwerte nach unten offen. Befindet sich ein quantenmechanisches Teilchen also in einem Zustand mit einer gewissen Energie, so kann es durch Strahlungsprozesse permanent Energie abgeben und so sukzessive Zustände mit immer kleinerer Energie erreichen. Ein einziges Teilchen könnte deshalb entgegen der experimentellen Erfahrung unendlich viel Strahlungsenergie abgeben.

Die willkürliche Charakterisierung aller Zustände negativer Energie als physikalisch unzulässig und der damit verbundene Ausschluss aus einer physikalischen Theorie bringt aber neue Probleme mit sich. In diesem Fall würde die notwendige Vollständigkeit der Eigenfunktionen beliebiger Operatoren nicht mehr gewährleistet sein, da alle Anteile negativer Energie ausprojiziert werden müssten. Noch gravierender ist aber, dass ein Teilchen, dessen Zustand aus ebenen Wellen positiver Energie zusammengesetzt ist, nur im Fall eines freien Teilchens auch in Zukunft diesen Status behält. In Gegenwart elektromagnetischer Felder gibt es aber stets Übergänge zwischen Zuständen positiver und negativer Energie. Man sieht diese Aussage sofort ein, wenn man bedenkt, dass der Ortsoperator und damit auch alle ortsabhängigen Potentiale keine geraden Operatoren sind[67]. Deshalb wird jeder Zustand, der anfänglich nur aus Impulseigenfunktionen mit positiver Energie besteht, im Laufe der Zeit in einen Zustand umgewandelt, der eine Superposition sowohl aus energetisch positiven wie auch aus negativen Anteilen ist.

#### 2.2.4.3 Dirac's Löchertheorie

Zur Lösung der mit den negativen Energieeigenwerten verbundenen Probleme verwendete Dirac die Tatsache, dass Elektronen als Spin-1/2-Teilchen das Pauli'sche Ausschließungsprinzip erfüllen. Er nahm deshalb an, dass alle Zustände negativer Energie vollständig besetzt sind und deshalb nach dem Ausschließungsprinzip keine weiteren Teilchen Platz finden. Dieser vollbesetzte *Dirac-See* wird als Vakuumzustand interpretiert. Eine direkte Beobachtung der Elektronen des Dirac-Sees ist bei dieser Interpretation nicht möglich. Als Schwierigkeit erweist sich zunächst, dass der Dirac-See eine unendlich große Masse und eine unendlich große Ladung besitzt. Dieses Problem ist aber nicht gravierend, da man die unendliche Masse durch eine Verschie-

**67**) siehe Kapitel 2.2.2.5

bung der Energieskala, die unendliche Ladung durch eine Redefinition des Ladungsbegriffs[68] beseitigen kann.

Betrachten wir ausschließlich freie Teilchen, dann sind die Energieeigenwerte durch $\pm\sqrt{m^2c^4 + p^2c^2}$ gegeben. Damit erstreckt sich das negative Energiespektrum über den Wertebereich $-\infty < E \leq -mc^2$, das positive dagegen über $mc^2 \leq E < \infty$. Im Bereich $-mc^2 < E < mc^2$ gibt es keine zulässigen Energiewerte.

Durch Anregung mit einer Mindestenergie von $2mc^2$ kann ein Elektron aus einem Zustand negativer Energie in den Zustand positiver Energie gehoben werden und wird damit als reales Elektron mit einer negativen Ladung beobachtbar. Zugleich hinterlässt es ein effektiv positiv geladenes Loch. Dieses Loch wird *Positron* genannt und stellt das *Antiteilchen* $\bar{e}$ zum Elektron $e$ dar[69].

Natürlich gibt es auch den dieser Paarerzeugung entgegengesetzten Prozess der Paarvernichtung. Angenommen im Dirac-See sei ein durch Impuls- und Spinquantenzahl bestimmter Zustand nicht besetzt, also ein Loch vorhanden. Ein Elektron der Ladung $e$ kann dieses Loch auffüllen und damit das Vakuum[70] wieder herstellen. Da der Endzustand das Vakuum ist, muss das Loch eine positive Ladung $+|e|$ gehabt haben.

Wir wollen die Eigenschaften der bei einer Paarerzeugung entstehenden Teilchen und Antiteilchen auf einer phänomenologischen Ebene untersuchen. Dazu nehmen wir an, dass ein Elektron negativer Energie $E_-$ mit dem Impuls $\boldsymbol{p}_-$ durch Absorbtion eines Photons aus dem Dirac-See in einen Zustand positiver Energie $E_+$ mit dem Impuls $\boldsymbol{p}_+$ angeregt wird. Dann ist die hierfür benötigte Photonenenergie

$$\hbar\omega = \sqrt{m^2c^4 + c^2\boldsymbol{p}_+^2} - \left(-\sqrt{m^2c^4 + c^2\boldsymbol{p}_-^2}\right) = E_+ - E_- \qquad (2.283)$$

Offenbar haben Elektron und Positron die gleiche Masse $m$. Da für das Vakuum der Gesamtimpuls und die Gesamtenergie verschwinden, führt die Entfernung eines Elektrons des Impulses $\boldsymbol{p}_-$ zu einem Loch (Positron) des Impulses $\boldsymbol{p}_p = -\boldsymbol{p}_-$ und der Energie $E_p = -E_-$. Deshalb kann die Paarerzeugung auch als Bildung eines Elektrons der Energie $E_e = E_+$ und des Impulses $\boldsymbol{p}_e = \boldsymbol{p}_+$

**68**) Ein homogen geladener Hintergrund hat keinen Ladungsschwerpunkt und darf deshalb auch keine Kraft auf eine Ladung ausüben. In der klassischen Elektrodynamik werden solche Ladungsverteilungen als unzulässig, siehe Band II, Kap. 2.1.1.2, charakterisiert. Eliminiert man den homogenen Ladungshintergrund aus der Theorie, dann bleiben nur noch Ladungsfluktuationen gegenüber dem Hintergrund erhalten, die gewöhnlich die Bedingungen an eine zulässige Ladungsverteilung erfüllen.

**69**) Wie wir in Kap. 6 sehen werden, besitzen alle anderen Spin-1/2-Teilchen ebenfalls Antiteilchen.

**70**) also den vollständig gefüllten See

und eines Positrons der Energie $E_p = -E_-$ und des Impulses $\boldsymbol{p}_p = -\boldsymbol{p}_-$ verstanden werden[71].

Eine analoge Aussage gilt für den Spin. Da die $z$-Komponente des Photonenspins $\pm 1$ ist, müssen wegen der Drehimpulsbilanz Elektron und Positron entweder beide den Spin $+1/2$ oder $-1/2$ besitzen. Die Entfernung eines Elektrons negativer Energie im Spinzustand $\boldsymbol{S}$ aus dem insgesamt spinfreien Vakuum hinterlässt ein Loch vom Spin $-\boldsymbol{S}$. Deshalb entspricht ein Positron mit Spin $\boldsymbol{S}_p$ einem Elektron negativer Energie mit dem Spin $-\boldsymbol{S}_p$.

#### 2.2.4.4 *Ladungskonjugation

Aus einer Vielzahl von Experimenten ist bekannt, dass sich Teilchen und Antiteilchen in ihrer Ladung unterscheiden, sonst aber physikalisch identische Eigenschaften besitzen. Deshalb sollten Positronen[72] ebenfalls durch eine Dirac-Gleichung analog zu (2.184), allerdings mit entgegengesetzter Ladung, beschreibbar sein

$$\left(\gamma^k \left(i\hbar\partial_k + \frac{e}{c}A_k\right) - mc\right)\psi = 0 \tag{2.284}$$

Die Lösungen dieser Gleichung reflektieren die für Positronen erwarteten Eigenschaften. Offensichtlich gibt es auch für das Antiteilchen des Elektrons Zustände mit positiver und negativer Energie. Deshalb kann man insbesondere auch Elektronen als Löcher in einem Dirac-See aus Positronen interpretieren. Aus der Ähnlichkeit in der mathematischen Beschreibung von Elektronen und Positronen ergibt sich eine für das Verständnis der Quantenmechanik wichtige Symmetrie, die wir jetzt genauer untersuchen und qualitativ erfassen wollen. Dazu definieren wir den ladungskonjugierten Zustand $\psi_C$, der sich aus $\psi^*$ durch Anwendung eines nichtsingulären Operators $\hat{U}$ ergibt

$$\psi_C = \hat{U}\psi^* \tag{2.285}$$

wobei $\hat{U}$ die Gleichung

$$\hat{U}\gamma^{k*}\hat{U}^{-1} = -\gamma^k \tag{2.286}$$

erfüllen soll. Bilden wir die zu (2.184) komplex konjugierte Gleichung

$$\left(\gamma^{k*} \left(-i\hbar\partial_k - \frac{e}{c}A_k\right) - mc\right)\psi^* = 0 \tag{2.287}$$

dann erhalten wir mit dem Operator $\hat{U}$

$$\hat{U}\left(\gamma^{k*} \left(-i\hbar\partial_k - \frac{e}{c}A_k\right) - mc\right)\hat{U}^{-1}\hat{U}\psi^* = 0 \tag{2.288}$$

**71**) Eine genauere Untersuchung zeigt, dass die spontane Umwandlung eines energiereichen Photons in ein Elektron-Positron-Paar den relativistischen Energie-Impuls-Satz verletzt. Dazu ist eine weitere Masse, z. B. ein Atomkern notwendig.

**72**) oder allgemeiner beliebige Antiteilchen mit Spin 1/2

also

$$\left(\gamma^k \left(i\hbar\partial_k + \frac{e}{c}A_k\right) - mc\right)\psi_C = 0 \tag{2.289}$$

Der Vergleich mit (2.284) zeigt, dass es sich hierbei um die Dirac-Gleichung eines Positrons handelt. Daher überführt die Operation der Ladungskonjugation[73] Lösungen der Elektronen-Dirac-Gleichung in Lösungen der Positronen-Dirac-Gleichung. Um diesen Zusammenhang genauer analysieren zu können, ist es zweckmäßig, eine explizite Darstellung des Operators $\hat{U}$ zu kennen.

Ein spezieller Operator, der (2.286) erfüllt, ist $\hat{U} = i\gamma^2$. Wegen (2.19) und der speziellen Struktur der Pauli-Matrizen[74] (2.17) erhalten wir $\gamma^{2*} = -\gamma^2$ und weiter mit (2.29) $\hat{U}^*\hat{U} = \gamma^{2*}\gamma^2 = -\gamma^2\gamma^2 = \underline{\underline{1}}$, sowie wegen (2.21) $\hat{U}^\dagger\hat{U} = -\gamma^2\gamma^2 = \underline{\underline{1}}$. Mit diesen Eigenschaften ist dann $\hat{U}^{-1} = \hat{U}^* = \hat{U}^\dagger = \hat{U}$ und deshalb

$$\hat{U}\gamma^{2*}\hat{U}^{-1} = -\hat{U}\gamma^2\hat{U} = \gamma^2\gamma^2\gamma^2 = -\gamma^2 \tag{2.290}$$

bzw. für $k \neq 2$ wegen $\gamma^{*k} = \gamma^k$

$$\hat{U}\gamma^{k*}\hat{U}^{-1} = \hat{U}\gamma^k\hat{U} = -\gamma^2\gamma^k\gamma^2 = \gamma^2\gamma^2\gamma^k = -\gamma^k \tag{2.291}$$

Die zweifache Ladungskonjugation ist eine identische Operation, denn wir bekommen sofort $(\psi_C)_C = \hat{U}(\hat{U}\psi^*)^* = \hat{U}\hat{U}^*\psi = \psi$. Wir können deshalb mit der Operation der Ladungskonjugation einen Positronenzustand auch wieder auf einen Elektronenzustand abbilden.

Wir wollen jetzt untersuchen, welche Werte die Messungen an einem quantenmechanischen Teilchen im Zustand $\psi$ und im ladungskonjugierten Zustand $\psi_C$ ergeben. Dazu beschränken wir uns hier auf die Erwartungswerte einzelner Observablen. Für den Erwartungswert des Impulses erhalten wir mit $\hat{U}^\dagger = \hat{U}^* = \hat{U}$

$$\langle\psi_C|\,\hat{\boldsymbol{p}}\,|\psi_C\rangle = \langle\psi^*|\,\hat{U}^\dagger\hat{\boldsymbol{p}}\hat{U}\,|\psi^*\rangle = \langle\psi|\,\hat{U}\hat{\boldsymbol{p}}^*\hat{U}\,|\psi\rangle^* = -\langle\psi|\,\gamma^2\hat{\boldsymbol{p}}^*\gamma^2\,|\psi\rangle^* \tag{2.292}$$

und deshalb weiter wegen $\hat{\boldsymbol{p}}^* = -\hat{\boldsymbol{p}}$

$$\langle\psi_C|\,\hat{\boldsymbol{p}}\,|\psi_C\rangle = \langle\psi|\,\gamma^2\hat{\boldsymbol{p}}\gamma^2\,|\psi\rangle^* = \langle\psi|\,\gamma^2\gamma^2\hat{\boldsymbol{p}}\,|\psi\rangle^* = -\langle\psi|\,\hat{\boldsymbol{p}}\,|\psi\rangle \tag{2.293}$$

wobei wir im letzten Schritt berücksichtigt haben, dass der Erwartungswert einer Observablen stets reell ist. Analog findet man für den Ortsoperator

$$\langle\psi_C|\,\hat{\boldsymbol{x}}\,|\psi_C\rangle = -\langle\psi|\,\gamma^2\hat{\boldsymbol{x}}^*\gamma^2\,|\psi\rangle^* = -\langle\psi|\,\gamma^2\gamma^2\hat{\boldsymbol{x}}\,|\psi\rangle^* = \langle\psi|\,\hat{\boldsymbol{x}}\,|\psi\rangle \tag{2.294}$$

Um die Erwartungswerte des Spinoperators zu bekommen, benutzen wir

$$\varepsilon_{\mu\nu\rho}\gamma^\nu\gamma^\rho = \varepsilon_{\mu\nu\rho}\begin{pmatrix} 0 & \hat{\sigma}_\nu \\ -\hat{\sigma}_\nu & 0 \end{pmatrix}\begin{pmatrix} 0 & \hat{\sigma}_\rho \\ -\hat{\sigma}_\rho & 0 \end{pmatrix} = -\begin{pmatrix} \varepsilon_{\mu\nu\rho}\hat{\sigma}_\nu\hat{\sigma}_\rho & 0 \\ 0 & \varepsilon_{\mu\nu\rho}\hat{\sigma}_\nu\hat{\sigma}_\rho \end{pmatrix} \tag{2.295}$$

**73**) also die komplexe Konjugation von $\psi$ und die anschließende Anwendung von $\hat{U}$ auf diesen Zustand

**74**) siehe auch Band III, Kap. 9.2.2

Weiter ist wegen[75] $\hat{\sigma}_\nu \hat{\sigma}_\rho = i\varepsilon_{\nu\rho\alpha}\hat{\sigma}_\alpha + \delta_{\nu\rho}$

$$\varepsilon_{\mu\nu\rho}\hat{\sigma}_\nu\hat{\sigma}_\rho = i\varepsilon_{\mu\nu\rho}\varepsilon_{\nu\rho\alpha}\hat{\sigma}_\alpha = 2i\delta_{\mu\alpha}\hat{\sigma}_\alpha = 2i\hat{\sigma}_\mu \tag{2.296}$$

so dass wir mit der Definition des Spinoperators (2.163) und (2.295)

$$\hat{\Sigma}_\mu = \frac{\hbar}{2}\begin{pmatrix} \hat{\sigma}_\mu & 0 \\ 0 & \hat{\sigma}_\mu \end{pmatrix} = \frac{i\hbar}{4}\varepsilon_{\mu\nu\rho}\gamma^\nu\gamma^\rho \tag{2.297}$$

erhalten. Mit dieser Darstellung des dreidimensionalen Spinoperators erhalten wir dann für die Erwartungswerte der einzelnen Komponenten

$$\langle\psi_C|\,\hat{\Sigma}_\mu\,|\psi_C\rangle = -\,\langle\psi|\,\gamma^2\hat{\Sigma}^*_\mu\gamma^2\,|\psi\rangle^* = \langle\psi|\,\gamma^2\frac{i\hbar}{4}\varepsilon_{\mu\nu\rho}\gamma^{\nu*}\gamma^{\rho*}\gamma^2\,|\psi\rangle^* \tag{2.298}$$

Berücksichtigt man noch die oben dargestellten Eigenschaften von $\hat{U} = i\gamma^2$, dann erhält man

$$\gamma^2\gamma^{\nu*}\gamma^{\rho*}\gamma^2 = -\hat{U}\gamma^{\nu*}\hat{U}^{-1}\hat{U}\gamma^{\rho*}\hat{U}^{-1} = -\hat{U}\gamma^{\nu*}\hat{U}\hat{U}\gamma^{\rho*}\hat{U} = -\gamma^\nu\gamma^\rho \tag{2.299}$$

und damit schließlich

$$\langle\psi_C|\,\hat{\Sigma}_\mu\,|\psi_C\rangle = -\,\langle\psi|\,\frac{i\hbar}{4}\varepsilon_{\mu\nu\rho}\gamma^\nu\gamma^\rho\,|\psi\rangle^* = -\,\langle\psi|\,\hat{\Sigma}_\mu\,|\psi\rangle^* = -\,\langle\psi|\,\hat{\Sigma}_\mu\,|\psi\rangle \tag{2.300}$$

Um schließlich den Erwartungswert des Hamilton-Operators zu berechnen, benutzen wir die Schrödinger'sche Form der Dirac-Gleichung (2.185) mit dem dort angegebenen Hamiltonoperator. Dann ist

$$\begin{aligned}\langle\psi_C|\,\hat{H}\,|\psi_C\rangle &= \langle\psi_C|\,i\hbar\frac{\partial}{\partial t}\,|\psi_C\rangle = -\,\langle\psi|\,\gamma^2\left(i\hbar\frac{\partial}{\partial t}\right)^*\gamma^2\,|\psi\rangle^* \\ &= -\,\langle\psi|\,i\hbar\frac{\partial}{\partial t}\,|\psi\rangle^* = -\,\langle\psi|\,\hat{H}\,|\psi\rangle^* = -\,\langle\psi|\,\hat{H}\,|\psi\rangle\end{aligned} \tag{2.301}$$

Wir kommen damit zu der Schlussfolgerung, dass durch Ladungskonjugation ein Positronenzustand positiver Energie aus einem Elektronenzustand negativer Energie und entgegengesetzten Impuls- und Spinkomponenten erzeugt[76] werden kann. Physikalisch können diese beiden Zustände, nämlich der Zustand eines Teilchens mit Ladung $+|e|$, Energie $+E$, Impuls $+p$ und Spin $+s$ und der eines Teilchens mit Ladung $-|e|$, Energie $-E$, Impuls $-p$ und Spin $-s$, nicht mehr unterschieden werden. Tatsächlich ist der vierdimensionale Wahrscheinlichkeitsstrom (2.43) $j^k$ invariant gegenüber der Ladungskonjugation. Beachtet man nämlich wieder $\hat{U} = \hat{U}^* = \hat{U}^\dagger = \hat{U}^{-1}$, dann ist

$$j^k_C = c\psi^\dagger_C\gamma^0\gamma^k\psi_C = c\psi^{*\dagger}\hat{U}\gamma^0\gamma^k\hat{U}\psi^* = (c\psi^\dagger\hat{U}\gamma^{0*}\hat{U}^{-1}\hat{U}\gamma^{k*}\hat{U}^{-1}\psi)^* \tag{2.302}$$

**75**) siehe Band III, Gleichung (9.166)

**76**) Analog transformiert die Ladungskonjugation jeden Elektronenzustand positiver Energie in einen Positronenzustand negativer Energie.

woraus wir mit (2.286)

$$j_C^k = (c\psi^\dagger(-\gamma^0)(-\gamma^k)\psi)^* = (c\psi^\dagger\gamma^0\gamma^k\psi)^* = j^{k*} = j^k \tag{2.303}$$

erhalten.

#### 2.2.4.5 *Kritik der Löchertheorie

Die Dirac'sche Löchertheorie zeigt, dass eine konsistente Beschreibung des Elektrons im Rahmen einer Einteilchentheorie nicht mehr möglich ist. Eine solche Theorie müsste die physikalisch bedenklichen Zustände negativer Energien vollständig ausschließen. Da diese Forderung zu Widersprüchen führt, scheint die Löchertheorie einen Ausweg zu weisen. Es handelt sich hierbei aber um keine echte Einteilchentheorie mehr. Obwohl es keine Wechselwirkung zwischen den unendlich vielen Partikeln des Dirac-Sees gibt, sind diese Teilchen wegen des Pauli'schen Ausschließungsprinzips nicht unabhängig voneinander.

Im Grunde kann die Dirac'sche Theorie als eine einfache und in bestimmten Details unvollkommene Version einer Vielteilchentheorie interpretiert werden. Paarbildungs- und Paarvernichtungsprozesse und das unvermeidliche Auftreten von Zuständen negativer Energie – die nach den Ausführungen im letzten Abschnitt als Positronenzustände verstanden werden müssen – bei der Wechselwirkung von Elektronen mit elektromagnetischen Feldern geben eine erste Vorstellung in welche Richtung eine erfolgversprechende Fortsetzung dieses Gedankens möglich ist. Wir werden diese Überlegungen im übernächsten Kapitel dieses Bandes wieder aufnehmen und zur Grundlage einer Quantenfeldtheorie für die Dirac-Gleichung machen.

Bleiben die Erwartungswerte der Teilchenenergien in der Größenordnung der entsprechenden Ruhemasse, dann ist die Einteilcheninterpretation der Dirac-Gleichung sinnvoll und führt auch zu einer Vielzahl experimentell überprüfbarer Aussagen, die im Rahmen der nichtrelativistischen Quantenmechanik nicht erklärbar sind.

### 2.2.5 *Das relativistische Wasserstoffatom

#### 2.2.5.1 *Dirac-Gleichung im Zentralkraftfeld

Wir wollen jetzt mit der relativistischen Dirac-Gleichung das traditionelle Wasserstoffproblem behandeln. Gegenüber dem nichtrelativistisch-quantenmechanischen Wasserstoffmodell treten hier gewisse Korrekturen auf, die nach ihrer experimentellen Bestätigung wesentlich zur Festigung der Dirac-Theorie beitrugen.

Für die folgenden Überlegungen vernachlässigen wir die Bewegung des Atomkerns, seinen Spin und sein magnetisches Moment und fixieren den Kern im Ursprung unseres Koordinatensystems. Das elektromagnetische Feld wird dann durch die stationären Potentiale $\boldsymbol{A} = 0$ und $e\phi(\boldsymbol{x}) = V(r)$ beschrieben, wobei $V(r)$ das Coulomb'sche Potential ist, das sich nicht vom Potential des nichtrelativistischen Atomkerns[77] unterscheidet. Mit dem Ansatz $\psi(\boldsymbol{x},t) = \Psi(\boldsymbol{x}) \exp\{-iEt/\hbar\}$ erhalten wir aus der Schrödinger'schen Darstellung der Dirac-Gleichung (2.185)

$$\hat{H}\Psi = E\Psi \qquad \text{mit} \qquad \hat{H} = c\boldsymbol{\alpha}\hat{\boldsymbol{p}} + V(r) + mc^2\beta \tag{2.304}$$

Die Matrizen $\alpha_\mu$ hängen mit den Komponenten des Spinoperators (2.163) über

$$\alpha_\mu = \begin{pmatrix} 0 & \hat{\sigma}_\mu \\ \hat{\sigma}_\mu & 0 \end{pmatrix} = \begin{pmatrix} 0 & \hat{1} \\ \hat{1} & 0 \end{pmatrix} \begin{pmatrix} \hat{\sigma}_\mu & 0 \\ 0 & \hat{\sigma}_\mu \end{pmatrix} = \frac{2}{\hbar}\tau\hat{\Sigma}_\mu \tag{2.305}$$

zusammen, wobei die Matrix $\tau$ für alle drei Gleichungen ($\mu = 1, ..., 3$) identisch ist. Wir führen ferner die Radialkomponente des Spinoperators $\hat{\Sigma}_r = \hat{\boldsymbol{\Sigma}}\boldsymbol{e}_r$ ein, wobei $\boldsymbol{e}_r = \boldsymbol{x}/r$ der radiale Einheitsvektor ist. Diese hat wegen (2.165) die Eigenschaft

$$\hat{\Sigma}_r^2 = \frac{1}{r^2}\hat{\Sigma}_\mu x_\mu \hat{\Sigma}_\nu x_\nu = \frac{1}{2r^2}(\hat{\Sigma}_\mu\hat{\Sigma}_\nu + \hat{\Sigma}_\nu\hat{\Sigma}_\mu)x_\mu x_\nu = \frac{\hbar^2}{4r^2}x_\mu x_\mu \underline{\underline{1}} = \frac{\hbar^2}{4}\underline{\underline{1}} \tag{2.306}$$

Deshalb können wir unter Beachtung von (2.151) auch schreiben

$$\hat{\boldsymbol{\Sigma}}\hat{\boldsymbol{p}} = \frac{4}{\hbar^2}\hat{\Sigma}_r^2\hat{\boldsymbol{\Sigma}}\hat{\boldsymbol{p}} = \frac{4}{\hbar^2 r}\hat{\Sigma}_r(\hat{\boldsymbol{\Sigma}}\hat{\boldsymbol{x}})(\hat{\boldsymbol{\Sigma}}\hat{\boldsymbol{p}}) = \frac{1}{r}\hat{\Sigma}_r[\hat{\boldsymbol{x}}\hat{\boldsymbol{p}} + \frac{2i}{\hbar}\hat{\boldsymbol{\Sigma}}(\hat{\boldsymbol{x}} \times \hat{\boldsymbol{p}})] \tag{2.307}$$

und deshalb

$$\hat{\boldsymbol{\Sigma}}\hat{\boldsymbol{p}} = \hat{\Sigma}_r\left[\frac{1}{r}\hat{\boldsymbol{x}}\hat{\boldsymbol{p}} + \frac{2i}{\hbar r}\hat{\boldsymbol{\Sigma}}\hat{\boldsymbol{L}}\right] = \hat{\Sigma}_r\left[\frac{\hbar}{i}\partial_r + \frac{2i}{\hbar r}\hat{\boldsymbol{\Sigma}}\hat{\boldsymbol{L}}\right] = \hat{\Sigma}_r\left[\hat{p}_r - \frac{\hbar}{ir}\hat{M}\right] \tag{2.308}$$

mit

$$\hat{p}_r = \frac{\hbar}{i}\left(\partial_r + \frac{1}{r}\right) \qquad \text{und} \qquad \hat{M} = \underline{\underline{1}} + \frac{2}{\hbar^2}\hat{\boldsymbol{\Sigma}}\hat{\boldsymbol{L}} \tag{2.309}$$

wobei der radiale Impulsoperator $\hat{p}_r$ bereits in dieser Form bei der Behandlung des nichtrelativistischen Wasserstoffatoms[78] verwendet wurde. Der Hamilton-Operator des relativistischen Wasserstoffproblems lautet unter Verwendung der soeben ausgeführten Umformungen

$$\hat{H} = \frac{2c}{\hbar}\tau\hat{\Sigma}_r\left[\hat{p}_r - \frac{\hbar}{ir}\hat{M}\right] + V(r) + mc^2\beta \tag{2.310}$$

Der radiale Spinoperator $\hat{\Sigma}_r$ kommutiert mit dem radialen Impulsoperator, denn es gilt

$$[\hat{\Sigma}_r, \hat{p}_r] = \frac{\hbar}{i}[\hat{\boldsymbol{\Sigma}}\boldsymbol{e}_r, \partial_r] = i\hbar\hat{\boldsymbol{\Sigma}}\frac{\partial}{\partial r}\boldsymbol{e}_r = 0 \tag{2.311}$$

**77**) siehe Band III, Kap. 6.6.1
**78**) siehe Band III, Gleichung (6.41)

Andererseits sind $\hat{M}$ und $\hat{\Sigma}_r$ antikommutierende Operatoren. Um diese Aussage zu beweisen, schreiben wir zunächst

$$\begin{aligned}\hat{\Sigma}_r\hat{M} + \hat{M}\hat{\Sigma}_r &= 2\hat{\Sigma}_r + \frac{2}{\hbar^2}\left[(\hat{\boldsymbol{\Sigma}}\boldsymbol{e}_r)(\hat{\boldsymbol{\Sigma}}\hat{\boldsymbol{L}}) + (\hat{\boldsymbol{\Sigma}}\hat{\boldsymbol{L}})(\hat{\boldsymbol{\Sigma}}\boldsymbol{e}_r)\right] \\ &= 2\hat{\Sigma}_r + \frac{1}{2}\left[\boldsymbol{e}_r\hat{\boldsymbol{L}} + \frac{2i}{\hbar}\hat{\boldsymbol{\Sigma}}(\boldsymbol{e}_r\times\hat{\boldsymbol{L}}) + \hat{\boldsymbol{L}}\boldsymbol{e}_r + \frac{2i}{\hbar}\hat{\boldsymbol{\Sigma}}(\hat{\boldsymbol{L}}\times\boldsymbol{e}_r)\right]\end{aligned} \tag{2.312}$$

Der erste und dritte Summand in den eckigen Klammern lassen sich wie folgt zusammenfassen

$$\boldsymbol{e}_r\hat{\boldsymbol{L}} + \hat{\boldsymbol{L}}\boldsymbol{e}_r = \frac{1}{r}\varepsilon_{\mu\nu\rho}x_\mu x_\nu\hat{p}_\rho + \varepsilon_{\mu\nu\rho}x_\nu\hat{p}_\rho\frac{x_\mu}{r} = \frac{\hbar}{i}\varepsilon_{\mu\nu\rho}x_\nu\left(\frac{\partial}{\partial x_\rho}\frac{x_\mu}{r}\right) \tag{2.313}$$

Dabei wurde berücksichtigt, dass $\varepsilon_{\mu\nu\rho}$ total antisymmetrisch ist und deshalb die Überschiebung mit $x_\mu x_\nu$ verschwindet. Die explizite Bestimmung des hier auftretenden Differentialkoeffizienten liefert

$$\frac{\partial}{\partial x_\rho}\frac{x_\mu}{r} = \frac{1}{r}\delta_{\mu\rho} - \frac{1}{r^3}x_\mu x_\rho \tag{2.314}$$

Setzt man dieses Ergebnis in (2.313) ein, dann verschwinden wegen der Antisymmetrie des $\varepsilon$-Tensors noch die restlichen Beiträge, so dass $\boldsymbol{e}_r\hat{\boldsymbol{L}} + \hat{\boldsymbol{L}}\boldsymbol{e}_r = 0$ entsteht. Die beiden Kreuzprodukte in (2.312) lassen sich wie folgt zusammenfassen

$$\begin{aligned}\hat{\boldsymbol{\Sigma}}(\boldsymbol{e}_r\times\hat{\boldsymbol{L}}) + \hat{\boldsymbol{\Sigma}}(\hat{\boldsymbol{L}}\times\boldsymbol{e}_r) &= \varepsilon_{\mu\nu\rho}\hat{\Sigma}_\mu\left(\frac{x_\nu}{r}\hat{L}_\rho - \hat{L}_\rho\frac{x_\nu}{r}\right) \\ &= \varepsilon_{\mu\nu\rho}\varepsilon_{\rho\alpha\beta}\hat{\Sigma}_\mu\left(\frac{x_\nu}{r}x_\alpha\hat{p}_\beta - x_\alpha\hat{p}_\beta\frac{x_\nu}{r}\right) \\ &= -\frac{\hbar}{i}(\delta_{\mu\alpha}\delta_{\nu\beta} - \delta_{\mu\beta}\delta_{\nu\alpha})\hat{\Sigma}_\mu x_\alpha\frac{\partial}{\partial x_\beta}\frac{x_\nu}{r} \\ &= -\frac{\hbar}{ir^3}\left((\hat{\boldsymbol{\Sigma}}\boldsymbol{x})\delta_{\nu\beta} - \hat{\Sigma}_\beta x_\nu\right)(r^2\delta_{\nu\beta} - x_\nu x_\beta)\end{aligned} \tag{2.315}$$

wobei wir wieder (2.314) verwendet haben. Werten wir den letzten Ausdruck aus, dann gelangen wir zu

$$\hat{\boldsymbol{\Sigma}}(\boldsymbol{e}_r\times\hat{\boldsymbol{L}}) + \hat{\boldsymbol{\Sigma}}(\hat{\boldsymbol{L}}\times\boldsymbol{e}_r) = -\frac{2\hbar}{ir}(\hat{\boldsymbol{\Sigma}}\boldsymbol{x}) = -2\frac{\hbar}{i}\hat{\Sigma}_r \tag{2.316}$$

Setzt man dieses Ergebnis und $\boldsymbol{e}_r\hat{\boldsymbol{L}} + \hat{\boldsymbol{L}}\boldsymbol{e}_r = 0$ in (2.312) ein, dann folgt wie behauptet die Antikommutationsrelation

$$\hat{\Sigma}_r\hat{M} + \hat{M}\hat{\Sigma}_r = 0 \tag{2.317}$$

Wegen (2.311) und (2.317) kann der Spinoperator in (2.310) ganz nach rechts geschoben werden, so dass wir den Hamilton-Operator

$$\hat{H} = \frac{2c}{\hbar}\tau\left[\hat{p}_r + \frac{\hbar}{ir}\hat{M}\right]\hat{\Sigma}_r + V(r) + mc^2\beta \tag{2.318}$$

erhalten. Wir setzen jetzt $\hat{H}$ in die Eigenwertgleichung ein und wählen für den Bispinor $\psi$ den Ansatz

$$\psi = \frac{1}{r}\begin{pmatrix} g(r)\chi(\vartheta,\varphi) \\ ih(r)\phi(\vartheta,\varphi) \end{pmatrix} \tag{2.319}$$

wobei $\chi(\vartheta,\varphi)$ und $\phi(\vartheta,\varphi)$ rein winkelabhängige Spinoren und $g(r)$ bzw. $h(r)$ skalare, nur vom Radialabstand abhängige Funktionen sind. Berücksichtigt man schließlich die Wirkung des radialen Impulsoperators $\hat{p}_r$ auf eine skalare Funktion

$$\hat{p}_r \frac{g(r)}{r} = \frac{\hbar}{i}\left(\frac{\partial}{\partial r}\frac{g(r)}{r} + \frac{g(r)}{r^2}\right) = \frac{\hbar}{i}\frac{g'(r)}{r} \tag{2.320}$$

dann liefert uns die Eigenwertgleichung $\hat{H}\psi = E\psi$ mit (2.318) und (2.319)

$$\begin{aligned} \hbar c\left[h'(r) + \frac{1}{r}\hat{m}h(r)\right]\hat{\sigma}_r\phi(\vartheta,\varphi) &= (E - mc^2 - V(r))g(r)\chi(\vartheta,\varphi) \\ \hbar c\left[g'(r) + \frac{1}{r}\hat{m}g(r)\right]\hat{\sigma}_r\chi(\vartheta,\varphi) &= (V(r) - mc^2 - E)h(r)\phi(\vartheta,\varphi) \end{aligned} \tag{2.321}$$

mit

$$\hat{\sigma}_r = \hat{\boldsymbol{\sigma}}\boldsymbol{e}_r \qquad \text{und} \qquad \hat{m} = \hat{1} + \hbar^{-1}\hat{\boldsymbol{\sigma}}\hat{\boldsymbol{L}} \tag{2.322}$$

#### 2.2.5.2 *Winkelanteil der Eigenzustände

Der Hamilton-Operator (2.318) kommutiert sowohl mit $\hat{\boldsymbol{\Sigma}}^2$ als auch mit $\hat{\boldsymbol{L}}^2$. Zum Beweis der ersten Aussage genügt der Hinweis, dass $\hat{\boldsymbol{\Sigma}}^2$ wegen (2.166) ein Vielfaches der Einheitsmatrix ist. Für die zweite Aussage verwenden wir die Erkenntnis[79], dass $\hat{\boldsymbol{L}}^2$ ein Operator ist, der nur auf die Winkelvariablen wirkt und deshalb mit $r$ und mit $\hat{p}_r$ vertauscht. Außerdem kommutiert natürlich $\hat{\boldsymbol{L}}^2$ mit $\hat{\boldsymbol{L}}$, so dass auch $[\hat{\boldsymbol{L}}^2, \hat{M}] = 0$ und damit schließlich $[\hat{\boldsymbol{L}}^2, \hat{H}] = 0$ folgt.

Andererseits kommutiert der Hamilton-Operator (2.318) nicht mit den einzelnen Komponenten von $\hat{\boldsymbol{\Sigma}}$ und $\hat{\boldsymbol{L}}$. Beachtet man, dass $\hat{\boldsymbol{L}}$ mit $V(r)$ kommutiert[80], dann erhalten wir mit (2.304) und (2.305)

$$[\hat{H}, \hat{L}_\mu] = \frac{2c}{\hbar}\tau\hat{\Sigma}_\nu\left[\hat{p}_\nu, \hat{L}_\mu\right] = \frac{2c}{\hbar}\tau\hat{\Sigma}_\nu\varepsilon_{\mu\alpha\beta}\left[\hat{p}_\nu, x_\alpha\hat{p}_\beta\right] \tag{2.323}$$

und damit wegen $[\hat{p}_\nu, x_\alpha] = -i\hbar\delta_{\nu\alpha}$

$$[\hat{H}, \hat{L}_\mu] = \frac{2c}{\hbar}\tau\hat{\Sigma}_\nu\varepsilon_{\mu\alpha\beta}\left[\hat{p}_\nu, x_\alpha\right]\hat{p}_\beta = \frac{2c}{i}\tau\varepsilon_{\mu\nu\beta}\hat{\Sigma}_\nu\hat{p}_\beta = \frac{2c}{i}\tau\left(\hat{\boldsymbol{\Sigma}} \times \hat{\boldsymbol{p}}\right)_\mu \tag{2.324}$$

**79**) siehe Band III, Kap. 6.2 und 6.3
**80**) siehe Band III, Gleichung (6.27)

Da $\hat{\boldsymbol{\Sigma}}$ in der Zweierspinordarstellung diagonal ist, bekommen wir für den Kommutator mit $\hat{H}$

$$[\hat{H}, \hat{\Sigma}_\mu] = \frac{2c}{\hbar}\tau\left[\hat{\Sigma}_\nu, \hat{\Sigma}_\mu\right]\hat{p}_\nu = \frac{2c}{\hbar}\tau\left(\hat{\Sigma}_\nu\hat{\Sigma}_\mu - \hat{\Sigma}_\mu\hat{\Sigma}_\nu\right)\hat{p}_\nu \tag{2.325}$$

Wegen der Diagonalstruktur von $\hat{\boldsymbol{\Sigma}}$ können wir die die aus Band III bekannte Relation[81] $\hat{\sigma}_\mu\hat{\sigma}_\nu = \delta_{\mu\nu}\hat{1} + i\varepsilon_{\mu\nu\rho}\hat{\sigma}_\rho$ auch als $\hat{\Sigma}_\mu\hat{\Sigma}_\nu = (\hbar^2/4)\delta_{\mu\nu}\underline{\underline{1}} + i(\hbar/2)\varepsilon_{\mu\nu\rho}\hat{\Sigma}_\rho$ schreiben und damit (2.325) weiter vereinfachen

$$[\hat{H}, \hat{\Sigma}_\mu] = ic\tau\left(\varepsilon_{\nu\mu\rho} - \varepsilon_{\mu\nu\rho}\right)\hat{\Sigma}_\rho\hat{p}_\nu = 2ic\tau\varepsilon_{\mu\rho\nu}\hat{\Sigma}_\rho\hat{p}_\nu = -\frac{2c}{i}\tau\left(\hat{\boldsymbol{\Sigma}} \times \hat{\boldsymbol{p}}\right)_\mu \tag{2.326}$$

Obwohl weder $\hat{\boldsymbol{\Sigma}}$ noch $\hat{\boldsymbol{L}}$ mit dem Hamilton-Operator des Elektrons im Zentralkraftfeld kommutieren, so finden wir auf Grund von (2.324) und (2.326), dass der Gesamtdrehimpuls

$$\hat{\boldsymbol{J}} = \hat{\boldsymbol{L}} + \hat{\boldsymbol{\Sigma}} \tag{2.327}$$

mit $\hat{H}$ vertauschbar ist. Wir kommen deshalb zu der wichtigen Schlussfolgerung, dass die Eigenfunktionen von $\hat{H}$ auch Eigenfunktionen von $\hat{\boldsymbol{L}}^2$, $\hat{\boldsymbol{\Sigma}}^2$, $\hat{\boldsymbol{J}}^2$ und mindestens einer Komponente von $\hat{\boldsymbol{J}}$, z. B. von $\hat{J}_z$ sein müssen. Wir nutzen die in Band III, Kapitel 9.3.5 eingeführte Nomenklatur und bezeichnen einen Eigenzustand dieser vier Observablen als $\psi_{j_z}^{j,l,s}$, wobei $\hbar^2 j(j+1)$, $\hbar^2 l(l+1)$ und $\hbar^2 s(s+1)$ (mit dem festen Wert $s = 1/2$) die Eigenwerte von $\hat{\boldsymbol{J}}^2$, $\hat{\boldsymbol{L}}^2$ und $\hat{\boldsymbol{\Sigma}}^2$ sind, während der Eigenwert von $\hat{J}_z$ durch $\hbar j_z$ gegeben ist. Dabei kommen bei festem Wert $l$ nur die beiden Werte $j = l \pm 1/2$ für $j$ in Frage. Offenbar ist $\psi_{j_z}^{j,l,s}$ auch ein Eigenzustand des Operators $\hat{M}$, siehe (2.309). Wegen

$$\hat{M} - \underline{\underline{1}} = \frac{2}{\hbar^2}\hat{\boldsymbol{\Sigma}}\hat{\boldsymbol{L}} = \frac{1}{\hbar^2}\left[(\hat{\boldsymbol{\Sigma}} + \hat{\boldsymbol{L}})^2 - \hat{\boldsymbol{\Sigma}}^2 - \hat{\boldsymbol{L}}^2\right] = \frac{1}{\hbar^2}\left[\hat{\boldsymbol{J}}^2 - \hat{\boldsymbol{\Sigma}}^2 - \hat{\boldsymbol{L}}^2\right] \tag{2.328}$$

liefert die Anwendung von $\hat{M}$ auf $\psi_{j_z}^{j,l,s}$

$$\hat{M}\psi_{j_z}^{j,l,s} = [1 + j(j+1) - l(l+1) - s(s+1)]\psi_{j_z}^{j,l,s} \tag{2.329}$$

Es gibt jetzt zwei Möglichkeiten: Entweder ist $\psi_{j_z}^{j,l,s}$ ein Eigenzustand von $\hat{J}^2$ mit $j = l + 1/2$. Dann ist für diesen Zustand der Eigenwert von $\hat{M}$ gerade $M = l + 1$. Ist dagegen $\psi_{j_z}^{j,l,s}$ ein Eigenzustand von $\hat{J}^2$ mit $j = l - 1/2$, dann ist dieser Zustand auch ein Eigenzustand von $\hat{M}$ zum Eigenwert $M = -l$.

Da der Spinoperator $\hat{\boldsymbol{\Sigma}}$ diagonal bzgl. der beiden Zweierspinoren des Bispinors $\psi$ ist, können wir die obigen Eigenschaften sofort auf $\hat{m}$ übertragen.

**81**) siehe auch Fußnote 54

Ist der Spinor $\chi_{j_z}^{j,l,s}$ ein Eigenzustand[82] von $\hat{\mathbf{S}}^2$, $\hat{\mathbf{L}}^2$, $\hat{\mathbf{J}}^2$ und $\hat{J}_z$ (wobei der Gesamtdrehimpuls $\hat{\mathbf{J}} = \hat{\mathbf{L}} + \hat{\mathbf{S}}$ jetzt auf Zweierspinoren wirkt), dann hat der Operator $\hat{\boldsymbol{m}} = \hat{1} + 2\hbar^{-2}\hat{\mathbf{S}}\hat{\mathbf{L}}$ die Eigenwerte $M = l + 1$ bzw. $M = -l$, je nachdem ob $j = l + 1/2$ oder $j = l - 1/2$ ist. Bezeichnen wir die Eigenzustände des Operators $\hat{m}$ zum Eigenwert $M$ mit $\chi_M$, dann gilt der Zusammenhang[83] $\hat{m}\chi_M = M\chi_M$ und deshalb wegen (2.317), also $\hat{\sigma}_r\hat{m} + \hat{m}\hat{\sigma}_r = 0$

$$\hat{m}\hat{\sigma}_r\chi_M = -\hat{\sigma}_r\hat{m}\chi_M = -M\sigma_r\chi_M \tag{2.330}$$

Ist daher $\chi_M$ ein Eigenzustand von $\hat{m}$ zum Eigenwert $M$, dann ist $\phi_M = \sigma_r\chi_M$ ein Eigenzustand von $\hat{m}$ zum Eigenwert $-M$. $\phi_M$ ist bereits normiert, falls $\chi_M$ ein normierter Zustand ist, denn es gilt

$$\langle\phi_M\,|\phi_M\rangle = \langle\chi_M|\,\sigma_r^\dagger\sigma_r\,|\chi_M\rangle = \langle\chi_M\,|\chi_M\rangle = 1 \tag{2.331}$$

wobei wir die Hermitizität der Pauli'schen Spinmatrizen und die aus (2.306) folgende Beziehung $\hat{\sigma}_r^2 = \hat{1}$ verwendet haben. Wegen dieser Eigenschaft gilt auch die Umkehr $\chi_M = \sigma_r\phi_M$ und $\hat{m}\phi_M = -M\phi_M$. Wählen wir für den oberen Zweierspinor $\chi$ der Dirac-Gleichung des Wasserstoffproblems einen Eigenzustand $\chi_{j_z}^{j,l,s}$ von $\hat{\mathbf{S}}^2$, $\hat{\mathbf{L}}^2$, $\hat{\mathbf{J}}^2$ und $\hat{J}_z$, für den unteren Zweierspinor den Eigenzustand $\sigma_r\chi_{j_z}^{j,l,s}$, dann können die Winkelanteile aus den beiden Spinorgleichungen (2.321) eliminiert werden und wir erhalten das System gekoppelter Differentialgleichungen

$$\hbar c\left[h' + \frac{Mh}{r}\right] = (E - mc^2 - V)g \qquad \hbar c\left[g' - \frac{Mg}{r}\right] = (V - mc^2 - E)h \tag{2.332}$$

für die Radialanteile. Der Eigenwert $M$ ist dabei durch $j$ und $l$ entsprechend (2.329) festgelegt.

### 2.2.5.3 *Radialanteile der Eigenzustände

Wir beschränken die Behandlung des Gleichungssystems (2.332) auf das Coulomb-Potential, das wir in der Form

$$V(r) = -\frac{e^2}{r} = -\hbar c\frac{\alpha}{r} \tag{2.333}$$

schreiben, wobei

$$\alpha = \frac{e^2}{\hbar c} \approx \frac{1}{137} \tag{2.334}$$

**82)** Die Konstruktion dieser Zustände aus Kugelflächenfunktionen und Eigenspinoren von $\hat{\sigma}_z$ haben wir in Band III, Kap. 9.3.5 diskutiert.

**83)** Dabei können für $\chi_M$ alle Eigenzustände $\chi_{j_z}^{j,l,s}$ eingesetzt werden, die dem Eigenwert $M$ zugeordnet werden können.

die Sommerfeld'sche Feinstrukturkonstante ist. Außerdem führen wir die Längenskalen $r_+$, $r_-$ und $a_0$ mit

$$r_\pm = \frac{\hbar c}{mc^2 \pm E} \qquad \text{und} \qquad a_0 = \sqrt{r_+ r_-} \tag{2.335}$$

ein. Damit nehmen die Gleichungen (2.332) die Gestalt

$$h' + \frac{Mh}{r} + \left(\frac{1}{r_-} - \frac{\alpha}{r}\right) g = 0 \qquad g' - \frac{Mg}{r} + \left(\frac{\alpha}{r} + \frac{1}{r_+}\right) h = 0 \tag{2.336}$$

an. Wir wollen zuerst das asymptotische Verhalten für $r \to \infty$ bestimmen. Für diesen Grenzfall erhalten wir aus der ersten Gleichung (2.336) $r_- h' \approx -g$ und aus der zweiten $r_+ g' \approx -h$. Eliminieren wir z. B. $h$, dann bekommen wir $r_+ r_- g'' = a_0^2 g'' \approx g$ und damit, wenn man noch die Forderung nach Normierbarkeit berücksichtigt[84] $g \sim h \sim \exp\{-r/a_0\}$. Für die beiden Radialfunktionen wählen wir deshalb den Ansatz

$$g = \mathrm{e}^{-\frac{r}{a_0}} r^\mu \sum_{n=0}^{\infty} g_n r^n \qquad \text{und} \qquad h = \mathrm{e}^{-\frac{r}{a_0}} r^\mu \sum_{n=0}^{\infty} h_n r^n \tag{2.337}$$

und setzen diesen in (2.336) ein. Damit erhalten wir

$$\sum_{n=1}^{\infty} \left\{ (n + \mu + M) h_n - \frac{h_{n-1}}{a_0} + \frac{g_{n-1}}{r_-} - \alpha g_n \right\} r^{n-1} = \frac{\alpha g_0 - (\mu + M) h_0}{r} \tag{2.338}$$

und

$$\sum_{n=1}^{\infty} \left\{ (n + \mu - M) g_n - \frac{g_{n-1}}{a_0} + \frac{h_{n-1}}{r_+} + \alpha h_n \right\} r^{n-1} = \frac{(M - \mu) g_0 - \alpha h_0}{r} \tag{2.339}$$

Alle Koeffizienten der verschiedenen Potenzen von $r$ in diesen beiden Gleichungen müssen jeder für sich verschwinden. Die führende Ordnung $r^{-1}$ verlangt daher

$$\alpha g_0 - (\mu + M) h_0 = 0 \qquad \text{und} \qquad (M - \mu) g_0 - \alpha h_0 = 0 \tag{2.340}$$

Dieses homogene Gleichungssystem hat nur dann eine nichttriviale Lösung $(g_0, h_0)$, wenn die Koeffizientendeterminante verschwindet. Deshalb erhalten wir die Forderung

$$-\alpha^2 + (M - \mu)(M + \mu) = 0 \qquad \text{also} \qquad \mu = \sqrt{M^2 - \alpha^2} \tag{2.341}$$

Aus den höheren Ordnungen von (2.338) und (2.339) erhalten wir mit (2.335) die Rekursionsrelationen

$$(n + \mu + M) r_- h_n - \sqrt{\frac{r_-}{r_+}} h_{n-1} + g_{n-1} - \alpha r_- g_n = 0 \tag{2.342}$$

**84**) Die zweite asymptotische Lösung $g \sim h \sim \exp\{r/a_0\}$ widerspricht der Normierbarkeitsforderung.

und

$$(n+\mu-M)a_0 g_n - g_{n-1} + \sqrt{\frac{r_-}{r_+}} h_{n-1} + \alpha a_0 h_n \quad = \quad 0 \tag{2.343}$$

Die Summe dieser beiden Gleichungen ergibt dann den Zusammenhang

$$h_n = \frac{\alpha r_- - (n+\mu-M)a_0}{(n+\mu+M)r_- + \alpha a_0} g_n \tag{2.344}$$

Wir wollen zunächst das Verhalten der Reihenentwicklungen (2.337) abschätzen. Für $n \to \infty$ ergibt sich aus (2.344)

$$h_n \approx -\frac{a_0}{r_-} g_n \tag{2.345}$$

und deshalb mit (2.342)

$$-(n+\mu+M)a_0 g_n + \sqrt{\frac{r_-}{r_+}} \frac{a_0}{r_-} g_{n-1} + g_{n-1} - \alpha r_- g_n \approx 0 \tag{2.346}$$

und weiter für $n \to \infty$ mit (2.335) und (2.345)

$$g_n \approx \frac{2}{n a_0} g_{n-1} \qquad \text{sowie} \qquad h_n \approx \frac{2}{n a_0} h_{n-1} \tag{2.347}$$

Hieraus ergibt sich mit (2.337) z. B. für $g$ die Abschätzung

$$g \approx \mathrm{e}^{-\frac{r}{a_0}} r^\mu g_0 \sum_{n=0}^{\infty} \frac{1}{n!} \left(\frac{2r}{a_0}\right)^n = \mathrm{e}^{-\frac{r}{a_0}} r^\mu g_0 \mathrm{e}^{2\frac{r}{a_0}} = \mathrm{e}^{\frac{r}{a_0}} r^\mu g_0 \tag{2.348}$$

Für große $r$ divergiert diese Reihe. Die einzige Möglichkeit, diese Divergenz zu unterbinden, besteht darin, die Reihe nach dem $N$-ten Glied zum Abbruch zu bringen, d. h. wir fordern $g_{N+1} = h_{N+1} = 0$. Aus beiden Gleichungen (2.342) und (2.343) ergibt sich dann $g_N = \sqrt{r_-/r_+} h_N$ und damit aus (2.344)

$$\sqrt{\frac{r_+}{r_-}} = \frac{\alpha r_- - (N+\mu-M)a_0}{(N+\mu+M)r_- + \alpha a_0} \tag{2.349}$$

Nach einer einfachen algebraischen Umformung unter mehrfacher Berücksichtigung von (2.335) gelangen wir dann zu

$$N+\mu = \alpha \frac{r_- - r_+}{2a_0} = \frac{\alpha E}{\sqrt{m^2c^4 - E^2}} \tag{2.350}$$

Hieraus erhalten wir schließlich mit (2.341) die Energieniveaus

$$E = \frac{mc^2}{\sqrt{1 + \frac{\alpha^2}{(N+\mu)^2}}} = \frac{mc^2}{\sqrt{1 + \frac{\alpha^2}{(N+\sqrt{M^2-\alpha^2})^2}}} \tag{2.351}$$

Die hier auftretende Quantenzahl $M$ kann durch den Gesamtdrehimpuls $j$ ausgedrückt werden. Nach dem vorangegangenen Abschnitt ist $M = l + 1$ für $j = l + 1/2$ und damit $M = j + 1/2$. Im zweiten Fall, also für $M = -l$ ist $j = l - 1/2$ und deshalb $M = -j - 1/2$. Unabhängig von der Nebenquantenzahl $l$ ist deshalb $|M| = j + 1/2$. Führen wir jetzt die neue Quantenzahl $n = N + |M|$ ein, dann gelangen wir zu dem endgültigen Ergebnis

$$E = \frac{mc^2}{\sqrt{1 + \frac{\alpha^2}{(n + \sqrt{(j+1/2)^2 - \alpha^2} - (j+1/2))^2}}} \tag{2.352}$$

Entwickeln wir die so bestimmten Energieeigenwerte des relativistischen Wasserstoffatoms in einer Reihe nach Potenzen der Feinstrukturkonstante $\alpha$, dann erhalten wir

$$E = mc^2 - \frac{mc^2\alpha^2}{2n^2} - \frac{mc^2\alpha^4}{2n^3}\left(\frac{1}{j+1/2} - \frac{3}{4n}\right) + \ldots \tag{2.353}$$

Der erste Summand ist die Ruheenergie des Elektrons. Dieser Term kann durch eine geeignete Renormierung der Energieskala eliminiert werden. Der zweite Beitrag entspricht den Energieniveaus des nichtrelativistischen Wasserstoffatommodells. Hieraus ergibt sich die Identifizierung von $n$ mit der Hauptquantenzahl. Der dritte Beitrag führt dazu, dass die im nichtrelativistischen Atommodell noch vorhandene Entartung bzgl. der Nebenquantenzahl $l$ aufgehoben wird.

#### 2.2.5.4 *Energieniveaus des Wasserstoffatoms

Wir haben jetzt die Quantenzahlen $n$, $j$, $l$, $s$ und $j_z$ um den Elektronenzustand des Wasserstoffatoms zu charakterisieren. Die Spinquantenzahl $s$ ist stets $1/2$ und spielt deshalb keine kennzeichnende Rolle. Zu jedem Wert $l$ gibt es zwei Werte[85] des Gesamtdrehimpulses $j = l \pm 1/2$. Beachtet man ferner, dass zu jedem Wert $j$ die z-Komponente des Gesamtdrehimpulses die Werte $j_z = -j, \ldots, j$ annimmt, dann gibt es für $j = l - 1/2$ insgesamt $2l$ Werte $j_z$, zum Wert $j = l + 1/2$ aber $2l + 2$ verschiedene $j_z$-Werte. Insgesamt finden wir also wie beim nichtrelativistischen Wasserstoffatommodell zu jedem Wert $l$ insgesamt $2(2l + 1)$ Elektronenzustände . Die im vorangegangenen Abschnitt durchgeführte Reihenentwicklung erfordert $N \geq 0$, woraus sich mit den Beziehungen im Abschnitt vor (2.352) $j + 1/2 \leq n$ ergibt. Damit ist nach wie vor die Nebenquantenzahl $l$ durch $l \leq n - 1$ beschränkt. Da andererseits für Spin-1/2-Teilchen die Gesamtdrehimpulsquantenzahl $j$ die Ungleichung $j \geq 1/2$ erfüllt, folgt schließlich auch für die Hauptquantenzahl $n$ die Beschränkung $n \geq 1$.

**85)** mit Ausmahme vom Wert $l = 0$, zu dem nur $j = 1/2$ gehört.

**Tab. 2.2** Die energetisch niedrigsten Zustände des relativistischen Wasserstoffatoms

| Niveau | $1s_{1/2}$ | $2s_{1/2}$ | $2p_{1/2}$ | $2p_{3/2}$ | $3s_{1/2}$ | $3p_{1/2}$ | $3p_{3/2}$ | $3d_{3/2}$ | $3d_{5/2}$ |
|---|---|---|---|---|---|---|---|---|---|
| Entartung | 2 | 2 | 2 | 4 | 2 | 2 | 4 | 4 | 6 |

Weil die Entartung bzgl. der Quantenzahl $j_z$ erst im Magnetfeld aufgehoben wird, kennzeichnet man die Elektronenzustände wie üblich durch die Hauptquantenzahl $n = 1, 2, ...$, die Nebenquantenzahl $l = s, p, d, ...$ und verweist auf die Gesamtdrehimpulsquantenzahl $j$ durch einen Index an der Nebenquantenzahl. So gibt es z. B. die Zustände $1s_{1/2}$, $2p_{3/2}$ oder $3d_{1/2}$. Die ersten dieser Zustände sind in Tab. 2.2 aufgeführt. Nicht alle dieser Zustände sind energetisch unterschiedlich, da die Energieeigenwerte nur durch $n$ und $j$ bestimmt werden. Deshalb sind z. B. die Zustände mit $(n, j) = (1, 1/2)$ 2-fach entartet, während $(2, 1/2)$ 4-fach und $(3, 3/2)$ 8-fach entartet ist. In Abb. 2.1 sind die Energieeigenwerte des Dirac'schen Wasserstoffatoms schematisch dargestellt. Da die Korrekturen der Niveaus gegenüber dem nichtrelativistischen Wasserstoffatom sehr klein sind, spricht man auch von der Feinstruktur des Energieniveauschemas des Wasserstoffatoms.

Auch das relativistische Wasserstoffatommodell liefert noch keine vollständig korrekte Beschreibung. Da der Atomkern einen Spin besitzt und damit ein – wenn auch sehr schwaches – magnetisches Moment aufweist, müssen wir eine schwache Kopplung zwischen dem Gesamtdrehimpuls des Elektrons und dem Kernspin erwarten. Diese Wechselwirkung ist die Ursache für die Hyperfeinstruktur des Energieniveauschemas. Die hierbei gegenüber der Fein-

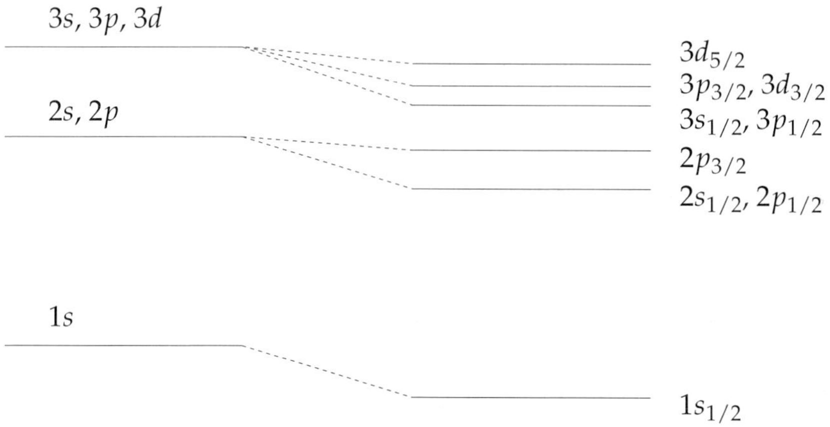


**Abb. 2.1** Energieniveauschema des nichtrelativistischen Wasserstoffatoms (links) und des relativistischen Wasserstoffatoms (rechts). Die Maßstäbe sind der besseren Darstellung wegen verzerrt. In der Realität sind die Korrekturen und Aufspaltungen der einzelnen Energieniveaus viel kleiner.

struktur auftretenden Korrekturen sind noch erheblich geringer als die beim Übergang vom nichtrelativistischen zum relativistischen Wasserstoffatom.

Eine weitere Korrektur entsteht durch die endliche Masse des Atomkerns. Dadurch ist einerseits die Elektronenmasse durch die entsprechende reduzierte Masse zu ersetzen, andererseits führt der Atomkern selbst eine Bewegung um den Schwerpunkt des Wasserstoffatoms aus. Diese Bewegung erzeugt wiederum ein schwaches Magnetfeld, das über Drehimpuls und Spin an die Dynamik des Elektrons koppelt.

Schließlich führt die Präsenz von Ladungen zu einer Polarisation des Vakuums[86]. Dieser Effekt und sogenannte Vakuumfluktuationen des elektromagnetischen Feldes führen zu weiteren kleinen Korrekturen der Energieniveaus des Wasserstoffatoms. Die von den Vakuumfluktuationen des elektromagnetischen Feldes verursachte Verschiebung des $2s_{1/2}$-Niveaus gegenüber dem $2p_{1/2}$-Niveau wird als Lamb-Shift bezeichnet und stellt eine glänzende Bestätigung der Quantenelektrodynamik dar[87].

## 2.3 *Weyl-Gleichung

Eine spezielle Form der Dirac-Gleichung entsteht, wenn wir sie zur Beschreibung masseloser neutraler Partikel benutzen. In diesem Fall verschwindet die Kopplung an das elektromagnetische Feld und wir erhalten die Dirac-Gleichung des freien Teilchens. Wegen $m = 0$ reduziert sich der Hamilton-Operator (2.145) auf den kinetischen Term und wir erhalten aus (2.144) die quantenmechanische Evolutionsgleichung

$$i\hbar\frac{\partial}{\partial t}\psi = c\boldsymbol{\alpha}\hat{\boldsymbol{p}}\psi = \hat{H}\psi \tag{2.354}$$

Die stationäre Eigenwertgleichung $\hat{H}\psi = E\psi$ führt wie beim massiven Teilchen auf ebene Wellen als Eigenlösungen mit den Energieeigenwerten $E_\pm = \pm cp$, siehe (2.152). Folglich beschreibt die masselose Dirac-Gleichung Teilchen, die sich mit Lichtgeschwindigkeit bewegen[88]. Ist $\psi(\boldsymbol{p})$ eine Eigenlösung

86) die wenigstens qualitativ bereits im Rahmen der Dirac'schen Löchertheorie erklärbar ist, ansonsten aber wie die Vakuumfluktuationen des elektromagnetischen Feldes ein quantenfeldtheoretischer Effekt ist.

87) siehe W.E. Lamb, R.C. Retherford, Phys. Rev. 72, 241 (1947)

88) Ein masseloses Teilchen hat nur dann einen endlichen Impuls, wenn es sich mit Lichtgeschwindigkeit bewegt. Man erkennt diesen Zusammenhang am einfachsten an der relativistischen Impuls-Geschwindigkeitsrelation, siehe Band II, Gleichung (4.30)

$$p = \frac{mv}{\sqrt{1 - \frac{v^2}{c^2}}}$$

der masselosen Dirac-Gleichung, dann ist offenbar $c|\hat{\boldsymbol{p}}|\psi(\boldsymbol{p}) = cp\psi(\boldsymbol{p})$ und wir erhalten aus der Eigenwertgleichung

$$\boldsymbol{\alpha}\frac{\hat{\boldsymbol{p}}}{|\hat{\boldsymbol{p}}|}\psi(\boldsymbol{p}) = \frac{E}{c|\hat{\boldsymbol{p}}|}\psi(\boldsymbol{p}) = \frac{\pm cp}{cp}\psi(\boldsymbol{p}) = \pm\psi(\boldsymbol{p}) \tag{2.355}$$

Wir stellen diese Gleichung in der Bispinorschreibweise dar

$$\begin{pmatrix} 0 & \hat{\boldsymbol{\sigma}} \\ \hat{\boldsymbol{\sigma}} & 0 \end{pmatrix}\frac{\hat{\boldsymbol{p}}}{|\hat{\boldsymbol{p}}|}\begin{pmatrix} \chi \\ \varphi \end{pmatrix} = \begin{pmatrix} 0 & \hat{h} \\ \hat{h} & 0 \end{pmatrix}\begin{pmatrix} \chi \\ \varphi \end{pmatrix} = \begin{pmatrix} \hat{h}\varphi \\ \hat{h}\chi \end{pmatrix} = \pm\begin{pmatrix} \chi \\ \varphi \end{pmatrix} \tag{2.356}$$

wobei wir den Helizitätsoperator

$$\hat{h} = \hat{\boldsymbol{\sigma}}\frac{\hat{\boldsymbol{p}}}{|\hat{\boldsymbol{p}}|} \tag{2.357}$$

eingeführt haben. Aus (2.356) liest man die beiden Spinorgleichungen

$$\hat{h}\varphi = \pm\chi \qquad \text{und} \qquad \hat{h}\chi = \pm\varphi \tag{2.358}$$

ab, wobei das obere Vorzeichen zu Zuständen positiver Energieeigenwerte, das untere zu Zuständen negativer Energieeigenwerte gehört. Daraus erhalten wir

$$\hat{h}^2\chi = \pm\hat{h}\varphi = \chi \tag{2.359}$$

d. h. der Helizitätsoperator hat nur die beiden Eigenwerte $\pm 1$. Wegen (2.358) sind die beiden Spinoren $\chi$ und $\varphi$ nicht unabhängig voneinander. Die zwei Komponenten von $\chi$ können aber beliebig gewählt werden. Damit können wir wie beim massiven Teilchen den Spinor $\chi$ aus zwei Basisspinoren, z. B. den Eigenzuständen von $\hat{\sigma}_z$, aufbauen. Somit beschreibt (2.354) masselose Spin-1/2-Teilchen, die sich mit Lichtgeschwindigkeit bewegen. Als Kandidaten für diese Teilchen gelten Neutrinos. Allerdings ist bis heute experimentell noch nicht erwiesen, ob Neutrinos wirklich masselose Partikel sind oder nur eine sehr kleine, momentan noch innerhalb der Messfehlergrenzen liegende Masse besitzen. Insofern Neutrinos wirklich keine Masse haben, können wir behaupten, dass wir mit (2.354) über eine geeignete Gleichung zur Beschreibung von Neutrinos verfügen.

Die Struktur des Eigenbispinors des masselosen Partikels ist nach wie vor ähnlich zu den Bispinoren positiver und negativer Energieeigenwerte des massiven Teilchens

$$\psi^{\pm}(\boldsymbol{p}) = \begin{pmatrix} \chi \\ \pm\hat{h}\chi \end{pmatrix} \tag{2.360}$$

Um einen endlichen Impuls zu erhalten, muss bei $m \to 0$ auch der Nenner verschwinden, was $v \to c$ erfordert.

Allerdings gibt es in dieser Darstellung keine kleinen Komponenten mehr, die wie bei der Analyse des nichtrelativistischen Grenzfalls, siehe Kap. 2.2.2.3, verschwinden. Die gegenseitige Abhängigkeit der beiden Spinoren $\chi$ und $\varphi$ wirft die Frage auf, ob eine unitäre Transformation der Neutrino-Gleichung (2.354) existiert, die diese in der Bispinordarstellung diagonalisiert. Dazu benutzen wir die unitäre Matrix

$$U = \frac{1}{\sqrt{2}} \begin{pmatrix} \hat{1} & -\hat{1} \\ \hat{1} & \hat{1} \end{pmatrix} \quad \text{mit} \quad UU^{+} = \frac{1}{2} \begin{pmatrix} \hat{1} & -\hat{1} \\ \hat{1} & \hat{1} \end{pmatrix} \begin{pmatrix} \hat{1} & \hat{1} \\ -\hat{1} & \hat{1} \end{pmatrix} = \begin{pmatrix} \hat{1} & 0 \\ 0 & \hat{1} \end{pmatrix} \tag{2.361}$$

und erhalten damit die neue Neutrino-Gleichung

$$i\hbar \frac{\partial}{\partial t} U\psi = i\hbar \frac{\partial}{\partial t} \psi' = cU\boldsymbol{\alpha}\hat{\boldsymbol{p}}U^{+}U\psi = cU\boldsymbol{\alpha}U^{+}\hat{\boldsymbol{p}}\psi' = c\boldsymbol{\alpha}'\hat{\boldsymbol{p}}\psi' \tag{2.362}$$

mit

$$\alpha'_{\mu} = \frac{1}{2} \begin{pmatrix} \hat{1} & -\hat{1} \\ \hat{1} & \hat{1} \end{pmatrix} \begin{pmatrix} 0 & \hat{\sigma}_{\mu} \\ \hat{\sigma}_{\mu} & 0 \end{pmatrix} \begin{pmatrix} \hat{1} & \hat{1} \\ -\hat{1} & \hat{1} \end{pmatrix} = \begin{pmatrix} -\hat{\sigma}_{\mu} & 0 \\ 0 & \hat{\sigma}_{\mu} \end{pmatrix} \tag{2.363}$$

Hieraus ergeben sich die beiden Spinor-Gleichungen

$$i\hbar \frac{\partial}{\partial t} \chi' = -c\boldsymbol{\sigma}\hat{\boldsymbol{p}}\chi' \qquad \text{und} \qquad i\hbar \frac{\partial}{\partial t} \varphi' = c\hat{\boldsymbol{\sigma}}\hat{\boldsymbol{p}}\varphi' \tag{2.364}$$

Diese beiden Gleichungen werden als links- und rechtshändige *Weyl-Gleichung* bezeichnet. Die entsprechenden stationären Weyl-Gleichungen lauten

$$E\chi' = -c\boldsymbol{\sigma}\hat{\boldsymbol{p}}\chi' \qquad \text{und} \qquad E\varphi' = c\hat{\boldsymbol{\sigma}}\hat{\boldsymbol{p}}\varphi' \tag{2.365}$$

Wir wollen jetzt diese Eigenwertgleichungen lösen. Da die jeweils rechts stehenden Hamilton-Operatoren mit dem Impulsoperator vertauschen, sind $\chi'$ und $\varphi'$ automatisch Eigenfunktionen des Impulsoperators. Für den Impuls $\boldsymbol{p}$ haben damit die Eigenspinoren die Gestalt

$$\chi'_{p} = \chi_0 e^{\frac{i}{\hbar}\boldsymbol{p}\boldsymbol{x}} \qquad \text{und} \qquad \varphi'_{p} = \varphi_0 e^{\frac{i}{\hbar}\boldsymbol{p}\boldsymbol{x}} \tag{2.366}$$

Damit erhalten wir die Eigenwertgleichungen

$$E\chi_0 = -c\hat{\boldsymbol{\sigma}}\boldsymbol{p}\chi_0 \qquad \text{und} \qquad E\varphi_0 = c\hat{\boldsymbol{\sigma}}\boldsymbol{p}\varphi_0 \tag{2.367}$$

Wir orientieren das Koordinatensystem so, dass die $z$-Achse in Bewegungsrichtung zeigt. Dann reduzieren sich die beiden Gleichungen auf

$$E\chi_0 = -cp\hat{\sigma}_z\chi_0 \qquad \text{und} \qquad E\varphi_0 = cp\hat{\sigma}_z\varphi_0 \tag{2.368}$$

Beide Gleichungen haben nur für $E = \pm pc$ nichttriviale Lösungen. Setzen wir in der linkshändigen Weyl-Gleichung $E = pc$, dann gehört dazu der Spinor $\chi_0 = \chi_-$, dagegen entspricht dem Eigenwert $E = -pc$ der Spinor $\chi_0 = \chi_+$

(siehe (2.371)). Bei der rechtshändigen Weyl-Gleichung ist die Situation umgekehrt. Offensichtlich bestimmt das Vorzeichen der Energie die Orientierung des Spins bzgl. der Bewegungsrichtung. So finden wir für die linkshändige Gleichung

$$E = \pm pc \quad \rightarrow \quad \chi'_{p,\pm} = \chi_{\mp} \mathrm{e}^{\frac{i}{\hbar} px} \tag{2.369}$$

und für die rechtshändige Gleichung

$$E = \pm pc \quad \rightarrow \quad \varphi'_{p,\pm} = \chi_{\pm} \mathrm{e}^{\frac{i}{\hbar} px} \tag{2.370}$$

mit den Basisspinoren

$$\chi_+ = \begin{pmatrix} 1 \\ 0 \end{pmatrix} \quad \text{und} \quad \chi_- = \begin{pmatrix} 0 \\ 1 \end{pmatrix} \tag{2.371}$$

Wir hätten dieses Ergebnis auch direkt aus der weiter oben eingeführten unitären Transformation folgern können. Die Zustände $\chi'$ und $\varphi'$ bestimmen sich dabei aus $\chi$ und $\varphi$ entsprechend

$$\psi' = \begin{pmatrix} \chi' \\ \varphi' \end{pmatrix} = \frac{1}{\sqrt{2}} \begin{pmatrix} \hat{1} & -\hat{1} \\ \hat{1} & \hat{1} \end{pmatrix} \begin{pmatrix} \chi \\ \varphi \end{pmatrix} = \frac{1}{\sqrt{2}} \begin{pmatrix} \chi - \varphi \\ \chi + \varphi \end{pmatrix} \tag{2.372}$$

so dass mit (2.358) folgt

$$\chi' = \frac{\chi - \varphi}{\sqrt{2}} = \frac{\hat{1} \mp \hat{h}}{\sqrt{2}} \chi \quad \text{und} \quad \varphi' = \frac{\chi + \varphi}{\sqrt{2}} = \frac{\hat{1} \pm \hat{h}}{\sqrt{2}} \varphi \tag{2.373}$$

Wegen (2.358) repräsentiert das obere Vorzeichen Zustände positiver, das untere Zustände negativer Energie. Orientiert man wieder das Koordinatensystem so, dass die $z$-Achse in Bewegungsrichtung zeigt, dann ist $\hat{h} = \hat{\sigma}_z$ und deshalb

$$\chi' = \frac{1}{\sqrt{2}} (\hat{1} \mp \hat{\sigma}_z) \chi \qquad \text{und} \qquad \varphi' = \frac{1}{\sqrt{2}} (\hat{1} \pm \hat{\sigma}_z) \varphi \tag{2.374}$$

Bei positiver Energie ist dann $\chi' \sim \chi_-$ und $\varphi' \sim \chi_+$, bei negativer Energie erhalten wir dagegen $\chi' \sim \chi_+$ und $\varphi' \sim \chi_-$. Wenden wir den Helizitätsoperator $\hat{h}$ auf die Eigenzustände der linkshändigen bzw. rechtshändigen Weyl-Gleichung an, dann erhalten wir[89] mit (2.369) bzw. (2.370)

$$\hat{h} \chi'_{p,\pm} = \hat{\sigma}_z \chi'_{p,\pm} = \mp \chi'_{p,\pm} \quad \text{und} \quad \hat{h} \varphi'_{p,\pm} = \hat{\sigma}_z \varphi'_{p,\pm} = \pm \varphi'_{p,\pm} \tag{2.375}$$

Die Eigenspinoren der Weyl-Gleichung sind damit auch Eigenzustände des Helizitätsoperators. Deshalb ist der Zustand eines Teilchens, das durch die Weyl-Gleichung beschrieben wird, durch seine Helizität, d. h. durch die Orientierung des Spins zur Bewegungsrichtung, definiert.

**89**) Wir orientieren das Koordinatensystem auch jetzt wieder mit der $z$-Achse in Bewegungsrichtung.

Experimentell findet man nur Neutrinos mit negativer Helizität. Da diese Teilchen positive Energie haben, beschreibt also die linkshändige Weyl-Gleichung Neutrinos. Bei diesen Teilchen ist der Spin stets entgegen der Bewegungsrichtung orientiert. Der Spin der Antineutrinos ist dagegen parallel zur Bewegungsrichtung, d. h. sie haben positive Helizität. Diese Teilchen werden entweder durch die rechtshändige Weyl-Gleichung mit Zuständen positiver Energie beschrieben oder sie entsprechen in der linkshändigen Weyl-Gleichung Teilchen negativer Energie. Die Operation der Ladungskonjugation überführt auch jetzt[90] Teilchen mit negativer Energie in Teilchen mit positiver Energie, aber entgegengesetztem Spin und Impuls. Damit bleibt bei der Ladungskonjugation die Helizität erhalten, während die Energie das Vorzeichen wechselt[91].

Würden Neutrinos dagegen eine endliche, wenn auch sehr kleine Masse besitzen, dann wäre die Helizität keine feste Eigenschaft der Neutrinos. Man könnte immer ein Inertialsystem finden, in dem sich das Neutrino in Richtung des Spins bewegt und deshalb eine positive Helizität besitzt.

## 2.4
## *Klein-Gordon-Gleichung

### 2.4.1
### *Allgemeine Form der Klein-Gordon-Gleichung

Wir hatten in Kap. 2.2.1.1 bereits gezeigt, dass mit dem Konstruktionsansatz $\hat{E}^2 = \hat{H}^2$ und den Jordan'schen Regeln ebenfalls eine relativistische quantenmechanische Gleichung konstruiert werden kann. Es handelt sich hier um die Klein-Gordon-Gleichung (2.6)

$$\left(\frac{1}{c^2}\frac{\partial^2}{\partial t^2} - \nabla^2\right)\psi + \frac{m^2c^2}{\hbar^2}\psi = 0 \qquad (2.376)$$

die aus mathematischer Sicht als eine verallgemeinerte Wellengleichung mit Massenterm verstanden werden kann[92].

90) Obwohl die Neutrinos neutral sind, kann die Ladungskonjugation, die mathematisch einfach eine komplexe Konjugation ist, ausgeführt werden.

91) Versteht man unter Neutrinos bzw. Antineutrinos nur Teilchen positiver Energie, die der links- bzw. rechtshändigen Weyl-Gleichung genügen, dann überführt die Ladungskonjugation nicht Neutrinos in Antineutrinos und umgekehrt. Diese Eigenschaft unterstreicht die Tatsache, dass Neutrinos und Antineutrinos physikalisch unterschiedliche Partikel sind.

92) Die in der klassischen Elektrodynamik, etwa bei der Beschreibung von freien elektromagnetischen Wellenfeldern, auftretenden Wellengleichungen haben keinen Massenterm. Die Bedeutung des Masse-

Wir hatten bereits bemerkt, dass die mathematische Struktur des in der Klein-Gordon-Gleichung auftretenden d'Alembert-Operators deren relativistische Invarianz sichert. Unter Verwendung des vierdimensionalen Differentialoperators (2.31) können wir die Klein-Gordon-Gleichung in die folgende Form bringen.

$$\left(\partial_i \partial^i + \frac{m^2 c^2}{\hbar^2}\right) \psi = 0 \tag{2.377}$$

Wir hatten ebenfalls gezeigt, dass jede Komponente der Dirac-Gleichung einer Klein-Gordon-Gleichung genügt. Die Umkehr gilt allerdings nicht. Insbesondere kann man aus der Klein-Gordon-Gleichung nicht die Spineigenschaften von Elektronen oder Positronen ableiten. Deshalb ist die Klein-Gordon-Gleichung kein geeigneter Kandidat zur Beschreibung von Spin-1/2-Teilchen. Diese Eigenschaft bleibt der Dirac-Gleichung überlassen.

Für den Quantenzustand von Teilchen ohne Spin[93] erweist sich dagegen die Klein-Gordon-Gleichung als eine sinnvolle dynamische Gleichung. Solche Teilchen sind z. B. Pionen und Kaonen. Spin-0-Teilchen können eine Ladung tragen und daher mit elektromagnetischen Feldern wechselwirken. Die Potentiale dieser Felder werden wir wieder nach dem Prinzip der minimalen Kopplung[94] in die Klein-Gordon-Gleichung einbinden. Mit (2.183) ist dann[95]

$$\left(\mathcal{D}_i \mathcal{D}^i + \frac{m^2 c^2}{\hbar^2}\right) \psi = \left[\left(\partial_i + \frac{ie}{c\hbar} A_i\right)\left(\partial^i + \frac{ie}{c\hbar} A^i\right) + \frac{m^2 c^2}{\hbar^2}\right] \psi = 0 \tag{2.378}$$

woraus sich mit den kovarianten Komponenten $\{A_i\} = (\phi, -\boldsymbol{A})$ des Viererpotentials die Darstellung

$$\left[(i\hbar\partial_t - e\phi)^2 - c^2 \left(\frac{\hbar}{i}\nabla - \frac{e}{c}\boldsymbol{A}\right)^2 - m^2 c^4\right] \psi = 0 \tag{2.379}$$

ergibt. In der Klein-Gordon-Gleichung tritt im Gegensatz zu allen anderen bisher untersuchten quantenmechanischen Gleichungen auch das elektrische Potential $\phi$ nicht mehr nur linear auf.

terms für die Dispersionsrelation und das Wellenverhalten ist uns aber bereits bei der Diskussion einer verallgemeinerten Elektrodynamik, der Proca-Theorie, aufgefallen (siehe Band II, Aufgabe 5.1 und 5.IV)

**93**) oder besser mit Spin null

**94**) siehe Kap. 2.2.3.1

**95**) Wir behalten hier die Bezeichnung $e$ für die Ladung des Partikels bei, obwohl wir unter $e$ die Ladung des Elektrons verstehen. Weicht die Ladung des Teilchens von der des Elektrons ab, dann ist $e$ durch den entsprechenden Wert zu ersetzen.

### 2.4.2 *Nichtrelativistischer Grenzfall

Ähnlich wie die Dirac-Gleichung auf die Pauli-Gleichung führt, sollte auch die Klein-Gordon-Gleichung für Partikelenergien in der Größenordnung der Ruheenergie in eine nichtrelativistische quantenmechanische Bewegungsgleichung übergehen. Wir verwenden dazu die Transformation

$$\psi(\boldsymbol{x},t) = \psi'(\boldsymbol{x},t)\,\mathrm{e}^{-\frac{i}{\hbar}mc^2 t} \tag{2.380}$$

und erhalten so aus der Klein-Gordon-Gleichung

$$\left[(i\hbar\partial_t - e\phi)^2 + 2mc^2 i\hbar\partial_t - 2e\phi mc^2 - c^2\left(\frac{\hbar}{i}\nabla - \frac{e}{c}\boldsymbol{A}\right)^2\right]\psi' = 0 \tag{2.381}$$

Der Grenzübergang von der relativistischen zur nichtrelativistischen Physik wird durch $c \to \infty$ vollzogen. Teilen wir (2.381) durch $mc^2$ und führen den Grenzübergang aus, dann gelangen wir zu

$$i\hbar\frac{\partial}{\partial t}\psi' = e\phi\psi' + \frac{1}{2m}\left(\frac{\hbar}{i}\nabla - \frac{e}{c}\boldsymbol{A}\right)^2\psi' = 0 \tag{2.382}$$

Das ist genau die Schrödinger-Gleichung für ein geladenes Teilchen ohne Spin in einem magnetischen Feld[96]. Da die Spineigenschaft eines Teilchens nicht von der Energie eines Partikels abhängt, haben wir mit diesem Grenzübergang auch gezeigt, dass die Klein-Gordon-Gleichung tatsächlich die relativistische Beschreibung von spinlosen Partikeln darstellt.

### 2.4.3 *Lösung der Klein-Gordon-Gleichung für freie Teilchen

Zur Lösung von (2.376) verwenden wir den Ansatz

$$\psi(\boldsymbol{x},t) = \mathrm{e}^{-\frac{i}{\hbar}Et}\,\psi(\boldsymbol{x}) \tag{2.383}$$

der uns auf die zeitunabhängige Klein-Gordon-Gleichung führt

$$\left[-\frac{E^2}{\hbar^2 c^2} - \nabla^2 + \left(\frac{mc}{\hbar}\right)^2\right]\psi = 0 \tag{2.384}$$

Da in der eckigen Klammer keine ortsabhängigen Ausdrücke mehr stehen, sind die Eigenfunktionen des Impulsoperators auch Lösungen der Eigenwertgleichung (2.384). Wir können deshalb schreiben

$$\psi(\boldsymbol{x}) = \psi_0 \mathrm{e}^{\frac{i}{\hbar}\boldsymbol{p}\cdot\boldsymbol{x}} \tag{2.385}$$

**96**) siehe Band III, Kap. 8

und gelangen damit zu

$$\frac{1}{\hbar^2}\left[-\frac{E^2}{c^2}+p^2+m^2c^2\right]\psi_0=0 \tag{2.386}$$

woraus wir für alle nichttrivialen Lösungen $\psi_0 \neq 0$ sofort auf die Energieeigenwerte

$$E=\pm\sqrt{c^2p^2+m^2c^4} \tag{2.387}$$

schlussfolgern können. Zu jedem Impuls $\boldsymbol{p}$ erhalten wir stets einen positiven und einen negativen Eigenwert. Wir haben also eine ganz ähnliche Situation wie bei der Behandlung der Dirac-Gleichung vorliegen.

Das Auftreten negativer Energien steht auf den ersten Blick scheinbar im Wiederspruch zum nichtrelativistischen Grenzfall der Klein-Gordon-Gleichung. Die Schrödinger-Gleichung hat für physikalisch relevante Probleme kein beliebig negatives Energiespektrum. Gebundene Zustände, wie etwa beim Wasserstoffproblem, haben zwar negative Energien, es gibt aber immer einen Grundzustand niedrigster Energie. Verschiebt man das Energiespektrum um diesen Beitrag, dann hat man auch in der Schrödinger-Theorie nur positive Energieeigenwerte.

Entscheidend ist aber die zur Erzeugung des Grenzfalls notwendige Transformation (2.380). Diese impliziert, dass der anschließend vollzogene Grenzübergang als führendes Glied einer Entwicklung um die positive Ruheenergie $mc^2$ verstanden werden muss. Hätten wir statt (2.380) die Transformation

$$\psi=\psi' \mathrm{e}^{\frac{i}{\hbar}mc^2t} \tag{2.388}$$

verwendet, dann wären wir zu einer Schrödinger-Gleichung gelangt, die ein nach unten offenes Spektrum von Energieeigenwerten aufweisen würde.

## 2.4.4 *Kontinuitätsgleichung

Um den negativen Anteil des Energiespektrums zu verstehen, wollen wir jetzt aus der Klein-Gordon-Gleichung eine Kontinuitätsgleichung ableiten. Dazu formen wir (2.378) unter Verwendung der Lorentz-Eichung $A^i_{\ ,i}=0$ um

$$\partial_i\partial^i\psi+2\frac{ie}{c\hbar}A_i\partial^i\psi-\frac{e^2}{c^2\hbar^2}A_iA^i\psi+\frac{m^2c^2}{\hbar^2}\psi=0 \tag{2.389}$$

und bilden die dazu komplex-konjugierte Gleichung

$$\partial_i\partial^i\psi^*-2\frac{ie}{c\hbar}A_i\partial^i\psi^*-\frac{e^2}{c^2\hbar^2}A_iA^i\psi^*+\frac{m^2c^2}{\hbar^2}\psi^*=0 \tag{2.390}$$

Wir multiplizieren jetzt (2.389) mit $\psi^*$ und (2.390) mit $\psi$ und bilden die Differenz der beiden Gleichungen

$$\psi\partial_i\partial^i\psi^* - 2\psi\frac{ie}{c\hbar}A_i\partial^i\psi^* - \psi^*\partial_i\partial^i\psi - 2\psi^*\frac{ie}{c\hbar}A_i\partial^i\psi = 0 \tag{2.391}$$

Beachtet man noch

$$\partial^i(\psi^*\partial_i\psi - \psi\partial_i\psi^*) = \psi^*\partial^i\partial_i\psi - \psi\partial^i\partial_i\psi^* \tag{2.392}$$

dann bekommen wir, wieder unter Beachtung der Lorentz-Eichung, aus (2.391)

$$\partial^i\left[\frac{i\hbar}{2m}(\psi\partial_i\psi^* - \psi^*\partial_i\psi) + \frac{e}{mc}A_i\psi\psi^*\right] = 0 \tag{2.393}$$

Das ist die gesuchte Kontinuitätsgleichung $j^i_{;i} = 0$ in Viererschreibweise[97], wobei in der eckigen Klammer bis auf einen konstanten Vorfaktor $c^{-1}$ der Viererstrom

$$j_i = \frac{i\hbar}{2mc}(\psi^*\partial_i\psi - \psi\partial_i\psi^*) - \frac{e}{mc^2}A_i\psi\psi^* \tag{2.394}$$

steht. Der Übergang zur dreidimensionalen Kontinuitätsgleichung

$$\frac{\partial\rho}{\partial t} + \operatorname{div}\boldsymbol{j} = 0 \tag{2.395}$$

erfolgt durch die Einführung der Dichte

$$\rho = \frac{j_0}{c} = \frac{i\hbar}{2mc^2}(\psi^*\dot{\psi} - \psi\dot{\psi}^*) - \frac{e}{mc^2}\phi\psi\psi^* \tag{2.396}$$

und des dreidimensionalen Stroms

$$\boldsymbol{j} = \frac{i\hbar}{2mc}(\psi^*\nabla\psi - \psi\nabla\psi^*) + \frac{e}{mc^2}\boldsymbol{A}\psi\psi^* \tag{2.397}$$

Der fehlende oben erwähnte Vorfaktor wurde so gewählt, dass im nichtrelativistischen Fall die Dichte $\rho$ in $\psi^*\psi$ übergeht. Setzt man nämlich (2.380) in (2.396) ein und führt wieder den Grenzübergang $c \to \infty$ aus, dann ist

$$\rho = \frac{i\hbar}{2mc^2}\left(\psi'^*\dot{\psi}' - \psi'\dot{\psi}'^* - \frac{2imc^2}{\hbar}\psi'\psi'^*\right) - \frac{e}{mc^2}\phi\psi'\psi'^* \to \psi'\psi'^* \tag{2.398}$$

Trotz dieser Ähnlichkeit kann man $\rho$ aber nicht als Wahrscheinlichkeitsdichte interpretieren, denn es kann nicht mehr garantiert werden, dass $\rho$ positiv definit ist. Als einfaches Beispiel betrachten wir ein Teilchen in einem elektrischen Potential. Ein beliebiger stationärer Zustand wird dann durch (2.383) beschrieben. Setzen wir diesen Ansatz in (2.396) ein, dann erhalten wir

$$\rho = \frac{E - e\phi(\boldsymbol{x})}{mc^2}|\psi(\boldsymbol{x})|^2 \tag{2.399}$$

**97**) vergleiche Band II, Kap. 5.6

Liegt ein gebundener Zustand vor, dann gibt es immer Regionen in denen die Energie des Teilchens kleiner als das jeweilige Potential ist. Das bedeutet $E < e\phi(\boldsymbol{x})$ und damit ist die Dichte $\rho$ nicht mehr im ganzen Raum positiv.

### 2.4.5 *Interpretation der Klein-Gordon-Theorie

Die aus physikalischer Sicht einfachste Situation würde vorliegen, wenn man alle Zustände negativer Energie einfach ausschließen könnte. Das ist aber nur für freie Teilchen möglich. Bewegt sich das Teilchen dagegen in zeitlich und räumlich veränderlichen Feldern, dann mischen die Zustände in ähnlicher Weise wie in der Dirac-Theorie. Außerdem würde die Ausblendung von Zuständen negativer Energie die für eine Entwicklung beliebiger Wellenfunktionen in einer Basis notwendige Vollständigkeit nicht mehr gewährleistet.

Auch die von Dirac vorgeschlagene Löcher-Theorie kann für die Interpretation der Zustände negativer Energien der Klein-Gordon-Theorie nicht herangezogen werden. Da die Klein-Gordon-Gleichung spinlose Teilchen beschreibt, kommt das Pauli'sche Ausschließungsprinzip nicht zur Geltung, d. h. man kann kein Vakuum definieren, bei dem alle Niveaus negativer Energie bereits besetzt sind.

Wir müssen also nach einer anderen Interpretation der Klein-Gordon-Gleichung und damit der Wellenfunktion $\psi$ suchen. Letzteres ist vor allem deshalb notwendig, weil die Interpretation von $\rho$ als Wahrscheinlichkeitsdichte auf Widersprüche führte.

Ein sinnvoller Ausweg bietet sich durch die Operation der Ladungskonjugation an. Bilden wir nämlich die zu (2.378) komplex-konjugierte Klein-Gordon-Gleichung, dann erhalten wir

$$\left[\left(\partial_i - \frac{ie}{c\hbar}A_i\right)\left(\partial^i - \frac{ie}{c\hbar}A^i\right) + \frac{m^2c^2}{\hbar^2}\right]\psi^* = 0 \tag{2.400}$$

d. h. wenn $\psi$ als Lösung von (2.378) ein Teilchen der Ladung $e$ in einem elektromagnetischen Feld beschreibt, dann entspricht $\psi^*$ einem Teilchen der Ladung $-e$ im gleichen Feld. Wie bei der Behandlung der Dirac-Gleichung bezeichnen wir die Abbildung $\psi \to \psi^*$ als Ladungskonjugation. Da jeder Zustand $\psi$ aus Eigenfunktionen vom Typ

$$\psi(\boldsymbol{x}, t) = \mathrm{e}^{-\frac{i}{\hbar}Et}\,\psi(\boldsymbol{x}) \tag{2.401}$$

aufgebaut werden kann, überführt die Ladungskonjugation gleichzeitig Zustände negativer Energie in Zustände positiver Energie und umgekehrt.

Wir können also wieder wie in der Dirac-Theorie die Teilchen negativer Energie als Antiteilchen interpretieren. Allerdings ist damit noch nicht das Problem der Interpretation der Dichte $\rho$ behoben. Ersetzen wir in (2.394) $\psi$

durch $\psi^*$ und $e$ durch $-e$, dann erhalten wir den ladungskonjugierten Strom

$$j_i^C = \frac{i\hbar}{2mc}(\psi\partial_i\psi^* - \psi^*\partial_i\psi) + \frac{e}{mc^2}A_i\psi^*\psi = -j_i \tag{2.402}$$

Dieser ist offenbar dem ursprünglichen Strom entgegengesetzt. Auch dieses Ergebnis stimmt mit unseren Erfahrungen bei der Behandlung der Dirac-Gleichung überein, denn die Ladungskonjugation ist auch mit einer Umkehr des Impulses und damit des Stroms verbunden.

Es ist deshalb naheliegend, einen neuen Viererstrom zu bilden

$$u = ej \tag{2.403}$$

den man als Ladungsstrom interpretieren kann. Dieser Strom ist invariant unter einer Ladungskonjugation und entspricht der Situation, dass einerseits Teilchen und Antiteilchen durch den Vorzeichenwechsel der Energie ausgetauscht werden, andererseits aber auch die Ladungen umgekehrt werden. Der makroskopische Strom sollte natürlich diese Änderung nicht spüren.

Im Rahmen dieser Interpretation ist $e\rho$ jetzt eine Ladungsdichte, die natürlich positiv und negativ sein kann. Andererseits gilt aber wegen der Kontinuitätsgleichung wie erwartet die Ladungserhaltung. Natürlich ist dieser Gedanke erheblich von der Born'schen Wahrscheinlichkeitsinterpretation der Wellenfunktion entfernt. Die hiermit auftretenden Probleme können im Rahmen der Klein-Gordon-Theorie nicht mehr gelöst werden. Ähnlich wie wir es bei der Behandlung der Dirac-Gleichung bereits gefunden haben, kann auch die Klein-Gordon-Gleichung keine konsistente Einteilchentheorie sein. Vielmehr können die auftretenden Widersprüche erst im Rahmen der Quantenfeldtheorie behandelt werden.

## 2.4.6
## *Schrödinger-Form der Klein-Gordon-Gleichung

Ein weiteres Problem bei der Behandlung der Klein-Gordon-Gleichung ergibt sich aus der Tatsache, dass diese Gleichung von zweiter Ordnung in den Zeitableitungen ist. Damit ist zur Beschreibung der zeitlichen Evolution eines Partikels die Kenntnis von $\psi$ und der Zeitableitung $\dot{\psi}$ notwendig. Offenbar ist nicht mehr, wie wir es aus der nichtrelativistischen Quantenmechanik kennen, die Funktion $\psi$ der Träger der gesamten quantenmechanischen Information. Man kann dieses Problem aber beheben, indem man einen zweikomponentigen Vektor einführt

$$\Psi = \begin{pmatrix} \chi \\ \varphi \end{pmatrix} \tag{2.404}$$

dessen Komponenten mit $\psi$ und $\dot{\psi}$ oder Linearkombinationen dieser Größen identifiziert werden. Die Klein-Gordon-Gleichung kann dann umgeformt werden in eine Differentialgleichung erster Ordnung bzgl. der Zeitableitung von $\Psi$. In anderen Worten, wir zerlegen die Differentialgleichung zweiter Ordnung in der Zeit in ein System aus zwei Differentialgleichungen erster Ordnung. Da wir hier nur das Prinzip darstellen wollen, beschränken wir uns auf die freie Klein-Gordon-Gleichung. Hier ist es zweckmäßig, die Komponenten entsprechend

$$\chi = \frac{1}{2}\left(\psi + \frac{i\hbar}{mc^2}\dot{\psi}\right) \qquad \text{und} \qquad \varphi = \frac{1}{2}\left(\psi - \frac{i\hbar}{mc^2}\dot{\psi}\right) \tag{2.405}$$

mit $\psi$ zu verbinden. Damit erhalten wir

$$\psi = \chi + \varphi \qquad \text{und} \qquad \frac{i\hbar}{mc^2}\dot{\psi} = \chi - \varphi \tag{2.406}$$

Vergleichen wir diese beiden Gleichungen mit der Klein-Gordon-Gleichung (2.376), dann können wir auch schreiben

$$i\hbar\frac{\partial}{\partial t}(\chi - \varphi) = -\frac{\hbar^2}{m}\nabla^2(\chi + \varphi) + mc^2(\chi + \varphi) \tag{2.407}$$

Außerdem liefern die beiden Gleichungen (2.406) den Zusammenhang

$$i\hbar\frac{\partial}{\partial t}(\chi + \varphi) = mc^2(\chi - \varphi) \tag{2.408}$$

Wir bilden jetzt die Summe und die Differenz von (2.407) und (2.408) und erhalten

$$i\hbar\frac{\partial}{\partial t}\chi = -\frac{\hbar^2}{2m}\nabla^2(\chi + \varphi) + mc^2\chi \tag{2.409}$$

und

$$i\hbar\frac{\partial}{\partial t}\varphi = \frac{\hbar^2}{2m}\nabla^2(\chi + \varphi) - mc^2\varphi \tag{2.410}$$

Beachtet man jetzt noch, dass unter Verwendung der Pauli-Matrizen

$$\hat{\sigma}_z\Psi = \begin{pmatrix} 1 & 0 \\ 0 & -1 \end{pmatrix}\begin{pmatrix} \chi \\ \varphi \end{pmatrix} = \begin{pmatrix} \chi \\ -\varphi \end{pmatrix} \tag{2.411}$$

und

$$(i\hat{\sigma}_y + \hat{\sigma}_z)\Psi = \begin{pmatrix} 1 & 1 \\ -1 & -1 \end{pmatrix}\begin{pmatrix} \chi \\ \varphi \end{pmatrix} = \begin{pmatrix} \chi + \varphi \\ -\chi - \varphi \end{pmatrix} \tag{2.412}$$

gilt, dann kann man die beiden Gleichungen (2.409) und (2.410) vereinigen

$$i\hbar\frac{\partial}{\partial t}\Psi = \hat{H}\Psi \qquad \text{mit} \qquad \hat{H} = -(i\hat{\sigma}_y + \hat{\sigma}_z)\frac{\hbar^2}{2m}\nabla^2 + mc^2\hat{\sigma}_z \tag{2.413}$$

Das ist die Schrödinger'sche Form der Klein-Gordon-Gleichung. Der Hamilton-Operator $\hat{H}$ ist aber kein hermitescher Operator mehr. Insofern ist also mit der physikalischen Interpretation dieses Operators und damit auch des zweikomponentigen Zustands $\Psi$ Vorsicht geboten. Das Problem der Kenntnis von $\psi$ und $\dot{\psi}$ ist aber damit nicht behoben. Man braucht $\chi$ und $\varphi$, d. h. $\psi$ und $\dot{\psi}$, um die Anfangsbedingungen festzulegen.

## Aufgaben

2.1 Zeigen Sie, dass die Dirac-Gleichung in der sogenannten Majorana-Darstellung mit den $4 \times 4$-Matrizen $\Gamma^k$ darstellbar ist, wobei diese die Eigenschaften

$$\text{Re}\,\Gamma^k = 0 \qquad \text{und} \qquad \Gamma^k\Gamma^m + \Gamma^m\Gamma^k = 2g^{km}\underline{\underline{1}}$$

besitzen.
*Hinweis*: Drei der gesuchten Matrizen lassen sich als Produkte aus $\gamma^0$ und $\gamma^k$ darstellen, allerdings ist die Zuordnung zu den Koordinaten nicht mehr die Gleiche wie bei den Dirac-Matrizen $\gamma^k$.

2.2 Zeigen Sie, dass beim Zerfall eines Photons in ein Elektron-Positron-Paar die Erhaltungssätze für Energie und Impuls nicht mehr gleichzeitig erfüllt werden können.

2.3 Beweisen Sie, dass für ein geladenes Teilchen im Magnetfeld, dessen quantenmechanisches Verhalten durch die Dirac-Gleichung beschrieben wird, die Ehrenfest'schen Theoreme

$$\frac{d}{dt}\langle\hat{\mathbf{x}}\rangle = \left\langle\frac{\partial\hat{H}}{\partial\hat{\mathbf{p}}}\right\rangle \qquad \frac{d}{dt}\langle\hat{\mathbf{p}}\rangle = -\left\langle\frac{\partial\hat{H}}{\partial\hat{\mathbf{x}}}\right\rangle$$

gelten.

2.4 Zeigen Sie, dass der Operator $\hat{\mathbf{K}} = \beta(\underline{\underline{1}} + 2\hat{\mathbf{\Sigma}}\hat{\mathbf{L}}/\hbar^2)$ mit dem Hamiltonoperator des Wasserstoffatoms, $\hat{H} = V(r) + mc^2\beta + 2c\tau\hat{\mathbf{\Sigma}}\hat{\mathbf{p}}/\hbar$ kommutiert.

2.5 Zeigen Sie, dass jeder Lösungsspinor der Schrödinger-Form der Klein-Gordon-Gleichung $(i\hbar\partial/\partial t)\Psi = \hat{H}\Psi$ auch die ursprüngliche Klein-Gordon-Gleichung erfüllt.

## Maple-Aufgaben

2.I Ein relativistisches Elektron befindet sich in einem eindimensionalen kastenförmigen Potential der Ausdehnung $2a$ und der Tiefe $V_0 < 0$ mit $|V_0| < mc^2$. Bestimmen Sie die Energie der im Potential gebundenen Eigenzustände.

2.II Bestimmen Sie die Energieeigenwerte für ein Teilchen in einem skalaren radialsymmetrischen Potential der Form $U = -\alpha/r$.
*Hinweis*: In einem radialsymmetrischen skalaren Potential erfolgt die Ankopplung an die Dirac-Gleichung nicht wie bei der zeitartigen Komponente des elektromagnetischen Potentials über das Prinzip der minimalen Kopplung, sondern dieses Potential wird zum skalaren Masseterm hinzugezählt. Nutzen Sie außerdem die Ergebnisse in Kapitel 2.2.5.2.

2.III Bestimmen Sie näherungsweise den Zerfall eines freien Dirac'schen Wellenpakets, das anfänglich durch den Bispinor

$$\psi(x,0) = \frac{1}{(\pi\alpha^2)^{3/4}} \exp\left\{-\frac{x^2+y^2+z^2}{2\alpha^2}\right\} \begin{pmatrix} 1 \\ 0 \\ 0 \\ 0 \end{pmatrix}$$

gegeben ist.

2.IV Bestimmen Sie die Energieeigenwerte und Wellenfunktionen der Zustände eines Pions im Zentralkraftfeld einer Punktladung.
*Hinweis*: Das quantenmechanische Verhalten von Pionen wird durch die Klein-Gordon-Gleichung beschrieben.

2.V Bestimmen Sie das Eigenwertspektrum eines relativistischen Elektrons in einem homogenen Magnetfeld der Stärke $B$.
*Hinweis*: Orientieren Sie das Magnetfeld in $z$-Richtung und verwenden Sie das Vektorpotential $A_x = 0$, $A_y = Bx$ und $A_z = 0$.

# 3
# Wegintegrale in der Quantenmechanik

## 3.1
## Wegintegralformulierung der Quantenmechanik

### 3.1.1
### Hamilton- und Lagrange-Formalismus

In der nichtrelativistischen Darstellung der Quantenmechanik spielt die Schrödinger-Gleichung eine wesentliche Rolle. In diesem Kapitel wollen wir zeigen, dass ihre formale mathematische Struktur benutzt werden kann, um eine alternative Formulierung der Quantenmechanik auf der Basis von Pfadintegralen zu gewinnen. Prinzipiell können mit diesem Konzept aber auch die Dirac- bzw. die Klein-Gordon-Gleichung behandelt werden. Dazu verwendet man an Stelle der nichtrelativistischen Schrödinger-Gleichung die Darstellung der Dirac-Gleichung bzw. der Klein-Gordon-Gleichung in ihrer Schrödinger'schen Form[1]. Wenn wir in Zukunft also von der Schrödinger-Gleichung sprechen, dann wollen wir darunter eine formale Gleichung vom Typ

$$i\hbar\frac{\partial}{\partial t}\left|\psi(t)\right\rangle = \hat{H}\left|\psi(t)\right\rangle \tag{3.1}$$

verstehen. Dabei beschreibt $|\psi(t)\rangle$ den zeitabhängigen Zustandsvektor des jeweiligen quantenmechanischen Systems zur Zeit $t$ und $\hat{H}$ ist der zugeörigen Hamilton-Operator.

Der Hamilton-Operator $\hat{H}$ lässt sich im nichtrelativistischen Fall gewöhnlich aus der Hamilton-Funktion $H$ der klassischen Mechanik durch Anwendung der Jordan'schen Regeln[2] konstruieren, indem man Koordinaten und Impulse durch die entsprechenden Operatoren ersetzt. So erhält man für ein quantenmechanisches Teilchen in einem Potential $V$ den Hamilton-Operator

$$H(\boldsymbol{p},\boldsymbol{x}) = \frac{\boldsymbol{p}^2}{2m} + V(\boldsymbol{x}) \qquad \longrightarrow \qquad \hat{H}(\hat{\boldsymbol{p}},\hat{\boldsymbol{x}}) = \frac{\hat{\boldsymbol{p}}^2}{2m} + V(\hat{\boldsymbol{x}}) \tag{3.2}$$

1) Wir werden uns aber in diesem Kapitel hauptsächlich auf die nichtrelativistische Schrödinger-Gleichung beschränken.
2) siehe Band III, Kap. 2.3.5 und Kap. 4.5.1.2

*Theoretische Physik IV: Quantenmechanik 2*. Peter Reineker, Michael Schulz, Beatrix M. Schulz

ISBN: 978-3-527-40643-2

wobei die hier auftretenden Orts- und Impulsoperatoren $\hat{x}$ bzw. $\hat{p}$ in der Ortsdarstellung durch

$$\hat{x} = x \qquad\qquad \hat{p} = \frac{\hbar}{i}\nabla \tag{3.3}$$

gegeben sind. Damit lautet die Schrödinger-Gleichung in dieser speziellen Darstellung

$$i\hbar\frac{\partial}{\partial t}\psi(x,t) = \left(-\frac{\hbar^2}{2m}\Delta + V(x)\right)\psi(x,t) \tag{3.4}$$

d. h. wir erhalten eine partielle Differentialgleichung zweiter Ordnung vom parabolischen Typ, deren Lösung unter Berücksichtigung der Rand- und Anfangsbedingungen dann die zeitabhängige Wellenfunktion $\psi(x,t)$ liefert. Entsprechend dem in Band III, Kap. 4 vorgestellten quantenmechanischen Formalismus können wir diese Wellenfunktion auch als das formale Skalarprodukt $\langle x \,|\psi(t)\rangle = \psi(x,t)$ und damit als die Ortsdarstellung des quantenmechanischen Zustands $|\psi(t)\rangle$ verstehen. Mit der Kenntnis von $\psi(x,t)$ und damit von $|\psi(t)\rangle$ liegt dann die vollständige quantenmechanische Information über das jeweilige mikroskopische System vor.

Die zentrale Größe in dieser Formulierung ist die Hamilton-Funktion bzw. der Hamilton-Operator. Aus der klassischen Mechanik wissen wir, dass ein klassisches System von Massenpunkten nicht nur unter Verwendung des Hamilton-Formalismus, sondern auch auf der Basis des Lagrange-Formalismus dargestellt werden kann[3]. Die klassische Lagrange-Funktion hängt von den Koordinaten und Geschwindigkeiten ab. Für den Fall eines Massenpunkts im dreidimensionalen Raum erhalten wir

$$L(x,\dot{x}) = \frac{m\dot{x}^2}{2} - V(x) \tag{3.5}$$

Hieraus bestimmt man den kanonisch konjugierten Impuls entsprechend

$$p = \frac{\partial L}{\partial \dot{x}} \tag{3.6}$$

Durch Umstellung dieser Beziehung kann man die Geschwindigkeit als Funktion der Koordinaten und des kanonischen Impulses gewinnen

$$\dot{x} = \dot{x}(x,p) \tag{3.7}$$

In Band I dieser Lehrbuchreihe hatten wir gezeigt, dass innerhalb der klassischen Mechanik zwischen der Lagrange-Funktion und der Hamilton-

3) siehe Band I, Kap. 6

Funktion ein einfacher Zusammenhang in Form der Legendre-Transformation[4]

$$H(\boldsymbol{p}, \boldsymbol{x}) = \boldsymbol{p}\dot{\boldsymbol{x}} - L(\boldsymbol{x}, \dot{\boldsymbol{x}}) \tag{3.8}$$

besteht, wobei die Geschwindigkeit $\dot{\boldsymbol{x}}$ auf der rechten Seite mit Hilfe der Beziehung (3.7) durch den Impuls $\boldsymbol{p}$ ersetzt werden muss.

Schon 1933 diskutierte Dirac[5] die Frage, ob auch die Quantenmechanik auf der Basis der Lagrange-Funktion konsequent formulierbar ist. Die Durchführung dieser Idee erfolgte durch Feynman[6]. Eine äquivalente Formulierung stammt von Schwinger[7]. Statt durch die Schrödinger-Gleichung, also durch eine Differentialgleichung, wird in dieser Formulierung das physikalische System durch Funktionalintegrale[8] beschrieben. Da die Funktionalintegralmethoden in der Mathematik damals noch weniger entwickelt waren als die Methoden zur Lösung partieller Differentialgleichungen, wurde diese Formulierung der Quantenmechanik zunächst nur wenig beachtet. Erst die intensive Beschäftigung mit der theoretischen Beschreibung der Dynamik von Elementarteilchen in den 70er Jahren zeigte die grundlegende Bedeutung der Wegintegrale für eine einfache und übersichtliche Formulierung und Behandlung quantenmechanischer Probleme.

### 3.1.2 Zeitentwicklungsoperator

Die zeitliche Änderung des Zustands eines gegebenen quantenmechanischen Systems wird durch die zugehörige Schrödinger-Gleichung beschrieben. Die Schrödinger-Gleichung kann als Abbildungsvorschrift im Hilbert-Raum verstanden werden[9]. Unter der Wirkung der Schrödinger-Gleichung (3.1) wird jeder frühere Zustand (z. B. der Anfangszustand) $|\psi(t_A)\rangle$ auf den späteren Zustand $|\psi(t)\rangle$ abgebildet. Diese Abbildung wird durch den unitären Zeitentwicklungsoperator $\hat{U}(t, t_A)$ vermittelt

$$|\psi(t)\rangle = \hat{U}(t, t_A)\,|\psi(t_A)\rangle \tag{3.9}$$

Durch Einsetzen dieser Transformation in die Schrödinger-Gleichung (3.1) erhalten wir die Evolutionsgleichung für den Zeitentwicklungsoperator

$$i\hbar\frac{\partial}{\partial t}\hat{U}(t, t_A) = \hat{H}\hat{U}(t, t_A) \tag{3.10}$$

4) siehe Band I, Kap. 7
5) Phys. Zeitschrift der Sowjetunion **3**, 64 (1933)
6) Rev. Mod. Phys. **20**, 367 (1948)
7) siehe M. Flato, C. Fronsdal, K.A. Milton: Selected Papers of J. Schwinger, Reidel, 1979
8) In der Fachliteratur wird dafür auch der Begriff Wegintegral oder Pfadintegral verwendet.
9) siehe Band III, Kap. 4.7

Ist der Hamilton-Operator $\hat{H}$ autonom, d. h. nicht explizit von der Zeit abhängig, dann können wir (3.10) integrieren und gelangen zu

$$\hat{U}(t, t_A) = \exp\left\{-\frac{i}{\hbar}\hat{H}(t - t_A)\right\} \tag{3.11}$$

Ist der Hamilton-Operator dagegen zeitabhängig, dann ist die Integration der Evolutionsgleichung komplizierter. Man kann diese am einfachsten iterativ darstellen. Die formale Integration von (3.10) liefert für den Zeitentwicklungsoperator die Integralgleichung

$$\hat{U}(t, t_A) = 1 - \frac{i}{\hbar}\int_{t_A}^{t} dt'\, \hat{H}(t')\hat{U}(t', t_A) \tag{3.12}$$

wobei wir die Anfangsbedingung $\hat{U}(t_A, t_A) = 1$ verwendet haben. Die rechte Seite enthält wieder den Zeitentwicklungsoperator $\hat{U}(t', t_A)$. Wir eliminieren diese Größe, indem wir (3.12) in sich selbst einsetzen

$$\hat{U}(t, t_A) = 1 - \frac{i}{\hbar}\int_{t_A}^{t} dt'\, \hat{H}(t') + \left(\frac{-i}{\hbar}\right)^2 \int_{t_A}^{t} dt'\, \hat{H}(t') \int_{t_A}^{t'} dt''\, \hat{H}(t'')\hat{U}(t'', t_A) \tag{3.13}$$

Die Fortsetzung dieses Verfahrens liefert schließlich

$$\begin{aligned} \hat{U}(t, t_A) &= 1 - \frac{i}{\hbar}\int_{t_A}^{t} dt'\, \hat{H}(t') + \left(\frac{-i}{\hbar}\right)^2 \int_{t_A}^{t} dt' \int_{t_A}^{t'} dt''\, \hat{H}(t')\hat{H}(t'') + \ldots \\ &+ \left(\frac{-i}{\hbar}\right)^n \int_{t_A}^{t} dt' \int_{t_A}^{t'} dt'' \ldots \int_{t_A}^{t^{(n-1)}} dt^{(n)}\, \hat{H}(t')\hat{H}(t'')\ldots\hat{H}(t^{(n)}) \\ &+ \ \ldots \end{aligned} \tag{3.14}$$

Wir unterteilen jetzt das Zeitintervall $[t_A, t]$ in eine große Zahl $N$ von kleinen Bereichen der Länge $\delta\tau = (t - t_A)/N$ mit den Stützstellen $t_n = t_A + n\delta\tau$ $(n = 0, 1, ..., N)$, wobei insbesondere $t_0 \equiv t_A$ bzw. $t_N \equiv t_E$ für den Anfangs- bzw. Endpunkt des Gesamtzeitintervalls gilt. Die formale Integration von (3.10) zwischen zwei benachbarten Stützstellen kann ausgehend von (3.12) näherungsweise durch den Zeitentwicklungsoperator

$$\hat{U}(t_{n+1}, t_n) = 1 - \frac{i}{\hbar}\int_{t_n}^{t_{n+1}} dt'\, \hat{H}(t') \tag{3.15}$$

ausgedrückt werden. Diese Approximation, bei der auf der rechten Seite unter dem Integral $\hat{U}(t', t_n) \approx 1$ eingesetzt wurde, wird für hinreichend kleine Zeitintervalle immer genauer. Der Vergleich mit der exakten Formel (3.14) zeigt, dass der Fehler von der Größenordnung $\delta\tau^2$ ist. Im Grenzübergang $N \to \infty$ und damit für infinitesimal kleine Zeitintervalle strebt das Näherungsergebnis gegen das exakte Resultat.

Beachtet man den Zusammenhang zwischen quantenmechanischem Zustand und Zeitentwicklungsoperator (3.9), dann bekommen wir für je zwei benachbarte Stützstellen

$$|\psi(t_{n+1})\rangle = \hat{U}(t_{n+1}, t_n) |\psi(t_n)\rangle \tag{3.16}$$

und deshalb durch sukzessive Anwendung dieser Beziehung

$$\begin{aligned} |\psi(t_N)\rangle &= \hat{U}(t_N, t_{N-1}) |\psi(t_{N-1})\rangle \\ &= \hat{U}(t_N, t_{N-1})\hat{U}(t_{N-1}, t_{N-2}) |\psi(t_{N-2})\rangle \\ &\vdots \\ &= \hat{U}(t_N, t_{N-1})\hat{U}(t_{N-1}, t_{N-2}) \ldots \hat{U}(t_2, t_1)\hat{U}(t_1, t_0) |\psi(t_0)\rangle \end{aligned} \tag{3.17}$$

Der Vergleich dieser Formel mit (3.9) liefert daher

$$\hat{U}(t_N, t_0) = \hat{U}(t_N, t_{N-1})\hat{U}(t_{N-1}, t_{N-2}) \ldots \hat{U}(t_2, t_1)\hat{U}(t_1, t_0) \tag{3.18}$$

wobei wie oben $t_N = t_E$ und $t_0 = t_A$ gilt. Man beachte dabei die von rechts nach links ansteigende Reihenfolge der Zeiten im letzten Produkt. Die einzelnen Zeitentwicklungsoperatoren sind nicht mehr notwendig miteinander vertauschbar. Der Zeitentwicklungsoperator eines quantenmechanischen Systems über das Zeitintervall $[t_0, t]$ ist deshalb das geordnete Produkt über die Zeitentwicklungsoperatoren der einzelnen Teilstücke des Intervalls. Zur Vereinfachung der Produktdarstellung führen wir den Zeitordnungsoperator $\hat{\mathcal{T}}$ ein. Die Anwendung dieses Operators auf ein Produkt von zeitabhängigen Operatoren ordnet die Faktoren dieses Produkts von rechts nach links in ansteigender Reihenfolge entsprechend (3.18). Damit können wir auch schreiben

$$\hat{U}(t_N, t_0) = \hat{\mathcal{T}} \prod_{n=1}^{N} \hat{U}(t_n, t_{n-1}) \tag{3.19}$$

Unter Beachtung von (3.15) gelangen wir dann zu

$$\hat{U}(t_N, t_0) = \lim_{N\to\infty} \hat{\mathcal{T}} \prod_{n=1}^{N} \left[1 - \frac{i}{\hbar} \int_{t_{n-1}}^{t_n} dt\, \hat{H}(t)\right] \tag{3.20}$$

Multipliziert man das Produkt unter Beachtung der Zeitordnung aus und führt anschließend den Grenzübergang $N \to \infty$ durch, dann erhält man wieder das bereits bekannte Resultat (3.14). Wir können das Ergebnis (3.14) noch etwas umschreiben. Dazu betrachten wir den zeitgeordneten dritten Term aus (3.14)

$$T_3 = \int_{t_A}^{t} dt' \int_{t_A}^{t'} dt'' \, \hat{H}(t')\hat{H}(t'') \tag{3.21}$$

und ändern die Integrationsreihenfolge, d. h. wir integrieren zuerst über alle Zeiten $t' \geq t''$ und anschließend über die Zeit $t''$ mit $t_A \leq t'' \leq t$.

$$T_3 = \int_{t_A}^{t} dt'' \int_{t''}^{t} dt' \, \hat{H}(t')\hat{H}(t'') \tag{3.22}$$

Die Zeitordnung wird durch diese Änderung der Integrationsreihenfolge nicht beeinflusst. Vertauschen wir jetzt in (3.22) die Bezeichnung der beiden Integrationsvariablen, dann gelangen wir zu

$$T_3 = \int_{t_A}^{t} dt' \int_{t'}^{t} dt'' \, \hat{H}(t'')\hat{H}(t') \tag{3.23}$$

Wir können zu diesem Ausdruck jetzt (3.21) addieren und erhalten nach Multiplikation mit dem Faktor $1/2$ und unter Beachtung des Zeitordnungsoperators

$$\begin{aligned} T_3 &= \frac{1}{2}\left[\int_{t_A}^{t} dt' \int_{t_A}^{t'} dt'' \, \hat{H}(t')\hat{H}(t'') + \int_{t_A}^{t} dt' \int_{t'}^{t} dt'' \, \hat{H}(t'')\hat{H}(t')\right] \\ &= \frac{1}{2}\left[\hat{T} \int_{t_A}^{t} dt' \int_{t_A}^{t'} dt'' \, \hat{H}(t')\hat{H}(t'') + \hat{T} \int_{t_A}^{t} dt' \int_{t'}^{t} dt'' \, \hat{H}(t')\hat{H}(t'')\right] \end{aligned} \tag{3.24}$$

Im ersten Term ist die Wirkung des Zeitordnungsoperators eine identische Abbildung, im zweiten Beitrag bewirkt er aber eine Vertauschung von $\hat{H}(t')$ und $\hat{H}(t'')$ und damit die Herstellung der korrekte Ordnung der Zeitargumente. Wegen der Linearität des Zeitordnungsoperators[10] erhalten wir unmittelbar

$$T_3 = \frac{1}{2}\hat{T} \int_{t_A}^{t} dt' \int_{t_A}^{t} dt'' \, \hat{H}(t')\hat{H}(t'') = \frac{1}{2}\hat{T}\left(\int_{t_A}^{t} dt' \, \hat{H}(t')\right)^2 \tag{3.25}$$

und allgemeiner für das $(n+1)$-te Glied der Reihenentwicklung (3.14)

$$T_n = \frac{1}{n!}\hat{T}\left(\int_{t_A}^{t} dt' \, \hat{H}(t')\right)^n \tag{3.26}$$

**10**) siehe Aufgabe 3.1

Damit können wir formal (3.14) aufsummieren und erhalten endgültig

$$\hat{U}(t,t_A) = \sum_{n=0}^{\infty} \frac{(-i)^n}{n!\hbar^n} \hat{\mathcal{T}} \left( \int_{t_A}^{t} dt'\, \hat{H}(t') \right)^n = \hat{\mathcal{T}} \exp \left\{ -\frac{i}{\hbar} \int_{t_A}^{t} dt'\, \hat{H}(t') \right\} \qquad (3.27)$$

Wir haben damit eine allgemeine, allerdings nach wie vor nur formale Lösung der Evolutionsgleichung (3.10) für beliebige zeitabhängige Hamilton-Operatoren $\hat{H}(t)$ gewonnen. Im Spezialfall eines autonomen Operators spielt der Zeitordnungsoperator keine Rolle mehr und die Integration im Exponenten kann sofort ausgeführt werden. In diesem Fall vereinfacht sich (3.27) auf das bereits bekannte Ergebnis (3.11) für den Zeitentwicklungsoperator.

## 3.1.3
## Übergang von der Schrödinger-Gleichung zur Funktionalintegraldarstellung

### 3.1.3.1 Zeitentwicklungsoperatoren und Propagatoren

Wir wollen jetzt eine weitere Darstellung des Zeitevolutionsoperators gewinnen. Dazu starten wir wieder von der Schrödinger-Gleichung (3.1), die wir vorläufig der Einfachheit halber aber nur in der eindimensionalen Formulierung benutzen wollen. Die Verallgemeinerung auf dreidimensionale Probleme wird am Ende dieses Abschnitts diskutiert. Die Ausgangsgleichung lautet

$$i\hbar \frac{\partial}{\partial t} |\psi(t)\rangle = \hat{H} |\psi(t)\rangle \qquad (3.28)$$

Die formale Lösung zwischen der Anfangszeit $t_A$ und der Endzeit $t_E$ ist durch (3.9) gegeben

$$|\psi(t_E)\rangle = \hat{U}(t_E, t_A)\, |\psi(t_A)\rangle \qquad (3.29)$$

Die Ortsdarstellung des Zustandsvektors erhalten wir durch skalare Multiplikation mit dem Eigenvektor zum Ortsoperator

$$\hat{x}\, |x_S\rangle = x_S\, |x_S\rangle \qquad (3.30)$$

Der Index $S$ kennzeichnet einen bestimmten Eigenzustand und Eigenwert des Ortsoperators. Multiplizieren wir insbesondere mit dem Eigenzuststand[11] $\langle x_E|$ zur Endzeit $t_E$, so ergibt sich

$$\langle x_E\, |\psi(t_E)\rangle = \langle x_E|\, \hat{U}(t_E, t_A)\, |\psi(t_A)\rangle \qquad (3.31)$$

$$= \int dx_A\, \langle x_E|\, \hat{U}(t_E, t_A)\, |x_A\rangle\, \langle x_A\, |\psi(t_A)\rangle \qquad (3.32)$$

In der letzten Zeile wurde die Vollständigkeitsrelation $\int dx_A\, |x_A\rangle\, \langle x_A| = \hat{1}$ verwendet. Wie bereits im vorangegangenen Abschnitt erwähnt und in Band

11) Es wird also erwartet, dass das Teilchen zur Zeit $t_E$ am Ort $x_E$ beobachtet wird.

III ausführlich dargelegt, ist $\langle x_E | \psi(t_E) \rangle = \psi(x_E, t_E)$ die Ortsdarstellung des Zustandsvektors $|\psi(t_E)\rangle$ im Schrödinger-Bild und hat deshalb die Bedeutung einer Wahrscheinlichkeitsamplitude für das Auffinden eines Teilchens zur Endzeit $t_E$ am Ort $x_E$.

Diese Wahrscheinlichkeitsamplitude ergibt sich aus der Wahrscheinlichkeitsamplitude $\langle x_A | \psi(t_A) \rangle$ für das Auffinden eines Teilchens zur Anfangszeit $t_A$ am Ort $x_A$ durch Multiplikation mit der Ortsdarstellung des Zeitentwicklungsoperators und der Summation bzw. Integration über alle anfänglichen Teilchenpositionen.

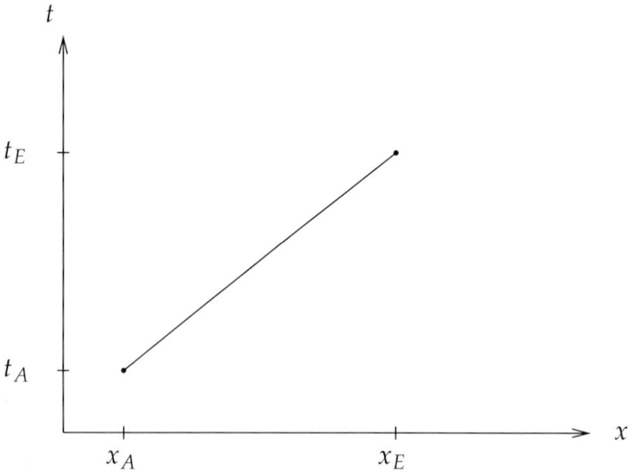


**Abb. 3.1** Graphische Darstellung des Propagators des Teilchens vom Ort $x_A$ zur Zeit $t_A$ zum Ort $x_E$ zur Zeit $t_E$

In der Ortsdarstellung ist der Zeitentwicklungsoperator eine skalare Funktion der Anfangs- und Endkoordinaten, also $x_A$, $t_A$, $x_E$ und $t_E$, die auch als Übergangsamplitude oder Propagator bezeichnet wird. Damit beschreibt der Propagator $\langle x_E | \hat{U}(t_E, t_A) | x_A \rangle$ den Übergang des am Ort $x_A$ zur Zeit $t_A$ vorliegenden Teilchens an den Ort $x_E$ zur Zeit $t_E$. Die Gleichung (3.32) lässt sich kompakter auch in der folgenden Form darstellen

$$\begin{aligned} \psi(x_E, t_E) &= \int dx_A K(x_E, t_E; x_A, t_A) \psi(x_A, t_A) \\ &= \int dx_A \langle x_E, t_E | x_A, t_A \rangle \psi(x_A, t_A) \end{aligned} \tag{3.33}$$

Der Integralkern $K(x_E, t_E; x_A, t_A) = \langle x_E, t_E | x_A, t_A \rangle$ ist unter Verwendung von (3.11) bzw. (3.27) durch folgende Ausdrücke gegeben

$$\begin{aligned} K(x_E, t_E; x_A, t_A) = &= \langle x_E | \hat{U}(t_E, t_A) | x_A \rangle \\ &= \langle x_E | \mathrm{e}^{-\frac{i}{\hbar}\hat{H}(t_E - t_A)} | x_A \rangle \\ &= \langle x_E | \hat{\mathcal{T}} \exp -\frac{i}{\hbar} \int_{t_A}^{t_E} \hat{H}(t') dt' | x_A \rangle \end{aligned} \tag{3.34}$$

Dabei ist die vorletzte Zeile nur für den Fall eines autonomen Hamilton-Operators gültig, die letzte Zeile gilt dagegen für eine beliebige Zeitabhängigkeit von $\hat{H}$. Abbildung 3.1 stellt eine Veranschaulichung der Propagation vom Ort $x_A$ zur Zeit $t_A$ zum Ort $x_E$ zur Zeit $t_E$ dar.

Wir spalten jetzt den die Zeitentwicklung zwischen den Zeiten $t_A$ und $t_E$ nach (3.11) beschreibenden Zeitentwicklungsoperator $\hat{U}(t_E, t_A)$ durch die Einführung eines Zwischenzeitpunktes $t_1$ in zwei Zeitentwicklungoperatoren vom Anfangszeitpunkt $t_A$ zum Zwischenzeitpunkt $t_1$ und von hier zum Endzeitpunkt $t_E$ auf. Die (3.29) entsprechende Gleichung lautet dann

$$|\psi(t_E)\rangle = \hat{U}(t_E, t_1)\hat{U}(t_1, t_A) |\psi(t_A)\rangle \tag{3.35}$$

Um zur Ortsdarstellung zu gelangen, multiplizieren wir von links mit dem bra-Vektor $\langle x_E|$. Außerdem fügen wir mit $\int dx_1 |x_1\rangle \langle x_1| = \hat{1}$ zwischen den beiden Zeitentwicklungsoperatoren und mit $\int dx_A |x_A\rangle \langle x_A| = \hat{1}$ zwischen Zeitentwicklungsoperator und Anfangszustand zwei Vollständigkeitsrelationen ein und gelangen so zu

$$\begin{aligned} \langle x_E | \psi(t_E)\rangle &= \langle x_E | \hat{U}(t_E, t_1)\hat{U}(t_1, t_A) |\psi(t_A)\rangle \\ &= \int dx_1 \, dx_A \, \langle x_E | \hat{U}(t_E, t_1 | x_1\rangle \langle x_1 | \hat{U}(t_1, t_A) | x_A\rangle \langle x_A | \psi(t_A)\rangle \end{aligned} \tag{3.36}$$

$\langle x_E | \psi(t_E)\rangle = \psi(x_E, t_E)$ ist wieder die Ortsdarstellung der Wellenfunktion und mit (3.34) erhalten wir

$$\begin{aligned} \psi(x_E, t_E) &= \int dx_1 \, dx_A \, K(x_E, t_E; x_1, t_1) \, K(x_1, t_1; x_A, t_A) \, \psi(x_A, t_A) \\ &= \int dx_1 \, dx_A \, \langle x_E, t_E | x_1, t_1\rangle \, \langle x_1, t_1 | x_A, t_A\rangle \, \psi(x_A, t_A) \end{aligned} \tag{3.37}$$

Der Vergleich mit (3.33) ergibt

$$K(x_E, t_E; x_A, t_A) = \int dx_1 \, K(x_E, t_E; x_1, t_1) \, K(x_1, t_1; x_A, t_A) \tag{3.38}$$

bzw.

$$\langle x_E, t_E | x_A, t_A\rangle = \int dx_1 \, \langle x_E, t_E | x_1, t_1\rangle \, \langle x_1, t_1 | x_A, t_A\rangle \tag{3.39}$$

Dieser Ausdruck und auch seine Darstellung in Abb. 3.2 zeigen, dass der Übergang $x_A\,t_A \rightarrow x_E\,t_E$ sich aus den Übergängen $x_A\,t_A \rightarrow x_1\,t_1 \rightarrow x_E\,t_E$ zusammensetzt. Dabei sind zur Zeit $t_1$ alle möglichen Zwischenpunkte $x_1$ zu berücksichtigen. Wir sehen, dass $K(x_E, t_E; x_A, t_A)$ durch Überlagerung aller möglichen Wege mit Zwischenpunkten $x_1$ zur Zeit $t_1$ dargestellt werden kann. Die Verallgemeinerung ist offensichtlich: wir werden sehr viele Zwischenzeitpunkte wählen und dann eine Überlagerung von sehr vielen Wegstücken erhalten. Vor diesem Übergang können wir jedoch das obige Ergebnis zur Beschreibung des aus Band III bekannten Doppelspaltexperiments verwenden.

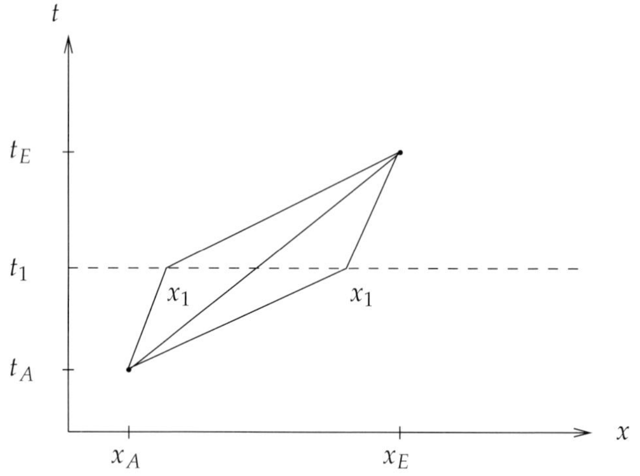


**Abb. 3.2** Graphische Darstellung des Propagators des Teilchens vom Ort $x_A$ zur Zeit $t_A$ zum Ort $x_E$ zur Zeit $t_E$ mit verschiedenen Zwischenpunkten $x_1$ zur Zeit $t_1$

### 3.1.4
### Das Doppelspaltexperiment

Die Bedeutung des Doppelspaltexperiments für die Quantenmechanik wurde bereits in Band III ausführlich diskutiert. Wir wollen auf dieses Experiment jetzt noch einmal, nun aber unter dem Aspekt der Benutzung von Propagatoren, zurückkommen. Die experimentelle Situation hierzu ist in Abb. 3.3 dargestellt, wobei der einfacheren Darstellung wegen die Orts- und Zeitkoordinaten des jeweils betrachteten Zustands durch den jeweiligen Index charakterisiert werden[12]. Ausgehend von einem Anfangszustand 1 an der Quelle treten Elektronen durch einen Doppelspalt mit den Öffnungen $2_A$ und $2_B$ hindurch und treffen auf den Schirm an der Position 3, an dem die Beobachtung erfolgt. Die Übergangsamplitude von der Quelle 1 zum Schirm 3 ist durch folgenden Ausdruck gegeben

**12)** Z. B. wird das Koordinatenpaar $x_1\,t_1$ durch 1 symbolisiert.

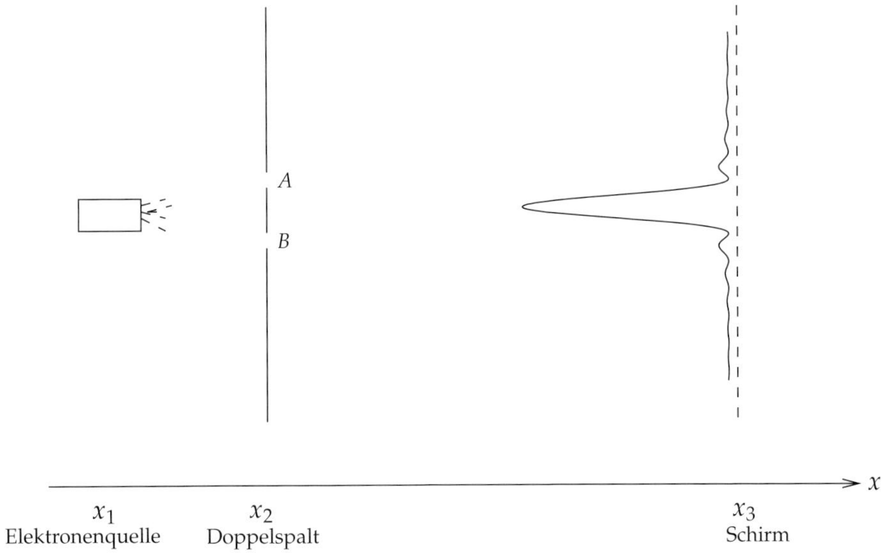


**Abb. 3.3** Schematische Darstellung des Doppelspaltexperimentes

$$K(3;1) = K(3;2_A)K(2_A;1) + K(3;2_B)K(2_B;1) \tag{3.40}$$

wobei die Spaltöffnungen als infinitesimal klein angesehen werden, so dass sich die Integration über den Zwischenzustand auf eine Summation reduziert[13]. Die Intensität am Schirm wird

$$\begin{aligned}|K(3;1)|^2 &= (K(3;2_A)K(2_A;1) + K(3;2_B)K(2_B;1))^* \\ &\quad \times (K(3;2_A)K(2_A;1) + K(3;2_B)K(2_B;1)) \\ &= |K(3;2_A)K(2_A;1)|^2 + |K(3;2_B)K(2_B;1)|^2 \\ &\quad + K^*(3;2_A)K^*(2_A;1) \times K(3;2_B)K(2_B;1) \\ &\quad + K^*(3;2_B)K^*(2_B;1) \times K(3;2_A)K(2_A;1)\end{aligned} \tag{3.41}$$

Verschließt man die Öffnung $A$, dann erhält man auf dem Schirm nur den Beitrag $|K(3;2_B)K(2_B;1)|^2$. Ist die Öffnung $B$ verschlossen, dann trägt nur der Term $|K(3;2_A)K(2_A;1)|^2$ bei. In beiden Fällen geben die Terme der letzten beiden Zeilen von (3.41), die sogenannten Interferenzterme, keinen Beitrag zur Intentsität auf dem Schirm. Das Interferenzmuster verschwindet, sobald eine der beiden Öffnungen $2_A$ oder $2_B$ verschlossen wird. Der mathematische Ausdruck (3.41) lässt keine Aussage darüber zu, welche der beiden Öffnungen das Teilchen passiert hat. Will man dagegen, etwa durch Anbringen eines

**13)** Es werden nur Elektronen betrachtet, die den Spalt passieren. Elektronen, die z. B. vom Spaltschirm absorbiert oder reflektiert werden, sind in dieser Rechnung nicht berücksichtigt.

kleinen Fluoreszenzschirmes bei $A$ oder $B$, bestimmen, durch welchen Spalt das Elektron getreten ist, dann verschwindet bekanntlich das Interferenzmuster, da jetzt keine Unkenntnis mehr besteht. In diesem Fall entfällt natürlich auch die Summation über die beiden Öffnungen, so dass die Interferenzterme verschwinden. Eine ausführliche Diskussion des Doppelspaltexperiments findet man in Band III dieser Lehrbuchreihe.

### 3.1.5
### Funktionalintegrale

Nach dieser Zwischenbetrachtung zum Doppelspaltexperiment kehren wir zu unserem eigentlichen Ziel, der Funktionalintegraldarstellung der Quantenmechanik zurück. Nachdem wir mit (3.37) die Wahrscheinlichkeitsamplitude $\psi(x_E, t_E)$ am Ort $x_E$ zur Zeit $t_E$ aus der Wahrscheinlichkeitsamplitude $\psi(x_A, t_A)$ am Ort $x_A$ zur Zeit $t_A$ durch Einfügen eines Zwischenzeitpunktes $t_1$ erhalten haben, können wir nach dem gleichen Schema $N-1$ äquidistante Zwischenzeitpunkte einfügen und damit das Zeitintervall $[t_A, t_E]$ in $N$ Intervalle der Länge $\tau = (t_E - t_A)/N$ einteilen. In Abb. 3.4 wurden beispielsweise $N-1=4$ Zwischenpunkte gewählt und damit das Zeitintervall $t_A \ldots t_E$ in $N=5$ Zeitintervalle unterteilt. Mit dieser Unterteilung lautet der Propagator (3.34)

$$\begin{aligned}\langle x_E, t_E | x_A, t_A \rangle &= \langle x_E | \hat{U}(t_E, t_A) | x_A \rangle \\ &= \langle x_E | \hat{U}(t_E, t_{N-1}) \hat{U}(t_{N-1}, t_{N-2}) \cdots \hat{U}(t_2, t_1) \hat{U}(t_1, t_A) | x_A \rangle \end{aligned} \tag{3.42}$$

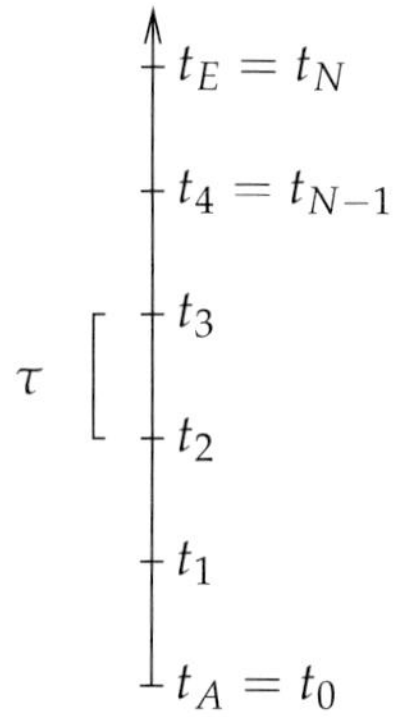


**Abb. 3.4** Aufspaltung des Zeitintervalls $[t_A, t_E]$ in $N$ Teilintervalle. In der Abbildung ist $N = 5$.

Zwischen die Zeitentwicklungsoperatoren $\hat{U}(t_j, t_{j-1})$ schieben wir Einheitsoperatoren in Form von Vollständigkeitsrelationen des Ortsoperators ein

$$\hat{1} = \int dx_j \, |x_j\rangle \langle x_j| \tag{3.43}$$

und erhalten

$$\begin{aligned}
\langle x_E, t_E \, | x_A, t_A \rangle &= \int dx_{N-1} \ldots dx_1 \, \langle x_E, t_E \, | x_{N-1}, t_{N-1} \rangle \\
&\quad \times \langle x_{N-1}, t_{N-1} \, | x_{N-2}, t_{N-2} \rangle \cdots \\
&\quad \times \langle x_2, t_2 \, | x_1, t_1 \rangle \langle x_1, t_1 \, | x_A, t_A \rangle \\
&= \int dx_{N-1} \ldots dx_1 \, \langle x_N, t_N \, | x_{N-1}, t_{N-1} \rangle \\
&\quad \times \langle x_{N-1}, t_{N-1} \, | x_{N-2}, t_{N-2} \rangle \cdots \\
&\quad \times \langle x_2, t_2 \, | x_1, t_1 \rangle \langle x_1, t_1 \, | x_0, t_0 \rangle
\end{aligned} \tag{3.44}$$

wobei wir im letzten Ausdruck von der oft benutzten Konvention Gebrauch gemacht haben, Anfangs- und Endzustand statt mit $(x_A, t_A)$ bzw. $(x_E, t_E)$ jetzt mit $(x_0, t_0)$ bzw. $(x_N, t_N)$ zu bezeichnen. Die Formel (3.44) kann so verstanden werden, dass sich der Propagator als ein $(N-1)$-faches Integral über die inneren Stützstellen $x_i$ (mit $0 < i < N$) ergibt. Die Folge dieser Stützstellen bildet einen diskreten Pfad, den das Teilchen zwischen Anfangs- und Endpunkt durchläuft. Allerdings handelt es sich hierbei nicht um eine Pfad, der durch Diskretisierung aus einer vom Partikel im Sinne der klassischen Mechanik tatsächlich durchlaufenen Trajektorie hervorgeht. Aus quantenmechanischer Sicht durchläuft das Teilchen *alle* denkbaren Wege zwischen Anfangs- und Endpunkt[14], was letztendlich in der gewichteten Superposition aller zulässigen Pfade durch die Integration über die Stützstellen zum Ausdruck kommt.

Schließlich können wir formal den Grenzübergang

$$\lim_{\substack{N \to \infty \\ \tau \to 0}} N\tau = t_E - t_A \tag{3.45}$$

ausführen. In Fortsetzung unserer Diskussion können wir jetzt sagen, dass sich der Propagator $\langle x_E, t_E \, | x_A, t_A \rangle$ als Integral über alle möglichen Wege vom Ort $x_A$ zum Zeitpunkt $t_A$ zum Ort $x_E$ zum Zeitpunkt $t_E$ darstellen lässt. Die Wege selbst können dabei beliebig sein. Mathematisch bildet jeder Weg eine sogenannte Markov-Kette[15]. Bei der Durchführung des Grenzüberganges

**14)** Diese beiden Punkte sind aber fixiert. Die Definition der Übergangsamplitude als Ortsdarstellung des Zeitentwicklungsoperators kann man bekanntlich so interpretieren, dass der quantenmechanische Zustand zur Zeit $t_A$ so präpariert sein muss, dass sich das Teilchen im Anfangspunkt $x_A$ befindet und zur Zeit $t_E$ im Punkt $x_E$ beobachtet wird.

**15)** Man spricht von einer Markov-Kette, wenn ein Ereignis – im vorliegenden Fall also der Ortszustand $|x_i\rangle$ zur Zeit $t_i$ – nur vom vorangegangenen Ereignis – also $|x_{i-1}\rangle$ zur Zeit $t_{i-1}$ – abhängig ist.

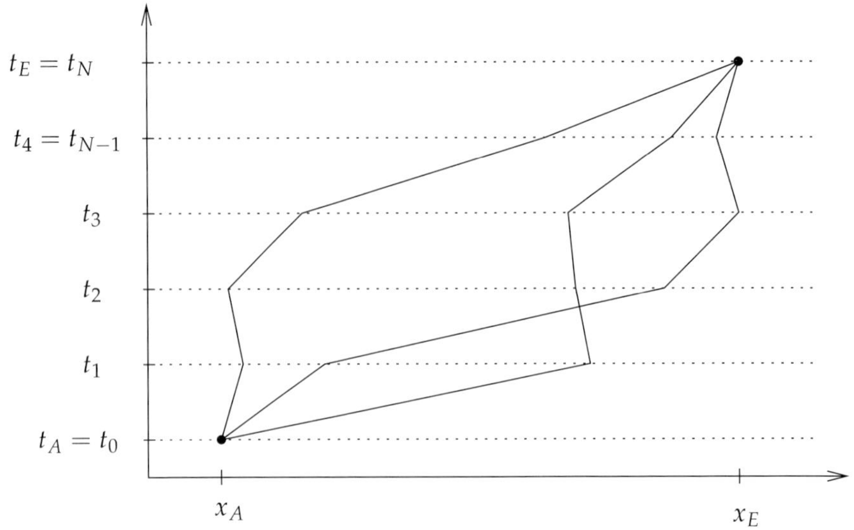


**Abb. 3.5** Mögliche Wege zwischen $x_A$ und $x_E$ bestehend aus jeweils $N$ Teilintervallen

geht die Zahl der Integrationen gegen unendlich, so dass man jetzt von einem Funktionalintegral spricht, bei dem über alle zulässigen – aus unendlich vielen Punkten (Stützstellen) bestehende – Wege integriert wird. Funktionalintegrale spielen nicht nur in der Quantenmechanik und der Quatenfeldtheorie, sondern auch in der statistischen Physik und der Polymerphysik[16]

### 3.1.6
### Propagator für einen zeitunabhängigen Hamilton-Operator

Zur weiteren Behandlung des Propagators beschränken wir uns vorerst auf eindimensionale Quantensysteme, die durch einen zeitunabhängigen Hamilton-Operator beschrieben werden. Wir betrachten ein einzelnes Wegelement aus dem Ausdruck (3.44). Analog zu (3.34) und mit (3.11) sowie (3.45) erhalten wir für die Übergangsamplitude

$$\begin{aligned} \left\langle x_{j+1} t_{j+1} \middle| x_j t_j \right\rangle &= \left\langle x_{j+1} \right| U(t_{j+1}, t_j) \left| x_j \right\rangle \\ &= \left\langle x_{j+1} \right| e^{-\frac{i}{\hbar}\hat{H}(t_{j+1}-t_j)} \left| x_j \right\rangle \\ &= \left\langle x_{j+1} \right| e^{-\frac{i}{\hbar}\hat{H}\tau} \left| x_j \right\rangle \end{aligned} \qquad (3.46)$$

**16**) Eine typische Anwendung hierzu findet man z.B. in [30].

Die Entwicklung des Exponentialoperators bis zu Termen erster Ordnung einschließlich ergibt

$$\begin{aligned}\langle x_{j+1}t_{j+1} | x_j t_j\rangle &= \langle x_{j+1}| 1 - \frac{i}{\hbar}\hat{H}\tau + O(\tau^2) |x_j\rangle \\ &= \langle x_{j+1} | x_j\rangle - \frac{i}{\hbar}\tau \langle x_{j+1}| \hat{H} |x_j\rangle + O(\tau^2) \qquad (3.47)\end{aligned}$$

Zur weiteren Umformung verwenden wir die Orthogonalitätsrelation der Eigenfunktionen des Ortsoperators sowie die Fourier-Zerlegung der $\delta$-Funktion

$$\begin{aligned}\langle x_{j+1}t_{j+1} | x_j t_j\rangle &= \delta(x_{j+1} - x_j) - \frac{i}{\hbar}\tau \langle x_{j+1}| \hat{H} |x_j\rangle + O(\tau^2) \\ &= \frac{1}{2\pi\hbar}\int dp_j\, e^{\frac{i}{\hbar}p_j(x_{j+1}-x_j)} - \frac{i\tau}{\hbar}\langle x_{j+1}| \hat{H} |x_j\rangle + O(\tau^2) \qquad (3.48)\end{aligned}$$

Die Bezeichnung der Fourier-Integrationsvariable mit $p_j$ wird sich später als zweckmäßig erweisen. Offen bleibt noch die Bestimmung des Matrixelements $\langle x_{j+1}| \hat{H} |x_j\rangle$ auf der rechten Seite von (3.48). Ziel ist es, dieses Matrixelement in eine Integraldarstellung zu bringen, die der Fourier-Darstellung der $\delta$-Funktion ähnelt. Allgemein können wir davon ausgehen, dass der Hamilton-Operator in der Form

$$\hat{H} = \frac{\hat{p}^2}{2m} + V(\hat{x}) \qquad (3.49)$$

geschrieben werden kann. Wir betrachten zunächst das Matrixelement der kinetischen Energie. Unter Verwendung der Vollständigkeitsrelation der Eigenzustände des Impulsoperators

$$\hat{1} = \int dp_j\, |p_j\rangle \langle p_j| \qquad (3.50)$$

erhalten wir

$$\langle x_{j+1}| \frac{\hat{p}^2}{2m} |x_j\rangle = \int dp' \int dp_j \langle x_{j+1} |p'\rangle \langle p'| \frac{\hat{p}^2}{2m} |p_j\rangle \langle p_j |x_j\rangle \qquad (3.51)$$

Wir verwenden jetzt, dass die Ortsdarstellung der Eigenfunktion des Impulsoperators $\langle x_{j+1} |p'\rangle$ bzw. die Impulsdarstellung der Eigenfunktion des Ortsoperators $\langle p_j |x_j\rangle$ gegeben sind durch[17]

$$\langle x_{j+1} |p'\rangle = \frac{1}{\sqrt{2\pi\hbar}} e^{\frac{i}{\hbar}p' x_{j+1}} \qquad (3.52)$$

und

$$\langle p_j |x_j\rangle = \frac{1}{\sqrt{2\pi\hbar}} e^{-\frac{i}{\hbar}p_j x_j} \qquad (3.53)$$

**17**) siehe Band III, Kapitel 4.5.3

Außerdem lässt sich das Matrixelement des Operators der kinetischen Energie in (3.51) in den Eigenzuständen des Impulsoperators sofort auswerten

$$\langle p'| \frac{\hat{p}^2}{2m} |p_j\rangle = \frac{p'^2}{2m}\delta(p' - p_j) \tag{3.54}$$

Wir erhalten damit dann

$$\langle x_{j+1}| \frac{\hat{p}^2}{2m} |x_j\rangle = \int \frac{dp'\,dp_j}{2\pi\hbar}\, \mathrm{e}^{\frac{i}{\hbar}p'x_{j+1} - \frac{i}{\hbar}p_j x_j} \frac{p'^2}{2m}\delta(p' - p_j) \tag{3.55}$$

$$= \int \frac{dp_j}{h} \mathrm{e}^{\frac{i}{\hbar}p_j(x_{j+1}-x_j)} \frac{p_j^2}{2m} \tag{3.56}$$

wobei wir im letzten Schritt noch die Integration über die $\delta$-Funktion ausgeführt haben. Auf ähnliche Weise behandeln wir das Matrixelelment des Potentials. Wir erhalten nacheinander

$$\begin{aligned}\langle x_{j+1}| V(\hat{x}) |x_j\rangle &= V(x_j)\langle x_{j+1}|x_j\rangle \\ &= V(x_j)\,\delta(x_{j+1} - x_j) \\ &= \int \frac{dp_j}{2\pi\hbar} \mathrm{e}^{\frac{i}{\hbar}p_j(x_{j+1}-x_j)} V(x_j)\end{aligned} \tag{3.57}$$

Im letzten Ausdruck wurde die $\delta$-Funktion als Fourier-Integral dargestellt, wobei die Bezeichung der Integrationsvariable natürlich frei ist und im Hinblick auf die nächsten Überlegungen gewählt wurde.

Wir setzen jetzt die Zwischenergebnisse (3.56) und (3.57) in das Matrixelement auf der rechten Seite von (3.48) ein und erhalten

$$\begin{aligned}\langle x_{j+1}| \hat{H} |x_j\rangle &= \int \frac{dp_j}{2\pi\hbar} \mathrm{e}^{\frac{i}{\hbar}p(x_{j+1}-x_j)} \left(\frac{p_j^2}{2m} + V(x_j)\right) \\ &= \int \frac{dp_j}{2\pi\hbar} \mathrm{e}^{\frac{i}{\hbar}p_j(x_{j+1}-x_j)} H(p_j, x_j)\end{aligned} \tag{3.58}$$

In (3.58) wurde die dem Hamilton-Operator $\hat{H}$ entsprechende klassische *Hamilton-Funktion* verwendet. Wir setzen jetzt (3.58) in den infinitesimalen Propagator (3.48) ein und erhalten bis auf Terme der Ordnung $\tau^2$

$$\begin{aligned}\langle x_{j+1}t_{j+1} |x_j t_j\rangle &= \int \frac{dp_j}{2\pi\hbar} \mathrm{e}^{\frac{i}{\hbar}p_j(x_{j+1}-x_j)} \left(1 - \frac{i\tau}{\hbar} H(p_j, x_j)\right) \\ &= \int \frac{dp_j}{2\pi\hbar} \mathrm{e}^{\frac{i}{\hbar}\left(p_j(x_{j+1}-x_j) - \tau H(p_j,x_j)\right)}\end{aligned} \tag{3.59}$$

An dieser Stelle wird auch die zunächst willkürlich erscheinende Bezeichnung der Integrationsvariablen mit $p_j$ klar. Offenbar kann $p_j$ als Impuls des

Partikels zwischen den Zeitpunkten $t_j \dots t_{j+1}$ und damit zwischen den Orten $x_j \dots x_{j+1}$ interpretiert werden.

Dieses Resultat wird in den Ausdruck für den Gesamtpropagator (3.44) eingesetzt und führt auf

$$\begin{aligned}\langle x_E t_E \, | x_A t_A \rangle = \int dx_{N-1}\, dx_{N-2} \dots dx_1 \int \frac{dp_{N-1}}{2\pi\hbar} \frac{dp_{N-2}}{2\pi\hbar} \dots \frac{dp_1}{2\pi\hbar} \frac{dp_0}{2\pi\hbar} \\ \mathrm{e}^{\frac{i}{\hbar}\left[p_{N-1}(x_E - x_{N-1}) - \tau H(p_{N-1}, x_{N-1})\right]} \\ \times\, \mathrm{e}^{\frac{i}{\hbar}\left[p_{N-2}(x_{N-1} - x_{N-2}) - \tau H(p_{N-2}, x_{N-2})\right]} \dots \\ \times\, \mathrm{e}^{\frac{i}{\hbar}\left[p_1(x_2 - x_1) - \tau H(p_1, x_1)\right]}\, \mathrm{e}^{\frac{i}{\hbar}\left[p_0(x_1 - x_A) - \tau H(p_0, x_0)\right]} \end{aligned} \tag{3.60}$$

oder in kompakterer Schreibweise[18]

$$\langle x_E t_E \, | x_A t_A \rangle = \int \left( \prod_{j=1}^{N-1} dx_j \right) \left( \prod_{j=0}^{N-1} \frac{dp_j}{2\pi\hbar} \right) \left( \prod_{j=0}^{N-1} \mathrm{e}^{\frac{i}{\hbar}\left[p_j(x_{j+1} - x_j) - \tau H(p_j, x_j)\right]} \right) \tag{3.61}$$

Dabei haben wir wieder $x_0 = x_A$ und $x_N = x_E$ verwendet. Wir können die Exponentialfunktion noch etwas umformen und erhalten dann für $N \to \infty$

$$\begin{aligned}\langle x_E t_E \, | x_A t_A \rangle = \lim_{N \to \infty} \int \prod_{j=1}^{N-1} dx_j \prod_{j=0}^{N-1} \frac{dp_j}{2\pi\hbar} \\ \exp \left\{ \sum_{j=0}^{N-1} \frac{i}{\hbar} \left[ p_j(x_{j+1} - x_j) - \tau H(p_j, x_j) \right] \right\} \end{aligned} \tag{3.62}$$

Beachtet man, dass mit $N \to \infty$ der Grenzübergang $\tau \to 0$ verbunden ist, dann kann die Summe im Exponenten durch ein Integral ersetzt werden. Dazu führen wir den Kontinuumsübergang $x_j = x(t_j) \to x(t)$ und $p_j = p(t_j) \to p(t)$ aus und definieren die Geschwindigkeit

$$\dot{x}(t) = \lim_{N \to \infty} \frac{x(t_{j+1}) - x(t_j)}{t_{j+1} - t_j} = \lim_{N \to \infty} \frac{x_{j+1} - x_j}{\tau} \tag{3.63}$$

Damit ist dann

$$\langle x_E t_E \, | x_A t_A \rangle \equiv \int \mathscr{D}x\, \mathscr{D}p\, \exp \left\{ \frac{i}{\hbar} \int_{t_A}^{t_E} dt \left[ p\dot{x} - H(p, x) \right] \right\} \tag{3.64}$$

**18)** Im folgenden Ausdruck wurden die Produkte über die Differentiale der Eindeutigkeit halber in Klammern gesetzt. Um die Darstellung der Ausdrücke etwas zu vereinfachen, werden wir im folgenden diese Klammern weglassen mit der Vereinbarung, dass sich Produktsymbole vor Differentialen nur auf diese Differentiale und nicht auch auf dahinter stehende Ausdrücke beziehen

Das Integral in (3.64) ist symbolisch zu verstehen. Bei einer konkreten Berechnung ist es durch das Vielfachintegral (3.62) zu ersetzen, wobei der Grenzübergang $N \to \infty$ gewöhnlich erst am Ende der Berechnung ausgeführt wird. Bei der immer feineren Unterteilung kann der Satz der Stützstellen $x_j$ und $p_j$ durch die Funktionen $x(t)$ und $p(t)$ einer kontinuierlich verlaufenden Zeit $t$ ersetzt werden. Statt der Integrale über alle entlang einer diskreten Zeitachse geordneten Stützstellen $x_j$ und $p_j$ erhalten wir dann formal Integrale über Funktionen $x(t)$ und $p(t)$ mit dem kontinuierlichen Parameter $t$. Diese Funktionen stellen Wege im Phasenraum dar, daher der Name Weg- oder Pfadintegrale. Die Propagatoren können in diesem Sinne als Integrale verstanden werden, deren Integralmaße

$$\mathscr{D}x = \prod_{j=1}^{N-1} dx_j \qquad \text{und} \qquad \mathscr{D}p = \prod_{j=0}^{N-1} \frac{dp_j}{2\pi\hbar} \tag{3.65}$$

dann das 'Volumen' zwischen infinitesimal benachbarten Funktionen erfassen.

Die Größen $p$ und $x$ auf der rechten Seite sind *keine* Operatoren, sondern klassische Größen ($c$-Zahlen). Die Konvergenz der Integrale ist ein Problem für sich, das bei den komplexen – und damit oszillierenden – Exponentialfunktionen einer besonderen Betrachtung bedarf.

Wir setzten jetzt in (3.62) für $H(p_j, x_j)$ den folgenden Ausdruck ein

$$H(p_j, x_j) = \frac{p_j^2}{2m} + V(x_j) \tag{3.66}$$

Dann lässt sich (3.62) in folgender Form schreiben (siehe Fußnote 18)

$$\langle x_E t_E \,| x_A t_A \rangle = \lim_{N\to\infty} \int \prod_{j=1}^{N-1} dx_j \left\{ \prod_{j=0}^{N-1} \frac{dp_j}{2\pi\hbar} e^{\frac{i}{\hbar}\left[ p_j (x_{j+1} - x_j) - \frac{p_j^2}{2m}\tau - V(x_j)\,\tau \right]} \right\} \tag{3.67}$$

Der Integrand in der geschweiften Klammer ist eine Exponentialfunktion mit einem Exponenten, der quadratisch in $p_j$ ist. Nach einer einfachen quadratischen Ergänzung (siehe Fußnote 18)

$$\begin{aligned} \langle x_E t_E \,| x_A t_A \rangle = \lim_{N\to\infty} \int \prod_{j=1}^{N-1} dx_j & \\ \times \prod_{j=0}^{N-1} \Bigg\{ \frac{dp_j}{2\pi\hbar} e^{-\frac{i}{\hbar}\frac{\tau}{2m}\left[ p_j^2 - \frac{2m}{\tau}(x_{j+1}-x_j)p_j + \frac{m^2}{\tau^2}(x_{j+1}-x_j)^2 \right]} & \\ \times\, e^{\frac{i}{\hbar}\frac{\tau}{2m}\frac{m^2}{\tau^2}(x_{j+1}-x_j)^2} e^{-\frac{i}{\hbar}V(x_j)\tau} \Bigg\} & \end{aligned} \tag{3.68}$$

und der Substitution $p_i - m(x_{i+1} - x_i)/\tau \rightarrow p'_i$ können die so gebildeten Gauß-Integrale berechnet werden (siehe Fußnote 18)

$$\begin{aligned} \langle x_E t_E | x_A t_A \rangle &= \lim_{N\to\infty} \int \prod_{j=1}^{N-1} dx_j \prod_{j=0}^{N-1} \left\{ \frac{dp'_j}{2\pi\hbar} e^{-\frac{i}{\hbar}\frac{\tau p_j'^2}{2m}} \right. \\ &\qquad \left. \cdot\, e^{\frac{i}{\hbar}\frac{\tau}{2m}\frac{m^2}{\tau^2}(x_{j+1}-x_j)^2}\, e^{-\frac{i}{\hbar}V(x_j)\tau} \right\} \\ &= \lim_{N\to\infty} \int \prod_{j=1}^{N-1} dx_j \prod_{j=0}^{N-1} \left\{ \sqrt{\frac{m}{2i\pi\hbar\tau}}\, e^{\frac{i}{\hbar}\tau\left[\frac{m}{2}\left(\frac{x_{j+1}-x_j}{\tau}\right)^2 - V(x_j)\right]} \right\} \end{aligned} \tag{3.69}$$

Zur weiteren Umformung schreiben wir das Produkt von Exponentialfunktionen um in eine Exponentialfunktion über eine Summe (siehe Fußnote 18)

$$\langle x_E t_E | x_A t_A \rangle = \lim_{N\to\infty} \left(\frac{m}{2i\pi\hbar\tau}\right)^{\frac{N}{2}} \int \prod_{j=1}^{N-1} dx_j\, e^{\frac{i}{\hbar}\sum\limits_{j=0}^{N-1} \tau\left[\frac{m}{2}\left(\frac{x_{j+1}-x_j}{\tau}\right)^2 - V(x_j)\right]} \tag{3.70}$$

Nach Durchführung des Grenzübergangs können wir den Ausdruck wieder als Funktionalintegral schreiben

$$\langle x_E t_E | x_A t_A \rangle \equiv \mathcal{N} \int \mathcal{D}x\, e^{\frac{i}{\hbar}\int\limits_{t_A}^{t_E} dt\, L(x,\dot{x})} = \mathcal{N} \int \mathcal{D}x\, e^{\frac{i}{\hbar}S} \tag{3.71}$$

In diesem Ausdruck ist $\mathcal{N}$ ein Normierungsfaktor, dessen Wert[19] sich aus (3.70) ergibt. Besondere Beachtung verdient aber, dass $L$ die klassische Lagrange-Funktion[20] zur klassischen Hamilton-Funktion (3.66) und damit zum ursprünglich quantenmechanischen Hamilton-Operator $\hat{H}$ ist. Dementsprechend ist

$$S = \int\limits_{t_A}^{t_E} L\, dt \tag{3.72}$$

die zugehörige klassische Wirkungsfunktion. Mit dem Ausdruck (3.71) ist das ursprünglich formulierte Ziel, eine auf der Lagrange-Funktion basierende Formulierung der Quantenmechanik zu finden, erreicht.

**19**) Allerdings bleibt der konkrete Wert dieses Faktors im Limes $N \rightarrow \infty$, also

$$\mathcal{N} = \lim_{N\to\infty} \left(\frac{m}{2i\pi\hbar\tau}\right)^{\frac{N}{2}}$$

unbestimmt.

**20**) siehe Band I, Kap. 6

### 3.1.7
### Klassischer Limes

Ändert man den Weg $x(t)$ zwischen zwei Punkten im Konfigurationsraum, dann ändert sich gewöhnlich auch der Wert der Wirkungsfunktion. Führt man die Integration über die einzelnen – zeitlich infinitesimal benachbarten – Stützstellen des Pfadintegrals (3.70) aus, dann führt wegen der Kleinheit von $\hbar$ im Nenner des Exponenten schon eine kleine Änderung des Weges $x(t)$ zu einer großen Änderung des Exponenten und damit zu raschen Oszillationen der Exponentialfunktion. Bei der Integration erhalten wir dann viele positive und viele negative Beiträge, die sich weitgehend gegenseitig kompensieren. Der Hauptbeitrag zum Propagator wird deshalb aus dem Bereich des Ortsraumes (Konfigurationsraumes) kommen, in dem sich die Wirkungsfunktion nur schwach ändert, wenn man von der Bahn $x(t)$ zu einer benachbarten Bahn $x(t) + \delta x(t)$ übergeht. Mit anderen Worten, der Hauptbeitrag zum Propagator kommt aus dem Gebiet, in dem die Variation der Wirkungsfunktion verschwindet

$$\delta \int_{t_A}^{t_E} L(x, \dot{x})\, dt = 0 \tag{3.73}$$

Dies ist aber gerade das Hamilton'sche Prinzip[21], aus dem die klassische Bewegung bestimmt wird. Man kann deshalb behaupten, dass Pfade, die sich um die klassische Trajektorie bewegen, ein höheres Gewicht haben als weiter entfernte Pfade. Deshalb wird auf makroskopischen Skalen[22] praktisch immer die klassische Trajektorie beobachtet. Das bedeutet aber auch, dass bei einer weniger genauen Auflösung der experimentellen Beobachtung eines Partikels seine Bewegung entsprechend dem Korrespondenzprinzip durch die Newton'schen Mechanik beschrieben werden kann. Wir machen darauf aufmerksam, dass die klassische Bahn nicht notwendig auch der quantenmechanische Erwartungswert des Ortsoperators $\bar{x}(t) = \langle\psi|\, \hat{x}\, |\psi\rangle$ ist, dessen Zeitabhängigkeit sich z. B. durch die Ehrenfest'schen Theoreme[23] ergibt. Allerdings sind die Unterschiede zwischen der klassischen Bahn und $\bar{x}(t)$ gewöhnlich von der Größenordnung der Quantenfluktuationen, so dass auf makroskopischen Skalen auch hier der Unterschied verschwindet.

#### 3.1.7.1 Propagator für einen zeitabhängigen Hamilton-Operator

Wir wollen jetzt unsere Überlegungen auf ein eindimensionales quantenmechanisches Problem mit einem zeitabhängigen Hamilton-Operator erweitern.

**21**) siehe Band I, Kap. 6.3
**22**) d. h. auf Skalen, für die Abweichungen vom klassischen Pfad vernachlässigbar klein sind
**23**) siehe Band III, Kap.4.7.5

Unter Verwendung von (3.27) erhalten wir für ein einzelnes Wegelement aus (3.44) analog zu (3.46) und (3.47) bis zu Termen erster Ordnung im Hamilton-Operator

$$\begin{aligned}\langle x_{j+1}t_{j+1}\,|x_jt_j\rangle &= \langle x_{j+1}|\,U(t_{j+1},t_j)\,|x_j\rangle \\ &= \langle x_{j+1}|\,\hat{\mathcal{T}}\mathrm{e}^{-\frac{i}{\hbar}\int_{t_j}^{t_{j+1}} dt'\,\hat{H}(t')}\,|x_j\rangle \\ &= \langle x_{j+1}|\,1-\frac{i}{\hbar}\hat{\mathcal{T}}\int_{t_j}^{t_{j+1}} dt'\,\hat{H}(t') + O(\tau^2)\,|x_j\rangle \\ &= \langle x_{j+1}\,|x_j\rangle - \frac{i}{\hbar}\hat{\mathcal{T}}\int_{t_j}^{t_{j+1}} dt'\,\langle x_{j+1}|\,\hat{H}(t')\,|x_j\rangle + O(\tau^2) \end{aligned} \tag{3.74}$$

mit $\tau = t_{j+1} - t_j$. Wir werten das Matrixelement des Hamilton-Operators eines Teilchens in einem zeitabhängigen Potential aus

$$\hat{H}(t') = \frac{\hat{p}^2}{2m} + V(x,t') \tag{3.75}$$

Analog zu (3.56) erhalten wir für den Beitrag der kinetischen Energie

$$\langle x_{j+1}|\,\frac{\hat{p}^2}{2m}\,|x_j\rangle = \int \frac{dp_j}{2\pi\hbar}\mathrm{e}^{\frac{i}{\hbar}p_j(x_{j+1}-x_j)}\,\frac{p_j^2}{2m} \tag{3.76}$$

und analog zu (3.57) für den Beitrag der potentiellen Energie

$$\langle x_{j+1}|\,V(\hat{x},t')\,|x_j\rangle = \int \frac{dp_j}{2\pi\hbar}\mathrm{e}^{\frac{i}{\hbar}p_j(x_{j+1}-x_j)}V(x_j,t') \tag{3.77}$$

Das Matrixelement des Hamilton-Operators nimmt damit analog zu (3.58) die Form

$$\begin{aligned}\langle x_{j+1}|\,\hat{H}(t')\,|x_j\rangle &= \int \frac{dp_j}{2\pi\hbar}\mathrm{e}^{\frac{i}{\hbar}p_j(x_{j+1}-x_j)}\left(\frac{p_j^2}{2m} + V(x_j,t')\right) \\ &= \int \frac{dp_j}{2\pi\hbar}\mathrm{e}^{\frac{i}{\hbar}p_j(x_{j+1}-x_j)}H(p_j,x_j,t') \end{aligned} \tag{3.78}$$

an. In (3.78) tritt analog zu (3.58) die klassische Hamiltonfunktion auf, die als c-Zahl zu verschiedenen Zeiten vertauscht. Der Zeitordnungsoperator wird also überflüssig. Aus (3.74) erhalten wir unter Verwendung der Orthogonalität der Eigenfunktionen des Ortsoperators, der Fourier-Darstellung der $\delta$-

Funktion und des Zwischenergebnisses (3.78) analog zu (3.59)

$$\begin{aligned}\langle x_{j+1}t_{j+1}\,|x_j t_j\rangle &= \int \frac{dp_j}{2\pi\hbar}\mathrm{e}^{\frac{i}{\hbar}p_j(x_{j+1}-x_j)}\left(1-\frac{i}{\hbar}\int\limits_{t_j}^{t_{j+1}} dt'\,H(p_j,x_j,t')\right)\\ &= \int \frac{dp_j}{2\pi\hbar}\mathrm{e}^{\frac{i}{\hbar}p_j(x_{j+1}-x_j)}\mathrm{e}^{-\frac{i}{\hbar}\int\limits_{t_j}^{t_{j+1}} dt'\,H(p_j,x_j,t')}\\ &= \int \frac{dp_j}{2\pi\hbar}\mathrm{e}^{\frac{i}{\hbar}\left[p_j(x_{j+1}-x_j)-\int\limits_{t_j}^{t_{j+1}} dt'\,H(p_j,x_j,t')\right]}\end{aligned} \tag{3.79}$$

Damit bestimmen wir jetzt den Gesamtpropagator (3.44), d. h.

$$\begin{aligned}\langle x_E,t_E\,|x_A,t_A\rangle = \int dx_{N-1}\ldots dx_1\,&\langle x_E,t_E\,|x_{t_{N-1}},t_{N-1}\rangle\\ &\times\langle x_{t_{N-1}},t_{N-1}\,|x_{t_{N-2}},t_{N-2}\rangle\ldots\\ &\times\langle x_{t_2},t_2\,|x_{t_1},t_1\rangle\,\langle x_{t_1},t_1\,|x_A,t_A\rangle\end{aligned} \tag{3.80}$$

Nach Durchführung verschiedener Umformungen analog zu (3.60-3.64) erhalten wir bis auf Terme der Ordnung $\tau^2$

$$\begin{aligned}\langle x_E,t_E\,|x_A,t_A\rangle = \int dx_{N-1}\,dx_{N-2}\ldots dx_1 \int \frac{dp_{N-1}}{2\pi\hbar}\frac{dp_{N-2}}{2\pi\hbar}\cdots\frac{dp_1}{2\pi\hbar}\frac{dp_0}{2\pi\hbar}\\ \mathrm{e}^{\frac{i}{\hbar}\left[p_{N-1}(x_E-x_{N-1})-\int\limits_{t_{N-1}}^{t_N} dt'_{N-1}H(p_{N-1},x_{N-1},t'_{N-1})\right]}\\ \times\mathrm{e}^{\frac{i}{\hbar}\left[p_{N-2}(x_{N-1}-x_{N-2})-\int\limits_{t_{N-2}}^{t_{N-1}} dt'_{N-2}H(p_{N-2},x_{N-2},t'_{N-2}\right]}\ldots\\ \times\mathrm{e}^{\frac{i}{\hbar}\left[p_1(x_2-x_1)-\int\limits_{t_1}^{t_2} dt'_1H(p_1,x_1,t'_1)\right]}\\ \times\mathrm{e}^{\frac{i}{\hbar}\left[p_0(x_1-x_A)-\int\limits_{t_A}^{t_1} dt'_0H(p_0,x_0,t'_0)\right]}\end{aligned} \tag{3.81}$$

Wir fassen dieses Ergebnis analog zu (3.61) zusammen und bekommen damit (siehe Fußnote 18)

$$\langle x_E t_E\,|x_A t_A\rangle = \int \prod_{j=1}^{N-1} dx_j \prod_{j=0}^{N-1}\frac{dp_j}{2\pi\hbar}\prod_{j=0}^{N-1}\mathrm{e}^{\frac{i}{\hbar}\left[p_j(x_{j+1}-x_j)-\int\limits_{t_j}^{t_{j+1}} dt'_jH(p_j,x_j,t'_j)\right]} \tag{3.82}$$

Wir können das Produkt über die Exponentialfunktionen noch etwas umformen

$$\langle x_E t_E | x_A t_A \rangle = \int \prod_{j=1}^{N-1} dx_j \prod_{j=0}^{N-1} \frac{dp_j}{2\pi\hbar} e^{\frac{i}{\hbar} \sum\limits_{j=0}^{N-1} \left[ p_j (x_{j+1} - x_j) - \int\limits_{t_j}^{t_{j+1}} dt'_j H(p_j, x_j, t'_j) \right]} \tag{3.83}$$

und erhalten nach Ausführung des Grenzübergangs $N \to \infty$ analog zu (3.64) die kompakte Form

$$\langle x_E t_E | x_A t_A \rangle \equiv \int \mathscr{D}x \, \mathscr{D}p \, \exp\left\{ \frac{i}{\hbar} \int\limits_{t_A}^{t_E} dt' \, \left( p\dot{x} - H(p, x, t') \right) \right\} \tag{3.84}$$

### 3.1.8 Semiklassische Näherung

Die Nähe der Funktionalintegraldarstellung der Übergangsamplitude zur Hamilton'schen Formulierung der klassischen Mechanik erlaubt eine näherungsweise Bestimmung dieser Größe auch für kompliziertere Fälle. Dieses Näherungskonzept wird auch als semiklassische Entwicklung des Funktionalintegrals bezeichnet und ist mit der in Band III besprochenen WKB-Näherung[24] verwandt. Die Grundidee besteht darin, die in der Wirkung auftretenden Pfade als Summe einer klassischen Trajektorie $X(t)$ und von freien Fluktuationen $\delta x(t)$ darzustellen

$$x(t) = X(t) + \delta x(t) \tag{3.85}$$

Die klassische Trajektorie erfüllt dabei die in der Übergangsamplitude fixierten Anfangs- und Endbedingungen, also

$$X(t_A) = x_A \qquad \text{und} \qquad X(t_E) = x_E \tag{3.86}$$

und wird entsprechend dem Hamilton'schen Prinzip als Extremalkurve aus der klassischen Wirkung $S$ bestimmt. Da bei Vorgabe der klassischen Kurve jede Integration über einen Stützpunkt, z. B. $x_i$ zur Zeit $t_i$, nur um $X(t_i)$ verschoben wird, ändert sich das Integralmaß nicht, wenn wir die Integration auf die Fluktuationen übertragen

$$dx_i = d\delta x_i \tag{3.87}$$

**24**) siehe Band III, Kap. 7.7

Dann können wir die im Funktionalintegral auftretende Wirkung auch in der Form[25]

$$S = \int_{t_A}^{t_E} dt L(\dot{X}(t) + \delta\dot{x}(t), X(t) + \delta x(t), t) \tag{3.88}$$

schreiben und nach den Fluktuationen $\delta x(t)$ entwickeln. Damit ist dann

$$S = S_0 + \int_{t_A}^{t_E} dt \frac{\delta S}{\delta X(t)} \delta x(t) + \frac{1}{2} \int_{t_A}^{t_E} dt dt' \frac{\delta^2 S}{\delta X(t) \delta X(t')} \delta x(t) \delta x(t') + .... \tag{3.89}$$

wobei $S_0$ die Wirkung der klassischen Trajektorie, also

$$S_0 = \int_{t_A}^{t_E} dt L(\dot{X}(t), X(t), t) \tag{3.90}$$

und

$$\frac{\delta S}{\delta X(t)} = \frac{\partial L(\dot{X}, X, t)}{\partial X} - \frac{d}{dt} \frac{\partial L(\dot{X}(t), X, t)}{\partial \dot{X}} \tag{3.91}$$

die in Band I dieser Lehrbuchreihe[26] definierte Variationsableitung ist. Wir bilden aus dieser Variationsableitung die Wirkungskorrektur

$$S_1 = \int_{t_A}^{t_E} dt \frac{\delta S}{\delta X(t)} \delta x(t) \tag{3.92}$$

Auch die höheren Variationsableitungen lassen sich in ähnlicher Weise berechnen. Wir können sie aber auch direkt aus der Reihenentwicklung von (3.88) ableiten. Dazu schreiben wir die Lagrange-Funktion des Teilchens explizit als Differenz von kinetischer und potentieller Energie. Die Entwicklung der kinetischen Energie nach Potenzen von $\delta\dot{x}(t)$ liefert dann

$$\begin{aligned} S_T &= \int_{t_A}^{t_E} dt \frac{m}{2} (\dot{X}(t) + \delta\dot{x}(t))^2 \\ &= \int_{t_A}^{t_E} dt \frac{m}{2} (\dot{X}(t))^2 + \int_{t_A}^{t_E} dt m \dot{X}(t) \delta\dot{x}(t) + \int_{t_A}^{t_E} dt \frac{m}{2} (\delta\dot{x}(t))^2 \end{aligned} \tag{3.93}$$

Der erste Beitrag ist bereits in $S_0$ enthalten, der zweite trägt zum Term erster Ordnung der Reihenentwicklung (3.89) bei und der dritte ist Bestandteil

**25)** Wir nutzen dabei die in Band I, Kap. 6.3.2 bewiesene Identität zwischen der Variation einer Zeitableitung und der Zeitableitung der Variation.

**26)** siehe dort Formel (6.126)

des gesuchten Terms zweiter Ordnung von (3.89). Analog erhält man für die Entwicklung des Potentials nach Potenzen von $\delta x(t)$

$$\begin{aligned} S_V &= -\int_{t_A}^{t_E} dt V(X(t) + \delta x(t)) \\ &= -\int_{t_A}^{t_E} dt V(X(t)) - \int_{t_A}^{t_E} dt V'(X(t))\delta x(t) \\ &\quad -\frac{1}{2}\int_{t_A}^{t_E} dt V''(X(t))(\delta x(t))^2 - \ldots \end{aligned} \tag{3.94}$$

Auch hier sind die ersten beiden Terme bereits in $S_0$ bzw. $S_1$ enthalten. Als Wirkungskorrektur zweiter Ordnung erhalten wir folglich

$$\begin{aligned} S_2 &= \frac{1}{2}\int_{t_A}^{t_E} dt dt' \frac{\delta^2 S}{\delta X(t)\delta X(t')}\delta x(t)\delta x(t') \\ &= \int_{t_A}^{t_E} dt \left[\frac{m}{2}(\delta\dot{x}(t))^2 - \frac{1}{2}V''(X(t))(\delta x(t))^2\right] \end{aligned} \tag{3.95}$$

Da wir als Referenztrajektorie $X(t)$ die klassische Bahn gewählt haben, genügt diese Kurve der entsprechenden Euler-Lagrange-Gleichung

$$\frac{d}{dt}\frac{\partial L(\dot{X}(t), X, t)}{\partial \dot{X}} - \frac{\partial L(\dot{X}, X, t)}{\partial X} = 0 \tag{3.96}$$

Deshalb verschwindet die erste Wirkungskorrektur $S_1$ identisch. Die klassische Wirkung $S_0$ kann weiter umgeformt werden. Wir beschränken uns hier auf den Fall eines explizit zeitunabhängigen Problems. Dann gilt für die klassische Bahn die Energieerhaltung $H = E$ und deshalb ist

$$L = p\dot{X} - H = p\dot{X} - E \tag{3.97}$$

mit dem Impuls $p = m\dot{X}$ und damit

$$S_0 = \int_{x_A}^{x_E} p(X) dX - E(t_E - t_A) \tag{3.98}$$

Diese Darstellung ist uns bereits von der Behandlung der WKB-Methode[27] bekannt. Dort wurde allerdings nur der zeitunabhängige Fall diskutiert, so dass der mit $E(t_E - t_A)$ verbundene Phasenfaktor nicht auftrat.

**27**) Methode von Wentzel, Kramers und Brillouin, siehe hierzu auch Band III dieser Lehrbuchreihe, Kap. 7.7

Vernachlässigt man alle Korrekturen höherer als zweiter Ordnung, dann liefert die Entwicklung des Propagators nach den Fluktuationen das Funktionalintegral

$$\begin{aligned}\langle x_E t_E \,|x_A t_A\rangle &= \mathcal{N} \mathrm{e}^{\frac{i}{\hbar}[\int\limits_{x_A}^{x_E} p(X)dX - E(t_E - t_A)]} \\ &\times \int \mathcal{D}\delta x \, \mathrm{e}^{\frac{i}{\hbar}\int\limits_{t_A}^{t_E} dt\,[\frac{m}{2}(\delta\dot{x}(t))^2 - \frac{1}{2}V''(X(t))(\delta x(t))^2]} \end{aligned} \tag{3.99}$$

woraus mit der zeitabhängigen Frequenz

$$\omega^2(t) = \frac{1}{m} V''(X(t)) \tag{3.100}$$

sofort

$$\begin{aligned}\langle x_E t_E \,|x_A t_A\rangle &= \mathcal{N} \mathrm{e}^{\frac{i}{\hbar}[\int\limits_{x_A}^{x_E} p(X)dX - E(t_E - t_A)]} \\ &\times \int \mathcal{D}\delta x \, \mathrm{e}^{\frac{i}{\hbar}\frac{m}{2}\int\limits_{t_A}^{t_E} dt\,[(\delta\dot{x}(t))^2 - \omega^2(t)(\delta x(t))^2]} \end{aligned} \tag{3.101}$$

folgt. Um das verbleibende Funktionalintegral zu bestimmen, schreiben wir den Integranden wieder in der diskreten zeitgegitterten Form auf. Wir erhalten für diese harmonische Wirkung

$$\frac{i}{\hbar} S_{\text{harm}} = \frac{i}{\hbar}\frac{m}{2}\sum_{j=0}^{N-1} \tau \left[\left(\frac{\delta x_{j+1} - \delta x_j}{\tau}\right)^2 - \omega^2(t_j)(\delta x_j)^2\right] \tag{3.102}$$

Beachtet man noch, dass die Fluktuationen an den Rändern des Zeitintervalls $[t_A, t_E]$ verschwinden müssen, dann ist $\delta x_0 = \delta x_N = 0$. Wir können damit die harmonische Wirkung weiter umformen

$$\begin{aligned} S_{\text{harm}} &= \frac{m}{2}\sum_{j=0}^{N-1}\left[\frac{\delta x_{j+1}^2 + \delta x_j^2 - 2\delta x_{j+1}\delta x_j}{\tau} - \tau\omega^2(t_j)(\delta x_j)^2\right] \\ &= \frac{m}{2}\sum_{j=1}^{N-1}\left[\frac{2\delta x_j^2 - 2\delta x_{j+1}\delta x_j}{\tau} - \tau\omega^2(t_j)(\delta x_j)^2\right] \\ &= \frac{m}{2}\sum_{j=1}^{N-1}\left[\frac{2\delta x_j^2 - \delta x_{j+1}\delta x_j - \delta x_j \delta x_{j-1}}{\tau} - \tau\omega^2(t_j)(\delta x_j)^2\right] \end{aligned} \tag{3.103}$$

Wir können diese Wirkung dann in die Form

$$S_{\text{harm}} = \frac{m}{2\tau}\sum_{j=1}^{N-1}\sum_{k=1}^{N-1} \delta x_j A_{jk} \delta x_k \tag{3.104}$$

mit

$$A_{jk} = \left(2\delta_{jk} - \delta_{j+1,k} - \delta_{j-1,k}\right) - \omega^2(t_j)\tau^2\delta_{jk} \qquad (3.105)$$

bringen. Setzt man die so gewonnene harmonische Wirkung (3.104) in (3.101) ein, dann erhalten wir in der zeitgegitterten Darstellung des Funktionalintegrals

$$\begin{aligned} \langle x_E t_E | x_A t_A \rangle &= \left(\frac{m}{2i\pi\hbar\tau}\right)^{N/2} \mathrm{e}^{\frac{i}{\hbar}\left[\int\limits_{x_A}^{x_E} p(X)dX - E(t_E - t_A)\right]} \\ &\times \int \prod_{i=1}^{N-1} \delta x_i \, \mathrm{e}^{\frac{i}{\hbar}\frac{m}{2\tau}\sum\limits_{j=1}^{N-1}\sum\limits_{k=1}^{N-1} \delta x_j A_{jk} \delta x_k} \end{aligned} \qquad (3.106)$$

Das hier auftretende multidimensionale Integral kann formal bestimmt werden. Für den Fall, dass $A_{jk}$ eine symmetrische, positiv definite Matrix ist[28] erhalten wir

$$\int \prod_{i=1}^{N-1} \delta x_i \, \mathrm{e}^{\frac{i}{\hbar}\frac{m}{2\tau}\sum\limits_{j=1}^{N-1}\sum\limits_{k=1}^{N-1} \delta x_j A_{jk} \delta x_k} = \left(\frac{2i\pi\hbar\tau}{m}\right)^{(N-1)/2} \frac{1}{\sqrt{\det A}} \qquad (3.107)$$

Hieraus folgt schließlich

$$\langle x_E t_E | x_A t_A \rangle = \left(\frac{m}{2i\pi\hbar\tau}\right)^{1/2} \mathrm{e}^{\frac{i}{\hbar}\left[\int\limits_{x_A}^{x_E} p(X)dX - E(t_E - t_A)\right]} \frac{1}{\sqrt{\det A}} \qquad (3.108)$$

Um die Determinante $D_{N-1} = \det A$ der Matrix $A$ zu bestimmen, schreiben wir diese explizit unter Verwendung der Abkürzung $\omega_k = \omega(t_k)$ auf

$$D_{N-1} = \begin{vmatrix} 2 - \omega_{N-1}^2\tau^2 & -1 & 0 & \cdots & 0 \\ -1 & 2 - \omega_{N-2}^2\tau^2 & \ddots & & \vdots \\ 0 & -1 & \ddots & -1 & 0 \\ \vdots & & \ddots & 2 - \omega_2^2\tau^2 & -1 \\ 0 & \cdots & 0 & -1 & 2 - \omega_1^2\tau^2 \end{vmatrix} \qquad (3.109)$$

Die Struktur der Determinante erlaubt es uns, die erste Spalte abzutrennen. Dabei entstehen zwei Determinanten, von denen die erste die gleiche Struktur wie $D_{N-1}$, aber eine Zeile und Spalte weniger besitzt und deshalb als $D_{N-2}$ bezeichnet wird. Von der zweiten Determinante muss noch einmal die erste Spalte abgetrennt werden, um ebenfalls eine Determinante mit der Struktur der Ausgangsdeterminante zu erhalten. Als endgültiges Resultat bekommen wir somit

$$D_{N-1} = (2 - \omega_{N-1}^2\tau^2)D_{N-2} - D_{N-3} \qquad (3.110)$$

**28**) siehe Aufgabe 3.2

Offenbar gilt für die beiden ersten Determinanten

$$D_1 = 2 - \omega_1^2\tau^2 \quad \text{und} \quad D_2 = (2 - \omega_1^2\tau^2)(2 - \omega_2^2\tau^2) - 1 \tag{3.111}$$

Wir können jetzt wieder den Grenzübergang $N \to \infty$ und damit $\tau \to 0$ durchführen. Schreibt man (3.110) entsprechend

$$\frac{D_{N-1} + D_{N-3} - 2D_{N-2}}{\tau^2} + \omega_{N-1}^2 D_{N-2} = 0 \tag{3.112}$$

um, dann erhält man für $\tau \to 0$ und $\tau D_N \to g(t)$

$$\frac{d^2}{dt^2} g(t) + \omega^2(t) g(t) = 0 \tag{3.113}$$

Aus der ersten Gleichung (3.111) ergibt sich im Kontinuumslimes

$$g(t_A) = \lim_{\tau\to 0} \tau D_1 = 0 \tag{3.114}$$

und aus der ersten und zweiten Gleichung (3.111)

$$\dot{g}(t_A) = \lim_{\tau\to 0} \frac{\tau D_2 - \tau D_1}{\tau} = 1 \tag{3.115}$$

Die Differentialgleichung (3.113) liefert zusammen mit den Randbedingungen (3.114) und (3.115) eine eindeutige Bestimmungsgleichung für die dimensionslose Funktion $g(t)$ und wird als Gelfand-Yaglom-Formel bezeichnet. Der Zusammenhang zwischen $g(t)$ und $\det A$ ist dabei durch

$$\lim_{N\to\infty} \tau \det A = \lim_{N\to\infty} \tau D_{N-1} = g(t_E) \tag{3.116}$$

gegeben. Beachtet man noch (3.108), dann lautet die Übergangsamplitude in der semiklassischen Näherung

$$\langle x_E t_E \,|x_A t_A\rangle = \left(\frac{m}{2i\pi\hbar g(t_E)}\right)^{1/2} \mathrm{e}^{\frac{i}{\hbar}[\int_{x_A}^{x_E} p(X)dX - E(t_E - t_A)]} \tag{3.117}$$

Wir wollen die Gelfand-Yaglom-Formel für ein freies Teilchen berechnen. Hier lautet (3.113) $\ddot{g}(t) = 0$, so dass unter Beachtung der beiden Anfangsbedingungen (3.114) und (3.115) sofort $g(t_E) = t_E - t_A$ folgt. Andererseits ist für dieses Teilchen $p(X) = p_0 = \text{const.}$, d. h. wir erhalten für die klassische Trajektorie

$$\int_{x_A}^{x_E} p(X)dX = p_0(x_E - x_A) = \frac{p_0^2}{m}(t_E - t_A) = 2E(t_E - t_A) \tag{3.118}$$

Folglich finden wir

$$\langle x_E t_E | x_A t_A \rangle = \left( \frac{m}{2i\pi\hbar(t_E - t_A)} \right)^{1/2} e^{\frac{i}{\hbar} E(t_E - t_A)} \qquad (3.119)$$

oder nochmals wegen (3.118) und $x_E - x_A = p_0(t_E - t_A)/m$

$$\langle x_E t_E | x_A t_A \rangle = \left( \frac{m}{2i\pi\hbar(t_E - t_A)} \right)^{1/2} e^{\frac{i}{\hbar} \frac{m}{2} \frac{(x_E - x_A)^2}{t_E - t_A}} \qquad (3.120)$$

Dieses Ergebnis stimmt mit dem in Abschnitt 3.2.1 direkt berechneten Propagator des freien Teilchens überein, abgesehen davon, dass dort der dreidimensionale Fall untersucht wird.

### 3.1.9 Verallgemeinerungen der Funktionalintegralformulierung

In der bisherigen Darstellung der Wegintegralformulierung haben wir uns auf eindimensionale Probleme beschränkt. Eine direkte Verallgemeinerung ist die Erweiterung auf Systeme mit einem Teilchen in drei Dimensionen und auf Systeme mit vielen Teilchen. Die zusätzlichen Freiheitsgrade ergeben weitere Terme im Exponenten von (3.64) bzw. (3.84) und weitere Integrationen. Die Verallgemeinerung auf Systeme mit unendlich vielen Freiheitsgraden führt auf die Funktionalintegralformulierung von Feldern. Die bisher genannten Formulierungen sind geeignet zur Beschreibung von Bose-Teilchen. Eine andere Erweiterung stellt die Funktionalintegralformulierung für Systeme von Fermi-Teilchen dar. Zu Fermi-Teilchen gibt es keine klassische, d. h. nicht quantenmechanische, Entsprechung. Die Funktionalintegralformulierung für Fermi-Teilchen macht die Einführung von antikommutierenden Variablen, den sogenannten Grassmann-Variablen[29], notwendig.

## 3.2 Störungstheorie und S-Matrix

### 3.2.1 Störungstheoretische Entwicklung des Propagators

Als eine Anwendung der Funktionalintegralformulierung der Quantenmechanik wollen wir ein typisches Streuproblem untersuchen. Dazu betrachten wir ein Teilchen, das an einem gegebenen Potential gestreut wird. Wir haben damit die in Abb. 3.6 schematisch dargestellte physikalische Situation vorliegen. Ein freies Teilchen bewegt sich auf das Potential $V(\boldsymbol{x})$ zu. Es wechselwirkt

29) siehe z. B. L. H. Ryder, Quantum Field Theory, Cambridge University Press (1996)

mit dem Potential und ändert dabei seinen Impuls. Nach der Wechselwirkung bewegt sich das Teilchen wieder als freies Teilchen weiter. Die Aufgabe besteht jetzt darin, im Rahmen einer quantemechanisch konsistenten Theorie die Wahrscheinlichkeit zu bestimmen, mit der das Teilchen um den Winkel $\theta$ von seiner ursprünglichen Bewegungsrichtung abgelenkt wird.

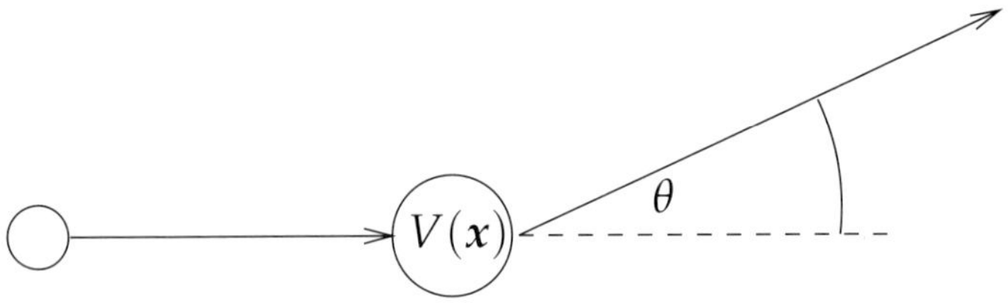


**Abb. 3.6** Streuung eines Teilchens in einem Potentialfeld $V(x)$

Der Propagator für die Bewegung eines Teilchens in einem Potentialfeld wurde im letzten Abschnitt in (3.70) bzw. (3.71) hergeleitet. In der dreidimensionalen Version lautet dieser dann

$$
\begin{aligned}
\langle \boldsymbol{x}_E t_E \,| \boldsymbol{x}_A t_A \rangle &= \lim_{N\to\infty} \left(\frac{m}{i h \tau}\right)^{\frac{3N}{2}} \int \prod_{j=1}^{N-1} d^3 x_j \, \mathrm{e}^{\frac{i}{\hbar} \sum\limits_{j=0}^{N-1} \tau \left( \frac{m}{2} \left( \frac{x_{j+1}-x_j}{\tau} \right)^2 - V(x_j) \right)} \\
&\equiv \mathcal{N} \int \mathcal{D}x \, \mathrm{e}^{\frac{i}{\hbar} \int_{t_A}^{t_E} dt \, L(x,\dot{x})} \\
&\equiv \mathcal{N} \int \mathcal{D}x \, \mathrm{e}^{\frac{i}{\hbar} \int_{t_A}^{t_E} dt \, (T-V)}
\end{aligned}
\tag{3.121}
$$

Man beachte, dass jetzt aber, in Verallgemeinerung der vorangegangenen Abschnitte, das Funktionalintegral alle Wege $\boldsymbol{x}(t)$ im dreidimensionalen Raum erfasst. Im allgemeinen lässt sich dieses Integral nicht exakt berechnen. Wir werden deshalb eine störungstheoretische Lösung versuchen und den Potentialanteil der Exponentialfunktion in (3.121) in eine Potenzreihe entwickeln

$$
\begin{aligned}
\langle \boldsymbol{x}_E t_E \,| \boldsymbol{x}_A t_A \rangle &= \mathcal{N} \int \mathcal{D}x \, \mathrm{e}^{\frac{i}{\hbar} \int_{t_A}^{t_E} T \, dt} \\
&\quad \left\{ 1 - \frac{i}{\hbar} \int_{t_A}^{t_E} V(\boldsymbol{x},t) dt + \frac{1}{2} \frac{i^2}{\hbar^2} \left( \int_{t_A}^{t_E} V(\boldsymbol{x},t) dt \right)^2 + \ldots \right\} \\
&= \quad K_0 + K_1 + K_2 + \ldots
\end{aligned}
\tag{3.122}
$$

Im ersten Term $K_0$ der Reihenentwicklung des Gesamtpropagators tritt das Potential nicht auf. $K_0$ wird deshalb als freier Propagator bezeichnet. Wir wollen zunächst diesen Beitrag bestimmen (siehe Fußnote 18)

$$
\begin{aligned}
K_0 &= \mathcal{N} \int \mathcal{D}x\, e^{\frac{i}{\hbar}\int_{t_A}^{t_E} T\,dt} \\
&= \lim_{N\to\infty} \left(\frac{m}{2i\pi\hbar\tau}\right)^{\frac{3N}{2}} \int \prod_{j=1}^{N-1} d^3x_j\, e^{\frac{i}{\hbar}\sum_{j=0}^{N-1} \tau \frac{m}{2}\left(\frac{x_{j+1}-x_j}{\tau}\right)^2} \\
&= \lim_{N\to\infty} \left(\frac{m}{2i\pi\hbar\tau}\right)^{\frac{3N}{2}} \int \prod_{j=1}^{N-1} d^3x_j \\
&\times \exp\left\{\frac{im}{2\hbar\tau}\left((\boldsymbol{x}_E-\boldsymbol{x}_{N-1})^2+(\boldsymbol{x}_{N-1}-\boldsymbol{x}_{N-2})^2+\ldots+(\boldsymbol{x}_1-\boldsymbol{x}_A)^2\right)\right\}
\end{aligned}
\tag{3.123}
$$

Das Integral kann sukzessiv ausintegriert werden. Mit der in Aufgabe 3.2 zu beweisenden Relation

$$
\begin{aligned}
&\int_{-\infty}^{\infty} e^{i\lambda\left[(\boldsymbol{b}-\boldsymbol{x}_n)^2+(\boldsymbol{x}_n-\boldsymbol{x}_{n-1})^2+\ldots+(\boldsymbol{x}_2-\boldsymbol{x}_1)^2+(\boldsymbol{x}_1-\boldsymbol{a})^2\right]} d^3x_1\ldots d^3x_n = \\
&= \left[\frac{i^n\pi^n}{(n+1)\lambda^n}\right]^{\frac{3}{2}} e^{\frac{i\lambda}{n+1}(\boldsymbol{b}-\boldsymbol{a})^2}
\end{aligned}
\tag{3.124}
$$

und den Substitutionen

$$
\lambda = \frac{m}{2\hbar\tau} \qquad \boldsymbol{b} = \boldsymbol{x}_E \qquad \boldsymbol{a} = \boldsymbol{x}_A \qquad n = N-1 \tag{3.125}
$$

erhalten wir für den freien Propagator (3.123)

$$
K_0 = \lim_{N\to\infty} \left(\frac{m}{2i\pi\hbar\tau}\right)^{\frac{3N}{2}} \left(\frac{2i\pi\hbar\tau}{m}\right)^{\frac{3(N-1)}{2}} \frac{1}{N^{3/2}} e^{\frac{i}{\hbar}\frac{m}{2\tau}\frac{1}{N}(\boldsymbol{x}_E-\boldsymbol{x}_A)^2} \tag{3.126}
$$

$$
= \lim_{N\to\infty} \left(\frac{m}{2i\pi\hbar\tau N}\right)^{3/2} e^{\frac{i}{\hbar}\frac{m}{2\tau}\frac{1}{N}(\boldsymbol{x}_E-\boldsymbol{x}_A)^2} \tag{3.127}
$$

Hieraus folgt dann mit $N\tau = t_E - t_A$ der gesuchte Propagator des freien Teilchens

$$
K_0 = \left(\frac{m}{2i\pi\hbar(t_E-t_A)}\right)^{3/2} \exp\left\{\frac{im}{2\hbar}\frac{(\boldsymbol{x}_E-\boldsymbol{x}_A)^2}{(t_E-t_A)}\right\} \tag{3.128}
$$

Bezieht man die Kausalität in die Definition des Propagators ein, dann muss dieser für $t_E < t_A$ verschwinden. Das führt uns auf die allgemeine Form

$$
K_0 = \Theta(t_E-t_A) \left(\frac{m}{2i\pi\hbar(t_E-t_A)}\right)^{3/2} \exp\left\{\frac{im}{2\hbar}\frac{(\boldsymbol{x}_E-\boldsymbol{x}_A)^2}{(t_E-t_A)}\right\} \tag{3.129}
$$

Wir können jetzt den zweiten Term $K_1$ des Propagators (3.122) bestimmen. Dazu schreiben wir (siehe Fußnote 18)

$$K_1 = \mathcal{N} \int \mathcal{D}x \mathrm{e}^{\frac{i}{\hbar}\int_{t_E}^{t_A} T\,dt} \left(-\frac{i}{\hbar}\right) \int_{t_A}^{t_E} V(\boldsymbol{x}, t)\,dt$$

$$= \lim_{N\to\infty} \frac{1}{i\hbar} \left(\frac{m}{ih\tau}\right)^{\frac{3N}{2}} \int \prod_{j=1}^{N-1} d^3x_j \mathrm{e}^{\frac{i}{\hbar}\sum_{j=0}^{N-1} \frac{\tau m}{2}\left(\frac{x_{j+1}-x_j}{\tau}\right)^2} \sum_{k=0}^{N-1} \tau V(\boldsymbol{x}_k, t_k) \quad (3.130)$$

Wir zerlegen die Summe im Exponenten in zwei Teile entsprechend

$$\sum_{j=0}^{N-1} = \sum_{j=0}^{k-1} + \sum_{j=k}^{N-1} \quad (3.131)$$

und ziehen die Integration über $d^3x_k$ sowie die Summe über $k$ aus dem Funktionalintegral heraus. Dadurch erhalten wir

$$K_1 = \lim_{N\to\infty} \frac{1}{i\hbar} \left(\frac{m}{2i\pi\hbar\tau}\right)^{\frac{3N}{2}} \sum_{k=0}^{N-1} \tau \int d^3x_k\, d^3x_{N-1} \ldots d^3x_{k+1}\, d^3x_{k-1} \ldots d^3x_1$$
$$\mathrm{e}^{\frac{i}{\hbar}\sum_{j=k}^{N-1} \frac{\tau m}{2}\left(\frac{x_{j+1}-x_j}{\tau}\right)^2} V(\boldsymbol{x}_k, t_k) \mathrm{e}^{\frac{i}{\hbar}\sum_{j=0}^{k-1} \frac{\tau m}{2}\left(\frac{x_{j+1}-x_j}{\tau}\right)^2} \quad (3.132)$$

Ziel der folgenden Umformungen ist es, die Faktoren und Integrale so zu zerlegen, dass wieder freie Propagatoren erzeugt werden. Die Struktur von (3.132) legt deshalb die folgende Aufspaltung nahe

$$K_1 = \lim_{N\to\infty} \frac{1}{i\hbar} \sum_{k=0}^{N-1} \tau \int d^3x_k$$
$$\left\{ \left(\frac{m}{2i\pi\hbar\tau}\right)^{\frac{3(N-k)}{2}} \int d^3x_{N-1} \ldots d^3x_{k+1} \mathrm{e}^{\frac{i}{\hbar}\sum_{j=k}^{N-1} \frac{\tau m}{2}\left(\frac{x_{j+1}-x_j}{\tau}\right)^2} \right\} V(\boldsymbol{x}_k, t_k)$$
$$\left\{ \left(\frac{m}{2i\pi\hbar\tau}\right)^{\frac{3k}{2}} \int d^3x_{k-1} \ldots d^3x_1 \mathrm{e}^{\frac{i}{\hbar}\sum_{j=0}^{k-1} \frac{\tau m}{2}\left(\frac{x_{j+1}-x_j}{\tau}\right)^2} \right\} \quad (3.133)$$

Die erste geschweifte Klammer in (3.133) ist gerade $K_0(\boldsymbol{x}_E, t_E; \boldsymbol{x}_k, t_k)$, d. h. der freie Propagator zwischen den Zeiten $t_k$ und $t_E$ und zwischen den zugehörigen Orten $\boldsymbol{x}_k$ und $\boldsymbol{x}_E$. Die zweite geschweifte Klammer stellt $K_0(\boldsymbol{x}_k, t_k; \boldsymbol{x}_A, t_A)$ dar. Wir führen jetzt den Grenzübergang $N \to \infty$ aus. Damit verbunden ist der Übergang

$$\sum_{k=1}^{N-1} \tau \int d^3x_k \longrightarrow \int_{t_A}^{t_E} dt_k \int d^3x_k \longrightarrow \int_{t_A}^{t_E} dt \int d^3x \quad (3.134)$$

womit wir schließlich den Beitrag erster Ordnung zum Propagator erhalten

$$K_1(\boldsymbol{x}_E t_E; \boldsymbol{x}_A t_A) = \frac{1}{i\hbar} \int_{-\infty}^{\infty} dt \int d^3x K_0(\boldsymbol{x}_E t_E; \boldsymbol{x}\, t) V(\boldsymbol{x}, t) K_0(\boldsymbol{x}\, t; \boldsymbol{x}_A t_A) \qquad (3.135)$$

Wir haben bei der Ausführung der Integration noch verwendet, dass wegen der im ungestörten Propagator bereits berücksichtigten Kausalität für $t > t_E$ stets $K_0(\boldsymbol{x}_E t_E; \boldsymbol{x}\, t) = 0$ und für $t < t_A$ ebenfalls $K_0(\boldsymbol{x}\, t; \boldsymbol{x}_A t_A) = 0$ gilt. Damit war es uns möglich, die Integrationsgrenzen $t_A$ und $t_E$ durch $-\infty$ bzw. $+\infty$ zu ersetzen.

Bei der Bestimmung des Korrekturterms zweiter Ordnung $K_2$ tritt das Quadrat des Zeitintegrals über das Potential auf, das wir zunächst wie folgt umformen

$$\begin{aligned}
\frac{1}{2!}\left(\int_{t_A}^{t_E} dt' V(t')\right)^2 &= \frac{1}{2!}\int_{t_A}^{t_E} dt' \int_{t_A}^{t_E} dt''\, V(t')V(t'') \\
&= \frac{1}{2!}\int_{t_A}^{t_E} dt' \int_{t_A}^{t_E} dt'' \Big[\Theta(t'-t'')V(t')V(t'') \\
&\qquad + \Theta(t''-t')V(t')V(t'')\Big] \\
&= \frac{1}{2!}\int_{t_A}^{t_E} dt' \int_{t_A}^{t_E} dt''\, \Theta(t'-t'')V(t')V(t'') \\
&\quad + \frac{1}{2!}\int_{t_A}^{t_E} dt' \int_{t_A}^{t_E} dt''\, \Theta(t'-t'')V(t'')V(t') \\
&= \int dt' \int dt''\, \Theta(t'-t'')V(t')V(t'') \qquad (3.136)
\end{aligned}$$

Dabei haben wir zuerst die Integration über das von den Zeiten $t'$ und $t''$ aufgespannte Quadrat der Fläche $(t_E - t_A) \times (t_E - t_A)$ in ein Integral über das rechte untere Dreieck dieses Quadrats ($t' > t''$) und ein Integral über das linke obere ($t'' > t'$) Dreieck[30] aufgespalten. Anschließend wurden im zweiten der beiden Integrale die Integrationsvariablen entsprechend $t' \leftrightarrow t''$ umbenannt, die beiden Faktoren des Potentials vertauscht und dann die beiden Teilintegrale zusammengefasst.

**30)** In der Darstellung der Ebene der beiden Integrationsvariablen $t'$ und $t''$ verwenden wir $t'$ als Abzisse und $t''$ als Ordinate.

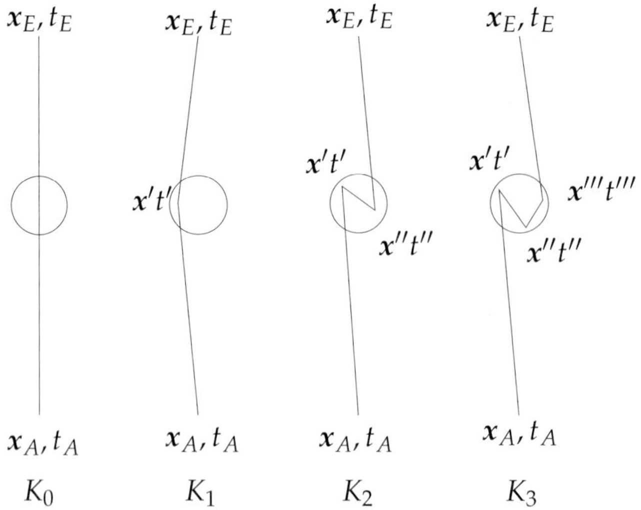


**Abb. 3.7** Graphische Darstellung der Beiträge zur Streuung eines Teilchens an einem Potential

Ähnlich wie bei der Bestimmung von $K_1$ spalten wir die in $K_2$ auftretenden Exponentialfunktionen in jetzt aber drei Anteile auf, nämlich einen der die Zeiten aus dem Intervall $t_A < t_i < t'$ erfasst, einen weiteren für das Intervall $t' < t_i < t''$ und einen dritten Teil für $t'' < t_i < t_E$. Dann können wir unter Verwendung der gleichen Umformungen, die auf $K_1$ führten, die Korrektur $K_2$ in der Form

$$K_2 = \frac{1}{(i\hbar)^2} \int_{-\infty}^{\infty} dt' \int_{-\infty}^{\infty} dt'' \int d^3x' \int d^3x''\, K_0(\boldsymbol{x}_E t_E; \boldsymbol{x}''\, t'')$$
$$V(\boldsymbol{x}'', t'') K_0(\boldsymbol{x}''\, t_2; \boldsymbol{x}'\, t') V(\boldsymbol{x}', t') K_0(\boldsymbol{x}'\, t'; \boldsymbol{x}_A t_A) \tag{3.137}$$

schreiben. Auch die höheren Korrekturen lassen sich nach dem gleichen Muster bestimmen. Für den Gesamtpropagator (3.122) können wir jetzt schreiben

$$\begin{aligned} K(\boldsymbol{x}_E t_E; \boldsymbol{x}_A t_A) &= K_0(\boldsymbol{x}_E t_E; \boldsymbol{x}_A t_A) \\ &+ \frac{1}{i\hbar} \int K_0(\boldsymbol{x}_E t_E; \boldsymbol{x}'\, t') V(\boldsymbol{x}', t') K_0(\boldsymbol{x}'\, t'; \boldsymbol{x}_A \boldsymbol{x}_A) d^3x' dt' \\ &+ \frac{1}{(i\hbar)^2} \int K_0(\boldsymbol{x}_E t_E; \boldsymbol{x}''\, t'') V(\boldsymbol{x}'', t'') K_0(\boldsymbol{x}''\, t''; \boldsymbol{x}'\, t') V(\boldsymbol{x}', t') \\ &\qquad K_0(\boldsymbol{x}'\, t'; \boldsymbol{x}_A t_A) d^3x'\, d^3x''\, dt'\, dt'' \\ &+ \cdots \end{aligned} \tag{3.138}$$

Die Störungsreihe (3.138) des Propagator wird als Born'sche Reihe bezeichnet und ist in Abb. 3.7 graphisch veranschaulicht. Die geraden Linien bezeichnen

Propagatoren, das Störpotential wird durch die Kreise repräsentiert. Das Resultat der Rechnung lässt sich sehr anschaulich interpretieren. Der Propagator vom Ort $x_A$ zur Zeit $t_A$ zum Ort $x_E$ zur Zeit $t_E$ setzt sich aus verschiedenen Beiträgen zusammen. Der Beitrag $K_0$ beschreibt die Propagation des Teilchens von $x_A\, t_A$ nach $x_E\, t_E$ ohne Wechselwirkung mit dem Potential. Der Term $K_1$ beschreibt die Propagation des Teilchens von $x_A\, t_A$ nach $x'\, t'$, die Streuung am Potential am Ort $x'$ zur Zeit $t'$ und die weitere Propagation von $x'\, t'$ nach $x_E\, t_E$. Beim Term $K_3$ haben wir wieder die Propagation des Teilchens von $x_A\, t_A$ nach $x'\, t'$, eine Streuung bei $x'\, t'$, die Propagation von $x'\, t'$ nach $x''\, t''$, eine zweite Streuung bei $x''\, t''$ und die Propagation von $x''\, t''$ nach $x_E\, t_E$. Die höheren Terme sind nach demselben Schema aufgebaut. Wir haben jeweils einen weiteren Propagator vom letzten Streuereignis zum neuen Streuereignis und einen weiteren Term, der die neue Streuung beschreibt, vor der Propagation zum Endereignis $x_E\, t_E$ hinzuzufügen. Wichtig ist noch, dass über alle Streuereignisse an den entsprechenden Zwischenpunkten und Zwischenzeiten integriert wird. Die Anfangs- und Endpositionen $x_A$ und $x_E$ des betrachteten Teilchens sowie die zugehörigen Zeitpunkte $t_A$ und $t_E$ sind fest vorgegeben.

### 3.2.2 Lippmann-Schwinger-Gleichung

Wir wollen jetzt die oben erhaltene störungstheoretische Reihenentwicklung zu einer geschlossenen Gleichung zusammenfassen. Dazu setzen wir den Propagator in den Ausdruck für die Wellenfunktion (3.33) ein und erhalten

$$\begin{aligned}
\Psi(x_E, t_E) &= \int K(x_E t_E; x_A t_A)\Psi(x_A, t_A) d^3x_A \\
&= \int K_0(x_E t_E; x_A t_A)\Psi(x_A, t_A) d^3x_A \\
&+ \frac{1}{i\hbar}\int K_0(x_E t_E; x'\, t')V(x', t')K_0(x'\, t'; x_A t_A)\Psi(x_A, t_A) d^3x' dt' d^3x_A \\
&+ \frac{1}{(i\hbar)^2}\int K_0(x_E t_E; x'\, t')V(x', t')K_0(x'\, t'; x''\, t'')V(x'', t'') \\
&\qquad \times K_0(x''\, t''; x_A\, t_A)\Psi(x_A, t_A) d^3x''\, d^3x'\, dt''\, dt'\, d^3x_A \\
&+ \cdots
\end{aligned} \tag{3.139}$$

Wir klammern aus dem zweiten und den folgenden Termen von (3.139) den Ausdruck $(i\hbar)^{-1} \int d^3x' dt'\, K_0(x_E t_E; x'\, t')V(x', t')$ aus und erhalten

$$\begin{aligned}\Psi(\boldsymbol{x}_E, t_E) &= \int K_0(\boldsymbol{x}_E t_E; \boldsymbol{x}_A t_A)\Psi(\boldsymbol{x}_A, t_A) d^3x_A \\ &+ \frac{1}{i\hbar}\int d^3x' dt' K_0(\boldsymbol{x}_E t_E; \boldsymbol{x}' t') V(\boldsymbol{x}', t') \int d^3x_A \Bigg\{ K_0(\boldsymbol{x}' t'; \boldsymbol{x}_A t_A) \\ &+ \frac{1}{i\hbar}\int d^3x'' dt'' K_0(\boldsymbol{x}' t'; \boldsymbol{x}'' t'') V(\boldsymbol{x}'', t'') K_0(\boldsymbol{x}'' t''; \boldsymbol{x}_A t_A) \\ &+ \ldots \Bigg\} \Psi(\boldsymbol{x}_A, t_A)\end{aligned} \tag{3.140}$$

Wir sehen sofort, dass das innere Integral, dessen Integrand der Ausdruck in der geschweiften Klammer multipliziert mit $\Psi(\boldsymbol{x}_A, t_A)$ ist, gerade $\Psi(\boldsymbol{x}', t')$ ergibt. Damit erhalten wir dann aus (3.140) eine Integralgleichung zur Bestimmung der Wellenfunktion $\Psi(\boldsymbol{x}, t)$, die als *Lippmann-Schwinger-Gleichung* bekannt ist

$$\begin{aligned}\Psi(\boldsymbol{x}_E, t_E) &= \int K_0(\boldsymbol{x}_E t_E; \boldsymbol{x}_A t_A)\Psi(\boldsymbol{x}_A, t_A) d^3x_A \\ &+ \frac{1}{i\hbar}\int d^3x' dt' K_0(\boldsymbol{x}_E t_E; \boldsymbol{x}' t') V(\boldsymbol{x}', t') \Psi(\boldsymbol{x}', t')\end{aligned} \tag{3.141}$$

Die Lippmann-Schwinger-Gleichung ist eine exakte Integralgleichung für die Wellenfunktion $\Psi(\boldsymbol{x}, t)$. Die erste Zeile entspricht dabei der Entwicklung des Anfangszustandes für ein freies Teilchen. Wir bezeichnen die hierbei entstehende Wellenfunktion mit $\Phi(\boldsymbol{x}_E, t_E)$ und erhalten

$$\Psi(\boldsymbol{x}_E, t_E) = \Phi(\boldsymbol{x}_E, t_E) - \frac{i}{\hbar}\int d^3x' dt' K_0(\boldsymbol{x}_E t_E; \boldsymbol{x}' t') V(\boldsymbol{x}', t') \Psi(\boldsymbol{x}', t') \tag{3.142}$$

Ist z. B. zur Anfangszeit $t_A$ der Anfangszustand $\Psi(\boldsymbol{x}_A, t_A)$ durch eine ebene Welle gegeben, dann ist, da $K_0(\boldsymbol{x}_E t_E; \boldsymbol{x}_A t_A)$ die räumliche und zeitliche Weiterentwicklung dieser ebenen Welle in einem System ohne Wechselwirkungen beschreibt, auch der Zustand $\Phi(\boldsymbol{x}_E, t_E)$ zur Zeit $t_E$ eine ebene Welle.

Wir wollen jetzt noch zeigen, dass die Green'sche Funktion der Schrödinger-Gleichung des freien Teilchens durch den Propagator $K_0(\boldsymbol{x}_E t_E; \boldsymbol{x}\, t)$ gegeben ist. Dazu gehen wir von der Schrödinger-Gleichung für $\Psi(\boldsymbol{x}_E, t_E)$

$$\left[ i\hbar \frac{\partial}{\partial t_E} + \frac{\hbar^2}{2m}\Delta_{x_E} \right] \Psi(\boldsymbol{x}_E, t_E) = V(\boldsymbol{x}_E, t_E)\Psi(\boldsymbol{x}_E, t_E) \tag{3.143}$$

und der freien Schrödinger-Gleichung für $\Phi(\boldsymbol{x}_E, t_E)$

$$\left[ i\hbar \frac{\partial}{\partial t_E} + \frac{\hbar^2}{2m}\Delta_{x_E} \right] \Phi(\boldsymbol{x}_E, t_E) = 0 \tag{3.144}$$

aus. Wir wenden den Operator

$$\hat{G} = \left[ i\hbar \frac{\partial}{\partial t_E} + \frac{\hbar^2}{2m} \Delta_{x_E} \right] \tag{3.145}$$

auf die Lippmann-Schwinger-Gleichung (3.142) an. Nach Einsetzen von (3.143) auf der linken Seite und Anwenden von (3.144) im ersten Term auf der rechten Seite der neuen Gleichung erhalten wir

$$V(\boldsymbol{x}_E, t_E)\Psi(\boldsymbol{x}_E, t_E) =$$
$$\frac{1}{i\hbar} \int dx'dt' \left[ i\hbar \frac{\partial}{\partial t_E} + \frac{\hbar^2}{2m} \Delta_{x_E} \right] K_0(\boldsymbol{x}_E t_E; \boldsymbol{x}' t') V(\boldsymbol{x}', t') \Psi(\boldsymbol{x}', t') \tag{3.146}$$

Diese Gleichung ist erfüllt, falls

$$\left[ i\hbar \frac{\partial}{\partial t_E} + \frac{\hbar^2}{2m} \Delta_{x_E} \right] K_0(\boldsymbol{x}_E t_E; \boldsymbol{x}' t') = i\hbar\, \delta(\boldsymbol{x}_E - \boldsymbol{x}')\, \delta(t_E - t') \tag{3.147}$$

Damit ist aber gezeigt, dass $K_0(\boldsymbol{x}_E t_E; \boldsymbol{x}' t')$ die Green'sche Funktion der freien Schrödinger-Gleichung darstellt[31].

## 3.2.3 Streumatrix und Streuamplitude, Feynman-Regeln

### 3.2.3.1 Streumatrix und Streuamplitude im Ortsraum

Das zu Beginn dieses Abschnitts diskutierte Streuproblem ist mit der Kenntnis der Lippmann-Schwinger-Gleichung natürlich noch nicht gelöst. Wir werden jetzt versuchen, die quantenmechanische Streuung an einem dreidimensionalen Potential unter Verwendung von Funktionalintegralen quantitiativ zu beschreiben.

Wir gehen davon aus, dass wir zur Zeit $t_A = -\infty$ ein freies Teilchen vorliegen haben, das durch eine ebene Welle beschrieben wird. Das Teilchen läuft aus dem Unendlichen in das Potentialgebiet ein, wird an diesem gestreut und bewegt sich wieder aus dem Potential heraus. Nach sehr langer Zeit ist es wieder außerhalb der Reichweite des Potentials und kann zur Zeit $t_E = +\infty$ wieder durch eine ebene Welle beschrieben werden. Da wegen der Orts-Impuls-Unschärferelation in der quantenmechanischen Beschreibung eine Bahn des Teilchens nicht existiert, kann man nur die Wahrscheinlichkeitsamplitude bzw. die Wahrscheinlichkeit dafür angeben, dass – ausgehend von einer gegebenen einfallenden ebenen Welle – das Teilchen nach der Streuung wieder durch eine ebene Welle mit einer bestimmten Ausbreitungsrichtung

**31**) vgl. die entsprechende Gleichung (10.33) in Band II, Elektrodynamik, dieser Lehrbuchreihe

beschrieben wird. In dieser Beschreibung ist noch ein Problem verborgen. Da eine ebene Welle unendlich ausgedehnt ist, ist ihre Amplitude nirgends null, insbesondere auch nicht im Bereich des Potentials. Das bedeutet aber, dass sich das Teilchen nie wirklich als freies Teilchen ausbreitet. Man stellt sich deshalb vor, dass das Potential adiabatisch (d. h. sehr langsam) von null bei $t = -\infty$ eingeschaltet wird, bei $t = 0$ seinen maximalen Wert erreicht und anschließend wieder adiabatisch ausgeschaltet wird, so dass es bei $t = +\infty$ wieder null ist .

Im Sinne des Streuexperiments nehmen wir an, dass ein Teilchen, das durch eine ebene Welle mit Impuls $\boldsymbol{p}_A = \hbar \boldsymbol{k}_A$ und Energie $E_A = \boldsymbol{p}_A^2/2m$ beschrieben wird, auf das Streupotential einfällt. Die zugehörige Wellenfunktion zur Anfangszeit ist damit

$$\Psi_{\text{ein}}(\boldsymbol{x}_A, t_A) = \frac{1}{(2\pi\hbar)^{3/2}} \mathrm{e}^{\frac{i}{\hbar}(\boldsymbol{p}_A \boldsymbol{x}_A - E_A t_A)} \tag{3.148}$$

Das Teilchen wird am Potential gestreut. Entsprechend dem oben vorgestellten Konzepts wollen wir bestimmen, mit welcher Wahrscheinlichkeit nach der Streuung das Teilchen mit dem Impuls $\boldsymbol{p}_E$ und der Energie $E_E = \boldsymbol{p}_E^2/2m$ auftritt. Mit anderen Worten, wir wollen berechnen mit welcher Wahrscheinlichkeit der durch die ebene Welle

$$\Psi_{\text{aus}}(\boldsymbol{x}_E, t_E) = \frac{1}{(2\pi\hbar)^{3/2}} \mathrm{e}^{\frac{i}{\hbar}(\boldsymbol{p}_E \boldsymbol{x}_E - E_E t_E)} \tag{3.149}$$

beschriebene Zustand in der aus der Streuung des Teilchens hervorgehenden Wellenfunktion $\Psi(\boldsymbol{x}_E, t_E)$ enthalten ist. Wir berechnen diese Wahrscheinlichkeitsamplitude aus der Lippmann-Schwinger-Gleichung (3.141) in erster Born'scher Näherung

$$\begin{aligned} \Psi(\boldsymbol{x}_E, t_E) &= \int K_0(\boldsymbol{x}_E t_E; \boldsymbol{x}_A t_A) \Psi_{\text{ein}}(\boldsymbol{x}_A, t_A)\, d^3 x_A \\ &+ \frac{1}{i\hbar} \int K_0(\boldsymbol{x}_E t_E; \boldsymbol{x}\, t) V(\boldsymbol{x}, t) K_0(\boldsymbol{x}\, t; \boldsymbol{x}_A\, t_A) \\ &\times \Psi_{\text{ein}}(\boldsymbol{x}_A, t_A)\, d^3 x\, d^3 x_A\, dt \end{aligned} \tag{3.150}$$

Wir definieren jetzt mit der Streumatrix eine Größe, die in der Streutheorie eine zentrale Rolle spielt. Diese stellt die Wahrscheinlichkeitsamplitude dar, im Zustand $\Psi(\boldsymbol{x}_E, t_E)$, der sich durch die Streuung aus der ursprünglichen ebenen Welle $\Psi_{\text{ein}}(\boldsymbol{x}_A, t_A)$ entwickelt hat, die (auslaufende) ebene Welle

$\Psi_{\text{aus}}(\boldsymbol{x}_E, t_E)$ zu finden. Deshalb ist die Streumatrix gegeben durch

$$\begin{aligned} S &= \int \Psi^*_{\text{aus}}(\boldsymbol{x}_E, t_E)\Psi(\boldsymbol{x}_E, t_E)\, d^3x_E \\ &= \int \Psi^*_{\text{aus}}(\boldsymbol{x}_E, t_E)\, K_0(\boldsymbol{x}_E t_E; \boldsymbol{x}_A t_A)\Psi_{\text{ein}}(\boldsymbol{x}_A t_A)\, d^3x_A\, d^3x_E \\ &- \frac{i}{\hbar}\int \Psi^*_{\text{aus}}(\boldsymbol{x}_E, t_E) K_0(\boldsymbol{x}_E t_E; \boldsymbol{x}\, t) V(\boldsymbol{x}, t) \\ &\qquad \times K_0(\boldsymbol{x}\, t; \boldsymbol{x}_A\, t_A)\Psi_{\text{ein}}(\boldsymbol{x}_A, t_A)\, d^3x\, d^3x_A\, d^3x_E dt \end{aligned} \tag{3.151}$$

Unter dem Einfluss des freien Propagators entwickelt sich die einlaufende ebene Welle ungestört weiter. Damit liegt zum Endzeitpunkt immer noch die gleiche ebene Welle vor. Folglich ist

$$\begin{aligned} \Phi(\boldsymbol{x}_E t_E) &= \int d^3x_A K_0(\boldsymbol{x}_E t_E; \boldsymbol{x}_A t_A)\Psi_{\text{ein}}(\boldsymbol{x}_A t_A) \\ &= \frac{1}{(2\pi\hbar)^{3/2}}\, \mathrm{e}^{\frac{i}{\hbar}(\boldsymbol{p}_A\cdot \boldsymbol{x}_E - E_A t_E)} \end{aligned} \tag{3.152}$$

Damit erhalten wir dann

$$\begin{aligned} \int \Psi^*_{\text{aus}}(\boldsymbol{x}_E, t_E)\Phi(\boldsymbol{x}_E, t_E)\, d^3x_E &= \frac{1}{(2\pi\hbar)^3}\int d^3x_E \mathrm{e}^{-\frac{i}{\hbar}(\boldsymbol{p}_E \boldsymbol{x}_E - E_E t_E)} \mathrm{e}^{\frac{i}{\hbar}(\boldsymbol{p}_A \boldsymbol{x}_E - E_A t_E)} \\ &= \frac{1}{(2\pi\hbar)^3}\int d^3x_E \mathrm{e}^{-\frac{i}{\hbar}(\boldsymbol{p}_E - \boldsymbol{p}_A)\boldsymbol{x}_E} \mathrm{e}^{\frac{i}{\hbar}(E_E - E_A)t_A} \end{aligned} \tag{3.153}$$

Das Integral in (3.153) liefert $\delta(\boldsymbol{p}_E - \boldsymbol{p}_A)$. Mit $E = \boldsymbol{p}^2/2m = (\hbar\boldsymbol{k})^2/2m$ ist dann $E_E - E_A = 0$. Wie erwartet, werden bei diesem Prozess Impuls und Energie nicht geändert. Dieser Streuprozess repräsentiert die Wahrscheinlichkeitsamplitude dafür, dass sich das Teilchen ungestreut durch das Potential bewegt. Für die Streumatrix der Streuung einer Welle mit dem Impuls $\boldsymbol{p}_A$ in eine Welle mit dem Impuls $\boldsymbol{p}_E$ erhalten wir dann

$$\begin{aligned} S_{\boldsymbol{p}_E \boldsymbol{p}_A} = \delta(\boldsymbol{p}_E - \boldsymbol{p}_A) - \frac{i}{\hbar}\int \Psi^*_{\text{aus}}(\boldsymbol{x}_E, t_E) K_0(\boldsymbol{x}_E\, t_E, \boldsymbol{x}\, t) V(\boldsymbol{x}, t) \\ K_0(\boldsymbol{x}t, \boldsymbol{x}_A t_A)\Psi_{\text{ein}}(\boldsymbol{x}_A, t_A) d^3x_E d^3x d^3x_A dt \end{aligned} \tag{3.154}$$

Der erste Term in (3.154) beschreibt wie bereits erwähnt den Fall, dass keine Streuung stattfindet. Die Wahrscheinlichkeitsamplitude einer Streuung, also die eigentliche Streuamplitude, ist durch den zweiten Term gegeben. In der bisher betrachteten ersten Born'schen Näherung lautet dieser Beitrag

$$\begin{aligned} S^{(1)}_{\boldsymbol{p}_E \boldsymbol{p}_A} = -\frac{i}{\hbar}\int \Psi^*_{\text{aus}}(\boldsymbol{x}_E, t_E) K_0(\boldsymbol{x}_E\, t_E, \boldsymbol{x}\, t) V(\boldsymbol{x}, t) \\ K_0(\boldsymbol{x}\, t, \boldsymbol{x}_A\, t_A)\Psi_{\text{ein}}(\boldsymbol{x}_A, t_A)\, d^3x_E\, d^3x\, d^3x_A dt \end{aligned} \tag{3.155}$$

#### 3.2.3.2 **Feynman-Regeln im Ortsraum**

Die Streuamplitude (3.155) lässt sich mit Hilfe der sogenannten *Feynman-Regeln* interpretieren. Dabei werden die physikalisch ablaufenden Prozesse der Propagation und Streuung durch Graphen veranschaulicht, denen nach diesen Regeln wieder analytische Ausdrücke zugeordnet werden können. Die Graphenmethode kann bei sehr verschiedenen Systemen angewandt werden. Man muss allerdings beachten, dass die Details der Zuordnung von Graphen und analytischen Ausdrücken vom jeweiligen Problem abhängen. Wir werden in Kapitel 5 z. B. eine weitere Feynman'sche Graphentechnik kennenlernen, die sich für die Beschreibung wechselwirkender Quantenfelder besonders eignet. Die Darstellung der Streuamplitude in der ersten Born'schen Näherung zeigt Abb. 3.8. Entsprechend dem Pfeil im rechten Teil der Abbildung läuft die Zeit von unten nach oben. Die freie Propagation des Teilchens wird durch die gerade Linie vom Anfangspunkt $(x_A, t_A)$ nach $(x, t)$ symbolisiert. Bei $(x, t)$ erfolgt eine Streuung des Teilchens, das sich dann wieder von $(x, t)$ zum Endpunkt $(x_E, t_E)$ ungestört bewegt.

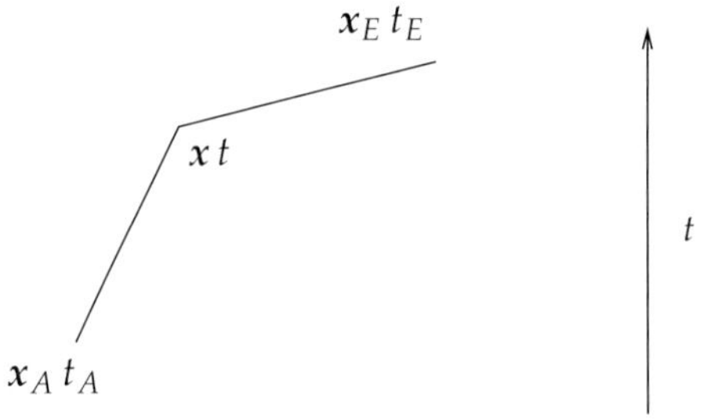


**Abb. 3.8** Darstellung der Streuamplitude in der ersten Born'schen Näherung (3.155) durch das entsprechende Feynman-Diagramm

Die folgenden beiden Abbildungen erklären die Übersetzung der Feynman-Diagramme in analytische Ausdrücke. Einer Linie von $(x_1, t_1)$ nach $(x_2, t_2)$, siehe Abb. 3.9, entspricht der freie Propagator $K_0(x_2t_2; x_1t_1)$. Die Wechselwirkung wird durch die Abb. 3.10 beschrieben. In der analytischen Übersetzung entspricht dieses als Vertex bezeichnete graphische Element dem Faktor $(i\hbar)^{-1}\, V(x, t)$ und der Integration über $x$ und $t$. In jeden Vertex eines Streudiagramms läuft genau ein freier Propagator hinein und genau ein Propagator führt hinaus.

**Abb. 3.9** Freier Propagator $K_0(x_2t_2; x_1t_1)$

Um die Wahrscheinlichkeitsamplitude für den Streuprozess erster Ordnung zu erhalten, müssen wir folgende Größen miteinander multiplizieren: den Propagator $K_0(x_At_A; xt)$, das Element für die Wechselwirkung $(i\hbar)^{-1}\, V(x, t)$,

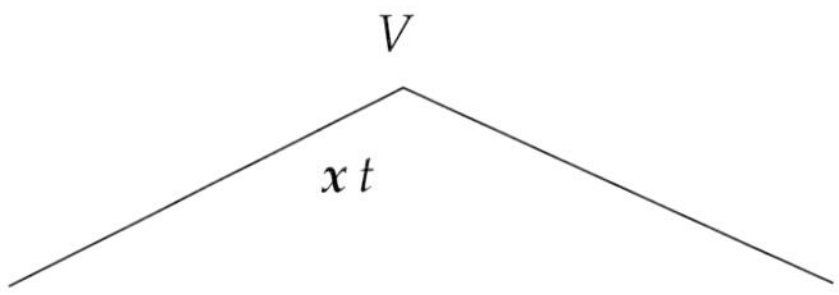


**Abb. 3.10** Vertex $(i\hbar)^{-1} V(x, t)$

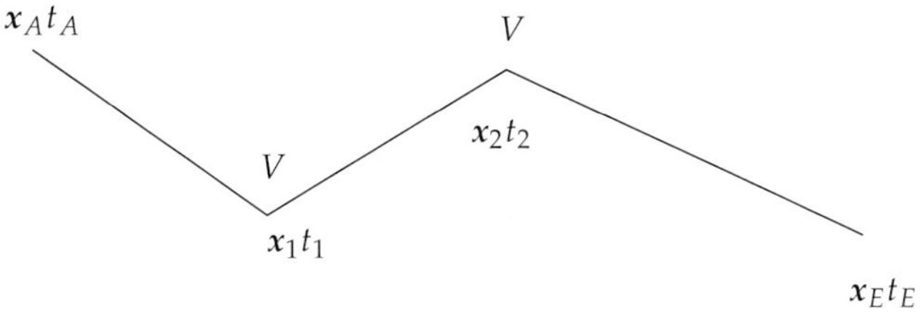


**Abb. 3.11** Diagramm für Prozess zweiter Ordnung

den Propagator $K_0(xt; x_E t_E)$, und die Zustandsfunktionen $\Psi_{\text{ein}}(x_A, t_A)$ am Anfang und $\Psi^*_{\text{aus}}(x_E, t_E)$ am Ende des Gesamtgraphen. Weiter muss über alle möglichen Zwischenorte $x$ und Zwischenzeitpunkte $t$ sowie die Orte der Anfangs- und Endwellenfunktion $x_A$ und $x_E$ integriert werden.

Wir können die Graphentechnik benutzen, um nach diesen Regeln den Beitrag zweiter Ordnung zum Streuprozess zu bestimmen. Das zugehörige Diagramm ist in Abb. 3.11 dargestellt. Wir haben jetzt drei freie Propagatoren für die Übergänge $x_A t_A \to x_1 t_1$, $x_1 t_1 \to x_2 t_2$ und $x_2 t_2 \to x_E t_E$. Dazu müssen wir die Vertizes bei $x_1 t_1$ und $x_2 t_2$ und die Zustände bei $x_A t_A$ und $x_E t_E$ multiplizieren. Den Beitrag zweiter Ordnung zur Streuamplitude erhalten wir schließlich, wenn wir noch über die Zwischenorte und -zeitpunkte $x_1 t_1$ und $x_2 t_2$ sowie über die Anfangs- und Endpositionen $x_A$ bzw. $x_B$ integrieren

$$S^{(2)}_{p_E, p_A} = \frac{1}{(i\hbar)^2} \int \Psi^*_{\text{aus}}(x_E, t_E) K_0(x_E\, t_E, x_2\, t_2) V(x_2, t_2) K_0(x_2\, t_2, x_1\, t_1) V(x_1, t_1)$$
$$K_0(x_1\, t_1, x_A\, t_A) \Psi^*_{\text{ein}}(x_A, t_A)\, d^3x_E\, d^3x_2\, d^3x_1\, d^3x_A dt_2 dt_1 \quad (3.156)$$

### 3.2.3.3 **Impulsdarstellung des Propagators**

Bisher haben wir Propagatoren betrachtet, die die zeitliche Entwicklung eines Systems zwischen den Zeitpunkten $t_A$ und $t_E$ vom Anfangsort $x_A$ zum Endort $x_E$ beschreiben

$$\begin{aligned} K(x_E t_E; x_A t_A) &= \langle x_E t_E | x_A t_A \rangle \\ &= \langle x_E | \mathrm{e}^{-\frac{i}{\hbar} \hat{H}(t_E - t_A)} | x_A \rangle \end{aligned} \quad (3.157)$$

Für die Streuung von Partikeln ist es aber günstiger, die Impulsänderung eines Teilchens als Folge der Wechselwirkung mit dem Potential zu bestimmen.

Wir wollen deshalb die Entwicklung eines Systems betrachten, das zur Zeit $t_A$ den Impuls $\boldsymbol{p}_A$ und zur Zeit $t_E$ den Impuls $\boldsymbol{p}_E$ hat. Die Wahrscheinlichkeitsamplitude ist dann gegeben durch

$$\begin{aligned}\tilde{K}(\boldsymbol{p}_E t_E; \boldsymbol{p}_A t_A) &= \langle \boldsymbol{p}_E | \, \mathrm{e}^{-\frac{i}{\hbar}\hat{H}(t_E - t_A)} \, | \boldsymbol{p}_A \rangle \\ &= \int d^3 x_E \int d^3 x_A \, \langle \boldsymbol{p}_E \, | \boldsymbol{x}_E \rangle \\ &\quad \times \langle \boldsymbol{x}_E | \, \mathrm{e}^{-\frac{i}{\hbar}\hat{H}(t_E - t_A)} \, | \boldsymbol{x}_A \rangle \, \langle \boldsymbol{x}_A \, | \boldsymbol{p}_A \rangle \end{aligned} \tag{3.158}$$

Der erste Faktor in (3.158) ist die Impulsdarstellung der Eigenfunktion zum Ortsoperator, siehe (3.53), der zweite Faktor ist der Propagator (3.157) und der dritte Faktor stellt die Ortsdarstellung der Eigenfunktion zum Impulsoperator, siehe (3.52), dar. Setzt man diese Ausdrücke in (3.158) ein, dann bekommt man[32]

$$\begin{aligned}\tilde{K}(\boldsymbol{p}_E t_E; \boldsymbol{p}_A t_A) &= \frac{1}{(2\pi\hbar)^3} \int d^3 x_E \int d^3 x_A \mathrm{e}^{-\frac{i}{\hbar}(\boldsymbol{p}_E \boldsymbol{x}_E - \boldsymbol{p}_A \boldsymbol{x}_A)} \\ &\quad \times K(\boldsymbol{x}_E t_E; \boldsymbol{x}_A t_A) \end{aligned} \tag{3.159}$$

Wir sehen, dass der gesuchte Propagator gerade durch die Fourier-Transformierte des Propagators $K(\boldsymbol{x}_E t_E; \boldsymbol{x}_A t_A)$ bzgl. der beiden räumlichen Variablen gegeben ist. Wir wollen diese Fourier-Transformation für den freien Propagator durchführen. Dieser ist nach (3.129) gegeben durch

$$K_0(\boldsymbol{x}_E t_E; \boldsymbol{x}_A t_A) = \Theta(t_E - t_A) \left( \frac{m}{2i\pi\hbar(t_E - t_A)} \right)^{\frac{3}{2}} \mathrm{e}^{\frac{i}{\hbar} \frac{m(\boldsymbol{x}_E - \boldsymbol{x}_A)^2}{2(t_E - t_A)}} \tag{3.160}$$

Setzen wir (3.160) in (3.159) ein, dann ergibt sich

$$\begin{aligned}\tilde{K}_0(\boldsymbol{p}_E t_E; \boldsymbol{p}_A t_A) &= \Theta(t_E - t_A) \left( \frac{m}{2i\pi\hbar(t_E - t_A)} \right)^{\frac{3}{2}} \frac{1}{(2\pi\hbar)^3} \\ &\quad \times \int d^3 x_E \, d^3 x_A \, \mathrm{e}^{-\frac{i}{\hbar}(\boldsymbol{p}_E \boldsymbol{x}_E - \boldsymbol{p}_A \boldsymbol{x}_A)} \mathrm{e}^{\frac{i}{\hbar} \frac{m(\boldsymbol{x}_E - \boldsymbol{x}_A)^2}{2(t_E - t_A)}} \end{aligned} \tag{3.161}$$

Zur Auswertung des Integrals führen wir neue Variablen entsprechend

$$\boldsymbol{x} = \boldsymbol{x}_E - \boldsymbol{x}_A \quad \boldsymbol{X} = \boldsymbol{x}_E + \boldsymbol{x}_A \quad \boldsymbol{p} = \boldsymbol{p}_E - \boldsymbol{p}_A \quad \boldsymbol{P} = \boldsymbol{p}_E + \boldsymbol{p}_A \tag{3.162}$$

ein. Damit ist dann

$$\boldsymbol{x}_A = \frac{1}{2}(\boldsymbol{X} - \boldsymbol{x}) \quad \boldsymbol{x}_E = \frac{1}{2}(\boldsymbol{X} + \boldsymbol{x}) \quad \boldsymbol{p}_A = \frac{1}{2}(\boldsymbol{P} - \boldsymbol{p}) \quad \boldsymbol{p}_E = \frac{1}{2}(\boldsymbol{P} + \boldsymbol{p}) \tag{3.163}$$

**32**) Man beachte, dass die Eigenfunktionen (3.52) und (3.53) sich auf den eindimensionalen Fall beziehen. Im dreidimensionalen Fall haben wir im Exponenten ein Skalarprodukt zwischen Ort- und Impulsvektor stehen und der Normierungsfaktor der Wellenfunktion muss auf $(2\pi\hbar)^{-3/2}$ geändert werden.

so dass jetzt der erste Exponent in (3.161) zu

$$(\boldsymbol{p}_E\boldsymbol{x}_E - \boldsymbol{p}_A\boldsymbol{x}_A) = \frac{1}{2}(\boldsymbol{P}\boldsymbol{x} + \boldsymbol{p}\boldsymbol{X}) \tag{3.164}$$

wird. Die Funktionaldeterminante der Transformation ergibt sich als $1/8$. Damit lässt sich (3.161) schreiben als

$$\begin{aligned}\tilde{K}_0(\boldsymbol{p}_E t_E; \boldsymbol{p}_A t_A) &= \Theta(t_E - t_A)\left(\frac{m}{2i\pi\hbar(t_E - t_A)}\right)^{\frac{3}{2}} \frac{1}{(2\pi\hbar)^3}\\ &\times \frac{1}{8}\int d^3x\, d^3X\, \mathrm{e}^{-\frac{i}{2\hbar}(\boldsymbol{P}\boldsymbol{x}+\boldsymbol{p}\boldsymbol{X})}\mathrm{e}^{\frac{i}{\hbar}\frac{m\,x^2}{2(t_E-t_A)}}\end{aligned} \tag{3.165}$$

Mit der Abkürzung

$$\frac{m}{2\hbar(t_E - t_A)} = \alpha \tag{3.166}$$

erhalten wir für das Integral

$$\begin{aligned}\tilde{K}_0(\boldsymbol{p}_E t_E; \boldsymbol{p}_A t_A) &= \Theta(t_E - t_A)\left(\frac{\alpha}{i\pi}\right)^{\frac{3}{2}} \frac{1}{8}\frac{1}{(2\pi\hbar)^3}\\ &\times \int d^3X\, \mathrm{e}^{-\frac{i}{2\hbar}\boldsymbol{p}\boldsymbol{X}} \int d^3x\, \mathrm{e}^{-\frac{i}{2\hbar}\boldsymbol{P}\boldsymbol{x}}\mathrm{e}^{i\alpha x^2}\end{aligned} \tag{3.167}$$

Das erste Integral in (3.167) wird $(4\pi\hbar)^3\delta(\boldsymbol{p})$. Das zweite Integral ist ein Gauß'sches Integral. Es kann zunächst in Integrale über die drei räumlichen Koordinaten faktorisiert werden. Mit

$$\int\limits_{-\infty}^{\infty} \mathrm{e}^{-ax^2+bx+c}dx = \mathrm{e}^{\left(\frac{b^2}{4a}+c\right)}\sqrt{\frac{\pi}{a}} \tag{3.168}$$

und der Substitution

$$a = -i\,\alpha \quad b = -\tfrac{i}{2\hbar}\,P_\mu \quad c = 0 \qquad \text{mit} \quad \mu = 1, ..., 3$$

kann jedes Integral der drei Komponenten der Faktorisierung einzeln berechnet werden. Fassen wir das Ergebnis zusammen, dann erhalten wir

$$\int d^3x\, \mathrm{e}^{-\frac{i}{2\hbar}\boldsymbol{P}\boldsymbol{x}}\mathrm{e}^{i\alpha x^2} = \left(\frac{i\pi}{\alpha}\right)^{\frac{3}{2}} \mathrm{e}^{\frac{i}{4\alpha}\left(-\frac{P^2}{4\hbar^2}\right)} \tag{3.169}$$

Setzen wir die Zwischenergebnisse in (3.167) ein, dann erhalten wir

$$\tilde{K}_0(\boldsymbol{p}_E t_E; \boldsymbol{p}_A t_A) = \Theta(t_E - t_A)\delta(\boldsymbol{p}_E - \boldsymbol{p}_A)\mathrm{e}^{-\frac{i}{\hbar}\frac{(p_E+p_A)^2}{8m}(t_E-t_A)} \tag{3.170}$$

Unter Ausnutzung der $\delta$-Funktion ergibt sich schließlich

$$\tilde{K}_0(\boldsymbol{p}_E t_E; \boldsymbol{p}_A t_A) = \Theta(t_E - t_A)\delta(\boldsymbol{p}_E - \boldsymbol{p}_A)\mathrm{e}^{-\frac{i}{\hbar}\frac{p_A^2}{2m}(t_E - t_A)} \tag{3.171}$$

Die Relation (3.171) wird als Impulsdarstellung des Propagators bezeichnet. Für die Umkehrung der Fourier-Transformation, also die Berechnung des Propagators in der Ortsdarstellung aus dem Propagator in der Impulsdarstellung, gilt dann die Relation

$$K_0(x_E t_E; x_A t_A) = \frac{1}{(2\pi\hbar)^3}\int d^3p_E\, d^3p_A \mathrm{e}^{\frac{i}{\hbar}(p_E x_E - p_A x_A)}\tilde{K}(\boldsymbol{p}_E t_E; \boldsymbol{p}_A t_A) \tag{3.172}$$

Wie man leicht zeigen kann[33], gelangt man durch Einsetzen von (3.171) wieder zurück zum freien Propagator (3.160) in der Ortsdarstellung.

#### 3.2.3.4 **Zeitliche Fourier-Transformation**

Um räumliche und zeitliche Variablen in gleicher Weise zu behandeln, ist es zweckmäßig die Propagatoren auch bzgl. der Zeit einer Fourier-Transformation zu unterwerfen

$$k_0(\boldsymbol{p}_E E_E; \boldsymbol{p}_A E_A) = \int_{-\infty}^{\infty} dt_E dt_A \mathrm{e}^{\frac{i}{\hbar}(E_E t_E - E_A t_A)}\tilde{K}_0(\boldsymbol{p}_E t_E; \boldsymbol{p}_A t_A) \tag{3.173}$$

$$= \delta(\boldsymbol{p}_E - \boldsymbol{p}_A) \times \int_{-\infty}^{\infty} dt_E dt_A \Theta(t_E - t_A)\mathrm{e}^{\frac{i}{\hbar}(E_E t_E - E_A t_A)}\mathrm{e}^{-i\frac{p_A^2}{2m\hbar}(t_E - t_A)} \tag{3.174}$$

Zur weiteren Auswertung der Integration führen wir analog zu (3.163) neue Integrationsvariablen ein

$$t_E - t_A = t \qquad t_E + t_A = T \qquad t_E = \frac{1}{2}(T + t) \qquad t_A = \frac{1}{2}(T - t) \tag{3.175}$$

und benutzen außerdem

$$E_E - E_A = e \qquad E_E + E_A = E \qquad E_E = \frac{1}{2}(E + e) \qquad E_A = \frac{1}{2}(E - e) \tag{3.176}$$

Der Exponent in (3.174) wir dann zu

$$E_E t_E - E_A t_A = \frac{1}{2}\left[Et + eT\right] \tag{3.177}$$

33) siehe Aufgabe 3.3

und für die Funktionaldeterminante erhalten wir jetzt den Wert $1/2$. Damit ist dann

$$\begin{aligned} k_0(\boldsymbol{p}_E E_E; \boldsymbol{p}_A E_A) &= \delta(\boldsymbol{p}_E - \boldsymbol{p}_A) \int\limits_{-\infty}^{\infty} dT dt \frac{1}{2} \Theta(t) \mathrm{e}^{\frac{i}{\hbar}\frac{1}{2}[Et+eT]} \mathrm{e}^{-i\frac{p_A^2}{2m\hbar}t} \\ &= \delta(\boldsymbol{p}_E - \boldsymbol{p}_A) \frac{1}{2} \int\limits_{-\infty}^{\infty} dT \mathrm{e}^{\frac{i}{\hbar}\frac{e}{2}T} \int\limits_{0}^{\infty} dt \mathrm{e}^{\frac{i}{\hbar}\left[\frac{E}{2} - \frac{p_A^2}{2m}\right]t} \\ &= 2\pi\hbar \delta(\boldsymbol{p}_E - \boldsymbol{p}_A) \delta(E_E - E_A) \int\limits_{0}^{\infty} dt \mathrm{e}^{\frac{i}{\hbar}\left[\frac{E}{2} - \frac{p_A^2}{2m}\right]t} \end{aligned} \tag{3.178}$$

Beim Übergang zur letzten Zeile haben wir verwendet, dass die Auswertung des ersten Integrals $4\pi\hbar\delta(e)$ liefert. Das verbleibende Integral in (3.178) hat die Struktur $\int_0^\infty e^{i\omega t} dt$ und konvergiert nicht. Wir können aber ein konvergentes Integral erhalten, wenn wir $\omega$ durch $\omega + i\epsilon$ mit $\epsilon > 0$ ersetzen[34]. Mit dieser Erweiterung ist dann

$$k_0(\boldsymbol{p}_E E_E; \boldsymbol{p}_A E_A) = -2\pi\hbar \delta(\boldsymbol{p}_E - \boldsymbol{p}_A) \delta(E_E - E_A) \frac{1}{\frac{i}{\hbar}\left[\frac{E}{2} - \frac{p_A^2}{2m} + i\epsilon\right]} \tag{3.179}$$

Der freie Propagator im Impuls-Energie-Raum lautet dann schließlich

$$k_0(\boldsymbol{p}_E E_E; \boldsymbol{p}_A E_A) = 2\pi\hbar \delta(\boldsymbol{p}_E - \boldsymbol{p}_A) \delta(E_E - E_A) \frac{i\hbar}{E_A - \frac{p_A^2}{2m} + i\epsilon} \tag{3.180}$$

Aus diesem Ausdruck kann sofort sowohl auf die Impuls- als auch die Energieerhaltung während der freien Propagation des jeweiligen Partikels geschlossen werden. Es ist aber zu beachten, dass $\boldsymbol{p}$ und $E$ hier unabhängige, durch die Fourier-Transformation eingeführte Variable sind, für die der Zusammenhang $\boldsymbol{p}^2 = 2mE$ nicht notwendig gelten muss.

Der Propagator in der Orts-Zeit-Darstellung lässt sich durch die Umkehrung der Fourier-Transformationen leicht bestimmen. Es ist

$$\begin{aligned} K_0(\boldsymbol{x}_E t_E, \boldsymbol{x}_A t_A) = \frac{1}{(2\pi\hbar)^5} \int \mathrm{e}^{\frac{i}{\hbar}(\boldsymbol{p}\boldsymbol{x}_E - \boldsymbol{p}'\boldsymbol{x}_A)} \mathrm{e}^{-\frac{i}{\hbar}(Et_E - E't_A)} \\ \times k_0(\boldsymbol{p}\, E; \boldsymbol{p}' E') d^3p\, d^3p'\, dE\, dE' \end{aligned} \tag{3.181}$$

#### 3.2.3.5 **Impulsdarstellung der Streuamplitude**

Wir wollen jetzt die störungstheoretischen Beiträge zur S-Matrix (3.151) mit Hilfe der Energie-Impuls-Darstellung des freien Propagators bestimmen. Aus

**34**) Die Ergänzung mit $+i\epsilon$ und nicht $-i\epsilon$ wird dadurch festgelegt, dass der Integrand an der oberen Integrationsgrenze, also für $t \to \infty$, verschwinden soll.

(3.151) bzw. (3.155) erhalten wir $S^0_{p_E,p_A}$ und $S^1_{p_E,p_A}$, d. h. die Beiträge zur Streumatrix ohne bzw. mit einem Streuprozess. Zur Bestimmung von $S^{(0)}_{p_E,p_A}$ setzen wir (3.180) in (3.181) und diesen Ausdruck in den ersten Term von (3.151)

$$S^{(0)}_{p_E,p_A} = \int \Psi^*_{\text{aus}}(x_E, t_E) K_0(\boldsymbol{x}_E\, t_E, \boldsymbol{x}_A\, t_A) \Psi_{\text{ein}}(x_A, t_A)\, d^3x_E\, d^3x_A \tag{3.182}$$

ein und beachten noch (3.148) und (3.149), dann erhalten wir

$$\begin{aligned} S^{(0)}_{p_E,p_A} &= \frac{1}{(2\pi\hbar)^7} \int e^{-\frac{i}{\hbar}(\boldsymbol{p}_E\boldsymbol{x}_E - E_E t_E)} e^{\frac{i}{\hbar}(\boldsymbol{p}\boldsymbol{x}_E - \boldsymbol{p}'\boldsymbol{x}_A)} e^{-\frac{i}{\hbar}(E t_E - E' t_A)} \\ &\quad \frac{\delta(\boldsymbol{p} - \boldsymbol{p}')\delta(E - E') i\hbar}{E' - \frac{p'^2}{2m} + i\epsilon} e^{\frac{i}{\hbar}(\boldsymbol{p}_A\boldsymbol{x}_A - E_A t_A)}\, d^3x_A\, d^3x_E\, d^3p\, d^3p'\, dE dE' \\ &= \frac{1}{(2\pi\hbar)^7} \int e^{-\frac{i}{\hbar}(\boldsymbol{p}_E\boldsymbol{x}_E - E_E t_E)} e^{\frac{i}{\hbar}\boldsymbol{p}(\boldsymbol{x}_E - \boldsymbol{x}_A)} e^{-\frac{i}{\hbar}E(t_E - t_A)} \frac{i\hbar}{E - \frac{p^2}{2m} + i\epsilon} \\ &\quad e^{\frac{i}{\hbar}(\boldsymbol{p}_A\boldsymbol{x}_A - E_A t_A)}\, d^3x_A\, d^3x_E\, d^3p dE \end{aligned} \tag{3.183}$$

Die Integrationen über $\boldsymbol{x}_A$ und $\boldsymbol{x}_E$ ergeben in (3.183) zwei weitere $\delta$-Funktionen

$$\begin{aligned} S^{(0)}_{p_E,p_A} &= \frac{1}{(2\pi\hbar)} \int \delta(\boldsymbol{p} - \boldsymbol{p}_E) e^{\frac{i}{\hbar}(E_E - E)t_E} \frac{i\hbar}{E - \frac{p^2}{2m} + i\epsilon} \\ &\quad \times \delta(\boldsymbol{p} - \boldsymbol{p}_A) e^{\frac{i}{\hbar}(E - E_A)t_A}\, d^3p\, dE \end{aligned} \tag{3.184}$$

die jetzt die Integration über $\boldsymbol{p}$ erlauben

$$S^{(0)}_{p_E,p_A} = \frac{1}{(2\pi\hbar)} \delta(\boldsymbol{p}_A - \boldsymbol{p}_E) \int e^{\frac{i}{\hbar}(E_E - E)t_E} \frac{i\hbar}{E - \frac{p_A^2}{2m} + i\epsilon} e^{\frac{i}{\hbar}(E - E_A)t_A} dE \tag{3.185}$$

Die Integration über $E$ in (3.185) kann mit Hilfe des Residuensatzes realisiert werden. Dazu schließen wir den Integrationsweg durch einen Halbkreis in der unteren komplexen Halbebene, siehe Abb. 3.12. Wir gelangen so zu

$$\begin{aligned} S^{(0)}_{p_E,p_A} &= (-2\pi i) \frac{i\hbar}{2\pi\hbar} \delta(\boldsymbol{p}_A - \boldsymbol{p}_E) \exp\left\{ \frac{i}{\hbar} \left( E_E - \frac{p_E^2}{2m} + i\epsilon \right) t_E \right\} \\ &\quad \exp\left\{ \frac{i}{\hbar} \left( \frac{p_A^2}{2m} - i\epsilon - E_A \right) t_A \right\} \end{aligned} \tag{3.186}$$

Beachtet man schließlich, dass das einlaufende Teilchen die Energie $E_A = \boldsymbol{p}_A^2/2m$, das auslaufende die Energie $E_E = \boldsymbol{p}_E^2/2m$ besitzt, dann erhalten wir nach Ausführung des Grenzübergangs $\epsilon \to 0$

$$S^{(0)}_{p_E,p_A} = \delta(\boldsymbol{p}_A - \boldsymbol{p}_E) e^{-\frac{i}{\hbar}\epsilon(t_E - t_A)} = \delta(\boldsymbol{p}_A - \boldsymbol{p}_E) \tag{3.187}$$

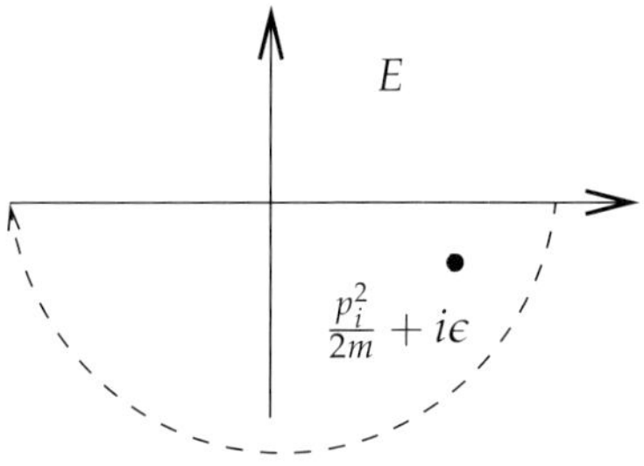


**Abb. 3.12** Integrationsweg zur Auswertung des Integrals in (3.185)

Natürlich ist uns dieses triviale Ergebnis bereits aus (3.154) bekannt. Es zeigt aber, wie man generell die einzelnen Beiträge zur Streumatrix bestimmen kann.

Zur Berechnung von $S^{(1)}_{p_E,p_A}$ starten wir von (3.155), ersetzen die freien Propagatoren wie bei der Berechnung von $S^{(0)}_{p_E,p_A}$ und verwenden die Fourier-Darstellung des Potentials $V(\boldsymbol{x},t)$, also

$$V(\boldsymbol{x},t) = \int e^{\frac{i}{\hbar}(\boldsymbol{q}\boldsymbol{x}-\omega t)} v(\boldsymbol{q},\omega)\, d^3q d\omega \tag{3.188}$$

Damit erhalten wir zunächst

$$\begin{aligned} S^{(1)}_{p_E,p_A} = &-\frac{i}{\hbar}\frac{1}{(2\pi\hbar)^{13}}\int e^{-\frac{i}{\hbar}(\boldsymbol{p}_E\boldsymbol{x}_E-E_Et_E)} e^{\frac{i}{\hbar}(\boldsymbol{p}_3\boldsymbol{x}_E-\boldsymbol{p}_2\boldsymbol{x})} e^{-\frac{i}{\hbar}(E_3t_E-E_2t)} \\ &\times k_0(\boldsymbol{p}_3\,E_3;\boldsymbol{p}_2\,E_2) e^{\frac{i}{\hbar}(\boldsymbol{q}\boldsymbol{x}-\omega t)} v(\boldsymbol{q},\omega) e^{\frac{i}{\hbar}(\boldsymbol{p}_1\boldsymbol{x}-\boldsymbol{p}_0\boldsymbol{x}_A)} e^{-\frac{i}{\hbar}(E_1t-E_0t_A)} \\ &\times k_0(\boldsymbol{p}_1\,E_1;\boldsymbol{p}_0\,E_0) e^{\frac{i}{\hbar}(\boldsymbol{p}_A\boldsymbol{x}_A-E_At_A)} \\ &\times d^3x_E\, d^3p_3\, d^3p_2 dE_3 dE_2\, d^3x dt\, d^3q d\omega\, d^3p_1\, d^3p_0 dE_1 dE_0\, d^3x_A \end{aligned} \tag{3.189}$$

Die Integration über $\boldsymbol{x}$ und $t$ liefert zwei $\delta$-Funktionen

$$\begin{aligned} S^{(1)}_{p_E,p_A} = &-\frac{i}{\hbar}\frac{1}{(2\pi\hbar)^{9}}\int e^{-\frac{i}{\hbar}(\boldsymbol{p}_E\boldsymbol{x}_E-E_Et_E)} e^{\frac{i}{\hbar}(\boldsymbol{p}_3\boldsymbol{x}_E-E_3t_E)} k_0(\boldsymbol{p}_3\,E_3;\boldsymbol{p}_2\,E_2) \\ &\times \delta(\boldsymbol{p}_2-\boldsymbol{q}-\boldsymbol{p}_1)\delta(E_2-\omega-E_1) \\ &\times v(\boldsymbol{q},\omega) k_0(\boldsymbol{p}_1\,E_1;\boldsymbol{p}_0\,E_0) e^{-\frac{i}{\hbar}(\boldsymbol{p}_0\boldsymbol{x}_A-E_0t_A)} e^{\frac{i}{\hbar}(\boldsymbol{p}_A\boldsymbol{x}_A-E_At_A)} \\ &\times d^3x_E\, d^3p_3\, d^3p_2 dE_3 dE_2 d^3q d\omega\, d^3p_1\, d^3p_0 dE_1 dE_0\, d^3x_A \end{aligned} \tag{3.190}$$

Die Integrationen über $\boldsymbol{q}$ und $\omega$ können jetzt ausgeführt werden. Setzt man schließlich noch den freien Propagator in der Impuls-Energie-Darstellung aus

(3.180) ein, dann bekommen wir

$$S^{(1)}_{\boldsymbol{p}_E,\boldsymbol{p}_A} = -\frac{i}{\hbar}\frac{1}{(2\pi\hbar)^7}\int \mathrm{e}^{-\frac{i}{\hbar}(\boldsymbol{p}_E\boldsymbol{x}_E - E_E t_E)}\mathrm{e}^{\frac{i}{\hbar}(\boldsymbol{p}_3\boldsymbol{x}_E - E_3 t_E)}\frac{i\hbar\delta(\boldsymbol{p}_3-\boldsymbol{p}_2)\delta(E_3-E_2)}{E_2-\frac{\boldsymbol{p}_2^2}{2m}+i\epsilon}$$
$$\times\, v(\boldsymbol{p}_2-\boldsymbol{p}_1,E_2-E_1)\frac{i\hbar\delta(\boldsymbol{p}_1-\boldsymbol{p}_0)\delta(E_1-E_0)}{E_1-\frac{\boldsymbol{p}_1^2}{2m}+i\epsilon}\mathrm{e}^{-\frac{i}{\hbar}(\boldsymbol{p}_0\boldsymbol{x}_A-E_0t_A)}$$
$$\times\, \mathrm{e}^{\frac{i}{\hbar}(\boldsymbol{p}_A\boldsymbol{x}_A-E_At_A)}\, d^3x_E\, d^3p_3\, d^3p_2 dE_3 dE_2\, d^3p_1\, d^3p_0 dE_1 dE_0\, d^3x_A \quad (3.191)$$

Wegen der vier $\delta$-Funktionen können die Integrationen über $\boldsymbol{p}_3$, $E_3$, $\boldsymbol{p}_1$ und $E_1$ sofort durchgeführt werden und es verbleibt

$$S^{(1)}_{\boldsymbol{p}_E,\boldsymbol{p}_A} = \int \mathrm{e}^{-\frac{i}{\hbar}(\boldsymbol{p}_E-\boldsymbol{p}_2)\boldsymbol{x}_E+\frac{i}{\hbar}(E_E-E_2)t_E}$$
$$\frac{1}{(2\pi\hbar)^4}\frac{i\hbar}{E_2-\frac{\boldsymbol{p}_2^2}{2m}+i\epsilon}\left(-\frac{i}{\hbar}\right)2\pi\hbar\, v(\boldsymbol{p}_2-\boldsymbol{p}_1,E_2-E_1)\frac{1}{(2\pi\hbar)^4}\frac{i\hbar}{E_1-\frac{\boldsymbol{p}_1^2}{2m}+i\epsilon}$$
$$\mathrm{e}^{-\frac{i}{\hbar}(\boldsymbol{p}_1-\boldsymbol{p}_A)\boldsymbol{x}_A+\frac{i}{\hbar}(E_1-E_A)t_A} d^3x_E\, d^3p_2\, dE_2\, d^3p_1\, dE_1\, d^3x_A \quad (3.192)$$

#### 3.2.3.6 **Feynman-Regeln im Impulsraum**

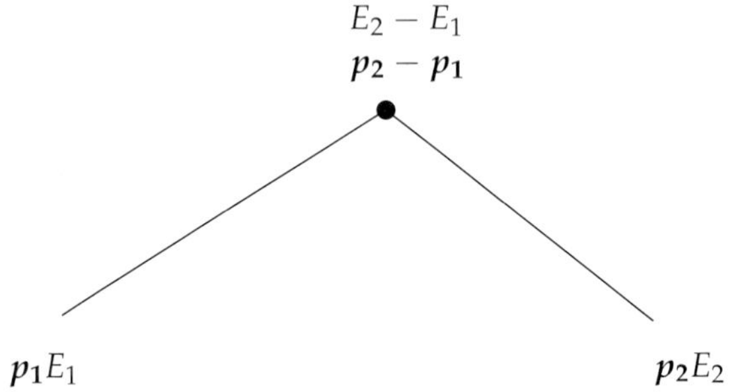


**Abb. 3.13** Darstellung der Streuamplitude (3.192) durch ein Feynman-Diagramm im Impulsraum

Die Impulsdarstellung der Streuamplitude (3.192) in erster Ordnung der Störungstheorie wird durch Abb. 3.13 veranschaulicht, wobei der Graph von links nach rechts zu lesen ist[35]. Das Verfahren ist grundsätzlich dasselbe wie bei der Interpretation des Streuprozesses durch Feynman-Graphen im Ortsraum, die Details hängen, wie schon bei der Diskussion der Streumatrix im Ortsraum erwähnt, vom betrachteten System und von seiner mathematischen Beschreibung ab. Ein Teilchen mit Impuls $\boldsymbol{p}_1$ und Energie $E_1$ propagiert auf das Streuzentrum zu, wird dort unter Änderung des Impulses und der Energie gestreut und propagiert dann vom Streuzentrum weg mit Impuls $\boldsymbol{p}_2$ und

**35**) Im Ausdruck (3.192) stehen die entsprechenden Terme gerade in umgekehrter Reihenefolge, d. h. von rechts nach links.

Energie $E_2$. Dem Diagramm lässt sich wieder der analytischer Ausdruck für die Streuamplitude zuordnen. Die beiden folgenden Abbildungen verdeutlichen die Übersetzung der Feynman-Diagramme in analytische Ausdrücke. In Abb. 3.14 entspricht die durch $\boldsymbol{p}\ E$ gekennzeichnete Propagatorlinie dem auf der rechten Seite stehenden analytischen Ausdruck. Abbildung 3.15 stellt das Diagramm für die Wechselwirkung im Impulsraum dar. Auch hier steht rechts der zugeordnete analytische Ausdruck.

$$\frac{1}{(2\pi\hbar)^4}\frac{i\hbar}{E-\frac{p^2}{2m}+i\epsilon}$$

**Abb. 3.14** Propagator

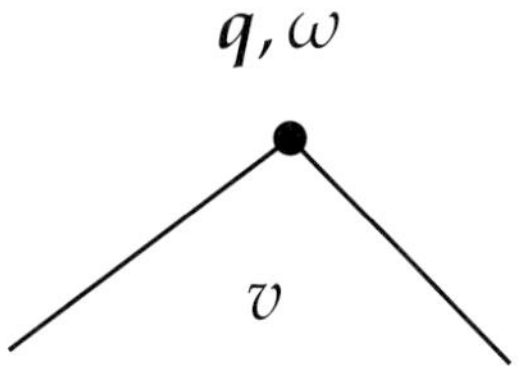


$$-\frac{i}{\hbar}(2\pi\hbar)^4 v(\boldsymbol{q},\omega)$$

**Abb. 3.15** Vertex

Um die Wahrscheinlichkeitsamplitude in der Impulsdarstellung zu erhalten, müssen wir diese Größen entsprechend der Diagrammstruktur miteinander multiplizieren und über die inneren Impulse und Energien integrieren. Außerdem ist an den beiden Enden der Anschluss an die einfallende und auslaufende Welle durch die Terme

$$\mathrm{e}^{-\frac{i}{\hbar}(\boldsymbol{p}_1-\boldsymbol{p}_A)\boldsymbol{x}_A+\frac{i}{\hbar}(E_1-E_A)t_A} \quad \text{bzw.} \quad \mathrm{e}^{-\frac{i}{\hbar}(\boldsymbol{p}_E-\boldsymbol{p}_2)\boldsymbol{x}_E+\frac{i}{\hbar}(E_E-E_2)t_E} \tag{3.193}$$

herzustellen und über $\boldsymbol{x}_A$ und $\boldsymbol{x}_E$ zu integrieren[36].

### 3.2.4 Streuung am Coulomb-Potential

Wir wollen jetzt die Streuung eines geladenen Teilches mit der Ladung $e$ und der Masse $m$ am Coulomb-Potential einer fixierten Ladung $Ze$ in der ersten Ordnung der Störungstheorie berechnen. Dazu gehen wir von (3.155) aus und setzen hier den aus (3.171) und (3.172) bestimmten freien Propagator

$$K_0(\boldsymbol{x}_1 t_1; \boldsymbol{x}_0 t_0) = \frac{1}{(2\pi\hbar)^3}\Theta(t_1-t_0)\int d^3p_1 \mathrm{e}^{\frac{i}{\hbar}\left[\boldsymbol{p}_1(\boldsymbol{x}_1-\boldsymbol{x}_0)-\frac{\boldsymbol{p}_1^2}{2m}(t_1-t_0)\right]} \tag{3.194}$$

**36)** Eine ausführlichere Diskussion der Darstellung physikalischer Prozesse durch Feynman-Graphen für Felder erfolgt in Kapitel 5.

sowie die einlaufende Welle

$$\Psi_{\text{ein}}(\boldsymbol{x}_A, t_A) = \frac{1}{(2\pi\hbar)^{3/2}}\, e^{\frac{i}{\hbar}(\boldsymbol{p}_A\cdot\boldsymbol{x}_A - E_A t_A)} \tag{3.195}$$

und auslaufende Welle

$$\Psi_{\text{aus}}(\boldsymbol{x}_E, t_E) = \frac{1}{(2\pi\hbar)^{3/2}}\, e^{\frac{i}{\hbar}(\boldsymbol{p}_E\cdot\boldsymbol{x}_E - E_E t_E)} \tag{3.196}$$

ein. Es folgt

$$\begin{aligned} S^{(1)}_{\boldsymbol{p}_E,\boldsymbol{p}_A} = {} & -\frac{i}{\hbar}\frac{1}{(2\pi\hbar)^9}\int e^{-\frac{i}{\hbar}\left(\boldsymbol{p}_E\cdot\boldsymbol{x}_E - \frac{\boldsymbol{p}_E^2}{2m}t_E\right)}\Theta(t_E - t)\, e^{\frac{i}{\hbar}\left[\boldsymbol{p}_2(\boldsymbol{x}_E-\boldsymbol{x}) - \frac{\boldsymbol{p}_2^2}{2m}(t_E - t)\right]} \\ & \times V(\boldsymbol{x},t)\Theta(t-t_A)\, e^{\frac{i}{\hbar}\left[\boldsymbol{p}_1(\boldsymbol{x}-\boldsymbol{x}_A) - \frac{\boldsymbol{p}_1^2}{2m}(t-t_A)\right]}\, e^{\frac{i}{\hbar}\left(\boldsymbol{p}_A\cdot\boldsymbol{x}_A - \frac{\boldsymbol{p}_A^2}{2m}t_A\right)} \\ & \times d^3x_E\, d^3p_2\, d^3x\, dt\, d^3p_1\, d^3x_A \end{aligned} \tag{3.197}$$

Die Integration über $\boldsymbol{x}_E$ und $\boldsymbol{x}_A$ führt auf zwei $\delta$-Funktionen, die zur Elimination der Impulsvariablen $\boldsymbol{p}_2$ und $\boldsymbol{p}_1$ benutzt werden können. Damit verbleibt

$$\begin{aligned} S^{(1)}_{\boldsymbol{p}_E,\boldsymbol{p}_A} = {} & -\frac{i}{\hbar}\frac{1}{(2\pi\hbar)^3}\int \exp\left\{-\frac{i}{\hbar}\left[(\boldsymbol{p}_E - \boldsymbol{p}_A)\cdot\boldsymbol{x} - \left(\frac{\boldsymbol{p}_E^2}{2m} - \frac{\boldsymbol{p}_A^2}{2m}\right)t\right]\right\} V(\boldsymbol{x},t) \\ & \Theta(t-t_A)\Theta(t_E - t)\, d^3x\, dt \end{aligned} \tag{3.198}$$

Wir setzen jetzt $E_E = \boldsymbol{p}_E^2/2m$ und $E_A = \boldsymbol{p}_A^2/2m$ als Energien der auslaufenden und einfallenden Welle sowie das Coulomb-Potential $V(\boldsymbol{x},t) = Ze^2/|\boldsymbol{x}|$ ein und erhalten mit der Fixierung der Anfangs- und Endzeiten entsprechend $t_A = -T/2$ und $t_E = T/2$

$$S^{(1)}_{\boldsymbol{p}_E,\boldsymbol{p}_A} = -\frac{i}{\hbar}\frac{1}{(2\pi\hbar)^3}\int\limits_{-\frac{T}{2}}^{+\frac{T}{2}} dt\, e^{\frac{i}{\hbar}(E_E - E_A)t}\int d^3x\, e^{-\frac{i}{\hbar}(\boldsymbol{p}_E - \boldsymbol{p}_A)\cdot\boldsymbol{x}}\,\frac{Ze^2}{r} \tag{3.199}$$

Das innere Integral in (3.199) ist die Fourier-Transformierte des Coulomb-Potentials. Es ergibt sich zu[37]

$$\int d^3x\, e^{-\frac{i}{\hbar}(\boldsymbol{p}_E - \boldsymbol{p}_A)\cdot\boldsymbol{x}}\,\frac{Ze^2}{r} = Ze^2\frac{4\pi\hbar^2}{|\boldsymbol{p}_E - \boldsymbol{p}_A|^2} \tag{3.200}$$

Wenn wir noch die Zeitintegration in (3.199) ausführen, erhalten wir für die Wahrscheinlichkeitsamplitude

$$S^{(1)}_{\boldsymbol{p}_E,\boldsymbol{p}_A} = -\frac{i}{\hbar}\frac{1}{(2\pi\hbar)^3}\frac{Ze^2 4\pi\hbar^2}{|\boldsymbol{p}_E - \boldsymbol{p}_A|^2}\, 2i\,\frac{\sin\left(\frac{E_E - E_A}{\hbar}\right)\frac{T}{2}}{\frac{i}{\hbar}(E_E - E_A)} \tag{3.201}$$

**37**) Die detaillierte Rechnung hierzu findet sich in Kapitel 5.2.2.2.

Um die Übergangswahrscheinlichkeit angeben zu können, benötigt man das Absolut-Quadrat der Wahrscheinlichkeitsamplitude, d. h. die Wahrscheinlichkeitsdichte. Für diese erhalten wir

$$\left|S^{(1)}_{p_E,p_A}\right|^2 = \frac{1}{\hbar^2}\frac{1}{(2\pi\hbar)^6}\frac{\left(Ze^2 4\pi\hbar^2\right)^2}{|p_E - p_A|^4}\frac{\sin^2\left(\frac{E_E-E_A}{2\hbar}\right)T}{\left(\frac{E_E-E_A}{2\hbar}\right)^2 T}T \qquad (3.202)$$

Für den Grenzfall $T \to \infty$ strebt der letzte Bruch in (3.202) gegen

$$\frac{\sin^2\left(\frac{E_E-E_A}{2\hbar}\right)T}{\left(\frac{E_E-E_A}{2\hbar}\right)^2 T} \to \pi\delta\left(\frac{E_E - E_A}{2\hbar}\right) = 2\pi\hbar\delta\left(E_E - E_a\right) \qquad (3.203)$$

Damit erhalten wir für die Übergangswahrscheinlichkeit

$$\left|S^{(1)}_{p_E,p_A}\right|^2 = \frac{1}{\hbar^2}\frac{1}{(2\pi\hbar)^5}\frac{\left(Ze^2 4\pi\hbar^2\right)^2}{|p_E - p_A|^4}\delta(E_E - E_A)\,T \qquad (3.204)$$

Aus dieser Übergangswahrscheinlichkeit bestimmt sich die Übergangsrate[38] entsprechend

$$R = \frac{d}{dT}\left|S^{(1)}_{p_A,p_E}\right|^2 = \frac{1}{(2\pi\hbar)^3}\frac{4Z^2e^4}{|p_E - p_A|^4}\delta(E_E - E_A) \qquad (3.205)$$

#### 3.2.4.1 **Differentieller Wirkungsquerschnitt**

Bei der experimentellen Messung der Streuung von Teilchen spielt der differentielle Wirkungsquerschitt eine bedeutende Rolle. Er hängt eng mit dem Verhältnis aus der Rate, mit der Teilchen in ein bestimmtes Raumwinkelelement gestreut werden, zu der Rate der auf das Streuzentrum einfallenden Teilchen zusammen. Der einfallende Teilchenstrom wird durch die Wellenfunktion $\Psi_{\text{ein}}$ beschrieben. Wir erhalten mit (3.195) für den einfallenden Strom und damit die Rate der einlaufenden Partikel

$$\begin{aligned} j_{\text{ein}} &= \frac{1}{2m}\left[\Psi^*_{\text{ein}}\frac{\hbar}{i}\nabla\Psi_{\text{ein}} - \Psi_{\text{ein}}\frac{\hbar}{i}\nabla\Psi^*_{\text{ein}}\right] \\ &= \frac{1}{(2\pi\hbar)^3}\frac{p_A}{m} \end{aligned} \qquad (3.206)$$

**38**) siehe auch Band III, Kapitel 7.4.3.1

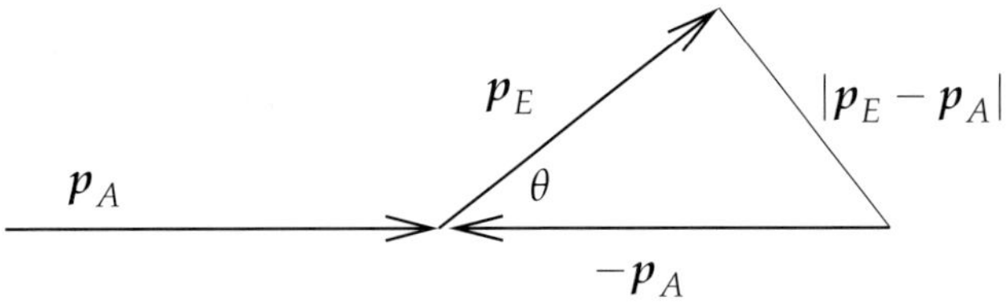


**Abb. 3.16** Zur Geometrie des Streuexperiments

Andererseits wird ist die Wahrscheinlichkeit, das gestreute Teilchen im Impulsraumelement $d^3p_E$ zu finden, gegeben durch $\left|S^{(1)}_{p_E,p_A}\right|^2 d^3p_E$, die entsprechende Rate ist dann $Rd^3p_E$. Folglich ist das Verhältnis aus diesen beiden Raten gegeben durch

$$d\sigma' = \frac{Rd^3p_E}{|j_{\text{ein}}|} \tag{3.207}$$

oder nach dem Einsetzen der entsprechenden Größen

$$d\sigma' = \frac{(2\pi\hbar)^3\, mR\, d^3p_E}{|p_A|} = \frac{(2\pi\hbar)^3\, mR\, p_E^2 dp_E d\Omega}{|p_A|} \tag{3.208}$$

Der Impuls des einfallenden Teilchens ist bzgl. Betrag und Richtung vorgegeben. Nach der Streuung wird das Teilchen mit einer bestimmten Rate in ein vorgegebenes Raumwinkelelement $d\Omega$ gestreut. Für die Beobachtung des Teilchens in diesem Raumwinkelelement spielt die Endenergie keine Rolle, das Teilchen wird unabhängig von seiner Energie registriert, wenn es in diesem Raumwinkelelement erscheint. Deshalb integrieren wir $d\sigma'$ über alle Impulsbeträge und gelangen so zum differentiellen Wirkungsquerschnitt

$$d\sigma = d\Omega \int_0^\infty \frac{(2\pi\hbar)^3\, mR\, p_E^2 dp_E}{|p_A|} \tag{3.209}$$

und mit (3.205) zu dem zugehörigen Differentialquotienten

$$\frac{d\sigma}{d\Omega} = \int p_E^2\, dp_E \frac{4m}{p_A} \frac{(Ze^2)^2}{|p_E - p_A|^4}\, \delta\left(\frac{p_E^2}{2m} - \frac{p_A^2}{2m}\right) \tag{3.210}$$

Die $\delta$-Funktion liefert nur Beiträge für $p_A = p_E$. Aufgrund der Geometrie des Streuexperiments (siehe Abbildung 3.16) können wir $|p_E - p_A|$ durch den Streuwinkel $\theta$ und die Beträge des Anfangs- und Endimpulses ausdrücken

$$\begin{aligned}|p_E - p_A|^2 &= p_E^2 + p_A^2 - 2p_E p_A \cos\theta = 2p_E^2\,(1-\cos\theta)\\ &= 4\, p_E^2 \sin^2\frac{\theta}{2}\end{aligned} \tag{3.211}$$

Einsetzen von (3.211) in (3.210) ergibt dann

$$\frac{d\sigma}{d\Omega} = \int \frac{1}{2} p_E \, dp_E^2 \frac{4m}{p_A} \frac{\left(Ze^2\right)^2}{16 p_E^4 \sin^4 \frac{\theta}{2}} 2m \, \delta(p_E^2 - p_A^2)$$
$$= \frac{m^2 \left(Ze^2\right)^2}{4 p_A^4 \sin^4 \frac{\theta}{2}} \tag{3.212}$$

Mit $p_A = mv$ erhalten wir schließlich die Standardform des differentiellen Wirkungsquerschnitts für die Coulomb-Streuung

$$\frac{d\sigma}{d\Omega} = \left(\frac{Ze^2}{2mv^2}\right)^2 \frac{1}{\sin^4 \frac{\theta}{2}} \tag{3.213}$$

Der Streuquerschnitt nimmt also mit wachsendem Streuwinkel schnell ab und erreicht sein Minimum für die Rückwärtsstreuung bei $\theta = \pi$.

## Aufgaben

3.1 Zeigen Sie, dass der Zeitordnungsoperator linear in seiner Wirkung auf jeden Faktor eines beliebigen Produkts von Observablen unterschiedlicher Zeitargumente ist.

3.2 Beweisen Sie die Relation

$$\int \prod_{i=1}^{N-1} y_i \, e^{\frac{i}{\hbar} \frac{m}{2\tau} \sum\limits_{j=1}^{N-1} \sum\limits_{k=1}^{N-1} y_j A_{jk} y_k} = \left(\frac{2i\pi\hbar\tau}{m}\right)^{(N-1)/2} \frac{1}{\sqrt{\det A}}$$

*Hinweis:* Führen Sie zunächst eine Koordinatentransformation durch, die $A$ in die Diagonaldarstellung überführt.

3.3 Zeigen Sie, dass durch (3.172) die Impulsdarstellung des freien Propagators (3.171) in die zugehörige Ortsdarstellung überführt wird.

3.4 Zeigen Sie, dass die Determinante (3.109) der Rekursionsgleichung (3.112) genügt.

3.5 Zeigen Sie, dass die aus der Übergangsamplitude (3.64) folgende Übergangswahrscheinlichkeit $| \langle x_E t_E \, | x_A t_A \rangle |^2$ invariant gegenüber kanonischen Transformationen ist.
*Hinweis:* Beachten Sie, dass sowohl die im Exponenten auftretende Wirkung als auch das Integrationselement des Funktionalintegrals $\mathscr{D}x \, \mathscr{D}p$ der kanonischen Transformation unterworfen sind. Benutzen Sie die in

Band I, Kap. 7.7.2. abgeleiteten Beziehungen zwischen Hamilton-Funktionen, die durch kanonische Transformationen miteinander verbunden sind und die in Band I, Kap. 7.8.4. abgeleiteten Eigenschaften der Jacobi-Matrix kanonischer Transformationen.

## Maple-Aufgaben

3.I Beweisen Sie induktiv die Beziehung (3.124).

3.II Bestimmen Sie auf direktem Weg die Übergangsmatrix $\langle x_N t_N | x_0 t_0 \rangle$ des harmonischen Oszillators.

3.III Bestimmen Sie unter Verwendung der semiklassischen Näherung die Übergangsamplitude für den harmonischen Oszillator.

3.IV Bestimmen Sie die Übergangswahrscheinlichkeit eines linearen Oszillators von $x_A$ zur Zeit $t = 0$ nach $x_E$ zur Zeit $t = T$, wenn sich während dieser Zeit die Frequenz des Oszillators linear nach dem Gesetz $\omega(t) = \omega_0(1 + \Omega t)^{1/2}$ ändert.

3.V Bestimmen Sie den differentiellen Wirkungsquerschnitt in der ersten Ordnung der Störungstheorie für die Streuung von Partikeln der Masse $m$

a) an einem abgeschirmten Coulomb-Potential $V = Ze^2 r^{-1} \exp\{-\kappa r\}$

b) am Coulomb-Potenital $V = Ze^2 r^{-1}$

c) an einem kugelsymmetrischen Potentialtopf der Tiefe $U_0$.

# 4
# *Quantenfeldtheorie

## 4.1
## *Konzept der Feldquantisierung

In den bisherigen Darstellungen erwies sich die Quantenmechanik als eine mikroskopische Verallgemeinerung der klassischen Mechanik. Es ging uns bei nahezu allen theoretischen Betrachtungen darum, den aus der Sicht der klassischen Mechanik punktförmigen Charakter von Elementarteilchen und deren deterministische Bewegungen durch quantenmechanische Gesetze abzulösen. Während die auf die Galilei-invariante Newton'sche Mechanik bezogene Quantenmechanik eine relativ geschlossene Theorie sowohl für einzelne Partikel, als auch für Vielteilchensysteme bildete, entstanden mit der Einführung relativistisch-invarianter quantenmechanischer Evolutionsgleichungen Probleme, die eine konsequente Interpretation der Einteilchentheorien verhinderten.

Ebenfalls wissen wir aus vielen Experimenten, dass das elektromagnetische Feld eine Quantenstruktur besitzen muss. Mit den bisherigen Konzepten der 'Übersetzung' klassischer Probleme in ihre quantenmechanische Darstellung konnten wir diesem klassischen Feld aber noch keine adäquate quantenmechanische Beschreibung zuordnen. Wir wollen deshalb in diesem Kapitel eine Methode erarbeiten, die es uns erlaubt, klassische Felder zu quantisieren.

Dieser Gedanke wird sich als sehr fruchtbar erweisen. Er kann problemlos auf die Wellenfunktionen der Schrödinger-, Klein-Gordon- und Dirac-Gleichung übertragen werden und führt auf eine Vielteilchentheorie, die insbesondere auch die im Rahmen der relativistischen Einteilchentheorien entstehenden Interpretationsprobleme beseitigt. Da es sich hierbei um eine Quantisierung von Gleichungen handelt, die bereits quantenmechanische Phänomene beschreiben, hat sich der Begriff zweite Quantisierung eingebürgert. Tatsächlich ist diese Bezeichnung nur partiell richtig, da wir mit dieser Methode auch die Quantisierung des bisher nur klassisch verstandenen elektromagnetischen Feldes realisieren können. Wir werden deshalb soweit als möglich von einer Feldquantisierung sprechen.

*Theoretische Physik IV: Quantenmechanik 2*. Peter Reineker, Michael Schulz, Beatrix M. Schulz

ISBN: 978-3-527-40643-2

Allerdings ist auch die Verwendung dieses Begriffes mit Schwierigkeiten behaftet, solange man unter einem Feld nicht nur eine in jedem Raumpunkt und zu jeder Zeit erklärte mathematische Größe, sondern auch eine permanent und überall im Raum gleichermaßen messbare physikalische Observable versteht. Wie bereits in Band III[1] dargestellt, kann man aber die quantenmechanische Wellenfunktion eines Einteilchenproblems zwar rein mathematisch als Feld interpretieren, stößt aber aus physikalischer Sicht auf erhebliche Verständnisprobleme.

Tatsächlich werden wir aber sehen, dass die zu quantisierenden Felder zwar oft denselben Evolutionsgleichungen wie die Wellenfunktionen des zugehörigen quantenmechanischen Einteilchenproblems genügen, aber keinesfalls mehr als Einteilchenwellenfunktion interpretiert werden dürfen. Vielmehr ist das Feld[2] $\psi$ das klassische Analogon eines Systems identischer Partikel, dessen Quantisierung dann gerade auf diese Partikel führt.

Um den Zusammenhang zwischen der quantenfeldtheoretischen und der quantenmechanischen Beschreibung eines Systems genauer darzustellen, wollen wir zunächst ein System identischer Partikel untersuchen, das durch die Schrödinger'sche Quantenmechanik vollständig beschrieben ist[3].

## 4.2 *Vielteilchensysteme

### 4.2.1 *Darstellung von Vielteilchenzuständen

In Band III hatten wir festgestellt, dass die Wellenfunktion eines quantenmechanischen Systems aus identischen Teilchen entweder vollständig symmetrisch oder vollständig antisymmetrisch bezüglich der Teilchenvertauschung ist[4]. Im ersten Fall wurden die zugehörigen Teilchen als Bosonen, im zweiten Fall als Fermionen bezeichnet. Allerdings erwies sich die Darstellung der Wellenfunktionen als sehr unhandlich, so dass entweder nur Systeme mit relativ

1) siehe dort Kap. 2.4
2) Auch wenn es sich um ein Feld handelt, das durch eine quantenmechanische Evolutionsgleichung beschrieben wird, bezeichnet man dieses Feld als klassisches Feld.
3) siehe Band III, Kap. 10
4) Wir berücksichtigen in diesem Kapitel nicht, dass die Teilchen auch einen Spin tragen können, der eigentlich in die Symmetrie des Gesamtzustandes einbezogen werden muss. Die Erweiterung auf diesen Fall ist aber problemlos möglich. Dazu verwendet man am besten die in Band III, Kap. 10.2.1 eingeführten verallgemeinerten Observablen, die sich aus Ortskoordinaten und Spineinstellung zusammensetzen.

wenig Teilchen, wie etwa das Helium-Atom[5] oder das Wasserstoffmolekül[6] oder Systeme mit vielen Teilchen im Rahmen einer Hartree-Näherung effizient behandelbar waren. Selbst im Fall wechselwirkungsfreier Teilchen ist die Kombination der Einteilchenwellenfunktionen als Summe aller Permutationen[7] oder als Slater-Determinante[8] sehr umständlich. So ist die Wellenfunktion eines Systems aus $N$ Bosonen in den durch die Quantenzahlen $\alpha_1,...,\alpha_N$ gekennzeichneten Einteilchenzuständen $\phi_{\alpha_i}(\boldsymbol{x})$ $(i = 1,...,N)$ gegeben durch

$$\psi_{\alpha_1,\alpha_2,...,\alpha_N}(\boldsymbol{x}_1,...,\boldsymbol{x}_N) = \mathcal{N}\sum_{\boldsymbol{k}} \phi_{\alpha_1}(\boldsymbol{x}_{k_1})...\phi_{\alpha_N}(\boldsymbol{x}_{k_N}) \tag{4.1}$$

wobei die Summation über alle $N!$ Permutationen $\boldsymbol{k} = (k_1,...,k_N)$ der Teilchennummern $1,...,N$ läuft. Der Normierungsfaktor ist dabei gegeben durch[9]

$$\mathcal{N} = \frac{1}{\sqrt{N!\prod_{\alpha} n_\alpha!}} \tag{4.2}$$

wobei $\alpha$ über alle Einteilchenzustände läuft und $n_\alpha$ die Multiplizität oder der Entartungsgrad oder die Besetzungszahl des Zustands $\alpha$ ist[10]. Da die aus den Einteilchenzuständen aufgebauten Wellenfunktionen $\psi_{\alpha_1,\alpha_2,...,\alpha_N}(\boldsymbol{x}_1,...,\boldsymbol{x}_N)$ eine vollständige Basis bilden, können alle Zustände wechselwirkender identischer Teilchen – in denen selbst die Identifikation der Einteilchenzustände nicht mehr möglich ist – als eine Superposition der Zustände (4.1) dargestellt werden.

Auf Grund dieser Eigenschaft kommt den aus Einteilchenzuständen konstruierten total symmetrischen oder total antisymmetrischen Zuständen eine zentrale Bedeutung bei der Beschreibung und Interpretation quantenmechanischer Vielteilchenprozesse zu. Für viele physikalische Fragestellungen ist aber die explizite Kenntnis der Wellenfunktion (4.1) gar nicht notwendig. Die mathematische Struktur der Zustandsfunktion (4.1) wird außer von den

**5**) siehe Band III, Kap. 10.5.1
**6**) siehe Band III, Aufgabe 10.I
**7**) siehe Band III, Formel (10.38)
**8**) siehe Band III, Formel (10.39)
**9**) siehe Band III, Kap. 10.3.2
**10**) Die Multiplizität gibt an, wie oft der Einteilchenzustand $\alpha$ in jedem Multinom von (4.1) enthalten ist. Ist jeder Zustand nur einmal enthalten, dann ist $\mathcal{N} = 1/\sqrt{N!}$, sind dagegen alle Teilchen im gleichen Zustand $\beta$, dann ist $n_\beta = N$, während alle anderen $n_\alpha$ den Wert 0 haben. Deshalb erhalten wir $\mathcal{N} = 1/N!$ und aus (4.1) wird

$$\psi_{\beta,...,\beta}(\boldsymbol{x}_1,...,\boldsymbol{x}_N) = \phi_\beta(\boldsymbol{x}_{k_1})...\phi_\beta(\boldsymbol{x}_{k_N})$$

Kommt ein Einteilchenzustand $\alpha$ in jedem Multinom von (4.1) gerade $n_\alpha$-mal vor, dann befinden sich genau $n_\alpha$ Teilchen in diesem Einteilchenzustand. Mit anderen Worten, der Einteilchenzustand $\alpha$ ist $n_\alpha$-fach besetzt.

Einteilchenwellenfunktionen[11] nur noch durch die Besetzung der Einteilchenzustände bestimmt[12]. Die Information über die Besetzung aller möglichen Einteilchenzustände ist die Grundlage der *Fock-Darstellung* oder *Besetzungszahldarstellung*. Hier setzt man eine definierte, festgelegte Ordnung aller zulässigen Einteilchenzustände voraus. Dann kann man den Zustand eines Systems identischer Teilchen auch durch

$$\psi_{\alpha_1,\alpha_2,\ldots,\alpha_N}(x_1,\ldots,x_N) \quad \to \quad \left|n_1,n_2,\ldots,n_\mu,\ldots\right\rangle \tag{4.3}$$

charakterisieren, womit man ausdrücken will, dass sich $n_1$ Teilchen im Zustand 1, $n_2$ Teilchen im Zustand 2 usw. befinden. Daher bezeichnet man $n_\mu$ als Besetzungszahl des Einteilchenzustands $\mu$. Alle unbesetzten Zustände haben die Besetzungszahl 0. Zur Illustration betrachten wir als Beispiel die Wellenfunktion $\psi_{1252557}(x_1,\ldots,x_7)$, die den quantenmechanischen Gesamtzustand eines Systems aus 7 Teilchen beschreibt, von denen sich eines im Zustand 1, zwei im Zustand 2, drei im Zustand 5 und eines im Zustand 7 befindet. Dieser Vielteilchenzustand lautet in der Besetzungszahldarstellung

$$\psi_{1252557}(x_1,\ldots,x_7) \quad \to \quad |1,2,0,0,3,0,1,0,0\ldots\rangle \tag{4.4}$$

Der Fock-Zustand $\left|n_1,n_2,\ldots,n_\mu,\ldots\right\rangle$ eines $N$-Teilchensystems besitzt gewöhnlich unendlich viele Einteilchenzustände, von denen aber im Fall bosonischer Partikel höchstens $N$, im Fall von Fermionen genau $N$ besetzt sind. Ein System aus fermionischen Teilchen erlaubt wegen des Pauli-Prinzips nur die Besetzungszahlen $n_\mu = 0,1$, während für Bosonen $n_\mu \geq 0$ gilt. Auf jeden Fall gilt für die Besetzungszahlen der bisher untersuchten Systeme der Teilchenzahlerhaltungssatz[13]

$$\sum_{\mu=1}^{\infty} n_\mu = N \tag{4.5}$$

Der Vorteil der Fock-Darstellung zeigt sich bereits bei der Definition des Skalarprodukts. Wegen der Orthogonalität der Einteilchenwellenfunktionen $\phi_\alpha(x)$, also $\left\langle\phi_\alpha \middle| \phi_\beta\right\rangle = \delta_{\alpha\beta}$ folgt aus (4.1)

$$\left\langle\psi_{\alpha_1,\alpha_2,\ldots,\alpha_N} \middle| \psi_{\beta_1,\beta_2,\ldots,\beta_N}\right\rangle = \delta_{(\alpha_1,\alpha_2,\ldots,\alpha_N),(\beta_1,\beta_2,\ldots,\beta_N)} \tag{4.6}$$

**11)** die durch die Schrödinger-Gleichung des zugehörigen Einteilchenproblems festgelegt sind

**12)** Wir bemerken noch einmal, dass der Zustand (4.1) nicht beschreibt welche Teilchen, sondern nur wie viele Teilchen sich in den einzelnen Einteilchenzuständen befinden. In dem Vielteilchenzustand kommt somit die Ununterscheidbarkeit identischer Partikel zum Ausdruck.

**13)** Es zeigt sich, dass diese Erhaltung keine notwendige Forderung ist. Es gibt Quantensysteme, z. B. das Phononensystems eines anharmonischen Kristalls, die keine feste Teilchenzahl haben.

Dabei ist $\delta_{(\alpha_1,\alpha_2,...,\alpha_N),(\beta_1,\beta_2,...,\beta_N)} = 1$, wenn die beiden $N$-komponentigen Mengen der Quantenzahlen der besetzten Einteilchenzustände $(\alpha_1, \alpha_2, ..., \alpha_N)$ und $(\beta_1, \beta_2, ..., \beta_N)$ bis auf die Anordnung ihrer Elemente übereinstimmen. Andernfalls gilt $\delta_{(\alpha_1,\alpha_2,...,\alpha_N),(\beta_1,\beta_2,...,\beta_N)} = 0$. Dieses Skalarprodukt lässt sich sofort auf die Fock-Darstellung übertragen. Wir erhalten

$$\langle \boldsymbol{n} \,|\boldsymbol{m}\rangle \equiv \langle n_1, n_2, ..., n_\mu, ... \,|m_1, m_2, ..., m_\mu, ...\rangle = \prod_{\mu=1}^{\infty} \delta_{n_\mu m_\mu} \tag{4.7}$$

Man erkennt, dass dieses Skalarprodukt im Gegensatz zu (4.6) auch für Zustände unterschiedlicher Gesamtbesetzung erklärt ist. Hier liegt ein entscheidender Vorteil der Besetzungszahldarstellung. Wir können jetzt auch Relationen zwischen quantenmechanischen Systemen unterschiedlicher Gesamtbesetzung aufstellen.

Formal ist es jetzt möglich, alle Zustände $|\boldsymbol{n}\rangle = |n_1, n_2, ...\rangle$ mit zulässigen Besetzungszahlen[14], die von identischen Teilchen gebildet werden können, zusammenzufassen. Die Menge dieser Zustände mit zulässigen Besetzungszahlen bildet eine Basis, die den sogenannten *Fock-Raum* aufspannt. Zur Vervollständigung dieser Basis wird noch der *Vakuumzustand*

$$|0\rangle = |0, 0, ..., 0, ...\rangle \tag{4.8}$$

benötigt, der dem leeren Raum entspricht und im Rahmen der Fock-Darstellung den Grundzustand repräsentiert.

In der Fock-Darstellung sind die Besetzungszahlen $n_1, n_2, ..., n_\mu, ...$ die Quantenzahlen, die zur Charakterisierung der Basiszustände eines Vielteilchensystems herangezogen werden. Die Entwicklungskoeffizienten eines beliebigen Vielteilchenzustands in dieser Basis sind dann die Wahrscheinlichkeitsamplituden für die Messung der entsprechenden Besetzungszahlen.

Diese Umstrukturierung der Darstellung führt uns zu der fruchtbaren Vorstellung, dass einzelne Teilchen nicht nur quantenmechanische Eigenschaften haben, sondern selbst Ausdruck der Quanteneigenschaften eines wechselwirkenden, kollektiven Vielteilchensystems sein können. Das ist unter anderem einer der Gründe, warum der Übergang zur Besetzungszahldarstellung manchmal auch als zweite Quantisierung bezeichnet wird. Wie bereits in Kapitel 4.1 erwähnt, erweist sich dieser Begriff aber bei einer genaueren Betrachtung nur bedingt als zutreffend. Tatsächlich handelt es sich auch im vorliegenden Fall gar nicht um eine erneute Quantisierung, sondern nur um eine geschickte Darstellung der Zustände von Vielteilchensystemen, die den Verlust der individuellen Eigenschaften identischer Teilchen in einem quantenmechanischen Vielteilchensystem berücksichtigt.

**14)** also $n_k \geq 0$ für Bosonen, $n_k = 0, 1$ für Fermionen

In einem System identischer Teilchen verliert jedes dieser Teilchen seine Individualität. Es hat also keinen Sinn mehr zu fragen, in welchem Einteilchenzustand sich ein bestimmtes Teilchen befindet. Vielmehr können wir nur noch Aussagen erwarten, die sich auf die Gesamtheit der Teilchen beziehen. Die das Vielteilchensystem beschreibenden Operatoren können zwar aus den Operatoren der einzelnen Partikel konstruiert werden[15], es ist aber sicher viel günstiger, das Gesamtsystem durch solche Operatoren zu repräsentieren, die den Verlust der Partikelindividualität berücksichtigen und damit den kollektiven Charakter des Vielteilchensystems hervorheben. Wir wollen deshalb jetzt nach geeigneten elementaren Operatoren suchen, aus denen wir alle weiteren Operatoren aufbauen können, die sich auf die kollektiven Eigenschaften des Vielteilchensystems beziehen.

## 4.2.2 *Erzeugungs- und Vernichtungsoperatoren

### 4.2.2.1 *Bosonensysteme

Wir definieren zunächst Erzeugungsoperatoren $\hat{b}_\mu^\dagger$, die den vollständig symmetrischen Zustand $|..., n_\mu, ...\rangle$ in den Zustand $|..., n_\mu + 1, ...\rangle$ überführen[16]

$$\hat{b}_\mu^\dagger \, |..., n_\mu, ...\rangle = \sqrt{n_\mu + 1} \, |..., n_\mu + 1, ...\rangle \tag{4.9}$$

Mit anderen Worten, der Operator $\hat{b}_\mu^\dagger$ erhöht die $\mu$-te Besetzungszahl $n_\mu$ um eins[17]. Jeder Zustand mit $n_1$ Teilchen im Zustand 1, $n_2$ Teilchen im Zustand 2 usw. kann durch sukzessive Anwendung des Erzeugungsoperators auf den Vakuumzustand erzeugt werden. Wegen

$$\begin{aligned} |..., n_\mu, ...\rangle &= \frac{1}{\sqrt{n_\mu}} \hat{b}_\mu^\dagger \, |..., n_\mu - 1, ...\rangle = \frac{1}{\sqrt{n_\mu (n_\mu - 1)}} (\hat{b}_\mu^\dagger)^2 \, |..., n_\mu - 2, ...\rangle \\ &= \frac{1}{\sqrt{n_\mu !}} (\hat{b}_\mu^\dagger)^{n_\mu} \, |..., 0, ...\rangle \end{aligned} \tag{4.10}$$

15) So ist der Hamilton-Operator eines Systems nicht miteinander wechselwirkender Teilchen die Summe der Hamilton-Operatoren der Einzelteilchen.

16) Die Wahl des Vorfaktors auf der rechten Seite erscheint zunächst willkürlich. Es wird sich aber zeigen, dass damit besonders einfache Regeln für den Umgang mit Erzeugungs- und Vernichtungsoperatoren verbunden sind.

17) Diese Operatoren können als Verallgemeinerung des in Band III, Kap. 5.2 zur übersichtlichen Behandlung des quantenmechanischen, harmonischen Oszillators eingeführten Erzeugungsoperators $b^\dagger$ verstanden werden. Allerdings ist der dort aufgestellte Zusammenhang zwischen $b^\dagger$ und den Basisoperatoren für die Orts- und Impulsobservablen nicht mehr erforderlich.

erhalten wir die Beziehung

$$|\boldsymbol{n}\rangle = \prod_{\mu=1}^{\infty}\left[\frac{1}{\sqrt{n_\mu!}}(\hat{b}_\mu^\dagger)^{n_\mu}\right]|0\rangle \tag{4.11}$$

Will man mehrere Besetzungszahlen erhöhen, dann wird wegen der vollständigen Symmetrie der bosonischen Zustände gegenüber Permutationen die Reihenfolge der Änderungen keinen Einfluss haben. Damit müssen alle Paare von Erzeugungsoperatoren $\hat{b}_\nu^\dagger$ und $\hat{b}_\mu^\dagger$ miteinander vertauschbar sein.

Wir können jetzt die zu den $\hat{b}_\mu^\dagger$ adjungierten Operatoren $\hat{b}_\mu$ einführen. Dazu gehen wir vom Skalarprodukt

$$\left\langle ..., n_\mu + 1, ... \middle| ..., n'_\mu, ... \right\rangle = \delta_{n_\mu+1,n'_\mu} \prod_{\nu\neq\mu} \delta_{n_\nu n'_\nu} \tag{4.12}$$

aus. Wegen

$$\left\langle ..., n_\mu + 1, ... \middle| ..., n'_\mu, ... \right\rangle = \frac{1}{\sqrt{n_\mu+1}}\left(\hat{b}_\mu^\dagger|\boldsymbol{n}\rangle\right)^\dagger|\boldsymbol{n}'\rangle = \frac{\langle\boldsymbol{n}|\,\hat{b}_\mu\,|\boldsymbol{n}'\rangle}{\sqrt{n_\mu+1}} \tag{4.13}$$

muss jetzt die Anwendung von $\hat{b}_\mu$ auf $|\boldsymbol{n}'\rangle$ zu einem Zustand führen, der die ursprüngliche Orthogonalitätsrelation wiederherstellt. Das wird durch die Forderung

$$\hat{b}_\mu\,|..., n_\mu, ...\rangle = \sqrt{n_\mu}\,|..., n_\mu - 1, ...\rangle \tag{4.14}$$

erreicht. In diesem Fall ist

$$\begin{aligned}\frac{\langle\boldsymbol{n}|\,\hat{b}_\mu\,|\boldsymbol{n}'\rangle}{\sqrt{n_\mu+1}} = \sqrt{\frac{n'_\mu}{n_\mu+1}}\left\langle ..., n_\mu, ... \middle| ..., n'_\mu - 1, ... \right\rangle &= \sqrt{\frac{n'_\mu}{n_\mu+1}}\delta_{n_\mu,n'_\mu-1}\prod_{\nu\neq\mu}\delta_{n_\nu n'_\nu}\\ &= \delta_{n_\mu+1,n'_\mu}\prod_{\nu\neq\mu}\delta_{n_\nu n'_\nu}\end{aligned} \tag{4.15}$$

Wegen der Eigenschaft (4.14) werden die Operatoren $\hat{b}_\mu$ auch als Vernichtungsoperatoren bezeichnet. Da $\hat{b}_\mu$ und $\hat{b}_\mu^\dagger$ zueinander adjungiert sind, folgt aus der Vertauschbarkeit der Erzeugungsoperatoren sofort auch die Vertauschbarkeit aller Vernichtungsoperatoren. Um schließlich die Kommutationsrelationen zwischen Erzeugungs- und Vernichtungsoperatoren zu bekommen, berechnen wir $\hat{b}_\mu^\dagger\hat{b}_\nu|\boldsymbol{n}\rangle$ und $\hat{b}_\nu\hat{b}_\mu^\dagger|\boldsymbol{n}\rangle$ zunächst für $\mu \neq \nu$. In diesem Fall erhalten wir

$$\begin{aligned}\hat{b}_\mu^\dagger\hat{b}_\nu|\boldsymbol{n}\rangle &= \sqrt{n_\nu}\,\hat{b}_\mu^\dagger\,|..., n_\mu, ..., n_\nu - 1, ...\rangle\\ &= \sqrt{n_\nu(n_\mu+1)}\,|..., n_\mu + 1, ..., n_\nu - 1, ...\rangle\end{aligned} \tag{4.16}$$

und

$$\hat{b}_\nu \hat{b}^\dagger_\mu |\boldsymbol{n}\rangle = \sqrt{n_\mu + 1}\, \hat{b}_\nu |..., n_\mu + 1, ..., n_\nu, ...\rangle$$
$$= \sqrt{n_\nu (n_\mu + 1)}\, |..., n_\mu + 1, ..., n_\nu - 1, ...\rangle \tag{4.17}$$

d. h. $\hat{b}_\nu$ und $\hat{b}^\dagger_\mu$ kommutieren, falls beide Operatoren auf unterschiedliche Zustände wirken. Ist dagegen $\mu = \nu$, dann folgt

$$\hat{b}^\dagger_\mu \hat{b}_\mu |\boldsymbol{n}\rangle = \sqrt{n_\mu}\, \hat{b}^\dagger_\mu |..., n_\mu - 1, ...\rangle = n_\mu |\boldsymbol{n}\rangle \tag{4.18}$$

und

$$\hat{b}_\mu \hat{b}^\dagger_\mu |\boldsymbol{n}\rangle = \sqrt{n_\mu + 1}\, \hat{b}_\mu |..., n_\mu + 1, ...\rangle = (n_\mu + 1) |\boldsymbol{n}\rangle \tag{4.19}$$

woraus wir sofort $\hat{b}_\mu \hat{b}^\dagger_\mu - \hat{b}^\dagger_\mu \hat{b}_\mu = 1$ bekommen. Fassen wir unsere Ergebnisse zusammen, dann erhalten wir die folgenden Kommutationsrelationen

$$[\hat{b}_\mu, \hat{b}_\nu] = 0 \qquad [\hat{b}^\dagger_\mu, \hat{b}^\dagger_\nu] = 0 \qquad \text{und} \qquad [\hat{b}_\mu, \hat{b}^\dagger_\nu] = \delta_{\mu\nu} \tag{4.20}$$

die für die Fock-Darstellung aller bosonischen Vielteilchensysteme Gültigkeit haben.

#### 4.2.2.2 *Fermionensysteme

Wir können auch für Fermionen Erzeugungs- und Vernichtungsoperatoren definieren. Die einem zulässigen Besetzungszustand $|\boldsymbol{n}\rangle$ entsprechende, aus Einteilchenzuständen aufgebaute Wellenfunktion $\psi_{\alpha_1,\alpha_2,...,\alpha_N}(\boldsymbol{x}_1, ..., \boldsymbol{x}_N)$ kann als Slater-Determinante[18]

$$\psi_{\alpha_1,\alpha_2,...,\alpha_N}(\boldsymbol{x}_1, \ldots, \boldsymbol{x}_N) = \frac{1}{\sqrt{N!}} \begin{vmatrix} \phi_{\alpha_1}(\boldsymbol{x}_1) & \phi_{\alpha_2}(\boldsymbol{x}_1) & \ldots & \phi_{\alpha_N}(\boldsymbol{x}_1) \\ \phi_{\alpha_1}(\boldsymbol{x}_2) & \phi_{\alpha_2}(\boldsymbol{x}_2) & \ldots & \phi_{\alpha_N}(\boldsymbol{x}_2) \\ \vdots & \vdots & \vdots & \vdots \\ \phi_{\alpha_1}(\boldsymbol{x}_N) & \phi_{\alpha_2}(\boldsymbol{x}_N) & \ldots & \phi_{\alpha_N}(\boldsymbol{x}_N) \end{vmatrix} \tag{4.21}$$

dargestellt werden. Jede Vertauschung von zwei Teilchen $\boldsymbol{x}_i \leftrightarrow \boldsymbol{x}_j$ oder von zwei Zuständen $\alpha_i \leftrightarrow \alpha_j$ führt zu einem Vorzeichenwechsel der Wellenfunktion. Befinden sich zwei Teilchen im gleichen Einteilchenzustand, dann hat die Slater-Determinante zwei gleiche Spalten und verschwindet. Auf diese Weise wird dem Pauli-Prinzip Rechnung getragen.

Die Zuordnung (4.3) zwischen der Ortsdarstellung $\psi_{\alpha_1,\alpha_2,...,\alpha_N}(\boldsymbol{x}_1, ..., \boldsymbol{x}_N)$ und der Besetzungszahldarstellung[19] verlangt, dass die Antisymmetrie auch bei der Anwendung von Operatoren beachtet werden muss. Wir verwenden deshalb die folgende Definition des fermionischen Erzeugungsoperators $\hat{b}^\dagger_\mu$

$$\hat{b}^\dagger_\mu |..., n_\mu = 0, ...\rangle = (-1)^{P_\mu} |..., n_\mu = 1, ...\rangle \tag{4.22}$$

18) siehe Band III, Formel (10.39)

19) Diese Darstellung setzt wie bei Bosonen eine definierte, festgelegte Ordnung aller zugelassenen Einteilchenzustände voraus.

mit

$$P_\mu = \sum_{\nu<\mu} n_\nu \tag{4.23}$$

$P_\mu$ gibt die Anzahl der vor dem Zustand $\mu$ besetzten Einteilchenzustände an. Die Festlegung des Vorzeichens in (4.22) ist an sich willkürlich. Wir werden im Laufe der weiteren Diskussion aber sehen, dass diese Konvention besonders zweckmäßig ist.

Da Zustände mit $n_\mu > 1$ nach dem Pauli-Prinzip nicht existieren, liefert die Anwendung von $\hat{b}_\mu^\dagger$ auf einen bereits besetzten Einteilchenzustand

$$\hat{b}_\mu^\dagger \left|..., n_\mu = 1, ...\right\rangle = 0 \tag{4.24}$$

woraus wir sofort

$$(\hat{b}_\mu^\dagger)^2 = 0 \tag{4.25}$$

ableiten können. Wie im bosonischen Fall kann auch jetzt jeder Zustand aus dem Vakuum generiert werden. Wie man sich leicht überzeugen kann, gilt jetzt

$$|\boldsymbol{n}\rangle = (\hat{b}_1^\dagger)^{n_1}(\hat{b}_2^\dagger)^{n_2}...(\hat{b}_\mu^\dagger)^{n_\mu}...\,|0\rangle \tag{4.26}$$

wobei die Erzeugungsoperatoren entsprechend der Reihenfolge der Zustände in der Fock-Darstellung geordnet sind. Die sukzessive Anwendung der einzelnen Faktoren auf den rechts stehenden Zustand führt dazu, dass in jedem Schritt $P_\mu = 0$ gilt, da alle Zustände links von dem aktuell zu besetzenden Zustand leer sind. Um die Vertauschungsrelationen für Erzeugungsoperatoren $\hat{b}_\mu^\dagger$ und $\hat{b}_\nu^\dagger$ abzuleiten, wenden wir $\hat{b}_\mu^\dagger \hat{b}_\nu^\dagger$ und $\hat{b}_\nu^\dagger \hat{b}_\mu^\dagger$ auf einen in den beiden Einteilchenzuständen $\mu$ und $\nu$ unbesetzten Zustand $|\boldsymbol{n}\rangle$ an. Ohne Beschränkung der Allgemeinheit können wir $\nu > \mu$ annehmen. Dann ist

$$\hat{b}_\mu^\dagger \hat{b}_\nu^\dagger\,|\boldsymbol{n}\rangle = (-1)^{N_\nu^{(1)}}\,\hat{b}_\mu^\dagger\,|...,0,...,1,...\rangle = (-1)^{N_\nu^{(1)}+N_\mu^{(2)}}\,|...,1,...,1,...\rangle \tag{4.27}$$

Dabei ist $N_\nu^{(1)}$ die Zahl der besetzten Zustände kleiner als $\nu$, die im ersten Schritt der Anwendung des Operatorprodukts vorlag, $N_\mu^{(2)}$ demnach die Zahl der besetzten Zustände kleiner $\mu$, die im zweiten Schritt vorliegen. Analog findet man

$$\hat{b}_\nu^\dagger \hat{b}_\mu^\dagger\,|\boldsymbol{n}\rangle = (-1)^{N_\mu^{(1)}}\,\hat{b}_\nu^\dagger\,|...,1,...,0,...\rangle = (-1)^{N_\mu^{(1)}+N_\nu^{(2)}}\,|...,1,...,1,...\rangle \tag{4.28}$$

Da $\nu > \mu$ gilt $N_\mu^{(1)} = N_\mu^{(2)}$, aber $N_\nu^{(1)} = N_\nu^{(2)} - 1$. Damit erhalten wir für die Summe von (4.27) und (4.28)

$$\left(\hat{b}_\mu^\dagger \hat{b}_\nu^\dagger + \hat{b}_\nu^\dagger \hat{b}_\mu^\dagger\right)|\boldsymbol{n}\rangle = 0 \tag{4.29}$$

Diese Beziehung gilt für alle Fock-Zustände $|\boldsymbol{n}\rangle$, so dass wir hieraus und mit (4.25) zu der für alle $\mu$, $\nu$ geltende Antikommutationsregel

$$\hat{b}_\mu^\dagger \hat{b}_\nu^\dagger + \hat{b}_\nu^\dagger \hat{b}_\mu^\dagger = 0 \tag{4.30}$$

gelangen. Analog zum Vorgehen im Fall bosonischer Vielteilchensysteme, können wir den zu $\hat{b}_\mu^\dagger$ adjungierten Operator $\hat{b}_\mu$ bestimmen. Seine Wirkung auf einen Zustand ist deshalb durch

$$\hat{b}_\mu \left|..., n_\mu = 1, ...\right\rangle = (-1)^{P_\mu} \left|..., n_\mu = 0, ...\right\rangle \tag{4.31}$$

gegeben. Auch die Vernichtungsoperatoren $\hat{b}_\mu$ genügen Antikommutationsrelationen. Zum Abschluss wollen wir noch die Relationen zwischen Erzeugungs-und Vernichtungsoperatoren bestimmen. Dazu berechnen wir zunächst für $\mu < \nu$ und $|\boldsymbol{n}\rangle = |..., 1, ..., 0, ...\rangle$

$$\hat{b}_\nu^\dagger \hat{b}_\mu |\boldsymbol{n}\rangle = (-1)^{N_\mu^{(1)}} \hat{b}_\nu^\dagger |..., 0, ..., 0, ...\rangle = (-1)^{N_\mu^{(1)} + N_\nu^{(2)}} |..., 0, ..., 1, ...\rangle \tag{4.32}$$

und

$$\hat{b}_\mu \hat{b}_\nu^\dagger |\boldsymbol{n}\rangle = (-1)^{N_\nu^{(1)}} \hat{b}_\mu |..., 1, ..., 1, ...\rangle = (-1)^{N_\mu^{(2)} + N_\nu^{(1)}} |..., 0, ..., 1, ...\rangle \tag{4.33}$$

Die Reihenfolge der Anwendung der einzelnen Operatoren ergibt $N_\mu^{(1)} = N_\mu^{(2)}$ und $N_\nu^{(1)} = N_\nu^{(2)} + 1$. Daraus folgt

$$\left(\hat{b}_\mu \hat{b}_\nu^\dagger + \hat{b}_\nu^\dagger \hat{b}_\mu\right) |\boldsymbol{n}\rangle = 0 \tag{4.34}$$

und weiter $\hat{b}_\mu \hat{b}_\nu^\dagger + \hat{b}_\nu^\dagger \hat{b}_\mu = 0$. Das gleiche Ergebnis erhält man für $\mu > \nu$. Damit bleibt nur noch $\hat{b}_\mu \hat{b}_\mu^\dagger + \hat{b}_\mu^\dagger \hat{b}_\mu$ zu bestimmen. Hier erhalten wir

$$(\hat{b}_\mu \hat{b}_\mu^\dagger + \hat{b}_\mu^\dagger \hat{b}_\mu) |..., 1, ...\rangle = (-1)^{N_\mu} \hat{b}_\mu^\dagger |..., 0, ...\rangle = (-1)^{2N_\mu} |..., 1, ...\rangle \tag{4.35}$$

und

$$(\hat{b}_\mu \hat{b}_\mu^\dagger + \hat{b}_\mu^\dagger \hat{b}_\mu) |..., 0, ...\rangle = (-1)^{N_\mu} \hat{b}_\mu |..., 1, ...\rangle = (-1)^{2N_\mu} |..., 0, ...\rangle \tag{4.36}$$

Das Vorzeichen vor dem Ergebnis ist in jedem Fall positiv, so dass wir unabhängig vom Zustand $|\boldsymbol{n}\rangle$ auf $\hat{b}_\mu \hat{b}_\mu^\dagger + \hat{b}_\mu^\dagger \hat{b}_\mu = 1$ schließen können. Fassen wir die verschiedenen Relationen wieder zusammen, dann finden wir, dass die Erzeugungs- und Vernichtungsoperatoren fermionischer Systeme der Algebra

$$\hat{b}_\mu^\dagger \hat{b}_\nu^\dagger + \hat{b}_\nu^\dagger \hat{b}_\mu^\dagger = 0 \qquad \hat{b}_\mu \hat{b}_\nu + \hat{b}_\nu \hat{b}_\mu = 0 \qquad \hat{b}_\mu^\dagger \hat{b}_\nu + \hat{b}_\nu \hat{b}_\mu^\dagger = \delta_{\mu\nu} \tag{4.37}$$

genügen, d. h. *Antivertauschungsrelationen* erfüllen.

### 4.2.3
### *Teilchenzahloperator

Die Anwendung des Operators

$$\hat{n}_\mu = \hat{b}_\mu^\dagger \hat{b}_\mu \tag{4.38}$$

auf einen Zustand $|\boldsymbol{n}\rangle$ liefert wieder ein Vielfaches des Zustands. Deshalb sind alle Zustände $|\boldsymbol{n}\rangle$ Eigenzustände von $\hat{n}_\mu$, unabhängig davon ob wir ein Fermi- oder Bosesystem vorliegen haben. Der Eigenwert $n_\mu$ der Eigenwertgleichung $\hat{n}_\mu |\boldsymbol{n}\rangle = n_\mu |\boldsymbol{n}\rangle$ ist die Besetzungszahl des $\mu$-ten Einteilchenzustands im Vielteilchenzustand $|\boldsymbol{n}\rangle$. Wir beweisen diese Aussage zuerst für den Fermi-Fall. Ist der Einteilchenzustand $\mu$ unbesetzt, dann liefert die Wirkung von $\hat{b}_\mu$ auf $|\boldsymbol{n}\rangle$ sofort 0 und die obige Aussage ist erfüllt. Ist dagegen der Zustand $\mu$ besetzt, dann erhalten wir

$$\hat{n}_\mu |\boldsymbol{n}\rangle = \hat{b}_\mu^\dagger \hat{b}_\mu |..., 1, ...\rangle = (-1)^{N_\mu} \hat{b}_\mu^\dagger |..., 0, ...\rangle = (-1)^{2N_\mu} |..., 1, ...\rangle = |\boldsymbol{n}\rangle \tag{4.39}$$

d. h. der Eigenwert von $\hat{n}_\mu$ ist jetzt 1. Für Bosonen erhalten wir dagegen

$$\hat{n}_\mu |\boldsymbol{n}\rangle = \hat{b}_\mu^\dagger \hat{b}_\mu |..., n_\mu, ...\rangle = \sqrt{n_\mu} \hat{b}_\mu^\dagger |..., n_\mu - 1, ...\rangle = n_\mu |\boldsymbol{n}\rangle \tag{4.40}$$

d. h. auch jetzt ist der Eigenwert von $\hat{n}_\mu$ die Besetzungszahl des Zustands $\mu$. Deshalb bezeichnet man $\hat{n}_\mu$ auch als *Besetzungszahloperator* zum Einteilchenzustand $\mu$.

Die Summe über alle Besetzungszahlen ergibt die Teilchenzahl des Gesamtzustands $|\boldsymbol{n}\rangle$. Daher ist

$$\hat{N} = \sum_{\mu=1}^{\infty} \hat{n}_\mu \tag{4.41}$$

der *Teilchenzahloperator* des Gesamtsystems. Wegen

$$\hat{N} |\boldsymbol{n}\rangle = \sum_{\mu=1}^{\infty} \hat{n}_\mu |\boldsymbol{n}\rangle = \sum_{\mu=1}^{\infty} n_\mu |\boldsymbol{n}\rangle = N |\boldsymbol{n}\rangle \tag{4.42}$$

ist jeder Zustand $|\boldsymbol{n}\rangle$ ein Eigenzustand des Teilchenzahloperators zum Eigenwert $N$. Dieser Wert ist die Summe der einzelnen Besetzungszahlen und damit die Gesamtteilchenzahl des jeweiligen Vielteilchenzustands $|\boldsymbol{n}\rangle$.

### 4.2.4
### *Fock-Darstellung von Operatoren

Erzeugungs- und Vernichtungsoperatoren können als Basisoperatoren betrachtet werden, aus denen andere Operatoren konstruiert werden können. Wir wollen hier der Frage nachgehen, wie ein in der Ortsdarstellung vorliegender Operator in die Fock-Darstellung überführt werden kann. Wir werden uns hier auf den Fall von Bose-Teilchen konzentrieren. Die Behandlung von Fermisystemen erfolgt ganz analog und liefert die gleichen Resultate.

Als Ausgangspunkt wählen wir einen Operator $\hat{A}$ eines $N$-Teilchensystems, der sich aus Einteilchenoperatoren $\hat{A}_i$ und Zweiteilchenoperatoren $\hat{A}_{ij}$ zusammensetzt

$$\hat{A} = \sum_{i=1}^{N} \hat{A}_i + \frac{1}{2} \sum_{i,j=1}^{N} \hat{A}_{ij} \tag{4.43}$$

Die Indizes bedeuten, dass der jeweilige Teiloperator nur auf die Koordinaten der zugehörigen Teilchens wirkt. Da sich das Gesamtsystem aus identischen Teilchen zusammensetzt, unterscheiden sich bis auf diese Partikelabhängigkeit die einzelnen Operatoren $\hat{A}_i$ bzw. $\hat{A}_{ij}$ nicht weiter, so dass wir auch schreiben können

$$\hat{A}_i = \hat{A}^{(1)}(\boldsymbol{x}_i) \qquad \text{und} \qquad \hat{A}_{ij} = \hat{A}^{(2)}(\boldsymbol{x}_i, \boldsymbol{x}_j) \tag{4.44}$$

Wir betrachten zuerst die Einteilchenbeiträge. Die Wirkung dieses Operatoranteils auf einen Zustand $|\boldsymbol{n}\rangle$ mit einer vorgegebenen Gesamtteilchenzahl ist identisch mit der Wirkung auf den Zustand (4.1)

$$\sum_{i=1}^{N} \hat{A}_i \psi_{\alpha_1,\alpha_2,\ldots,\alpha_N}(\boldsymbol{x}_1, \ldots, \boldsymbol{x}_N) = \mathcal{N} \sum_{\boldsymbol{k}} \sum_{i=1}^{N} \hat{A}_i \phi_{\alpha_1}(\boldsymbol{x}_{k_1}) \ldots \phi_{\alpha_N}(\boldsymbol{x}_{k_N}) \tag{4.45}$$

Die Operatoren $\hat{A}_i$ wirken auf der rechten Seite auf Multinome aus $N$ Einteilchenzustände. In jedem Multinom gibt es dabei genau eine Einteilchenwellenfunktion, die von der Koordinate $\boldsymbol{x}_i$ abhängt. Deshalb ist in der Summe über alle Einteilchenoperatoren $\hat{A}_i$ genau ein Operator enthalten, der auf den ersten Faktor eines Multinoms wirkt, ein weiterer der auf den zweiten Faktor wirkt usw. Wir können deshalb auch schreiben

$$\begin{aligned}
\sum_{i=1}^{N} \hat{A}_i \psi_{\alpha_1,\alpha_2,\ldots,\alpha_N}(\boldsymbol{x}_1, \ldots, \boldsymbol{x}_N) = {} & \mathcal{N} \sum_{\boldsymbol{k}} [\hat{A}_{k_1} \phi_{\alpha_1}(\boldsymbol{x}_{k_1})] \phi_{\alpha_2}(\boldsymbol{x}_{k_2}) \ldots \phi_{\alpha_N}(\boldsymbol{x}_{k_N}) \\
& + \mathcal{N} \sum_{\boldsymbol{k}} \phi_{\alpha_1}(\boldsymbol{x}_{k_1}) [\hat{A}_{k_2} \phi_{\alpha_2}(\boldsymbol{x}_{k_2})] \ldots \phi_{\alpha_N}(\boldsymbol{x}_{k_N}) \\
& + \qquad \ldots \\
& + \mathcal{N} \sum_{\boldsymbol{k}} \phi_{\alpha_1}(\boldsymbol{x}_{k_1}) \phi_{\alpha_2}(\boldsymbol{x}_{k_2}) \ldots [\hat{A}_{k_N} \phi_{\alpha_N}(\boldsymbol{x}_{k_N})]
\end{aligned} \tag{4.46}$$

Wegen der Vollständigkeit der Einteilchenzustände ist weiter

$$\hat{A}_{k_i} \phi_{\alpha_i}(\boldsymbol{x}_{k_i}) = \sum_{\beta} \langle \phi_\beta | \hat{A}_{k_i} | \phi_{\alpha_i} \rangle \phi_\beta(\boldsymbol{x}_{k_i}) \tag{4.47}$$

Die Matrixelemente $\langle \phi_\beta | \hat{A}_{k_i} | \phi_{\alpha_i} \rangle$ hängen wegen der quantenmechanischen Identität der Partikel nicht mehr von der Teilchennummer ab. Wir schreiben deshalb

$$\langle \phi_\beta | \hat{A}_{k_i} | \phi_{\alpha_i} \rangle = \langle \phi_\beta | \hat{A}^{(1)} | \phi_{\alpha_i} \rangle = c^{(1)}_{\beta\alpha_i} \tag{4.48}$$

und deuten mit dieser Bezeichnung an, dass die Matrixelemente mit dem in (4.44) definierten Einteilchenoperator $\hat{A}^{(1)}$ gebildet werden. Setzen wir (4.47) und (4.48) in (4.46) ein, dann bekommen wir für den ersten Summanden

$$\mathcal{N}\sum_{k}[\hat{A}_{k_1}\phi_{\alpha_1}(\boldsymbol{x}_{k_1})]\phi_{\alpha_2}(\boldsymbol{x}_{k_2})...\phi_{\alpha_N}(\boldsymbol{x}_{k_N}) = \sum_{\beta} c^{(1)}_{\beta\alpha_1}\mathcal{N}\sum_{k}\phi_{\beta}(\boldsymbol{x}_{k_1})...\phi_{\alpha_N}(\boldsymbol{x}_{k_N}) \tag{4.49}$$

Die auf der rechten Seite stehenden Multinome lassen sich wieder zu einer Wellenfunktion $\psi_{\beta,\alpha_2,...,\alpha_N}$ zusammenfassen, allerdings ändert sich dabei der Normierungsfaktor, denn die Multiplizität – d. h. die Besetzungszahl – des Einteilchenzustandes $\alpha_1$ wird um 1 erniedrigt, die von $\beta$ um 1 erhöht. Mit (4.2) erhalten wir deshalb

$$\begin{aligned}&\mathcal{N}\sum_{k}[\hat{A}_{k_1}\phi_{\alpha_1}(\boldsymbol{x}_{k_1})]\phi_{\alpha_2}(\boldsymbol{x}_{k_2})...\phi_{\alpha_N}(\boldsymbol{x}_{k_N}) \qquad (4.50)\\ &= \sum_{\beta\neq\alpha_1} c^{(1)}_{\beta\alpha_1}\sqrt{\frac{n_\beta+1}{n_{\alpha_1}}}\psi_{\beta,\alpha_2,...,\alpha_N}(\boldsymbol{x}_1,...,\boldsymbol{x}_N) + c^{(1)}_{\alpha_1\alpha_1}\psi_{\alpha_1,\alpha_2,...,\alpha_N}(\boldsymbol{x}_1,...,\boldsymbol{x}_N)\end{aligned}$$

wobei der letzte Summand berücksichtigt, dass bei $\beta = \alpha_1$ der Normierungsfaktor nicht geändert wird, da sich in diesem Fall die Besetzung der Einteilchenzustände nicht ändert.

Wir können jetzt diesen Ausdruck in die Besetzungszahldarstellung überführen. Im ersten Teil können wir $\psi_{\beta,\alpha_2,...,\alpha_N}(\boldsymbol{x}_1,...,\boldsymbol{x}_N)$ ersetzen durch einen Zustand, der aus dem Originalzustand $|\boldsymbol{n}\rangle = \psi_{\alpha_1,\alpha_2,...,\alpha_N}(\boldsymbol{x}_1,...,\boldsymbol{x}_N)$ durch Erhöhung der Besetzungszahl $n_\beta$ um 1 und die Senkung der Besetzungszahl $n_{\alpha_1}$ um 1 folgt. Deshalb können wir auch schreiben

$$\psi_{\beta,\alpha_2,...,\alpha_N}(\boldsymbol{x}_1,...,\boldsymbol{x}_N) \to \frac{1}{\sqrt{n_{\alpha_1}(n_\beta+1)}}\hat{b}^\dagger_\beta\hat{b}_{\alpha_1}|\boldsymbol{n}\rangle \tag{4.51}$$

Im zweiten Summanden brauchen wir eigentlich keine Änderung vornehmen. Um aber die mathematisch gleiche Struktur wie im ersten Term zu erreichen, schreiben wir mit Hilfe des Besetzungszahloperators

$$\psi_{\alpha_1,\alpha_2,...,\alpha_N}(\boldsymbol{x}_1,...,\boldsymbol{x}_N) \to \frac{1}{n_{\alpha_1}}\hat{b}^\dagger_{\alpha_1}\hat{b}_{\alpha_1}|\boldsymbol{n}\rangle \tag{4.52}$$

Setzen wir diese Ergebnisse in (4.50) ein, dann gelangen wir zu

$$\begin{aligned}\mathcal{N}\sum_{k}[\hat{A}_{k_1}\phi_{\alpha_1}(\boldsymbol{x}_{k_1})]...\phi_{\alpha_N}(\boldsymbol{x}_{k_N}) &\to \sum_{\beta\neq\alpha_1} c^{(1)}_{\beta\alpha_1}\frac{1}{n_{\alpha_1}}\hat{b}^\dagger_\beta\hat{b}_{\alpha_1}|\boldsymbol{n}\rangle\\ &+ c^{(1)}_{\alpha_1\alpha_1}\frac{1}{n_{\alpha_1}}\hat{b}^\dagger_{\alpha_1}\hat{b}_{\alpha_1}|\boldsymbol{n}\rangle\\ &= \frac{1}{n_{\alpha_1}}\sum_{\beta} c^{(1)}_{\beta\alpha_1}\hat{b}^\dagger_\beta\hat{b}_{\alpha_1}|\boldsymbol{n}\rangle \qquad (4.53)\end{aligned}$$

In der gleichen Weise können alle $N$ Terme in (4.46) behandelt werden. Beachtet man, dass ein $n_\alpha$-fach besetzter Einteilchenzustand $\alpha$ dann genau $n_\alpha$ Summanden vom Typ

$$\frac{1}{n_\alpha}\sum_\beta c^{(1)}_{\beta\alpha}\hat{b}^\dagger_\beta\hat{b}_\alpha\,|\boldsymbol{n}\rangle$$

zu (4.46) beiträgt, dann erhalten wir

$$\sum_{i=1}^{N}\hat{A}_i\psi_{\alpha_1,\alpha_2,\ldots,\alpha_N}(\boldsymbol{x}_1,\ldots,\boldsymbol{x}_N)\to\sum_{\beta,\alpha}c^{(1)}_{\beta\alpha}\hat{b}^\dagger_\beta\hat{b}_\alpha\,|\boldsymbol{n}\rangle \tag{4.54}$$

und deshalb

$$\sum_{i=1}^{N}\hat{A}_i\to\sum_{\beta,\alpha}c^{(1)}_{\beta\alpha}\hat{b}^\dagger_\beta\hat{b}_\alpha=\sum_{\beta,\alpha}\langle\phi_\beta|\,\hat{A}^{(1)}\,|\phi_\alpha\rangle\,\hat{b}^\dagger_\beta\hat{b}_\alpha \tag{4.55}$$

Wir haben damit die gesuchte Besetzungszahldarstellung des Einteilchenanteils des Operators (4.43) gewonnen. Dazu ist nur die Kenntnis der mit den Einteilchenzuständen gebildeten Matrixelemente notwendig. Auf die gleiche Weise erhält man für den Zweiteilchenoperatoranteil von (4.43)

$$\begin{aligned}\frac{1}{2}\sum_{i,j=1}^{N}\hat{A}_{ij}\quad&\to\quad\frac{1}{2}\sum_{\alpha,\beta,\gamma\delta}\langle\phi_\alpha(\boldsymbol{x})\phi_\beta(\boldsymbol{x}')|\,\hat{A}^{(2)}(\boldsymbol{x},\boldsymbol{x}')\,|\phi_\gamma(\boldsymbol{x}')\phi_\delta(\boldsymbol{x})\rangle\,\hat{b}^\dagger_\alpha\hat{b}^\dagger_\beta\hat{b}_\gamma\hat{b}_\delta\\&=\quad\frac{1}{2}\sum_{\alpha,\beta,\gamma\delta}c^{(2)}_{\alpha\beta\gamma\delta}\hat{b}^\dagger_\alpha\hat{b}^\dagger_\beta\hat{b}_\gamma\hat{b}_\delta\end{aligned} \tag{4.56}$$

wobei die Matrixelemente aus den Einteilchenzuständen und dem Zweiteilchenopertor $\hat{A}^{(2)}$, siehe (4.44), gebildet werden. Wir bemerken, dass die Besetzungszahldarstellung des Operators (4.43) auch im Fall eines Fermisystems genau die gleiche Struktur wie im Fall eines bosonischen Systems besitzt. Einzig die Bedeutung und Wirkung der Erzeugungs- und Vernichtungsoperatoren genügt den in Abschnitt 4.2.2.2 bestimmten Regeln.

Zur Demonstration wollen wir den Hamilton-Operator

$$\hat{H}=\sum_{i=1}^{N}\frac{\hat{\boldsymbol{p}}_i^2}{2m}+\frac{1}{2}\sum_{i,j}V(|\boldsymbol{x}_i-\boldsymbol{x}_j|) \tag{4.57}$$

eines System wechselwirkender Teilchen in einer Box mit periodischen Randbedingungen der Kantenlänge $L$ in die Besetzungszahldarstellung übertragen. Die Einteilchenzustände eines Partikels in der Box sind ebene Wellen

$$\phi_{\boldsymbol{q}}(\boldsymbol{x})=\frac{1}{L^{3/2}}\exp\{i\boldsymbol{q}\boldsymbol{x}\}\qquad\text{mit}\qquad\boldsymbol{q}=(q_1,q_2,q_3)\quad\text{und}\quad q_\alpha=\frac{2\pi j_\alpha}{L} \tag{4.58}$$

wobei die $j_\alpha$ ganze Zahlen ($-\infty < j_\alpha < \infty$) sind. Die einzelnen Werte des dreidimensionalen Vektors $\boldsymbol{q}$ sind somit als Quantenzahlen zur Charakterisierung des Einteilchenzustands zu verstehen. Damit erhalten wir für die Matrixelemente des Einteilchenbeitrags

$$c^{(1)}_{qq'} = \langle \phi_q(\boldsymbol{x}) | \frac{\hat{\boldsymbol{p}}^2}{2m} \left| \phi_{q'}(\boldsymbol{x}) \right\rangle = \frac{\hbar^2 \boldsymbol{q}^2}{2m} \delta_{q,q'} \tag{4.59}$$

und für die Matrixelemente des Zweiteilchenanteils

$$\begin{aligned} c^{(2)}_{qq'k'k} &= \left\langle \phi_q(\boldsymbol{x}) \phi_{q'}(\boldsymbol{x}') \right| V(\boldsymbol{x} - \boldsymbol{x}') \left| \phi_{k'}(\boldsymbol{x}') \phi_k(\boldsymbol{x}) \right\rangle \\ &= \frac{1}{L^6} \int d^3x \, d^3x' \mathrm{e}^{-iqx - iq'x'} V(|\boldsymbol{x} - \boldsymbol{x}'|) \mathrm{e}^{ik'x' + ikx} \\ &= \frac{1}{L^6} \int d^3x \, d^3\xi \mathrm{e}^{-i(q+q'-k-k')x} V(|\boldsymbol{\xi}|) \mathrm{e}^{i(q'-k')\xi} \\ &= \delta_{q+q',k+k'} V_{q'-k'} \end{aligned} \tag{4.60}$$

wobei $V_q$ die Fourier-Transformierte des Wechselwirkungspotentials ist

$$V_q = \frac{1}{L^3} \int d^3\xi V(|\boldsymbol{\xi}|) \mathrm{e}^{iq\xi} \tag{4.61}$$

Damit lautet der Hamilton-Operator (4.57) in der Besetzungszahldarstellung

$$\hat{H} = \sum_q \frac{\hbar^2 \boldsymbol{q}^2}{2m} \hat{b}^\dagger_q \hat{b}_q + \frac{1}{2} \sum_{qq'k} V_k \hat{b}^\dagger_q \hat{b}^\dagger_{q'+k} \hat{b}_{q'} \hat{b}_{q+k} \tag{4.62}$$

Jeder Term dieses Hamilton-Operators enthält die gleiche Zahl von Erzeugungs- und Vernichtungsoperatoren. Deshalb gilt für die quantenmechanische Evolution eines solchen Systems die Teilchenzahlerhaltung. Wird ein Teilchen in einem Zustand vernichtet, so wird simultan ein anderes in einem anderen oder im gleichen Zustand erzeugt. Wir kommen deshalb zu der wichtigen Schlussfolgerung, dass ein Hamilton-Operator mit Termen, die nicht die gleiche Anzahl an Erzeugungs- und Vernichtungsoperatoren haben, keine Teilchenzahlerhaltung mehr garantiert.

### 4.2.5 *Feldoperatoren

Unter Verwendung der Einteilchenwellenfunktionen $\phi_\mu(\boldsymbol{x})$ führen wir jetzt die neuen Operatoren

$$\hat{\psi}^\dagger(\boldsymbol{x}) = \sum_\mu \phi^*_\mu(\boldsymbol{x}) \hat{b}^\dagger_\mu \qquad \text{und} \qquad \hat{\psi}(\boldsymbol{x}) = \sum_\mu \phi_\mu(\boldsymbol{x}) \hat{b}_\mu \tag{4.63}$$

ein. Diese *Feldoperatoren* sind kontinuierliche Funktionen des Ortes. Je nachdem, ob die Erzeugungs- und Vernichtungsoperatoren bosonischen oder fermionischen Charakter haben, erhalten wir unterschiedliche Kommutationsrelationen für die Feldoperatoren. Für Bosonen erhalten wir

$$[\hat{\psi}(\boldsymbol{x}), \hat{\psi}^\dagger(\boldsymbol{x}')] = \sum_{\mu,\nu} \phi_\mu(\boldsymbol{x})\phi^*_\nu(\boldsymbol{x}')[\hat{b}_\mu, \hat{b}^\dagger_\nu] = \sum_{\mu,\nu} \phi_\mu(\boldsymbol{x})\phi^*_\nu(\boldsymbol{x}')\delta_{\mu\nu} \tag{4.64}$$

und deshalb unter Beachtung der Vollständigkeitsrelation für die Einteilchenwellenfunktionen

$$[\hat{\psi}(\boldsymbol{x}), \hat{\psi}^\dagger(\boldsymbol{x}')] = \sum_{\mu} \phi_\mu(\boldsymbol{x})\phi^*_\mu(\boldsymbol{x}') = \delta(\boldsymbol{x} - \boldsymbol{x}') \tag{4.65}$$

Analog kann man die anderen Vertauschungsrelationen bestimmen. Man erhält somit für die Feldoperatoren bosonischer Systeme

$$[\hat{\psi}(\boldsymbol{x}), \hat{\psi}(\boldsymbol{x}')] = 0 \qquad [\hat{\psi}^\dagger(\boldsymbol{x}), \hat{\psi}^\dagger(\boldsymbol{x}')] = 0 \qquad [\hat{\psi}(\boldsymbol{x}), \hat{\psi}^\dagger(\boldsymbol{x}')] = \delta(\boldsymbol{x} - \boldsymbol{x}') \tag{4.66}$$

während für fermionische Feldoperatoren die Antikommutationsrelationen

$$\hat{\psi}(\boldsymbol{x})\hat{\psi}(\boldsymbol{x}') + \hat{\psi}(\boldsymbol{x}')\hat{\psi}(\boldsymbol{x}) = 0 \qquad \hat{\psi}^\dagger(\boldsymbol{x})\hat{\psi}^\dagger(\boldsymbol{x}') + \hat{\psi}^\dagger(\boldsymbol{x}')\hat{\psi}^\dagger(\boldsymbol{x}) = 0 \tag{4.67}$$

sowie

$$\hat{\psi}(\boldsymbol{x})\hat{\psi}^\dagger(\boldsymbol{x}') + \hat{\psi}^\dagger(\boldsymbol{x}')\hat{\psi}(\boldsymbol{x}) = \delta(\boldsymbol{x} - \boldsymbol{x}') \tag{4.68}$$

gelten. Die Antikommutationsrelationen werden symbolisch auch oft durch

$$[\hat{A}, \hat{B}]_+ = \hat{A}\hat{B} + \hat{B}\hat{A} \tag{4.69}$$

ausgedrückt. In dieser Schreibweise lassen sich die Relationen (4.67) und (4.68) analog zu den Kommutationsrelationen (4.66) wie folgt zusammenfassen

$$[\hat{\psi}(\boldsymbol{x}), \hat{\psi}(\boldsymbol{x}')]_+ = 0 \quad [\hat{\psi}^\dagger(\boldsymbol{x}), \hat{\psi}^\dagger(\boldsymbol{x}')]_+ = 0 \quad [\hat{\psi}(\boldsymbol{x}), \hat{\psi}^\dagger(\boldsymbol{x}')]_+ = \delta(\boldsymbol{x} - \boldsymbol{x}') \tag{4.70}$$

Formal kann man den Feldoperator $\hat{\psi}(\boldsymbol{x})$ auch als eine Art Wellenfunktion mit Operatorcharakter ansehen. Als vollständige, orthogonale Basis zur Konstruktion dieser 'Wellenfunktion' dienen die Einteilchenwellenfunktionen $\phi_\mu$, die Entwicklungskoeffizienten sind die Erzeugungs- und Vernichtungsoperatoren. Deshalb können wir auch die Letzteren aus den Feldoperatoren (4.63) in Form eines Skalarprodukts erhalten

$$\langle \phi_\mu | \hat{\psi} \rangle = \int d^3x\, \phi^*_\mu(\boldsymbol{x})\hat{\psi}(\boldsymbol{x}) = \sum_\nu \underbrace{\int d^3x\, \phi^*_\mu(\boldsymbol{x})\phi_\nu(\boldsymbol{x})}_{=\delta_{\mu\nu}} \hat{b}_\nu = \hat{b}_\mu \tag{4.71}$$

Analog findet man

$$\langle \hat{\psi} \, | \phi_\mu \rangle = (\langle \phi_\mu \, | \hat{\psi} \rangle)^\dagger = \hat{b}_\mu^\dagger \tag{4.72}$$

für den Erzeugungsoperator.

### 4.2.6 *Der Übergang zur Quantenfeldtheorie

Die im vorangegangenen Abschnitt erwähnten formalen Ähnlichkeiten zwischen den Feldoperatoren und der Wellenfunktion geben uns Anlass, noch einmal auf den Begriff der zweiten Quantisierung, jetzt aber aus einer anderen Sicht als in Abschnitt 4.2.1, zurückkommen. In der bisherigen Formulierung der Quantenmechanik hat die Wellenfunktion, unter der wir im engeren Sinne die Ortsdarstellung des quantenmechanischen Zustands verstehen, stets die Eigenschaft einer über den Raum erklärten Funktion. Deshalb ist die Überführung dieser gewöhnlichen Funktionen in Operatoren ganz ähnlich zu werten, wie die Überführung klassisch-mechanischer Größen mit Hilfe der Jordan'schen Regeln in Operatoren. Man hat deshalb für die Zuordnung von Operatoren zu physikalischer Observablen den Begriff der ersten Quantisierung, für die Einführung einer Operatorstruktur für die Wellenfunktion den der zweiten Quantisierung geprägt. In diesem Sinne sollte der zweiten Quantisierung immer eine erste Quantisierung vorangehen.

Wie wir in den folgenden Abschnitten sehen werden, ist diese Begriffsbildung aber nicht völlig konsistent[20]. Auch in dem hier diskutierten Fall einer quantenmechanischen Vielteilchentheorie ist der Begriff der zweiten Quantisierung mit Interpretationsproblemen behaftet. Insbesondere sind die soeben eingeführten Feldoperatoren nicht mit der eigentlichen Wellenfunktion des Vielteilchenproblems in Verbindung zu bringen. Diese ist nach wie vor eine gewöhnliche Funktion und damit ein Element des Hilbert-Raums und wird in der Besetzungszahldarstellung durch den Zustand $|\boldsymbol{n}\rangle$ repräsentiert.

Wir wollen deshalb überlegen, welche 'Wellenfunktion' wir den Feldoperatoren zuordnen können. Wie uns aus Band III bekannt ist, besitzt eine Wellenfunktion $\psi(\boldsymbol{x})$ keine direkte physikalische Bedeutung. Erst $|\psi(\boldsymbol{x})|^2$ kann als Wahrscheinlichkeitsdichte interpretiert werden. Auch der Feldoperator $\hat{\psi}(\boldsymbol{x})$ entspricht keiner messbaren physikalischen Observablen, da dieser Operator nicht hermitesch ist. Dafür ist aber $\hat{\psi}^\dagger(\boldsymbol{x})\hat{\psi}(\boldsymbol{x})$ hermitesch und könnte eine physikalische Bedeutung haben. Dazu betrachten wir das Integral

$$\int d^3x \hat{\psi}^\dagger(\boldsymbol{x})\hat{\psi}(\boldsymbol{x}) = \sum_{\mu,\nu} \int d^3x \phi_\mu^*(\boldsymbol{x})\phi_\nu(\boldsymbol{x})\hat{b}_\mu^\dagger \hat{b}_\nu = \sum_{\mu,\nu} \delta_{\mu\nu}\hat{b}_\mu^\dagger \hat{b}_\nu = \hat{N} \tag{4.73}$$

**20)** Wir werden z. B. in Kap. 4.8 sehen, dass der zweiten Quantisierung nicht immer eine erste Quantisierung vorangehen muss.

wobei wir die Vollständigkeit der Einteilchenzustände und die Definition des Teilchenzahloperators (4.41) verwendet haben. Wegen (4.73) können wir

$$\hat{\rho}(\boldsymbol{x}) = \hat{\psi}^\dagger(\boldsymbol{x})\hat{\psi}(\boldsymbol{x}) = |\hat{\psi}(\boldsymbol{x})|^2 \tag{4.74}$$

als einen Teilchendichteoperator interpretieren. Um diesen Gedanken fortzuführen, werden wir jetzt den Hamilton-Operator eines Systems identischer Teilchen mit Paarwechselwirkung

$$\hat{H} = \sum_{i=1}^{N} \left[ \frac{\hat{\boldsymbol{p}}_i^2}{2m} + U(\boldsymbol{x}_i) \right] + \frac{1}{2} \sum_{i,j=1}^{N} V(\boldsymbol{x}_i, \boldsymbol{x}_j) \tag{4.75}$$

durch die Feldoperatoren ausdrücken. Der Einteilchenanteil kann mit (4.55) wie folgt in der Fock-Darstellung geschrieben werden

$$\hat{H}^{(1)} = \sum_{\alpha,\beta} \langle \phi_\beta | \frac{\hat{\boldsymbol{p}}^2}{2m} + U(\boldsymbol{x}) | \phi_\alpha \rangle \, \hat{b}_\beta^\dagger \hat{b}_\alpha \tag{4.76}$$

Schreiben wir die hier auftretenden Matrixelemente explizit als Integral, dann gelangen wir zunächst nach einer partiellen Integration des ersten Terms zu

$$\begin{aligned} \hat{H}^{(1)} &= \sum_{\alpha,\beta} \left( \int d^3x \; \phi_\beta^*(\boldsymbol{x}) \left[ -\frac{\hbar^2 \nabla^2}{2m} + U(\boldsymbol{x}) \right] \phi_\alpha(\boldsymbol{x}) \right) \hat{b}_\beta^\dagger \hat{b}_\alpha \\ &= \int d^3x \left( \frac{\hbar^2}{2m} \sum_{\alpha,\beta} \nabla \phi_\beta^*(\boldsymbol{x}) \nabla \phi_\alpha(\boldsymbol{x}) \hat{b}_\beta^\dagger \hat{b}_\alpha + \sum_{\alpha,\beta} \phi_\beta^*(\boldsymbol{x}) U(\boldsymbol{x}) \phi_\alpha(\boldsymbol{x}) \hat{b}_\beta^\dagger \hat{b}_\alpha \right) \end{aligned} \tag{4.77}$$

woraus sich unter Verwendung der ersten Zeile und (4.63) dann

$$\hat{H}^{(1)} = \int d^3x \hat{\psi}^\dagger(\boldsymbol{x}) \left[ -\frac{\hbar^2}{2m} \Delta + U(\boldsymbol{x}) \right] \hat{\psi}(\boldsymbol{x}) \tag{4.78}$$

bzw. mit der zweiten Zeile und (4.63)

$$\hat{H}^{(1)} = \int d^3x \left( \frac{\hbar^2}{2m} \nabla \hat{\psi}^\dagger(\boldsymbol{x}) \nabla \hat{\psi}(\boldsymbol{x}) + \hat{\psi}^\dagger(\boldsymbol{x}) U(\boldsymbol{x}) \hat{\psi}(\boldsymbol{x}) \right) \tag{4.79}$$

ergibt. Auf die gleiche Weise finden wir mit (4.56) für den Wechselwirkungsanteil

$$\begin{aligned} \hat{H}^{(2)} &= \frac{1}{2} \sum_{\alpha,\beta,\gamma\delta} \langle \phi_\alpha(\boldsymbol{x}) \phi_\beta(\boldsymbol{x}') | \, V(\boldsymbol{x}, \boldsymbol{x}') \, | \phi_\gamma(\boldsymbol{x}') \phi_\delta(\boldsymbol{x}) \rangle \, \hat{b}_\alpha^\dagger \hat{b}_\beta^\dagger \hat{b}_\gamma \hat{b}_\delta \\ &= \frac{1}{2} \iint d^3x d^3x' \sum_{\alpha,\beta,\gamma\delta} \phi_\alpha^*(\boldsymbol{x}) \phi_\beta^*(\boldsymbol{x}') V(\boldsymbol{x}, \boldsymbol{x}') \phi_\gamma(\boldsymbol{x}') \phi_\delta(\boldsymbol{x}) \hat{b}_\alpha^\dagger \hat{b}_\beta^\dagger \hat{b}_\gamma \hat{b}_\delta \\ &= \frac{1}{2} \iint d^3x d^3x' \; \hat{\psi}^\dagger(\boldsymbol{x}) \hat{\psi}^\dagger(\boldsymbol{x}') V(\boldsymbol{x}, \boldsymbol{x}') \hat{\psi}(\boldsymbol{x}') \hat{\psi}(\boldsymbol{x}) \end{aligned} \tag{4.80}$$

Auch anhand dieser Darstellung gelangt man zu der Schlussfolgerung, dass $\hat{\rho}(x) = |\hat{\psi}(x)|^2$ das quantenmechanisches Äquivalent für die Teilchendichte sein muss. Betrachtet man die klassische Hamilton-Funktion des Vielteilchensystems, dann ist nämlich mit der klassischen Definition der Teilchendichte eines Systems von Massenpunkten

$$\rho(\boldsymbol{x}) = \sum_{i=1}^{N} \delta(\boldsymbol{x} - \boldsymbol{x}_i) \tag{4.81}$$

der Beitrag der Einteilchenpotentiale gegeben durch

$$\sum_{i=1}^{N} U(\boldsymbol{x}_i) = \int d^3x \sum_{i=1}^{N} U(\boldsymbol{x})\delta(\boldsymbol{x} - \boldsymbol{x}_i) = \int d^3x\, U(\boldsymbol{x})\rho(\boldsymbol{x}) \tag{4.82}$$

woraus sich mit der Zuordnung $\rho(\boldsymbol{x}) \to \hat{\rho}(\boldsymbol{x})$ wieder der Beitrag der potentiellen Energie in (4.79) ergibt. Analog findet man aus dem klassischen Ausdruck für die Paarwechselwirkung

$$\begin{aligned} \frac{1}{2}\sum_{i,j=1}^{N} V(\boldsymbol{x}_i, \boldsymbol{x}_j) &= \frac{1}{2}\int d^3x\, d^3x' \sum_{i,j=1}^{N} V(\boldsymbol{x}, \boldsymbol{x}')\delta(\boldsymbol{x} - \boldsymbol{x}_i)\delta(\boldsymbol{x}' - \boldsymbol{x}_j) \\ &= \frac{1}{2}\int d^3x\, d^3x'\, \rho(\boldsymbol{x})V(\boldsymbol{x}, \boldsymbol{x}')\rho(\boldsymbol{x}') \end{aligned} \tag{4.83}$$

als klassisches Analogon zu (4.80). Allerdings muss man bei der Umkehrung dieser Prozedur, also bei der Anwendung der Jordan'schen Regeln zur Erzeugung des quantenmechanischen Hamilton-Operators aus der klassischen Hamilton-Funktion vorsichtig sein[21]. Würde man nämlich einfach die klassische Partikeldichte $\rho(\boldsymbol{x})$ durch den Partikeldichteoperator $\hat{\rho}(\boldsymbol{x}) = \hat{\psi}^\dagger(\boldsymbol{x})\hat{\psi}(\boldsymbol{x})$ ersetzen, dann würde sich der so gebildete Operator $\hat{H}^{(2)}$ der Zweiteilchenwechselwirkung von (4.80) in der Reihenfolge der Feldoperatoren unterscheiden.

Tatsächlich führt die Verwendung des Produkts der Feldoperatoren in der Reihenfolge $\hat{\psi}^\dagger(\boldsymbol{x})\hat{\psi}(\boldsymbol{x})\hat{\psi}^\dagger(\boldsymbol{x}')\hat{\psi}(\boldsymbol{x}')$ gegenüber $\hat{\psi}^\dagger(\boldsymbol{x})\hat{\psi}^\dagger(\boldsymbol{x}')\hat{\psi}(\boldsymbol{x}')\hat{\psi}(\boldsymbol{x})$ im Ausdruck (4.80) zu zwei wichtigen Veränderungen. Zum Ersten liefert die Anwendung des mit Hilfe der Jordan'schen Regeln aus (4.83) konstruierten Hamilton-Operators auf einen Zustand mit nur einem einzigen Teilchen einen endlichen Beitrag, im Gegensatz zur Anwendung von (4.80) auf einen solchen Zustand. Der letztere Operator liefert nur dann einen Beitrag, wenn er auf einen Zustand angewendet wird, der mindestens zwei Teilchen enthält[22]. Zum Zweiten liefert die Vertauschung der Feldoperatoren zur Herstellung der

**21**) Diesem Problem werden wir bei der Formulierung allgemein gültiger Regeln der Feldquantisierung wieder begegnen.

**22**) Prinzipiell könnte man zwar unter Verwendung der Kommutationsrelationen (4.66) bzw. Antikommutationsrelationen (4.70) die

gleichen Reihenfolge bei Fermi-Teilchen wegen der Antikommutationsrelationen (4.70) zu einer Änderung des Vorzeichens. Hier zeigt sich erneut, wie in Band III dieser Lehrbuchreihe mehrfach erwähnt, dass es kein eindeutiges Verfahren gibt, quantenmechanische Operatoren aus bekannten klassischen Ausdrücken abzuleiten. Letztendlich entscheidet immer das Experiment über die Richtigkeit eines aus klassischen Größen konstruierten Operators. Im vorliegenden Fall kommt noch hinzu, dass die richtige Darstellung (4.80) aus dem Hamilton-Operator eines Vielteilchensystems direkt herleitbar ist, von dem wir voraussetzen können[23], dass die hieraus gewonnenen theoretischen Erkenntnisse mit der Realität übereinstimmen.

Wir wollen jetzt noch die *Bewegungsgleichung* der Feldoperatoren bestimmen. Dazu beschränken wir uns hier wieder auf den bisher hauptsächlich untersuchten Fall bosonischer Partikel. Um die Bewegungsgleichung der Feldoperatoren zu erhalten, stellen wir diese am besten im Heisenberg-Bild dar. Beachtet man, dass die mathematische Struktur des im Schrödinger-Bild formulierten, explizit zeitunabhängigen Hamilton-Operators (4.75) sich beim Übergang zum Heisenberg-Bild nicht ändert, dann bekommen wir [24]

$$i\hbar\frac{\partial}{\partial t}\hat{\psi}(\boldsymbol{x},t) = -[\hat{H},\hat{\psi}(\boldsymbol{x},t)] = [\hat{\psi}(\boldsymbol{x},t),\hat{H}^{(1)}] + [\hat{\psi}(\boldsymbol{x},t),\hat{H}^{(2)}] \tag{4.84}$$

Wir untersuchen die Kommutatoren für den Ein- und Zweiteilchenbeitrag getrennt. Mit (4.66) und (4.79) folgt für den kinetischen Anteil des Einteilchenoperators

$$\begin{aligned}
[\hat{\psi}(\boldsymbol{x},t),\hat{H}^{(1)}_{\text{kin}}] &= \left[\hat{\psi}(\boldsymbol{x},t), \int d^3x' \frac{\hbar^2}{2m}\nabla'\hat{\psi}^\dagger(\boldsymbol{x}',t)\nabla'\hat{\psi}(\boldsymbol{x}',t)\right] \\
&= -\frac{\hbar^2}{2m}\int d^3x' \left[\hat{\psi}(\boldsymbol{x},t),\hat{\psi}^\dagger(\boldsymbol{x}',t)\nabla'^2\hat{\psi}(\boldsymbol{x}',t)\right] \\
&= -\frac{\hbar^2}{2m}\int d^3x' \left[\hat{\psi}(\boldsymbol{x},t),\hat{\psi}^\dagger(\boldsymbol{x}',t)\right]\nabla'^2\hat{\psi}(\boldsymbol{x}',t) \\
&= -\frac{\hbar^2}{2m}\int d^3x'\ \delta(\boldsymbol{x}-\boldsymbol{x}')\nabla'^2\hat{\psi}(\boldsymbol{x}',t) \\
&= -\frac{\hbar^2}{2m}\nabla^2\hat{\psi}(\boldsymbol{x},t)
\end{aligned} \tag{4.85}$$

Feldoperatoren in die richtige Reihenfolge bringen, muss aber dafür das Auftreten neuer Einteilchenwechselwirkungsterme in Kauf nehmen, die letztendlich einer – in vielen Fällen sogar divergenten – Selbstwechselwirkung entsprechen und in der klassischen Hamilton-Funktion des Vielteilchensystems keinen äquivalenten Beitrag haben.

**23**) was durch hinreichend viele Experimente als gesichert gilt

**24**) siehe Band III, Formel (4.259)

Für den potentiellen Anteil des Einteilchen-Hamilton-Operators folgt mit den gleichen Regeln

$$\begin{aligned}[\hat{\psi}(\boldsymbol{x},t),\hat{H}^{(1)}_{\text{pot}}] &= \int d^3x' \left[\hat{\psi}(\boldsymbol{x},t),\hat{\psi}^\dagger(\boldsymbol{x}',t)\right] U(\boldsymbol{x}')\hat{\psi}(\boldsymbol{x}',t) \\ &= \int d^3x' \;\delta(\boldsymbol{x}-\boldsymbol{x}')U(\boldsymbol{x}')\hat{\psi}(\boldsymbol{x}',t) = U(\boldsymbol{x})\hat{\psi}(\boldsymbol{x},t) \quad (4.86)\end{aligned}$$

Für den Zweiteilchenanteil erhalten wir schließlich mit (4.80) und der Symmetrie $V(\boldsymbol{x},\boldsymbol{x}') = V(\boldsymbol{x}',\boldsymbol{x})$

$$[\hat{\psi}(\boldsymbol{x},t),\hat{H}^{(2)}] = \left(\int d^3x' \;\hat{\psi}^\dagger(\boldsymbol{x}',t)V(\boldsymbol{x},\boldsymbol{x}')\hat{\psi}(\boldsymbol{x}',t)\right)\hat{\psi}(\boldsymbol{x},t) \qquad (4.87)$$

Damit lautet die Bewegungsgleichung des Feldoperators $\hat{\psi}(\boldsymbol{x},t)$

$$\begin{aligned} i\hbar\frac{\partial}{\partial t}\hat{\psi}(\boldsymbol{x},t) &= \left\{-\frac{\hbar^2}{2m}\nabla^2 + U(\boldsymbol{x})\right\}\hat{\psi}(\boldsymbol{x},t) \\ &+ \left\{\int d^3x' \;\hat{\psi}^\dagger(\boldsymbol{x}',t)V(\boldsymbol{x},\boldsymbol{x}')\hat{\psi}(\boldsymbol{x}',t)\right\}\hat{\psi}(\boldsymbol{x},t) \qquad (4.88)\end{aligned}$$

Der mathematischen Struktur nach haben wir es hier mit einer partiellen Differentialgleichung für den orts- und zeitabhängigen Operator $\hat{\psi}$ zu tun. Eine solche Gleichung kann man als *Feldgleichung* für den Feldoperator $\hat{\psi}$ interpretieren. Mit Wechselwirkung ist diese Gleichung nichtlokal, ohne Wechselwirkung liegt eine lokale Feldgleichung vor, die der gewöhnlichen Einteilchen-Schrödinger-Gleichung bzgl. ihrer mathematischen Struktur äquivalent ist, abgesehen davon, dass die Wellenfunktion $\psi$ durch den Feldoperator $\hat{\psi}$ ersetzt werden muss.

Wir können jetzt versuchen, die Frage nach dem Charakter des zu einem quantenmechanischen Feldoperator gehörigen klassischen Feldes zu klären. Dazu beschränken wir uns zunächst nur auf den wechselwirkungsfreien Fall. Auf den ersten Blick scheint ein gewisser Zusammenhang zwischen der Schrödinger'schen Wellenfunktion des Einteilchenproblems und dem Feldoperator, der die Quantentheorie eines Systems identischer, wechselwirkungsfreier Partikel konstituiert, zu bestehen. Allerdings ist diese Verwandtschaft mehr mathematisch als physikalisch begründet.

Tatsächlich darf das klassische Analogon des Feldoperators nicht als Schrödinger'sche Wellenfunktion verstanden werden. Vielmehr handelt es sich hierbei um ein komplexes Feld – das sogenannte Schrödinger-Feld – dessen Feldgleichung zwar formal mit der Schrödinger-Gleichung übereinstimmt, dessen Interpretation aber wesentlich von der Bedeutung der Wellenfunktion abweicht. Man erkennt den physikalischen Unterschied schon daran, dass die Schrödinger'sche Wellenfunktion – um der Born'schen Wahrscheinlichkeitsinterpretation gerecht zu werden – stets auf 1 normiert ist, das Schrödinger-Feld dagegen mit der Zuordnung $|\hat{\psi}|^2 = \hat{\rho} \to \rho = |\psi|^2$ auf die Teilchenzahl

$$N = \int |\psi|^2 d^3x \tag{4.89}$$

führt. Deshalb ist umgekehrt das Schrödinger-Feld auch nicht mehr als Basis der Born'schen Wahrscheinlichkeitsinterpretation zu verstehen.

Im Rahmen der Kopenhagener Interpretation der Quantenmechanik hatten wir darauf verzichtet, die Schrödinger-Gleichung als Feldgleichung zu betrachten. Das hing insbesondere damit zusammen, dass die für ein einzelnes Teilchen im ganzen Raum erklärte Wahrscheinlichkeitsdichte $|\psi|^2$ nicht als Feld im physikalischen Sinn verstanden werden kann[25].

Für das Schrödinger-Feld liegt dagegen eine wesentlich veränderte Situation vor. Zwar besitzt das eigentliche Schrödinger-Feld wie die Wellenfunktion keine vordergründige physikalische Bedeutung, weil es das klassische Analogon eines nichthermiteschen Operators ist[26], aber die dem hermiteschen Operator $\hat{\psi}^\dagger(x)\hat{\psi}(x)$ zugeordnete Observable kann als Partikeldichtefeld interpretiert werden. Man spricht deshalb auch davon, dass der Operator $\hat{\psi}$ ein Materiefeld repräsentiert.

Allgemein wird die Theorie zur Beschreibung quantisierter Felder als *Quantenfeldtheorie* bezeichnet. Im Rahmen der Quantenfeldtheorie ist nach dem bisher Gesagten die Schrödinger-Gleichung als klassische Feldgleichung des Materiefeldes $\psi$ zu verstehen, die nach der Quantisierung auf eine quantenfeldtheoretischen Bewegungsgleichung für den Feldoperator $\hat{\psi}$ führt.

Umgekehrt sollte sich aus dem in den vorangegangenen Abschnitten abgeleiteten Zusammenhang zwischen dem Feldoperator $\hat{\psi}$ und dem klassischen Schrödinger-Feld ein erfolgversprechendes Konzept ableiten lassen, um generell aus der Quantenmechanik eines freien Teilchens oder einer klassischen Feldtheorie auf die zugehörige Quantenfeldtheorie zu schließen. Damit wird es uns möglich sein, auch für relativistische, durch die Dirac- oder Klein-Gordon-Gleichung beschriebene Partikel oder für das elektromagnetische Feld eine quantenfeldtheoretische Beschreibung abzuleiten.

**25**) Es ist z. B. nicht möglich, $|\psi|^2$ durch räumlich verteilte Sensoren in einem einzigen Experiment vollständig zu vermessen. Bei dieser Messung würde im Gegensatz zu den Erwartungen an ein physikalisches Feld nur ein Sensor ansprechen, die anderen würden nicht reagieren. Die Wahrscheinlichkeitsdichte $|\psi|^2$ kommt deshalb erst durch Auswertung eines Ensembles gleichartiger Experimente zustande, bei der die Häufigkeit der aktivierten Sensoren analysiert wird.

**26**) Damit hängt zusammen, dass das Schrödinger-Feld ein komplexes Feld ist.

Für unser bisher diskutiertes Beispiel ist die Einteilchen-Schrödinger-Gleichung

$$i\hbar\frac{\partial}{\partial t}\psi(x,t) = \left\{-\frac{\hbar^2}{2m}\nabla^2 + U(x)\right\}\psi(x,t) \tag{4.90}$$

der Ausgangspunkt der Feldquantisierung. Die hier auftretende Feldfunktion $\psi(x,t)$ ist nach der vorangegangenen Diskussion nicht mehr als Wellenfunktion, sondern als klassisches Schrödinger-Feld zu interpretieren.

Die mit (4.90) gegebene klassische Feldtheorie muss jetzt nach noch genauer festzulegenden Regeln in eine Quantenfeldtheorie überführt werden. Wir wollen von diesen Regeln verlangen, dass sie auch für die Quantisierung anderer physikalischer Felder anwendbar sind[27]. Aus den bisherigen Untersuchungen ergibt sich aber bereits ein vorläufiges Schema, wie der Übergang von einer klassischen Feldtheorie zu einer Quantenfeldtheorie durchzuführen ist. Benötigt wird dazu die Algebra der Feldoperatoren, also die Kommutationsrelationen (4.66) bzw. die Antikommutationsrelationen (4.67) und (4.68), aus der sich das Verhalten der identischen Teilchen im Vielteilchensystem bestimmt. Ersetzt man unter Beachtung der oben erwähnten, aber bisher noch nicht näher bestimmten Regeln das Feld $\psi$ in (4.90) und in sämtlichen anderen feldtheoretischen Größen durch $\hat{\psi}$, dann gelangt man zu einer Quantenfeldtheorie, die der quantenmechanischen Vielteilchentheorie[28] wechselwirkungsfreier Partikel vollständig äquivalent ist.

Ein Problem ist die Präsenz nichtlokaler Terme in der quantisierten Feldgleichung (4.88) für wechselwirkende identische Teilchen. Die Ursache für das Auftreten dieser Beiträge liegt darin, dass die ursprüngliche Wechselwirkung des quantenmechanischen Vielteilchenproblems dem Fernwirkungsprinzip genügt. Eine relativistisch-invariante Theorie[29] verlangt aber, dass die Wechselwirkung das Nahwirkungsprinzip erfüllt. In diesem Fall muss die Wechselwirkung durch zusätzliche Austauschfelder[30] übertragen werden, die bei einer konsequenten quantenfeldtheoretischen Behandlung in die Quantisierung des Gesamtsystems einzubeziehen sind. Die Evolutionsgleichungen für Materie- und Austauschfelder sind dann zwar nach wie vor nichtlinear, aber es treten jetzt nur noch lokale Terme auf.

**27)** Damit werden wir uns in Abschnitt 4.4.2 genauer befassen.
**28)** im vorliegenden Fall nichtrelativistischer
**29)** Die Schrödinger'sche Quantenmechanik ist natürlich eine nichtrelativistische Theorie, so dass in ihr solche nichtlokalen Beiträge widerspruchsfrei auftreten können.
**30)** z. B. das elektromagnetische Feld

## 4.3 *Klassische Feldtheorie

### 4.3.1 *Lagrange-Dichte und Euler'sche Feldgleichungen

Wir wollen uns in den nächsten Abschnitten die Grundprinzipien der Quantisierung von Feldern erarbeiten. Dazu benötigen wir einige Begriffe der klassischen Feldtheorie, die wir in diesem Abschnitt bereitstellen. Wir können uns dabei auf die Erkenntnisse stützen, die wir in Band II bei der Ableitung der Maxwell-Gleichungen unter Verwendung des Hamilton'schen Wirkungsprinzips gewonnen haben.

Ausgangspunkt einer Feldtheorie ist danach die Feldwirkung, die ein Funktional der Feldvariablen ist. Die Zahl der Feldkomponenten und deren Verknüpfung innerhalb des Funktionals entscheiden letztendlich über die Struktur der Feldgleichungen, d. h. der partiellen Differentialgleichungen, aus denen sich die räumliche und zeitliche Änderung der Felder bestimmt. Das Funktional der Feldwirkung kann als ein Integral der Form

$$S = \int d\Omega \mathcal{L}(\Phi^I, \Phi^I_{,i}) \tag{4.91}$$

geschrieben werden[31]. Dabei ist $d\Omega = cdtd^3x$ das vierdimensionale Volumenelement. Die unter dem Intergal stehende Lagrange-Dichte $\mathcal{L}$ hängt von den $D$ Feldkomponenten $\Phi^I$ $(I = 1, \ldots, D)$ und deren räumlichen und zeitlichen Ableitungen $\Phi^I_{,i}$ ab[32]. Eine expilizite Abhängigkeit der Lagrange-Dichte von Raum- und Zeitkoordinaten wird hier nicht weiter betrachtet, da wir für alle

31) Bei dieser Definition wird entweder die Wirkung nicht in Einheiten Energie $\times$ Zeit gemessen oder die Lagrange-Dichte ist keine Energiedichte. Wir werden von der Lagrange-Dichte aber verlangen, dass sie in Einheiten Energie/Volumen gemessen wird. Damit dann die Wirkung ebenfalls in korrekten Einheiten angegeben wird, muss ein Vorfaktor $c^{-1}$ entsprechend

$$S = \frac{1}{c} \int d\Omega \mathcal{L}(\Phi^I, \Phi^I_{,i})$$

eingeführt werden. Dadurch wird der Faktor $c$ in $d\Omega$ kompensiert und $S$ und $\mathcal{L}$ stehen bzgl. der üblichen Einheiten im richtigen Verhältnis zueinander. Von dieser Konvention hatten wir insbesondere in Band II Gebrauch gemacht. Weil aber ein Vorfaktor vor der Wirkung keinen Einfluss auf das Hamilton'sche Wirkungsprinzip hat, werden wir in diesem Band mit der bequemeren Form (4.91) arbeiten.

32) Die elektromagnetische Lagrange-Dichte ist bis auf den Vorfaktor eine Invariante des elektromagnetischen Feldstärketensors $F_{ik}$, nämlich $\mathcal{L} = F_{ik}F^{ik}$, siehe Band II, Kap. 5.2. Den Komponenten des Feldes entsprechen die vier Komponenten des Viererpotentials $A_i$. In der Lagrange-Dichte treten aber als einer besonderen Eigenschaft der elektromagnetischen Feldtheorie wegen $F_{ik} = A_{k,i} - A_{i,k}$ nur Ableitungen der Felder auf.

quantenmechanisch relevanten Feldtheorien Homogenität und Isotropie voraussetzen können.

Wir fordern von einer fundamentalen Feldtheorie, dass sich die Feldgleichungen entsprechend dem Hamilton'schen Prinzip der kleinsten Wirkung ableiten lassen. Dieses Prinzip verlangt, dass die Variation der Feldwirkung verschwindet[33]. Die Variation der Feldwirkung entsteht durch die Variation $\delta\Phi^I$ der Feldvariablen im gesamten Raum-Zeit-Gebiet mit Ausnahme des Randes, der nicht variiert wird. Da die Variationen der Felder infinitesimal klein sein sollen, erhalten wir

$$\delta S = \int d\Omega \sum_{I=1}^{D} \left[ \frac{\partial \mathcal{L}}{\partial \Phi^I} \delta\Phi^I + \frac{\partial \mathcal{L}}{\partial \Phi^I_{,i}} \delta\Phi^I_{,i} \right] = 0 \tag{4.92}$$

Die an zweiter Stelle stehenden Terme können weiter umgeformt werden

$$\begin{aligned} \int d\Omega \frac{\partial \mathcal{L}}{\partial \Phi^I_{,i}} \delta\Phi^I_{,i} &= \int d\Omega \frac{\partial}{\partial x^i} \left( \frac{\partial \mathcal{L}}{\partial \Phi^I_{,i}} \delta\Phi^I \right) - \int d\Omega \frac{\partial}{\partial x^i} \left( \frac{\partial \mathcal{L}}{\partial \Phi^I_{,i}} \right) \delta\Phi^I \\ &= \oint dS_i \frac{\partial \mathcal{L}}{\partial \Phi^I_{,i}} \delta\Phi^I - \int d\Omega \frac{\partial}{\partial x^i} \left( \frac{\partial \mathcal{L}}{\partial \Phi^I_{,i}} \right) \delta\Phi^I \end{aligned} \tag{4.93}$$

Das Oberflächenintegral verschwindet, da die Felder auf dem Rand definitionsgemäß nicht variiert werden. Setzen wir die verbleibenden Ausdrücke in (4.92) ein, dann erhalten wir

$$\delta S = \int d\Omega \sum_{I=1}^{D} \left[ \frac{\partial \mathcal{L}}{\partial \Phi^I} - \frac{\partial}{\partial x^i} \left( \frac{\partial \mathcal{L}}{\partial \Phi^I_{,i}} \right) \right] \delta\Phi^I = 0 \tag{4.94}$$

Da die Variationen der Feldkomponenten $\delta\Phi^I$ beliebig sein sollen, muss ein Feld, das die Wirkung $S$ minimiert[34], die Terme in den eckigen Klammern verschwinden lassen. Daher führt das Hamilton'sche Wirkungsprinzip auf die Euler-Lagrange'schen Feldgleichungen

$$\frac{\partial \mathcal{L}}{\partial \Phi^I} = \frac{\partial}{\partial x^i} \left( \frac{\partial \mathcal{L}}{\partial \Phi^I_{,i}} \right) \qquad \text{mit} \qquad I = 1, ..., D \tag{4.95}$$

Wir bemerken, dass die Euler-Lagrange'schen Feldgleichungen alternativ auch mit Hilfe von Variationsableitungen der Lagrange-Funktion geschrieben werden können. Da wir hier diesen Formalismus aber nicht weiter benötigen, verzichten wir auf diese Darstellung und verweisen auf die weiterführende Literatur [8, 26, 27, 31, 46].

**33**) siehe Band II, Kap. 3-5.
**34**) oder allgemeiner extremal macht

### 4.3.2 *Hamilton'sche Feldtheorie

In den Euler-Lagrange'schen Feldgleichungen treten Raum- und Zeitkoordinaten völlig gleichberechtigt auf. In der Hamilton'schen Formulierung der Feldtheorie wird dagegen die Zeit ausgezeichnet. Deshalb ist es jetzt wieder sinnvoll, die Viererschreibweise aufzugeben und Zeit- und Raumkoordinaten getrennt zu behandeln. Die Feldgleichungen nehmen dann die Form

$$\frac{\partial}{\partial t}\left(\frac{\partial \mathcal{L}}{\partial \dot{\Phi}^I}\right) = \frac{\partial \mathcal{L}}{\partial \Phi^I} - \frac{\partial}{\partial x^\alpha}\left(\frac{\partial \mathcal{L}}{\partial \Phi^I_{,\alpha}}\right) \tag{4.96}$$

an. In Analogie zur Mechanik[35] führen wir jetzt die Feldimpulsdichte der $I$-ten Feldkomponente ein

$$\pi^I = \frac{\partial \mathcal{L}}{\partial \dot{\Phi}^I} \tag{4.97}$$

Die Tatsache, dass der Feldimpuls nur über die zeitlichen Ableitungen der Felder definiert ist, beseitigt die Gleichstellung der Raum- und Zeitkoordinaten. Ebenfalls in Anlehnung an die klassische Mechanik führen wir jetzt die Hamilton-Dichte

$$\mathcal{H} = \sum_{I=1}^{D} \pi^I \dot{\Phi}^I - \mathcal{L} \tag{4.98}$$

ein. Die Gleichungen (4.97) stellen den Feldimpuls als Funktion der Felder und deren räumlicher und zeitlicher Ableitungen dar. Wir können diesen Zusammenhang aber auch umstellen und erhalten dann die zeitlichen Ableitungen der Felder als Funktion der Felder, der räumlichen Ableitungen der Felder und der Feldimpulse, also $\dot{\Phi}^I = \dot{\Phi}^I(\Phi, \nabla\Phi, \pi)$. Setzen wir diesen Zusammenhang in (4.98) ein, dann kann die Hamilton-Dichte ebenfalls als eine Funktion der Form $\mathcal{H} = \mathcal{H}(\Phi, \nabla\Phi, \pi)$ geschrieben werden. Deshalb erhalten wir

$$\frac{\partial \mathcal{H}}{\partial \pi^K} = \dot{\Phi}^K + \sum_{I=1}^{D} \pi^I \frac{\partial \dot{\Phi}^I}{\partial \pi^K} - \sum_{I=1}^{D} \frac{\partial \mathcal{L}}{\partial \dot{\Phi}_I} \frac{\partial \dot{\Phi}^I}{\partial \pi^K} = \dot{\Phi}^K \tag{4.99}$$

Dabei heben sich der zweite und dritte Beitrag auf Grund der Definition (4.97) auf. Diese Gleichungen bilden die erste Gruppe der Hamilton'schen Feldgleichungen. Weiter findet man mit (4.98)

$$\frac{\partial \mathcal{H}}{\partial \Phi^K} = \sum_{I=1}^{D} \left(\pi^I - \frac{\partial \mathcal{L}}{\partial \dot{\Phi}^I}\right) \frac{\partial \dot{\Phi}^I}{\partial \Phi^K} - \frac{\partial \mathcal{L}}{\partial \Phi^K} = -\frac{\partial \mathcal{L}}{\partial \Phi^K} \tag{4.100}$$

wobei wieder die Definition (4.97) beachtet wurde. Setzen wir jetzt noch die Feldgleichungen (4.96) ein, und verwenden erneut (4.97), dann gelangen wir zu

$$\frac{\partial \mathcal{H}}{\partial \Phi^K} = -\dot{\pi}^K - \frac{\partial}{\partial x^\alpha}\left(\frac{\partial \mathcal{L}}{\partial \Phi^K_{,\alpha}}\right) \tag{4.101}$$

**35**) siehe Band I, Kap. 7

Schließlich bekommen wir analog zur Ableitung von (4.99)

$$\frac{\partial \mathcal{H}}{\partial \Phi^K_{,\alpha}} = \sum_{I=1}^{D} \left( \pi^I - \frac{\partial \mathcal{L}}{\partial \dot{\Phi}^I} \right) \frac{\partial \dot{\Phi}^I}{\partial \Phi^K_{,\alpha}} - \frac{\partial \mathcal{L}}{\partial \Phi^K_{,\alpha}} = -\frac{\partial \mathcal{L}}{\partial \Phi^K_{,\alpha}} \tag{4.102}$$

Setzen wir dieses Ergebnis in (4.101) ein, dann erhalten wir die zweite Gruppe der Hamilton'schen Feldgleichungen. Der vollständige Satz dieser Gleichungen lautet somit

$$\dot{\Phi}^K = \frac{\partial \mathcal{H}}{\partial \pi^K} \quad \text{und} \quad \dot{\pi}^K = -\frac{\partial \mathcal{H}}{\partial \Phi^K} + \frac{\partial}{\partial x^\alpha}\left(\frac{\partial \mathcal{H}}{\partial \Phi^K_{,\alpha}}\right) \tag{4.103}$$

Die mathematische Struktur dieser Gleichungen ist bis auf den Beitrag der Differentiation nach den Feldableitungen in der zweiten Gleichung den Hamilton'schen Bewegungsgleichungen der Punktmechanik ähnlich[36].

## 4.3.3 *Noether-Theorem

### 4.3.3.1 *Allgemeine Herleitung

Eine Symmetrie liegt vor, wenn die Wirkung unter einer Transformation der Koordinaten und Felder

$$x^i \to x'^i \quad \text{und} \quad \Phi^I(\vec{x}) \to \Phi'^I(\vec{x}') \tag{4.104}$$

invariant bleibt. Wir betrachten hier nur kontinuierliche Transformationen und können uns dann auf die Untersuchung infinitesimaler Transformationen konzentrieren, da alle endlichen kontinuierlichen Transformationen aus diesen aufgebaut werden können. Mit den infinitesimal kleinen Größen $\Delta^i$ und $\eta^I(\vec{x})$ können wir schreiben

$$x'^i = x^i + \Delta^i \quad \text{und} \quad \Phi'^I(\vec{x}') = \Phi^I(\vec{x}) + \eta^I(\vec{x}) \tag{4.105}$$

Die Invarianz einer beliebigen Feldwirkung gegenüber diesen Transformationen erfordert[37]

$$\mathcal{L}d\Omega = \mathcal{L}(\Phi^I, \Phi^I_{,i})d\Omega = \mathcal{L}(\Phi'^I, \Phi'^I_{,i'})d\Omega' = \mathcal{L}'d\Omega' \tag{4.106}$$

**36)** Es gibt auch Fälle, bei denen auch die Hamilton-Dichte vom Gradienten des Feldimpulses abhängt, also $\mathcal{H} = \mathcal{H}(\Phi, \nabla\Phi, \pi\nabla\pi)$. In diesem Fall erhält man anstelle der Hamilton'schen Feldgleichungen (4.103)

$$\dot{\Phi}^K = \frac{\partial \mathcal{H}}{\partial \pi^K} - \frac{\partial}{\partial x^\alpha}\left(\frac{\partial \mathcal{H}}{\partial \pi^K_{,\alpha}}\right) \quad \text{und} \quad \dot{\pi}^K = -\frac{\partial \mathcal{H}}{\partial \Phi^K} + \frac{\partial}{\partial x^\alpha}\left(\frac{\partial \mathcal{H}}{\partial \Phi^K_{,\alpha}}\right)$$

**37)** Diese Forderung führt auf die Invarianz $S = S'$. Allgemeiner kann man sogar noch erlauben, dass die Differenz der Wirkungen $S = \int \mathcal{L}d\Omega$ und $S' = \int \mathcal{L}'d\Omega'$ ein Oberflächenintegral ist. Für unsere Überlegungen reicht aber die Invarianz der Wirkung $S = S'$ unter einer Symmetrietransformation völlig aus.

Der Zusammenhang zwischen $d\Omega$ und $d\Omega'$ wird durch die Jacobi-Determinante hergestellt, also

$$d\Omega' = \det \frac{\partial x'^j}{\partial x^i} d\Omega = \det \left(\delta^j_i + \Delta^j_{,i}\right) d\Omega = \left(1 + \Delta^i_{,i}\right) d\Omega \qquad (4.107)$$

Dabei haben wir die für beliebige Matrizen $M$ geltende Relation[38] $\det M = \exp\{\operatorname{Sp} \ln M\}$ auf die infinitesimal gestörte Einheitsmatrix $\delta^j_i + \Delta^j_{,i}$ angewendet. In diesem Fall ist $\operatorname{Sp} \ln M = \Delta^i_{,i}$ und deshalb $\det M = 1 + \Delta^i_{,i}$. Wir benötigen jetzt noch die Transformationsvorschrift für die Ableitungen der Feldgrößen. Dazu schreiben wir

$$\frac{\partial \Phi'^I}{\partial x'^i} = \frac{\partial [\Phi^I(\vec{x}) + \eta^I(\vec{x})]}{\partial x^j} \frac{\partial x^j}{\partial x'^i} = \left(\Phi^I_{,j} + \eta^I_{,j}\right) \left(\delta^j_i - \Delta^j_{,i}\right) \qquad (4.108)$$

und deshalb

$$\frac{\partial \Phi'^I}{\partial x'^i} = \Phi^I_{,i} + \eta^I_{,i} - \Phi^I_{,j} \Delta^j_{,i} \qquad (4.109)$$

wobei wir die infinitesimale Kleinheit der Transformationen berücksichtigt haben. Setzen wir alle Transformationen in (4.106) ein, dann erhalten wir

$$\mathcal{L} d\Omega = \left[\mathcal{L} + \mathcal{L}\Delta^i_{,i} + \sum_{I=1}^{D} \left(\frac{\partial \mathcal{L}}{\partial \Phi^I} \eta^I + \frac{\partial \mathcal{L}}{\partial \Phi^I_{,i}} (\eta^I_{,i} - \Phi^I_{,j}\Delta^j_{,i})\right)\right] d\Omega \qquad (4.110)$$

als Invarianzforderung. Wir können jetzt diese Bedingung etwas umformen und außerdem die Feldgleichung (4.95) einsetzen

$$\mathcal{L}\Delta^i_{,i} + \sum_{I=1}^{D} \left(\frac{\partial}{\partial x^i} \left(\frac{\partial \mathcal{L}}{\partial \Phi^I_{,i}}\right) \eta^I + \frac{\partial \mathcal{L}}{\partial \Phi^I_{,i}} (\eta^I_{,i} - \Phi^I_{,j}\Delta^j_{,i})\right) = 0 \qquad (4.111)$$

Hieraus folgt

$$\frac{\partial}{\partial x^i} \left[\mathcal{L}\Delta^i + \sum_{I=1}^{D} \left(\frac{\partial \mathcal{L}}{\partial \Phi^I_{,i}} (\eta^I - \Phi^I_{,j}\Delta^j)\right)\right] = \mathcal{L}_{,i}\Delta^i - \sum_{I=1}^{D} \frac{\partial}{\partial x^i} \left(\frac{\partial \mathcal{L}}{\partial \Phi^I_{,i}} \Phi^I_{,j}\right) \Delta^j \qquad (4.112)$$

Die rechte Seite wird jetzt noch weiter unter Verwendung der Feldgleichung (4.95) umgeformt. Wir gelangen so zu

$$\begin{aligned} \text{r. S.} &= \sum_{I=1}^{D} \left(\frac{\partial \mathcal{L}}{\partial \Phi^I} \Phi^I_{,j} + \frac{\partial \mathcal{L}}{\partial \Phi^I_{,i}} \Phi^I_{,ij}\right) \Delta^j - \sum_{I=1}^{D} \left(\frac{\partial}{\partial x^i} \left(\frac{\partial \mathcal{L}}{\partial \Phi^I_{,i}}\right) \Phi^I_{,j} + \frac{\partial \mathcal{L}}{\partial \Phi^I_{,i}} \Phi^I_{,ij}\right) \Delta^j \\ &= \sum_{I=1}^{D} \left(\frac{\partial \mathcal{L}}{\partial \Phi^I} - \frac{\partial}{\partial x^i} \left(\frac{\partial \mathcal{L}}{\partial \Phi^I_{,i}}\right)\right) \Delta^j \Phi^I_{,j} = 0 \end{aligned} \qquad (4.113)$$

**38**) siehe Aufgabe 4.1.

und damit erhalten wir aus (4.112) die Invarianzbedingung

$$\frac{\partial}{\partial x^i}\left[\sum_{I=1}^{D}\frac{\partial\mathcal{L}}{\partial\Phi^I_{,i}}\eta^I-\left(\sum_{I=1}^{D}\frac{\partial\mathcal{L}}{\partial\Phi^I_{,i}}\Phi^I_{,j}-\mathcal{L}\delta^i_j\right)\Delta^j\right]=0 \tag{4.114}$$

#### 4.3.3.2 ***Translationsinvarianz**

Ist die Wirkung invariant gegenüber Translationen in Raum und Zeit, dann haben wir die Koordinatentransformationen $x'^i = x^i + \Delta^i$ mit orts- und zeitunabhängigen Werten $\Delta^i$ und die Feldkomponententransformationen $\Phi^I(\vec{x}) = \Phi'^I(\vec{x}')$, d. h. $\eta^I = 0$. Aus (4.112) erhalten wir dann

$$\frac{\partial}{\partial x^i}\left(\sum_{I=1}^{D}\frac{\partial\mathcal{L}}{\partial\Phi^I_{,i}}\Phi^I_{,j}-\mathcal{L}\delta^i_j\right)=0 \tag{4.115}$$

Die in den Klammern stehende Göße wird als *Energie-Impuls-Tensor*

$$T^i_j=\sum_{I=1}^{D}\frac{\partial\mathcal{L}}{\partial\Phi^I_{,i}}\Phi^I_{,j}-\mathcal{L}\delta^i_j \tag{4.116}$$

bezeichnet. Offenbar genügen je vier Komponenten des Energie-Impuls-Tensors einer durch (4.115) definierten Kontinuitätsgleichung

$$T^i_{j,i}=0 \qquad \text{oder} \qquad T^{ij}_{\ ,i}=0 \tag{4.117}$$

Insbesondere erhalten wir für die zeitartige Komponente unter Beachtung von (4.98)

$$T^0_0=\sum_{I=1}^{D}\frac{\partial\mathcal{L}}{\partial\dot{\Phi}^I}\dot{\Phi}^I-\mathcal{L}=\mathcal{H} \tag{4.118}$$

Aus (4.115) folgt, dass die zeitliche Änderung dieser Komponente der Kontinuitätsgleichung

$$\frac{\partial\mathcal{H}}{\partial t}+c\frac{\partial T^\alpha_0}{\partial x^\alpha}=0 \tag{4.119}$$

genügt, woraus durch Integration über das ganze Volumen und unter Beachtung des Gauß'schen Satzes der Erhaltungssatz

$$H=\int\mathcal{H}\,d^3x=\text{const.} \tag{4.120}$$

folgt. Mit anderen Worten, die Invarianz der Feldwirkung gegenüber Translationen[39] bedingt die Erhaltung der gesamten Feldenergie $H$.

**39)** Wie in der klassischen Mechanik genügt zur Ableitung der Energieerhaltung bereits die Invarianz gegenüber Zeittranslationen. Die Invarianz gegenüber räumlichen Translationen führt auf die Erhaltung des Gesamtfeldimpulses, den wir hier aber nicht weiter untersuchen werden.

#### 4.3.3.3 *Eichtransformationen

Als zweite wichtige Anwendung betrachten wir die sogenannten Eichtransformationen. Diese werden in der infinitesimalen Form durch

$$\Delta^i = 0 \qquad \text{und} \qquad \eta^I = \varepsilon \sum_{J=1}^{D} \lambda_{IJ} \Phi^J \tag{4.121}$$

beschrieben[40] und führen, falls die Feldwirkung invariant unter diesen Transformationen ist, wegen (4.114) auf die Kontinuitätsgleichung

$$\varepsilon \frac{\partial}{\partial x^i} \left[ \sum_{I,J=1}^{D} \frac{\partial \mathcal{L}}{\partial \Phi^I_{,i}} \lambda_{IJ} \Phi^J \right] = 0 \tag{4.122}$$

die wegen $\varepsilon > 0$ auch als

$$j^k_{,k} = 0 \qquad \text{mit} \qquad j^k = \mathcal{N}_q \sum_{I,J=1}^{D} \frac{\partial \mathcal{L}}{\partial \Phi^I_{,k}} \lambda_{IJ} \Phi^J \tag{4.123}$$

geschrieben werden kann, wobei es aus Dimensionsgründen sinnvoll ist, den hier auftretenden Viererstrom mit einem Vorfaktor $\mathcal{N}_q$ zu skalieren. In der dreidimensionalen Darstellung erhalten wir dann

$$\frac{\partial}{\partial t} \left[ \sum_{I,J=1}^{D} \frac{\partial \mathcal{L}}{\partial \dot{\Phi}^I} \lambda_{IJ} \Phi^J \right] + \frac{\partial}{\partial x^\alpha} \left[ \sum_{I,J=1}^{D} \frac{\partial \mathcal{L}}{\partial \Phi^I_{,\alpha}} \lambda_{IJ} \Phi^J \right] = 0 \tag{4.124}$$

Die unter der Zeitableitung stehende Größe

$$\rho = \mathcal{N}_q \sum_{I,J=1}^{D} \frac{\partial \mathcal{L}}{\partial \dot{\Phi}^I} \lambda_{IJ} \Phi^J = \mathcal{N}_q \sum_{I,J=1}^{D} \pi^I \lambda_{IJ} \Phi^J \tag{4.125}$$

wird als Ladungsdichte bezeichnet. Dementsprechend ist

$$\boldsymbol{j} = (j_1, j_2, j_3) \qquad \text{mit} \qquad j_\alpha = \mathcal{N}_q \sum_{I,J=1}^{D} \frac{\partial \mathcal{L}}{\partial \Phi^I_{,\alpha}} \lambda_{IJ} \Phi^J \tag{4.126}$$

der dreidimensionale Ladungsstrom. Wegen (4.124) ist die durch

$$Q = \mathcal{N}_q \int \sum_{I,J=1}^{D} \pi^I \lambda_{IJ} \Phi^J \, d^3x \tag{4.127}$$

bestimmte Feldladung eine Erhaltungsgröße, wenn die Feldwirkung invariant unter den Eichtransformationen (4.121) ist.

**40)** $\varepsilon$ ist dabei eine infinitesimal kleine Größe.

## 4.3.4
## *Freie Felder

### 4.3.4.1 *Das Maxwell-Feld

Die Wirkung des Maxwell-Feldes ist uns bereits aus der Elektrodynamik bekannt. Es gibt hier vier Feldkomponenten $\Phi^I$, die mit den vier Komponenten des Viererpotentials $A_i$ identifiziert werden. Aus der Feldwirkung[41] entnehmen wir die Lagrange-Dichte[42]

$$\mathcal{L} = -\frac{1}{4}F^{ik}F_{ik} = -\frac{1}{4}g^{ij}g^{kl}F_{jl}F_{ik} \tag{4.128}$$

mit dem Feldstärketensor

$$F_{ik} = A_{k,i} - A_{i,k} \tag{4.129}$$

Die Lagrange-Dichte hängt nur von den Ableitungen der Felder ab. Deswegen verschwindet in den Euler-Lagrange-Gleichungen die Ableitung der Lagrange-Dichte nach den Feldern. Wegen

$$\frac{\partial}{\partial x^m}\frac{\partial \mathcal{L}}{\partial A_{n,m}} = -\frac{1}{4}[(g^{im}g^{kn} - g^{in}g^{km})F_{ik} + F_{jl}(g^{mj}g^{nl} - g^{nj}g^{ml})]_{,m} \tag{4.130}$$

und wegen der Antisymmetrie des Feldstärketensors reduzieren sich die zu erwartenden vier Feldgleichungen damit auf

$$-\frac{1}{4}\frac{\partial}{\partial x^m}[F^{mn} - F^{nm} + F^{mn} - F^{nm}] = -\frac{\partial}{\partial x^m}F^{mn} = 0 \tag{4.131}$$

Damit können wir sofort die Feldgleichungen des freien Maxwell-Feldes in der Standardform

$$F^{mn}_{,m} = 0 \tag{4.132}$$

aufschreiben[43]. Wegen $\dot{A}_i = cA_{i,0}$ erhalten wir die Feldimpulsdichten

**41**) siehe Band II, Formel (5.23)

**42**) Man beachte, dass der in Band II vor der Wirkung stehende Faktor $c^{-1}$ wegen der Definition (4.91) und der in Fußnote 31 geführten Diskussion wegfällt. Außerdem nehmen wir noch eine Reskalierung der Viererpotentiale $A$ und Ladungen $e$ entsprechend $A \to \beta A$ und $e \to \beta^{-1}e$ vor. Damit bleiben alle Produkte $eA$ gegenüber dieser Reskalierung invariant und die Lagrange-Dichte des freien Feldes verhält sich wie $\mathcal{L} \to \beta^2\mathcal{L}$. Somit können wir $\beta$ so wählen, dass der unbequeme Vorfaktor $1/(4\pi)$ aus allen Beziehungen verschwindet, ohne dass die Kopplungen $eA$ zwischen Ladung und elektromagnetischen Feld verändert werden.

**43**) Diese Feldgleichungen repräsentieren die zweite Gruppe der Maxwell-Gleichungen, siehe Band II, Kap. 5. Beim Vorhandensein geladener Materie werden diese Gleichungen inhomogen. Die in der ersten Gruppe der Maxwell'schen Gleichungen zusammengefassten Gleichungen sind dagegen stets homogen und basieren auf der ebenfalls in Band II diskutierten Biancchi-Identität $F_{ij,k} + F_{jk,i} + F_{ki,j} = 0$.

$$\begin{aligned}
\pi^n &= \frac{1}{c}\frac{\partial\mathcal{L}}{\partial A_{n,0}} \\
&= -\frac{1}{4c}g^{ij}g^{kl}[(\delta_l^n\delta_j^0 - \delta_j^n\delta_l^0)F_{ik} + F_{jl}(\delta_k^n\delta_i^0 - \delta_i^n\delta_k^0)] \\
&= \frac{1}{c}F^{n0} \qquad (4.133)
\end{aligned}$$

Die Feldimpulse können zwar zu einem vierdimensionalen Vektor zusammengefasst werden, sie bilden aber keinen Vierervektor im Sinne der Relativitätstheorie[44]. Unter Beachtung der Feldimpulse ist die Hamilton-Dichte damit durch

$$\mathcal{H} = \pi^n\dot{A}_n - \mathcal{L} = F^{n0}A_{n,0} + \frac{1}{4}F^{ik}F_{ik} \qquad (4.134)$$

gegeben. Man kann die Hamilton-Dichte durch das elektrische und magnetische Feld ausdrücken. Wegen[45] $F^{ik}F_{ik} = 2(\boldsymbol{B}^2 - \boldsymbol{E}^2)$ und[46] $F^{\alpha 0} = E_\alpha$ sowie der Definition der elektrischen Feldstärke $\boldsymbol{E} = -\nabla\phi - c^{-1}\dot{\boldsymbol{A}}$ ist[47]

$$\mathcal{H} = \boldsymbol{E}(\boldsymbol{E} + \nabla\phi) + \frac{1}{2}(\boldsymbol{B}^2 - \boldsymbol{E}^2) = \frac{1}{2}(\boldsymbol{B}^2 + \boldsymbol{E}^2) + \boldsymbol{E}\nabla\phi \qquad (4.135)$$

Wegen der Antisymmetrie des Feldstärketensors ist $\pi^0 = 0$. Dieses Resultat bereitet bei der Quantisierung des elektromagnetischen Feldes aber Schwierigkeiten. Um diese zu umgehen, formt man die Feldwirkung etwas um. Mit der Lagrange-Dichte (4.128) und der Definition des Feldstärketensors (4.129) erhalten wir nämlich für die Feldwirkung

$$\begin{aligned}
S = \int \mathcal{L}d\Omega &= -\frac{1}{2}\int d\Omega[A^{k,i}A_{k,i} - A^{k,i}A_{i,k}] \\
&= -\frac{1}{2}\int d\Omega[A^{k,i}A_{k,i} - (A^{k,i}A_i)_{,k} + A_iA^{k,i}_{,k}] \\
&= -\frac{1}{2}\int d\Omega A^{k,i}A_{k,i} \qquad (4.136)
\end{aligned}$$

Dabei wurde der zweite Term in der zweiten Gleichungszeile in ein Oberflächenintegral überführt, das bei der Variation der Wirkung keine Rolle spielt. Der dritte Term verschwindet bei Beachtung der Lorentz-Eichung[48], die in Viererschreibweise $A^k_{,k} = 0$ lautet. Mit dieser Fixierung der Felder $A_i$ ist allerdings die Eichfreiheit des Feldes für weitere Betrachtungen verloren[49]. Mit

44) Sie sind vielmehr die erste Spalte des Vierertensors $F^{nk}$. Bei einer Lorentz-Transformation verhalten sich die Feldimpulse deshalb *nicht* wie ein Vierervektor.

45) siehe Band II, Kap. 4.8

46) siehe Band II, Kap. 4.5

47) Man beachte $\vec{A} = (A_i) = (\phi, -\boldsymbol{A})$, siehe Band II, Formel (4.57).

48) siehe Band II, Formel (2.183)

49) Eine Transformation der Form $A'_i = A_i + f_{,i}$ mit einer beliebigen Funktion $f$ ist in den Feldgleichungen jetzt nicht mehr möglich.

der neuen Lagrange-Dichte

$$\mathcal{L}' = -\frac{1}{2} A^{k,i} A_{k,i} \tag{4.137}$$

erhält man für die Komponenten des Viererpotentials die Feldgleichungen $A^{k,i}_{\ ,i} = 0$. Natürlich führt die Lorentz-Eichung nicht zu einer Veränderung der Feldgleichungen für die eigentlichen elektromagnetischen Felder, da eben wegen der Lorentz-Eichung mit (4.132) sofort $F^{ik}_{\ ,i} = A^{k,i}_{\ ,i} - A^{i,k}_{\ ,i} = A^{k,i}_{\ ,i}$ folgt. Im Gegensatz zu den Feldgleichungen, die von der Lorentz-Eichung nicht betroffen sind, ändert sich aber die Feldimpulsdichte. Wir erhalten jetzt

$$\pi'^k = -\frac{1}{c^2} \dot{A}^k \qquad \text{und} \qquad \pi'_k = -\frac{1}{c^2} \dot{A}_k \tag{4.138}$$

In dieser Darstellung ist $\pi^0 \neq 0$. Wenn wir alle Zeitableitungen der Potentiale mit Hilfe von (4.138) durch die Feldimpulse ersetzen, dann erhalten wir für die Hamilton-Dichte

$$\mathcal{H}' = \pi'^k \dot{A}_k - \mathcal{L}' = -c^2 \pi'^k \pi'_k + \frac{1}{2} A^{k,i} A_{k,i} = -\frac{c^2}{2} \pi'^k \pi'_k + \frac{1}{2} A^{k,\alpha} A_{k,\alpha} \tag{4.139}$$

die sich für die Anwendung der noch zu besprechenden Quantisierungsvorschriften als geeignet erweisen wird[50]. Die Tatsache, dass wir, abhängig von der Herleitung, verschiedene Hamilton-Dichten bekommen, hängt zum einen damit zusammen, dass die Lagrange-Dichte nur bis auf den Gradienten einer beliebigen Funktion bestimmt ist. Dieser Beitrag liefert für die Feldwirkung nur ein zusätzliches Oberflächenintegral, das bei der Variation der Wirkung verschwindet. Die Euler-Lagrange'schen Feldgleichungen selbst werden hierdurch nicht geändert. Die Feldimpulsdichten hängen dagegen von diesen Freiheiten der Lagrange-Dichte ab. Andererseits hat auch die Berücksichtigung einer zusätzlichen Restriktion wie der Lorentz-Eichung einen entscheidenden Einfluss auf die mathematische Struktur der Feldimpulse, obwohl auch hierdurch die Feldgleichungen nicht beeinflusst werden.

Die Hamilton'schen Feldgleichungen liefern ausgehend von der Hamilton-Dichte (4.134) für die erste Gruppe der Gleichungen (4.103) die Identität $\dot{A}_k = \dot{A}_k$, für die zweite Gruppe entsteht, da $\mathcal{H}$ nicht von $A_k$ abhängt, die Gleichung

$$\dot{\pi}^k = \frac{\partial}{\partial x^\alpha} \left( \frac{\partial \mathcal{H}}{\partial A_{k,\alpha}} \right) = F^{\alpha k}_{\ ,\alpha} \tag{4.140}$$

**50**) Man beachte, dass $\pi'^k$ und $\pi'_k$ die kanonisch konjugierten Impulse zu $A_k$ bzw. $A^k$ sind. Deshalb tritt an sich in (4.139) nur $\pi'^k$ und $\pi'_k$ auf, die jeweils andere Größe ist durch die Zusammenhänge (4.138) zu ersetzen. Das ist besonders dann wichtig, wenn wir mit $\mathcal{H}'$ die Hamilton'schen Feldgleichungen bestimmen wollen.

Mit (4.133) folgt andererseits

$$\dot{\pi}^k = c\pi^k_{,0} = F^{k0}_{,0} = -F^{0k}_{,0} \tag{4.141}$$

so dass zusammen mit (4.140) folgt

$$F^{0k}_{,0} + F^{\alpha k}_{,\alpha} = 0 \tag{4.142}$$

woraus sich wieder die Feldgleichungen $F^{ik}_{,i} = 0$ ergeben. Benutzen wir dagegen die Hamilton-Dichte (4.139) und beachten die Bemerkungen in Fußnote 50, dann liefert die erste Gruppe der Gleichungen (4.103) die Beziehung (4.138), die zweite Gruppe führt auf

$$\dot{\pi}'^k = A^{k,\alpha}_{,\alpha} \tag{4.143}$$

so dass sich mit (4.138) wieder die Feldgleichungen $F^{ik}_{,i} = 0$ ergeben.

#### 4.3.4.2 *Das Schrödinger-Feld

Nach der Diskussion in Kap. 4.2.6 können wir die Schrödinger-Gleichung als klassische Feldgleichung einer (nichtrelativistischen) Quantenfeldtheorie für das komplexwertige Schrödinger-Feld $\psi$ betrachten. Wir wollen deshalb den feldtheoretischen Formalismus auch auf diese Gleichung ausdehnen. Obwohl wir uns in diesem Abschnitt nur für freie Felder interessieren, machen wir bei der Untersuchung des Schödinger-Feldes insofern eine Verallgemeinerung, als wir die Betrachtungen auf nicht wechselwirkende Teilchen erweitern, die sich in einem externen Potential befinden können. Die Feldgleichung für dieses System ist durch (4.90) gegeben. Wir wollen diese Schrödinger'sche Feldgleichung mit Hilfe der Euler-Lagrange'schen Gleichungen aus der zugehörigen Lagrange-Dichte ableiten. Die Lagrange-Dichte des Schrödinger-Feldes $\psi$ lautet

$$\mathcal{L} = i\hbar\psi^*\dot{\psi} - \frac{\hbar^2}{2m}(\nabla\psi^*)(\nabla\psi) - V\psi^*\psi \tag{4.144}$$

Um uns von der Richtigkeit dieser Behauptung zu überzeugen, leiten wir aus $\mathcal{L}$ die Bewegungsgleichung ab, die natürlich mit der bereits bekannten Schrödinger'schen Feldgleichung (4.90) übereinstimmen sollte. Da die Feldfunktion $\psi$ eine komplexe Größe ist, liegt ein zweikomponentiges Feld vor, das durch die beiden linear unabhängigen Komponenten $\psi$ und $\psi^*$ beschrieben wird. Wegen

$$\frac{\partial\mathcal{L}}{\partial\psi} = -V\psi^* \qquad \frac{\partial\mathcal{L}}{\partial\dot{\psi}} = i\hbar\psi^* \qquad \frac{\partial\mathcal{L}}{\partial\psi_{,\alpha}} = -\frac{\hbar^2}{2m}\psi^*_{,\alpha} \tag{4.145}$$

und

$$\frac{\partial\mathcal{L}}{\partial\psi^*} = i\hbar\dot{\psi} - V\psi \qquad \frac{\partial\mathcal{L}}{\partial\dot{\psi}^*} = 0 \qquad \frac{\partial\mathcal{L}}{\partial\psi^*_{,\alpha}} = -\frac{\hbar^2}{2m}\psi_{,\alpha} \tag{4.146}$$

erhalten wir als Feldgleichungen

$$\frac{\partial}{\partial t}\frac{\partial \mathcal{L}}{\partial \dot{\psi}} = -\frac{\partial}{\partial x^\alpha}\frac{\partial \mathcal{L}}{\partial \psi_{,\alpha}} + \frac{\partial \mathcal{L}}{\partial \psi} \quad \rightarrow \quad i\hbar\dot{\psi}^* = \frac{\hbar^2}{2m}\nabla^2\psi^* - V\psi^* \tag{4.147}$$

und

$$\frac{\partial}{\partial t}\frac{\partial \mathcal{L}}{\partial \dot{\psi}^*} = -\frac{\partial}{\partial x^\alpha}\frac{\partial \mathcal{L}}{\partial \psi^*_{,\alpha}} + \frac{\partial \mathcal{L}}{\partial \psi^*} \quad \rightarrow \quad 0 = \frac{\hbar^2}{2m}\nabla^2\psi + i\hbar\dot{\psi} - V\psi \tag{4.148}$$

Diese Feldgleichungen entsprechen der Schrödinger-Gleichung und ihrer komplex konjugierten Form. Die beiden Feldimpulsdichten lauten

$$\pi = \frac{\partial \mathcal{L}}{\partial \dot{\psi}} = i\hbar\psi^* \qquad \text{und} \qquad \overline{\pi} = \frac{\partial \mathcal{L}}{\partial \dot{\psi}^*} = 0 \tag{4.149}$$

Wir bemerken, dass $\pi$ und $\overline{\pi}$ – im Gegensatz zu den freien Feldern $\psi$ und $\psi^*$ – keine zueinander komplex konjugierten Größen sind. Für die Hamilton-Dichte erhalten wir

$$\mathcal{H} = \pi\dot{\psi} + \overline{\pi}\dot{\psi}^* - \mathcal{L} = (\pi - i\hbar\psi^*)\dot{\psi} + \frac{\hbar^2}{2m}\nabla\psi^*\nabla\psi + V\psi^*\psi \tag{4.150}$$

Beachtet man noch (4.149), dann erhält man

$$\mathcal{H} = \frac{\hbar^2}{2m}\nabla\psi^*\nabla\psi + V\psi^*\psi \tag{4.151}$$

Die Hamilton-Dichte ist im Gegensatz zur Lagrange-Dichte eine reelle Größe. Bei der expliziten Ableitung der Hamilton'schen Feldgleichungen gibt es Probleme, weil die Feldimpulse nicht mit den zeitlichen Ableitungen der Felder zusammenhängen. Deshalb verschwindet die Zeitableitung aus (4.151) nicht durch direkte Elimination, sondern weil $\pi = i\hbar\psi^*$ gilt. Diese Verknüpfung zwischen Impuls und Feld führt dazu, dass in der Hamilton-Dichte kein Impuls mehr steht und deshalb die offensichtlich falsche Relation $\dot{\psi} = 0$ zur Folge hat. Um diese Schwierigkeit zu beseitigen, eliminieren wir $\psi^*$ aus (4.151). Dann nimmt die Hamilton-Dichte die Gestalt

$$\mathcal{H} = \frac{\hbar}{2mi}\nabla\pi\nabla\psi + \frac{1}{i\hbar}V\pi\psi \tag{4.152}$$

an. Daraus erhalten wir mit (4.103)[51]

$$\dot{\psi} = -\frac{\hbar}{2mi}\nabla^2\psi + \frac{1}{i\hbar}V\psi \qquad \text{und} \qquad \dot{\pi} = \frac{\hbar}{2mi}\nabla^2\pi - \frac{1}{i\hbar}V\pi \tag{4.153}$$

woraus man mit $\pi = i\hbar\psi^*$ sofort die Schrödinger-Gleichung und ihre komplex konjugierte Darstellung ablesen kann.

**51**) Siehe hierzu die Bemerkung in Fußnote 36.

Wir wollen die in Abschnitt 4.3.3.3 diskutierte Invarianz gegenüber Eichtransformationen nutzen, um den Begriff der Ladung mit dem Schrödinger-Feld zu verbinden. Es ist leicht zu sehen, dass die Lagrange-Dichte invariant gegenüber Transformationen der Art $\psi' = \psi e^{-i\varepsilon}$ ist. Es handelt sich hierbei um eine Eichtransformation, deren infinitesimale Darstellung der Form (4.121) entspricht. Ist $\varepsilon$ infinitesimal klein, dann ergeben sich die infinitesimalen Änderungen der beiden Felder $\psi$ und $\psi^*$ zu

$$\begin{pmatrix} \eta^1 \\ \eta^2 \end{pmatrix} = \begin{pmatrix} \psi' - \psi \\ \psi'^* - \psi^* \end{pmatrix} = \varepsilon \begin{pmatrix} -i & 0 \\ 0 & i \end{pmatrix} \begin{pmatrix} \psi \\ \psi^* \end{pmatrix} \tag{4.154}$$

woraus wir die charakterisierenden Elemente $\lambda_{IJ}$ der Eichtransformtion (4.121) mit $\lambda_{12} = \lambda_{21} = 0$ und $\lambda_{22} = -\lambda_{11} = i$ bestimmen können. Die Gesamtladung des Schrödinger-Feldes ist somit unter Beachtung von (4.127) und (4.149) gegeben durch

$$Q = \mathcal{N}_q \int d^3x \, [\pi\lambda_{11}\psi + \bar{\pi}\lambda_{22}\psi^*] = \mathcal{N}_q \int d^3x \, i\hbar\psi^*\lambda_{11}\psi = e \int d^3x \, \psi^*\psi \tag{4.155}$$

wobei wir den bisher offenen Skalierungsfaktor jetzt mit $\mathcal{N}_q = e/\hbar$ fixiert haben[52]. Mit dieser Festlegung wird der Anschluss an das bereits bekannte Resultat (4.89) gewonnen, wonach das Integral über $|\psi|^2$ die Gesamtteilchenzahl ist. Die Ladungsdichte des Schrödinger-Feldes ist offensichtlich $\rho = e\psi^*\psi$, während wir für den dreidimensionalen Ladungsstrom mit (4.126), (4.145) und (4.146) erhalten

$$j_\alpha = \frac{e}{\hbar}\left[-i\frac{\partial\mathcal{L}}{\partial\psi_{,\alpha}}\psi + i\frac{\partial\mathcal{L}}{\partial\psi^*_{,\alpha}}\psi^*\right] = \frac{\hbar e}{2mi}\left[\psi^*\psi_{,\alpha} - \psi^*_{,\alpha}\psi\right] \tag{4.156}$$

Aus mathematischer Sicht ist der Ladungsstrom des Schrödinger-Feldes gegenüber dem quantenmechanischen Wahrscheinlichkeitsstrom der Schrödinger-Gleichung[53] lediglich um die Ladungseinheit $e$ reskaliert.

#### 4.3.4.3 *Das Klein-Gordon-Feld

Das in Kapitel 4.2.6 skizzierte Konzept des Übergangs von der quantenmechanischen Einteilcheninterpretation der Schrödinger-Gleichung zu ihrer quantenfeldtheoretischen Vielteilcheninterpretation wird sich auch für die Klein-Gordon-Gleichung und die Dirac-Gleichung als vorteilhaft erweisen. Das ist besonders deshalb so interessant, weil beide Gleichungen sowieso keine konsistente Einteilchentheorie mehr darstellten. Da die Konstruktuion einer Quantenfeldtheorie am besten über den Weg der klassischen Feldtheorie erfolgt, wollen wir jetzt die Klein-Gordon-Gleichung und im nächsten Abschnitt

52) Es wird vorausgesetzt, dass wir Partikel mit der Ladung $e$ betrachten. Andernfalls ist $e$ durch die entsprechende Elementarladung zu ersetzen.

53) siehe Band III, Formel (3.31)

die Dirac-Gleichung als klassische Feldgleichungen betrachten und daraus die wichtigsten Elemente der zugehörigen Feldtheorien ableiten.

Die Lagrange-Dichte des freien Klein-Gordon-Feldes lautet

$$\mathcal{L} = \frac{\hbar^2}{2m}\psi^{,k}\psi^*_{,k} - \frac{mc^2}{2}\psi^*\psi = \frac{\hbar^2}{2m}(\partial^k\psi)(\partial_k\psi^*) - \frac{mc^2}{2}\psi^*\psi \tag{4.157}$$

Wie beim Schrödinger-Feld unterscheiden wir die Feldkomponenten $\psi$ und $\psi^*$. Aus den Euler-Lagrange'schen Feldgleichungen ergeben sich unter Beachtung von

$$\frac{\partial\mathcal{L}}{\partial\psi_{,k}} = \frac{\hbar^2}{2m}\psi^{*,k} \qquad \frac{\partial\mathcal{L}}{\partial\psi^*_{,k}} = \frac{\hbar^2}{2m}\psi^{,k} \tag{4.158}$$

und

$$\frac{\partial\mathcal{L}}{\partial\psi} = -\frac{mc^2}{2}\psi^* \qquad \frac{\partial\mathcal{L}}{\partial\psi^*} = -\frac{mc^2}{2}\psi \tag{4.159}$$

die Feldgleichungen

$$\psi^{*,k}_{,k} + \frac{m^2c^2}{\hbar^2}\psi^* = 0 \qquad \text{und} \qquad \psi^{,k}_{,k} + \frac{m^2c^2}{\hbar^2}\psi = 0 \tag{4.160}$$

Wie im Fall des Schrödinger-Feldes sind die beiden Feldgleichungen zueinander komplex-konjugiert. Die Feldimpulsdichten des Klein-Gordon-Felds lauten

$$\pi = \frac{\partial\mathcal{L}}{\dot\psi} = \frac{\hbar^2}{2mc^2}\dot\psi^* \qquad \text{und} \qquad \overline{\pi} = \frac{\partial\mathcal{L}}{\dot\psi^*} = \frac{\hbar^2}{2mc^2}\dot\psi \tag{4.161}$$

Die beiden Feldimpulse sind also – im Gegensatz zum Schrödinger-Feld – zueinander komplex-konjugierte Größen, d. h. wir haben $\overline{\pi} = \pi^*$. Wir können hiermit alle Zeitableitungen der Feldvariablen durch die Feldimpulse ersetzen. Trennen wir das Viererskalarprodukt in der Lagrange-Dichte (4.157) in zeitliche und räumliche Ableitungen auf, dann erhalten wir

$$\mathcal{L} = \frac{\hbar^2}{2mc^2}\dot\psi\dot\psi^* - \frac{\hbar^2}{2m}\nabla\psi\nabla\psi^* - \frac{mc^2}{2}\psi^*\psi \tag{4.162}$$

und deshalb unter Verwendung von (4.161)

$$\mathcal{H} = \pi\dot\psi + \pi^*\dot\psi^* - \mathcal{L} = \frac{2mc^2}{\hbar^2}\pi\pi^* + \frac{\hbar^2}{2m}\nabla\psi\nabla\psi^* + \frac{mc^2}{2}\psi^*\psi \tag{4.163}$$

Die Hamilton-Dichte ist damit eine reelle Größe. Man kann sich leicht davon überzeugen[54], dass die Hamilton'schen Feldgleichungen wieder die Klein-Gordon-Gleichung bzw. deren komplex-konjugierte Darstellung reproduzieren.

**54**) siehe Aufgabe 3.2

Die Lagrange-Dichte und damit die Feldwirkung sind wieder gegenüber Transformationen vom Typ $\psi' = \psi e^{-i\varepsilon}$ invariant. Deshalb können wir die im vorangegangenen Abschnitt gewonnenen Resultate nutzen und die Viererstromdichte des Klein-Gordon-Feldes unter Beachtung von (4.123) bestimmen

$$j^k = i\mathcal{N}_q \frac{\hbar^2}{2m}\left[\psi^* \psi^{,k} - \psi\psi^{*,k}\right] = \frac{i\hbar e}{2m}\left[\psi^* \psi^{,k} - \psi\psi^{*,k}\right] \tag{4.164}$$

wobei wir wie beim Schrödinger-Feld die Skalierung mit $\mathcal{N}_q = e/\hbar$ vorgenommen haben. Die zeitartige Komponente liefert uns dann die Ladungsdichte, die raumartigen Komponenten den Ladungsstrom des Klein-Gordon-Feldes

$$\rho = \frac{j^0}{c} = \frac{ie\hbar}{2mc^2}[\psi^* \dot{\psi} - \psi\dot{\psi}^*] \qquad \text{und} \qquad j = \frac{i\hbar e}{2m}[\psi^* \nabla\psi - \psi\nabla\psi] \tag{4.165}$$

die bis auf die Ladungseinheit $e$ mit der Dichte (2.396) und dem Strom (2.397) übereinstimmen. Unter Verwendung der Feldimpulsdichten (4.161) kann die Ladungsdichte und damit auch die durch Integration über das gesamte Volumen erhältliche Feldladung in die Form

$$\rho = \frac{ie}{\hbar}[\psi^* \pi^* - \psi\pi] \qquad \text{und} \qquad Q = \frac{ie}{\hbar}\int d^3x[\psi^* \pi^* - \psi\pi] \tag{4.166}$$

gebracht werden.

#### 4.3.4.4 *Das Dirac-Feld

Die Lagrange-Dichte des Dirac-Felds lautet

$$\mathcal{L} = i\hbar c\overline{\psi}\gamma^k \psi_{,k} - mc^2\overline{\psi}\psi \tag{4.167}$$

wobei wir mit

$$\overline{\psi} = \psi^\dagger \gamma^0 \tag{4.168}$$

das adjungierte Dirac-Feld eingeführt haben. Die beiden Größen $\psi$ und $\overline{\psi}$ stellen zwei vierkomponentige komplexe Felder dar, die dem Bispinorcharakter der Wellenfunktionen der Dirac-Gleichung und deren adjungierter Darstellung entsprechen. Die insgesamt 8 unabhängigen Feldkomponenten lassen sich formal wie zwei einfache Felder behandeln. Das ist besonders hilfreich bei Ableitungen nach den Feldvariablen. So können wir schreiben

$$\frac{\partial\mathcal{L}}{\partial\psi} = -mc^2\overline{\psi} \qquad \text{und} \qquad \frac{\partial\mathcal{L}}{\partial\overline{\psi}} = i\hbar c\gamma^k \psi_{,k} - mc^2\psi \tag{4.169}$$

Dabei verstehen wir unter den Ableitungen nach einem Bispinor eigentlich die Ableitungen nach den einzelnen Komponenten und deren Zusammenfassung zu neuen Bispinoren. Auf die gleiche Weise finden wir

$$\frac{\partial\mathcal{L}}{\partial\psi_{,k}} = i\hbar c\overline{\psi}\gamma^k \qquad \text{und} \qquad \frac{\partial\mathcal{L}}{\partial\overline{\psi}_{,k}} = 0 \tag{4.170}$$

Unter Beachtung der Euler-Lagrange'schen Gleichungen (4.95) ergeben sich hieraus die Feldgleichungen

$$i\hbar c \partial_k \overline{\psi} \gamma^k + mc^2 \overline{\psi} = 0 \qquad \text{und} \qquad i\hbar c \gamma^k \partial_k \psi - mc^2 \psi = 0 \tag{4.171}$$

wobei rechts die Dirac-Gleichung (2.32) in der Standardform[55] steht. Die linke Gleichung entsteht dagegen durch Adjungation und Multiplikation von rechts mit $\gamma^0$ aus (2.32) und den folgenden Zwischenschritten

$$-i\hbar c \partial_k \psi^\dagger \gamma^{k\dagger} \gamma^0 - mc^2 \psi^\dagger \gamma^0 = 0 \quad \rightarrow \quad i\hbar c \partial_k \psi^\dagger \gamma^0 \gamma^k + mc^2 \psi^\dagger \gamma^0 = 0 \tag{4.172}$$

wobei wir die Hermitizität der zeitartigen Dirac-Matrix $\gamma^{0\dagger} = \gamma^0$ und die Antihermitizität der raumartigen Matrizen $\gamma^{\alpha\dagger} = -\gamma^\alpha$ sowie die Vertauschungsrelation $\gamma^\alpha \gamma^0 = -\gamma^0 \gamma^\alpha$ verwendet haben. Aus (4.161) erhalten wir weiterhin die Feldimpulsdichten

$$\pi = \frac{\partial \mathcal{L}}{\partial \dot{\psi}} = i\hbar \overline{\psi} \gamma^0 = i\hbar \psi^\dagger \qquad \text{und} \qquad \overline{\pi} = \frac{\partial \mathcal{L}}{\partial \dot{\overline{\psi}}} = 0 \tag{4.173}$$

mit deren Hilfe wir die Hamilton-Dichte

$$\mathcal{H} = \pi \dot{\psi} - \mathcal{L} = -i\hbar c \overline{\psi} \gamma^\alpha \partial_\alpha \psi + mc^2 \overline{\psi} \psi \tag{4.174}$$

erhalten. Wie beim Schrödinger-Feld ist auch jetzt die Hamilton-Dichte unabhängig von den Feldimpulsen. Andererseits hängen die Impulse auch nicht direkt mit dem Zeitableitungen der Felder zusammen. Wir können aber, ähnlich wie beim Schrödinger-Feld, $\overline{\psi}$ durch $\pi$ ausdrücken

$$\overline{\psi} = \frac{1}{i\hbar} \pi \gamma^0 \tag{4.175}$$

Damit nimmt die Hamilton-Dichte die Form

$$\mathcal{H} = -\frac{c}{i\hbar} \pi \gamma^0 \left[ i\hbar \gamma^\alpha \partial_\alpha \psi - mc\psi \right] \tag{4.176}$$

an. Damit können wir die Hamilton'schen Feldgleichungen ableiten. Mit (4.103) erhalten wir einerseits

$$\dot{\psi} = \frac{\partial \mathcal{H}}{\partial \pi} = -\frac{c}{i\hbar} \gamma^0 \left[ i\hbar \gamma^\alpha \partial_\alpha \psi - mc\psi \right] \quad \rightarrow \quad i\hbar (\gamma^0 \partial_0 + \gamma^\alpha \partial_\alpha - mc) \psi \tag{4.177}$$

und andererseits

$$\dot{\pi} = -\frac{\partial \mathcal{H}}{\partial \psi} + \frac{\partial}{\partial x^\alpha} \left( \frac{\partial \mathcal{H}}{\partial \psi_{,\alpha}} \right) = -\frac{mc^2}{i\hbar} \pi \gamma^0 - c \partial_\alpha \pi \gamma^0 \gamma^\alpha \tag{4.178}$$

**55**) bis auf den zusätzlichen Faktor $c$

woraus wir mit (4.173) die adjungierte Dirac-Gleichung

$$i\hbar\dot{\overline{\psi}}\gamma^0 = -mc^2\overline{\psi} - ci\hbar\partial_\alpha\overline{\psi}\gamma^\alpha \qquad \text{bzw.} \qquad i\hbar c\partial_k\overline{\psi}\gamma^k + mc^2\overline{\psi} = 0 \tag{4.179}$$

als Feldgleichung erhalten.

Schließlich können wir auch wieder den Ladungsstrom bestimmen. Da die Lagrange-Dichte wieder invariant gegenüber der Transformation $\psi' = \psi e^{-i\varepsilon}$ ist, bekommen wir mit dem gleichen Vorgehen wie beim Schrödinger- und Klein-Gordon-Feld für den Viererstrom

$$j^k = \mathcal{N}_q \left[ -i\frac{\partial\mathcal{L}}{\partial\psi_{,k}}\psi + i\frac{\partial\mathcal{L}}{\partial\overline{\psi}_{,k}}\overline{\psi} \right] = ec\psi^+\gamma^0\gamma^k\psi \tag{4.180}$$

wobei wir (4.161) und die bereits für das Schrödinger- und Klein-Gordon-Feld benutzte Skalierung $\mathcal{N}_q = e/\hbar$ verwendet haben. Bis auf den Faktor $e$ stimmt auch dieser Viererstrom mit dem Wahrscheinlichkeitsstrom (2.43) überein, so dass wir auch für das Dirac-Feld den Anschluss der klassischen Feldtheorie an die quantenmechanische Einteilchentheorie herstellen können.

## 4.3.5 *Wechselwirkende Felder

### 4.3.5.1 *Generelles Konzept

Wir wollen jetzt überlegen, wie eine vollständige *relativistisch-invariante Feldtheorie* für geladene Partikel aussehen muss. Mit diesem Problem hatten wir uns bereits auf der klassischen Ebene beschäftigt[56]. Die Wirkung eines Systems geladener Partikel setzte sich aus der Wirkung der freien Teilchen oder einfach der Materie, der Wirkung des elektromagnetischen Feldes und einem Beitrag, der die Wechselwirkung zwischen Materie und Feld beschreibt, additiv zusammen

$$S = S_{\text{Mat}} + S_{\text{WW}} + S_{\text{el}} \tag{4.181}$$

Der Beitrag $S_{\text{el}}$ ist uns aus der klassischen Elektrodynamik bereits bekannt und wird als vierdimensionales Volumenintegral über die Lagrange-Dichte (4.128) gebildet. Der Materiebeitrag $S_{\text{Mat}}$ wurde in der klassischen Elektrodynamik aus der Lagrange-Funktion freier Massenpunkte bestimmt. Diesen Beitrag ersetzen wir jetzt durch die Wirkung des Klein-Gordon- oder Dirac-Feldes, deren Feldgleichungen bekanntlich relativistisch-invariant sind. Damit wird der auf der Ebene der klassischen Feldtheorie kontinuierliche Charakter der zukünftigen Quantenfelder berücksichtigt. Aus den vorangegangenen Überlegungen ist auch klar, dass dieser Wirkungsbeitrag ebenfalls als vierdimensionales Volumenintegral über eine Lagrange-Dichte darstellbar ist.

**56**) siehe Band II, Kap. 4.1

Die Struktur des Wechselwirkungsterms ist von entscheidender Bedeutung für das Zusammenspiel des Materiefeldes und des elektromagnetischen Feldes. Wir können bei der Konstruktion dieses Terms folgendermaßen vorgehen. Zunächst erweitern wir in der Lagrange-Dichte des freien Feldes alle Ableitungen entsprechend dem Prinzip der minimalen Kopplung $\partial_i \to \mathcal{D}_i$, siehe (2.183). Damit wird garantiert, dass jede Eichtransformation des elektromagnetischen Potentials $A_i \to A_i + f_{,i}$ mit einer beliebigen Funktion $f$ durch eine entsprechende Transformation des Materiefeldes kompensiert wird, wobei die mathematische Struktur der Feldwirkung unverändert bleibt. Alle Terme in der nach dem Prinzip der minimalen Kopplung erweiterten Lagrange-Dichte, die gegenüber der Dichte des freien Materiefeldes neu hinzukommen, werden dem Wechselwirkungsterm zugerechnet. Auch dieser Beitrag kann als ein Integral über das vierdimensionale Volumen dargestellt werden.

In den meisten Fällen wird man aber gar nicht erst die Trennung in die Beiträge $S_{\text{Mat}}$ und $S_{\text{WW}}$ vornehmen, sondern gleich von der entsprechend dem Prinzip der minimalen Kopplung erweiterten Wirkung ausgehen. Da die Wirkung in allen Beiträgen ein Integral über ein vierdimensionales Gebiet ist, können wir die Gesamtwirkung durch eine Gesamt-Lagrange-Dichte

$$\mathcal{L} = \mathcal{L}_{\text{Mat}}|_{\partial \to \mathcal{D}} - \frac{1}{4} F^{ik} F_{ik} \tag{4.182}$$

definieren. Da die Wirkungen der einzelnen Felder nur bis auf einen beliebigen positiven Vorfaktor bestimmt sind, könnte prinzipiell noch einer der beiden Summanden in (4.182) mit einer positiven Zahl gewichtet werden. Diese Kopplung muss so gewählt werden, dass die korrekte, experimentell beobachtete Wechselwirkung zwischen den Feldern entsteht.

#### 4.3.5.2 *Das Klein-Gordon-Maxwell-Feld

Wird die Materie durch ein Klein-Gordon-Feld beschrieben, dann erhalten wir mit der Lagrange-Dichte (4.157) und unter Beachtung des Prinzips der minimalen Kopplung die Gesamt-Lagrange-Dichte

$$\mathcal{L} = \frac{\hbar^2}{2m} \left( \psi^{,k} + \frac{ie}{c\hbar} A^k \psi \right) \left( \psi^*_{,k} - \frac{ie}{c\hbar} A_k \psi^* \right) - \frac{mc^2}{2} \psi^* \psi - \frac{1}{4} F^{ik} F_{ik} \tag{4.183}$$

Hieraus erhalten wir die Ableitungen

$$\frac{\partial \mathcal{L}}{\partial A_{k,l}} = -F^{lk} \quad \text{und} \quad \frac{\partial \mathcal{L}}{\partial A_k} = \frac{ie\hbar}{2mc} (\psi \psi^{*,k} - \psi^* \psi^{,k}) + \frac{e^2}{mc^2} A^k \psi \psi^* \tag{4.184}$$

und deshalb mit den Euler-Lagrange-Gleichungen (4.95) die Feldgleichungen für das elektromagnetische Feld

$$F^{lk}_{,l} = \frac{ie\hbar}{2mc} (\psi^* \psi^{,k} - \psi \psi^{*,k}) - \frac{e^2}{mc^2} A^k \psi \psi^* = \frac{1}{c} j^k \tag{4.185}$$

wobei der Viererstrom

$$j^k = e\left[\frac{i\hbar}{2m}(\psi^*\psi^{,k} - \psi\psi^{*,k}) - \frac{e}{mc}A^k\psi\psi^*\right] \tag{4.186}$$

– bis auf die Skalierung – mit der Stromdichte der Klein-Gordon-Gleichung (2.394) unter dem Einfluss eines elektromagnetischen Feldes übereinstimmt. Die Skalierung selbst ist dadurch eingestellt, dass sie für $A^k = 0$ die Ladungsstromdichte (4.164) reproduziert. Andererseits entspricht (4.185) dem klassischen Zusammenhang zwischen den Ableitungen des Feldstärketensors und einem externen Ladungsstrom[57]. Damit ist die im vorangegangenen Abschnitt erwähnte mögliche Anpassung der Gewichtung der Beiträge des elektromagnetischen Feldes und des Klein-Gordon-Feldes in der Gesamtwirkung nicht mehr nötig. Wir müssen jetzt noch die Feldgleichungen für das Materiefeld bestimmen. Setzen wir

$$\frac{\partial}{\partial x^k}\frac{\partial\mathcal{L}}{\partial\psi^*_{,k}} = \frac{\hbar^2}{2m}\partial_k\left(\psi^{,k} + \frac{ie}{c\hbar}A^k\psi\right) \tag{4.187}$$

und

$$\frac{\partial\mathcal{L}}{\partial\psi^*} = -\frac{ie\hbar}{2mc}A_k\left(\psi^{,k} + \frac{ie}{c\hbar}A^k\psi\right) - \frac{mc^2}{2}\psi \tag{4.188}$$

in die Euler-Lagrange-Gleichung (4.95) ein, dann erhalten wir

$$\frac{\hbar^2}{2m}\left(\partial_k + \frac{ie}{c\hbar}A_k\right)\left(\partial^k + \frac{ie}{c\hbar}A^k\right)\psi + \frac{mc^2}{2}\psi = 0 \tag{4.189}$$

d. h. die Klein-Gordon-Gleichung mit elektromagnetischem Feld, vergleiche (2.378). Eine analoge Gleichung ergibt sich für die komplex-konjugierte Feldkomponente $\psi^*$.

Die Feldgleichungen (4.185) und (4.189) stellen die gekoppelte Dynamik des Klein-Gordon-Feldes und des Maxwell-Feldes dar. Solange ein endlicher Ladungsstrom des Klein-Gordon-Feldes vorliegt, existieren Quellen für das elektromagnetische Feld. Andererseits beeinflusst die Dynamik der elektromagnetischen Felder ihrerseits die Dynamik der Partikel, die durch das Klein-Gordon-Feld beschrieben werden.

#### 4.3.5.3 *Das Dirac-Maxwell-Feld

Wir haben in diesem Fall die Lagrange-Dichte

$$\mathcal{L} = i\hbar c\overline{\psi}\gamma^k\left(\psi_{,k} + \frac{ie}{c\hbar}A_k\psi\right) - mc^2\overline{\psi}\psi - \frac{1}{4}F^{ik}F_{ik} \tag{4.190}$$

**57**) siehe Band II, Gleichung (5.49); der dort noch auftretende Vorfaktor $4\pi$ entfällt, siehe Fußnote 42

vorliegen, die sich aus der Lagrange-Dichte des freien elektromagnetischen Feldes und der entsprechend dem Prinzip der minimalen Kopplung verallgemeinerten Lagrange-Dichte (4.167) zusammensetzt. Wir können (4.190) in die folgenden Form bringen

$$\mathcal{L} = \mathcal{L}_{\text{Mat}} + \mathcal{L}_{\text{WW}} + \mathcal{L}_{\text{el}} \tag{4.191}$$

wobei

$$\mathcal{L}_{\text{Mat}} = i\hbar c\overline{\psi}\gamma^k\psi_{,k} - mc^2\overline{\psi}\psi \qquad \text{und} \qquad \mathcal{L}_{\text{el}} = -\frac{1}{4}F^{ik}F_{ik} \tag{4.192}$$

die Beiträge der freien Felder sind und der Wechselwirkungsterm durch

$$\mathcal{L}_{\text{WW}} = -eA_k\overline{\psi}\gamma^k\psi = -\frac{1}{c}A_k ec\psi^\dagger\gamma^0\gamma^k\psi = -\frac{1}{c}A_k j^k \tag{4.193}$$

bestimmt ist. Dabei ist $j^k$ der Ladungsstrom (4.180) des freien Dirac-Feldes[58]. Wir erhalten unter Verwendung der Euler-Lagrange-Gleichungen (4.95) aus der Lagrange-Dichte (4.190) die Feldgleichungen des elektromagnetischen Feldes

$$F^{lk}_{,l} = \frac{1}{c}j^k \tag{4.194}$$

die wir als die inhomogenen Maxwell-Gleichungen identifizieren können und die Feldgleichungen der Materie

$$i\hbar c\gamma^k\left(\psi_{,k} + \frac{ie}{c\hbar}A_k\psi\right) - mc^2\psi = 0 \tag{4.195}$$

die der Dirac-Gleichung mit elektromagnetischem Feld entsprechen. Im Gegensatz zur Klein-Gordon-Gleichung ist der Ladungsstrom $j^k$ nicht explizit vom elektromagnetischen Feld abhängig, d. h. unabhängig davon ob ein elektromagnetisches Feld vorhanden ist oder nicht, hat der Strom immer die Struktur $j^k = ec\psi^\dagger\gamma^0\gamma^k\psi$. Natürlich besteht immer eine implizite Rückkopplung über die Dynamik des Bispinors $\psi$.

Wählt man für die Wirkung des elektromagnetischen Feldes die Darstellung (4.137), dann bekommt man die Feldimpulsdichten

$$\pi = i\hbar\psi^\dagger \qquad \overline{\pi} = 0 \qquad \pi^k = -\frac{1}{c^2}\dot{A}^k \tag{4.196}$$

**58**) Wir bemerken, dass der Wechselwirkungsterm (4.193) mit der Lagrange-Dichte der klassischen Wechselwirkung zwischen Materie und elektromagnetischem Feld

$$\mathcal{L}_{\text{WW}} = -\frac{1}{c^2}A_k j^k$$

siehe Band II, Formel (5.40), übereinstimmt. Der noch fehlende Faktor $c^{-1}$ ergibt sich aus der Diskussion in Fußnote 31.

und damit die Hamilton-Dichte

$$\mathcal{H} = \pi\dot{\psi} + \pi^k A_k - \mathcal{L} = \mathcal{H}_{\text{Mat}} + \mathcal{H}_{\text{WW}} + \mathcal{H}_{\text{el}} \tag{4.197}$$

mit den bereits bekannten Beiträgen für die freien Felder

$$\mathcal{H}_{\text{Mat}} = -i\hbar c\overline{\psi}\gamma^\alpha\partial_\alpha\psi + mc^2\overline{\psi}\psi \qquad \mathcal{H}_{\text{el}} = -\frac{1}{2c^2}\dot{A}^k\dot{A}_k + \frac{1}{2}A^{k,\alpha}A_{k,\alpha} \tag{4.198}$$

und der Dichte der Wechselwirkungsenergie

$$\mathcal{H}_{\text{WW}} = A_k e\psi^\dagger\gamma^0\gamma^k\psi \tag{4.199}$$

Natürlich können aus der Hamilton-Dichte ebenfalls wieder die Feldgleichungen gewonnen werden.

## 4.4 *Kanonische Quantisierung

### 4.4.1 *Gitterschwingungen und Phononen

#### 4.4.1.1 *Quantisierung von Gitterschwingungen

Wir wollen jetzt einen allgemeinen Formalismus aufstellen, der es uns erlaubt, aus einer klassischen Feldtheorie eine Quantenfeldtheorie zu konstruieren. Aus der zu Anfang dieses Kapitels diskutierten Quantentheorie eines Vielteilchensystems haben wir bereits eine gewisse Vorstellung über das Ziel dieses Vorgehens. Das angestrebte Verfahren wird es uns nicht nur erlauben, quantenmechanische Einteilchentheorien in eine klassische Feldtheorie für die entsprechenden – experimentell nicht direkt zugänglichen – Materiefelder zu überführen, diese dann zu quantisieren und so zu einer adäquaten Vielteilchentheorie zu gelangen, sondern auch experimentell direkt nachweisbaren klassischen Feldern – wie z. B. dem elektromagnetischen Feld– eine Quantenstruktur zuzuordnen.

Zu diesem Zweck wollen wir als ein einfaches Modell eine lineare Kette von Massenpunkten betrachten. Diese besteht aus $N$ Massenpunkten der Masse $m$, die in der Ruhelage äquidistante Abstände $a$ besitzen und untereinander durch Federn der Kraftkonstante $k$ verbunden sind. Jeder Massenpunkt führt Schwingungen um seine Ruhelage aus. Wir können eine quantenfeldtheoretische Beschreibung dieses Modells auf zwei verschiedenen Wegen erreichen:

- Die lineare Kette kann als ein System von $N$ mechanischen Freiheitsgraden zunächst nach den klassischen Regeln quantisiert werden. Anschließend wird der Übergang zum Kontinuum, also der Grenzübergang $N \to \infty$ unter Wahrung der Gesamtmasse $Nm = \text{const.}$ und der

Gesamtlänge $Na = \text{const.}$ ausgeführt. Man gelangt auf diese Weise vom diskreten mechanischen Modell über eine diskrete quantenmechanische Theorie zu einer kontinuierlichen, quantenfeldtheoretischen Beschreibung der linearen Kette.

- Alternativ kann man zuerst den Übergang zum Kontinuum auf der Ebene der klassischen Mechanik ausführen und anschließend die Quantisierung vollziehen. In diesem Fall wird zuerst das diskrete mechanische Modell in eine klassische Feldtheorie überführt und anschließend diese Feldtheorie quantisiert. Die dazu notwendigen Regeln sind das eigentliche Ziel unserer Überlegungen. Da wir vom ersten Weg bereits die quantenfeldtheoretische Beschreibung der linearen Kette kennen, können wir die erforderlichen Regeln zur Quantisierung eines klassischen Feldes leicht bestimmen.

#### 4.4.1.2 *Die lineare Kette: klassisch-mechanische Ebene

Wir gehen davon aus, dass die Kette zyklischen Randbedingungen genügt, d. h. der $(N+1)$-te Massenpunkt ist zugleich der erste. Die Auslenkung des $l$-ten Massenpunktes aus seiner Ruhelage sei $x_l$, der zugehörige Impuls $p_l$. Dann ist die Lagrange-Funktion gegeben durch

$$L = \sum_{l=1}^{N} \frac{m}{2}\dot{x}_l^2 - \sum_{l=1}^{N} \frac{k}{2}(x_{l+1} - x_l)^2 \tag{4.200}$$

und die Hamilton-Funktion lautet

$$H = \sum_{l=1}^{N} \frac{1}{2m}p_l^2 + \sum_{l=1}^{N} \frac{k}{2}(x_{l+1} - x_l)^2 \tag{4.201}$$

Aus der Lagrange-Funktion kann man die Newton'schen Bewegungsgleichungen der linearen Kette ableiten

$$m\ddot{x}_l = k(x_{l+1} - x_l) - k(x_l - x_{l-1}) = k(x_{l+1} + x_{l-1} - 2x_l) \tag{4.202}$$

Zur weiteren Beschreibung benutzen wir die auf der linearen Kette erklärte vollständige und orthonormale Basis aus den $N$ Funktionen

$$f_q(l) = \frac{1}{\sqrt{N}}\mathrm{e}^{iqla} \quad \text{mit} \quad q = \frac{2\pi n}{Na} \quad \text{und} \quad n \in \left[-\frac{N}{2}, \frac{N}{2}\right] \tag{4.203}$$

Die Orthonormalität dieser Basisfunktionen lässt sich unter Verwendung des Skalarprodukts

$$(A|B) = \sum_{l=1}^{N} A^*(l)B(l) \tag{4.204}$$

auf dem eindimensionalen Gitterraum der linearen Kette wie folgt schreiben

$$(f_{q'}|f_q) = \frac{1}{N}\sum_{l=1}^{N} \mathrm{e}^{i(q-q')la} = \frac{1}{N}\frac{\mathrm{e}^{i(q-q')a} - \mathrm{e}^{i(q-q')(N+1)a}}{1-\mathrm{e}^{i(q-q')a}} = \delta_{qq'} \tag{4.205}$$

Man beachte, dass für alle zulässigen Werte $q \neq q'$ der Zähler verschwindet. Um den Ausdruck für $q = q'$ auszuwerten, führt man am besten den Grenzübergang $q \to q'$ unter Beachtung der l'Hospital'schen Regel aus. Auf die gleiche Weise beweist man die Vollständigkeit

$$\sum_q f_q^*(l')f_q(l) = \delta_{ll'} \tag{4.206}$$

Mit dieser Basis können wir die Auslenkungen der einzelnen Massenpunkte in der Form

$$x_l(t) = \sum_q f_q(l)A_q(t) = \frac{1}{\sqrt{N}}\sum_q \mathrm{e}^{iqla}A_q(t) \tag{4.207}$$

mit den zeitabhängigen Amplituden $A_q(t)$ darstellen. Setzen wir (4.207) in die mechanischen Bewegungsgleichungen (4.202) ein und beachten $f_q(l \pm 1) = \mathrm{e}^{\pm iqa} f_q(l)$, dann bekommen wir

$$\sum_q f_q(l)\left[m\ddot{A}_q(t) - k(\mathrm{e}^{iqa} + \mathrm{e}^{-iqa} - 2)A_q(t)\right] = 0 \tag{4.208}$$

Da die Basiselemente $f_q(l)$ linear unabhängig sind, verschwinden die eckigen Klammern für jeden Wert $q$ und führen somit auf $N$ entkoppelte, gewöhnliche Differentialgleichungen zweiter Ordnung

$$m\ddot{A}_q(t) = k(\mathrm{e}^{iqa} + \mathrm{e}^{-iqa} - 2)A_q(t) = -4k\sin^2\frac{qa}{2}A_q(t) \tag{4.209}$$

mit der Lösung

$$A_q(t) = a_q\mathrm{e}^{-i\omega(q)t} + \tilde{a}_q\mathrm{e}^{i\omega(q)t} \qquad \text{mit} \qquad \omega(q) = 2\sqrt{\frac{k}{m}}\left|\sin\frac{qa}{2}\right| \tag{4.210}$$

Dabei wird der Zusammenhang zwischen der Frequenz $\omega$ und der Wellenzahl $q$ auch als Dispersionsrelation bezeichnet. Damit erhalten wir für die Auslenkung des Massenpunktes $l$

$$x_l(t) = \frac{1}{\sqrt{N}}\sum_q \left[a_q\mathrm{e}^{iqla-i\omega(q)t} + \tilde{a}_q\mathrm{e}^{iqla+i\omega(q)t}\right] \tag{4.211}$$

Die Auslenkung ist eine reelle Größe, d. h. es gilt $x_l(t) = x_l^*(t)$. Wegen $\omega(q) = \omega(-q)$ und nach Änderung der Summationsvariablen $q \to -q$ im zweiten Term bekommen wir

$$x_l^*(t) = \frac{1}{\sqrt{N}}\sum_q \left[a_{-q}^*\mathrm{e}^{iqla+i\omega(q)t} + \tilde{a}_{-q}^*\mathrm{e}^{iqla-i\omega(q)t}\right] \tag{4.212}$$

so dass ein Vergleich mit (4.211) die notwendige Einschränkung der Amplituden

$$\tilde{a}_q = a^*_{-q} \tag{4.213}$$

liefert. Deshalb erhalten wir endgültig für die Auslenkung des $l$-ten Massenpunktes

$$x_l(t) = \frac{1}{\sqrt{N}} \sum_q \left[ a_q e^{iqla - i\omega(q)t} + a_q^* e^{-iqla + i\omega(q)t} \right] \tag{4.214}$$

Hieraus erhalten wir dann den Impuls des $l$-ten Massenpunkts

$$p_l(t) = -\frac{im}{\sqrt{N}} \sum_q \left[ a_q \omega(q) e^{iqla - i\omega(q)t} - a_q^* \omega(q) e^{-iqla + i\omega(q)t} \right] \tag{4.215}$$

Die noch offenen Koeffizienten $a_q$ und $a_q^*$ sind durch die Anfangspositionen $x_l(0)$ und Anfangsimpulse $p_l(0)$ eindeutig festgelegt. Mit den zeitabhängigen Koeffizienten

$$a_q(t) = a_q e^{-i\omega(q)t} \qquad \text{und} \qquad a_q^*(t) = a_q^* e^{i\omega(q)t} \tag{4.216}$$

und den Basisfunktionen (4.203) können wir auch schreiben

$$x_l(t) = \sum_q \left[ a_q(t) f_q(l) + a_q^*(t) f_q^*(l) \right] \tag{4.217}$$

und

$$p_l(t) = -im \sum_q \omega(q) \left[ a_q(t) f_q(l) - a_q^*(t) f_q^*(l) \right] \tag{4.218}$$

Umgekehrt können wir die Koeffizienten $a_q(t)$ und $a_q^*(t)$ durch die lokalen Impulse $p_l$ und Auslenkungen $x_l$ ausdrücken. Unter Beachtung der Orthogonalitätsrelation (4.205) findet man

$$a_q(t) = \frac{1}{2} \sum_l \left[ x_l + \frac{ip_l}{m\omega(q)} \right] f_q^*(l) \quad a_q^*(t) = \frac{1}{2} \sum_l \left[ x_l - \frac{ip_l}{m\omega(q)} \right] f_q(l) \tag{4.219}$$

Wir können mit (4.217) und (4.218) die Hamilton-Funktion auch durch die zeitabhängigen Amplituden ausdrücken. Mit der Orthogonalitätsrelation (4.205) erhalten wir nach einigen algebraischen Umformungen die Hamilton-Funktion

$$H = \sum_q 2m\omega^2(q)\, a_q^*(t) a_q(t) \tag{4.220}$$

Mit der Reskalierung der Amplitudenfunktionen $a_q(t)$ entsprechend

$$a_q(t) = \sqrt{\frac{\hbar}{2m\omega(q)}}\, b_q(t) \tag{4.221}$$

bekommen wir schließlich

$$H = \sum_q \hbar\omega(q)\ b_q^*(t) b_q(t) \tag{4.222}$$

Aus der Sicht der klassischen Mechanik zerfällt die lineare Kette in eine Superposition von Eigenmoden, d. h. unabhängiger harmonischer Oszillatoren, die bzgl. $q$ unterschieden werden. Betrachtet man die Beiträge eines Oszillators zur Auslenkung eines Atoms, also

$$x_l^{(q)}(t) = \frac{2}{\sqrt{N}} \mathrm{Re}\left[a_q e^{iqla - i\omega(q)t}\right] \tag{4.223}$$

dann sieht man, dass jede Mode eine die ganze Kette durchlaufende harmonische Welle der Wellenzahl $q$ und der Frequenz $\omega(q)$ darstellt. Die Intensität dieser Welle wird durch die Amplituden $a_q$ bzw. $a_q^*$ bestimmt.

#### 4.4.1.3 *Die lineare Kette: quantenmechanische Ebene

Für das einfache mechanische System einer linearen Kette ist der Übergang zur Quantenmechanik mit den bekannten Standardregeln durchzuführen. Dabei werden den Auslenkungen der einzelnen Massenpunkte die Ortsoperatoren $\hat{x}_l$ ($l = 1, ..., N$) und den kanonisch konjugierten Impulsen die Impulsoperatoren $\hat{p}_l$ ($l = 1, ..., N$) zugeordnet. Beziehen wir uns auf das Heisenberg-Bild, dann handelt es sich hierbei um zeitabhängige Operatoren, die den Kommutationsrelationen

$$[\hat{x}_l(t), \hat{x}_k(t)] = 0 \qquad [\hat{p}_l(t), \hat{p}_k(t)] = 0 \quad \text{und} \quad [\hat{p}_l(t), \hat{x}_k(t)] = \frac{\hbar}{i}\delta_{kl} \tag{4.224}$$

genügen[59]. Im vorhergehenden Abschnitt haben wir Auslenkungen und Impulse durch die Amplituden $a_q(t)$ und $a_q^*(t)$ ausgedrückt. Wenn beim Übergang zur Quantenmechanik den Observablen $x_l(t)$ und $p_l(t)$ Operatoren zugeordnet werden, so müssen auch aus den Amplituden Operatoren werden. Mit (4.219) ist dann

$$\hat{a}_q(t) = \frac{1}{2}\sum_l \left[\hat{x}_l(t) + \frac{i\hat{p}_l(t)}{m\omega(q)}\right] f_q^*(l) \tag{4.225}$$

und

$$\hat{a}_q^\dagger(t) = \frac{1}{2}\sum_l \left[\hat{x}_l(t) - \frac{i\hat{p}_l(t)}{m\omega(q)}\right] f_q(l) \tag{4.226}$$

**59)** Wir weisen darauf hin, dass die Zeitargumente der beiden in den Kommutationsrelationen vorkommenden Operatoren gleich sein müssen. Nur in diesem Fall stimmen die Kommutationsrelationen im Schrödinger-Bild und im Heisenberg-Bild allgemein überein. Man erkennt die Gleichheit sofort, wenn man z. B. in (4.224) die Operatoren im Heisenberg-Bild durch die unitäre Transformation $\hat{A}(t) = \hat{U}^\dagger(t)\hat{A}_S\hat{U}(t)$ mit dem Zeitentwicklungsoperator $\hat{U}$ wieder ins Schrödinger-Bild überführt.

wobei wir die Hermitizität der Orts- und Impulsoperatoren verwendet haben. Offenbar sind die Amplitudenoperatoren nicht hermitesch. Sie können daher keiner physikalischen Observable zugeordnet werden[60]. Die Vertauschungsrelationen der Operatoren $\hat{a}_q(t)$ und $\hat{a}_q^\dagger(t)$ lassen sich direkt unter Beachtung von (4.224) bestimmen. So ist

$$\begin{aligned}
[\hat{a}_q(t), \hat{a}_{q'}^\dagger(t)] &= \frac{1}{4} \sum_{l,k} f_q^*(l) f_{q'}(k) \\
&\times \left\{ -\frac{i}{m\omega(q')} [\hat{x}_l(t), \hat{p}_k(t)] + \frac{i}{m\omega(q)} [\hat{p}_l(t), \hat{x}_k(t)] \right\} \\
&= \frac{1}{4} \sum_{l,k} f_q^*(l) f_{q'}(k) \left\{ \frac{\hbar}{m\omega(q')} \delta_{kl} + \frac{\hbar}{m\omega(q)} \delta_{kl} \right\} \\
&= \frac{\hbar}{2m\omega(q)} \delta_{qq'}
\end{aligned} \tag{4.227}$$

wobei wir im letzten Schritt die Orthogonalitätsrelation (4.205) angewandt haben. Analog findet man die anderen Vertauschungsrelationen. Benutzt man noch die Reskalierung

$$\hat{a}_q(t) = \sqrt{\frac{\hbar}{2m\omega(q)}} \hat{b}_q(t) \qquad \text{und} \qquad \hat{a}_q^\dagger(t) = \sqrt{\frac{\hbar}{2m\omega(q)}} \hat{b}_q^\dagger(t) \tag{4.228}$$

dann bilden die Operatoren $\hat{b}_q$ und $\hat{b}_q^\dagger$ eine durch

$$[\hat{b}_q(t), \hat{b}_{q'}(t)] = 0 \qquad [\hat{b}_q^\dagger(t), \hat{b}_{q'}^\dagger(t)] = 0 \quad \text{und} \quad [\hat{b}_q(t), \hat{b}_{q'}^\dagger(t)] = \delta_{qq'} \tag{4.229}$$

definierte Algebra.

Neben den Vertauschungsrelationen interessiert besonders noch die Form des Hamilton-Operators

$$\hat{H} = \sum_{l=1}^{N} \frac{1}{2m} \hat{p}_l^2(t) + \sum_{l=1}^{N} \frac{k}{2} (\hat{x}_{l+1}(t) - \hat{x}_l(t))^2 \tag{4.230}$$

in Abhängigkeit von den Operatoren $\hat{b}_q$ und $\hat{b}_q^\dagger$, da hiermit besonders einfach die Eigenwerte und Eigenvektoren der linearen Kette berechnet werden können. Im Prinzip kann man das Ergebnis des vorhergehenden Abschnitts nutzen, man muss aber genau die Reihenfolge der Operatoren $\hat{b}_q$ und $\hat{b}_q^\dagger$ beachten. Wir erhalten nach einer einfachen Rechnung unter Beachtung der Orthogonalitätsrelation (4.205)

$$\hat{H} = \frac{1}{2} \sum_q \hbar\omega(q) \, [b_q^\dagger(t) b_q(t) + b_q(t) b_q^\dagger(t)] \tag{4.231}$$

**60)** Messbare Größen sind aber die dem Real- und Imaginärteil der klassischen Amplitudenfunktion entsprechenden quantenmechanischen Observablen, die durch die hermiteschen Operatoren $(\hat{a}_q + \hat{a}_q^\dagger)/2$ und $(\hat{a}_q - \hat{a}_q^\dagger)/2i$ repräsentiert werden.

oder wenn man die Vertauschungsrelationen (4.229) benutzt

$$\hat{H} = \sum_q \hbar\omega(q) \left[ b_q^\dagger(t) b_q(t) + \frac{1}{2} \right] \tag{4.232}$$

Der Vergleich der Kommutationsrelationen (4.229) und des Hamilton-Operators mit der ausführlichen Diskussion des quantenmechanischen Oszillators[61] zeigt, dass die lineare Kette in eine Superposition unabhängiger quantenmechanischer Oszillatoren zerfällt, die sich bzgl. der Wellenzahl $q$ und damit der Frequenz $\omega(q)$ unterscheiden. Es ist üblich, die Energie jedes Oszillators so zu eichen, dass diese im Grundzustand verschwindet. Dann wird die Kette durch den Hamilton-Operator

$$\hat{H} = \sum_q \hbar\omega(q)\ b_q^\dagger(t) b_q(t) \tag{4.233}$$

beschrieben. Jeder Oszillator besitzt äquidistante Energieniveaus, die nach der Verschiebung der Grundzustandsenergie die Werte

$$E_{n_q} = \hbar\omega(q) n_q \qquad \text{mit} \qquad n_q = 0, 1, 2, \ldots \tag{4.234}$$

annehmen können, wobei die Quantenzahl $n_q$ den Anregungszustand des Oszillators repräsentiert. Wie im klassisch-mechanischen Fall ist die quantenmechanische Anregung des $q$-ten Oszillators über die ganze Kette in Form einer Welle der Wellenzahl $q$ und der Frequenz $\omega(q)$ verteilt. Da die Intensität und damit die Energie der Welle entsprechend (4.234) gequantelt ist, spricht man von Gitterquanten oder *Phononen*. Befindet sich der $q$-te Oszillator im Zustand[62] $|n_q\rangle$, dann sagt man, dass dieser Zustand gerade durch $n_q$ Phononen der Wellenzahl $q$ und damit der Frequenz $\omega(q)$ besetzt ist. Der Gesamtzustand der linearen Kette ist ein Produkt der Zustände der einzelnen Oszillatoren

$$|n_{q_{\min}}, \ldots, n_{q_{\max}}\rangle = \prod_{q=q_{\min}}^{q_{\max}} |n_q\rangle \qquad \text{mit} \qquad q_{\min,\max} = \mp\frac{\pi}{a} \tag{4.235}$$

Bezüglich dieser Besetzungscharakteristik verhalten sich Phononen wie Bosonen. Wir können deshalb und wegen der bereits bestimmten Vertauschungsrelationen (4.229) die Operatoren $\hat{b}_q^\dagger$ und $\hat{b}_q$ als Erzeugungs- bzw. Vernichtungsoperatoren einen Phonons der Wellenzahl $q$ auffassen. Für den hieraus bestimmten Besetzungszahloperator $\hat{n}_q = \hat{b}_q^\dagger \hat{b}_q$ sind alle Zustände (4.235) Eigenzustände zu den Besetzungszahlen $n_q$ als Eigenwerten. Mit unseren Erkenntnissen aus Kap. 4.2.2 können wir den quantenmechanischen Zustand

**61**) siehe Band III, Kap. 5

**62**) Die genaue mathematische Struktur des Eigenzustands, etwa in der Ortsdarstellung durch hermitesche Polynome, haben wir in Band III, Kap. 5.4 behandelt.

der linearen Kette aus dem Vakuumzustand erzeugen

$$\left|n_{q_1}, n_{q_2}, \ldots\right\rangle = \frac{1}{\sqrt{n_{q_1}!\, n_{q_2}! \ldots}} \left(b_{q_1}^\dagger\right)^{n_{q_1}} \left(b_{q_2}^\dagger\right)^{n_{q_2}} \cdots \; |0\rangle \tag{4.236}$$

Da wir uns auf das Heisenberg-Bild beziehen, sind diese Zustände zeitunabhängig. Das bedeutet insbesondere, dass die Erzeugungsoperatoren in (4.236) zum Anfangszeitpunkt zu nehmen sind. Zum Abschluss wollen wir noch die Auslenkungen und Impulse der einzelnen Massepunkte durch Erzeugungs- und Vernichtungsoperatoren darstellen. Mit (4.225), (4.226) und (4.203) erhalten wir

$$\begin{aligned} \hat{x}_l(t) &= \sum_q \sqrt{\frac{\hbar}{2m\omega(q)}} \left[\hat{b}_q(t) f_q(l) + \hat{b}_q^\dagger(t) f_q^*(l)\right] \\ &= \sum_q \sqrt{\frac{\hbar}{2mN\omega(q)}} \left[\hat{b}_q(t) + \hat{b}_{-q}^\dagger(t)\right] \mathrm{e}^{iqla} \end{aligned} \tag{4.237}$$

und

$$\hat{p}_l(t) = i \sum_q \sqrt{\frac{\hbar m\omega(q)}{2N}} \left[\hat{b}_{-q}^\dagger(t) - \hat{b}_q(t)\right] \mathrm{e}^{iqla} \tag{4.238}$$

#### 4.4.1.4 *Übergang zum Kontinuum: quantenmechanische Ebene

Wir wollen jetzt den Übergang zum Kontinuum entsprechend $N \to \infty$ bei fixierter Kettenlänge $L = Na$ und Masse $M = Nm$ durchführen. Damit bleibt auch die Massendichte $\rho = M/L = m/a$ beim Grenzübergang konstant. Die obere und untere Grenze für die $q$-Werte divergieren wegen

$$q_{\mathrm{min,max}} = \mp \lim_{N\to\infty} \frac{\pi}{a} = \mp \lim_{N\to\infty} \frac{\pi N}{L} = \mp\infty \tag{4.239}$$

Dagegen bleiben die Differenzen benachbarter Wellenzahlen wegen (4.203) konstant $\delta q = 2\pi/L$. Damit gibt es zwar mit wachsendem $N$ immer mehr Oszillatoren und damit Summanden, die zum Hamilton-Operator (4.233) beitragen, die funktionale Struktur dieser Observablen ändert sich aber nicht beim Übergang zum Kontinuum. Ebenso bleiben die Kommutationsrelationen (4.229) erhalten. Mit dem Kurvenparameter $s = la$ $(0 \le s < L)$ bekommen wir für den Operator der Auslenkung an der Stelle $s$ der Kette

$$\hat{x}(s,t) = \sum_{q=-\infty}^{\infty} \sqrt{\frac{\hbar}{2\rho L\omega(q)}} \left[\hat{b}_q(t) + \hat{b}_{-q}^\dagger(t)\right] \mathrm{e}^{iqs} \tag{4.240}$$

während wir für den Impuls

$$\hat{p}(s,t) = ia \sum_{q=-\infty}^{\infty} \sqrt{\frac{\hbar\rho\omega(q)}{2L}} \left[\hat{b}_{-q}^\dagger(t) - \hat{b}_q(t)\right] \mathrm{e}^{iqs} \tag{4.241}$$

erhalten. Da aber für $N \to \infty$ der Abstand zwischen benachbarten Kettenpunkten wegen $a = L/N \to 0$ verschwindet, ist es jetzt angebracht, die Impulsdichte $\hat{\pi}(s,t) = a^{-1}\hat{p}(s,t)$ einzuführen. Dafür erhalten wir

$$\hat{\pi}(s,t) = i \sum_{q=-\infty}^{\infty} \sqrt{\frac{\hbar\rho\omega(q)}{2L}} \left[\hat{b}^{+}_{-q}(t) - \hat{b}_q(t)\right] e^{iqs} \tag{4.242}$$

Hiermit erhalten wir unter Verwendung von (4.229) die Kommutationsrelationen

$$[\hat{x}(s,t), \hat{x}(s',t)] = 0 \qquad [\hat{\pi}(s,t), \hat{\pi}(s',t)] = 0 \tag{4.243}$$

und

$$[\hat{\pi}(s,t), \hat{x}(s',t)] = \frac{\hbar}{i}\delta(s-s') \tag{4.244}$$

Wir wollen hier nur die letzte Beziehung beweisen. Dazu verwenden wir (4.240) und (4.242) sowie (4.229). Deshalb ist

$$\begin{aligned}
[\hat{\pi}(s,t), \hat{x}(s',t)] &= \frac{i\hbar}{2L} \sum_{q,q'} \sqrt{\frac{\omega(q)}{\omega(q')}} e^{i(qs+q's')} \left\{ \left[\hat{b}^{+}_{-q}(t), \hat{b}_{q'}(t)\right] - \left[\hat{b}_q(t), \hat{b}^{+}_{-q'}(t)\right] \right\} \\
&= \frac{\hbar}{2iL} \sum_{q,q'} \sqrt{\frac{\omega(q)}{\omega(q')}} e^{i(qs+q's')} \left\{ \delta_{-q,q'} + \delta_{q,-q'} \right\} \\
&= \frac{\hbar}{iL} \sum_{q=-\infty}^{\infty} e^{iq(s-s')} = \frac{\hbar}{i}\delta(s-s')
\end{aligned} \tag{4.245}$$

Dabei wurde im letzten Schritt die diskrete Fourier-Entwicklung der $\delta$-Funktion verwendet. Der Hamilton-Operator kann schließlich als Funktion des Impulsdichteoperators und der Auslenkung dargestellt werden

$$\hat{H} = \frac{1}{2\rho} \int_0^L ds \hat{\pi}^2(s,t) + \frac{\kappa}{2} \int_0^L ds \left[\frac{\partial}{\partial s}\hat{x}(s,t)\right]^2 \tag{4.246}$$

wobei wir die neue Größe $\kappa = ka$ eingeführt haben[63]. Verwenden wir die Erzeugungs- und Vernichtungsoperatoren, dann nimmt $\hat{H}$ die Gestalt

$$\hat{H} = \sum_{q=-\infty}^{\infty} \hbar\omega(q) \hat{b}^{+}_q(t) \hat{b}_q(t) \tag{4.247}$$

an. Schließlich erhalten wir für den Kontinuumsfall die Dispersionsrelation (4.210)

$$\omega(q) = \lim_{N\to\infty} 2\sqrt{\frac{k}{m}} \left|\sin\frac{qa}{2}\right| = \lim_{a\to 0} 2\sqrt{\frac{\kappa}{\rho a^2}} \left|\frac{qa}{2}\right| = \sqrt{\frac{\kappa}{\rho}}\,|q| \tag{4.248}$$

63) Im Kontinuumslimes strebt die Federkonstante $k$ gegen Unendlich, die Größe $\kappa$ bleibt dagegen konstant.

d. h. wir haben jetzt eine lineare Relation $\omega \sim |q|$ zwischen Frequenz und Wellenzahl vorliegen.

Im Prinzip haben wir mit diesem Kapitel die Ergebnisse der Quantisierung der Schwingungen einer kontinuierlichen Kette der Länge $L$ erhalten. Ist uns jetzt auch eine klassische Feldtheorie für die lineare Kette bekannt, dann bietet sich uns die Möglichkeit, mit Hilfe der soeben gewonnenen Erkenntnisse die gesuchten Regeln für die Quantisierung eines klassischen Feldes abzuleiten.

#### 4.4.1.5 *Übergang zum Kontinuum: klassische Ebene

Wir wollen zu diesem Zweck den Übergang zum Kontinuum auf der klassischen Ebene ausführen und dann zur quantenmechanischen Darstellung übergehen. Als Ergebnis des ersten Schritts erwarten wir eine klassische Feldtheorie für die kontinuierliche lineare Kette, d. h. einer Saite. Unter Beibehaltung der Gesamtmasse $M = Nm$ und Kettenlänge $L = Na$ und mit dem Kurvenparameter $s = la$ erhalten wir für $N \to \infty$ und damit $a \to 0$ aus der klassischen Lagrange-Funktion (4.200)

$$L = \int_0^L ds\, \mathcal{L} \qquad \text{mit} \qquad \mathcal{L} = \frac{\rho}{2}\dot{x}^2(s,t) - \frac{\kappa}{2}\left[\frac{\partial}{\partial s}x(s,t)\right]^2 \tag{4.249}$$

und aus der klassischen Hamilton-Funktion (4.201)

$$H = \int_0^L ds\, \mathcal{H} \qquad \text{mit} \qquad \mathcal{H} = \frac{1}{2\rho}\pi^2(s,t) + \frac{\kappa}{2}\left[\frac{\partial}{\partial s}x(s,t)\right]^2 \tag{4.250}$$

wobei wir die Lagrange-Dichte $\mathcal{L}$ und die Hamilton-Dichte $\mathcal{H}$ der kontinuierlichen Kette eingeführt haben. Wie im vorangegangenen Abschnitt ist $\rho = M/L$ die Massendichte der Kette und $\pi(s,t)$ die Impulsdichte, die aus dem mechanischen Impuls entsprechend $a^{-1}p_i \to \pi(s,t)$[64] hervorgeht. Sowohl die Euler-Lagrange'schen Feldgleichungen als auch die Hamilton'schen kanonischen Feldgleichungen liefern die Bewegungsgleichungen der kontinuierlichen Kette. Im ersten Fall erhalten wir mit (4.95)

$$\frac{\partial}{\partial t}\left(\frac{\partial \mathcal{L}}{\partial x_{,t}}\right) + \frac{\partial}{\partial s}\left(\frac{\partial \mathcal{L}}{\partial x_{,s}}\right) = 0 \quad \to \quad \rho\ddot{x}(s,t) - \kappa\frac{\partial^2}{\partial s^2}x(s,t) = 0 \tag{4.251}$$

und im zweiten Fall folgt aus (4.103)

$$\dot{x}(s,t) = \frac{\pi(x,t)}{\rho} \quad \text{und} \quad \dot{\pi}(s,t) = \kappa\frac{\partial^2}{\partial s^2}x(s,t) \tag{4.252}$$

**64**) bzw. aus der Lagrange-Dichte entsprechend

$$\pi(s,t) = \frac{\partial \mathcal{L}}{\partial x_{,t}}$$

woraus wir nach Elimination des Feldimpulses wieder die Feldgleichung (4.251) bekommen. Die Lösung dieser Feldgleichung erhält man am besten unter Verwendung der Fourier-Transformation bzgl. des Kurvenparameters $s$. Wegen der vorausgesetzten zyklischen Periodizität der Kette, also $x(s,t) = x(s+L,t)$, ist

$$x(s,t) = \frac{1}{\sqrt{L}} \sum_{q=-\infty}^{\infty} x_q(t)\, \mathrm{e}^{iqs} \quad \text{und} \quad x(q,t) = \frac{1}{\sqrt{L}} \int_0^L ds\, x(s,t)\, \mathrm{e}^{-iqs} \tag{4.253}$$

und damit

$$\ddot{x}(q,t) = -\frac{\kappa}{\rho} q^2 x(q,t) \tag{4.254}$$

so dass jede der zeitabhängigen Fourier-Komponenten $x(q,t)$ die Struktur

$$x(q,t) = a_q \mathrm{e}^{i\omega(q)t} + a'_q \mathrm{e}^{-i\omega(q)t} \qquad \text{mit} \qquad \omega(q) = \sqrt{\frac{\kappa}{\rho}} |q| \tag{4.255}$$

hat. Hieraus erhalten wir die Gesamtlösung

$$x(s,t) = \frac{1}{\sqrt{L}} \sum_{q=-\infty}^{\infty} \left( a_q \mathrm{e}^{i\omega(q)t} + a'_q \mathrm{e}^{-i\omega(q)t} \right) \mathrm{e}^{iqs} \tag{4.256}$$

Damit $x(s,t)$ eine reelle Funktion ist, müssen die Koeffizienten $a_q$ und $a'_q$ die Bedingung $a'_q = a^*_{-q}$ erfüllen. Nehmen wir noch eine Reskalierung dieser Amplituden wie in (4.240) vor, dann können wir jede Lösung der kontinuierlichen, klassischen Kette in der Form

$$x(s,t) = \sum_{q=-\infty}^{\infty} \sqrt{\frac{\hbar}{2\rho L \omega(q)}} \left[ b_q(t) + b^*_{-q}(t) \right] \mathrm{e}^{iqs} \quad \text{mit} \quad b_q(t) = b_q \mathrm{e}^{i\omega t} \tag{4.257}$$

schreiben. Die Amplituden $b_q$ werden durch die Wahl der Anfangsbedingungen festgelegt.

#### 4.4.1.6 *Quantisierung der kontinuierlichen Kette

In Abschnitt 4.4.1.4 haben wir den quantenmechanischen Hamilton-Operator der kontinuierlichen Kette bestimmt. Der Vergleich mit der klassischen Feldtheorie zeigt, dass der Übergang zur Quantenfeldtheorie durch die Zuordnung der Feldvariablen und kanonischen Feldimpulsdichten zu den im Heisenberg-Bild formulierten Feldoperatoren und Feldimpulsoperatoren

$$x(s,t) \to \hat{x}(s,t) \qquad \text{und} \qquad \pi(s,t) \to \hat{\pi}(s,t) \tag{4.258}$$

mit den gleichzeitigen Kommutationsrelationen (4.243) und (4.244), also

$$\left\{ \begin{array}{c} [\hat{x}(s,t), \hat{x}(s',t)] \\ [\hat{\pi}(s,t), \hat{\pi}(s',t)] \end{array} \right\} = 0 \quad \text{und} \quad [\hat{\pi}(s,t), \hat{x}(s',t)] = \frac{\hbar}{i} \delta(s-s') \tag{4.259}$$

erfolgt. Mit diesem Übergang erhalten wir aus der klassischen Hamilton-Dichte $\mathcal{H}$, siehe (4.250), den quantenfeldtheoretischen Operator

$$\hat{\mathcal{H}} = \frac{1}{2\rho}\hat{\pi}^2(s,t) + \frac{\kappa}{2}\left[\frac{\partial}{\partial s}\hat{x}(s,t)\right]^2 \tag{4.260}$$

und hieraus dann durch Integration über den gesamten Raum[65] den Hamilton-Operator (4.246).

Auch der Übergang zur Darstellung durch Erzeugungs- und Vernichtungsoperatoren kann sofort aus Abschnitt 4.4.1.4 übernommen werden. Mit dem Ansatz (4.240), also

$$\hat{x}(s,t) = \sum_{q=-\infty}^{\infty} \sqrt{\frac{\hbar}{2\rho L\omega(q)}} \left[\hat{b}_q(t) + \hat{b}^\dagger_{-q}(t)\right] e^{iqs} \tag{4.261}$$

und (4.242)

$$\hat{\pi}(s,t) = i \sum_{q=-\infty}^{\infty} \sqrt{\frac{\hbar\rho\omega(q)}{2L}} \left[\hat{b}^\dagger_{-q}(t) - \hat{b}_q(t)\right] e^{iqs} \tag{4.262}$$

wird man unter Beachtung der Kommutationsrelationen (4.259) sofort auf die Kommutationsrelationen (4.229)

$$[\hat{b}_q(t), \hat{b}_{q'}(t)] = 0 \qquad [\hat{b}^\dagger_q(t), \hat{b}^\dagger_{q'}(t)] = 0 \quad \text{und} \quad [\hat{b}_q(t), \hat{b}^\dagger_{q'}(t)] = \delta_{qq'} \tag{4.263}$$

geführt[66], woraus sich dann automatisch die Interpretation der Operatoren $\hat{b}^\dagger_q$ und $\hat{b}_q$ als Erzeugungs- und Vernichtungsoperatoren für Phononen der Wellenzahl $q$ ergibt[67]. Der Hamilton-Operator nimmt in dieser Darstellung die Form (4.247) an, wobei wieder der konstante Beitrag der Grundzustandsenergie durch eines Verschiebung der Energieskala eliminiert wurde

$$\hat{H} = \sum_{q=-\infty}^{\infty} \hbar\omega(q)\hat{b}^\dagger_q(t)\hat{b}_q(t) \tag{4.264}$$

Die quantenmechanischen Eigenzustände des Hamilton-Operators (4.264) der kontinuierlichen linearen Kette lassen sich in Verallgemeinerung von (4.236) als

$$|\boldsymbol{n}\rangle = \prod_{q=-\infty}^{\infty} \frac{1}{\sqrt{n_q!}} (\hat{b}^\dagger_q)^{n_q} |0\rangle \tag{4.265}$$

schreiben, wobei die Komponenten des Vektors $\boldsymbol{n}$ die Besetzungszahlen $n_q$ der einzelnen $q$-Moden mit $q = 2\pi k/L$ ($k = -\infty, ..., \infty$) sind. Da wir nach

**65**) hier also die eindimensionale Integration über die Bogenlänge der Kette $0 < s \leq L$

**66**) siehe auch Aufgabe 3.3

**67**) siehe hierzu auch Band III, Kap. 5.3

wie vor im Heisenberg-Bild arbeiten, sind die Zustände zeitunabhängig und deshalb die zu ihrer Konstruktion benutzten Erzeugungsoperatoren in (4.265) zum jeweiligen Anfangszeitpunkt[68] zu nehmen.

Wir wollen jetzt den Erwartungswert für den Feldoperator $\hat{x}(s,t)$ in einem Eigenzustand $|\boldsymbol{n}\rangle$ bestimmen. Beachtet man, dass es sich hier um einen Eigenzustand des Hamilton-Operators handelt, also $\hat{H}\,|\boldsymbol{n}\rangle = E_{\boldsymbol{n}}\,|\boldsymbol{n}\rangle$ gilt, dann erhalten wir

$$\overline{x(s,t)} = \langle \boldsymbol{n}|\,\hat{x}(s,t)\,|\boldsymbol{n}\rangle = \langle \boldsymbol{n}|\,\mathrm{e}^{-i\hat{H}t}\hat{x}(s,0)\mathrm{e}^{i\hat{H}t}\,|\boldsymbol{n}\rangle = \langle \boldsymbol{n}|\,\hat{x}(s)\,|\boldsymbol{n}\rangle \qquad (4.266)$$

Wegen (4.261) müssen also folgende Erwartungswerte bestimmt werden

$$\left\langle \Phi_{\{n\}}\middle|\,\hat{b}_q\,\middle|\Phi_{\{n\}}\right\rangle \qquad \text{und} \qquad \left\langle \Phi_{\{n\}}\middle|\,\hat{b}_q^{\dagger}\,\middle|\Phi_{\{n\}}\right\rangle \qquad (4.267)$$

Die Operatoren $\hat{b}_q$ bzw. $\hat{b}_q^{\dagger}$ vernichten bzw. erzeugen ein Phonon der Wellenzahl $q$. Dann aber haben wir in den beiden Klammern Zustände mit verschiedenen Besetzungszahlen, die zueinander orthogonal sind. Folglich erhalten wir

$$\overline{x(s,t)} = \langle \boldsymbol{n}|\,\hat{x}(s,t)\,|\boldsymbol{n}\rangle = 0 \qquad (4.268)$$

Mit derselben Argumentation kann man zeigen, dass der Erwartungswert des Operators $\hat{\pi}(x)$ in einem Eigenzustand des Hamilton-Operators zu jedem Zeitpunkt verschwindet. Dieses Ergebnis ist nicht überraschend, wenn man bedenkt, dass das Feld und die Feldimpulsdichte ja die Dynamik der Auslenkung der linearen Kette charakterisieren. Die Besetzung des Zustandes $|\boldsymbol{n}\rangle$ mit Phononen gibt nur Auskunft über die Stärke der Auslenkung, nicht aber über deren Vorzeichen. Da dieses gleichermaßen positiv oder negativ sein kann, sollte man bereits auf Grund dieser Überlegungen tatsächlich erwarten, dass die Erwartungswerte $\overline{x(s,t)}$ und $\overline{\pi(s,t)}$ verschwinden. Dagegen sollte man dann erwarten, dass der Erwartungswert des Quadrats der Auslenkung positiv ist. Unter Beachtung von (4.261) ist

$$\overline{x^2(s,t)} = \sum_{q,q'} \frac{\hbar}{2\rho L\sqrt{\omega_q\omega_{q'}}}\,\langle \boldsymbol{n}|\,\mathrm{e}^{i(q-q')s}\hat{b}_q\hat{b}_{q'}^{\dagger} + \mathrm{e}^{-i(q-q')s}\hat{b}_q^{\dagger}\hat{b}_{q'}\,|\boldsymbol{n}\rangle \qquad (4.269)$$

wobei wir bereits beachtet haben, dass Beiträge, die nur Erzeugungs- bzw. Vernichtungsoperatoren enthalten, aus ähnlichen Gründen wie bei der Berechnung des Felderwartungswertes verschwinden. Beachtet man noch die aus (4.263) folgende Relation

$$\hat{b}_q\hat{b}_{q'}^{\dagger} = \delta_{qq'} + \hat{b}_{q'}^{\dagger}\hat{b}_q \qquad (4.270)$$

**68)** Wir weisen darauf hin, dass zum Anfangszeitpunkt Operatoren und Zustände im Heisenberg-Bild und im Schrödinger-Bild übereinstimmen, siehe Band III, Kap. 4.

dann ist

$$\overline{x^2(s,t)} = \sum_q \frac{\hbar}{2\rho L\omega_q} + \sum_{q,q'} \frac{\hbar}{2\rho L\sqrt{\omega_q\omega_{q'}}} \langle \boldsymbol{n}|\, 2\mathrm{e}^{-i(q-q')s}\hat{b}_q^\dagger \hat{b}_{q'}\, |\boldsymbol{n}\rangle \tag{4.271}$$

Da die Operatoren $\hat{b}_{q'}$ und $\hat{b}_q^\dagger$ Phononen mit der Wellenzahl $q'$ vernichten bzw. mit der Wellenzahl $q$ erzeugen, können wegen der Orthogonalität des Zustands $\hat{b}_q^\dagger \hat{b}_{q'}\,|\boldsymbol{n}\rangle$ und $|\boldsymbol{n}\rangle$ im zweiten Term nur von 0 verschiedene Beiträge für $q = q'$ entstehen. Die Anwendung von $\hat{b}_q^\dagger \hat{b}_q$ auf $\boldsymbol{n}$ liefert gerade die Besetzungszahl, so dass insgesamt

$$\overline{x^2(s,t)} = \sum_q \frac{1}{L}\frac{\hbar}{2\rho\omega_q}(2n_q + 1) \tag{4.272}$$

bleibt. Selbst im Fall des Vakuumfeldes, also im Grundzustand $|0\rangle$, verschwindet $\overline{x^2(s,t)}$ nicht. Diese Nullpunktsfluktuationen liefern immer noch einen Beitrag

$$\overline{x^2(s,t)}_0 = \frac{\hbar}{2\rho L}\sum_q \frac{1}{\omega_q} = \frac{\hbar}{2\sqrt{\rho\kappa}L}\sum_q \frac{1}{|q|} \tag{4.273}$$

wobei wir $\omega(q)$ aus (4.255) eingesetzt haben. Die Auswertung dieser Summe wirft zwei Probleme auf. Für $q = 0$ wird der Summand divergent. Diese Mode entspricht aber nicht den wellenartigen Anregungen der kontinuierlichen Kette, sondern deren gleichförmiger Schwerpunktsbewegung. Durch die Wahl des Schwerpunktsystems als Bezugssystem kann dieser Beitrag eliminiert werden. Dann erstreckt sich die Summation nur noch auf die Moden $q \neq 0$.

Problematischer ist dagegen die Divergenz der verbleibenden Summe

$$\overline{x^2(s,t)}_0 = \frac{\hbar}{2\sqrt{\rho\kappa}L}\sum_{q\neq 0} \frac{1}{|q|} = \frac{\hbar}{2\pi\sqrt{\rho\kappa}}\sum_{n=1}^{\infty} \frac{1}{n} \tag{4.274}$$

Wir haben hierbei $q = 2\pi n L^{-1}$ verwendet. Außerdem entsteht ein Faktor 2, da wir die Summation über die negativen Zahlen auf die Summation über positive Zahlen zurückgeführt haben[69]. Im Kontinuum gibt es unendlich viele Freiheitsgrade, die alle zu $\overline{x^2(s,t)}_0$ beitragen und so dafür sorgen, dass eine kontinuierliche Kette physikalisch instabil ist. In einer diskreten Kette ist die Summation dagegen auf die Brillioun-Zone beschränkt, so dass als obere Grenze der Summe $N/2$ auftritt.

**69)** Die divergente Reihe (4.274) wird auch als harmonische Reihe bezeichnet.

## 4.4.2
## *Die Prinzipien der kanonischen Quantisierung

### 4.4.2.1 *Bosonische Systeme

Wir können die im vorangegangenen Abschnitt gewonnenen Erkenntnisse auf beliebige Felder verallgemeinern. Die Quantisierung eines Feldes mit den Komponenten $\psi_i(x,t)$ $(i = 1, ..., N)$ erfolgt im Rahmen der kanonischen Quantisierung über die Hamilton-Dichte des jeweiligen Feldes. Dabei werden die Felder $\psi_i(x,t)$ in Feldoperatoren $\hat{\psi}_i(x,t)$ und die kanonischen Feldimpulsdichten $\pi_i(x,t)$ in Feldimpulsoperatoren $\hat{\pi}_i(x,t)$ überführt. Besitzen die Feldquanten bosonischen Charakter, dann müssen diese im Heisenberg-Bild definierten Operatoren die gleichzeitigen Vertauschungsrelationen

$$\left\{ \begin{array}{c} [\hat{\psi}_i(x,t), \hat{\psi}_j(x',t)] \\ [\hat{\pi}_i(x,t), \hat{\pi}_j(x',t)] \end{array} \right\} = 0 \quad \text{und} \quad [\hat{\pi}_i(x,t), \hat{\psi}_j(x',t)] = \frac{\hbar}{i}\delta_{ij}\delta(x-x') \tag{4.275}$$

erfüllen. Wie wir in Band III dieser Lehrbuchreihe ausführlich diskutiert haben, gibt es keine allgemein gültige Regel zur Überführung beliebiger Größen der klassischen Mechanik in hermitesche Operatoren der Quantenmechanik. Das traf besonders auf solche Observablen zu, die aus multiplikativ miteinander verbundenen Orts- und Impulskoordinaten aufgebaut sind. Hier gibt es oft mehrere Möglichkeiten[70] durch Symmetrisierungsverfahren unterschiedliche hermitesche Operatoren zu erzeugen, die alle das gleiche klassische Analogon besitzen. Letztendlich entscheidet der Vergleich mit empirischen Befunden, in welche Operatorstruktur eine klassischen Größe beim Übergang zur Quantenmechanik übersetzt werden muss.

Diese Situation bleibt auch in der Quantenfeldtheorie unverändert. Einfache Feldgrößen, die nur aus Feldkomponenten oder nur aus den zugehörigen kanonisch konjugierten Feldimpulsen aufgebaut sind, lassen sich gewöhnlich nach den in Band III beschriebenen Jordan'schen Regeln[71] in quantenfeldtheoretische Operatoren übertragen. Kompliziertere Ausdrücke aus Feldoperatoren und Feldimpulsoperatoren lassen sich oft – aber nicht zwingend – aus den entsprechenden klassischen Größen durch geeignete Symmetrisierungsvorschriften konstruieren. Findet man zu einer klassischen Feldgröße mehrere zulässige Feldoperatorausdrücke[72], dann kann erst ein geeignetes Experiment die Entscheidung darüber liefern, welchem der potentiellen quantenfeldtheoretischen Kandidaten die ursprüngliche klassische Größe zuzuordnen ist.

**70**) siehe Band III, Kap. 4.5.1.2

**71**) siehe Band III, Kap. 2.3.5.

**72**) z. B. gehören zu der klassischen Feldgröße $\psi^2\pi^2$ die physikalisch unterschiedlichen – aber stets hermiteschen – Operatoren $\hat{\psi}\hat{\pi}^2\hat{\psi}$, $\hat{\pi}\hat{\psi}^2\hat{\pi}$ und $(\hat{\pi}^2\hat{\psi}^2 + \hat{\psi}^2\hat{\pi}^2)/2$

Es gibt Fälle, bei denen die klassischen kanonisch konjugierten Feldimpulse nicht mit Zeitableitungen der Feldvariablen, sondern direkt mit Feldvariablen verbunden sind. Wir sind auf diese Situation bei der Analyse des Schrödinger-Feldes, siehe (4.149), und des Dirac-Feldes, siehe (4.173), gestoßen. In diesem Fall werden die entsprechenden Feldvariablen nicht mehr als Felder, sondern als kanonische Feldimpulse behandelt und dementsprechend in die Vertauschungsrelationen einbezogen. So ist z. B. für das Schrödinger-Feld $\pi = i\hbar\psi^*$, so dass der $\psi^*$ zugeordnete Feldoperator $\hat{\psi}^\dagger$ – unter Beachtung des Vorfaktors $i\hbar$ – als Feldimpulsoperator zu behandeln ist. Wir werden diese Überlegungen in Abschnitt 4.5.1 und 4.7 wieder aufgreifen und konkret in die Quantisierung des Schrödinger- bzw. Dirac-Feldes einfließen lassen.

#### 4.4.2.2 *Fermionische Systeme

Man kann aber auch Felder quantisieren, deren Feldquanten fermionischen Charakter haben[73]. 1928 fanden Jordan und Wigner, dass eine solche Quantisierung nach den gleichen Regeln wie im bosonischen Fall realisiert werden kann, wobei man nur die Kommutationsrelationen (4.275) durch Antikommutationsrelationen ersetzen muss. Unter Benutzung der Vereinbarung (4.69) können wir dann anstelle von (4.275)

$$[\hat{\psi}_i(x,t), \hat{\psi}_j(x',t)]_+ = [\hat{\pi}_i(x,t), \hat{\pi}_j(x',t)]_+ = 0 \tag{4.276}$$

und

$$[\hat{\pi}_i(x,t), \hat{\psi}_j(x',t)]_+ = \frac{\hbar}{i}\delta_{ij}\delta(x-x') \tag{4.277}$$

schreiben. Die Übertragung klassischer feldtheoretischer Größen in quantenfeldthoretische Größen erfolgt nach den bereits vom bosonischen Fall bekannten empirischen Regeln. Dabei gelten bei der Übersetzung komplexerer klassischer Ausdrücke in quantenfeldtheoretische Operatoren die gleichen Einschränkungen, die auch bei bosonische Operatoren zu berücksichtigen sind. Letztendlich liefert aber auch für fermionische Systeme erst das Experiment die Entscheidung, ob ein aus einer klassischen Feldgröße konstruierter Operator tatsächlich die zu beschreibende physikalische Observable auf der quantenfeldtheoretischen Ebene korrekt repräsentiert.

**73**) Dazu gehören insbesondere Feldquanten, die Spin-1/2-Teilchen entsprechen.

## 4.5 *Quantisierung des Schrödinger'schen Wellenfeldes

### 4.5.1 *Bosonischer Fall

Wir wollen jetzt das Schrödinger-Feld quantisieren. Dabei erwarten wir natürlich, dass die in Kapitel 4.2 gewonnenen Ergebnisse reproduziert werden. Das Schrödinger-Feld wird durch die Hamilton-Dichte (4.151) beschrieben. Wir können ohne Einschränkung der Allgemeinheit das hier auftretende Potential so eichen, dass $V \geq 0$ gilt. Das ist für alle physikalisch relevanten Fälle möglich, weil für diese das Potential nach unten beschränkt ist. Nach der Eichung des Potentials ist die Hamilton-Dichte positiv definit und die durch Integration über das gesamte Volumen gewonnene Hamilton-Funktion ist unabhängig vom Materiefeld $\psi$ positiv. Deshalb erwarten wir nach der Quantisierung des Schrödinger-Feldes nur Zustände positiver Energie.

Als Ausgangspunkt für die Quantisierung benutzen wir die Hamilton-Dichte (4.152). Hieraus erhalten wir die Hamilton-Funktion des Schrödinger-Feldes durch Integration über den gesamten Raum. Nach partieller Integration gelangen wir zu

$$H = \frac{1}{i\hbar} \int d^3x \pi(\boldsymbol{x}, t) \left( -\frac{\hbar^2}{2m} \nabla^2 + V(\boldsymbol{x}, t) \right) \psi(\boldsymbol{x}, t) \tag{4.278}$$

Entsprechend den kanonischen Regeln der Feldquantisierung ersetzen wir die Feldimpulsdichte durch den Operator $\hat{\pi}(\boldsymbol{x}, t)$ und das Feld durch den Feldoperator $\hat{\psi}(\boldsymbol{x}, t)$. Wegen (4.149) ist $\pi = i\hbar\psi^*$ und $\overline{\pi} = 0$, woraus wir einerseits schlussfolgern können, dass der Feldimpulsoperator $\hat{\overline{\pi}}$ nicht in die Quantisierung einbezogen wird, und andererseits, dass der Feldoperator $\hat{\psi}^\dagger$ mit dem Feldimpulsoperator über

$$\hat{\psi}^\dagger(\boldsymbol{x}, t) = \frac{1}{i\hbar} \hat{\pi}(\boldsymbol{x}, t) \tag{4.279}$$

zusammenhängt. Dann können wir die Kommutationsrelationen (4.275) auch in der Form

$$\left\{ \begin{array}{c} [\hat{\psi}(\boldsymbol{x}, t), \hat{\psi}(\boldsymbol{x}', t)] \\ [\hat{\psi}^\dagger(\boldsymbol{x}, t), \hat{\psi}^\dagger(\boldsymbol{x}', t)] \end{array} \right\} = 0 \quad \text{und} \quad [\hat{\psi}(\boldsymbol{x}, t), \hat{\psi}^\dagger(\boldsymbol{x}', t)] = \delta(\boldsymbol{x} - \boldsymbol{x}') \tag{4.280}$$

schreiben. Damit erhalten wir mit (4.278) den Hamilton-Operator des Schrödinger-Feldes

$$\hat{H} = \int d^3x \hat{\psi}^\dagger(\boldsymbol{x}, t) \hat{H}_S \hat{\psi}(\boldsymbol{x}, t) \tag{4.281}$$

wobei der *Schrödinger-Operator*[74]

$$\hat{H}_S = -\frac{\hbar^2}{2m}\nabla^2 + V(\boldsymbol{x}, t) \tag{4.282}$$

nur auf die Ortsabhängigkeit der Feldoperatoren einwirkt, aber nicht als Operator im Hilbert-Raum der Zustände des Feldes in Erscheinung tritt. Mit Hilfe der Kommutationsrelationen (4.280) erhalten wir jetzt die Bewegungsgleichung des Feldoperators

$$\begin{aligned}\frac{\partial\hat{\psi}(\boldsymbol{x},t)}{\partial t} = \frac{i}{\hbar}[\hat{H}, \hat{\psi}(\boldsymbol{x},t)] &= \frac{i}{\hbar}\int d^3x'[\hat{\psi}^\dagger(\boldsymbol{x}',t), \hat{\psi}(\boldsymbol{x},t)]\hat{H}'_S\hat{\psi}(\boldsymbol{x}',t) \\ &= -\frac{i}{\hbar}\int d^3x'\delta(\boldsymbol{x}'-\boldsymbol{x})\hat{H}'_S\hat{\psi}(\boldsymbol{x}',t)\end{aligned} \tag{4.283}$$

wobei wir hier unter $\hat{H}'_S$ den auf die Koordinate $x'$ wirkenden Schrödinger-Operator verstehen wollen. Aus (4.283) folgt somit

$$i\hbar\frac{\partial}{\partial t}\hat{\psi}(\boldsymbol{x},t) = \hat{H}_S\hat{\psi}(\boldsymbol{x},t) \tag{4.284}$$

d. h. die Evolution des Feldoperators $\hat{\psi}(\boldsymbol{x},t)$ wird durch eine Gleichung mit der mathematischen Struktur einer Schrödinger-Gleichung[75] beschrieben. Analog findet man, dass $\hat{\psi}^\dagger(\boldsymbol{x},t)$ der adjungierten Schrödinger-Gleichung genügt.

Wir entwickeln jetzt die Operatoren $\hat{\psi}(\boldsymbol{x},t)$ und $\hat{\psi}^\dagger(\boldsymbol{x},t)$ nach den Basisfunktionen eines vollständigen Orthonormalsystems $\phi_\alpha(\boldsymbol{x})$

$$\hat{\psi}(\boldsymbol{x},t) = \sum_\alpha \hat{b}_\alpha(t)\phi_\alpha(\boldsymbol{x}) \qquad \text{und} \qquad \hat{\psi}^\dagger(\boldsymbol{x},t) = \sum_\alpha \hat{b}^\dagger_\alpha(t)\phi^*_\alpha(\boldsymbol{x}) \tag{4.285}$$

Wegen der Orthogonalität der Basisfunktionen erhalten wir umgekehrt

$$\hat{b}_\alpha(t) = \int d^3x\hat{\psi}(\boldsymbol{x},t)\phi^*_\alpha(\boldsymbol{x}) \qquad \text{und} \qquad \hat{b}^\dagger_\alpha(t) = \int d^3x\hat{\psi}^\dagger(\boldsymbol{x},t)\phi_\alpha(\boldsymbol{x}) \tag{4.286}$$

Hieraus bekommen wir für den Hamilton-Operator des Schrödinger-Feldes

$$\hat{H} = \sum_{\alpha,\beta} H_{\alpha\beta}\hat{b}^\dagger_\alpha(t)\hat{b}_\beta(t) \tag{4.287}$$

**74)** Dieser Operator wird in der mathematischen Literatur auch als Sturm-Liouville-Operator bezeichnet.

**75)** Wir weisen nochmals darauf hin, dass die Bewegungsgleichung des Feldoperators strikt von der quantenmechanischen Schrödinger-Gleichung für quantenmechanische Zustände unterschieden werden muss. Wegen ihrer mathematischen Ähnlichkeit ist es aber üblich, sowohl die Bewegungsgleichung des Feldoperators als auch die Feldgleichung des zugehörigen klassischen Schrödinger-Feldes als Schrödinger-Gleichung zu bezeichnen.

mit

$$H_{\alpha\beta} = \int d^3x\ \phi_\alpha^*(\boldsymbol{x})\hat{H}_S\phi_\beta(\boldsymbol{x}) \tag{4.288}$$

Wählen wir jetzt die Basisfunktonen $\phi_\alpha$ so, dass diese Eigenfunktionen des Schrödinger-Operators zum Eigenwert $\epsilon_\alpha$ sind

$$\hat{H}_S\phi_\alpha(\boldsymbol{x}) = \epsilon_\alpha\phi_\alpha(\boldsymbol{x}) \tag{4.289}$$

dann reduziert sich (4.287) auf

$$\hat{H} = \sum_\alpha \epsilon_\alpha \hat{b}_\alpha^\dagger(t)\hat{b}_\alpha(t) = \sum_\alpha \epsilon_\alpha \hat{n}_\alpha(t) \tag{4.290}$$

Wir gehen davon aus, dass alle Eigenwerte des Schrödinger-Operators $\hat{H}_S$ positiv sind. Es handelt sich hierbei um keine Enschränkung, solange das Potential $V$ einen endlichen Minimalwert $V_{\min}$ besitzt. Dann kann man durch eine Verschiebung der Energieskala um $V_{\min}$ stets $V > 0$ erreichen und damit die Forderung $\epsilon_\alpha \geq 0$ einstellen[76]. Wir wollen jetzt zeigen, dass man $\hat{b}_\alpha^\dagger(t)$ als Erzeugungsoperator, $\hat{b}_\alpha(t)$ als Vernichtungsoperator und

$$\hat{n}_\alpha(t) = \hat{b}_\alpha^\dagger(t)\hat{b}_\alpha(t) \tag{4.291}$$

als Teilchenzahloperator der Partikel der Energie $\epsilon_\alpha$ interpretieren kann[77]. Dazu zeigen wir zunächst, dass aus den Vertauschungsrelationen (4.280) unmittelbar die Kommutationsrelationen

$$[\hat{b}_\alpha(t), \hat{b}_\beta(t)] = [\hat{b}_\alpha^\dagger(t), \hat{b}_\beta^\dagger(t)] = 0 \qquad [\hat{b}_\alpha(t), \hat{b}_\beta^\dagger(t)] = \delta_{\alpha\beta} \tag{4.292}$$

folgen. Mit (4.286) erhalten wir z. B.

$$\begin{aligned}
[\hat{b}_\alpha(t), \hat{b}_\beta^\dagger(t)] &= \int d^3x \int d^3x' \phi_\alpha^*(\boldsymbol{x})\phi_\beta(\boldsymbol{x}')[\hat{\psi}(\boldsymbol{x},t), \hat{\psi}^\dagger(\boldsymbol{x}',t)] \\
&= \int d^3x \int d^3x' \phi_\alpha^*(\boldsymbol{x})\phi_\beta(\boldsymbol{x}')\delta(\boldsymbol{x}-\boldsymbol{x}') \\
&= \int d^3x\ \phi_\alpha^*(\boldsymbol{x})\phi_\beta(\boldsymbol{x}) = \delta_{\alpha\beta}
\end{aligned} \tag{4.293}$$

**76**) Wir weisen an dieser Stelle auf die Diskussion des Zusammenhangs zwischen Potential und Energieeigenwerten in Band III, Kap. 3.5.2 hin.

**77**) Wir gehen hier davon aus, dass das Eigenwertspektrum des Schrödinger-Operators nicht entartet ist. Ist das der Fall, dann benötigen wir neben der Energie $\epsilon_\alpha$ noch weitere Größen zur Charakterisierung der jeweiligen Partikel, etwa die drei Impulskomponenten bei freien Teilchen oder die Eigenwerte des Drehimpulses $\hat{\boldsymbol{L}}^2$ und eine seiner Komponenten $\hat{L}_\alpha$ bei Teilchen in einem zentralsymmetrischen Problem.

wobei wir im letzten Schritt die Orthogonalität der Basisfunktionen $\phi_\alpha(x)$ verwendet haben. Mit den Kommutationsrelationen (4.292) können wir außerdem zeigen, dass alle Teilchenzahloperatoren $\hat{n}_\alpha(t)$ miteinander kommutieren. Für $\alpha = \beta$ ist diese Aussage trivial, für $\alpha \neq \beta$ erhalten wir

$$\begin{aligned}\hat{n}_\alpha(t)\hat{n}_\beta(t) &= \hat{b}^\dagger_\alpha(t)\hat{b}_\alpha(t)\hat{b}^\dagger_\beta(t)\hat{b}_\beta(t) = \hat{b}^\dagger_\alpha(t)\hat{b}^\dagger_\beta(t)\hat{b}_\alpha(t)\hat{b}_\beta(t)\\ &= \hat{b}^\dagger_\alpha(t)\hat{b}^\dagger_\beta(t)\hat{b}_\beta(t)\hat{b}_\alpha(t) = \hat{b}^\dagger_\beta(t)\hat{b}^\dagger_\alpha(t)\hat{b}_\beta(t)\hat{b}_\alpha(t)\\ &= \hat{b}^\dagger_\beta(t)\hat{b}_\beta(t)\hat{b}^\dagger_\alpha(t)\hat{b}_\alpha(t) = \hat{n}_\beta(t)\hat{n}_\alpha(t)\end{aligned} \tag{4.294}$$

Folglich vertauscht auch $\hat{H}$ mit allen Teilchenzahloperatoren

$$[\hat{H}, \hat{n}_\alpha(t)] = 0 \tag{4.295}$$

Da $\hat{H}$ und $\hat{n}_\alpha(t)$ kommutieren, ist auch

$$\hat{n}_\alpha(t) = \mathrm{e}^{\frac{i}{\hbar}\hat{H}t}\hat{n}_\alpha \mathrm{e}^{-\frac{i}{\hbar}\hat{H}t} = \mathrm{e}^{\frac{i}{\hbar}\hat{H}t}\mathrm{e}^{-\frac{i}{\hbar}\hat{H}t}\hat{n}_\alpha = \hat{n}_\alpha \tag{4.296}$$

d. h. die Teilchenzahloperatoren des Schrödinger-Feldes sind auch im Heisenberg-Bild zeitunabhängige Operatoren. Wir können deshalb im Weiteren auf die explizite Darstellung der Zeitabhängigkeit dieser Operatoren verzichten.

Wegen (4.295) haben auch alle Teilchenzahloperatoren und $\hat{H}$ die gleichen Eigenzustände. Mit den Eigenwerten $n_\alpha$ des Teilchenzahloperators $\hat{n}_\alpha$ als Quantenzahlen können wir dann diese Zustände durch

$$|n_1, n_2, ..., n_\alpha, ...\rangle \quad \text{mit} \quad \hat{n}_\alpha |n_1, n_2, ..., n_\alpha, ...\rangle = n_\alpha |n_1, n_2, ..., n_\alpha, ...\rangle \tag{4.297}$$

ausdrücken. Da $\hat{n}_\alpha$ wegen

$$\hat{n}^\dagger_\alpha = \left(\hat{b}^\dagger_\alpha(t)\hat{b}_\alpha(t)\right)^\dagger = \hat{b}^\dagger_\alpha(t)\hat{b}_\alpha(t) = \hat{n}_\alpha \tag{4.298}$$

hermitesch ist, sind die Eigenwerte $n_\alpha$ reell und die Eigenzustände (4.297) orthogonal. Deshalb werden wir in Zukunft davon ausgehen, dass die Zustände $|n_1, n_2, ..., n_\alpha, ...\rangle$ orthonormiert sind.

Wir wollen jetzt die Eigenschaften der Feldzustände näher untersuchen. Da diese im Heisenberg-Bild zeitunabhängig sind, können wir die nachfolgenden Rechnungen auf den Zeitpunkt beziehen, für den alle Operatoren und Zustände im Heisenberg-Bild mit denen im Schrödinger-Bild zusammenfallen[78]. Deshalb können wir für die jetzt anzustellenden Überlegungen mit zeitunabhängigen Operatoren rechnen. Wenden wir den Teilchenzahloperator $\hat{n}_\alpha$

**78**) Wir haben diesen Zeitpunkt ohne Beschränkung der Allgemeinheit auf $t = 0$ festgelegt, siehe z. B. die Transformation (4.296).

auf den Zustand $\hat{b}^\dagger_\alpha |n_1, n_2, ..., n_\alpha, ...\rangle$ an, dann erhalten wir

$$\begin{aligned}
\hat{n}_\alpha \hat{b}^\dagger_\alpha |n_1, n_2, ..., n_i, ...\rangle &= \hat{b}^\dagger_\alpha \hat{b}_\alpha \hat{b}^\dagger_\alpha |n_1, n_2, ..., n_\alpha, ...\rangle \\
&= \hat{b}^\dagger_\alpha \left( \hat{b}^\dagger_\alpha \hat{b}_\alpha + 1 \right) |n_1, n_2, ..., n_\alpha, ...\rangle \\
&= \hat{b}^\dagger_\alpha \left( \hat{n}_\alpha + 1 \right) |n_1, n_2, ..., n_\alpha, ...\rangle \\
&= (n_\alpha + 1)\, \hat{b}^\dagger_\alpha |n_1, n_2, ..., n_\alpha, ...\rangle
\end{aligned} \tag{4.299}$$

d. h. der Zustand $\hat{b}^\dagger_\alpha |n_1, n_2, ..., n_\alpha, ...\rangle$ ist bis auf eine noch festzulegende Normierung ein Eigenzustand des Teilchenzahloperators zum Eigenwert $n_\alpha + 1$. Analog kann man zeigen, dass der Zustand $\hat{b}_\alpha |n_1, n_2, ..., n_\alpha, ...\rangle$ ein Eigenzustand des Teilchenzahloperators zum Eigenwert $n_\alpha - 1$ ist. Folglich können wir auch schreiben

$$\hat{b}^\dagger_\alpha |n_1, n_2, ..., n_\alpha, ...\rangle = \alpha_\alpha |n_1, n_2, ..., n_\alpha + 1, ...\rangle \tag{4.300}$$

und

$$\hat{b}_\alpha |n_1, n_2, ..., n_\alpha, ...\rangle = \beta_\alpha |n_1, n_2, ..., n_\alpha - 1, ...\rangle \tag{4.301}$$

wobei die beiden Normierungskoeffizienten $\alpha_\alpha$ und $\beta_\alpha$ noch offen sind. Um diese zu bestimmen, bilden wir das Skalarprodukt

$$\begin{aligned}
\left[\hat{b}^\dagger_\alpha |n_1, ..., n_\alpha, ...\rangle\right]^\dagger \hat{b}^\dagger_\alpha |n_1, ..., n_\alpha, ...\rangle &= \langle n_1, ..., n_\alpha, ...| \hat{b}_\alpha \hat{b}^\dagger_\alpha |n_1, ..., n_\alpha, ...\rangle \\
&= \langle n_1, ..., n_\alpha, ...| \hat{n}_\alpha + 1 |n_1, ..., n_\alpha, ...\rangle \\
&= n_\alpha + 1
\end{aligned} \tag{4.302}$$

Unter Beachtung von (4.300) erhalten wir andererseits

$$\begin{aligned}
\left[\hat{b}^\dagger_\alpha |n_1, ..., n_\alpha, ...\rangle\right]^\dagger \hat{b}^\dagger_\alpha |n_1, ..., n_\alpha, ...\rangle &= \langle n_1, ..., n_\alpha, ...| \alpha^*_\alpha \alpha_\alpha |n_1, ..., n_\alpha, ...\rangle \\
&= |\alpha_\alpha|^2
\end{aligned} \tag{4.303}$$

so dass der Vergleich mit (4.302) auf $|\alpha_\alpha|^2 = n_\alpha + 1$ und deshalb

$$\alpha_\alpha = \sqrt{n_\alpha + 1} \exp(i\phi) \tag{4.304}$$

führt. Die Phase $\phi$ kann ohne Einschränkung null gesetzt werden. Auf die gleiche Weise finden wir

$$\begin{aligned}
\left[\hat{b}_\alpha |n_1, ..., n_\alpha, ...\rangle\right]^\dagger \hat{b}_\alpha |n_1, ..., n_\alpha, ...\rangle &= \langle n_1, ..., n_\alpha, ...| \hat{b}^\dagger_\alpha \hat{b}_\alpha |n_1, ..., n_\alpha, ...\rangle \\
&= \langle n_1, ..., n_\alpha, ...| \hat{n}_\alpha |n_1, ..., n_\alpha, ...\rangle \\
&= n_\alpha
\end{aligned} \tag{4.305}$$

so dass wir mit den gleichen Argumenten wie oben auf $\beta_\alpha = \sqrt{n_\alpha}$ geführt werden. Damit erhalten wir aus (4.300) bzw. (4.301) die Relationen

$$\hat{b}_\alpha^\dagger \left| n_1, ..., n_\alpha, ... \right\rangle = \sqrt{n_\alpha + 1} \left| n_1, ..., n_\alpha + 1, ... \right\rangle \tag{4.306}$$

und

$$\hat{b}_\alpha \left| n_1, ..., n_\alpha, ... \right\rangle = \sqrt{n_\alpha} \left| n_1, ..., n_\alpha - 1, ... \right\rangle \tag{4.307}$$

Wir können jetzt zeigen, dass die reellen Eigenwerte $n_\alpha$ natürliche Zahlen sind. Wendet man nämlich den Operator $\hat{b}_\alpha$ insgesamt $M$-mal mit $M > n_\alpha$ auf den Zustand $|n_1, n_2, ..., n_\alpha, ...\rangle$ an, dann erhalten wir

$$\hat{b}_\alpha^M \left| n_1, ..., n_\alpha, ... \right\rangle \sim \left| n_1, ..., n_\alpha - M, ... \right\rangle = \left| n_1, ..., n'_\alpha, ... \right\rangle \tag{4.308}$$

wobei $n'_\alpha < 0$ ist. Durch wiederholte Anwendung dieser Prozedur auf die anderen Quantenzahlen lässt sich ein Zustand $|n'_1, ..., n'_\alpha, ...\rangle$ konstruieren, der nur noch aus negativen Quantenzahlen besteht. Wendet man jetzt den Hamilton-Operator (4.290) auf diesen Zustand an, dann bekommt man

$$\begin{aligned} \hat{H} \left| n'_1, ..., n'_\alpha, ... \right\rangle &= \sum_{\beta=1}^{\infty} \epsilon_\beta \hat{n}_\beta \left| n'_1, ..., n'_\alpha, ... \right\rangle \\ &= \sum_{\beta=1}^{\infty} \epsilon_\beta n'_\beta \left| n'_1, ..., n'_\alpha, ... \right\rangle \end{aligned} \tag{4.309}$$

d. h. der Hamilton-Operator besitzt negative Eigenwerte

$$\sum_{\beta=1}^{\infty} \epsilon_\beta n'_\beta < 0 \tag{4.310}$$

im Widerspruch zu der am Anfang des Abschnitts aufgestellten Voraussetzung. Folglich dürfen Zustände mit negativen Quantenzahlen nicht existieren. Da andererseits die Anwendung von $\hat{b}_\alpha$ auf einen Zustand nicht aus dem Hilbert-Raum herausführen darf, muss die Quantenzahl $n_\alpha = 0$ erlaubt sein. In diesem Fall ist mit (4.307)

$$\hat{b}_\alpha \left| n_1, ..., n_\alpha = 0, ... \right\rangle = 0 \tag{4.311}$$

und folglich können Zustände negativer Energie nicht mehr durch mehrfache Anwendung eines Vernichtungsoperatores $\hat{b}_\alpha$ auf Zustände positiver Energie erreicht werden. Da die Differenzen der einem $\alpha$ zugeordneten Quantenzahlen $n_\alpha$ ganzzahlig sind, andererseits aber 0 eine zulässige Quantenzahl ist, müssen folglich alle Quantenzahlen $n_\alpha$ natürliche Zahlen sein. Wir können jetzt den sogenannten Vakuumzustand

$$|\mathbf{0}\rangle = |0, 0, ..., 0, ...\rangle \tag{4.312}$$

einführen, für den unabhängig von $\alpha$ gilt

$$\hat{b}_\alpha |\mathbf{0}\rangle = 0 \tag{4.313}$$

Aus diesem Vakuumzustand können wir jeden anderen Zustand durch Anwendung der Operatoren $\hat{b}_\alpha^\dagger$ erzeugen. Man überzeugt sich leicht davon, dass

$$|\boldsymbol{n}\rangle = |n_1, ..., n_\alpha, ...\rangle = \prod_\beta \frac{\left(\hat{b}_\beta^\dagger\right)^{n_\beta}}{\sqrt{n_\beta!}} |0, 0, ..., 0, ...\rangle = \prod_\beta \frac{\left(\hat{b}_\beta^\dagger\right)^{n_\beta}}{\sqrt{n_\beta}} |\mathbf{0}\rangle \tag{4.314}$$

Hieraus ergibt sich die Bedeutung der Operatoren $\hat{b}_\alpha^\dagger$ und $\hat{b}_\alpha$ als Erzeugungs- und Vernichtungsoperatoren ganz von allein. Im Prinzip haben wir mit der Quantisierung des Schrödinger-Feldes genau die gleiche Situation erreicht, die wir auch bei der Diskussion quantenmechanischer Vielteilchensysteme mit vollständig symmetrischen Wellenfunktionen gefunden haben. Während wir aber dort aus den Eigenschaften der Wellenfunktion die Kommutationsrelationen der Operatoren $\hat{b}_\alpha$ und $\hat{b}_\alpha^\dagger$ bzw. $\hat{\psi}(\boldsymbol{x}, t)$ und $\hat{\psi}(\boldsymbol{x}, t)^\dagger$ bestimmt hatten, haben wir jetzt die Eigenschaften der Zustände aus den Kommutationsrelationen der Erzeugungs- und Vernichtungsoperatoren abgeleitet.

Wie bereits in Kap. 4.4.1 diskutiert, können wir die Quantenzahlen $n_\alpha$ des Zustands $|n_1, ..., n_\alpha, ...\rangle$ als Besetzungszahlen des Gesamtsystems mit Partikeln der Energie $\epsilon_\alpha$ interpretieren. Die Gesamtteilchenzahl aller Partikel des Systems ist

$$N = \sum_\beta n_\beta \tag{4.315}$$

wobei $N$ auch als Eigenwert des Gesamtteilchenzahloperators

$$\hat{N} = \sum_\beta \hat{n}_\beta \tag{4.316}$$

verstanden werden kann. Die Teilchenzahl $N$ ist eine Erhaltungsgröße des durch den Hamilton-Operator $\hat{H}$ beschriebenen Systems, da wegen (4.295) auch $\left[\hat{N}, \hat{H}\right] = 0$ folgt. Die Anwendung des Erzeugungsoperators $\hat{b}_\alpha^\dagger$ erhöht die Gesamtanzahl der Teilchen um eins, die Anwendung des Vernichtungsoperators reduziert diese um eins.

Allerdings haben wir aus der Kenntnis des Zustands $|n_1, ..., n_\alpha, ...\rangle$ allein keine Information darüber, wo sich die Teilchen zu einer gegebenen Zeit befinden. Wir können aber neue, zeitabhängige Zustände definieren,

$$\begin{aligned} |\boldsymbol{x}_1, \boldsymbol{x}_2, ..., \boldsymbol{x}_N\rangle &= \frac{1}{\sqrt{N!}} \sum_{\alpha_1, ..., \alpha_N} \phi_{\alpha_1}^*(\boldsymbol{x}_1) ... \phi_{\alpha_N}^*(\boldsymbol{x}_N) \hat{b}_{\alpha_1}^\dagger(t) ... \hat{b}_{\alpha_N}^\dagger(t) |\mathbf{0}\rangle \\ &= \frac{1}{\sqrt{N!}} \hat{\psi}(\boldsymbol{x}_1, t)^\dagger ... \hat{\psi}(\boldsymbol{x}_N, t)^\dagger |\mathbf{0}\rangle \end{aligned} \tag{4.317}$$

mit deren Hilfe wir die lokale Wirkung von Erzeugungs- und Vernichtungsprozessen besser verstehen können. Dazu betrachten wir den in (4.74) definierten Teilchendichteoperator

$$\hat{\rho}(x,t) = \hat{\psi}(x,t)^{\dagger}\hat{\psi}(x,t) \tag{4.318}$$

von dem wir bereits wegen (4.73) wissen, dass er mit dem Gesamtteilchenzahloperator über

$$\hat{N} = \int d^3x \hat{\rho}(x,t) \tag{4.319}$$

zusammenhängt und das quantenmechanische Analogon zur klassischen Teilchendichte ist. Wenden wir jetzt den Teilchendichteoperator auf den Zustand $|x_1, ..., x_N\rangle$ an, dann erhalten wir unter Beachtung der Kommutationsrelationen (4.280) für die Feldoperatoren

$$\begin{aligned}
\hat{\rho}(x,t)\,|x_1,x_2,...,x_N\rangle &= \frac{1}{\sqrt{N!}}\hat{\psi}^{\dagger}(x,t)\hat{\psi}(x,t)\hat{\psi}^{\dagger}(x_1,t)\hat{\psi}^{\dagger}(x_2,t)...\hat{\psi}^{\dagger}(x_N,t)\,|\mathbf{0}\rangle \\
&= \frac{1}{\sqrt{N!}}\hat{\psi}^{\dagger}(x,t)\left(\hat{\psi}^{\dagger}(x_1,t)\hat{\psi}(x,t) + \delta(x - x_1)\right) \\
&\times\ \hat{\psi}^{\dagger}(x_2,t)...\hat{\psi}^{\dagger}(x_N,t)\,|\mathbf{0}\rangle \\
&= \frac{1}{\sqrt{N!}}\hat{\psi}^{\dagger}(x_1,t)\left(\hat{\psi}^{\dagger}(x,t)\hat{\psi}(x,t) + \delta(x - x_1)\right) \\
&\times\ \hat{\psi}^{\dagger}(x_2,t)...\hat{\psi}^{\dagger}(x_N,t)\,|\mathbf{0}\rangle
\end{aligned} \tag{4.320}$$

Die Fortsetzung dieser Prozedur erlaubt es, den Dichteoperator an den Vakuumzustand heranzuziehen. Dabei entsteht in jedem Schritt eine $\delta$-Funktion. Somit gelangen wir zu

$$\begin{aligned}
\hat{\rho}(x,t)\,|x_1,x_2,...,x_N\rangle &= \frac{1}{\sqrt{N!}}\hat{\psi}^{\dagger}(x_1,t)\hat{\psi}^{\dagger}(x_2,t)...\hat{\psi}^{\dagger}(x_N,t) \\
&\times\ \left(\hat{\rho}(x,t) + \sum_{i=1}^{N}\delta(x - x_i)\right)|\mathbf{0}\rangle \\
&= \frac{1}{\sqrt{N!}}\hat{\psi}^{\dagger}(x_1,t)\hat{\psi}^{\dagger}(x_2,t)...\hat{\psi}^{\dagger}(x_N,t)\hat{\rho}(x,t)\,|\mathbf{0}\rangle \\
&+\ \sum_{i=1}^{N}\delta(x - x_i)\,|x_1,x_2,...,x_N\rangle
\end{aligned} \tag{4.321}$$

Der erste Summand kann weiter ausgewertet werden. Dazu betrachten wir

$$\begin{aligned}
\hat{\rho}(x,t)\,|0\rangle &= \exp\left\{-\frac{i}{\hbar}\hat{H}t\right\}\rho(x,0)\exp\left\{\frac{i}{\hbar}\hat{H}t\right\}|\mathbf{0}\rangle \\
&= \exp\left\{-\frac{i}{\hbar}\hat{H}t\right\}\hat{\psi}^{\dagger}(x,0)\hat{\psi}(x,0)\exp\left\{\frac{i}{\hbar}\sum_{\beta}\epsilon_{\beta}\hat{n}_{\beta}t\right\}|\mathbf{0}\rangle \\
&= \exp\left\{-\frac{i}{\hbar}\hat{H}t\right\}\sum_{\alpha,\beta}\hat{\phi}^{*}_{\alpha}(x)\phi_{\beta}(x)\hat{b}^{\dagger}_{\alpha}\hat{b}_{\beta}\exp\left\{\frac{i}{\hbar}\sum_{\beta}\epsilon_{\beta}\hat{n}_{\beta}t\right\}|\mathbf{0}\rangle \\
&= \exp\left\{-\frac{i}{\hbar}\hat{H}t\right\}\sum_{\alpha,\beta}\hat{\phi}^{*}_{\alpha}(x)\phi_{\beta}(x)\hat{b}^{\dagger}_{\alpha}\hat{b}_{\beta}\,|\mathbf{0}\rangle
\end{aligned} \tag{4.322}$$

wobei wir im letzten Schritt ausgenutzt haben, dass der Vakuumzustand $|\mathbf{0}\rangle$ Eigenzustand aller Teilchenzahloperatoren zum Eigenwert null ist. Die Anwendung von $\hat{b}_\beta$ auf $|\mathbf{0}\rangle$ liefert aber für alle $\beta$ den Wert null, so dass $\hat{\rho}(x,t)\,|0\rangle = 0$ folgt. Damit erhalten wir aus (4.321)

$$\hat{\rho}(x,t)\,|x_1,x_2,...,x_N\rangle = \sum_{i=1}^{N}\delta\,(x-x_i)\,|x_1,x_2,...,x_N\rangle \tag{4.323}$$

Die Anwendung des Teilchendichteoperators auf den Zustand $|x_1,x_2,...,x_N\rangle$ liefert nur dann einen Beitrag, wenn $x$ mit einer der Positionen $x_1,x_2,...,x_N$ zusammenfällt. Wir können deshalb auch sagen, dass im Zustand $|x_1,x_2,...,x_N\rangle$ die Position der Partikel zum Zeitpunkt $t$ scharf bestimmt ist. Da der Zustand $|x_1,x_2,...,x_N\rangle$ andererseits durch Anwendung der Feldoperatoren $\hat{\psi}^{\dagger}(x,t)$ auf den Vakuumzustand entsteht, kommen wir zu der Schlussfolgerung, dass die Anwendung von $\hat{\psi}^{\dagger}(x,t)$ zur Zeit $t$ an der Stelle $x$ ein Teilchen erzeugt, die von $\hat{\psi}(x,t)$ zur Zeit $t$ an Stelle $x$ ein Teilchen vernichtet. Allerdings geht hieraus nicht mehr hervor, welche Energie das erzeugte bzw. vernichtete Teilchen besaß.

### 4.5.2
### *Fermionischer Fall

Benutzen wir anstelle der Vertauschungsrelationen (4.275) die Antikommutationsrelationen (4.276) und (4.277), dann erhalten wir die quantenfeldtheoretische Beschreibung eines Systems identischer Fermi-Teilchen. Diese ist in ihrer physikalischen Aussage vollständig äquivalent zur Beschreibung eines Vielteilchensystems durch die Schrödinger'sche Quantenmechanik[79].

Der Hamilton-Operator des fermionischen Quantenfeldes wird von der Veränderung der Kommutationsrelationen überhaupt nicht berührt. Wir erhalten deshalb die gleiche Struktur (4.281) wie im bosonischen Fall. Die Bewegungsgleichung des fermionischen Feldoperators $\hat{\psi}(x,t)$ lässt sich hieraus

**79**) siehe Band III, Kap. 10

unter Verwendung der Antikommutationsrelationen (4.276) ableiten. Ausgehend von der formalen Bewegungsgleichung im Heisenberg-Bild[80] erhalten wir

$$
\begin{aligned}
&\frac{\partial \hat{\psi}(\boldsymbol{x},t)}{\partial t} \\
&= \frac{i}{\hbar}\left[\hat{H},\hat{\psi}(\boldsymbol{x},t)\right] \\
&= \frac{i}{\hbar}\int d^3x' \left\{\hat{\psi}^\dagger(\boldsymbol{x}',t)\hat{H}'_S\hat{\psi}(\boldsymbol{x}',t)\hat{\psi}(\boldsymbol{x},t) - \hat{\psi}(\boldsymbol{x},t)\hat{\psi}^\dagger(\boldsymbol{x}',t)\hat{H}'_S\hat{\psi}(\boldsymbol{x}',t)\right\} \\
&= -\frac{i}{\hbar}\int d^3x' \left\{\hat{\psi}^\dagger(\boldsymbol{x}',t)\hat{\psi}(\boldsymbol{x},t)\hat{H}'_S\hat{\psi}(\boldsymbol{x}',t) + \hat{\psi}(\boldsymbol{x},t)\hat{\psi}^\dagger(\boldsymbol{x}',t)\hat{H}'_S\hat{\psi}(\boldsymbol{x}',t)\right\} \\
&= -\frac{i}{\hbar}\int d^3x' \left[\hat{\psi}^\dagger(\boldsymbol{x}',t),\hat{\psi}(\boldsymbol{x},t)\right]_+ \hat{H}'_S\hat{\psi}(\boldsymbol{x}',t)
\end{aligned} \tag{4.324}
$$

wobei $\hat{H}'_S$ als Operator nur auf Funktionen wirkt, die von $\boldsymbol{x}'$ abhängig sind. Die Verwendung der Antikommutationsrelation (4.277) liefert dann

$$
\begin{aligned}
i\hbar\frac{\partial}{\partial t}\hat{\psi}(\boldsymbol{x},t) &= \int d^3x' \left[\hat{\psi}^\dagger(\boldsymbol{x}',t),\hat{\psi}(\boldsymbol{x},t)\right]_+ \hat{H}'_S\hat{\psi}(\boldsymbol{x}',t) \\
&= \int d^3x'\delta(\boldsymbol{x}'-\boldsymbol{x})\hat{H}'_S\hat{\psi}(\boldsymbol{x}',t) = \hat{H}_S\hat{\psi}(\boldsymbol{x},t)
\end{aligned} \tag{4.325}
$$

Der fermionische Feldoperator genügt ebenso wie der bosonische einer Gleichung von der mathematischen Strutur der Schrödinger-Gleichung[81]. Wir können jetzt wieder die Feldoperatoren nach den Eigenfunktionen $\phi_\alpha(\boldsymbol{x})$ des Schrödinger-Operators $H_S$ entwickeln

$$
\hat{\psi}(\boldsymbol{x},t) = \sum_\alpha \hat{b}_\alpha(t)\phi_\alpha(\boldsymbol{x}) \qquad \text{und} \qquad \hat{\psi}^\dagger(\boldsymbol{x},t) = \sum_\alpha \hat{b}^\dagger_\alpha(t)\phi^*_\alpha(\boldsymbol{x}) \tag{4.326}
$$

Dann führen die Antikommutationsrelationen der Feldoperatoren auf die gleiche Weise wie im vorangegangenen Abschnitt auf die Antikommutationsrelationen der Erzeugungs- und Vernichtungsoperatoren $\hat{b}^\dagger_\alpha(t)$ und $\hat{b}_\alpha(t)$

$$
\left[\hat{b}_\alpha(t),\hat{b}_\beta(t)\right]_+ = 0 \qquad \left[\hat{b}^\dagger_\alpha(t),\hat{b}^\dagger_\beta(t)\right]_+ = 0 \qquad \left[\hat{b}_\alpha(t),\hat{b}^\dagger_\beta(t)\right]_+ = \delta_{\alpha\beta} \tag{4.327}
$$

und der Hamilton-Operator des Feldes nimmt die Form

$$
\hat{H} = \sum_\alpha \epsilon_\alpha \hat{b}^\dagger_\alpha(t)\hat{b}_\alpha(t) = \sum_\alpha \epsilon_\alpha \hat{n}_\alpha(t) \tag{4.328}
$$

an, wobei die $\epsilon_\alpha$ wieder die Eigenwerte des Schrödinger-Operators $\hat{H}_S$ sind. Mit den Erzeugungs- und Vernichtungsoperatoren können wir wieder die Teilchenzahloperatoren

$$
\hat{n}_\alpha(t) = \hat{b}^\dagger_\alpha(t)\hat{b}_\alpha(t) \tag{4.329}
$$

**80**) siehe Band III, Kap. 4.7.3
**81**) siehe Fußnote 75

definieren. Die Teilchenzahloperatoren selbst kommutieren paarweise. Für $\alpha \neq \beta$ folgt diese Behauptung aus

$$\begin{aligned}\hat{n}_\alpha(t)\hat{n}_\beta(t) &= \hat{b}^\dagger_\alpha(t)\hat{b}_\alpha(t)\hat{b}^\dagger_\beta(t)\hat{b}_\beta(t) = -\hat{b}^\dagger_\alpha(t)\hat{b}^\dagger_\beta(t)\hat{b}_\alpha(t)\hat{b}_\beta(t)\\ &= \hat{b}^\dagger_\alpha(t)\hat{b}^\dagger_\beta(t)\hat{b}_\beta(t)\hat{b}_\alpha(t) = -\hat{b}^\dagger_\beta(t)\hat{b}^\dagger_\alpha(t)\hat{b}_\beta(t)\hat{b}_\alpha(t)\\ &= \hat{b}^\dagger_\beta(t)\hat{b}_\beta(t)\hat{b}^\dagger_\alpha(t)\hat{b}_\alpha(t) = \hat{n}_\beta(t)\hat{n}_\alpha(t)\end{aligned} \tag{4.330}$$

für $\alpha = \beta$ ist die Aussage trivial. Damit kommutiert auch der Hamilton-Operator mit allen Teilchenzahloperatoren. Deshalb sind die im Heisenberg-Bild definierten Operatoren $\hat{n}_\alpha$ ebenso wie der Hamilton-Operator selbst zeitunabhängig. Wegen der Vertauschbarkeit dieser Operatoren besitzen $\hat{H}$ und $\hat{n}_\alpha$ gemeinsame Eigenzustände $|n_1, ..., n_\alpha, ...\rangle$ mit den Eigenwerten $n_\alpha$ als Besetzungszahlen. Unter Beachtung von (4.327) erhalten wir

$$\begin{aligned}\hat{n}^2_\alpha &= \hat{b}^\dagger_\alpha(t)\hat{b}_\alpha(t)\hat{b}^\dagger_\alpha(t)\hat{b}_\alpha(t) = \hat{b}^\dagger_\alpha(t)\left(1 - \hat{b}^\dagger_\alpha(t)\hat{b}_\alpha(t)\right)\hat{b}_\alpha(t)\\ &= \hat{b}^\dagger_\alpha(t)\hat{b}_\alpha(t) - \left(\hat{b}^\dagger_\alpha(t)\right)^2\left(\hat{b}_\alpha(t)\right)^2 = \hat{b}^\dagger_\alpha(t)\hat{b}_\alpha(t) = \hat{n}_\alpha\end{aligned} \tag{4.331}$$

wobei im vorletzten Schritt die aus (4.327) folgenden Beziehungen

$$\left(\hat{b}_\alpha(t)\right)^2 = 0 \qquad \text{und} \qquad \left(\hat{b}^\dagger_\alpha(t)\right)^2 = 0 \tag{4.332}$$

genutzt wurden. Damit ist nun einerseits

$$\hat{n}^2_\alpha |n_1, ..., n_\alpha, ...\rangle = n_\alpha \hat{n}_\alpha |n_1, ..., n_\alpha, ...\rangle = n^2_\alpha |n_1, ..., n_\alpha, ...\rangle \tag{4.333}$$

und andererseits

$$\hat{n}^2_\alpha |n_1, ..., n_\alpha, ...\rangle = \hat{n}_\alpha |n_1, ..., n_\alpha, ...\rangle = n_\alpha |n_1, ..., n_\alpha, ...\rangle \tag{4.334}$$

so dass $n^2_\alpha = n_\alpha$ gelten muss. Die hieraus folgenden Lösungen $n_\alpha = 0, 1$ sind damit die einzigen beiden zulässigen Eigenwerte der Teilchenzahloperatoren. Somit kann also jeder Teilzustand von $|n_1, ..., n_\alpha, ...\rangle$ höchstens mit einem Teilchen besetzt sein[82]. Für den Vakuumzustand $|\mathbf{0}\rangle = |0, 0, ..., 0, ...\rangle$ ist somit unabhängig vom Index $\alpha$ stets $\hat{n}_\alpha |\mathbf{0}\rangle = 0$.

### 4.5.3
### *Coulomb-Wechselwirkung im Fernwirkungskonzept

Bei der Quantisierung des Schrödinger-Feldes waren wir bisher davon ausgegangen, dass der Schrödinger-Operator $\hat{H}_S$ ein Operator ist, dessen externes Potential $V$ auf jedes Teilchen in der gleichen Weise und unabhängig

**82**) Diese Eigenschaft entspricht dem in Band III, Kap. 10.3.3 dieser Lehrbuchreihe vorgestellten Pauli-Prinzip.

vom Zustand der anderen Teilchen wirkt. In einem Festkörper wird dieses Potential z. B. durch die Atomrümpfe der Gitteratome gebildet, während die Leitungselektronen durch das Materiefeld $\psi$ beschrieben werden. Wegen der elektrischen Ladung der Elektronen wird jedoch zu diesem Potential noch ein Anteil hinzukommen, der von der Wechselwirkung zwischen den durch das Schrödinger-Feld beschriebenen Teilchen[83] stammt. Wir gehen davon aus, dass die mittlere kinetische Energie der Leitungselektronen so gering ist, dass deren Wechselwirkung hauptsächlich elektrostatischer Natur ist. Wir bezeichnen deshalb diesen, offensichtlich zeitabhängigen, Beitrag mit $e\varphi(\boldsymbol{x},t)$ und fügen ihn als additiven Term zum Potential in die Feldgleichung des Schrödinger-Felds ein

$$i\hbar\dot{\psi} = \left\{ -\frac{\hbar^2}{2m}\Delta + V(\boldsymbol{x}) + e\varphi(\boldsymbol{x},t) \right\} \psi \tag{4.335}$$

Aus der Elektrodynamik wissen wir, dass das elektrostatische Potential $\varphi(\boldsymbol{x})$ mit der Poisson-Gleichung aus der Ladungsdichte der Elektronen bestimmt wird

$$\Delta\varphi(\boldsymbol{x},t) = -4\pi\rho(\boldsymbol{x},t) \tag{4.336}$$

wobei die Ladungsdichte explizit von der Zeit abhängen darf[84]. Berücksichtigt man, dass $|\psi|^2$ die lokale Teilchendichte im Schrödinger-Feld ist, dann ist die Ladungsdichte gegeben durch

$$\rho(\boldsymbol{x},t) = e\psi^*(\boldsymbol{x},t)\psi(\boldsymbol{x},t) \tag{4.337}$$

Die Lösung der Poisson-Gleichung ist bekanntlich[85]

$$\varphi(\boldsymbol{x}) = \int d^3x' \, \frac{e\psi^*(\boldsymbol{x}',t)\psi(\boldsymbol{x}',t)}{|\boldsymbol{x}-\boldsymbol{x}'|} \tag{4.338}$$

Setzen wir dieses Potential in (4.335) ein, dann erhalten wir eine Feldgleichung, die im Gegensatz zur quantenmechanischen Schrödinger-Gleichung eines Vielteilchensystems[86] nichtlinear ist. In dem Auftreten dieser Nichtlinearität kommt wieder der bereits in Abschnitt 4.2.6 ausführlich diskutierte Unterschied zwischen dem Schrödinger-Feld einerseits und dem quantenmechanischen Einteilchenzustand in der Ortsdarstellung zum Ausdruck. Um das quantenmechanische Superpositionsprinzip zu gewährleisten, muss die Evolutionsgleichung eines quantenmechanischen Zustands strikt linear sein, das

**83**) also der Beitrag der Elektron-Elektron-Wechselwirkung

**84**) Da bewegte Ladungen einen Strom repräsentieren, wird das Vektorpotential natürlich nicht verschwinden. Da wir in (4.335) jedoch das Vektorpotential nicht berücksichtigt haben, werden in dieser Näherung Retardierungseffekte vernachlässigt.

**85**) siehe Band II, Kap. 2.1.1.3

**86**) siehe Band III, Kap. 10

Schrödinger-Feld als klassisches Analogon des Feldoperators $\hat{\psi}$ ist aber nicht an diese Einschränkung gebunden.

Während für wechselwirkungsfreie Teilchen die inzwischen traditionelle Verwendung des Begriffes Schrödinger-Gleichung für (4.335) wegen der mathematischen Äquivalenz dieser Gleichung mit dem entsprechenden quantenmechanischen Einteilchenproblem vielleicht zu einigen Irritationen führen konnte[87], wird jetzt ganz offensichtlich, dass bei Berücksichtigung der Coulomb-Wechselwirkung der Elektronen (4.335) nur als klassische Feldgleichung des Schrödinger-Feldes, aber keinesfalls als Evolutionsgleichung eines quantenmechanischen Zustands zu verstehen ist.

Diese Feldgleichung kann aus der Lagrange-Dichte

$$\begin{aligned}\mathcal{L} &= \psi^*(x,t)\left\{i\hbar\dot{\psi}(x,t)+\frac{\hbar^2}{2m}\Delta\psi(x,t)-V(x)\psi(x,t)\right\}\\ &\quad -\frac{1}{2}\int d^3x'\,\psi^*(x,t)\psi^*(x',t)\frac{e^2}{|x-x'|}\psi(x',t)\psi(x,t)\end{aligned} \tag{4.339}$$

abgeleitet werden. Wir haben hier also eine nichtlokale Wechselwirkung des Schrödinger-Feldes mit sich selbst vorliegen. Man spricht deshalb auch von einer *Feldselbstwechselwirkung*. Wie bereits am Ende von Abschnitt 4.2.6 diskutiert, repräsentieren solche nichtlokalen Terme das Fernwirkungsprinzip und sind deshalb nicht relativistisch-invariant. Innerhalb der Festkörperphysik oder allgemeiner, wenn Retardierungseffekte irrelevant sind, spielt diese Einschränkung jedoch keine Rolle[88].

Die kanonische Quantisierung erfolgt nach den gleichen Regeln wie für das wechselwirkungsfreie Schrödinger-Feld. Ausgangspunkt ist die aus der Lagrange-Dichte (4.339) folgende Hamilton-Funktion, die sich wie im freien Fall in die entsprechende Operatorform übertragen lässt

$$\hat{H} = \int d^3x\,\hat{\psi}^\dagger(x,t)\left\{-\frac{\hbar^2}{2m}\Delta+V(x)\right\}\hat{\psi}(x,t) \tag{4.340}$$

$$\quad + \frac{1}{2}\int d^3x\int d^3x'\,\hat{\psi}^\dagger(x,t)\hat{\psi}^\dagger(x',t)\frac{e^2}{|x-x'|}\hat{\psi}(x',t)\hat{\psi}(x,t) \tag{4.341}$$

Dabei haben wir berücksichtigt, dass wie im Fall des freien Schrödinger-Feldes der kanonische Impuls des Feldes mit dem konjugiert komplexen

**87**) auch wenn wir bereits mehrfach darauf hingewiesen haben, dass eine Gleichsetzung der Bewegungsgleichung des Feldoperators mit der quantenmechanischer Schrödinger-Gleichung aus physikalischer Sicht keinesfalls korrekt ist.

**88**) Diese Aussage gilt generell für die quantenfeldtheoretische Beschreibung von Festkörpereigenschaften. So spielen nichtlokale Wechselwirkungen auch bei der Quantisierung von Spinfeldern eine wichtige Rolle[29].

Schrödinger-Feld und damit der Impulsoperator $\hat{\pi}(x,t)$ mit dem adjungierten Feldoperator $\hat{\psi}^{\dagger}(x,t)$ verbunden ist

$$\pi(x,t) = i\hbar\psi^{*}(x,t) \qquad \rightarrow \qquad \hat{\pi}(x,t) = i\hbar\hat{\psi}^{\dagger}(x,t) \tag{4.342}$$

Die Reihenfolge der nach der Quantisierung auftretenden Feldoperatoren $\psi^{\dagger}(x)$ und $\psi(x)$ muss aber genau beachtet werden. Das spielt vor allem dann eine wichtige Rolle, wenn wir die Jordan-Wigner-Quantisierung für fermionische Teilchen durchführen. Hier führt jede Vertauschung zweier fermionischer Vernichtungs- bzw. Erzeugungsoperatoren zu einer Vorzeichenumkehr des jeweiligen Ausdrucks. Eine falsche Wahl der Reihenfolge der Feldoperatoren kann somit die physikalische Bedeutung eines Terms in ihr Gegenteil verkehren. Eine hilfreiche, aber nicht immer ausreichende Regel bei der Bestimmung der Reihenfolge der Feldoperatoren ist, dass die Anwendung von $\hat{H}$ auf einen Feldzustand mit nur einem Teilchen keinen Beitrag des Wechselwirkungsterms ergeben darf. Deshalb stehen z. B. im Operator der Zweiteilchenwechselwirkung die beiden Feldoperatoren rechts, die adjungierten Feldoperatoren dagegen links. Im Zweifelsfall sollte man aber auf die zu Beginn des Kapitels in Abschnitt 4.2.4 dargestellte Konstruktion von Operatoren in der Fock-Darstellung zurückgreifen. Diese führt ganz offensichtlich zu den gleichen Ergebnissen wie die eben dargestellte Quantisierung des mit sich selbst wechselwirkenden Schrödinger-Feldes, hat aber als Ausgangspunkt den quantenmechanischen Hamilton-Operator des Vielteilchensystems in der Konfigurationsraumdarstellung.

## 4.6 *Quantisierung der Klein-Gordon-Gleichung

Die Klein-Gordon-Gleichung eignet sich zur Beschreibung von Spin-0-Teilchen. Deshalb ist es sinnvoll, diese Gleichung nach dem bosonischen Schema zu quantisieren. Als Ausgangspunkt dient die Hamilton-Dichte (4.163). Da das Feld $\psi$ komplex ist, gibt es zwei unabhängige Felder $\psi$ und $\psi^{*}$, auf die sich die Quantisierung bezieht. Diesen Feldern entsprechen die Impulse $\pi$ und $\pi^{*}$, siehe (4.161). Nach der kanonischen Quantisierung entstehen hieraus die Feldoperatoren $\hat{\psi}$ und $\hat{\psi}^{\dagger}$ sowie die Feldimpulsdichteoperatoren $\hat{\pi}$ und $\hat{\pi}^{\dagger}$, die den Vertauschungsrelationen

$$\left[\hat{\psi}(x,t), \hat{\psi}(x',t)\right] = \left[\hat{\psi}(x,t), \hat{\psi}^{\dagger}(x',t)\right] = \left[\hat{\psi}^{\dagger}(x,t), \hat{\psi}^{\dagger}(x',t)\right] = 0 \tag{4.343}$$

und

$$\left[\hat{\pi}(x,t), \hat{\pi}(x',t)\right] = \left[\hat{\pi}(x,t), \hat{\pi}^{\dagger}(x',t)\right] = \left[\hat{\pi}^{\dagger}(x,t), \hat{\pi}^{\dagger}(x',t)\right] = 0 \tag{4.344}$$

sowie

$$\left[\hat{\psi}(x,t), \hat{\pi}^{\dagger}(x',t)\right] = \left[\hat{\psi}^{\dagger}(x,t), \hat{\pi}(x',t)\right] = 0 \tag{4.345}$$

und

$$\left[\hat{\psi}(x,t), \hat{\pi}(x',t)\right] = \left[\hat{\psi}^{\dagger}(x,t), \hat{\pi}^{\dagger}(x',t)\right] = i\hbar\delta(x-x') \tag{4.346}$$

genügen. Der Hamilton-Operator ergibt sich direkt aus (4.163) durch Integration über das gesamte Volumen

$$\begin{aligned} \hat{H} &= \int d^3x \left[\frac{2mc^2}{\hbar^2}\hat{\pi}(x,t)\hat{\pi}^{\dagger}(x,t) + \frac{\hbar^2}{2m}\nabla\hat{\psi}(x,t)\nabla\hat{\psi}^{\dagger}(x,t) \right. \\ &\qquad \left. + \frac{mc^2}{2}\hat{\psi}(x,t)\hat{\psi}^{\dagger}(x,t)\right] \\ &= \int d^3x \left[\frac{2mc^2}{\hbar^2}\hat{\pi}(x,t)\hat{\pi}^{\dagger}(x,t) - \frac{\hbar^2}{2m}\Delta\hat{\psi}(x,t)\hat{\psi}^{\dagger}(x,t) \right. \\ &\qquad \left. + \frac{mc^2}{2}\hat{\psi}(x,t)\hat{\psi}^{\dagger}(x,t)\right] \end{aligned} \tag{4.347}$$

wobei wir den zweiten Ausdruck durch partielle Integration erhalten haben. Aus der Feldladung (4.166) des Klein-Gordon-Feldes können wir den Ladungsoperator

$$\hat{Q} = \frac{ie}{\hbar}\int d^3x \left(\hat{\psi}^{\dagger}(x,t)\hat{\pi}^{\dagger}(x,t) - \hat{\psi}(x,t)\hat{\pi}(x,t)\right) \tag{4.348}$$

ableiten. Dieser Operator ist hermitesch, was man leicht unter Verwendung der Vertauschungsrelationen (4.346) beweisen kann. Wir wollen jetzt die Bewegungsgleichungen für den Feldoperator $\hat{\psi}(x,t)$ ableiten. Dazu berechnen wir

$$\begin{aligned} \dot{\hat{\psi}}(x,t) &= \frac{i}{\hbar}\left[\hat{H}, \hat{\psi}(x,t)\right] = \frac{i}{\hbar}\int d^3x' \frac{2mc^2}{\hbar^2}\left[\hat{\pi}(x',t), \hat{\psi}(x,t)\right]\hat{\pi}^{\dagger}(x',t) \\ &= \int d^3x' \frac{2mc^2}{\hbar^2}\delta(x-x')\hat{\pi}^{\dagger}(x',t) = \frac{2mc^2}{\hbar^2}\hat{\pi}^{\dagger}(x,t) \end{aligned} \tag{4.349}$$

und

$$\begin{aligned}
\dot{\hat{\pi}}^\dagger(\boldsymbol{x},t) &= \frac{i}{\hbar}\left[\hat{H},\hat{\pi}^\dagger(\boldsymbol{x},t)\right] \\
&= \frac{i}{\hbar}\int d^3x\left[-\frac{\hbar^2}{2m}\Delta\hat{\psi}(\boldsymbol{x}',t)\left[\hat{\psi}^\dagger(\boldsymbol{x}',t),\hat{\pi}^\dagger(\boldsymbol{x},t)\right]\right. \\
&+ \left.\frac{mc^2}{2}\hat{\psi}(\boldsymbol{x}',t)\left[\hat{\psi}^\dagger(\boldsymbol{x}',t),\hat{\pi}^\dagger(\boldsymbol{x},t)\right]\right] \\
&= \int d^3x\left[\frac{\hbar^2}{2m}\Delta\hat{\psi}(\boldsymbol{x}',t)\,\delta(\boldsymbol{x}-\boldsymbol{x}') - \frac{mc^2}{2}\hat{\psi}(\boldsymbol{x},t)\,\delta(\boldsymbol{x}-\boldsymbol{x}')\right] \\
&= \frac{\hbar^2}{2m}\Delta\hat{\psi}(\boldsymbol{x},t) - \frac{mc^2}{2}\hat{\psi}(\boldsymbol{x},t) \qquad (4.350)
\end{aligned}$$

woraus wir dann

$$\begin{aligned}
\frac{1}{c^2}\ddot{\hat{\psi}}(\boldsymbol{x},t) &= \frac{2m}{\hbar^2}\dot{\hat{\pi}}^\dagger(\boldsymbol{x},t) \\
&= \Delta\hat{\psi}(\boldsymbol{x},t) - \frac{m^2c^2}{\hbar^2}\hat{\psi}(\boldsymbol{x},t) \qquad (4.351)
\end{aligned}$$

und weiter

$$\left[\frac{1}{c^2}\left(\frac{\partial}{\partial t}\right)^2 - \Delta + \frac{m^2c^2}{\hbar^2}\right]\hat{\psi}(\boldsymbol{x},t) = 0 \qquad (4.352)$$

erhalten. Der Feldoperator genügt also der Klein-Gordon-Gleichung[89]. Deshalb können wir die Ergebnisse in Kap. 2.4.3 nutzen, um den Feldoperator in der Form

$$\begin{aligned}
\hat{\psi}(\boldsymbol{x},t) &= \int d^3p\,\hat{b}_{\boldsymbol{p}}u_{\boldsymbol{p}}\exp\left\{\frac{i}{\hbar}(\boldsymbol{px}-E_{\boldsymbol{p}}t)\right\} \\
&+ \int d^3p\,\hat{d}^\dagger_{\boldsymbol{p}}u^*_{\boldsymbol{p}}\exp\left\{-\frac{i}{\hbar}(\boldsymbol{px}-E_{\boldsymbol{p}}t)\right\} \qquad (4.353)
\end{aligned}$$

zu schreiben, wobei der erste Summand im Rahmen der quantenmechanischen Klein-Gordon-Theorie den Beiträgen positiver Energie entspricht und

**89**) Auch jetzt ist natürlich nur gemeint, dass die Bewegungsgleichung des Feldoperators die mathematische Struktur der (quantenmechanischen) Klein-Gordon-Gleichung hat. So wie bei der Quantisierung des Schrödinger-Feldes sich der Begriff Schrödinger-Gleichung auf die äußere Gestalt dieser Gleichung und nicht auf die beschriebenen physikalischen Objekte bezieht – Zustände in der Quantenmechanik, das Schrödinger-Feld in der klassischen Feldtheorie und der Feldoperator in der Quantenfeldtheorie – verwenden wir den Begriff der Klein-Gordon-Gleichung synonym für die relativistische Evolutionsgleichung quantenmechanischer Zustände, für die Feldgleichung des Klein-Gordon-Feldes und für die Bewegungsgleichung der entsprechenden Feldoperatoren.

der zweite die Anteile mit negativer Energie enthält. Dabei ist

$$E_p = \sqrt{m^2c^4 + c^2p^2} \tag{4.354}$$

Die Bedeutung der Operatoren $\hat{b}_p$ und $\hat{d}_p^\dagger$ besteht vorerst nur darin, dass sie, zusammen mit der komplex-zahlenwertigen Größe $u_p$ als Koeffizienten der Entwicklung des Feldoperators nach allen zulässigen ebenen Wellen auftreten[90]. Dabei ist die Wahl der Bezeichnung als $\hat{b}_p$ und $\hat{d}_p^\dagger$ zunächst rein formal. Auch die Vorzeichenfestlegung in den Exponentialfunktionen ist teilweise eine Frage der Konvention. Führen wir z. B. im zweiten Term die Umbenennung $\boldsymbol{p} \to -\boldsymbol{p}$ aus, dann sind damit die Änderungen $d_p^\dagger u_p^* \to d_{-p}^\dagger u_{-p}^*$ und $E_p \to E_{-p} = E_p$ verbunden. Dabei entspricht die erste Modifikation einer reinen Umbenennung der sowieso noch nicht weiter festgelegten Operatoren $\hat{d}_p$ und $\hat{d}_p^\dagger$, so dass die Exponentialfunktion des zweiten Beitrags von (4.353) sich tatsächlich vom ersten Term dieser Entwicklung nur im Vorzeichen der Energie unterscheidet. Wir können $u_p$ bzw. $u_p^*$ und die Exponentialfunktion zu den orts- und zeitabhängigen Wellenfunktionen

$$u_p(\boldsymbol{x}, t) = u_p \exp\left\{\frac{i}{\hbar}(\boldsymbol{px} - E_p t)\right\} \tag{4.355}$$

und

$$u_p^*(\boldsymbol{x}, t) = u_p^* \exp\left\{-\frac{i}{\hbar}(\boldsymbol{px} - E_p t)\right\} \tag{4.356}$$

zusammenfassen, so dass der Feldoperator jetzt lautet

$$\hat{\psi}(\boldsymbol{x}, t) = \int d^3p \left[\hat{b}_p u_p(\boldsymbol{x}, t) + \hat{d}_p^\dagger u_p^*(\boldsymbol{x}, t)\right] \tag{4.357}$$

Mit (4.349) ist dann der adjungierte Feldimpuls gegeben durch

$$\hat{\pi}^\dagger(\boldsymbol{x}, t) = \frac{\hbar^2}{2mc^2}\dot{\hat{\psi}}(\boldsymbol{x}, t) = \frac{\hbar}{2imc^2}\int d^3p E_p \left[\hat{b}_p u_p(\boldsymbol{x}, t) - \hat{d}_p^\dagger u_p^*(\boldsymbol{x}, t)\right] \tag{4.358}$$

Aus (4.357) und (4.358) können wir die restlichen beiden Operatoren durch Adjungation bestimmen. Wir erhalten

$$\hat{\psi}^\dagger(\boldsymbol{x}, t) = \int d^3p \left[\hat{b}_p^\dagger u_p^*(\boldsymbol{x}, t) + \hat{d}_p u_p(\boldsymbol{x}, t)\right] \tag{4.359}$$

und

$$\hat{\pi}(\boldsymbol{x}, t) = \frac{i\hbar}{2mc^2}\int d^3p E_p \left[\hat{b}_p^\dagger u_p^*(\boldsymbol{x}, t) - \hat{d}_p u_p(\boldsymbol{x}, t)\right] \tag{4.360}$$

Man kann jetzt (4.357)–(4.360) in die Kommutationsrelationen (4.343)–(4.346) einsetzen und daraus die Kommutationsrelationen der Operatoren $\hat{b}_p$, $\hat{b}_p^\dagger$, $\hat{d}_p$

**90)** Alle Eigenschaften des Feldoperators sind damit in den noch nicht näher bestimmten Operatoren $\hat{b}_p$ und $\hat{d}_p^\dagger$ enthalten.

und $\hat{d}_p^\dagger$ ableiten[91]. Wir verzichten hier auf die Darstellung der Einzelheiten dieser algebraischen Prozedur und geben nur das Ergebnis an. Wählt man

$$u_p(\boldsymbol{x},t) = \sqrt{\frac{mc^2}{(2\pi\hbar)^3 E_p}} \exp\left\{\frac{i}{\hbar}(\boldsymbol{px} - E_p t)\right\} \tag{4.361}$$

dann findet man

$$\left[\hat{b}_p, \hat{b}_q^\dagger\right] = \left[\hat{d}_p^\dagger, \hat{d}_q\right] = \delta(\boldsymbol{p} - \boldsymbol{q}) \tag{4.362}$$

und

$$\left[\hat{b}_p, \hat{b}_q\right] = \left[\hat{b}_p^\dagger, \hat{b}_q^\dagger\right] = \left[\hat{d}_p, \hat{d}_q\right] = \left[\hat{d}_p^\dagger, \hat{d}_q^\dagger\right] = 0 \tag{4.363}$$

sowie

$$\left[\hat{b}_p, \hat{d}_q\right] = \left[\hat{b}_p^\dagger, \hat{d}_q\right] = \left[\hat{b}_p, \hat{d}_q^\dagger\right] = \left[\hat{b}_p^\dagger, \hat{d}_q^\dagger\right] = 0 \tag{4.364}$$

Mit diesen Vertauschungsrelationen sind wir in der Lage, den Hamilton-Operator (4.347) und den Ladungsoperator (4.348) durch die Operatoren $\hat{b}_p$, $\hat{b}_p^\dagger$, $\hat{d}_p$ und $\hat{d}_p^\dagger$ auszudrücken. Nach einigen algebraischen Umformungen erhalten wir

$$\hat{H} = \frac{1}{2}\int d^3p E_p \left[\hat{b}_p\hat{b}_p^\dagger + \hat{b}_p^\dagger\hat{b}_p + \hat{d}_p\hat{d}_p^\dagger + \hat{d}_p^\dagger\hat{d}_p\right] \tag{4.365}$$

und

$$\hat{Q} = \frac{e}{2}\int d^3p \left[\hat{b}_p\hat{b}_p^\dagger + \hat{b}_p^\dagger\hat{b}_p - \hat{d}_p\hat{d}_p^\dagger - \hat{d}_p^\dagger\hat{d}_p\right] \tag{4.366}$$

Beide Ergebnisse legen nahe, die Operatoren $\hat{b}_p^\dagger$ und $\hat{d}_p^\dagger$ als unabhängige Erzeugungsoperatoren, $\hat{b}_p$ und $\hat{d}_p$ dagegen als die zugehörigen Vernichtungsoperatoren zu verstehen. Aus der Diskussion der Klein-Gordon-Gleichung in Kap. 2.4.5 ist auch klar, dass sich die Operatoren $\hat{b}_p$ und $\hat{b}_p^\dagger$ auf Teilchen, die Operatoren $\hat{d}_p$ und $\hat{d}_p^\dagger$ auf Antiteilchen beziehen. Diese Aussage wird unterstützt sowohl durch die Darstellungen der Feld- und Impulsoperatoren (4.357)-(4.360), in denen die Operatoren $\hat{d}_p$ und $\hat{d}_p^\dagger$ stets mit Wellenfunktionen negativer Energie verbunden sind, als auch durch den Ladungsoperator $\hat{Q}$, in dem Terme mit $\hat{d}_p$ und $\hat{d}_p^\dagger$ mit einem umgekehrten Vorzeichen auftreten. Wir können jetzt die Teilchenzahloperatoren

$$\hat{n}_p^+ = \hat{b}_p^\dagger\hat{b}_p \qquad \text{und} \qquad \hat{n}_p^- = \hat{d}_p^\dagger\hat{d}_p \tag{4.367}$$

einführen und unter Verwendung der Kommutationsrelationen (4.362) den Hamilton-Operator (4.365) und den Ladungsoperator (4.366) des Klein-Gordon-Feldes durch diese Größen ausdrücken. Wir gelangen damit zu

$$\hat{H} = \int d^3p E_p \left[\hat{n}_p^+ + \hat{n}_p^-\right] + \int d^3p \delta(0) E_p \tag{4.368}$$

**91**) siehe Aufgabe 3.4

und

$$\hat{Q} = e \int d^3p \left[\hat{n}_p^+ - \hat{n}_p^-\right] \tag{4.369}$$

Auch hier bestätigt sich die Interpretation von $n_p^+$ als Teilchenzahloperator von Teilchen des Impulses $\boldsymbol{p}$ und von $n_p^-$ als Teilchenzahloperator von Antiteilchen des Impulses $\boldsymbol{p}$. Mit ähnlichen Argumenten wie bei der Ableitung des Quantenzustands des Schrödinger-Feldes kann man auch jetzt aus den Vertauschungsrelationen der Erzeugungs- und Vernichtungsoperatoren schließen, dass beide Teilchenzahloperatoren keine negativen Eigenwerte haben können und die gleichen Eigenfunktionen wie der Hamilton-Operator besitzen. Dann sind die Beiträge zur Feldenergie für beide Teilchensorten positiv. Damit ist die für die quantenmechanische Klein-Gordon-Gleichung so problematische Diskussion negativer Energien im Rahmen der Quantenfeldtheorie gegenstandslos. Zwar tritt in den Feldoperatoren die Energie $E_p$ immer noch vorzeichenbehaftet auf, aber das bezieht sich ausschließlich auf die Phase der Wellenfunktionen $u_p(\boldsymbol{x}, t)$, negative Eigenwerte des Hamilton-Operators des Feldes sind aber im Rahmen der Quantenfeldtheorie ausgeschlossen.

Das eigentliche Problem ist der letzte Summand in (4.368). Dieser ist sowohl wegen der Integration über den ganzen Impulsraum als auch dem unbestimmten Wert von $\delta(0)$ divergent. Uns ist ein ähnlicher Beitrag bereits bei der Diskussion der linearen Kette begegnet. Während wir aber dort den Beitrag durch eine einfache Verschiebung der Energieskala eliminieren konnten, ist diese Renormierung jetzt nicht ganz so einfach. Innerhalb relativistischer Theorien ist die Energie ja nicht mehr wie in der klassischen Theorie nur bis auf einen additven beliebigen Beitrag bestimmt. Natürlich wird man in vielen Fällen trotzdem mit dem Renormierungsargument sehr gut leben können, denn solange man sich nur für Energiedifferenzen zwischen verschiedenen Zuständen des Quantenfeldes interessiert, heben sich die divergenten Beiträge gegenseitig auf. Es gibt aber Situationen, etwa in der Kosmologie, wo man die Gesamtenergie benötigt. Dann ist es wichtig, diese Grundzustandsenergie zu bestimmen.

Wir wollen zunächst versuchen, eine Abschätzung für die Grundzustandsenergie zu finden. Für die $\delta$-Funktion können wir die Fourier-Zerlegung nutzen

$$\delta(\boldsymbol{p}) = \frac{1}{(2\pi\hbar)^3} \int d^3x \exp\left\{\frac{i}{\hbar}\boldsymbol{p}\boldsymbol{x}\right\} \tag{4.370}$$

Die Integration erstreckt sich über den unendlich ausgedehnten dreidimensionalen Raum. In einem endlichen Volumen $V$ ist (4.370) nur eine Näherungsdarstellung der $\delta$-Funktion, die aber bei makroskopischen Ausdehnungen immer noch akzeptabel ist. Setzen wir hier $\boldsymbol{p} = 0$, dann bekommen wir

$$\delta(0) = \frac{V}{(2\pi\hbar)^3} \tag{4.371}$$

Die Integration über alle Impulse im Nullpunktsenergieterm von (4.368) ist ebenfalls divergent. Geht man allerdings davon aus, dass die Quantentheorie unterhalb der sogenannten Planck-Länge $\ell$ versagt, dann können wir mit $p_{\max}\ell \sim \hbar$ einen maximalen Impuls $p_{\max} \sim \hbar\ell^{-1}$ bestimmen. Hieraus erhalten wir für die Nullpunktsenergie

$$\begin{aligned} H_0 &= \frac{1}{2}\int d^3p\delta(0)E_p = \frac{V}{4\pi^2\hbar^3}\int\limits_0^{p_{\max}} p^2\sqrt{m^2c^4 + c^2p^2}dp \\ &\approx \frac{Vc}{4\pi^2\hbar^3}\int\limits_0^{p_{\max}} p^3dp = \frac{Vcp_{\max}^4}{16\pi^2\hbar^3} \sim \frac{c\hbar}{16\pi^2\ell}\left(\frac{V}{\ell^3}\right) \end{aligned} \tag{4.372}$$

Weil für alle bekannten Elementarteilchen $p_{\max} \gg mc$ gilt, konnten wir bei dieser Abschätzung die Näherung $E_p \approx cp$ verwenden. Da der Nullpunktsenergie wie jeder anderen Energieform im Rahmen der Relativitätstheorie eine Masse zugeordnet werden kann und diese wiederum gravitationserzeugend ist, sollte auf kosmologischen Skalen ein beobachtbarer Effekt registriert werden. Leider erweist sich die Nullpunktsenergie als viel zu groß, um die kosmologischen Effekte, die z. B. mit der Expansion des Universums zusammenhängen, schlüssig erklären zu können.

Andererseits besitzt die Nullpunktsenergie tatsächlich physikalische Bedeutung. Ein wichtiges Experiment hierzu ist der Nachweis des Casimir-Effekts, den wir in Kap. 4.8.3 näher untersuchen wollen.

## 4.7 *Quantisierung des Dirac-Feldes

Um das Dirac-Feld zu quantisieren benutzen wir die Hamilton-Dichte (4.176). Ähnlich wie beim Schrödinger-Feld besteht mit (4.175) ein direkter Zusammenhang zwischen dem Feldimpuls und dem konjugierten Feld. Deshalb können wir auch nach der Quantisierung davon ausgehen, dass der Feldimpulsoperator $\hat{\pi}$ und der adjungierte Feldoperator entsprechend

$$\hat{\pi} = i\hbar\hat{\psi}^\dagger \tag{4.373}$$

miteinander verbunden sind. Der Hamilton-Operator des Dirac-Feldes ist folglich

$$\hat{H} = -c\int d^3x\hat{\bar{\psi}}\left[i\hbar\gamma^\alpha\partial_\alpha - mc\right]\hat{\psi} = c\int d^3x\hat{\psi}^\dagger\gamma^0\left[\frac{\hbar}{i}\gamma^\alpha\partial_\alpha + mc\right]\hat{\psi} \tag{4.374}$$

Unter Beachtung von (2.29) können wir – analog zum Vorgehen bei der Behandlung des Schrödinger-Felds – den Dirac-Operator

$$\hat{H}_D = c\gamma^0 \left[\frac{\hbar}{i}\gamma^\alpha \partial_\alpha + mc\right] = \frac{\hbar c}{i}\sum_{\alpha=1}^{3} \alpha_\alpha \partial_\alpha + mc^2\beta \tag{4.375}$$

einführen. Damit lautet der Hamilton-Operator

$$\hat{H} = \int d^3x \hat{\psi}^\dagger \hat{H}_D \hat{\psi} \tag{4.376}$$

Wie beim Klein-Gordon-Feld können wir aus der zeitartigen Komponente von (4.180) einen Ladungsoperator definieren

$$\hat{Q} = e\int d^3x \hat{\psi}^\dagger \hat{\psi} \tag{4.377}$$

Da die Dirac-Gleichung Fermionen beschreibt, muss man die Jordan-Wigner-Quantisierung mit den Vertauschungsrelationen (4.276) und (4.277), siehe Abschnitt 4.4.2.2, verwenden. Weil das Bispinorfeld $\psi$ aus insgesamt vier Komponenten $\psi_i$ besteht, müssen die zugehörigen Feldoperatoren die Antikommutationsrelationen

$$\left[\hat{\psi}_i^\dagger(\boldsymbol{x},t), \hat{\psi}_j^\dagger(\boldsymbol{x}',t)\right]_+ = \left[\hat{\psi}_i(\boldsymbol{x},t), \hat{\psi}_j(\boldsymbol{x}',t)\right]_+ = 0 \tag{4.378}$$

und

$$\left[\hat{\psi}_i(\boldsymbol{x},t), \hat{\psi}_j^\dagger(\boldsymbol{x}',t)\right]_+ = \delta_{ij}\delta\left(\boldsymbol{x}-\boldsymbol{x}'\right) \tag{4.379}$$

erfüllen. Mit diesen Relationen und (4.376) erhalten wir dann die Bewegungsgleichung des Feldoperators

$$\begin{aligned}
\dot{\hat{\psi}}_i(\boldsymbol{x},t) &= \frac{i}{\hbar}\left[\hat{H}, \hat{\psi}_i(\boldsymbol{x},t)\right] \\
&= \frac{i}{\hbar}\int d^3x' \left[\hat{\psi}_k^\dagger(\boldsymbol{x}',t)\hat{H}'_{Dkl}\hat{\psi}_l(\boldsymbol{x}',t)\hat{\psi}_i(\boldsymbol{x},t) - \hat{\psi}_i(\boldsymbol{x},t)\hat{\psi}_k^\dagger(\boldsymbol{x}',t)\hat{H}'_{Dkl}\hat{\psi}_l(\boldsymbol{x}',t)\right] \\
&= \frac{i}{\hbar}\int d^3x' \left[-\hat{\psi}_k^\dagger(\boldsymbol{x}',t)\hat{\psi}_i(\boldsymbol{x},t)\hat{H}'_{Dkl}\hat{\psi}_l(\boldsymbol{x}',t) - \hat{\psi}_i(\boldsymbol{x},t)\hat{\psi}_k^\dagger(\boldsymbol{x}',t)\hat{H}'_{Dkl}\hat{\psi}_l(\boldsymbol{x}',t)\right] \\
&= \frac{i}{\hbar}\int d^3x' \Big[\left(\hat{\psi}_i(\boldsymbol{x},t)\hat{\psi}_k^\dagger(\boldsymbol{x}',t) - \delta_{ik}\delta\left(\boldsymbol{x}-\boldsymbol{x}'\right)\right)\hat{H}'_{Dkl}\hat{\psi}_l(\boldsymbol{x}',t) \\
&\qquad -\hat{\psi}_i(\boldsymbol{x},t)\hat{\psi}_k^\dagger(\boldsymbol{x}',t)\hat{H}'_{Dkl}\hat{\psi}_l(\boldsymbol{x}',t)\Big] \\
&= -\frac{i}{\hbar}\int d^3x' \delta_{ik}\delta\left(\boldsymbol{x}-\boldsymbol{x}'\right)\hat{H}'_{Dkl}\hat{\psi}_l(\boldsymbol{x}',t) = -\frac{i}{\hbar}\hat{H}_{Dil}\hat{\psi}_l(\boldsymbol{x},t)
\end{aligned} \tag{4.380}$$

In dieser Darstellung wird entsprechend der Einstein'schen Summenkonvention über alle doppelt auftretenden Spinorindizes summiert. Die Matrixelemente $\hat{H}_{Dkl}$ lassen sich dabei sofort aus (4.375) ablesen. Hiermit folgt aus (4.380) die Bewegungsgleichung des Feldoperators $\hat{\psi}$. Diese Gleichung hat in der kompakteren Bispinordarstellung dieselbe Struktur wie die Dirac-Gleichung in der Schrödingerform (2.144) mit dem Hamilton-Operator (2.145), nämlich[92]

$$i\hbar\frac{\partial}{\partial t}\hat{\psi}(\boldsymbol{x},t) = \hat{H}_D\hat{\psi}(\boldsymbol{x},t) = c\left[\frac{\hbar}{i}\sum_{\alpha=1}^{3}\alpha_\alpha\partial_\alpha + mc\beta\right]\hat{\psi}(\boldsymbol{x},t) \tag{4.381}$$

Wir bemerken, dass wir auch im Fall der aus physikalischen Gründen weniger geeigneten bosonischen Quantisierung des Dirac-Feldes als Bewegungsgleichung des Feldoperators (4.381) erhalten würden.

Wir können jetzt die Feldoperatoren nach ebenen Wellen entwickeln. Dabei werden wir uns an der entsprechenden Darstellung der Wellenfunktion der freien Dirac-Gleichung (2.160) orientieren. Um eine möglichst kompakte Darstellung zu gewinnen, müssen wir einige vorbereitende Überlegungen anstellen. Aus Kap. 2.2.2 wissen wir, dass es zu jedem Impuls vier Eigenspinoren $\psi^{(\mu,\lambda)}(\boldsymbol{p})$ mit $\lambda = \pm 1$ und $\mu = \pm 1$ gibt, wobei $\lambda$ das Vorzeichen der Energie und $\mu$ das der Spineinstellung beschreibt. Diese Eigenspinoren sind für jeden Impuls orthogonal

$$\psi^{(\mu,\lambda)\dagger}(\boldsymbol{p})\psi^{(\mu',\lambda')}(\boldsymbol{p}) = \delta_{\mu'\mu}\delta_{\lambda'\lambda} \tag{4.382}$$

Die im Abschnitt 2.2.2 angegebene allgemeine Darstellung der freien Wellenlösung der Dirac-Gleichung (2.160) lässt sich sofort auf die Darstellung des Feldoperators übertragen. Für die später in diesem Abschnitt erfolgende Behandlung des quantisierten Dirac-Feldes erweist es sich als günstig, in allen Beiträgen negativer Energie das Vorzeichen des Impulses zu ändern. Wir bilden die neuen Bispinoren

$$\begin{aligned}\Psi_{\boldsymbol{p}}^{(\mu,\lambda)}(\boldsymbol{x},t) &= \frac{1}{(2\pi\hbar)^{3/2}}\left[\psi^{(\mu,\lambda)}(\boldsymbol{p})\exp\left\{-\frac{i}{\hbar}\left(\lambda E_{\boldsymbol{p}}t - \boldsymbol{p}\boldsymbol{x}\right)\right\}\right]_{\boldsymbol{p}\to\lambda\boldsymbol{p}} \\ &= \frac{1}{(2\pi\hbar)^{3/2}}\psi^{(\mu,\lambda)}(\lambda\boldsymbol{p})\exp\left\{-\frac{i\lambda}{\hbar}\left(E_{\boldsymbol{p}}t - \boldsymbol{p}\boldsymbol{x}\right)\right\}\end{aligned} \tag{4.383}$$

wobei wir die Relation $E_{\boldsymbol{p}} = E_{-\boldsymbol{p}}$ verwendet haben. Damit erhalten wir

$$\begin{aligned}&\int d^3x\Psi_{\boldsymbol{p}}^{(\mu,\lambda)\dagger}(\boldsymbol{x},t)\Psi_{\boldsymbol{p}'}^{(\mu',\lambda')}(\boldsymbol{x},t) \qquad (4.384)\\ &= \psi^{(\mu,\lambda)\dagger}(\lambda\boldsymbol{p})\psi^{(\mu',\lambda')}(\lambda'\boldsymbol{p}')\exp\left\{\frac{i}{\hbar}\left[\lambda E_{\boldsymbol{p}} - \lambda' E_{\boldsymbol{p}'}\right]t\right\}\delta\left(\lambda'\boldsymbol{p}' - \lambda\boldsymbol{p}\right) \\ &= \psi^{(\mu,\lambda)\dagger}(\lambda\boldsymbol{p})\psi^{(\mu',\lambda')}(\lambda\boldsymbol{p})\exp\left\{\frac{i}{\hbar}\left[\lambda E_{\boldsymbol{p}} - \lambda' E_{\boldsymbol{p}'}\right]t\right\}\delta\left(\lambda'\boldsymbol{p}' - \lambda\boldsymbol{p}\right)\end{aligned}$$

**92)** Bzgl. der Verwendung des Begiffes Dirac-Gleichungen gelten die gleichen Bemerkungen wie in Fußnote 75 und 89.

Den letzten Ausdruck können wir mit der Orthogonalitätsrelation (4.382) weiter umformen und erhalten als Orthogonalitätsrelation für die Bispinoren

$$\int d^3x \Psi_{p}^{(\mu,\lambda)\dagger}(x,t)\Psi_{p'}^{(\mu',\lambda')}(x,t) = \delta_{\mu'\mu}\delta_{\lambda'\lambda}\delta\left(p'-p\right) \tag{4.385}$$

Damit können wir jetzt zu der Entwicklung der Feldoperatoren nach ebenen Wellen zurückkommen und diese in der Form

$$\hat{\psi}(x,t) = \sum_{\mu,\lambda}\int d^3p \Psi_{p}^{(\mu,\lambda)}(x,t)\hat{b}_{p,\mu,\lambda} \tag{4.386}$$

und

$$\hat{\psi}^{\dagger}(x,t) = \sum_{\mu,\lambda}\int d^3p \Psi_{p}^{(\mu,\lambda)\dagger}(x,t)\hat{b}^{\dagger}_{p,\mu,\lambda} \tag{4.387}$$

mit vier noch nicht näher bestimmten, einkomponentigen und zeitunabhängigen Operatoren $\hat{b}_{p,\mu,\lambda}$ bzw. $\hat{b}^{\dagger}_{p,\mu,\lambda}$ schreiben. Wir erhalten unter Beachtung von (4.385)

$$\hat{b}_{p,\mu,\lambda} = \int d^3x \Psi_{p}^{(\mu,\lambda)\dagger}(x,t)\hat{\psi}(x,t) \tag{4.388}$$

und

$$\hat{b}^{\dagger}_{p,\mu,\lambda} = \int d^3x \hat{\psi}^{\dagger}(x,t)\Psi_{p}^{(\mu,\lambda)}(x,t) \tag{4.389}$$

woraus wir dann die Antikommutationsrelationen

$$\left[\hat{b}_{p',\mu',\lambda'}, \hat{b}^{\dagger}_{p,\mu,\lambda}\right]_{+} = \delta_{\lambda'\lambda}\delta_{\mu'\mu}\delta\left(p-p'\right) \tag{4.390}$$

und

$$\left[\hat{b}_{p',\mu',\lambda'}, \hat{b}_{p,\mu,\lambda}\right]_{+} = \left[\hat{b}^{\dagger}_{p',\mu',\lambda'}, \hat{b}^{\dagger}_{p,\mu,\lambda}\right]_{+} = 0 \tag{4.391}$$

für die Operatoren $\hat{b}_{p,\mu,\lambda}$ bzw. $\hat{b}^{\dagger}_{p,\mu,\lambda}$ bekommen. Wir wollen hier nur die erste Beziehung überprüfen, die anderen beiden ergeben sich analog. Es ist unter Verwendung der Komponentenschreibweise und mit (4.388), (4.389), (4.379) und (4.385)

$$\begin{aligned}\left[\hat{b}_{p,\mu,\lambda}, \hat{b}^{\dagger}_{p',\mu',\lambda'}\right]_{+} &= \iint d^3x\, d^3x'\, \Psi_{p,i}^{(\mu,\lambda)*}(x,t)\Psi_{p',j}^{(\mu',\lambda')}(x',t)\left[\hat{\psi}_i^{\dagger}(x,t), \hat{\psi}_j(x',t)\right]_{+} \\ &= \iint d^3x\, d^3x'\, \Psi_{p,i}^{(\mu,\lambda)*}(x,t)\Psi_{p',j}^{(\mu',\lambda')}(x',t)\delta_{ij}\delta\left(x-x'\right) \\ &= \int d^3x \Psi_{p}^{(\mu,\lambda)\dagger}(x,t)\Psi_{p'}^{(\mu',\lambda')}(x,t) \\ &= \delta_{\mu'\mu}\delta_{\lambda'\lambda}\delta\left(p'-p\right)\end{aligned} \tag{4.392}$$

Wir können jetzt den Hamilton-Operator des Dirac-Felds durch die Operatoren $\hat{b}_{p,\mu,\lambda}$ bzw. $\hat{b}^{\dagger}_{p,\mu,\lambda}$ darstellen. Beachtet man, dass die $\Psi_{p}^{(\mu,\lambda)}(x,t)$ Eigenspinoren von $\hat{H}_D$ zum Eigenwert $\lambda E_p$ sind, dann bekommt man mit (4.376) und (4.387)

$$\begin{aligned}\hat{H} &= \int d^3x \sum_{\mu,\lambda,\mu',\lambda'} \int d^3p d^3p' \Psi_p^{(\mu,\lambda)\dagger}(x,t)\hat{H}_D\Psi_{p'}^{(\mu',\lambda')}(x,t)\hat{b}^\dagger_{p,\mu,\lambda}\hat{b}_{p',\mu',\lambda'} \\ &= \int d^3x \sum_{\mu,\lambda,\mu',\lambda'} \int d^3p d^3p' \Psi_p^{(\mu,\lambda)\dagger}(x,t)\lambda' E_{p'}\Psi_{p'}^{(\mu',\lambda')}(x,t)\hat{b}^\dagger_{p,\mu,\lambda}\hat{b}_{p',\mu',\lambda'} \end{aligned} \quad (4.393)$$

und weiter mit (4.385)

$$\begin{aligned}\hat{H} &= \sum_{\mu,\lambda,\mu',\lambda'} \int d^3p d^3p' \; \lambda' E_{p'}\delta_{\mu'\mu}\delta_{\lambda'\lambda}\delta\left(p'-p\right)\hat{b}^\dagger_{p,\mu,\lambda}\hat{b}_{p',\mu',\lambda'} \\ &= \sum_{\mu,\lambda}\int d^3p\lambda E_p \hat{b}^\dagger_{p,\mu,\lambda}\hat{b}_{p,\mu,\lambda}\end{aligned} \quad (4.394)$$

Würden wir die Operatoren $\hat{b}^\dagger_{p,\mu,\lambda}(t)$ und $\hat{b}_{p',\mu',\lambda'}(t)$ als Erzeugungs- und Vernichtungsoperatoren interpretieren, dann wären wegen

$$\hat{H} = \sum_\mu \int d^3p E_p \hat{b}^\dagger_{p,\mu,+}\hat{b}_{p,\mu,+} - \sum_\mu \int d^3p E_p \hat{b}^\dagger_{p,\mu,-}\hat{b}_{p,\mu,-} \quad (4.395)$$

Zustände mit beliebig negativer Energie erlaubt. Um diesen Widerspruch zu beseitigen, führen wir die neuen Operatoren $\hat{c}_{p,\mu,\lambda}$ ein, die für alle Zustände negativer Energie die Rolle von Erzeugungs- und Vernichtungsprozedur vertauschen[93] entsprechend

$$\hat{c}_{p,\mu,+} = \hat{b}_{p,\mu,+} \quad \hat{c}_{p,\mu,-} = \hat{b}^\dagger_{p,\mu,-} \quad \hat{c}^\dagger_{p,\mu,+} = \hat{b}^\dagger_{p,\mu,+} \quad \hat{c}^\dagger_{p,\mu,-} = \hat{b}_{p,\mu,-} \quad (4.396)$$

und die wir jetzt wirklich als Erzeugungs- und Vernichtungsoperatoren interpretieren können. Insbesondere können wir aus (4.390) und (4.391) die Antikommutationsrelationen

$$\left[\hat{c}_{p',\mu',\lambda'}, \hat{c}^\dagger_{p,\mu,\lambda}\right]_+ = \delta_{\lambda'\lambda}\delta_{\mu'\mu}\delta\left(p-p'\right) \quad (4.397)$$

und

$$\left[\hat{c}_{p',\mu',\lambda'}, \hat{c}_{p,\mu,\lambda}\right]_+ = \left[\hat{c}^\dagger_{p',\mu',\lambda'}, \hat{c}^\dagger_{p,\mu,\lambda}\right]_+ = 0 \quad (4.398)$$

**93**) Bis jetzt sind ja $\hat{b}^\dagger_{p,\mu,\lambda}$ und $\hat{b}_{p',\mu',\lambda'}$ nur zwei zueinander adjungierte Operatoren. Ihre Wirkung auf den Feldzustand wird zwar durch die Antikommutationsrelationen bestimmt, aber wegen der vollständigen Symmetrie, mit der diese Operatoren in diesen Relationen auftreten, ist auch hier keiner der beiden Operatoren $\hat{b}^\dagger_{p,\mu,\lambda}$ und $\hat{b}_{p',\mu',\lambda'}$ gegenüber dem anderen ausgezeichnet.

ableiten. Wir erhalten damit aus (4.395)

$$\begin{aligned}\hat{H} &= \sum_{\mu}\int d^3pE_{\boldsymbol{p}}\hat{c}^{\dagger}_{\boldsymbol{p},\mu,+}\hat{c}_{\boldsymbol{p},\mu,+} - \sum_{\mu}\int d^3pE_{\boldsymbol{p}}\hat{c}_{\boldsymbol{p},\mu,-}\hat{c}^{\dagger}_{\boldsymbol{p},\mu,-}\\ &= \sum_{\mu}\int d^3pE_{\boldsymbol{p}}\hat{c}^{\dagger}_{\boldsymbol{p},\mu,+}\hat{c}_{\boldsymbol{p},\mu,+} + \sum_{\mu}\int d^3pE_{\boldsymbol{p}}\hat{c}^{\dagger}_{\boldsymbol{p},\mu,-}\hat{c}_{\boldsymbol{p},\mu,-}\\ &- \sum_{\mu}\int d^3pE_{\boldsymbol{p}}\delta(0)\\ &= \sum_{\mu,\lambda}\int d^3pE_{\boldsymbol{p}}\hat{c}^{\dagger}_{\boldsymbol{p},\mu,\lambda}\hat{c}_{\boldsymbol{p},\mu,\lambda} - 2\int d^3pE_{\boldsymbol{p}}\delta(0)\end{aligned} \tag{4.399}$$

Jetzt hat der Hamilton-Operator des Dirac-Felds die gewünschte Struktur. Wir können wieder Teilchenzahloperatoren

$$\hat{n}_{\boldsymbol{p},\mu,\lambda} = \hat{c}^{\dagger}_{\boldsymbol{p},\mu,\lambda}\hat{c}_{\boldsymbol{p},\mu,\lambda} \tag{4.400}$$

einführen, die mit dem Hamilton-Operator vertauschen und damit die Eigenzustände des Dirac-Feldes festlegen. Dieselbe Argumentation wie bei der Quantisierung des Schrödinger- und des Klein-Gordon-Feldes zeigt, dass sowohl Teilchen als auch Antiteilchen jetzt einen positiven Beitrag zur Feldenergie des Dirac-Feldes liefern. Wegen der in Kapitel 2.2.4.3 getroffenen Verknüpfung von $\lambda = +1$ mit Teilchenzuständen und von $\lambda = -1$ mit Antiteilchenzuständen entsprechen den Operatoren $\hat{c}^{\dagger}_{\boldsymbol{p},\mu,+}$ und $\hat{c}_{\boldsymbol{p},\mu,+}$ Teilchen, den Operatoren $\hat{c}^{\dagger}_{\boldsymbol{p},\mu,-}$ und $\hat{c}_{\boldsymbol{p},\mu,-}$ Antiteilchen. Auch in (4.399) tritt eine divergente, jetzt aber negative Grundzustandsenergie auf, die ähnlich wie im Fall des Klein-Gordon-Feldes zu behandeln ist. Der Ladungsoperator des Dirac-Felds (4.377) lautet in der Besetzungszahldarstellung

$$\begin{aligned}\hat{Q} &= e\sum_{\mu,\lambda}\int d^3p\hat{b}^{\dagger}_{\boldsymbol{p},\mu,\lambda}\hat{b}_{\boldsymbol{p},\mu,\lambda}\\ &= e\sum_{\mu}\int d^3p\hat{c}^{\dagger}_{\boldsymbol{p},\mu,+}\hat{c}_{\boldsymbol{p},\mu,+} + e\sum_{\mu}\int d^3p\hat{c}_{\boldsymbol{p},\mu,-}\hat{c}^{\dagger}_{\boldsymbol{p},\mu,-}\end{aligned} \tag{4.401}$$

und damit

$$\begin{aligned}\hat{Q} &= e\sum_{\mu}\int d^3p\hat{c}^{\dagger}_{\boldsymbol{p},\mu,+}\hat{c}_{\boldsymbol{p},\mu,+} - e\sum_{\mu}\int d^3p\hat{c}^{\dagger}_{\boldsymbol{p},\mu,-}\hat{c}_{\boldsymbol{p},\mu,-} + e\sum_{\mu}\int d^3p\delta(0)\\ &= e\sum_{\mu}\int d^3p\hat{n}_{\boldsymbol{p},\mu,+} - e\sum_{\mu}\int d^3p\hat{n}_{\boldsymbol{p},\mu,-} + e\sum_{\mu}\int d^3p\delta(0)\end{aligned} \tag{4.402}$$

Auch hier bestätigt sich die obige Interpretation von $\hat{n}_{\boldsymbol{p},\mu,+}$ als Teilchenzahloperator der Partikel der Ladung $e$ und von $\hat{n}_{\boldsymbol{p},\mu,-}$ als Teilchenzahloperator der Antipartikel mit der entgegengesetzten Ladung $-e$.

## 4.8 *Quantisierung des elektromagnetischen Felds

### 4.8.1 *Eichung des elektromagnetischen Feldes

Das elektromagnetische Feld wird bekanntlich durch die Maxwell'schen Gleichungen beschrieben. Benutzt man das Viererpotential $A_i$ zur Beschreibung von elektrischem und magnetischem Feld, dann ist dieses Potential nur bis auf Eichtransformationen der Form

$$A_i' = A_i + f_{,i} \tag{4.403}$$

bestimmt. Aus Band II dieser Lehrbuchreihe ist bekannt, dass im Fall freier Felder unter Verwendung der Lorentz-Eichung $A^i_{\ ,i} = 0$ die einzelnen Komponenten des Viererpotentials der Wellengleichung

$$\Box A_i = 0 \qquad \text{mit} \qquad \Box = \Delta - \frac{1}{c^2}\frac{\partial^2}{\partial t^2} \tag{4.404}$$

genügen. Es wurde dort auch gezeigt[94], dass mit der Lorentz-Eichung das Viererpotential $A_i$ nur aus mathematischer Sicht eingeschränkt wird, die physikalische Situation dagegen unverändert bleibt. Die Lorentz-Eichung stellt eine Beziehung zwischen den vier Komponenten $A_i$ her, die damit nicht mehr unabhängig sind. Formal kann das Viererpotential nach ebenen Wellen[95] entwickelt werden und liefert somit einen möglichen Ansatz für die Teilchenzahldarstellung nach der Quantisierung. Allerdings bekommt man, den vier Komponenten des Viererpotentials entsprechend, auch vier verschiedene Sorten von Teilchen, die wegen der Lorentz-Eichung in gewisser Weise gekoppelt sein müssen. Tatsächlich werden aber experimentell nur Teilchen beobachtet, die einem Teil der Freiheitsgrade des elektromagnetischen Feldes entsprechen, nämlich die rechts- und linkshändig polarisierten transversalen Photonen. Andererseits kann man theoretisch zeigen, dass die verbleibenden Freiheitsgrade des elektromagnetischen Feldes auf sogenannte virtuelle Photonen führen, die zur Vermittlung der elektrostatischen Wechselwirkung zwischen Ladungen notwendig sind[96] und damit nicht allgemein eliminiert werden dürfen. Dieses Problem kann im Rahmen der Gupta-Bleuler-Quantisierung

**94**) siehe Band II, Kap. 2.3.5.2

**95**) also den Wellenlösungen von (4.404)

**96**) Koppelt man das elektromagnetische Feld z. B. an ein Dirac-Feld, dann kann man im Rahmen einer Störungstheorie die quantisierten wechselwirkenden Felder als Superposition freier Quantenfelder aufbauen. Um aber die elektrostatische Wechselwirkung vollständig erfassen zu können, wird ein quantisiertes Viererpotential benötigt, das neben den transversalen Photonen auch die virtuellen Photonen enthält.

befriedigend gelöst werden. Wir werden darauf in Kap. 4.8.4.1 zurückkommen.

Spielt die elektrostatische Wechselwirkung aber keine Rolle[97], dann kann man die überzähligen Freiheitsgrade vollständig eliminieren und so zu einer konsistenten Quantisierung des freien elektromagnetischen Feldes gelangen. Dabei geht aber die Möglichkeit verloren, das quantisierte Feld später zur korrekten Beschreibung der elektrostatischen Wechselwirkung zwischen Ladungen zu benutzen. Solange man aber nur die experimentell beobachtbaren transversalen Photonen richtig beschreiben will, ist dieser Zugang gerechtfertigt. Die notwendige Reduktion der Freiheitsgrade gelingt, weil die Lorentz-Eichung das Viererpotential nicht eindeutig festlegt. Tatsächlich ist auch nach der Lorentz-Eichung das Potential nur bis auf den vierdimensionalen Gradienten einer Funktion $\hat{f}$ bestimmt, die der Wellengleichung $\Box\hat{f} = 0$ genügt[98]. Dann kann das der Lorentz-Eichung genügende Viererpotential $A_i$ in das neue Potential $A_i' = A_i + \hat{f}_{,i}$ transformiert werden, ohne dass die Lorentz-Eichung dabei verletzt wird. Wir wollen jetzt zeigen, dass wir $\hat{f}$ so wählen können, dass

$$\frac{1}{c}\frac{\partial \hat{f}}{\partial t} = \hat{f}_{,0} = -A_0 \tag{4.405}$$

gilt. Da die Komponente $A_0$ die Wellengleichung $\Box A_0 = 0$ erfüllt, ist folglich auch

$$\Box\hat{f}_{,0} = (\Box\hat{f})_{,0} = 0 \tag{4.406}$$

woraus unmittelbar

$$\Box\hat{f} = \text{const.} \tag{4.407}$$

folgt. Es reicht deshalb aus zu zeigen, dass die Lösung der Gleichung (4.405) zu einem Zeitpunkt $t_0$ die Bedingung $\Box\hat{f} = 0$ für jeden Raumpunkt $\boldsymbol{x}$ erfüllt, um sicher zu stellen, dass diese Forderung auch zu allen anderen Zeitpunkten erfüllt ist. Dazu nehmen wir an, dass $\Box\hat{f} = 0$ zum Zeitpunkt $t_0$ erfüllt ist. Dann gilt

$$\Delta\hat{f}(\boldsymbol{x}, t_0) = \frac{1}{c^2}\frac{\partial^2}{\partial t^2}\hat{f}(\boldsymbol{x}, t)\bigg|_{t=t_0} = -\frac{1}{c}\frac{\partial}{\partial t}A_0(\boldsymbol{x}, t)\bigg|_{t=t_0} \tag{4.408}$$

Die Lösung dieser in den räumlichen Koordinaten elliptischen partiellen Differentialgleichung ist immer möglich und liefert eine Funktion $\hat{f}$, die zum Zeitpunkt $t = t_0$ die Gleichung $\Box\hat{f} = 0$ erfüllt. Damit ist $\hat{f}(\boldsymbol{x}, t_0)$ die Anfangsbedingung der Differentialgleichung (4.405). Folglich ist die vollständige Lösung von (4.405) gegeben durch

$$\hat{f}(\boldsymbol{x}, t) = -c\int_{t_0}^{t} A_0(\boldsymbol{x}, \tau)d\tau + \hat{f}(\boldsymbol{x}, t_0) \tag{4.409}$$

**97**) etwa bei der Abwesenheit von Ladungen
**98**) siehe Band II, Kap. 2.3.5.2

wobei die Anfangsbedingung $\hat{f}(x, t_0)$ ihrerseits Lösung von (4.408) ist. Setzen wir jetzt die gefundene Lösung in die Eichtransformation ein, dann erhalten wir für die zeitartige Komponente $A'_0 = A_0 + \hat{f}_{,0} = 0$. Da andererseits mit $A_i$ auch $A'_i$ der Lorentz-Eichung genügt, erfüllen die räumlichen Komponenten des Viererpotentials, die wie üblich zum Vektorpotential $\boldsymbol{A}'$ zusammengefasst werden, die Coulomb-Eichung $\operatorname{div}\boldsymbol{A}' = 0$. Lassen wir den Strich an den geeichten Viererkomponenten wieder weg, dann lautet diese sogenannte *Strahlungseichung*

$$A_0 = 0 \qquad \operatorname{div}\boldsymbol{A} = 0 \tag{4.410}$$

Wir weisen an dieser Stelle nochmals darauf hin, dass die Strahlungseichung im Gegensatz zur Lorentz-Eichung nur für das freie Feld allgemein gültig ist[99]. Trotz dieser Einschränkung spielt die Strahlungseichung und die mit ihr verbundene Quantisierung eine wichtige Rolle innerhalb der Festkörper- und Laserphysik und liefert die Basis für die erfolgreiche Behandlung einer Vielzahl von Problemen.

### 4.8.2
### *Quantisierung in der Strahlungseichung

Zur Quantisierung des elektromagnetischen Feldes in der Strahlungseichung gehen wir von der Hamilton-Dichte des klassischen Maxwell-Feldes in der Lorentz-Eichung (4.139) aus. Weil die Strahlungseichung aber zusätzlich $A_0 = 0$ verlangt, ist wegen (4.138) auch $\pi_0 = 0$. Gehen wir von den Viererkoordinaten wieder zum dreidimensionalen Raum über, dann ist $\pi^\alpha = -\pi_\alpha$ und $A^{\beta,\alpha} = A_{\beta,\alpha}$. Folglich erhalten wir

$$\mathcal{H} = \frac{c^2}{2} \sum_{\alpha=1}^{3} \pi_\alpha \pi_\alpha + \frac{1}{2} \sum_{\alpha,\beta} A_{\beta,\alpha} A_{\beta,\alpha} \tag{4.411}$$

Da die Photonen Bosonen sind, verlangt die übliche Quantisierungsvorschrift die Vertauschungsrelationen der Feldoperatoren $\hat{A}_\alpha$ und die dazu kanonisch konjugierten Feldimpulse $\hat{\pi}_\alpha$

$$\left[\hat{A}_\alpha(\boldsymbol{x}, t), \hat{A}_\beta(\boldsymbol{x}', t)\right] = \left[\hat{\pi}_\alpha(\boldsymbol{x}, t), \hat{\pi}_\beta(\boldsymbol{x}', t)\right] = 0 \tag{4.412}$$

und

$$\left[\hat{\pi}_\alpha(\boldsymbol{x}, t), \hat{A}_\beta(\boldsymbol{x}', t)\right] = \frac{\hbar}{i} \delta_{\alpha\beta} \delta(\boldsymbol{x} - \boldsymbol{x}') \tag{4.413}$$

**99)** Befindet sich das elektromagnetische Feld in Wechselwirkung mit Ladungsträgern, dann ist $\Box A_i = 0$ nicht mehr erfüllt, was eine wichtige Voraussetzung für die Ableitung der Strahlungseichung war. Andererseits kann man jedes Viererpotential so eichen, dass $A_0 = 0$ gilt, dann muss man aber die Lorentz-Eichung aufgeben, siehe Band II, Aufgabe 5.III.

Die letzte Vertauschungsrelation ist aber nicht mit der zweiten Eichbedingung, also $\text{div}\hat{A} = 0$ verträglich. Um diesen Widerspruch zu zeigen, bilden wir

$$\sum_\beta \frac{\partial}{\partial x'_\beta} \left[\hat{\pi}_\alpha(\boldsymbol{x},t), \hat{A}_\beta(\boldsymbol{x}',t)\right] = \left[\hat{\pi}_\alpha(\boldsymbol{x},t), \text{div}\hat{\boldsymbol{A}}(\boldsymbol{x}',t)\right] = 0 \tag{4.414}$$

Andererseits ist aber mit (4.413)

$$\sum_\beta \frac{\partial}{\partial x'_\beta} \left[\hat{\pi}_\alpha(\boldsymbol{x},t), \hat{A}_\beta(\boldsymbol{x}',t)\right] = \sum_\beta \frac{\partial}{\partial x'_\beta} \frac{\hbar}{i} \delta_{\alpha\beta}\delta(\boldsymbol{x}-\boldsymbol{x}') = \frac{\hbar}{i} \frac{\partial}{\partial x'_\alpha} \delta(\boldsymbol{x}-\boldsymbol{x}') \tag{4.415}$$

Die Ursache für diese Diskrepanz liegt darin, dass die Kommutationsregel (4.413) eigentlich drei unabhängige Feld- und Feldimpulskomponenten verlangt, die Strahlungseichung aber nur zwei Feldfreiheitsgrade zulässt. Um dennoch die den karthesischen Feldkomponenten entsprechenden Feldoperatoren nutzen zu können, müssen wir die Kommutationsregel (4.413) modifizieren. Dazu benutzen wir die Fourier-Darstellung der $\delta$-Funktion

$$\sum_\beta \delta_{\alpha\beta} \frac{\partial}{\partial x'_\beta} \delta(\boldsymbol{x}-\boldsymbol{x}') = \int \frac{d^3k}{(2\pi)^3} (-ik_\alpha) e^{ik(x-x')} \tag{4.416}$$

Die rechte Seite dieses Gleichung würde verschwinden, wenn wir es durch einen Zusatzterm erreichen könnten, dass bei der Divergenzbildung in der Klammer unter dem Integral in (4.416) ein Summand $+ik_\alpha$ auftreten würde. Wir können diese Forderung erfüllen, wenn wir anstelle der üblichen $\delta$-Funktion die transversale $\delta$-Funktion

$$\delta_{\alpha\beta}\delta(\boldsymbol{x}-\boldsymbol{x}') \quad \longrightarrow \quad \delta^{\text{tr}}_{\alpha\beta}(\boldsymbol{x}-\boldsymbol{x}') = \int \frac{d^3k}{(2\pi)^3} \left[\delta_{\alpha\beta} - \frac{k_\alpha k_\beta}{|\boldsymbol{k}|^2}\right] e^{ik(x-x')} \tag{4.417}$$

verwenden. Es ist deshalb sinnvoll, die Vertauschungsrelation (4.413) durch

$$\left[\hat{\pi}_\alpha(\boldsymbol{x},t), \hat{A}_\beta(\boldsymbol{x}',t)\right] = \frac{\hbar}{i} \delta^{\text{tr}}_{\alpha\beta}(\boldsymbol{x}-\boldsymbol{x}') \tag{4.418}$$

zu ersetzen und anstelle (4.415) erhalten wir jetzt

$$\begin{aligned}
\sum_\beta \frac{\partial}{\partial x'_\beta} \left[\hat{\pi}_\alpha(\boldsymbol{x},t), \hat{A}_\beta(\boldsymbol{x}',t)\right] &= \sum_\beta \frac{\partial}{\partial x'_\beta} \frac{\hbar}{i} \delta^{\text{tr}}_{\alpha\beta}(\boldsymbol{x}-\boldsymbol{x}') \\
&= \hbar \sum_\beta \int \frac{d^3k}{(2\pi)^3} \left[\frac{k_\alpha k_\beta}{|\boldsymbol{k}|^2} - \delta_{\alpha\beta}\right] k_\beta e^{ik(x-x')} \\
&= \hbar \int \frac{d^3k}{(2\pi)^3} \left[k_\alpha - k_\alpha\right] e^{ik(x-x')} = 0
\end{aligned} \tag{4.419}$$

so dass die so modifizierte Kommutationsrelation (4.418) mit der transversalen $\delta$-Funktion anstelle der gewöhnlichen $\delta$-Funktion mit der Strahlungseichung verträglich ist. Verjüngen wir die modifizierte Vertauschungsrelation

(4.418) über alle Impulskomponenten und Feldkomponenten, dann erhalten wir

$$\sum_\alpha \left[\hat{\pi}_\alpha(x,t), \hat{A}_\alpha(x',t)\right] = \frac{\hbar}{i} \sum_\alpha \delta^{\text{tr}}_{\alpha\alpha}(x - x') \tag{4.420}$$

Wegen

$$\begin{aligned}\sum_\alpha \delta^{\text{tr}}_{\alpha\alpha}(x - x') &= \int \frac{d^3k}{(2\pi)^3} \sum_\alpha \left[1 - \frac{k_\alpha k_\alpha}{|k|^2}\right] \mathrm{e}^{ik(x-x')} \\ &= 2 \int \frac{d^3k}{(2\pi)^3} \mathrm{e}^{ik(x-x')} = 2\delta(x - x')\end{aligned} \tag{4.421}$$

ist dann

$$\sum_\alpha \left[\hat{\pi}_\alpha(x,t), \hat{A}_\alpha(x',t)\right] = 2\frac{\hbar}{i}\delta(x - x') \tag{4.422}$$

Auch dieses Resultat legt nahe, dass in die Quantisierung des elektromagnetischen Feldes nur zwei Feldfreiheitsgrade eingehen.

Wir wollen jetzt wieder den Feldoperator nach ebenen Wellen entwickeln. Im Gegensatz zu den Materiefeldern ist das Vektorpotential $A$ eine reelle Größe. Deshalb wird der Feldoperator $\hat{A}$ ebenso wie der Feldimpulsoperator $\hat{\pi}$ hermitesch sein. Wir können daher den folgenden Ansatz machen

$$\hat{A}(x,t) = \int d^3k \sum_{j=1}^{2} u(k) \left(e_{kj}\mathrm{e}^{-i(kx-\omega_k t)}\hat{b}_{kj} + e_{kj}\mathrm{e}^{i(kx-\omega_k t)}\hat{b}^\dagger_{kj}\right) \tag{4.423}$$

wobei

$$u(k) = \sqrt{\frac{\hbar c^2}{2(2\pi)^3\omega_k}} \tag{4.424}$$

und $\omega_k = c|k|$ ist. Der Vektorcharakter von $A$ wird durch die beiden linear voneinander unabhängigen Polarisationsvektoren $e_{k1}$ und $e_{k2}$ mit $|e_{kj}| = 1$ für jede Welle berücksichtigt. Wir orientieren diese Vektoren so, dass sie untereinander orthogonal sind und zu dem jeweiligen Wellenvektor $k$ senkrecht stehen

$$e_{k1}e_{k2} = 0 \qquad e_{k1}k = 0 \qquad e_{k2}k = 0 \tag{4.425}$$

Diese beiden Polarisationsvektoren beschreiben transversale Schwingungen des elektromagnetischen Feldes[100]. Im Allgemeinen gibt es aber entsprechend den drei Raumrichtungen auch drei Polarisationsvektoren. Der dritte Vektor $e_{k3}$ ist parallel zu $k$ und beschreibt longitudionale Schwingungen. Wegen der Strahlungseichung muss aber die Bedingung div $\hat{A} = 0$ erfüllt sein, die unmittelbar auf $e_{k3}k = 0$ führt. Diese Relation steht aber zu der geforderten Parallelität zwischen $e_{k3}$ und $k$ im Widerspruch und kann nur durch $e_{k3} = 0$ erfüllt werden.

**100**) siehe auch Band II, Kap. 9.5.3

Da sich der Feldoperator $\hat{\boldsymbol{A}}$ nur aus transversalen Wellen zusammensetzt, haben wir die Zahl der Feldfreiheitsgrade in der Darstellung (4.423) um ein Drittel reduziert, so dass die noch unbestimmten Operatoren $\hat{b}_{kj}$ bzw. $\hat{b}^{\dagger}_{kj}$ für verschiedene Polarisationsrichtungen im Gegensatz zu den Komponenten des Feldoperators linear unabhängig voneinander sind. Berücksichtigt man (4.138), dann erhalten wir für den Feldimpuls

$$\hat{\pi}(\boldsymbol{x},t) = \int d^3k \sum_{j=1}^{2} \frac{iu(\boldsymbol{k})\omega_{\boldsymbol{k}}}{c^2} \left( \boldsymbol{e}_{\boldsymbol{k}j} \mathrm{e}^{i(\boldsymbol{kx}-\omega_{\boldsymbol{k}}t)} \hat{b}^{\dagger}_{\boldsymbol{k}j} - \boldsymbol{e}_{\boldsymbol{k}j} \mathrm{e}^{-i(\boldsymbol{kx}-\omega_{\boldsymbol{k}}t)} \hat{b}_{\boldsymbol{k}j} \right) \tag{4.426}$$

Man kann (4.423) und (4.426) nach den Operatoren $\hat{b}_{kj}$ und $\hat{b}^{\dagger}_{kj}$ auflösen und gelangt so zu den Vertauschungsrelationen

$$\left[\hat{b}_{\boldsymbol{k}j}, \hat{b}^{\dagger}_{\boldsymbol{k}'j'}\right] = \delta(\boldsymbol{k}-\boldsymbol{k}')\,\delta_{jj'} \qquad \left[\hat{b}^{\dagger}_{\boldsymbol{k}j}, \hat{b}^{\dagger}_{\boldsymbol{k}'j'}\right] = 0 \qquad \left[\hat{b}_{\boldsymbol{k}j}, \hat{b}_{\boldsymbol{k}'j'}\right] = 0 \tag{4.427}$$

Die hierzu notwendigen Rechnungen folgen dem in den vergangenen Abschnitten demonstrierten Vorgehen[101]. Wir wollen hier aber zeigen, dass die Kommutationsrelation (4.418) durch (4.427) reproduziert wird. Bildet man den Kommutator zwischen (4.423) und (4.426), dann bekommt man

$$\begin{aligned} \left[\hat{\pi}_{\beta}(\boldsymbol{x},t), \hat{A}_{\alpha}(\boldsymbol{x}',t)\right] &= \frac{\hbar}{2i} \int d^3k \frac{2u^2(\boldsymbol{k})\omega_{\boldsymbol{k}}}{\hbar c^2} \mathrm{e}^{i(\boldsymbol{kx}'-\boldsymbol{kx})} \sum_{m=1}^{2} e^{\alpha}_{\boldsymbol{k}m} e^{\beta}_{\boldsymbol{k}m} \\ &+ \frac{\hbar}{2i} \int d^3k \frac{2u^2(\boldsymbol{k})\omega_{\boldsymbol{k}}}{\hbar c^2} \mathrm{e}^{i(\boldsymbol{kx}-\boldsymbol{kx}')} \sum_{m=1}^{2} e^{\beta}_{\boldsymbol{k}m} e^{\alpha}_{\boldsymbol{k}m} \end{aligned} \tag{4.428}$$

Beachtet man jetzt, dass die beiden Polarisationsvektoren $\boldsymbol{e}_{\boldsymbol{k}m}$ zusammen mit dem in $\boldsymbol{k}$-Richtung orientierten Vektor ein vollständiges, orthonormales Basissystem bilden, dann gilt die Beziehung

$$\sum_{m=1}^{2} e^{\beta}_{\boldsymbol{k}m} e^{\alpha}_{\boldsymbol{k}m} + \frac{k_{\alpha}}{|\boldsymbol{k}|} \frac{k_{\beta}}{|\boldsymbol{k}|} = \delta^{\alpha\beta} \tag{4.429}$$

Hiermit und mit (4.424) erhält man nach der Spiegelung $\boldsymbol{k} \to -\boldsymbol{k}$ im zweiten Summanden von (4.428)

$$\left[\hat{\pi}_{\beta}, \hat{A}_{\alpha}\right] = \frac{\hbar}{i} \int \frac{d^3k}{(2\pi)^3} \mathrm{e}^{i(\boldsymbol{kx}'-\boldsymbol{kx})} \left( \delta^{\alpha\beta} - \frac{k_{\alpha}k_{\beta}}{|\boldsymbol{k}|^2} \right) \tag{4.430}$$

woraus mit (4.417) die modifizierte Vertauschungsrelation (4.418) entsteht.

Wir können jetzt den Hamilton-Operator des elektromagnetischen Feldes durch die Operatoren $\hat{b}_{kj}$ und $\hat{b}^{\dagger}_{kj}$ ausdrücken. Wir verzichten hier auf die detaillierte Darstellung der Rechnung und geben nur das Endresultat an

$$\hat{H} = \int d^3k \sum_{j=1}^{2} \hbar\omega_{\boldsymbol{k}} \left( \hat{b}^{\dagger}_{\boldsymbol{k}j} \hat{b}_{\boldsymbol{k}j} + \frac{1}{2}\delta(0) \right) \tag{4.431}$$

**101**) siehe auch Aufgabe 3.5

Man kann wie beim Vorgehen in den vorangegangen Kapiteln zeigen, dass die Operatoren $\hat{b}_{kj}$ und $\hat{b}^{\dagger}_{kj}$ als Vernichtungs- und Erzeugungsoperatoren von Partikeln des elektromagnetischen Feldes, also Photonen des Wellenvektors $\boldsymbol{k}$ und der Polarisation $j$, verstanden werden können.

### 4.8.3 *Casimir-Effekt

Auch bei der Quantisierung des Maxwell-Felds tritt eine divergierende Vakuumenergie auf. Natürlich kann man diese Energie durch eine Verschiebung der Energieskala eliminieren. Trotzdem hat die Vakuumenergie eine physikalische Bedeutung, die experimentell zu nachweisbaren Effekten führt. Wir wollen hier als das bekannteste Phänomen den Casimir-Effekt diskutieren.

Ist das elektromagnetische Feld auf ein abgeschlossenes Gebiet des Volumens $V$ beschränkt, dann ist die Integration über den Raum der Wellenzahlen durch eine Summation zu ersetzen, denn nur noch die diskreten Wellenvektoren liefern zulässige Wellenlösungen, die mit den Randbedingungen übereinstimmen. In einem rechteckigen Volumen $L_x \times L_y \times L_z$ sind deshalb nur noch die Wellenvektoren

$$\boldsymbol{k} = \left( \frac{\pi n_x}{L_x}, \frac{\pi n_y}{L_y}, \frac{\pi n_z}{L_z} \right) \tag{4.432}$$

zulässig. Das dreidimensionale Volumenelement $d^3k$ ist damit durch

$$d^3k \qquad \rightarrow \qquad \Delta^3 k = \frac{\pi}{L_x} \times \frac{\pi}{L_y} \times \frac{\pi}{L_z} = \frac{\pi^3}{V} \tag{4.433}$$

zu ersetzen. Folglich ist die Integration über das Volumen im Raum der Wellenvektoren durch die Summation entsprechend

$$\int d^3k ... \quad \rightarrow \quad \frac{\pi^3}{V} \sum_{\boldsymbol{k}} ... \tag{4.434}$$

zu substituieren. Auch die mathematische Struktur der $\delta$-Funktion ändert sich beim Übergang zur diskreten Darstellung. Es ist

$$\delta(\boldsymbol{k} - \boldsymbol{k}') \quad \rightarrow \quad \frac{V}{\pi^3} \delta_{\boldsymbol{k},\boldsymbol{k}'} \tag{4.435}$$

Man kann sich leicht von der letzten Relation überzeugen. Dazu beachtet man, dass das Integral von $\delta(\boldsymbol{k} - \boldsymbol{k}')$ bzgl. $\boldsymbol{k}$ über den gesamten zulässigen $k$-Raum[102] eins ergibt[103]. Ersetzt man $\delta(\boldsymbol{k} - \boldsymbol{k}')$ entsprechend (4.435) durch $\delta_{\boldsymbol{k},\boldsymbol{k}'}$ und gleichzeitig das Integral entsprechend (4.434) durch die Summe, dann

102) also der Bereich mit $k_x \geq 0$, $k_y \geq 0$ und $k_z \geq 0$
103) vorausgesetzt, $\boldsymbol{k}'$ liegt auch in dem zulässigen Bereich

bleibt das Ergebnis der Integration auch im diskreten Fall erhalten. Wir können jetzt die Feldenergie (4.431) in den diskreten Fall überführen

$$\hat{H} = \sum_{k} \sum_{j=1}^{2} \hbar\omega_k \left( \frac{\pi^3}{V} \hat{b}^\dagger_{kj} \hat{b}_{kj} + \frac{1}{2} \right) = \sum_{k} \sum_{j=1}^{2} \hbar\omega_k \left( \hat{c}^\dagger_{kj} \hat{c}_{kj} + \frac{1}{2} \right) \tag{4.436}$$

wobei wir die neuen Erzeugungs- und Vernichtungsoperatoren

$$\hat{c}^\dagger_{kj} = \sqrt{\frac{\pi^3}{V}} \hat{b}^\dagger_{kj} \qquad \text{und} \qquad \hat{c}_{kj} = \sqrt{\frac{\pi^3}{V}} \hat{b}_{kj} \tag{4.437}$$

eingeführt haben. Man überzeugt sich leicht, dass unter Beachtung von (4.435) die Kommutationsregeln (4.427) die folgende Gestalt annehmen

$$\left[ \hat{c}_{kj}, \hat{c}^\dagger_{k'j'} \right] = \delta_{k,k'} \delta_{jj'} \qquad \left[ \hat{c}^\dagger_{kj}, \hat{c}^\dagger_{k'j'} \right] = 0 \qquad \left[ \hat{c}_{kj}, \hat{c}_{k'j'} \right] = 0 \tag{4.438}$$

Natürlich ist auch im diskreten Fall die Vakuumenergie immer noch divergent, da jetzt über eine unendlich große Anzahl von Wellenzahlvektoren summiert wird. Es ist allerdings möglich, dass eine Veränderung der Geometrie eine endliche und damit messbare Änderung der Vakuumenergie erzeugt. Dazu betrachten wir zwei parallele metallische Platten im Abstand $R$, zwischen denen eine dritte Platte im Abstand von jeweils $R/2$ zu den beiden anderen Platten eingeschoben ist. Diese Platte wird dann von ihrer anfänglichen Position parallel verschoben, so dass am Ende die Platte den Abstand $d$ bzw. $R - d$ zu den beiden anderen Platten hat, siehe Abb. 4.1.

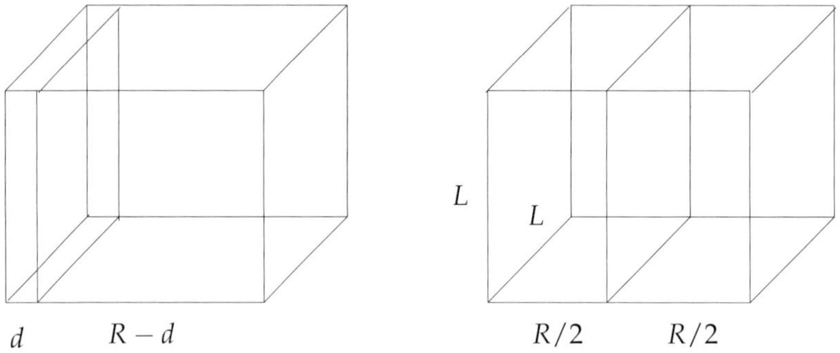


**Abb. 4.1** Anordnung der parallelen Platten beim Casimir-Effekt

Wir wollen jetzt berechnen, wie sich die Vakuumenergie des Gesamtsystems ändert. Dazu betrachten wir zunächst das rechteckige Volumen $V = L \times L \times d$. Weil sich in dem abgeschlossenen Volumen stehende Wellen ausbilden[104], sind die zulässigen Wellenvektoren durch

$$\boldsymbol{k} = \left( \frac{\pi n_x}{L}, \frac{\pi n_y}{L}, \frac{\pi n_z}{d} \right) \tag{4.439}$$

**104**) siehe Band III, Kap. 2.1

gegeben. Folglich ist die Vakuumenergie des Feldes durch

$$E_d = \hbar c \sum_{n_x,n_y,n_z} \sqrt{\left(\frac{\pi n_x}{L}\right)^2 + \left(\frac{\pi n_y}{L}\right)^2 + \left(\frac{\pi n_z}{d}\right)^2} \tag{4.440}$$

bestimmt, wobei wir bereits berücksichtigt haben, dass die Polarisationsrichtungen sich energetisch nicht unterscheiden. Deshalb sind jetzt auch $n_x$, $n_y$ und $n_z$ natürliche Zahlen. Da die Summe (4.440) divergent ist, führen wir jetzt einen künstlichen Dämpfungsterm ein

$$\begin{aligned} E_d(\lambda) &= \hbar c \sum_{n_x,n_y,n_z} \sqrt{\left(\frac{\pi n_x}{L}\right)^2 + \left(\frac{\pi n_y}{L}\right)^2 + \left(\frac{\pi n_z}{d}\right)^2} \\ &\quad \times \exp\left\{-\lambda\sqrt{\left(\frac{\pi n_x}{L}\right)^2 + \left(\frac{\pi n_y}{L}\right)^2 + \left(\frac{\pi n_z}{d}\right)^2}\right\} \end{aligned} \tag{4.441}$$

den wir am Ende der Rechnung durch den Grenzübergang $\lambda \to 0$ wieder entfernen. Die Summe kann jetzt ausgewertet werden. Für hinreichend große $L$ können wir in $x$- und $y$-Richtung die Summation durch die Integration ersetzen. Mit $\xi = \pi n_x/L$ und $\eta = \pi n_y/L$ ist dann

$$E_d(\lambda) = \frac{L^2\hbar c}{\pi^2} \sum_{n=1}^{\infty} \int_0^{\infty} d\xi \int_0^{\infty} d\eta \sqrt{\xi^2 + \eta^2 + \left(\frac{\pi n}{d}\right)^2} e^{-\lambda\sqrt{\xi^2+\eta^2+\left(\frac{\pi n}{d'}\right)^2}} \tag{4.442}$$

Durch die Substitution $\xi = (\pi n/d)\, r\cos\phi$ und $\eta = (\pi n/d)\, r\sin\phi$ werden Polarkoordinaten eingeführt und wir erhalten[105]

$$\begin{aligned} E_d(\lambda) &= \frac{\pi L^2\hbar c}{d^3} \sum_{n=1}^{\infty} n^3 \int_0^{\infty} r dr \int_0^{\pi/2} d\phi \sqrt{r^2+1} e^{-\frac{\pi\lambda n}{d}\sqrt{r^2+1}} \\ &= \frac{\pi^2 L^2\hbar c}{2d^3} \sum_{n=1}^{\infty} n^3 \int_0^{\infty} r dr \sqrt{r^2+1} e^{-\frac{\pi\lambda n}{d}\sqrt{r^2+1}} \end{aligned} \tag{4.443}$$

Mit $u = r^2$ ist dann

$$\begin{aligned} E_d(\lambda) &= \frac{\pi^2 L^2\hbar c}{4d^3} \sum_{n=1}^{\infty} n^3 \int_0^{\infty} du \sqrt{u+1} e^{-\frac{\pi\lambda n}{d}\sqrt{u+1}} \\ &= -\frac{L^2\hbar c}{4\pi} \left(\frac{\partial}{\partial\lambda}\right)^3 \int_0^{\infty} \frac{du}{1+u} \sum_{n=1}^{\infty} e^{-\frac{\pi\lambda n}{d}\sqrt{u+1}} \end{aligned} \tag{4.444}$$

**105**) Man beachte, dass die Winkelintegration wegen $n_x, n_y > 0$ und damit $\xi, \eta > 0$ nur über das Intervall $\phi \in [0, \pi/2]$ erfolgt.

Die Summe kann jetzt ausgewertet werden. Wir erhalten

$$\sum_{n=1}^{\infty} e^{-\frac{\pi\lambda n}{d}\sqrt{u+1}} = \sum_{n=0}^{\infty} e^{-\frac{\pi\lambda n}{d}\sqrt{u+1}} - 1 = \frac{1}{e^{\frac{\pi\lambda}{d}\sqrt{u+1}} - 1} \tag{4.445}$$

und deshalb mit $w = \sqrt{1+u}$

$$E_d(\lambda) = -\frac{L^2\hbar c}{4\pi}\left(\frac{\partial}{\partial\lambda}\right)^3 \int_0^{\infty} \frac{du}{1+u}\frac{1}{e^{\frac{\pi\lambda}{d}\sqrt{u+1}} - 1} \tag{4.446}$$

$$= -\frac{L^2\hbar c}{2\pi}\left(\frac{\partial}{\partial\lambda}\right)^2 \int_1^{\infty} \frac{dw}{w}\frac{\partial}{\partial\lambda}\frac{1}{e^{\frac{\pi\lambda}{d}w} - 1} \tag{4.447}$$

$$= \frac{L^2\hbar c}{2d}\left(\frac{\partial}{\partial\lambda}\right)^2 \int_1^{\infty} dw \frac{e^{\frac{\pi\lambda}{d}w}}{\left(e^{\frac{\pi\lambda}{d}w} - 1\right)^2} \tag{4.448}$$

Mit $z = \exp\{\pi\lambda w/d\}$ gelangen wir dann zu

$$E_d(\lambda) = \frac{L^2\hbar c}{2\pi}\left(\frac{\partial}{\partial\lambda}\right)^2 \frac{1}{\lambda} \int_{e^{\pi\lambda/d}}^{\infty} \frac{dz}{(z-1)^2}$$

$$= \frac{L^2\hbar c}{2d}\left(\frac{\partial}{\partial\lambda}\right)^2 \left(\frac{d}{\pi\lambda}\right)^2 \frac{\pi\lambda/d}{e^{\pi\lambda/d} - 1} \tag{4.449}$$

Da wir später den Grenzübergang $\lambda \to 0$ ausführen wollen, genügt es, das asymptotische Verhalten des verbleibenden Ausdrucks für kleine Werte $\lambda$ zu kennen. Dazu benutzen wir die Reihenentwicklung

$$\frac{x}{e^x - 1} = 1 - \frac{x}{2} + \frac{x^2}{12} - \frac{x^4}{720} + o\left(x^5\right) \tag{4.450}$$

mit deren Hilfe wir

$$E_d(\lambda) = \frac{L^2\hbar c}{2}\left(\frac{\partial}{\partial\lambda}\right)^2 \left[\frac{d}{\pi^2\lambda^2} - \frac{1}{2\pi\lambda} + \frac{1}{12d} - \frac{\pi^2\lambda^2}{720d^3} + o\left(\lambda^3\right)\right]$$

$$= L^2\hbar c\left[\frac{3d}{\pi^2\lambda^4} - \frac{1}{2\pi\lambda^3} - \frac{\pi^2}{720d^3} + o(\lambda)\right] \tag{4.451}$$

bekommen. Das zweite Volumen der Größe $L \times L \times (R-d)$ hat dann die Vakuumenergie

$$E_{R-d}(\lambda) = L^2\hbar c\left[\frac{3(R-d)}{\pi^2\lambda^4} - \frac{1}{2\pi\lambda^3} - \frac{\pi^2}{720(R-d)^3} + o(\lambda)\right] \tag{4.452}$$

so dass wir als Gesamtenergie erhalten

$$E_d(\lambda) + E_{R-d}(\lambda) = L^2\hbar c\left[\frac{3R}{\pi^2\lambda^4} - \frac{1}{\pi\lambda^3} - \frac{\pi^2}{720(R-d)^3} - \frac{\pi^2}{720d^3}\right] + o(\lambda) \tag{4.453}$$

Demgegenüber ist die Gesamtvakuumenergie für den Fall, dass die Plattenabstände jeweils $R/2$ sind

$$E_{R/2}(\lambda) + E_{R/2}(\lambda) = L^2\hbar c\left[\frac{3R}{\pi^2\lambda^4} - \frac{1}{\pi\lambda^3} - \frac{\pi^2}{45R^3}\right] + o(\lambda) \tag{4.454}$$

Die Differenz der Vakuumenergie zwischen beiden Plattenkonfigurationen ist dann

$$U(d,\lambda) = \pi^2 L^2\hbar c\left[-\frac{1}{720(R-d)^3} - \frac{1}{720d^3} + \frac{1}{45R^3}\right] + o(\lambda) \tag{4.455}$$

Wir können jetzt den Grenzübergang $\lambda \to 0$ ausführen und damit den künstlich eingeführten Dämpfungsterm wieder entfernen. Als Ergebnis erhalten wir

$$U(d) = \lim_{\lambda\to 0} U(d,\lambda) = \pi^2 L^2\hbar c\left[\frac{1}{45R^3} - \frac{1}{720(R-d)^3} - \frac{1}{720d^3}\right] \tag{4.456}$$

Rücken wir jetzt die beiden äußeren Platten unendlich weit auseinander, d.h. führen wir den Grenzübergang $R \to \infty$ aus, dann wird die Energiedifferenz nur noch vom Abstand $d$ der mittleren Platte zu der näheren äußeren Platte bestimmt

$$U(d) = -\frac{\pi^2}{720}\frac{L^2\hbar c}{d^3} \tag{4.457}$$

Die Kraft zwischen den beiden nahestehenden Platten ergibt sich dann als

$$F(d) = -\frac{\partial U(d)}{\partial d} = -\frac{\pi^2}{240}\frac{L^2\hbar c}{d^4} \tag{4.458}$$

Diese Kraft ist attraktiv und zudem sehr universell. Sie wird nur von der Fläche der Platten, ihrem Abstand und der Konstante $\hbar c$ bestimmt. Um die Größenordnung abzuschätzen, bestimmen wir die Kraft auf zwei Platten der Fläche $L^2 = 100\text{cm}^2$. Bei einem Abstand von $d = 1\mu\text{m}$ entsteht eine Kraft von $1.3 \times 10^{-5}$N. Diese Kraft ist zwar gering, aber mit den heutigen experimentellen Methoden mit hinreichender Genauigkeit zu bestimmen. Beachtet man noch, dass auch die Vakuumenergien anderer Partikel ebenfalls in die Rechnungen einzubeziehen sind, die teilweise wegen ihres entgegengesetzten Vorzeichens, siehe (4.399), kompensierend wirken, dann findet man eine gute Übereinstimmung zwischen den theoretischen Vorhersagen und den experimentellen Messungen.

## 4.8.4 *Quantisierung in der Lorentz-Eichung

### 4.8.4.1 *Die Gupta-Bleuler-Quantisierung

Neben der Quantisierung des Maxwell-Feldes in der Strahlungseichung wird für viele Zwecke die Quantisierung in der Lorentz-Eichung bevorzugt. Das ist vor allem dann der Fall, wenn das elektromagnetische Feld in seiner Funktion als Vermittler der Wechselwirkung zwischen Ladungen benötigt wird. Bei dieser Form der Quantisierung geht man zunächst von vier Feldkomponenten $A^i$ und ebensovielen kanonisch konjugierten Impulskomponenten $\pi^i$ aus, die wegen (4.138) mit den Zeitableitungen der Feldkomponenten verknüpft sind. Die Lorentz-Eichung wird erst nach der kanonischen Quantisierung des elektromagnetischen Feldes als zusätzliche Forderung an die Operatoren eingeführt. Hinter diesem Konzept verbirgt sich der Gedanke, dass eine konsistente Quantentheorie des elektromagnetischen Feldes unabhängig von der speziellen Eichung sein muss und deshalb die Quantisierung bereits vor der Eichung realisiert werden sollte. Entsprechend den Prinzipien der kanonischen Quantisierung gehen wir jetzt von den gleichzeitigen Vertauschungsrelationen

$$\left[\hat{A}^k(\boldsymbol{x},t),\hat{A}^l(\boldsymbol{x}',t)\right] = \left[\hat{\pi}^k(\boldsymbol{x},t),\hat{\pi}^l(\boldsymbol{x}',t)\right] = 0 \tag{4.459}$$

und

$$\left[\hat{\pi}^k(\boldsymbol{x},t),\hat{A}^l(\boldsymbol{x}',t)\right] = \frac{\hbar}{i} g^{kl}\delta\left(\boldsymbol{x}-\boldsymbol{x}'\right) \tag{4.460}$$

aus. Die in den Vertauschungsrelationen auftretende Metrik ist notwendig, um die relativistische Invarianz zu sichern[106]. Der Hamilton-Operator in der Lorentz-Eichung folgt unmittelbar aus (4.139). Da die in (4.139) auftretenden Ableitungen sich auf die räumlichen Komponenten des Minkowski-Raumes beziehen, wir aber für die Integration über den Raum wieder wie gewöhnlich die dreidimensionalen Koordinaten des Euklidischen Raumes nutzen wollen, müssen wir die kontravarianten Ableitungen erst in kovariante Ableitungen des vierdimensionalen Minkowski-Raums überführen und dann als Ableitungen nach den Koordinaten des Euklidischen Raumes interpretieren. Wir erhalten somit $A^{k,\alpha} = -A^k_{,\alpha} = -\nabla_\alpha A^k$, wobei im letzten Ausdruck die $\alpha$-te Komponente des dreidimensionalen Gradienten der Feldkomponente $A^k(\boldsymbol{x},t)$ steht. Zwischen den ko- und kontravarianten Feldkomponenten selbst vermittelt aber immer noch die Minkowski-Metrik.

**106)** Allerdings sind die Vertauschungsrelationen noch nicht relativistisch-invariant. Man erkennt das daran, dass es sich um gleichzeitige Vertauschungsrelationen handelt, aber Gleichzeitigkeit ein relatives, also vom Inertialsystem abhängiges, Phänomen ist, siehe Band II, Kap. 3.3. Eine relativistisch-invariante Formulierung der Kommutationsrelationen führt auf den Begriff der Mikrokausalität, auf den wir hier aber nicht weiter eingehen wollen.

Da wir später die Lorentz-Eichung verwenden wollen, können wir den Hamilton-Operator des elektromagnetischen Feldes aus der klassischen Hamilton-Dichte (4.139) gewinnen

$$\hat{H} = -\frac{1}{2}\int d^3x \left[c^2\hat{\pi}^k(x,t)\hat{\pi}_k(x,t) + (\nabla\hat{A}^k(x,t))(\nabla\hat{A}_k(x,t))\right] \quad (4.461)$$

Mit den Vertauschungsrelationen (4.460) erhalten wir dann[107]

$$\begin{aligned}\dot{\hat{A}}^l(x,t) &= \frac{i}{\hbar}\left[\hat{H},\hat{A}^l(x,t)\right] \\ &= -\frac{ic^2}{2\hbar}\int d^3x' \left[\hat{\pi}^k(x',t)\hat{\pi}_k(x',t),\hat{A}^l(x,t)\right] \\ &= -\int d^3x' c^2 g^{kl}\delta\left(x-x'\right)\hat{\pi}_k(x',t) = -c^2\hat{\pi}^l(x,t) \end{aligned} \quad (4.462)$$

und[108]

$$\begin{aligned}\dot{\hat{\pi}}^l(x,t) &= \frac{i}{\hbar}\left[\hat{H},\hat{\pi}^l(x,t)\right] \\ &= -\frac{i}{2\hbar}\int d^3x' \left[(\nabla\hat{A}^k(x',t))(\nabla\hat{A}_k(x',t)),\hat{\pi}^l(x,t)\right] \\ &= -\int d^3x' \nabla^2_{x'}\hat{A}_k(x',t)g^{kl}\delta\left(x-x'\right) = -\nabla^2\hat{A}^l(x,t) \end{aligned} \quad (4.463)$$

als Bewegungsgleichung der Feld- und Impulsoperatoren. Hieraus folgt dann insbesondere

$$\frac{1}{c^2}\frac{\partial^2}{\partial t^2}\hat{A}^l(x,t) - \nabla^2\hat{A}^l(x,t) = \Box\hat{A}^l(x,t) = 0 \quad (4.464)$$

d. h. die Feldoperatoren genügen den gleichen Feldgleichungen wie die zugehörigen klassischen Felder[109]. Um die Quantisierung in der Lorentzeichung abzuschließen, muss man nur noch zeigen, dass es Feldoperatoren gibt, die der aus der klassischen Elektrodynamik folgenden Eichbedingung

$$\hat{A}^k_{,k} = c^{-1}\dot{\hat{A}}^0 + A^\alpha_{,\alpha} = 0 \quad (4.465)$$

**107**) Zur Berechnung der Kommutatoren benutzt man am besten die aus Band III, Kap. 4.5.2.2. bekannte Relation $[\hat{A}\hat{B},\hat{C}] = \hat{A}[\hat{B},\hat{C}] + [\hat{A},\hat{C}]\hat{B}$.

**108**) Hierzu beachte man $(\nabla\hat{A}^k(x',t)) = \nabla_{x'}\hat{A}^k(x',t)$ und deshalb

$$[(\nabla\hat{A}^k(x',t)),\hat{\pi}^l(x,t)] = \nabla_{x'}[\hat{A}^k(x',t),\hat{\pi}^l(x,t)] = i\hbar g^{kl}\nabla_{x'}\delta(x'-x)$$

Der Gradient der $\delta$-Funktion lässt sich durch eine partielle Integration auf den noch verbleibenden Operator $\nabla\hat{A}_k(x',t)$ übertragen.

**109**) Diese Aussage bezieht sich natürlich auf die Feldoperatoren im Heisenberg-Bild, das wir stets für das in diesem Band beschriebene kanonische Quantisierungsverfahren vorausgesetzt haben.

genügen. Wie bei der Strahlungseichung steht man aber auch jetzt vor einem Problem, das nur durch eine zusätzliche Vereinbarung behoben werden kann. Während man im Fall der Strahlungseichung die $\delta$-Funktion in der kanonischen Kommutationsrelation (4.413) durch eine transversale $\delta$-Funktion ersetzen musste, um eine konsistente Theorie zu erhalten, hat man jetzt zu berücksichtigen, dass die Lorentz-Eichung (4.465) sich nicht widerspruchsfrei als Operatorgleichung formulieren lässt. Bilden wir nämlich den Kommutator zwischen (4.465) und dem Feldoperator, dann erhalten wir wegen (4.462) und (4.460)[110]

$$\begin{aligned}\left[\hat{A}^k_{,k}(\boldsymbol{x},t), \hat{A}^l(\boldsymbol{x}',t)\right] &= \left[c^{-1}\partial_t \hat{A}^0(\boldsymbol{x},t), \hat{A}^l(\boldsymbol{x}',t)\right] + \left[\hat{A}^\alpha_{,\alpha}(\boldsymbol{x},t), \hat{A}^l(\boldsymbol{x}',t)\right] = \\ &= -c\left[\hat{\pi}^0(\boldsymbol{x},t), \hat{A}^l(\boldsymbol{x}',t)\right] = ic\hbar g^{0l}\delta\left(\boldsymbol{x}-\boldsymbol{x}'\right)\end{aligned} \tag{4.466}$$

im Widerspruch zu der aus der Lorentz-Bedingung $\hat{A}^k_{,k} = 0$ folgenden Forderung

$$\left[\hat{A}^k_{,k}(\boldsymbol{x},t), \hat{A}^l(\boldsymbol{x}',t)\right] = 0 \tag{4.467}$$

Um diese Schwierigkeit zu umgehen, schlugen S.N. Gupta und K. Bleuler vor, die Lorentz-Eichung nur in einer abgeschwächten Version, nämlich als Forderung an den Erwartungswert, zu stellen. Demnach soll für jeden zulässigen Feldzustand $|\Phi\rangle$ nur der Erwartungswert

$$\langle\Phi|\,\hat{A}^k_{,k}(\boldsymbol{x},t)\,|\Phi\rangle = 0 \tag{4.468}$$

verschwinden, während $\hat{A}^k_{,k}(\boldsymbol{x},t) \neq 0$ zugelassen wird. Trotzdem ist die Lorentz-Eichung indirekt ein Bestandteil der Quantisierung, denn die klassische Hamilton-Dichte (4.139), die als Ausgangspunkt der Quantisierung diente, ließ sich erst unter Verwendung dieser Bedingung in dieser Form schreiben, siehe Abschnitt 4.3.4.1.

#### 4.8.4.2 *Entwicklung der Feldoperatoren nach ebenen Wellen

Aus der Lösung der Wellengleichung (4.464) folgt, dass die Entwicklung der Feldoperatoren wieder die aus der Quantisierung in der Strahlungseichung bekannte Form (4.423) haben muss. Der einzige Unterschied besteht darin, dass wir jetzt alle Polarisationsvektoren zulassen müssen

$$\hat{A}^l(\boldsymbol{x},t) = \int d^3k \sum_\lambda u\left(\boldsymbol{k}\right)\left[e^l_{\boldsymbol{k}\lambda} \mathrm{e}^{i(\boldsymbol{k}\boldsymbol{x}-\omega_k t)}\hat{b}_{\boldsymbol{k}\lambda} + e^l_{\boldsymbol{k}\lambda}\mathrm{e}^{-i(\boldsymbol{k}\boldsymbol{x}-\omega_k t)}\hat{b}^\dagger_{\boldsymbol{k}\lambda}\right] \tag{4.469}$$

Die Funktion $u\left(\boldsymbol{k}\right)$ ist durch (4.424) bestimmt und dient nur dazu, die noch zu bestimmenden Vertauschungsrelationen der Operatoren $\hat{b}_{\boldsymbol{k}\lambda}$ und $\hat{b}^\dagger_{\boldsymbol{k}\lambda}$ möglichst einfach zu gestalten. Im Gegensatz zur Situation der Strahlungseichung

**110)** Wobei $\left[\hat{A}^\alpha_{,\alpha}(\boldsymbol{x},t), \hat{A}^l(\boldsymbol{x}',t)\right] = \partial/\partial x^\alpha\left[\hat{A}^\alpha(\boldsymbol{x},t), \hat{A}^l(\boldsymbol{x}',t)\right] = 0$ verwendet wird.

sind die zu jedem Wellenvektor gehörigen Polarisationsvektoren $e^l_{k\lambda}$ Vierervektoren. Die Vollständigkeit des aus diesen Vektoren gebildeten Basissystems verlangt die Existenz von vier unabhängigen Polarisationsvektoren. Da wir andererseits an die Feldoperatoren keine Nebenbedingung stellen[111], sind die vier Feldkomponenten $\hat{A}^l(\boldsymbol{x}, t)$ ebenfalls unabhängig. Folglich gibt es auch vier unabhängige Operatoren $\hat{b}_{k\lambda}$. Die Polarisationsvektoren werden so gewählt, dass sie die Orthogonalitätsbedingungen

$$g_{jl} e^j_{k\lambda'} e^l_{k\lambda} = g_{\lambda\lambda'} \tag{4.470}$$

erfüllen. Orientieren wir das räumliche Koordinatensystem so, dass die $z$-Richtung parallel zum Wellenvektor ist, dann hat der Viererwellenvektor $\vec{k}$ in der kontravarianten Darstellung die Komponenten $(k^j) = (\omega_{\boldsymbol{k}}/c, \boldsymbol{k})$ also

$$k^0 = |\boldsymbol{k}| \qquad k^1 = 0 \qquad k^2 = 0 \qquad k^3 = |\boldsymbol{k}| \tag{4.471}$$

Wir wählen dann die Polarisationsvektoren entsprechend

$$(e^m_{k0}) = \begin{pmatrix} 1 \\ 0 \\ 0 \\ 0 \end{pmatrix} \quad (e^m_{k1}) = \begin{pmatrix} 0 \\ 1 \\ 0 \\ 0 \end{pmatrix} \quad (e^m_{k2}) = \begin{pmatrix} 0 \\ 0 \\ 1 \\ 0 \end{pmatrix} \quad (e^m_{k3}) = \begin{pmatrix} 0 \\ 0 \\ 0 \\ 1 \end{pmatrix} \tag{4.472}$$

Damit gelten die folgenden Zusammenhänge

$$k_m e^m_{k0} = |\boldsymbol{k}| \qquad k_m e^m_{k1} = 0 \qquad k_m e^m_{k2} = 0 \qquad k_m e^m_{k3} = -|\boldsymbol{k}| \tag{4.473}$$

die als Skalarprodukt von je zwei Vierervektoren sogar invariant gegenüber Lorentz-Transformationen sind. Im Minkowski-Raum stehen also zwei Polarisationsvektoren senkrecht auf dem Wellenvektor. Diese Orthogonalität gilt auch für die Komponenten im dreidimensionalen Raum. Die mit diesen Polarisationen verbundenen transversalen Photonen sind experimentell nachweisbar. Die durch $e^m_{k3}$ beschriebenen Photonen werden als *longitudinale Photonen* bezeichnet, da auch im dreidimensionalen Raum der Wellenzahlvektor $\boldsymbol{k}$ parallel zum Polarisationsvektor steht. Schließlich treten noch zeitartige oder *skalare Photonen* auf, die mit dem Polarisationsvektor $e^m_{k0}$ verbunden sind. Longitudinale und skalare Photonen werden experimentell nicht beobachtet. Deshalb werden sie auch als virtuelle Photonen bezeichnet. Trotzdem spielen diese Photonen eine wichtige Rolle zur konsistenten Beschreibung der elektrostatischen Wechselwirkung zwischen Ladungen[112]. Würde man die virtuellen

**111)** Die Lorentz-Eichung wird im Sinne der Gupta-Bleuler-Quantisierung erst über die Erwartungswerte wieder berücksichtigt, nicht aber über eine Nebenbedingung an die Operatoren.

**112)** In der Strahlungseichung muss dagegen die elektrostatische Wechselwirkung in Form einer Fernwirkung, siehe Kap. 4.5.3, berücksichtigt werden.

Photonen in der Theorie des quantisierten Maxwell-Feldes nicht berücksichtigen, dann wären die mit dieser inkonsistenten Theorie bestimmten Streuquerschnitte für Stoßprozesse zwischen elektrisch geladenen Partikeln fehlerhaft. Die vier Polarisationsvektoren bilden ein vollständiges Basissystem. Die Vollständigkeitsrelation kann in der Form

$$\sum_{\lambda=0}^{3} g_{\lambda\lambda} e_{k\lambda}^{m} e_{k\lambda}^{n} = e_{k0}^{m} e_{k0}^{n} - e_{k1}^{m} e_{k1}^{n} - e_{k2}^{m} e_{k2}^{n} - e_{k3}^{m} e_{k3}^{n} = g^{mn} \tag{4.474}$$

geschrieben werden. Da auf beiden Seiten dieser Beziehung Tensoren zweiter Stufe stehen, gilt diese Beziehung für alle Inertialsysteme. Wir müssen also nur zeigen, dass diese Beziehung in einem speziellen Inertialsystem erfüllt ist. Dazu wählen wir die Polarisationsvektoren (4.472) und erhalten

$$e_{k0}^{m} e_{k0}^{n} = \delta_0^m \delta_0^n \quad e_{k1}^{m} e_{k1}^{n} = \delta_1^m \delta_1^n \quad e_{k2}^{m} e_{k2}^{n} = \delta_2^m \delta_2^n \quad e_{k3}^{m} e_{k3}^{n} = \delta_3^m \delta_3^n \tag{4.475}$$

woraus wir, wie auch zu erwarten war

$$\sum_{\lambda=0}^{3} g_{\lambda\lambda} e_{k\lambda}^{m} e_{k\lambda}^{n} = \left\{ \begin{array}{ccc} 1 & \text{für} & m = n = 0 \\ -1 & \text{für} & m = n \neq 0 \\ 0 & \text{sonst} & \end{array} \right\} = g^{mn} \tag{4.476}$$

erhalten.

Aus (4.469) erhalten wir zusammen mit der Bewegungsgleichung (4.462) die Entwicklung des Feldimpulses nach ebenen Wellen

$$\hat{\pi}^l(x,t) = \int d^3k \sum_{\lambda} \frac{iu(\boldsymbol{k})\,\omega_k}{c^2} \left[ e_{k\lambda}^l \mathrm{e}^{i(kx-\omega_k t)} \hat{b}_{k\lambda} - e_{k\lambda}^l \mathrm{e}^{-i(kx-\omega_k t)} \hat{b}_{k\lambda}^\dagger \right] \tag{4.477}$$

Die Erzeugungs- und Vernichtungsoperatoren $\hat{b}_{k\lambda}$ und $\hat{b}_{k\lambda}^\dagger$ erfüllen die Kommutationsrelationen

$$\left[\hat{b}_{k\lambda}^\dagger, \hat{b}_{k'\lambda'}^\dagger\right] = \left[\hat{b}_{k\lambda}, \hat{b}_{k'\lambda'}\right] = 0 \quad \text{und} \quad \left[\hat{b}_{k\lambda}^\dagger, \hat{b}_{k'\lambda'}\right] = g_{\lambda\lambda'} \delta\left(\boldsymbol{k} - \boldsymbol{k}'\right) \tag{4.478}$$

Man überprüft diese Relationen am besten wieder, indem man zeigt, dass sich aus ihnen die Kommutationsrelationen (4.460) ableiten lassen. Wir beweisen diese Eigenschaft wieder nur an einem Beispiel. Es ist z. B.

$$\left[\hat{\pi}^k(\boldsymbol{x},t), \hat{A}^l(\boldsymbol{x}',t)\right] = -2 \int d^3k \sum_{\lambda,\lambda'} \frac{iu^2(\boldsymbol{k})\,\omega_k}{c^2} e_{k\lambda}^k \mathrm{e}^{ikx} e_{k\lambda'}^l \mathrm{e}^{-ikx'} g_{\lambda\lambda'} \tag{4.479}$$

Unter Benutzung der Vollständigkeitsrelation (4.474 ) und mit (4.424) erhalten wir

$$\left[\hat{\pi}^k(\boldsymbol{x},t), \hat{A}^l(\boldsymbol{x}',t)\right] = \frac{\hbar}{i} g^{kl} \int \frac{d^3k}{(2\pi)^3} \mathrm{e}^{ikx} \mathrm{e}^{-ikx'} = \frac{\hbar}{i} g^{kl} \delta\left(\boldsymbol{x} - \boldsymbol{x}'\right) \tag{4.480}$$

womit wir aus den Vertauschungsrelationen (4.478) die letzte der Kommutationsrelationen (4.460) bewiesen haben.

#### 4.8.4.3 *Feldenergie und Teilchenzahloperatoren

Mit der Entwicklung des Feldoperators (4.469) und des Impulsoperators (4.477) nach ebenen Wellen können wir auch die Energie des Feldes durch Erzeugungs- und Vernichtungsoperatoren ausdrücken. Setzen wir diese Ausdrücke in (4.461) ein, führen die Integration über $x$ und eine der beiden Integrationen über die Wellenzahlvektoren aus, dann bekommen wir mit $u(\boldsymbol{k}) = u(-\boldsymbol{k})$ und $\omega_k = \omega_{-k}$

$$\begin{aligned}
\hat{H} = & \frac{(2\pi)^3 c^2}{2} \int d^3k \sum_{\lambda,\lambda'} \left(\frac{u(\boldsymbol{k})\,\omega_k}{c^2}\right)^2 g_{lm} \Big[\mathrm{e}^{-2i\omega_k t} e^l_{k\lambda} e^m_{-k\lambda'} \hat{b}_{k\lambda} \hat{b}_{-k\lambda'} \\
& - e^l_{k\lambda} e^m_{k\lambda'} \hat{b}_{k\lambda} \hat{b}^\dagger_{k\lambda'} - e^l_{k\lambda} e^m_{k\lambda'} \hat{b}^\dagger_{k\lambda} \hat{b}_{k\lambda'} + \mathrm{e}^{2i\omega_k t} e^l_{k\lambda} e^m_{-k\lambda'} \hat{b}^\dagger_{k\lambda} \hat{b}^\dagger_{-k\lambda'}\Big] \\
& - \frac{(2\pi)^3}{2} \int d^3k \sum_{\lambda,\lambda'} u^2(\boldsymbol{k})\, \boldsymbol{k}^2 g_{ml} \Big[\mathrm{e}^{-2i\omega_k t} e^l_{k\lambda} e^m_{-k\lambda'} \hat{b}_{k\lambda} \hat{b}_{-k\lambda'} \\
& + e^l_{k\lambda} e^m_{k\lambda'} \hat{b}^\dagger_{k\lambda} \hat{b}_{k\lambda'} + e^l_{k\lambda} e^m_{k\lambda'} \hat{b}_{k\lambda} \hat{b}^\dagger_{k\lambda'} + \mathrm{e}^{2i\omega_k t} e^l_{k\lambda} \hat{b}^\dagger_{k\lambda} e^m_{-k\lambda'} \hat{b}^\dagger_{-k\lambda'}\Big]
\end{aligned} \tag{4.481}$$

Beachtet man (4.424) und $\omega_k^2 = c^2 \boldsymbol{k}^2$, dann wird hieraus

$$\begin{aligned}
\hat{H} &= -\frac{1}{2} \int d^3k \sum_{\lambda,\lambda'} \hbar\omega_k g_{lm} e^l_{k\lambda} e^m_{k\lambda'} \left(\hat{b}_{k\lambda} \hat{b}^\dagger_{k\lambda'} + \hat{b}^\dagger_{k\lambda} \hat{b}_{k\lambda'}\right) \\
&= -\frac{1}{2} \int d^3k \sum_{\lambda,\lambda'} \hbar\omega_k g_{\lambda\lambda'} \left(\hat{b}_{k\lambda} \hat{b}^\dagger_{k\lambda'} + \hat{b}^\dagger_{k\lambda} \hat{b}_{k\lambda'}\right)
\end{aligned} \tag{4.482}$$

wobei im letzten Schritt die Orthogonalitätsrelation (4.470) verwendet wurde. Beachtet man noch die Eigenschaft $g_{\lambda\lambda'} = 0$ für $\lambda \neq \lambda'$ und die Vertauschungsrelationen (4.478), dann erhalten wir

$$\hat{H} = -\int d^3k \sum_{\lambda} \hbar\omega_k g_{\lambda\lambda} \hat{b}^\dagger_{k\lambda} \hat{b}_{k\lambda} + \frac{1}{2} \int d^3k \sum_{\lambda} \hbar\omega_k g^2_{\lambda\lambda} \delta(\boldsymbol{0}) \tag{4.483}$$

Der zweite Summand ist wieder die divergente Vakuumenergie. Wenn wir $\hat{b}^\dagger_{k\lambda}$ und $\hat{b}_{k\lambda}$ als Erzeugungs- und Vernichtungsoperatoren interpretieren wollen, dann ist

$$\hat{n}_{k\lambda} = -g_{\lambda\lambda} \hat{b}^\dagger_{k\lambda} \hat{b}_{k\lambda} \tag{4.484}$$

der Teilchenzahloperator für Photonen des Wellenvektors $\boldsymbol{k}$ und der Polarisation $\lambda$. Während für transversale und longitudinale Photonen die Teilchenzahloperatoren die Gestalt $\hat{n}_{k\lambda} = \hat{b}^\dagger_{k\lambda} \hat{b}_{k\lambda}$ ($\lambda \neq 0$) annehmen und damit zu positiven Besetzungszahlen führen, gilt für zeitartige Photonen $\hat{n}_{k0} = -\hat{b}^\dagger_{k0} \hat{b}_{k0}$,

d. h. diese Teilchen haben negative Besetzungszahlen. Folglich sind auch die Energiebeiträge zeitartiger Photonen negativ, womit erhebliche Interpretationsprobleme verbunden sind. Da in der Strahlungseichung solche Schwierigkeiten nicht auftreten, könnte man vorschnell vermuten, dass die experimentell sowieso nicht beobachtbaren skalaren Photonen als Folge einer unzureichenden Theorie zu werten sind. Diese Situation wird noch dadurch verschärft, dass die Metrik des Hilbert-Raums der Feldzustände unter Einschluss der skalaren Photonen indefinit wird. Um diese Aussage zu beweisen, betrachten wir einen Zustand mit nur einem skalaren Photon, der aus dem Grundzustand $|\mathbf{0}\rangle$ durch Anwendung des zeitartigen Erzeugungsoperators entsteht

$$|\Phi\rangle = |0, ...0, 1, 0, ...\rangle = \hat{b}_{k0}^{\dagger} |\mathbf{0}\rangle \tag{4.485}$$

Dann lautet das Skalarprodukt

$$\langle \Phi | \Phi \rangle = \langle \mathbf{0} | \hat{b}_{k0} \hat{b}_{k0}^{\dagger} | \mathbf{0} \rangle \tag{4.486}$$

woraus wir unter Beachtung der Vertauschungsrelationen (4.478) erhalten

$$\langle \Phi | \Phi \rangle = \langle \mathbf{0} | \hat{b}_{k0}^{\dagger} \hat{b}_{k0} - g_{\lambda\lambda'} \delta(\mathbf{0}) | \mathbf{0} \rangle = \langle \mathbf{0} | \hat{b}_{k0}^{\dagger} \hat{b}_{k0} | \mathbf{0} \rangle - g_{\lambda\lambda'} \delta(\mathbf{0}) \langle \mathbf{0} | \mathbf{0} \rangle \tag{4.487}$$

und damit

$$\langle \Phi | \Phi \rangle = -g_{\lambda\lambda'} \delta(\mathbf{0}) < 0 \tag{4.488}$$

d. h. die Norm dieses Feldzustands wird negativ. Hieraus können wir schließen, dass die Konstruktion der Feldzustände nach dem Standardkonzept[113] aus den Kommutationsrelationen (4.478) auf einen Hilbert-Raum mit einer, der Minkowski-Metrik entsprechenden, indefiniten Metrik führt.

Wir können aber die mit den negativen Teilchenzahlen und Energien sowie die mit der indefiniten Metrik des Hilbert-Raums verbundenen Schwierigkeiten umgehen, wenn wir die Lorentz-Eichung (4.468) wieder berücksichtigen und nur Feldzustände zulassen, die dieser Bedingung genügen. Dazu zerlegen wir den Feldoperator $\hat{A}^l(\boldsymbol{x}, t)$ entsprechend

$$\hat{A}^l(\boldsymbol{x}, t) = \hat{A}^{(+)l}(\boldsymbol{x}, t) + \hat{A}^{(-)l}(\boldsymbol{x}, t) \tag{4.489}$$

mit

$$\hat{A}^{(+)l}(\boldsymbol{x}, t) = \int d^3k \sum_{\lambda} u(\boldsymbol{k})\, e_{k\lambda}^l \mathrm{e}^{-i(kx - \omega_k t)} \hat{b}_{k\lambda}^{\dagger} \tag{4.490}$$

und

$$\hat{A}^{(-)l}(\boldsymbol{x}, t) = \int d^3k \sum_{\lambda} u(\boldsymbol{k})\, e_{k\lambda}^l \mathrm{e}^{i(kx - \omega_k t)} \hat{b}_{k\lambda} \tag{4.491}$$

**113**) siehe Abschnitt 4.5.1

Unter Berücksichtigung von[114]

$$\begin{aligned}\langle\Phi|\,\partial_l\hat{A}^{(+)l}(\boldsymbol{x},t)\,|\Phi\rangle &= \langle\Phi|\left[\partial_l\hat{A}^{(+)l}(\boldsymbol{x},t)\right]^{\dagger}|\Phi\rangle^{*}\\ &= \langle\Phi|\,\partial_l\hat{A}^{(-)l}(\boldsymbol{x},t)\,|\Phi\rangle^{*}\end{aligned}\tag{4.492}$$

können wir anstelle (4.468) auch die schwächere Forderung

$$\partial_l\hat{A}^{(-)l}(\boldsymbol{x},t)\,|\Phi\rangle = 0 \tag{4.493}$$

als Lorentz-Eichung benutzen. Alle Zustände, die (4.493) erfüllen, liefern natürlich $\langle\Phi|\,\partial_l\hat{A}^{(-)l}(\boldsymbol{x},t)\,|\Phi\rangle = 0$ und damit wegen (4.492) letztenlich auch die Bedingung $\langle\Phi|\,\partial_l\hat{A}^{(+)l}(\boldsymbol{x},t)\,|\Phi\rangle = 0$, woraus wegen (4.489) sofort die Lorentz-Eichung (4.468) folgt.

Zulässig sind nach Gupta und Bleuler nur solche Feldzustände $|\Phi\rangle$, die (4.493) erfüllen. Damit erhalten wir mit (4.491) und dem Viererwellenvektor in der kovarianten Darstellung $\vec{k} = (k_j) = (\omega_{\boldsymbol{k}}/c, -\boldsymbol{k})$

$$\partial_l\hat{A}^{(-)l}(\boldsymbol{x},t)\,|\Phi\rangle = -\int d^3k\sum_{\lambda} u\,(\boldsymbol{k})\,ik_l e^l_{\boldsymbol{k}\lambda}\mathrm{e}^{i(\boldsymbol{k}\boldsymbol{x}-\omega_{\boldsymbol{k}}t)}\hat{b}_{\boldsymbol{k}\lambda}\,|\Phi\rangle = 0 \tag{4.494}$$

Beachtet man noch (4.473), dann erhalten wir

$$\int d^3ku\,(\boldsymbol{k})\,|\boldsymbol{k}|\,\mathrm{e}^{i(\boldsymbol{k}\boldsymbol{x}-\omega_{\boldsymbol{k}}t)}\left[\hat{b}_{\boldsymbol{k}0}-\hat{b}_{\boldsymbol{k}3}\right]|\Phi\rangle = 0 \tag{4.495}$$

Da diese Relation für alle Orte $\boldsymbol{x}$ gelten soll, müssen die zulässigen Zustände des elektromagnetischen Feldes die Bedingung

$$\hat{b}_{\boldsymbol{k}0}\,|\Phi\rangle = \hat{b}_{\boldsymbol{k}3}\,|\Phi\rangle \tag{4.496}$$

erfüllen. Bilden wir hiervon das Skalarprodukt mit sich selbst, dann bekommen wir unter Beachtung von (4.484)

$$\langle\Phi|\,\hat{b}^{\dagger}_{\boldsymbol{k}0}\hat{b}_{\boldsymbol{k}0}\,|\Phi\rangle = \langle\Phi|\,\hat{b}^{\dagger}_{\boldsymbol{k}3}\hat{b}_{\boldsymbol{k}3}\,|\Phi\rangle \quad \text{also} \quad \langle\Phi|\,\hat{n}_{\boldsymbol{k}0}\,|\Phi\rangle + \langle\Phi|\,\hat{n}_{\boldsymbol{k}3}\,|\Phi\rangle = 0 \tag{4.497}$$

d. h. in jedem zulässigen Zustand des Maxwell-Feldes heben sich die mittlere Teilchenzahl der skalaren Photonen und der longitudinalen Photonen gegenseitig auf. Diese Aussage gilt auch für den Erwartungswert der Feldenergie, denn mit (4.484) und (4.497) folgt sofort

$$\langle\Phi|\,\hat{H}\,|\Phi\rangle = \int d^3k\sum_{\lambda=1}^{2}\hbar\omega_{\boldsymbol{k}}\,\langle\Phi|\,\hat{n}_{\boldsymbol{k}\lambda}\,|\Phi\rangle + \frac{1}{2}\int d^3k\sum_{\lambda}\hbar\omega_{\boldsymbol{k}}g^2_{\lambda\lambda}\delta\,(\mathbf{0}) \tag{4.498}$$

und folglich wird der Erwartungswert nur durch die Besetzung des Zustands $|\Phi\rangle$ mit transversalen Photonen bestimmt.

**114**) siehe Band III, Gleichung (4.55)

## Aufgaben

4.1 Beweisen Sie die Relation $\det M = \exp\{\mathrm{Sp} \ln M\}$ für eine beliebige Matrix $M$. Stellen Sie dazu $M$ in der Normalform $M = U^{-1} M_N U$ dar und beachten Sie die Eigenschaften von Determinante und Spur gegenüber Matrixprodukten.

4.2 Zeigen Sie, dass die Hamilton-Dichte (4.163) des klassischen Klein-Gordon-Feldes für ein komplexes Feld eine reelle Größe ist.

4.3 Zeigen Sie, dass man auf direktem Weg aus den Kommutationsrelationen (4.259) der Feldoperatoren und Feldimpulsdichteoperatoren die Kommutationsrelationen (4.263) der Erzeugungs- und Vernichtungsoperatoren ableiten kann.

4.4 Man leite analog zur Aufgabe 3.3 die Vertauschungsrelationen der Erzeugungs- und Vernichtungsoperatoren des komplexen Klein-Gordon-Feldes ab.

4.5 Man zeige, dass die Kommutationsrelationen der Erzeugungs- und Vernichtungsoperatoren des elektromagnetischen Feldes (4.427) aus den Vertauschungsrelationen (4.423) und (4.426) abgeleitet werden können.

## Maple-Aufgaben

4.I Bestimmen Sie die Dispersionsrelation $\omega = \omega(q)$ einer zyklischen Kette, die aus abwechselnd aufeinanderfolgenden Teilchen der Massen $m_1$ und $m_2$ und den Kraftkonstanten $\kappa_1$ und $\kappa_2$ besteht.

4.II Untersuchen Sie die Entwicklung des skalaren Potentials $\phi(x,t)$, das

a) der reskalierten eindimensionalen homogenen Wellengleichung

$$\frac{\partial^2}{\partial t^2}\phi(x,t) - \frac{\partial^2}{\partial x^2}\phi(x,t) = 0$$

b) der reskalierten eindimensionalen Klein-Gordon-Gleichung

$$\frac{\partial^2}{\partial t^2}\phi(x,t) - \frac{\partial^2}{\partial x^2}\phi(x,t) + m^2\phi(x,t) = 0$$

mit der Masse $m > 0$ genügt. Unter der Reskalierung soll hier die Wahl eines Einheitensystems verstanden werden, in dem $c = \hbar = 1$ gilt. Lösen Sie die Gleichungen in dem Gebiet $0 < x < L$ unter Verwendung zyklischer Randbedingungen $\phi(0,t) = \phi(L,t)$ und den folgenden Anfangsbedingungen:

1. $\phi(x,0) = x(1-x)$ für $0 < x < 1$ sowie $\phi(x,0) = 0$ sonst und $\phi_t(x,0) = 2x - 1$ für $0 < x < 1$ sowie $\phi_t(x,0) = 0$ sonst.
2. $\phi(x,0) = (x - L/2 + 1/2)(L/2 + 1/2 - x)$ für $L/2 - 1/2 < x < L/2 + 1/2$ sowie $\phi(x,0) = 0$ sonst und $\phi_t(x,0) = 0$ für alle Werte $0 < x < L$.

Versuchen Sie, die zeitliche Evolution des skalaren Felds graphisch zu animieren.

4.III Bestimmen Sie die forminvarianten Lösungen eines klassischen skalaren und reellen Feldes über dem eindimensionalen Raum mit dem Potentialterm $V = (\phi^2 - \lambda)^2$.

4.IV Bestimmen Sie die Erhaltungsgrößen der sogenannten Sinus-Gordon-Gleichung $u_{xt} = \sin(u)$.
*Hinweis*: Zeigen Sie zuerst, dass sich diese Gleichung in der Form $U_t - V_x = [V, U]$ mit den $2 \times 2$ -Matrizen

$$U = \frac{1}{2}\begin{pmatrix} -2i\lambda & u_x \\ u_x & 2i\lambda \end{pmatrix} \qquad \text{und} \qquad V = \begin{pmatrix} A & B \\ C & -A \end{pmatrix}$$

darstellen lässt. Weil $U_t - V_x = [V, U]$ aber auch die Integrabilitätsbedingung des Differentialgleichungssystems $\phi_x = U\phi$ und $\phi_t = V\phi$ ist, bekommt man für jede Lösung $\phi$ sofort die Kontinuitätsgleichung$(U\phi)_t = (V\phi)_x$ mit der Dichte $U\phi$ und dem Strom $-V\phi$. Da der Parameter $\lambda$ völlig frei ist, bilden auch die einander entsprechenden Entwicklungskoeffizienten der Dichte und des Stromes nach Potenzen von $\lambda$ jeweils eine eigenständige Kontinuitätsgleichung, so dass, falls diese Reihenentwicklung nicht abbricht, zur Sinus-Gordon-Gleichung unendlich viele Erhaltungssätze gehören.

4.V Der Hamilton-Operator eines Photon-Polaronen-Systems hat in der zweiten Quantisierung die Gestalt:

$$\begin{aligned} \hat{H} &= \sum_{k} \hbar c\,|\boldsymbol{k}|\,\hat{a}_k^\dagger \hat{a}_k + \sum_{k} \hbar\sqrt{\omega_0^2 + \chi}\,\hat{c}_k^\dagger \hat{c}_k \\ &+ \sum_{k} \frac{i\hbar c\,|\boldsymbol{k}|}{4\sqrt{\omega_0^2 + \chi}} \left[\hat{a}_k \hat{c}_k + \hat{a}_k \hat{c}_{-k}^\dagger - \hat{a}_{-k}^\dagger \hat{c}_k - \hat{a}_{-k}^\dagger \hat{c}_{-k}^\dagger\right] \end{aligned}$$

Zeigen Sie, dass dieser durch eine kanonische Transformation der Erzeugungs- und Vernichtungsoperatoren in die Gestalt

$$\hat{H} = \sum_{k} W_1(\boldsymbol{k})\,\hat{b}_{1,k}^\dagger \hat{b}_{1,k} + \sum_{k} W_2(\boldsymbol{k})\,\hat{b}_{2,k}^\dagger \hat{b}_{2,k}$$

gebracht werden kann und bestimmen Sie die Energien $W_1(\boldsymbol{k})$ und $W_2(\boldsymbol{k})$.

# 5
# *Quantenelektrodynamik

## 5.1
## *Grundlagen der quantenfeldtheoretischen Streutheorie

### 5.1.1
### *Streuamplituden

Die Quantenelektrodynamik befasst sich mit der Quantenfeldtheorie wechselwirkender Maxwell- und Materiefelder. Wir werden uns in diesem Kapitel ausschließlich mit dem quantisierten Dirac-Maxwell-Feld beschäftigen. Die Wechselwirkung zwischen den Feldern führt dazu, dass eine exakte Lösung von physikalisch relevanten Problemen im Allgemeinen nicht mehr möglich ist. Man wird vielmehr auf störungstheoretische Resultate zurückgreifen müssen. Für die meisten Untersuchungen wird es sich dabei als zweckmäßig erweisen, den Hamilton-Operator des Dirac-Maxwell-Felds in einen Anteil $\hat{H}_0$, der die freien Felder enthält, und einen Wechselwirkungsbeitrag $\hat{H}'$ zu zerlegen

$$\hat{H} = \hat{H}_0 + \hat{H}' \tag{5.1}$$

Aus (4.199) folgt, dass der letztere Beitrag nach der Quantisierung in der Form

$$\hat{H}' = e \int d^3x \hat{A}_k(\boldsymbol{x}, t) \hat{\psi}^\dagger(\boldsymbol{x}, t) \gamma^0 \gamma^k \hat{\psi}(\boldsymbol{x}, t) \tag{5.2}$$

geschrieben werden kann. Allgemein wird das Ziel darin bestehen, die Wahrscheinlichkeit zu bestimmen, mit der das System vom Feldzustand $|\Phi(0)\rangle$ des Dirac-Maxwell-Feldes zur Zeit $t = 0$ in den Zustand $|\Phi(t)\rangle$ zu einer späteren Zeit übergeht. Im Schrödinger-Bild kann diese Evolution unter Voraussetzung eines autonomen[1] Hamilton-Operators durch

$$|\Phi(t)\rangle = \exp\left\{-\frac{i}{\hbar}\hat{H}t\right\} |\Phi(0)\rangle \tag{5.3}$$

1) also explizit zeitunabhängigen

*Theoretische Physik IV: Quantenmechanik 2*. Peter Reineker, Michael Schulz, Beatrix M. Schulz

ISBN: 978-3-527-40643-2

beschrieben werden. Die Frage ist nun, wie man diese zeitliche Entwicklung bei einem Dirac-Maxwell-Feld berechnen soll. Dazu gehen wir[2] davon aus, dass die Feldeigenzustände[3] $|n\rangle$ des ungestörten Operators $\hat{H}_0$ bestimmbar sind. Wegen der Vollständigkeit kann der Endzustand $|\Phi(t)\rangle$ nach diesen Eigenzuständen entwickelt werden

$$|\Phi(t)\rangle = \sum_n |n\rangle \langle n|\Phi(t)\rangle = \sum_n c_n(t)\,|n\rangle \tag{5.4}$$

Aus der zeitabhängigen Wahrscheinlichkeitsamplitude

$$c_n(t) = \langle n|\Phi(t)\rangle = \langle n|\exp\left\{-\frac{i}{\hbar}\hat{H}t\right\}|\Phi(0)\rangle \tag{5.5}$$

bestimmt sich dann die Wahrscheinlichkeit $w_n(t) = |c_n(t)|^2$, den Feldzustand $|n\rangle$ zur Zeit $t$ zu messen. Auch der Anfangszustand $|\Phi(0)\rangle$ kann nach den Eigenzuständen von $\hat{H}_0$ entwickelt werden

$$|\Phi(0)\rangle = \sum_n |n\rangle \langle n|\Phi(0)\rangle = \sum_n c_n(0)\,|n\rangle \tag{5.6}$$

Setzen wir diese Entwicklung in (5.5) ein, dann folgt

$$c_n(t) = \sum_m \langle n|\exp\left\{-\frac{i}{\hbar}\hat{H}t\right\}|m\rangle\, c_m(0) = \sum_m S_{nm}(t) c_m(0) \tag{5.7}$$

wobei wir im letzten Ausdruck die *Übergangsamplituden*

$$S_{nm}(t) = \langle n|\exp\left\{-\frac{i}{\hbar}\hat{H}t\right\}|m\rangle \tag{5.8}$$

eingeführt haben. Die $S_{nm}(t)$ lassen sich zu der bereits bekannten *Streumatrix*[4] zusammenfassen, deren Kenntnis vollständig zur Beschreibung der zeitlichen Evolution des Gesamtfeldes ausreicht. Natürlich wird man in den meisten Fällen nur an bestimmten Elementen der Streumatrix interessiert sein, so dass wir unser Hauptaugenmerk auf die konkrete Berechnung der Übergangsamplituden richten werden. Für jede Streumatrix gilt die Normierung

$$\begin{aligned}
\sum_m |S_{nm}(t)|^2 &= \sum_m S_{nm}(t) S^*_{nm}(t) = \sum_m S_{nm}(t) S^\dagger_{mn}(t) \\
&= \sum_m \langle n|\exp\left\{-\frac{i}{\hbar}\hat{H}t\right\}|m\rangle \langle m|\exp\left\{\frac{i}{\hbar}\hat{H}t\right\}|n\rangle \\
&= \langle n|\exp\left\{-\frac{i}{\hbar}\hat{H}t\right\}\exp\left\{\frac{i}{\hbar}\hat{H}t\right\}|n\rangle = \langle n|n\rangle
\end{aligned} \tag{5.9}$$

2) analog zur Störungstheorie der Schrödinger-Gleichung, siehe Band III, Kap. 7

3) Diese setzen sich aus den Eigenzuständen des Dirac-Feldes $|n\rangle_D$ und den Eigenzuständen des Maxwell-Feldes $|m\rangle_M$ entsprechend $|n\rangle = |n\rangle_D \otimes |n\rangle_M$ als Tensorprodukt (direktes Produkt, siehe Band III, Kap. 10.4) zusammen.

4) siehe Abschnitt 3.2.3

also

$$\sum_m |S_{nm}(t)|^2 = 1 \tag{5.10}$$

Um die Streumatrix weiter auswerten zu können ist es zweckmäßig, diese in das Wechselwirkungsbild[5] zu überführen. Dazu beachten wir, dass die beiden Eigenzustände $|n\rangle$ und $|m\rangle$ von $\hat{H}_0$ in (5.8) zeitunabhängig sind. Formal könnten wir dafür auch schreiben

$$S_{nm}(t) = \langle n(0)| \exp\left\{-\frac{i}{\hbar}\hat{H}t\right\} |m(0)\rangle = \langle n(0)|m(t)\rangle \tag{5.11}$$

wobei $|m(t)\rangle$ der Basiszustand im Schrödinger-Bild zur Zeit $t$ ist, der aus dem Anfangszustand $|m(0)\rangle = |m\rangle$ entstanden ist. Zwischen einem Zustand $|m(t)\rangle$ im Schrödinger-Bild und seiner Darstellung $|m_W(t)\rangle$ im Wechselwirkungsbild besteht der Zusammenhang[6]

$$|m(t)\rangle = \exp\left\{-\frac{i}{\hbar}\hat{H}_0 t\right\} |m_W(t)\rangle \tag{5.12}$$

Hieraus folgt sofort, dass $|m_W(0)\rangle = |m(0)\rangle$ ist. Andererseits ist der Zustand $|n\rangle = |n(0)\rangle$ ein Eigenzustand von $\hat{H}_0$ zum Eigenwert $E_n^{(0)}$. Somit erhalten wir aus (5.11)

$$\begin{aligned} S_{nm}(t) &= \langle n(0)| \exp\left\{-\frac{i}{\hbar}\hat{H}_0 t\right\} |m_W(t)\rangle = \langle n(0)| \exp\left\{-\frac{i}{\hbar}E_n^{(0)} t\right\} |m_W(t)\rangle \\ &= \exp\left\{-\frac{i}{\hbar}E_n^{(0)} t\right\} \langle n_W(0)\,|m_W(t)\rangle \end{aligned} \tag{5.13}$$

Das verbleibende Skalarprodukt besteht wegen $\langle n(0)| = \langle n_W(0)|$ nur noch aus Zuständen im Wechselwirkungsbild. Da bei der Bildung der Übergangswahrscheinlichkeit

$$w_{nm}(t) = |S_{nm}(t)|^2 = |\langle n_W(0)\,|m_W(t)\rangle|^2 \tag{5.14}$$

die komplexe Phase unwesentlich wird, genügt es anstelle von (5.8) die Streumatrix

$$S^W_{nm}(t) = \langle n_W(0)\,|m_W(t)\rangle \tag{5.15}$$

zu untersuchen. Allerdings benötigen wir noch die Zeitabhängigkeit des Zustands $|m_W(t)\rangle$, die wir aus der Evolutionsgleichung[7]

$$i\hbar\frac{d}{dt}|m_W(t)\rangle = \hat{H}'_W(t)\,|m_W(t)\rangle \tag{5.16}$$

5) siehe Band III, Kap. 4.7.4
6) siehe Band III, Gleichung (4.264)
7) siehe Band III, Gleichung (4.268)

mit

$$\hat{H}'_W(t) = \exp\left\{\frac{i}{\hbar}\hat{H}_0 t\right\} \hat{H}'_S \exp\left\{-\frac{i}{\hbar}\hat{H}_0 t\right\} \tag{5.17}$$

bestimmen[8]. Die Lösung von (5.16) können wir in der Form

$$|m_W(t)\rangle = \hat{U}(t)\,|m_W(0)\rangle \tag{5.18}$$

schreiben, wobei als Anfangsbedingung $\hat{U}(0) = \hat{1}$ zu verwenden ist. Setzt man (5.18) in (5.16) ein, dann findet man, dass auch $\hat{U}(t)$ der Gleichung

$$i\hbar\frac{d}{dt}\hat{U}(t) = \hat{H}'_W(t)\hat{U}(t) \tag{5.19}$$

genügt. Die formale Integration dieser Gleichung liefert dann die Integralgleichung

$$\hat{U}(t) = \hat{1} + \frac{1}{i\hbar}\int_0^t H'_W(\tau)\hat{U}(\tau)d\tau \tag{5.20}$$

Setzt man andererseits (5.18) wieder in die Streumatrix (5.15) ein und beachtet, dass die Anfangszustände im Wechselwirkungsbild mit den Anfangszuständen im Schrödinger-Bild übereinstimmen und diese wiederum mit der ursprünglich gewählten Basis von Eigenzuständen des Operators $\hat{H}_0$ zusammenfallen, dann bekommen wir für die Streumatrix

$$S^W_{nm}(t) = \langle n_W(0)|\,\hat{U}(t)\,|m_W(0)\rangle = \langle n(0)|\,\hat{U}(t)\,|m(0)\rangle = \langle n|\,\hat{U}(t)\,|m\rangle \tag{5.21}$$

wobei $\hat{U}(t)$ aus (5.20) zu bestimmen ist.

**8**) $\hat{H}'_S$ ist hier der Wechselwirkungsbeitrag im Schrödinger-Bild. Er entsteht bei autonomen Hamilton-Operatoren aus dem Wechselwirkungsbeitrag im Heisenberg-Bild, das wir als geeignete Basis für die Übersetzung der klassischen Feldtheorie in die Quantenfeldtheorie benutzt haben, durch eine unitäre Transformation aller enthaltenen Operatoren mit $\exp\{i\hat{H}_0 t/\hbar\}$. Wegen der Unitarität der Transformation bleibt die Struktur des Wechselwirkungsterms beim Wechsel zwischen den Bildern invariant. Deshalb kann man formal auch einfach die Zeitabhängigkeit der Operatoren weglassen (bzw. $t = 0$ setzen), um vom Heisenberg-Bild zum Schrödinger-Bild zu wechseln. Eine analoge Aussage gilt auch für den Wechsel vom Schrödinger-Bild ins Wechselwirkungsbild. Man kann entweder die Transformation entsprechend (5.17) ausführen, oder man ersetzt einfach alle in $\hat{H}'_S$ vorkommenden Feldoperatoren $\hat{\psi}$ und $\hat{A}_k$ durch ihre Darstellung im Wechselwirkungsbild, also durch

$$\hat{\psi}'(t) = \exp\left\{\frac{i}{\hbar}\hat{H}_0 t\right\}\hat{\psi}\exp\left\{-\frac{i}{\hbar}\hat{H}_0 t\right\}$$

bzw.

$$\hat{A}'_k(t) = \exp\left\{\frac{i}{\hbar}\hat{H}_0 t\right\}\hat{A}_k\exp\left\{-\frac{i}{\hbar}\hat{H}_0 t\right\}$$

Wegen dieser Eigenschaft kann man den Operator $\hat{H}'_W$ im Wechselwirkungsbild auch einfach dadurch erhalten, dass man in ihm sämtliche Feldoperatoren durch ihre Darstellung im *Heisenberg-Bild der freien Felder* ersetzt.

## 5.1.2
## *Zeitgeordnete Produkte

Wir können formal (5.20) in sich selbst einsetzen und diese Prozedur beliebig oft wiederholen[9]. Dann erhält man eine Reihe der Gestalt

$$\hat{U}(t) = \sum_{n=0}^{\infty} \hat{W}^{(n)}(t) \tag{5.22}$$

mit $\hat{W}^{(0)}(t) = \hat{1}$ und

$$\hat{W}^{(n)}(t) = \frac{1}{(i\hbar)^n} \int_0^t d\tau_n \int_0^{\tau_n} d\tau_{n-1} ... \int_0^{\tau_2} d\tau_1 \hat{H}'_W(\tau_n)\hat{H}'_W(\tau_{n-1}) ... \hat{H}'_W(\tau_1) \tag{5.23}$$

Um diese Integrale auswerten zu können, ist es zweckmäßig überall die gleichen oberen Integrationsgrenzen zu haben. Dazu muss aber das Integral entsprechend umgeformt werden. Wir betrachten zu diesem Zweck das Doppelintegral

$$\hat{W}^{(2)}(t) = \frac{1}{(i\hbar)^2} \int_0^t d\tau_2 \int_0^{\tau_2} d\tau_1 \hat{H}'_W(\tau_2)\hat{H}'_W(\tau_1) \tag{5.24}$$

das wir mit Hilfe der bekannten Stufenfunktion $\Theta(x)$ mit $\Theta(x) = 0$ für $x < 0$ und $\Theta(x) = 1$ für $x \geq 0$ auch in der Form

$$\hat{W}^{(2)}(t) = \frac{1}{(i\hbar)^2} \int_0^t d\tau_2 \int_0^t d\tau_1 \Theta(\tau_2 - \tau_1) \hat{H}'_W(\tau_2)\hat{H}'_W(\tau_1) \tag{5.25}$$

schreiben können. Hieraus bekommen wir

$$\begin{aligned} \hat{W}^{(2)}(t) &= \frac{1}{2(i\hbar)^2} \int_0^t d\tau_2 \int_0^t d\tau_1 \left[\Theta(\tau_2 - \tau_1) \hat{H}'_W(\tau_2)\hat{H}'_W(\tau_1)\right. \\ &\quad + \left.\Theta(\tau_1 - \tau_2) \hat{H}'_W(\tau_1)\hat{H}'_W(\tau_2)\right] \end{aligned} \tag{5.26}$$

wobei im zweiten Summanden einfach die Integrationsvariablen umbenannt wurden. Dabei steht in jedem der beiden Operatorprodukte jeweils rechts die kleinere Zeit, andernfalls wird die Stufenfunktion null. Man führt jetzt – ähnlich zum Vorgehen in Kapitel 3 – einen Zeitordnungsoperator $\hat{\mathcal{T}}$ ein, der ein beliebiges Produkt zeitabhängiger Operatoren so anordnet, dass links die Faktoren mit den größten Zeiten, rechts die mit den kleinsten Zeiten stehen

$$\hat{\mathcal{T}}\left(\hat{A}(\tau_1)\hat{A}(\tau_2)...\hat{A}(\tau_n)\right) = \hat{A}(\tau_{\alpha_1})\hat{A}(\tau_{\alpha_2})...\hat{A}(\tau_{\alpha_n}) \tag{5.27}$$

**9**) siehe auch Abschnitt 3.1.2

Dabei ist $\tau_{\alpha_1} \geq \tau_{\alpha_2} \geq ... \geq \tau_{\alpha_n}$. Das auf der rechten Seite stehende zeitgeordnete Produkt wird auch als Dyson-Produkt bezeichnet. Diese Zeitordnung erlaubt es uns, in (5.26) jetzt die Operatoren umzuordnen

$$\begin{aligned}
\hat{W}^{(2)}(t) &= \frac{1}{2\,(i\hbar)^2} \int\limits_0^t d\tau_2 \int\limits_0^t d\tau_1 \left[\Theta\,(\tau_2 - \tau_1)\,\hat{\mathcal{T}}\,\hat{H}'_W(\tau_1)\hat{H}'_W(\tau_2)\right. \\
&\quad + \left.\Theta\,(\tau_1 - \tau_2)\,\hat{\mathcal{T}}\,\hat{H}'_W(\tau_1)\hat{H}'_W(\tau_2)\right] \\
&= \frac{1}{2\,(i\hbar)^2} \int\limits_0^t d\tau_2 \int\limits_0^t d\tau_1 \left[\Theta\,(\tau_2 - \tau_1) + \Theta\,(\tau_1 - \tau_2)\right]\hat{\mathcal{T}}\,\hat{H}'_W(\tau_1)\hat{H}'_W(\tau_2) \\
&= \frac{1}{2\,(i\hbar)^2} \int\limits_0^t d\tau_2 \int\limits_0^t d\tau_1 \hat{\mathcal{T}}\,\hat{H}'_W(\tau_1)\hat{H}'_W(\tau_2) \\
&= \frac{1}{2\,(i\hbar)^2}\hat{\mathcal{T}} \left[\int\limits_0^t d\tau_1 \hat{H}'_W(\tau_1) \int\limits_0^t d\tau_2 \hat{H}'_W(\tau_2)\right]
\end{aligned} \tag{5.28}$$

so dass wir schließlich zu

$$\hat{W}^{(2)}(t) = \frac{1}{2\,(i\hbar)^2}\hat{\mathcal{T}} \left[\int\limits_0^t d\tau \hat{H}'_W(\tau)\right]^2 \tag{5.29}$$

gelangen. Mit Hilfe der vollständigen Induktion kann man schließlich zeigen, dass allgemein

$$\hat{W}^{(n)}(t) = \frac{1}{n!\,(i\hbar)^n}\hat{\mathcal{T}} \left[\int\limits_0^t d\tau \hat{H}'_W(\tau)\right]^n \tag{5.30}$$

gilt. Setzen wir diese Ausdrücke in (5.22) ein, dann können wir formal den Zeitentwicklungsoperator $\hat{U}(t)$ durch

$$\hat{U}(t) = \hat{\mathcal{T}} \exp\left\{\frac{1}{i\hbar}\int\limits_0^t d\tau \hat{H}'_W(\tau)\right\} \tag{5.31}$$

bestimmen. Beachten wir noch, dass im Rahmen der Feldtheorie der Wechselwirkungsbeitrag des Hamilton-Operators durch eine Operatordichte $\hat{\mathcal{H}}'_W(\boldsymbol{x}, t)$ ausgedrückt werden kann, deren sämtliche Feld- und Impulsoperatoren im Wechselwirkungsbild und deshalb wegen der Aufspaltung (5.1) im Heisenberg-Bild der freien Felder zu nehmen sind[10], dann ist wegen

$$\int\limits_0^t d\tau \hat{H}'_W(\tau) = \frac{1}{c}\int\limits_0^t c\,d\tau \int d^3x \hat{\mathcal{H}}'_W(\boldsymbol{x}, t) = \frac{1}{c}\int d\Omega \hat{\mathcal{H}}'_W(\vec{x}) \tag{5.32}$$

10) Da die Operatoren des Wechselwirkungsbilds mit dem auf dem Hamilton-Operator der freien Felder $H_0$ beruhenden Zeitevolutions-

wobei $d\Omega = cd\tau d^3x$ das vierdimensionale Volumenelement und $\vec{x} = (ct, x)$ der Koordinatenvektor des Minkowski-Raums ist

$$\hat{U}(t) = \hat{T} \exp\left\{-\frac{i}{\hbar c}\int d\Omega \hat{\mathcal{H}}'_W(\vec{x})\right\} \tag{5.33}$$

und die Streumatrix (5.21) nimmt die formale Struktur

$$S^W_{nm}(t) = \langle n | \hat{T} \exp\left\{-\frac{i}{\hbar c}\int d\Omega \hat{\mathcal{H}}'_W(\vec{x})\right\} |m\rangle \tag{5.34}$$

an.

### 5.1.3 *Störungstheoretische Behandlung der Streumatrix

#### 5.1.3.1 *Mathematische Auswertung der Streumatrix

Wegen (5.21) und (5.22) führt die Bestimmung der Streumatrix auf Terme der Struktur

$$S^{(i)}_{nm} = \langle n | \hat{W}^{(i)}(t) |m\rangle \tag{5.35}$$

Die Eigenzustände $|n\rangle$ des ungestörten Hamilton-Operators $\hat{H}_0$ lassen sich durch die Wirkung von Erzeugungsoperatoren auf den Vakuumzustand $|0\rangle$ darstellen. Auch die in $\hat{W}^{(i)}(t)$ vorkommenden Feldoperatoren der Materie $\hat{\psi}$ und des Viererpotentials $\hat{A}_k$ können entsprechend (4.386) und (4.469) in Anteile aus Erzeugungsoperatoren und Vernichtungsoperatoren aufgespalten werden. Demnach kann $S^{(i)}_{nm}$ auch als der Vakuumerwartungswert von Multinomen aus verschiedenen Erzeugungs- und Vernichtungsoperatoren verstanden werden. Unter Benutzung der Vertauschungsrelationen für die Feldoperatoren kann jetzt in jedem Multinom die sogenannte Normalordnung hergestellt werden. Dabei werden in jedem Multinom die Operatoren solange vertauscht, bis alle Erzeugungsoperatoren links und alle Vernichtungsoperatoren rechts stehen. Zwangsläufig entstehen dabei weitere Multinome niedrigeren Ranges, die ebenfalls normalgeordnet werden. Am Ende bleiben neben den normalgeordneten Multinomen als Folge der Kommutationsrelationen nur noch Restterme übrig, die keine Erzeugungs-und Vernichtungsoperatoren mehr enthalten.

Der Vorteil dieses Vorgehens besteht darin, dass der Vakuumerwartungswert aller vorkommenden normalgeordneten Multinome verschwindet. Deshalb tragen am Ende einer konsequenten Umordnung nur noch die verblei-

operator erzeugt werden, können sämtliche in $H'$ vorkommenden Feldoperatoren durch die Feldoperatoren des freien Dirac- und des freien Maxwell-Feldes in der Heisenberg-Darstellung ersetzt werden, siehe Fußnote 8. Diese Darstellung der Feldoperatoren hatten wir in Kap. 4.7 bzw. 4.8.2 bereits durch die Entwicklung von $\hat{\psi}$ bzw. $\hat{A}_k$ nach ebenen Wellen explizit erzeugt.

benden Restterme zu (5.35) bei. Der Nachteil besteht darin, dass dieses Verfahren mit all seinen Zwischenschritten sehr schnell unübersichtlich wird. Schon in der zweiten Ordnung treten unter Verwendung des Wechselwirkungsterms (5.2) Multinome aus vier Dirac-Feldoperatoren $\hat{\psi}$ und zwei Maxwell-Feldoperatoren $\hat{A}_k$ auf. Dazu kommen die zur Erzeugung der Zustände $|n\rangle$ und $|m\rangle$ notwendigen Operatoren. Die Zerlegung der Feldoperatoren des Wechselwirkungsterms in je einen Beitrag aus Erzeugungs- und Vernichtungsoperatoren führt nach der Ausmultiplikation bereits auf $2^6 = 64$ Terme, die alle durch die entsprechenden Kommutationsrelationen noch in die Normalordnung zu überführen sind, so dass als Folge dieser Prozedur eine ganze Reihe weiterer Multinome niedrigerer Ordnung entstehen werden.

Um diese schnell anwachsende Komplexität des Problems etwas zu reduzieren und damit die Rechnungen übersichtlicher zu gestalten, benutzt man das Wick'sche Theorem, mit dem wir uns im Abschnitt 5.1.3.4 befassen werden. Zuvor werden wir aber die Begriffe des normalgeordneten Produkts und der Kontraktion einführen.

#### 5.1.3.2 *Normalgeordnete Produkte

Um die Umordnung zu normalgeordneten Multinomen nicht explizit ausführen zu müssen definieren wir das *normalgeordnete Produkt*. Dazu betrachten wir einen beliebigen Operator, der ein Produkt aus Erzeugungs- und Vernichtungsoperatoren ist. Dann bezeichnet der durch Doppelpunkte eingegrenzte Ausdruck, z. B.

$$: a_1 a_2^\dagger a_3^\dagger a_4 a_5^\dagger \ldots . a_{n-1} a_n^\dagger : \tag{5.36}$$

das zugehörige normalgeordnete Produkt. In diesem Produkt werden unter Anwendung der durch den Index p gekennzeichneten primitiven Vertauschungsrelationen[11]

$$[\hat{a}_1, \hat{a}_2]^{\mathrm{p}} = \left[\hat{a}_1^\dagger, \hat{a}_2^\dagger\right]^{\mathrm{p}} = \left[\hat{a}_1, \hat{a}_2^\dagger\right]^{\mathrm{p}} = 0 \tag{5.37}$$

für Bosonen bzw. der primitiven Antikommutationsrelationen

$$[\hat{a}_1, \hat{a}_2]_+^{\mathrm{p}} = \left[\hat{a}_1^\dagger, \hat{a}_2^\dagger\right]_+^{\mathrm{p}} = \left[\hat{a}_1, \hat{a}_2^\dagger\right]_+^{\mathrm{p}} = 0 \tag{5.38}$$

für Fermionen alle Erzeugungsoperatoren nach links und alle Vernichtungsoperatoren nach rechts verschoben. So ergibt sich aus dem obigen Ausdruck (5.36) bei bosonischen Operatoren

$$: a_1 a_2^\dagger a_3^\dagger a_4 a_5^\dagger \ldots . a_{n-1} a_n^\dagger := a_2^\dagger a_3^\dagger a_5^\dagger \ldots . a_n^\dagger a_1 a_4 \ldots a_{n-1} \tag{5.39}$$

11) Unter den primitiven Vertauschungsrelationen sind bosonische Operatoren vollständig kommutierend und fermionische Operatoren vollständig antikommutierend. Dementsprechend definieren die primitiven Vertauschungsrelationen eine Abel'sche Algebra für Bosonen und eine Grassmann-Algebra für Fermionen.

Bei fermionischen Operatoren kann sich, entsprechend der Anwendung der primitiven Antikommutationsrelationen noch das Vorzeichen ändern. Für jede Größe, die nicht von den Erzeugungs- und Vernichtungsoperatoren abhängt, gilt $: A := A$. Alle normalgeordneten Produkte, die wenigstens einen Erzeugungs- oder Vernichtungsoperator enthalten, liefern als Erwartungswert im Vakuumzustand

$$\langle 0| : a_1 a_2^\dagger a_3^\dagger a_4 a_5^\dagger ... : |0\rangle = 0 \tag{5.40}$$

Man kann jetzt auch beliebige Ausdrücke normalordnen. Sind z. B. $\hat{A}$ und $\hat{B}$ zwei Feldoperatoren, die als Linearkombination aus Erzeugungs- und Vernichtungsoperatoren dargestellt werden können, dann versteht man unter dem normalgeordneten Produkt $: \hat{A}\hat{B} :$ den Ausdruck, der nach der Ausmultiplikation und der anschließenden Normalordnung der einzelnen Summanden unter Verwendung von (5.37) bzw. (5.38) entsteht.

#### 5.1.3.3 *Kontraktionen

Der zweite wichtige Begriff, den man zum Verständnis der störungstheoretischen Behandlung der Streumatrizen benötigt, sind die *Kontraktionen*. Um diese Größen einzuführen, betrachten wir zunächst ein Produkt von zwei bosonischen Feldoperatoren, $\hat{A}_1 = \hat{A}(t_1)$ und $\hat{B}_2 = \hat{B}(t_2)$. Dann ist

$$\hat{T}(\hat{A}_1\hat{B}_2) = \hat{A}_1\hat{B}_2 \qquad \text{für} \qquad t_1 > t_2 \tag{5.41}$$

und

$$\hat{T}(\hat{A}_1\hat{B}_2) = \hat{B}_2\hat{A}_1 = \hat{A}_1\hat{B}_2 + \left[\hat{B}_2, \hat{A}_1\right] \qquad \text{für} \qquad t_2 > t_1 \tag{5.42}$$

Beide Ausdrücke lassen sich zu

$$\hat{T}(\hat{A}_1\hat{B}_2) = \hat{A}_1\hat{B}_2 + \Theta\,(t_2 - t_1)\left[\hat{B}_2, \hat{A}_1\right] \tag{5.43}$$

zusammenfassen. Wir können jetzt die Feldoperatoren $\hat{A}_1$ bzw. $\hat{B}_2$ in Anteile $\hat{A}_1^{(+)}$ bzw. $\hat{B}_2^{(+)}$, die beide eine Linearkombination nur aus Erzeugungsoperatoren sind, und die Anteile $\hat{A}_1^{(-)}$ bzw. $\hat{B}_2^{(-)}$, die nur aus Vernichtungsoperatoren bestehen, zerlegen

$$\hat{A}_1 = \hat{A}_1^{(+)} + \hat{A}_1^{(-)} \qquad \text{und} \qquad \hat{B}_2 = \hat{B}_2^{(+)} + \hat{B}_2^{(-)} \tag{5.44}$$

Hieraus erhalten wir

$$\hat{A}_1\hat{B}_2 = \hat{A}_1^{(+)}\hat{B}_2^{(+)} + \hat{A}_1^{(+)}\hat{B}_2^{(-)} + \hat{A}_1^{(-)}\hat{B}_2^{(+)} + \hat{A}_1^{(-)}\hat{B}_2^{(-)} \tag{5.45}$$

Das zugehörige normalgeordnete Produkt lautet somit

$$: \hat{A}_1\hat{B}_2 := \hat{A}_1^{(+)}\hat{B}_2^{(+)} + \hat{A}_1^{(+)}\hat{B}_2^{(-)} + \hat{B}_2^{(+)}\hat{A}_1^{(-)} + \hat{A}_1^{(-)}\hat{B}_2^{(-)} \tag{5.46}$$

Damit ist die Differenz zwischen $\hat{A}_1\hat{B}_2$ und dem zugehörigen normalgeordneten Produkt

$$\hat{A}_1\hat{B}_2 - : \hat{A}_1\hat{B}_2 := \left[\hat{A}_1^{(-)}, \hat{B}_2^{(+)}\right] \tag{5.47}$$

und deshalb folgt aus (5.43)

$$\hat{T}(\hat{A}_1\hat{B}_2) =: \hat{A}_1\hat{B}_2 : + \left[\hat{A}_1^{(-)}, \hat{B}_2^{(+)}\right] + \Theta(t_2 - t_1)\left[\hat{B}_2, \hat{A}_1\right] \tag{5.48}$$

Wegen der Linearität der Operatoren $\hat{A}_1$ und $\hat{B}_2$ in den Erzeugungs- und Vernichtungsoperatoren stehen auf der rechten Seite neben dem normalgeordneten Produkt nur noch Größen, die keinen Operatorcharakter mehr haben. Dieser Teil der rechten Seite wird als Kontraktion der Operatoren $\hat{A}_1$ und $\hat{B}_2$ bezeichnet und symbolisch durch eine horizontale Klammer (Wick-Klammer) gekennzeichnet

$$\overbracket{\hat{A}_1\hat{B}_2} = \underbracket{\hat{A}_1\hat{B}_2} = \left[\hat{A}_1^{(-)}, \hat{B}_2^{(+)}\right] + \Theta(t_2 - t_1)\left[\hat{B}_2, \hat{A}_1\right] \tag{5.49}$$

Damit können wir (5.48) auch einfach als

$$\hat{T}(\hat{A}_1\hat{B}_2) =: \hat{A}_1\hat{B}_2 : + \overbracket{\hat{A}_1\hat{B}_2} \tag{5.50}$$

schreiben. Umgekehrt können wir aber auch sagen, dass eine Kontraktion die Differenz zwischen zeitgeordnetem Produkt und normalgeordnetem Produkt zweier Feldoperatoren ist

$$\overbracket{\hat{A}_1\hat{B}_2} = \hat{T}(\hat{A}_1\hat{B}_2) - : \hat{A}_1\hat{B}_2 : \tag{5.51}$$

Man kann leicht überprüfen, dass diese Aussagen auch für fermionische Operatoren erhalten bleiben, mit dem einzigen Unterschied, dass in (5.49) jetzt Antikommutatoren anstelle der Kommutatoren stehen. Unberührt hiervon bleibt aber der Zusammenhang (5.51). Offensichtlich hat eine Kontraktion keinen Operatorcharakter mehr. Deshalb bekommen wir insbesondere

$$\langle 0| \overbracket{\hat{A}_1\hat{B}_2} |0\rangle = \overbracket{\hat{A}_1\hat{B}_2} \tag{5.52}$$

d. h. der Vakuumerwartungswert einer Kontraktion ist die Kontraktion selbst.

#### 5.1.3.4 *Wick'sches Theorem

Der Grundgedanke bei der expliziten Bestimmung der Streumatrizen besteht jetzt darin, jeden Term (5.35) in Vakuumerwartungswerte normalgeordneter Ausdrücke und Kontraktionen zu zerlegen. Da die Vakuumerwartungswerte normalgeordneter Produkte verschwinden, bleiben am Ende nur noch aus den Kontraktionen bestehende Terme übrig, die dann weiter ausgewertet werden können[12]. Es bleibt aber die Frage, nach welchen Regeln ein zeitgeordnetes Produkt derart umgeformt werden kann. Die Antwort darauf gibt das *Wick'sche Theorem*:

> Gegeben sei ein zeitgeordnetes Produkt von Feldoperatoren $\hat{\Phi}_{\alpha_i}(\vec{x}_i)$, die an $n$ verschiedenen Weltpunkten $\vec{x}_i$ wirken ($i = 1,...,n$). Der Index $\alpha_i$ bezeichnet dabei die jeweilige Komponente des Feldes[13], die an der $i$-ten Stelle des Produkts steht. Dann ist
>
> $$\begin{aligned}
&\hat{T}\left(\hat{\Phi}_{\alpha_1}(\vec{x}_1)...\hat{\Phi}_{\alpha_n}(\vec{x}_n)\right) = \\
&:\hat{\Phi}_{\alpha_1}(\vec{x}_1)\hat{\Phi}_{\alpha_2}(\vec{x}_2)...\hat{\Phi}_{\alpha_n}(\vec{x}_n): \\
&+\overbrace{\hat{\Phi}_{\alpha_1}(\vec{x}_1)\hat{\Phi}_{\alpha_2}(\vec{x}_2)}:\hat{\Phi}_{\alpha_2}(\vec{x}_3)...\hat{\Phi}_{\alpha_n}(\vec{x}_n): \\
&+\text{alle anderen Kontraktionen eines Paares von Operatoren} \\
&+\overbrace{\hat{\Phi}_{\alpha_1}(\vec{x}_1)\hat{\Phi}_{\alpha_2}(\vec{x}_2)}\overbrace{\hat{\Phi}_{\alpha_3}(\vec{x}_3)\hat{\Phi}_{\alpha_4}(\vec{x}_4)}:\hat{\Phi}_{\alpha_5}(\vec{x}_5)...\hat{\Phi}_{\alpha_n}(\vec{x}_n): \\
&+\text{alle anderen Kontraktionen von zwei Operatorpaaren} + .... \\
&+\left\{\begin{array}{l}
\overbrace{\hat{\Phi}_{\alpha_1}(\vec{x}_1)\hat{\Phi}_{\alpha_2}(\vec{x}_2)}...\overbrace{\hat{\Phi}_{\alpha_{n-1}}(\vec{x}_{n-1})\hat{\Phi}_{\alpha_n}(\vec{x}_n)} \\
\underbrace{\hat{\Phi}_{\alpha_1}(\vec{x}_1)\hat{\Phi}_{\alpha_2}(\vec{x}_2)}...\underbrace{\hat{\Phi}_{\alpha_{n-2}}(\vec{x}_{n-2})\hat{\Phi}_{\alpha_{n-1}}(\vec{x}_{n-1})}\Phi_{\alpha_n}(\vec{x}_n)
\end{array}\right. \\
&+\text{alle anderen Kontraktionen von Operatorpaaren} \qquad (5.53)
\end{aligned}$$
>
> wobei im letzten Term die oberen Ausdrücke für geradzahliges $n$, die unteren für ungeradzahliges $n$ gelten.

Der Beweis des Wick'schen Theorems erfolgt durch die Methode der vollständigen Induktion. Für $n = 1$ ist diese Beziehung sicher richtig und für $n = 2$ können wir auf die Ergebnisse des vorangegangenen Abschnitts, insbesondere auf (5.50) verweisen. Wir nehmen daher an, dass (5.53) für ein festes $n$ bereits bewiesen ist und wollen jetzt zeigen, dass diese Beziehung dann auch für $n + 1$ Feldoperatoren gilt. Wir betrachten dazu

$$\hat{T}\left(\hat{\Phi}_{\alpha_1}(\vec{x}_1)\hat{\Phi}_{\alpha_2}(\vec{x}_2)...\hat{\Phi}_{\alpha_n}(\vec{x}_n)\hat{\Phi}_{\alpha_{n+1}}(\vec{x}_{n+1})\right) \qquad (5.54)$$

und wählen $\vec{x}_{n+1}$ als Weltpunkt mit der frühesten Zeit. Das ist deshalb möglich, weil wir innerhalb des zeitgeordneten Ausdrucks die Faktoren beliebig

12) Diese Aussage gilt unabhängig davon, ob bosonische oder fermionische Operatoren vorliegen.

13) Dabei kann der allgemeine Feldoperator $\hat{\Phi}$ durchaus einige Komponenten mit bosonischem, und andere mit fermionischem Charakter haben. So kann man beim Dirac-Maxwell-Feld die vier Spinorkomponenten des Dirac-Feldes und die vier Komponenten des Vierervektors formal zu einem achtkomponentigen Feld $\hat{\Phi}_\alpha$ mit $\alpha = 1,...,8$ zusammenfassen.

anordnen können und deshalb auch immer den Feldoperator mit dem frühesten Ereignispunkt nach rechts ziehen können. Dann ist

$$\begin{aligned} & \hat{\mathcal{T}}\left(\hat{\Phi}_{\alpha_1}\left(\vec{x}_1\right)\hat{\Phi}_{\alpha_2}\left(\vec{x}_2\right)\ldots\hat{\Phi}_{\alpha_n}\left(\vec{x}_n\right)\hat{\Phi}_{\alpha_{n+1}}\left(\vec{x}_{n+1}\right)\right) \\ = \; & \hat{\mathcal{T}}\left(\hat{\Phi}_{\alpha_1}\left(\vec{x}_1\right)\hat{\Phi}_{\alpha_2}\left(\vec{x}_2\right)\ldots\hat{\Phi}_{\alpha_n}\left(\vec{x}_n\right)\right)\hat{\Phi}_{\alpha_{n+1}}\left(\vec{x}_{n+1}\right) \end{aligned} \tag{5.55}$$

und damit

$$\begin{aligned} & \hat{\mathcal{T}}\left(\hat{\Phi}_{\alpha_1}\left(\vec{x}_1\right)\hat{\Phi}_{\alpha_2}\left(\vec{x}_2\right)\ldots\hat{\Phi}_{\alpha_n}\left(\vec{x}_n\right)\right)\hat{\Phi}_{\alpha_{n+1}}\left(\vec{x}_{n+1}\right) \\ = \; & :\hat{\Phi}_{\alpha_1}\left(\vec{x}_1\right)\hat{\Phi}_{\alpha_2}\left(\vec{x}_2\right)\ldots\hat{\Phi}_{\alpha_n}\left(\vec{x}_n\right):\hat{\Phi}_{\alpha_{n+1}}\left(\vec{x}_{n+1}\right) \\ + \; & \overbracket{\hat{\Phi}_{\alpha_1}\left(\vec{x}_1\right)\hat{\Phi}_{\alpha_2}}\left(\vec{x}_2\right):\hat{\Phi}_{\alpha_3}\left(\vec{x}_3\right)\ldots\hat{\Phi}_{\alpha_n}\left(\vec{x}_n\right):\hat{\Phi}_{\alpha_{n+1}}\left(\vec{x}_{n+1}\right) \\ + \; & \ldots. \end{aligned} \tag{5.56}$$

Wir müssen jetzt den rechts stehenden Faktor in die Normalprodukte einbauen, um so zu der ursprünglichen Form des Wick'schen Theorems zurückzukommen. Wir schreiben deshalb jeden Feldoperator in der Form

$$\hat{\Phi}_{\alpha_k}\left(\vec{x}_k\right) = \hat{\Phi}^{(+)}_{\alpha_k}\left(\vec{x}_k\right) + \hat{\Phi}^{(-)}_{\alpha_k}\left(\vec{x}_k\right) \tag{5.57}$$

wobei $\hat{\Phi}^{(+)}_{\alpha_k}\left(\vec{x}_k\right)$ eine Linearkombination[14] der das Feld manifestierenden Erzeugungsoperatoren und $\hat{\Phi}^{(-)}_{\alpha_k}\left(\vec{x}_k\right)$ eine Linearkombination der entsprechenden Vernichtungsoperatoren ist. Dann kann das Normalprodukt in die Form

$$\begin{aligned} & :\hat{\Phi}_{\alpha_1}\left(\vec{x}_1\right)\hat{\Phi}_{\alpha_2}\left(\vec{x}_2\right)\ldots\hat{\Phi}_{\alpha_n}\left(\vec{x}_n\right): \\ = \; & \sum_{I^{(+)},I^{(-)}} p\left(I^{(+)}\right) \prod_{k\in I^{(+)}} \hat{\Phi}^{(+)}_{\alpha_k}\left(\vec{x}_k\right) \prod_{l\in I^{(-)}} \hat{\Phi}^{(-)}_{\alpha_l}\left(\vec{x}_l\right) \end{aligned} \tag{5.58}$$

gebracht werden. Dabei sind $I^{(+)}$ und $I^{(-)}$ adjungte Teilmengen der Indexmenge $I = \{1, 2, ..., n\}$ mit $I^{(+)} \cap I^{(-)} = \emptyset$ und $I^{(+)} \cup I^{(-)} = I$. Jede der beiden Indexteilmengen bestimmt, welche Faktoren in den beiden Produkten auftreten. Summiert wird in (5.58) über alle zulässigen Indexteilmengen einschließlich $I^{(\pm)} = \emptyset$ und $I^{(\pm)} = I$. Der Faktor $p(I^{(+)})$ vor den eigentlichen Produkten hängt nur davon ab, welche Indizes in welcher der beiden Indexmengen $I^{(\pm)}$ enthalten sind[15] und bestimmt das durch die notwendigen Vertauschungen bedingte Vorzeichen. Wie bereits erwähnt, erfolgen die Vertauschungen unter Berücksichtigung der für bosonische bzw. fermionische Operatoren gültigen

**14**) siehe (4.469)

**15**) Deshalb genügt die Kenntnis von $I^{(+)}$, da dann $I^{(-)}$ die Komplementärmenge ist.

primitiven Vertauschungsregeln (5.37) bzw. (5.38). Dann ist aber

$$
\begin{aligned}
& :\hat{\Phi}_{\alpha_1}(\vec{x}_1)\ldots\hat{\Phi}_{\alpha_n}(\vec{x}_n):\hat{\Phi}_{\alpha_{n+1}}(\vec{x}_{n+1}) \\
= & \sum_{I^{(+)},I^{(-)}} p\left(I^{(+)}\right)\prod_{k\in I^{(+)}}\hat{\Phi}^{(+)}_{\alpha_k}(\vec{x}_k)\prod_{l\in I^{(-)}}\hat{\Phi}^{(-)}_{\alpha_l}(\vec{x}_l) \\
\times & \left(\hat{\Phi}^{(+)}_{\alpha_{n+1}}(\vec{x}_{n+1})+\hat{\Phi}^{(-)}_{\alpha_{n+1}}(\vec{x}_{n+1})\right) \\
= & \sum_{I^{(+)},I^{(-)}} p\left(I^{(+)}\right)\prod_{k\in I^{(+)}}\hat{\Phi}^{(+)}_{\alpha_k}(\vec{x}_k)\left[\prod_{l\in I^{(-)}}\hat{\Phi}^{(-)}_{\alpha_l}(\vec{x}_l)\right]\hat{\Phi}^{(-)}_{\alpha_{n+1}}(\vec{x}_{n+1}) \\
+ & \sum_{I^{(+)},I^{(-)}} p'\left(I^{(+)}\right)\left[\prod_{k\in I^{(+)}}\hat{\Phi}^{(+)}_{\alpha_k}(\vec{x}_k)\right]\hat{\Phi}^{(+)}_{\alpha_{n+1}}(\vec{x}_{n+1})\prod_{l\in I^{(-)}}\hat{\Phi}^{(-)}_{\alpha_l}(\vec{x}_l) \\
+ & \sum_{I^{(+)},I^{(-)}}\sum_{m\in I^{(-)}} p'_m\left(I^{(+)}\right)\overbracket{\hat{\Phi}^{(-)}_{\alpha_m}(\vec{x}_m)\hat{\Phi}^{(+)}_{\alpha_{n+1}}}(\vec{x}_{n+1}) \\
\times & \prod_{k\in I^{(+)}}\hat{\Phi}^{(+)}_{\alpha_k}(\vec{x}_k)\prod_{l\in I^{(-)},l\neq m}\hat{\Phi}^{(-)}_{\alpha_l}(\vec{x}_l)
\end{aligned}
\tag{5.59}
$$

wobei $p'(I^{(+)})$ und $p'_m(I^{(+)})$ die durch die notwendigen zusätzlichen Vertauschungen modifizierten Vorzeichen repräsentieren. Eigentlich müssten anstelle der Kontraktionen der Kommutator bzw. Antikommutator, also

$$
\left[\hat{\Phi}^{(-)}_{\alpha_m}(\vec{x}_m),\hat{\Phi}^{(+)}_{\alpha_{n+1}}(\vec{x}_{n+1})\right]\quad\text{bzw.}\quad\left[\hat{\Phi}^{(-)}_{\alpha_m}(\vec{x}_m),\hat{\Phi}^{(+)}_{\alpha_{n+1}}(\vec{x}_{n+1})\right]_+
\tag{5.60}
$$

stehen. Beachtet man (5.51), dann ist

$$
\begin{aligned}
& \overbracket{\hat{\Phi}^{(-)}_{\alpha_m}(\vec{x}_m)\hat{\Phi}^{(+)}_{\alpha_{n+1}}}(\vec{x}_{n+1}) \\
= & \hat{\mathcal{T}}\left(\hat{\Phi}^{(-)}_{\alpha_m}(\vec{x}_m)\hat{\Phi}^{(+)}_{\alpha_{n+1}}(\vec{x}_{n+1})\right)-:\hat{\Phi}^{(-)}_{\alpha_m}(\vec{x}_m)\hat{\Phi}^{(+)}_{\alpha_{n+1}}(\vec{x}_{n+1}): \\
= & \hat{\Phi}^{(-)}_{\alpha_m}(\vec{x}_m)\hat{\Phi}^{(+)}_{\alpha_{n+1}}(\vec{x}_{n+1})-:\hat{\Phi}^{(-)}_{\alpha_m}(\vec{x}_m)\hat{\Phi}^{(+)}_{\alpha_{n+1}}(\vec{x}_{n+1}):
\end{aligned}
\tag{5.61}
$$

wobei berücksichtigt wurde, dass $\vec{x}_{n+1}$der früheste Ereignispunkt war. Im bosonischen Fall liefern die primitiven Vertauschungsregeln (5.37) zur Auswertung des Normalprodukts

$$
\begin{aligned}
& \overbracket{\hat{\Phi}^{(-)}_{\alpha_m}(\vec{x}_m)\hat{\Phi}^{(+)}_{\alpha_{n+1}}}(\vec{x}_{n+1}) \\
= & \hat{\Phi}^{(-)}_{\alpha_m}(\vec{x}_m)\hat{\Phi}^{(+)}_{\alpha_{n+1}}(\vec{x}_{n+1})-\hat{\Phi}^{(+)}_{\alpha_{n+1}}(\vec{x}_{n+1})\hat{\Phi}^{(-)}_{\alpha_m}(\vec{x}_m) \\
= & \left[\hat{\Phi}^{(-)}_{\alpha_m}(\vec{x}_m),\hat{\Phi}^{(+)}_{\alpha_{n+1}}(\vec{x}_{n+1})\right]
\end{aligned}
\tag{5.62}
$$

während wir im fermionischen Fall unter Beachtung der primitiven Antikommutationsrelationen (5.38) zu

$$
\begin{aligned}
&\overline{\hat{\Phi}^{(-)}_{\alpha_m}(\vec{x}_m)\,\hat{\Phi}^{(+)}_{\alpha_{n+1}}}(\vec{x}_{n+1}) \\
&= \hat{\Phi}^{(-)}_{\alpha_m}(\vec{x}_m)\,\hat{\Phi}^{(+)}_{\alpha_{n+1}}(\vec{x}_{n+1}) + \hat{\Phi}^{(+)}_{\alpha_{n+1}}(\vec{x}_{n+1})\,\hat{\Phi}^{(-)}_{\alpha_m}(\vec{x}_m) \\
&= \left[\hat{\Phi}^{(-)}_{\alpha_m}(\vec{x}_m), \hat{\Phi}^{(+)}_{\alpha_{n+1}}(\vec{x}_{n+1})\right]_+
\end{aligned}
\tag{5.63}
$$

gelangen und folglich für beide Fälle in (5.59) die Kontraktionen der entsprechenden Feldgrößen benutzen können. Beachtet man ferner, dass wegen (5.49)

$$
\overline{\hat{\Phi}^{(-)}_{\alpha_m}(\vec{x}_m)\,\hat{\Phi}^{(+)}_{\alpha_{n+1}}}(\vec{x}_{n+1}) = \overline{\hat{\Phi}_{\alpha_m}(\vec{x}_m)\,\hat{\Phi}_{\alpha_{n+1}}}(\vec{x}_{n+1})
\tag{5.64}
$$

gilt[16], dann können wir in den Kontraktionen auch wieder die unzerlegten Feldoperatoren verwenden. Wir können jetzt in (5.59) die ersten beiden Zeilen zum Normalprodukt $:\hat{\Phi}_{\alpha_1}(\vec{x}_1)\ldots\hat{\Phi}_{\alpha_n}(\vec{x}_n)\,\hat{\Phi}_{\alpha_{n+1}}(\vec{x}_{n+1}):$ zusammenfassen und gelangen so zu

$$
\begin{aligned}
& :\hat{\Phi}_{\alpha_1}(\vec{x}_1)\ldots\hat{\Phi}_{\alpha_n}(\vec{x}_n):\hat{\Phi}_{\alpha_{n+1}}(\vec{x}_{n+1}) \\
&= \; :\hat{\Phi}_{\alpha_1}(\vec{x}_1)\ldots\hat{\Phi}_{\alpha_n}(\vec{x}_n)\,\hat{\Phi}_{\alpha_{n+1}}(\vec{x}_{n+1}): \\
&+ \sum_{I^{(+)},I^{(-)}} \sum_{m\in I^{(-)}} p'_m\left(I^{(+)}\right) \overline{\hat{\Phi}_{\alpha_m}(\vec{x}_m)\,\hat{\Phi}_{\alpha_{n+1}}}(\vec{x}_{n+1}) \\
&\times \prod_{k\in I^{(+)}} \hat{\Phi}^{(+)}_{\alpha_k}(\vec{x}_k) \prod_{l\in I^{(-)},l\neq m} \hat{\Phi}^{(-)}_{\alpha_l}(\vec{x}_l)
\end{aligned}
\tag{5.65}
$$

und deshalb

$$
\begin{aligned}
& :\hat{\Phi}_{\alpha_1}(\vec{x}_1)\ldots\hat{\Phi}_{\alpha_n}(\vec{x}_n):\hat{\Phi}_{\alpha_{n+1}}(\vec{x}_{n+1}) \\
&= \; :\hat{\Phi}_{\alpha_1}(\vec{x}_1)\ldots\hat{\Phi}_{\alpha_n}(\vec{x}_n)\,\hat{\Phi}_{\alpha_{n+1}}(\vec{x}_{n+1}): \\
&\quad + \sum_{m=1}^{n} p_m \overline{\hat{\Phi}_{\alpha_m}(\vec{x}_m)\,\hat{\Phi}_{\alpha_{n+1}}}(\vec{x}_{n+1}) \\
&\times \; :\hat{\Phi}_{\alpha_1}(\vec{x}_1)\ldots\hat{\Phi}_{\alpha_{m-1}}(\vec{x}_{m-1})\,\hat{\Phi}_{\alpha_{m+1}}(\vec{x}_{m+1})\ldots\hat{\Phi}_{\alpha_n}(\vec{x}_n):
\end{aligned}
\tag{5.66}
$$

Da man diese Prozedur auch auf alle anderen Terme von (5.56) anwenden kann, ist das Wick'sche Theorem bewiesen.

Wir machen noch auf eine Besonderheit aufmerksam, die bei der Behandlung von Operatoren aus den gleichen Wechselwirkungstermen auftreten. Da

16) Diese Schlussfolgerung gilt bei Verwendung von (5.49) natürlich nur für bosonische Feldkomponenten. Man überzeugt sich aber leicht von der Richtigkeit dieser Relation auch für fermionsche Felder, indem man die Zerlegung (5.57) einsetzt und zeigt, dass die übrigen Kontraktionen jede für sich verschwinden.

diese Operatoren gleichzeitig[17] und bereits normalgeordnet sind, dürfen Kontraktionen zwischen diesen Operatoren bei der Anwendung des Wick'schen Theorems nicht berücksichtigt werden.

## 5.1.4 *Propagatoren

### 5.1.4.1 *Definition des Propagators

Eine wichtige Rolle im Rahmen einer feldtheoretischen Störungstheorie spielen Propagatoren. Diese werden – bis auf eine aus Konventionsgründen gewählten Phase – als die Matrixelemente

$$\Delta\left(\vec{x}-\vec{y}\right) = -i\left\langle 0\right| \hat{\mathcal{T}}\left(\hat{\psi}(\vec{x})\hat{\psi}^{\dagger}(\vec{y})\right)\left|0\right\rangle \tag{5.67}$$

definiert und beschreiben als $\left|\Delta\left(\vec{x}-\vec{y}\right)\right|^2$ die Wahrscheinlichkeit, dass ein Teilchen, das sich ursprünglich am Weltpunkt $\vec{y} = (0, \boldsymbol{y})$ befand, zu einer späteren Zeit am Weltpunkt $\vec{x} = (ct, \boldsymbol{x})$ beobachtet wird. Da das Teilchen keine im klassischen Sinne zu verstehende Bewegung ausführt, umschreibt man diesen quantenmechanischen Übergang mit dem Wort propagieren und nennt die zugehörige Streumatrix Propagator. Da wir ein homogenes Raum-Zeit-Kontinuum zugrunde legen, hängt der Propagator nur von der Differenz der beiden Weltpunkte ab. Die Bedeutung des Propagtors liegt darin, dass es sich hierbei um die Kontraktion der beiden Feldoperatoren $\hat{\psi}(\vec{x})$ und $\hat{\psi}^{\dagger}(\vec{y})$ handelt, denn wegen (5.50), (5.52) und den in Abschnitt 5.1.3.2 besprochenen Eigenschaften normalgeordneter Produkte gilt

$$\begin{aligned} -i\left\langle 0\right| \hat{\mathcal{T}}\left(\hat{\psi}(\vec{x})\hat{\psi}^{\dagger}(\vec{y})\right)\left|0\right\rangle &= -i\left\langle 0\right| : \hat{\psi}(\vec{x})\hat{\psi}^{\dagger}(\vec{y}) : \left|0\right\rangle - i\left\langle 0\right| \overline{\hat{\psi}(\vec{x})\hat{\psi}^{\dagger}(\vec{y})}\left|0\right\rangle \\ &= -i\overline{\hat{\psi}(\vec{x})\hat{\psi}^{\dagger}(\vec{y})} \end{aligned} \tag{5.68}$$

Im Rahmen der Quantenelektrodynamik spielen die Propagatoren der vier Bispinorkomponenten des Materiefeldes $\hat{\psi}_{\alpha}(\vec{x})$ und die Propagatoren der vier Komponenten des Feldoperators $\hat{A}_k(\vec{x})$ eine wichtige Rolle.

### 5.1.4.2 *Propagator des Dirac-Felds

Der Propagator des Dirac-Feldes lautet

$$\begin{aligned} \Delta^{D}_{\alpha\beta}\left(\vec{x}-\vec{y}\right) &= -i\left\langle 0\right| \hat{\mathcal{T}}\left(\hat{\psi}_{\alpha}(\vec{x})\hat{\overline{\psi}}_{\beta}(\vec{y})\right)\left|0\right\rangle \\ &= -i\left\{\begin{array}{ll} \left\langle 0\right| \hat{\psi}_{\alpha}(\vec{x})\hat{\overline{\psi}}_{\beta}(\vec{y})\left|0\right\rangle & \text{für} \quad x^0 > y^0 \\ -\left\langle 0\right| \hat{\overline{\psi}}_{\beta}(\vec{y})\hat{\psi}_{\alpha}(\vec{x})\left|0\right\rangle & \text{für} \quad x^0 < y^0 \end{array}\right. \end{aligned} \tag{5.69}$$

**17**) und damit zeitgeordnet

Für die Spinorkomponenten wählen wir die Zerlegung (4.386) und berücksichtigen außerdem (4.396). Damit ist dann

$$\hat{\psi}_\alpha(\vec{x}) = \sum_\mu \int d^3p \left[\Psi^{(\mu,+)}_{\boldsymbol{p},\alpha}(\vec{x})\,\hat{c}_{\boldsymbol{p},\mu,+} + \Psi^{(\mu,-)}_{\boldsymbol{p},\alpha}(\vec{x})\,\hat{c}^\dagger_{\boldsymbol{p},\mu,-}\right] \tag{5.70}$$

und

$$\hat{\overline{\psi}}_\beta(\vec{y}) = \sum_\mu \int d^3p \left[\overline{\Psi}^{(\mu,+)}_{\boldsymbol{p},\beta}(\vec{y})\,\hat{c}^\dagger_{\boldsymbol{p},\mu,+} + \overline{\Psi}^{(\mu,-)}_{\boldsymbol{p},\beta}(\vec{y})\,\hat{c}_{\boldsymbol{p},\mu,-}\right] \tag{5.71}$$

wir wollen zunächst den Propagator des Dirac-Feldes für $x^0 > y^0$ berechnen. Da wir einen Vakuumerwartungswert berechnen, verschwinden alle Produkte, in denen links ein Erzeugungsoperator oder rechts ein Vernichtungsoperator steht. Deshalb bleibt von den Zerlegungen (5.70) und (5.71) nur der folgende Ausdruck übrig

$$\begin{aligned}
\Delta^D_{\alpha\beta}(\vec{x}-\vec{y}) &= -i\sum_{\mu,\mu'}\iint d^3p\,d^3p'\,\Psi^{(\mu,+)}_{\boldsymbol{p},\alpha}(\vec{x})\,\overline{\Psi}^{(\mu',+)}_{\boldsymbol{p}',\beta}(\vec{y})\,\langle 0|\,\hat{c}_{\boldsymbol{p},\mu,+}\hat{c}^\dagger_{\boldsymbol{p}',\mu',+}\,|0\rangle \\
&= -i\sum_{\mu,\mu'}\iint d^3p\,d^3p'\,\Psi^{(\mu,+)}_{\boldsymbol{p},\alpha}(\vec{x})\,\overline{\Psi}^{(\mu',+)}_{\boldsymbol{p}',\beta}(\vec{y}) \\
&\times\ \langle 0|\,\delta_{\mu\mu'}\delta\left(\boldsymbol{p}-\boldsymbol{p}'\right) - \hat{c}^\dagger_{\boldsymbol{p}',\mu',+}\hat{c}_{\boldsymbol{p},\mu,+}\,|0\rangle \\
&= -i\sum_{\mu,\mu'}\int\int d^3p\,d^3p'\,\Psi^{(\mu,+)}_{\boldsymbol{p},\alpha}(\vec{x})\,\overline{\Psi}^{(\mu',+)}_{\boldsymbol{p}',\beta}(\vec{y})\,\delta_{\mu\mu'}\delta\left(\boldsymbol{p}-\boldsymbol{p}'\right) \\
&= -i\sum_\mu\int d^3p\,\Psi^{(\mu,+)}_{\boldsymbol{p},\alpha}(\vec{x})\,\overline{\Psi}^{(\mu,+)}_{\boldsymbol{p},\beta}(\vec{y})
\end{aligned} \tag{5.72}$$

Hieraus folgt mit (4.383) und $(p_i) = \left(E_{\boldsymbol{p}}/c, -\boldsymbol{p}\right)$

$$\Delta^D_{\alpha\beta}(\vec{x}-\vec{y}) = -\frac{i}{(2\pi\hbar)^3}\sum_\mu\int d^3p\,\psi^{(\mu,+)}_\alpha(\boldsymbol{p})\,\overline{\psi}^{(\mu,+)}_\beta(\boldsymbol{p})\,\mathrm{e}^{-\frac{i}{\hbar}p_i(x^i-y^i)} \tag{5.73}$$

Beachtet man jetzt noch die Darstellung (2.156) der Eigenspinoren, dann kann man mit einigen algebraischen Umformungen zeigen[18]

$$\sum_\mu \psi^{(\mu,+)}_\alpha(\boldsymbol{p})\,\overline{\psi}^{(\mu,+)}_\beta(\boldsymbol{p}) = \frac{c}{2E_{\boldsymbol{p}}}\left(mc + \gamma^i p_i\right)_{\alpha\beta} \tag{5.74}$$

so dass für den Propagator

$$\Delta^D_{\alpha\beta}(\vec{x}-\vec{y}) = -\frac{ic}{(2\pi\hbar)^3}\int\frac{d^3p}{2E_{\boldsymbol{p}}}\left(mc+\gamma^i p_i\right)_{\alpha\beta}\mathrm{e}^{-\frac{i}{\hbar}p_i(x^i-y^i)} \tag{5.75}$$

folgt. Wegen

$$i\hbar\gamma^i\partial_i \exp\left\{-\frac{i}{\hbar}p_i(x^i-y^i)\right\} = \gamma^i p_i \mathrm{e}^{-\frac{i}{\hbar}p_i(x^i-y^i)} \tag{5.76}$$

**18**) siehe Aufgabe 5.1

können wir dann schreiben

$$\Delta^D_{\alpha\beta}(\vec{x}-\vec{y}) = -\frac{ic}{(2\pi\hbar)^3}\left(mc + i\hbar\gamma^i\partial_i\right)_{\alpha\beta}\int\frac{d^3p}{2E_p}\mathrm{e}^{-\frac{i}{\hbar}p_i(x^i-y^i)} \tag{5.77}$$

Führt man die gleichen Rechnungen für $x^0 < y^0$ aus, dann gelangt man zu

$$\Delta^D_{\alpha\beta}(\vec{x}-\vec{y}) = -\frac{ic}{(2\pi\hbar)^3}\left(mc + i\hbar\gamma^i\partial_i\right)_{\alpha\beta}\int\frac{d^3p}{2E_p}\mathrm{e}^{\frac{i}{\hbar}p_i(x^i-y^i)} \tag{5.78}$$

so dass der Propagator des Dirac-Feldes bestimmt ist durch

$$\begin{aligned}\Delta^D_{\alpha\beta}(\vec{x}-\vec{y}) &= -\frac{ic}{(2\pi\hbar)^3}\left(mc + i\hbar\gamma^i\partial_i\right)_{\alpha\beta}\int\frac{d^3p}{2E_p} \\ &\times\begin{cases}\exp\left\{-\frac{i}{\hbar}p_i(x^i-y^i)\right\} & \text{für} \quad x^0 > y^0 \\ \exp\left\{\frac{i}{\hbar}p_i(x^i-y^i)\right\} & \text{für} \quad x^0 < y^0\end{cases}\end{aligned} \tag{5.79}$$

Um zu einem endgültigen Resultat zu gelangen, müssen wir das Integral auswerten. Mit $(p_i) = (E_p/c, -\boldsymbol{p})$ und wenn wir im Integral für $x^0 < y^0$ die Ersetzung $\boldsymbol{p} \to -\boldsymbol{p}$ durchführen, können wir diese Formel dann in einer kompakteren Form schreiben

$$\Delta^D_{\alpha\beta}(\vec{x}-\vec{y}) = -\frac{ic}{(2\pi\hbar)^3}\left(mc + i\hbar\gamma^i\partial_i\right)_{\alpha\beta}\int\frac{d^3p}{2E_p}\mathrm{e}^{-\frac{i}{\hbar}E_p|t_x-t_y|+\frac{i}{\hbar}\boldsymbol{p}(\boldsymbol{x}-\boldsymbol{y})} \tag{5.80}$$

Um diesen Ausdruck explizit zu berechnen, betrachten wir zunächst das Integral

$$I = \lim_{\varepsilon\to 0}\frac{1}{2\pi i}\int_{-\infty}^{\infty}\frac{\mathrm{e}^{-iAx}}{x^2-a^2+i\varepsilon}dx \qquad \text{mit} \qquad \varepsilon > 0 \tag{5.81}$$

wobei $a > 0$ und $A$ eine reelle Zahl ist. Der Integrationsweg verläuft auf der $x$-Achse. Der Integrand besitzt zwei Polstellen, die bei $x_1 = -a + i\varepsilon/2a$ und bei $x_2 = a - i\varepsilon/2a$ liegen. Damit liegt die Polstelle $x_1$ in der komplexen Ebene oberhalb der $x$-Achse, der Pol $x_2$ unterhalb der $x$-Achse. Ist $A < 0$, dann schließen wir den Integrationsweg entlang eines Bogens mit unendlich großem Radius $R$ in der oberen Halbebene, siehe Abb. 5.1. Entlang dieses Bogens mit $z = R(\cos\varphi + i\sin\varphi)$ ist dann der Integrand von der Größenordnung $\exp(-|A|R\sin\varphi)$ und liefert für $R \to \infty$ keinen Beitrag zum Integral. Damit ist das Integral entlang des geschlossenen Weges gleich dem Integral entlang der $x$-Achse. Andererseits ist das Wegintegral entlang eines geschlossenen Weges in der komplexen Ebene gleich der Summe der Residuen innerhalb des umschlossenen Gebietes. Da in diesem Gebiet nur die Polstelle $x_1$ liegt, ist der Wert des Integrals gleich

$$I = \lim_{\varepsilon\to 0}\left.\frac{\mathrm{e}^{-iAx}}{x-x_2}\right|_{x=x_1} = \lim_{\varepsilon\to 0}\frac{\mathrm{e}^{-iA(-a+i\varepsilon/2a)}}{-2a+i\varepsilon/a} = -\frac{\mathrm{e}^{iAa}}{2a} \tag{5.82}$$

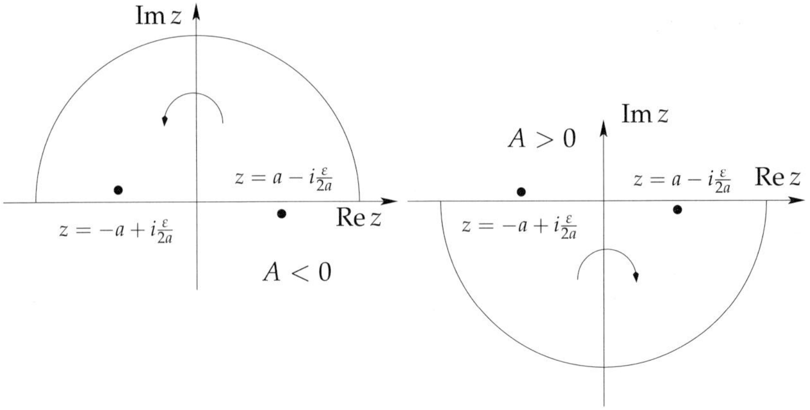


**Abb. 5.1** Verlauf der Integrationskurven bei negativen und positiven Werten $A$. Man beachte den unterschiedlichen Umlaufsinn der Kurven, wenn in beiden Fällen der Integrationsweg entlang der rellen Achse von $-\infty$ nach $\infty$ läuft.

Ist dagegen $A > 0$, dann ist der Integrationsweg über die untere Halbebene zu schließen. Jetzt liegt die Polstelle $x_2$ im Integrationsgebiet, aber die Orientierung des Weges verläuft jetzt im Uhrzeigersinn. Darum hat das Integral den negativen Wert des Residiums und wir erhalten

$$I = -\lim_{\varepsilon\to 0} \left.\frac{e^{-iAx}}{x - x_1}\right|_{x=x_2} = -\lim_{\varepsilon\to 0} \frac{e^{-iA(a-i\varepsilon/2a)}}{2a - i\varepsilon/a} = -\frac{e^{-iAa}}{2a} \tag{5.83}$$

Zusammengefasst gelangen wir so zu

$$\lim_{\varepsilon\to 0} \frac{1}{2\pi i} \int_{-\infty}^{\infty} \frac{e^{-iAx}}{x^2 - a^2 + i\varepsilon} dx = -\frac{e^{-i|A|a}}{2a} \tag{5.84}$$

Mit der Substitution

$$A = \frac{1}{\hbar}(x^0 - y^0) \qquad \text{und} \qquad a = \frac{E_p}{\hbar} \tag{5.85}$$

können wir das Integral im Propagator (5.80) weiter umformen

$$\begin{aligned} \Delta^D_{\alpha\beta}(\vec{x} - \vec{y}) &= \frac{c^2}{(2\pi\hbar)^3} \left(mc + i\hbar\gamma^i\partial_i\right)_{\alpha\beta} \\ &\times \lim_{\varepsilon\to 0} \frac{1}{2\pi} \int d^3p\,dp_0 \frac{e^{-\frac{i}{\hbar}(x^0-y^0)p_0}}{c^2p_0^2 - E_p^2 + i\varepsilon} e^{\frac{i}{\hbar}\boldsymbol{p}(x-y)} \end{aligned} \tag{5.86}$$

Berücksichtigt man noch das vierdimensionalen Volumenelement $d^3p\,dp_0 = d^4p$, den Viererimpuls $(p_i) = (p_0, -\boldsymbol{p})$ sowie die Energie-Impuls-Relation

$$c^2p_0^2 - E_p^2 = c^2p_0^2 - c^2\boldsymbol{p}^2 - m^2c^4 = c^2p^ip_i - m^2c^4 \tag{5.87}$$

dann ist der Propagator die 4 × 4-Matrix

$$\Delta^D(\vec{x}-\vec{y}) = \hbar\left(mc + i\hbar\gamma^i\partial_i\right)\lim_{\varepsilon\to 0}\int \frac{d^4p}{(2\pi\hbar)^4}\frac{e^{-\frac{i}{\hbar}p_i(x^i-y^i)}}{p^ip_i - m^2c^2 + i\varepsilon} \tag{5.88}$$

Wenden wir auf diesen Propagator den Operator $i\hbar\gamma^i\partial_i - mc$ an, dann erhalten wir wegen

$$\gamma^i\partial_i\gamma^j\partial_j = \frac{1}{2}\left(\gamma^i\gamma^j\partial_i\partial_j + \gamma^j\gamma^i\partial_j\partial_i\right) = \frac{1}{2}\left(\gamma^i\gamma^j + \gamma^j\gamma^i\right)\partial_i\partial_j \tag{5.89}$$

unter Beachtung von (2.29)

$$\begin{aligned}\left(i\hbar\gamma^i\partial_i - mc\right)\Delta^D(\vec{x}-\vec{y}) &= -\hbar\left(\hbar^2 g^{ij}\partial_j\partial_i + m^2c^2\right)\\ &\quad\times\lim_{\varepsilon\to 0}\int\frac{d^4p}{(2\pi\hbar)^4}\frac{\exp\left\{-\frac{i}{\hbar}p_i(x^i-y^i)\right\}}{p^ip_i - m^2c^2 + i\varepsilon}\\ &= \hbar\lim_{\varepsilon\to 0}\int\frac{d^4p}{(2\pi\hbar)^4}e^{-\frac{i}{\hbar}p_i(x^i-y^i)}\\ &= \hbar\delta(\vec{x}-\vec{y})\end{aligned} \tag{5.90}$$

also

$$\left(i\hbar\gamma^i\partial_i - mc\right)\Delta^D(\vec{x}-\vec{y}) = \hbar\delta(\vec{x}-\vec{y}) \tag{5.91}$$

d. h. der Propagator des Dirac-Feldes ist, bis auf den unwesentlichen Faktor $\hbar^{-1}$ die zur Dirac-Gleichung gehörige Green'sche Funktion.

#### 5.1.4.3 *Propagator des Maxwell-Felds (Photonenpropagator)

Da der Feldoperator des Maxwell-Feldes in der Lorentz-Eichung hermitesch ist, lautet der zu diesem Feld gehörige Propagator[19]

$$\begin{aligned}\Delta_M^{kl}(\vec{x}-\vec{y}) &= -i\langle 0|\hat{\mathcal{T}}(\hat{A}^k(\vec{x})\hat{A}^l(\vec{y}))|0\rangle\\ &= -i\begin{cases}\langle 0|\hat{A}^k(\vec{x})\hat{A}^l(\vec{y})|0\rangle & \text{für } x^0 > y^0\\ \langle 0|\hat{A}^l(\vec{y})\hat{A}^k(\vec{x})|0\rangle & \text{für } x^0 < y^0\end{cases}\end{aligned} \tag{5.92}$$

$|\Delta_M^{kl}(\vec{x}-\vec{y})|^2$ ist dann die Wahrscheinlichkeitsdichte für einen Übergang des betrachteten Systems aus dem Feldzustand $\hat{A}^l(\vec{y})|0\rangle$ in den Zustand $\hat{A}^k(\vec{x})|0\rangle$. Mit der Zerlegung (4.469) des Feldoperators in ebene Wellen erhal-

**19**) Dieser Propagator wird oft auch als Photonenpropagator bezeichnet.

ten wir dann für $x^0 > y^0$

$$\begin{aligned}\Delta_M^{kl}(\vec{x}-\vec{y}) &= -i\sum_{\lambda,\lambda'}\iint d^3k u(\boldsymbol{k}) d^3k' u(\boldsymbol{k}') e^k_{\boldsymbol{k}\lambda} \mathrm{e}^{i(\boldsymbol{k}\boldsymbol{x}-\omega_k x^0/c)} e^l_{\boldsymbol{k}'\lambda'} \mathrm{e}^{-i(\boldsymbol{k}'\boldsymbol{y}-\omega_{k'} y^0/c)} \\ &\qquad \times \langle 0|\, \hat{b}_{\boldsymbol{k}\lambda} \hat{b}^\dagger_{\boldsymbol{k}'\lambda'}\, |0\rangle \\ &= -i\sum_{\lambda,\lambda'}\iint d^3k u(\boldsymbol{k}) d^3k' u(\boldsymbol{k}') e^k_{\boldsymbol{k}\lambda} \mathrm{e}^{i(\boldsymbol{k}\boldsymbol{x}-\omega_k x^0/c)} e^l_{\boldsymbol{k}'\lambda'} \mathrm{e}^{-i(\boldsymbol{k}'\boldsymbol{y}-\omega_{k'} y^0/c)} \\ &\qquad \times \langle 0|\, \hat{b}^\dagger_{\boldsymbol{k}'\lambda'} \hat{b}_{\boldsymbol{k}\lambda} - g_{\lambda\lambda'}\delta(\boldsymbol{k}-\boldsymbol{k}')\, |0\rangle \\ &= i\sum_{\lambda,\lambda'}\iint d^3k u(\boldsymbol{k}) d^3k' u(\boldsymbol{k}') e^k_{\boldsymbol{k}\lambda} \mathrm{e}^{i(\boldsymbol{k}\boldsymbol{x}-\omega_k x^0/c)} e^l_{\boldsymbol{k}'\lambda'} \mathrm{e}^{-i(\boldsymbol{k}'\boldsymbol{y}-\omega_{k'} y^0/c)} \\ &\qquad \times g_{\lambda\lambda'}\delta(\boldsymbol{k}-\boldsymbol{k}') \\ &= i\sum_{\lambda}\int d^3k u^2(\boldsymbol{k}) e^k_{\boldsymbol{k}\lambda} e^l_{\boldsymbol{k}\lambda} \mathrm{e}^{i(\boldsymbol{k}(\boldsymbol{x}-\boldsymbol{y})-\omega_k(x^0-y^0)/c)} g_{\lambda\lambda}\end{aligned} \tag{5.93}$$

Dabei wurde im zweiten Schritt die Vertauschungsrelation (4.478) verwendet. Beachtet man noch (4.476), (4.424) und $(k_i) = (\omega_k/c, -\boldsymbol{k})$, dann wird hieraus

$$\Delta_M^{kl}(\vec{x}-\vec{y}) = i\int d^3k \frac{\hbar c^2}{2(2\pi)^3\omega_k} \mathrm{e}^{i(\boldsymbol{k}(\boldsymbol{x}-\boldsymbol{y})-\omega_k(x^0-y^0)/c)} g^{kl} \tag{5.94}$$

Analog findet man für $x^0 < y^0$

$$\Delta_M^{kl}(\vec{x}-\vec{y}) = i\int d^3k \frac{\hbar c^2}{2(2\pi)^3\omega_k} \mathrm{e}^{-i(\boldsymbol{k}(\boldsymbol{x}-\boldsymbol{y})-\omega_k(x^0-y^0)/c)} g^{kl} \tag{5.95}$$

Wir können beide Ausdrücke wieder zu einem Ausdruck zusammenfassen. Dazu ersetzen wir im zweiten Ausdruck $\boldsymbol{k}$ durch $-\boldsymbol{k}$ und erhalten somit

$$\Delta_M^{kl}(\vec{x}-\vec{y}) = i\int d^3k \frac{\hbar c^2}{2(2\pi)^3\omega_k} \mathrm{e}^{i(\boldsymbol{k}(\boldsymbol{x}-\boldsymbol{y})-\omega_k|x^0-y^0|/c)} g^{kl} \tag{5.96}$$

Mit (5.84) ist dann

$$\Delta_M^{kl}(\vec{x}-\vec{y}) = -i\frac{\hbar c^3}{(2\pi)^3}\lim_{\varepsilon\to 0}\frac{1}{2\pi i}\int d^3k dk_0 \mathrm{e}^{i\boldsymbol{k}(\boldsymbol{x}-\boldsymbol{y})} \frac{\mathrm{e}^{-ik_0(x^0-y^0)}}{k_0^2c^2-\omega_k^2+i\varepsilon} g^{kl} \tag{5.97}$$

Führt man jetzt noch den vierdimensionalen Wellenvektor $(k_i) = (\omega_k/c, -\boldsymbol{k})$ ein, dann ist wegen $k^ik_i = k_0^2 - \boldsymbol{k}^2$, $\omega_k = c\,|\boldsymbol{k}|$ und $d^4k = d^3kdk_0$

$$\Delta_M^{kl}(\vec{x}-\vec{y}) = -\hbar c g^{kl}\lim_{\varepsilon\to 0}\int \frac{d^4k}{(2\pi)^4}\frac{\mathrm{e}^{-ik_i(x^i-y^i)}}{k^ik_i+i\varepsilon} \tag{5.98}$$

Wenden wir auf den Propagator des Maxwell-Feldes den d'Alembert'schen Operator $\square$ an, dann erhalten wir

$$\begin{aligned}\square\Delta_M^{kl}(\vec{x}-\vec{y}) &= \partial_i\partial^i\Delta_M^{kl}(\vec{x}-\vec{y}) \\ &= \hbar c g^{kl}\int\frac{d^4k}{(2\pi)^4}\mathrm{e}^{-ik_i(x^i-y^i)} = \hbar c g^{kl}\delta(\vec{x}-\vec{y})\end{aligned} \tag{5.99}$$

d. h. der Propagator des Maxwell-Feldes ist bis auf den unwesentlichen Vorfaktor $\hbar c$ die Green'sche Funktion der Wellengleichung des elektromagnetischen Viererpotentials.

### 5.1.5 *Feynman-Graphen

Das Wick'sche Theorem erlaubt die Zerlegung eines beliebigen zeitgeordneten Produkts in Kombinationen von Kontraktionen und normalgeordneten Produkten. Bildet man von diesen Beiträgen den Vakuumerwartungswert, dann verschwinden alle Terme, die ein normalgeordnetes Produkt enthalten. Trotz dieser wesentlichen Vereinfachung bleibt in vielen Fällen noch eine große Zahl von Summanden erhalten, die aus verschiedenen in unterschiedlicher Weise miteinander verbundenen Kontraktionen und damit Propagatoren bestehen. Um eine gewisse Übersichtlichkeit herzustellen, wurde von Feynman eine Graphen- oder Diagrammtechnik entworfen, mit deren Hilfe man sehr anschaulich die Elemente einer Störungstheorie auswerten kann.

Als Beispiel wollen wir hier die zweite Ordnung eines Matrixelements der Streumatrix (5.35) in der Ortsdarstellung, also

$$S^{(2)} = \langle \vec{x}_e | \hat{W}^{(2)}(t) | \vec{x}_a \rangle \tag{5.100}$$

verwenden.

Dabei liegt anfänglich der Einteilchenzustand[20] $|\vec{x}_a\rangle = \hat{\bar{\psi}}^{(+)}(\vec{x}_a)|0\rangle$ vor, während am Ende der Einteilchenzustand $\langle \vec{x}_e| = \langle 0| \hat{\psi}^{(+)}(\vec{x}_e)$ beobachtet werden soll. Ferner wird festgelegt, dass $\hat{\psi}^{(+)}$ der Anteil des Feldoperators $\hat{\psi}$ ist, der nur aus Operatoren besteht, die dem Teilchen zuzuordnen sind. Dementsprechend ist $\hat{\psi}^{(-)}$ aus den Beiträgen des Antiteilchens zusammengesetzt. Deshalb wird unter Beachtung der in Abschnitt[21] 4.7 getroffenen Vereinbarungen $\hat{\psi}^{(+)}$ aus den Vernichtungsoperatoren $\hat{c}_{p,\mu,+}$ gebildet, während $\hat{\psi}^{(-)}$ aus den Erzeugungsoperatoren $\hat{c}^{\dagger}_{p,\mu,-}$ aufgebaut ist. Für $\hat{\bar{\psi}}^{(+)}$ und $\hat{\bar{\psi}}^{(-)}$ ist die Zuordnung umgekehrt, denn der Teilchenanteil $\hat{\bar{\psi}}^{(+)}$ des adjungierten Feldoperators $\hat{\bar{\psi}}$ besteht aus Erzeugungsoperatoren $\hat{c}^{\dagger}_{p,\mu,+}$, der Antiteilchenanteil $\hat{\bar{\psi}}^{(-)}$ dagegen aus Vernichtungsoperatoren $\hat{c}_{p,\mu,-}$.

Wegen (5.29) kann (5.100) durch den Vakuumerwartungswert

$$\begin{aligned} \langle \vec{x}_e | \hat{W}^{(2)}(t) | \vec{x}_a \rangle &= \frac{1}{2\,(i\hbar c)^2} \langle 0| \hat{\psi}^{(+)}(\vec{x}_e) \\ &\times \hat{T} \int d\Omega \hat{\mathcal{H}}'_W(\vec{x}) \int d\Omega' \hat{\mathcal{H}}'_W(\vec{x}') \\ &\times \hat{\bar{\psi}}^{(+)}(\vec{x}_a)\,|0\rangle \end{aligned} \tag{5.101}$$

**20**) mit einem Fermion, also z. B. ein Elektron
**21**) siehe insbesondere die Identifikationen (4.396)

dargestellt werden. Wir fügen jetzt noch die beiden Operatoren $\hat{\bar{\psi}}^{(+)}(\vec{x}_a)$ und $\hat{\psi}^{(+)}(\vec{x}_a)$ in die Zeitordnung ein, indem wir diese Größen mit der ins Unendliche verschobenen Anfangs- ($t \to -\infty$) bzw. Endzeit ($t \to \infty$) verbinden. Setzt man schließlich den aus (5.2) folgenden Wechselwirkungsanteil der quantisierten Hamilton-Dichte, also

$$\hat{\mathcal{H}}'_W = e\hat{A}_k(\vec{x})\hat{\bar{\psi}}(\vec{x})\gamma^k\hat{\psi}(\vec{x}) \tag{5.102}$$

in (5.101) ein, dann kann man das Wick'sche Theorem zur Auswertung des Ausdrucks (5.101) anwenden. Wir erhalten für den Vakuumerwartungswert eine ganze Reihe von Termen, von denen wir zum Beispiel

$$\begin{aligned}&\frac{(e)^2}{(i\hbar c)^2}\iint d\Omega d\Omega' \hat{\psi}_\mu^{(+)}(\vec{x}_e)\hat{\bar{\psi}}_\alpha(\vec{x})\gamma^k_{\alpha\beta}\hat{\psi}_\beta(\vec{x})\hat{\bar{\psi}}_\rho(\vec{x}')\gamma^m_{\rho\nu}\\ \times\quad &\hat{A}_k(\vec{x})\hat{A}_m(\vec{x}')\hat{\psi}_\nu(\vec{x}')\hat{\bar{\psi}}_\eta^{(+)}(\vec{x}_a)\end{aligned} \tag{5.103}$$

herausgreifen. Die griechischen Indizes sollen hier die Spinorkomponenten bezeichnen, wobei über doppelt auftretende Indizes im Sinne der Einstein'schen Konvention zu summieren ist. Der Ausdruck enthält vier Kontraktionen, von denen drei Propagatoren des Dirac-Feldes sind und eine den Photonenpropagator repräsentiert. Außerdem gibt es noch zwei Integrationen und zwei $\gamma$-Matrizen, die von den beiden Wechselwirkungstermen stammen.

Dieser Ausdruck soll jetzt in eine graphische Darstellung übertragen werden. Dazu ordnet man jedem Integral der Form

$$\frac{e}{i\hbar c}\int d\Omega\gamma^k_{\alpha\beta}\ldots \qquad \to \qquad \text{Vertex} \tag{5.104}$$

einen sogenannten Vertex zu, der graphisch als ein Punkt gekennzeichnet wird. Dieser Vertex ist mit drei Feldoperatoren verbunden, die aber in den Propagatoren verborgen sind. Jede Kontraktion – und damit jeder Propagator – wird durch eine Linie symbolisiert, wobei für fermionische Propagatoren durchgezogene Linien und für Photonenpropagatoren Wellenlinien verwendet werden, siehe Abb. 5.2. In der Verknüpfung der Linien und Vertizes spiegelt sich die Struktur des jeweiligen Terms der Streumatrix wieder.

Um den einem Graphen zugrunde liegenden physikalischen Prozess anschaulich interpretieren zu können, ist es sinnvoll, zwischen fermionischen Linien für Teilchen und Antiteilchen zu unterscheiden. Zu diesem Zweck geben wir jeder Fermionenlinie eine Orientierung (schematische Propagationsrichtung), indem wir ihr einen Pfeil zuordnen. Dabei treffen wir die Vereinbarung, dass der Pfeil von $\vec{y}$ auf $\vec{x}$ gerichtet ist, wobei $\vec{x} - \vec{y}$ das Argument des fermionischen Propagators (5.69) ist. Ist $x^0 > y^0$, dann können wir diese Linie als ein von $\vec{y}$ nach $\vec{x}$ propagierendes Teilchen verstehen. Umgekehrt

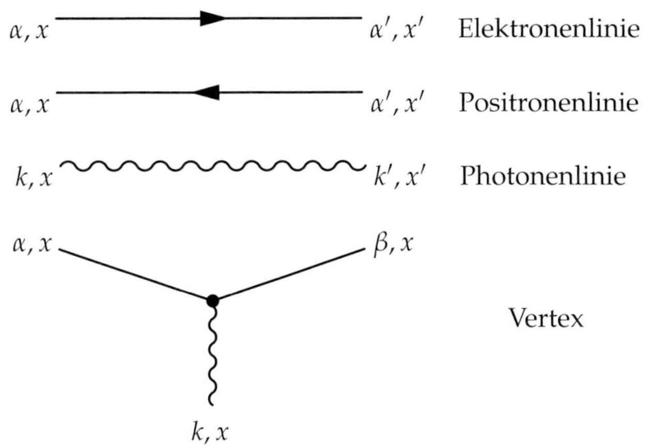


**Abb. 5.2** Basiselemente der Feynman'schen Graphentechnik. Die Variablen an den Enden der Linien bezeichnen die Orte des vierdimensionalen Minkowski-Raums $\vec{x}$ und $\vec{x}'$, die durch die Propagatoren verbunden werden, sowie zugehörige Komponente des Fermionenpropagators bzw. des Photonenpropagators. Die ausgezogenen Linien repräsentieren die Propagatoren von Teilchen bzw. Antiteilchen. Unter der Voraussetzung $x^0 < x'^0$ stellt die obere Linie den Propagator eines Teilchens dar (Pfeil in Zeitrichtung, Bewegung von $\vec{x}$ nach $\vec{x}'$), die untere dagegen den Propagator eines Antiteilchens (Pfeil entgegen der Zeitrichtung, d. h. die Bewegung erfolgt auch hier von $\vec{x}$ nach $\vec{x}'$). Für den Fall $x^0 > x'^0$ kehrt sich die Situation um. Dann entspricht die obere Linie einem Antiteilchen, das von $\vec{x}'$ nach $\vec{x}$ propagiert, die untere Linie dagegen der Teilchenpropagation von $\vec{x}'$ nach $\vec{x}$. Die Wellenlinie entspricht dem Photonenpropagator, der Punkt einem Vertex. Dabei besitzt jeder Vertex eine Photonenlinie sowie eine einlaufende und eine auslaufende Fermionenlinie. An den Vertex koppeln die Fermionenpropagatoren (über die Spinorindizes $\alpha$ bzw. $\beta$) und der Photonenpropagator (über den Vektorindex $k$).

symbolisiert die gleiche Linie für $y^0 > x^0$ ein von $\vec{x}$ nach $\vec{y}$ propagierendes Antiteilchen.

Der tiefere Grund für diese Zuordnung ergibt sich aus der Definition des Dirac'schen Propagators in Abschnitt 5.1.4.2. Dazu betrachten wir eine orientierte Linie, die von $\vec{y}$ auf $\vec{x}$ zeigt[22]. Verbindet diese Linie den früheren Weltpunkt $\vec{y}$ mit einem späteren Weltpunkt $\vec{x}$ (mit $x^0 > y^0$), dann bleibt entsprechend den Überlegungen in Abschnitt 5.1.4.2 vom Propagator nur der Teilchenbeitrag übrig[23]. Daher kann man sagen, dass in diesem Fall ein Teilchen von $\vec{y}$ nach $\vec{x}$ propagiert. Mit anderen Worten, für Teilchen stimmen – wie oben festgelegt – die schematische Propagationsrichtung[24] und die Zeitrichtung überein.

**22**) Damit ist das Argument des Propagators $\vec{x} - \vec{y}$.
**23**) siehe Herleitung von (5.72)
**24**) also die Pfeilrichtung

Ist dagegen $x^0 < y^0$, dann liegt scheinbar eine "Bewegung" des Teilchens gegen die Zeitrichtung vor, da die Propagation nach wie vor von $\vec{y}$ nach $\vec{x}$ erfolgt[25]. Allerdings ist diese Interpretation aus physikalischer Sicht nicht gerade sinnvoll. Analysiert man aber den Propagator des freien Dirac-Feldes für $x^0 < y^0$ genauer, dann stellt man fest, dass dieser jetzt nur noch aus Antiteilchenbeiträgen besteht. Man erkennt diesen Zusammenhang sofort, wenn man die Rechnung (5.72) für $x^0 < y^0$ wiederholt. Der Propagator ist in diesem Fall wegen (5.69)

$$\Delta^D_{\alpha\beta}(\vec{x}-\vec{y}) = i \langle 0| \hat{\overline{\psi}}_\beta(\vec{y})\hat{\psi}_\alpha(\vec{x}) |0\rangle \tag{5.105}$$

und bei Beachtung der Zerlegungen (5.70) und (5.71) folgt hieraus sofort anstelle der ersten Zeile von (5.72)

$$\Delta^D_{\alpha\beta}(\vec{x}-\vec{y}) = i \sum_{\mu,\mu'} \iint d^3p d^3p' \Psi^{(\mu,-)}_{p,\alpha}(\vec{x})\, \overline{\Psi}^{(\mu',-)}_{p',\beta}(\vec{y}) \langle 0| \hat{c}_{p',\mu',-}\hat{c}^\dagger_{p,\mu,-} |0\rangle \tag{5.106}$$

Nach dieser Formel beschreibt der Propagator des freien Feldes also ein Antiteilchen, das zur früheren Zeit $x^0$ im Weltpunkt $\vec{x}$ erzeugt und zum späteren Zeitpunkt $y^0$ in $\vec{y}$ vernichtet wird. Dieses Antiteilchen bewegt sich in Zeitrichtung, aber entgegen der schematischen Propagationsrichtung der Fermionenlinie, die ja von $\vec{y}$ nach $\vec{x}$ zeigt.

Wir kommen deshalb zu dem Schluss, dass eine von $\vec{y}$ nach $\vec{x}$ gerichtete Fermionenlinie für $x^0 > y^0$ einem entlang der schematischen Propagationsrichtung laufenden Teilchen, für $y^0 > x^0$ aber einem entgegen der Pfeilrichtung sich bewegenden Antiteilchen entspricht.

Photonenlinien erhalten in dieser Darstellung der Feynman'schen Graphentechnik keinen Richtungspfeil. Die Struktur des Wechselwirkungsterms (5.102), bestehend aus einem bosonischen Feld und den fermionischen Feldern $\hat{\psi}$ und $\hat{\overline{\psi}}$ bedingt, dass jeder Vertex genau eine Photonenlinie sowie eine einlaufende und eine auslaufende Fermionenlinie verknüpft. Je nach den Zeitargumenten der mit den Fermionenlinien verbundenen Propagatoren kann man einen Vertex als Absorbtion oder Emission eines Photons durch ein Teilchen bzw. Antiteilchen verstehen oder als Erzeugung bzw. Vernichtung eines Teilchen-Antiteilchenpaares unter Einbeziehung eines Photons interpretieren.

Linien, die nicht in einem Vertex beginnen und in einem anderen Vertex enden, werden als äußere Linien bezeichnet. Die mit den zugehörigen Propagatoren verbundenen Teilchen repräsentieren den Anfangs- bzw. Endzustand der Streuung und können experimentell beobachtet werden. Die Anfangszustände werden dabei als einlaufende Linien, die Endzustände als auslaufende Linien bezeichnet. Einlaufende Teilchenlinien sind deshalb auf einen Vertex gerichtet, einlaufende Antiteilchenlinien sind vom Vertex weggerichtet. Um-

**25**) Anfangs- und Endpunkt wurden ja im Argument des Propagator nicht vertauscht.

gekehrt zeigen auslaufende Teilchenlinien vom Vertex weg, auslaufende Antiteilchenlinien sind auf den Vertex gerichtet.

Alle Linien, die Vertizes verbinden, werden als innere Linien bezeichnet und repräsentieren *virtuelle Teilchen*[26]. Kontraktionen ergeben von Null verschiedene Werte nur für Operatorpaare mit nichtverschwindenden Kommutatoren (Bosonen) bzw. Antikommutatoren (Fermionen). Deshalb gibt es weder zwischen Fermionen und Photonen mischende Propagatoren noch Propagatoren, die zwischen Teilchen und Antiteilchen mischen, d. h. ein Fermion kann sich im Laufe seiner Propagation ebensowenig in ein Photon umwandeln, wie aus einem Elektron ein Positron werden kann.

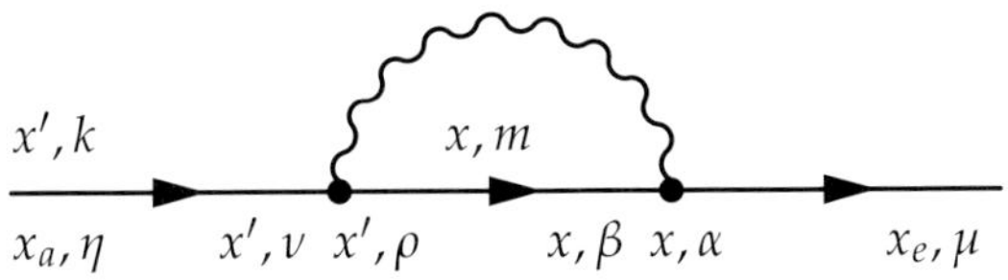


**Abb. 5.3** Feynman-Graph für (5.103)

Zum Abschluss dieses Kapitels wollen wir das Integral (5.103) in dem soeben dargestellten Schema interpretieren. Dazu übertragen wir dieses zunächst in seine graphische Darstellung (Abb. 5.3). Da in beiden Vertizes über die gesamte Zeit integriert wird[27], gibt es zwei Szenarien, die durch dieses Diagramm beschrieben werden.

- Für $x'^0 < x^0$ propagiert ein ursprünglich am Ereignispunkt $\vec{x}_a = (ct_a, \boldsymbol{x}_a)$ (mit $t_a \to -\infty$) vorhandenes Teilchen zum Ort $\boldsymbol{x}'$ wo es zur Zeit $t' = x'^0/c$ vernichtet wird. Gleichzeitig entstehen an diesem Ort ein Photon und ein Teilchen, die beide zum Ort $\boldsymbol{x}$ propagieren, wo sie zur Zeit $t = x^0/c$ ebenfalls vernichtet werden. Dabei entsteht an diesem Ort ein neues Teilchen, das zum Ereignispunkt $\vec{x}_e = (ct_e, \boldsymbol{x}_e)$ (mit $t_e \to \infty$) propagiert und dort beobachtet wird.

**26**) Diese Teilchen treten bei Streuprozessen nicht nach außen in Erscheinung. Formal handelt es sich bei virtuellen Teilchen nur um eine anschauliche Verdeutlichung der in den Graphen verborgenen mathematischen Zusammenhänge. Einzig die Teilchen, die mit den Anfangs- und Endzuständen verbunden sind und daher als äußere Linien auftreten, können in einem Streuexperiment überhaupt registriert werden, so dass nur diesen Teilchen eine physikalische Realität zukommt. Treten in einer Theorie Propagatoren auf, die *nur* als innere Linien existieren, dann spricht man aus diesem Grund auch von Geisterfeldern. Teilchen, die mit solchen Feldern assoziiert werden, sind reine Gedankenkonstruktionen, die eine bildliche Vorstellung der komplizierten mathematischen Struktur der Streumatrix vermitteln. Innerhalb der Quantenelektrodynamik werden Geisterfelder aber nicht benötigt.

**27**) und deshalb jeder der beiden Vertizes der frühere sein kann

- Für $x'^0 > x^0$ propagiert ebenfalls ein Teilchen von $\vec{x}_a = (ct_a, \boldsymbol{x}_a)$ (mit $t_a \to -\infty$) zum Ort $\boldsymbol{x}'$. Bevor es aber dort eintrifft, entstehen in $\boldsymbol{x}$ zur Zeit $t = x^0/c$ ein Photon, ein Teilchen und ein Antiteilchen. Das Photon und das Antiteilchen propagieren zum Ort $\boldsymbol{x}'$, wo sie zum Zeitpunkt $t' = x'^0/c$ auf das von $\vec{x}_a$ kommende Teilchen treffen und sich gegenseitig auslöschen. Das in $\vec{x}$ gebildete Teilchen propagiert zum Endpunkt $\vec{x}_e = (ct_e, \boldsymbol{x}_e)$ wo es dann beobachtet werden kann.

Trotz dieser Anschaulichkeit darf man die Aussagekraft des Diagramms jedoch nicht überbewerten. Tatsächlich findet weder das erste noch das zweite hier beschriebene Szenario in dieser Form tatsächlich statt. Lediglich Anfangs- und Endzustand – also die ein- und auslaufenden Teilchen – können experimentell verifiziert werden. Alle inneren Linien des Diagramms repräsentieren virtuelle (und damit experimentell nicht zugängliche) Teilchen.

Abgesehen von der eingeschränkten Interpretierbarkeit einzelner Graphen erweist sich die Feynman'schen Diagrammtechnik als ein äußerst produktives Werkzeug der Quantenfeldtheorie. Die Stärke dieser Technik besteht vor allem darin, dass man die zu einem quantenfeldtheoretischen Phänomen gehörenden Graphen ohne Rücksicht auf eine physikalische Unterscheidung zwischen realen und virtuellen Teilchen und mit einfachen, klassischen Vorstellungen entsprechenden Regeln empirisch konstruieren kann. Sind diese Graphen erst einmal gewonnen, dann kann man sie problemlos in mathematische Ausdrücke umzuformen, die dann ausgewertet werden können.

## 5.2 *Streuprozesse

### 5.2.1 *Allgemeine Bemerkungen

Nachdem wir in den vorangegangen Abschnitten einige technische Grundlagen zur Berechnung der Streumatrixelemente bereitgestellt haben, können wir uns jetzt der konkreten Berechnung einzelner Streuprozesse zuwenden. Setzen wir (5.22) in (5.21) und schreiben die Summe explizit auf, dann erhalten wir

$$S_{nm}^{W} = \langle n|m\rangle + \langle n|\,\hat{W}^{(1)}\,|m\rangle + \langle n|\,\hat{W}^{(2)}\,|m\rangle + .... \tag{5.107}$$

wobei die $\hat{W}^{(n)}$ durch (5.23) bestimmt sind. Der zweite Summand repräsentiert jetzt Streuprozesse erster Ordnung, der dritte Streuprozesse zweiter Ordnung etc. Der erste Term verschwindet, falls die Feldzustände, zwischen denen die Streuung erfolgt, orthogonal zueinander sind. Das ist z. B. dann der Fall, wenn – wie bisher auch vorausgesetzt – die Feldzustände $|m\rangle$ und $|n\rangle$ verschiedene Eigenzustände des Hamilton-Operators der freien Felder sind.

Prinzipiell kann man aber auch andere Ausgangs- und Endzustände benutzen. Wichtig sind z. B. Situationen, bei denen diese Zustände mit $\hat{\bar{\psi}}_\alpha(\vec{x})$, $\hat{\psi}_\alpha(\vec{x})$ oder $\hat{A}^k(\vec{x})$ aus dem Vakuumzustand erzeugt werden. In diesem Fall steht auf der linken Seite von (5.107) der Propagator der Fermionen oder Photonen des Dirac-Maxwell-Felds, während auf der rechten Seite der Term $\langle n|m\rangle$ zum Propagator der freien Felder wird, der durch die nachfolgenden Terme korrigiert wird.

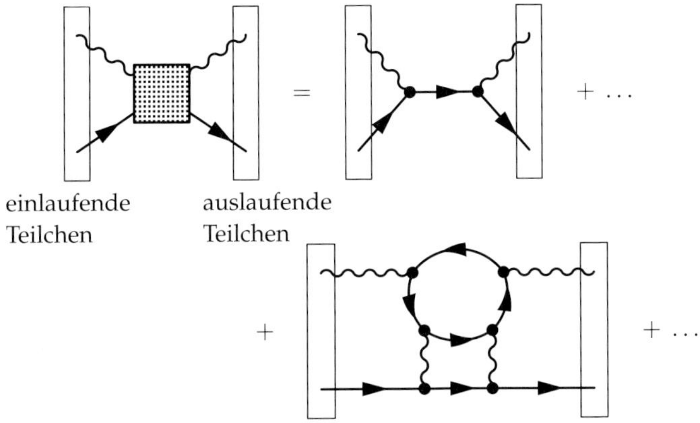


**Abb. 5.4** Entwicklung eines Elements der Streumatrix in eine unendliche Reihe von Streuprozessen

Die Wahl der Eingangs- und Ausgangszustände hängt von der zugrunde liegenden experimentellen Fragestellung ab. Oft ist es sinnvoll, zuerst die einzelnen Beiträge von $\hat{W}^{(n)}$ zu bestimmen und dann zu überlegen, welche Anfangs- und Endzustände überhaupt von null verschiedene Beiträge liefern. Formal kann man die Streumatrix auch mit der Feynman'schen Graphentechnik darstellen. Abbildung 5.4 zeigt schematisch das typische Vorgehen. Auf der linken Seite steht jeweils ein Block mit einer Anzahl von freien Enden, die ein- bzw. auslaufende Teilchen repräsentieren. In der Abbildung werden Streuprozesse untersucht, bei denen zu Beginn und am Ende der Streuung jeweils ein Fermion und ein Photon vorhanden sind. Auf der rechten Seite werden alle Graphen vereinigt, die zu diesem formalen Streudiagramm beitragen, von denen hier stellvertretend ein Beitrag zweiter Ordnung, also mit zwei Vertizes, und ein Beitrag sechster Ordnung (also mit sechs Vertizes) herausgegriffen sind. Jedes Diagramm symbolisiert einen speziellen Streuprozess. Hier sieht man bereits den Vorteil der Graphentechnik. Man kann sich mit den im vorangegangenen Abschnitt formulierten Diagrammregeln auf eine anschauliche Weise klarmachen, welche Terme überhaupt zu einer Streumatrix beitragen, ohne diese explizit ausrechnen zu müssen. Das erlaubt oft schon eine Klassifizierung der möglichen Streuprozesse und damit eine gezielte Auswertung der wirklich interessierenden Terme.

## 5.2.2 *Streuprozesse erster Ordnung

### 5.2.2.1 *Streuung freier Teilchen

Streuprozesse erster Ordnung enthalten nur einen Vertex. Trotzdem können wir acht verschiedene Streuprozesse finden. Dazu zerlegen wir die Feldoperatoren des Materiefeldes entsprechend (4.386) und (4.387) in die Beiträge, $\hat{\psi}^{(+)}$ bzw. $\hat{\bar{\psi}}^{(+)}$ und $\hat{\psi}^{(-)}$ bzw. $\hat{\bar{\psi}}^{(-)}$, die nur aus Operatoren der Teilchen bzw. der Antiteilchen bestehen und die Feldoperatoren des elektromagnetischen Viererpotentials entsprechend (4.469) in die Anteile $\hat{A}^{(+)}$ aus Erzeugungsoperatoren und $\hat{A}^{(-)}$ aus Vernichtungsoperatoren. Damit erhalten wir mit (5.23) und (5.2)

$$
\begin{aligned}
\hat{W}^{(1)} =& \frac{e}{i\hbar c} \int d\Omega \hat{\bar{\psi}}(\vec{x}) \gamma^k \hat{A}_k(\vec{x}) \hat{\psi}(\vec{x}) \\
=& \frac{e}{i\hbar c} \int d\Omega \left[ \hat{\bar{\psi}}^{(+)} \gamma^k \hat{A}_k^{(+)}(\vec{x}) \hat{\psi}^{(+)}(\vec{x}) + \hat{\bar{\psi}}^{(+)} \gamma^k \hat{A}_k^{(-)}(\vec{x}) \hat{\psi}^{(+)}(\vec{x}) \right] \\
&+ \frac{e}{i\hbar c} \int d\Omega \left[ \hat{\bar{\psi}}^{(-)} \gamma^k \hat{A}_k^{(+)}(\vec{x}) \hat{\psi}^{(+)}(\vec{x}) + \hat{\bar{\psi}}^{(-)} \gamma^k \hat{A}_k^{(-)}(\vec{x}) \hat{\psi}^{(+)}(\vec{x}) \right] \\
&+ \frac{e}{i\hbar c} \int d\Omega \left[ \hat{\bar{\psi}}^{(+)} \gamma^k \hat{A}_k^{(+)}(\vec{x}) \hat{\psi}^{(-)}(\vec{x}) + \hat{\bar{\psi}}^{(+)} \gamma^k \hat{A}_k^{(-)}(\vec{x}) \hat{\psi}^{(-)}(\vec{x}) \right] \\
&+ \frac{e}{i\hbar c} \int d\Omega \left[ \hat{\bar{\psi}}^{(-)} \gamma^k \hat{A}_k^{(+)}(\vec{x}) \hat{\psi}^{(-)}(\vec{x}) + \hat{\bar{\psi}}^{(-)} \gamma^k \hat{A}_k^{(-)}(\vec{x}) \hat{\psi}^{(-)}(\vec{x}) \right]
\end{aligned}
\tag{5.108}
$$

so dass insgesamt acht Streuprozesse möglich sind. Graphisch lassen sich diese wie in Abb. 5.5 gezeigt darstellen. So bedeutet z. B. der erste Beitrag in (5.108) und dementsprechend das erste Diagramm in Abb. 5.5 die Vernichtung eines Teilchens bei gleichzeitiger Erzeugung eines Antiteilchens und eines Photons. Der fünfte Beitrag beschreibt dagegen die Erzeugung jeweils eines Teilchens, eines Antiteilchens und eines Photons. Um letztendlich aber als

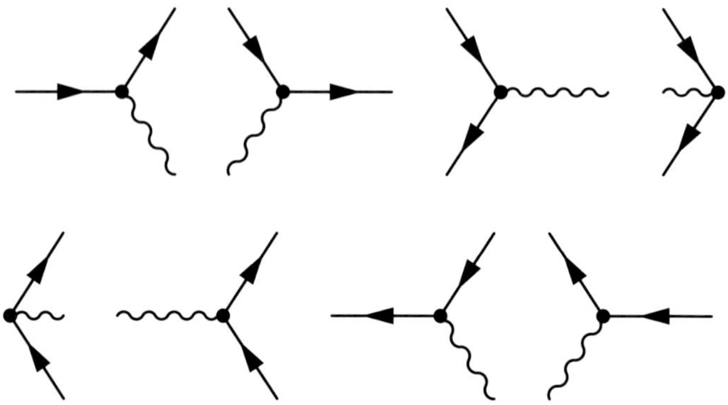

**Abb. 5.5** Feynman-Graphen der Streuprozesse erster Ordnung

Streuprozess wirksam zu werden, müssen wir noch die Eingangs- und Ausgangszustände festlegen. Zu dem vom fünften Beitrag in (5.108) beschriebenen Streuprozess liefert der Wechselwirkungsterm zwei fermionische Erzeugungsoperatoren – und zwar jeweils für ein Teilchen und ein Antiteilchen[28] – und einen bosonischen Erzeugungsoperator. Um diese zu kompensieren, benötigt man die gleiche Zahl von Vernichtungsoperatoren. Diese können nur durch den Endzustand geliefert werden, so dass wir für diesen Beitrag zur ersten Ordnung der Streumatrix für den Ausgangszustand $|m\rangle = |0\rangle$ und für den Endzustand

$$\langle n| = \langle 0|\, \hat{c}_{p,\mu,+} \hat{c}_{p',\mu',-} \hat{b}_{\boldsymbol{k}\lambda} \tag{5.109}$$

wählen können. In diesem Fall beschreibt also das fünfte Diagramm einen Prozess, bei dem aus dem Vakuumzustand spontan ein Teilchen-Antiteilchen-Paar und ein Photon entsteht. Es ist völlig klar, dass dieser Prozess den Energieerhaltungssatz verletzen würde. Tatsächlich liefert dann auch die konkrete Bestimmung des zugehörigen Integrals den Wert null.

Wir wollen jetzt einen Streuprozess erster Ordnung untersuchen, für den der zu erwartende Beitrag zur Streumatrix nicht so offensichtlich ist. Dazu untersuchen wir den Zerfall eines $\gamma$-Quanten in ein Elektron und ein Positron. Dieser Beitrag wird durch den sechsten Graphen in Abb. 5.5 beschrieben und entspricht dem Beitrag

$$\hat{W}^{(1)}_{(6)} = \frac{e}{i\hbar c} \int d\Omega \hat{\overline{\psi}}(\vec{x})^{(+)} \gamma^k \hat{A}^{(-)}_k(\vec{x})\, \hat{\psi}^{(-)}(\vec{x}) \tag{5.110}$$

Mit (4.383), (4.386), (4.387), (4.396) und (4.469) erhalten wir dann

$$\hat{\psi}^{(-)}(\vec{x}) = \sum_{\mu} \int \frac{d^3p}{(2\pi\hbar)^{3/2}} \psi^{(\mu,-)}(-\boldsymbol{p})\, c^{\dagger}_{p,\mu,-} \exp\left\{\frac{i}{\hbar}\left(E_p t - \boldsymbol{p}\boldsymbol{x}\right)\right\} \tag{5.111}$$

und

$$\hat{\overline{\psi}}^{(+)}(\vec{x}) = \sum_{\mu} \int \frac{d^3p}{(2\pi\hbar)^{3/2}} \overline{\psi}^{(\mu,+)}(\boldsymbol{p})\, c^{\dagger}_{p,\mu,+} \exp\left\{\frac{i}{\hbar}\left(E_p t - \boldsymbol{p}\boldsymbol{x}\right)\right\} \tag{5.112}$$

sowie

$$\hat{A}^{(-)}_k(\vec{x}) = g_{kl} \sum_{\lambda} \int d^3k u(\boldsymbol{k}) e^l_{\boldsymbol{k}\lambda} e^{i(\boldsymbol{k}\boldsymbol{x} - \omega_k x^0/c)} \hat{b}_{\boldsymbol{k}\lambda} \tag{5.113}$$

Als einlaufenden Zustand benötigen wir dann ein Photon des Wellenvektors $\boldsymbol{q}$ und der Polarisation $\Lambda$, d. h. der Anfangszustand ist durch

$$|m\rangle = \hat{b}^{\dagger}_{q\Lambda}\, |0\rangle \tag{5.114}$$

**28**) Man beachte, dass $\hat{\overline{\psi}}^{(+)}$ nur aus Erzeugungsoperatoren der Teilchen und $\hat{\psi}^{(-)}$ nur aus Erzeugungsoperatoren der Antiteilchen besteht.

gegeben. Bei den auslaufenden Partikeln soll es sich um ein Elektron mit Impuls $\boldsymbol{P}$ und Spin $\nu$, sowie um ein Positron mit Impuls $\boldsymbol{P}'$ und Spin $\nu'$ handeln. Der Zustand der auslaufenden Partikel ist folglich durch

$$\langle n| = \langle 0| \, c_{\boldsymbol{P}',\nu',-} c_{\boldsymbol{P},\nu,+} \tag{5.115}$$

bestimmt. Damit erhalten wir für das entsprechende Matrixelement dieses Prozesses

$$\begin{aligned} S_{(6)} &= \frac{e}{i\hbar} \int d^3x dt \sum_{\mu,\mu'} \int \frac{d^3p}{(2\pi\hbar)^{3/2}} \int \frac{d^3p'}{(2\pi\hbar)^{3/2}} \overline{\psi}^{(\mu,+)}(\boldsymbol{p}) \gamma^k \psi^{(\mu',-)}(-\boldsymbol{p}') \\ &\times \mathrm{e}^{\frac{i}{\hbar}(E_p t - \boldsymbol{p}\boldsymbol{x})} \mathrm{e}^{\frac{i}{\hbar}(E_{p'} t - \boldsymbol{p}'\boldsymbol{x})} g_{kl} \sum_{\lambda} \int d^3k \, u(\boldsymbol{k}) e^l_{\boldsymbol{k}\lambda} \mathrm{e}^{i(\boldsymbol{k}\boldsymbol{x} - \omega_k x^0/c)} \\ &\times \langle 0| \, c_{\boldsymbol{P}',\nu',-} c_{\boldsymbol{P},\nu,+} c^\dagger_{\boldsymbol{p},\mu,+} c^\dagger_{\boldsymbol{p}',\mu',-} \hat{b}_{\boldsymbol{k}\lambda} \hat{b}^\dagger_{\boldsymbol{q}\Lambda} \, |0\rangle \end{aligned} \tag{5.116}$$

Für den Vakuumerwartungswert folgt daraus unter Beachtung der Kommutationsrelationen (4.478) und der Antikommutationsrelationen (4.397) und (4.398)

$$\begin{aligned} &\langle 0| \, c_{\boldsymbol{P}',\nu',-} c_{\boldsymbol{P},\nu,+} c^\dagger_{\boldsymbol{p},\mu,+} c^\dagger_{\boldsymbol{p}',\mu',-} \hat{b}_{\boldsymbol{k}\lambda} \hat{b}^\dagger_{\boldsymbol{q}\Lambda} \, |0\rangle \\ &= -g_{\lambda\Lambda} \delta(\boldsymbol{k} - \boldsymbol{q}) \, \delta_{\mu\nu} \delta(\boldsymbol{P} - \boldsymbol{p}) \, \delta_{\mu'\nu'} \delta(\boldsymbol{P}' - \boldsymbol{p}') \end{aligned} \tag{5.117}$$

und damit

$$\begin{aligned} S_{(6)} &= -\frac{2\pi e}{i} \overline{\psi}^{(\nu,+)}(\boldsymbol{P}) \, \gamma_l \psi^{(\nu',-)}(-\boldsymbol{P}') \sum_{\lambda} u(\boldsymbol{q}) e^l_{\boldsymbol{q}\lambda} g_{\lambda\Lambda} \\ &\times \delta(E_{\boldsymbol{P}} + E_{\boldsymbol{P}'} - \hbar\omega_{\boldsymbol{q}}) \, \delta(\boldsymbol{P} + \boldsymbol{P}' - \hbar\boldsymbol{q}) \end{aligned} \tag{5.118}$$

Eine weitere Analyse dieses Streuprozesses ist nicht mehr nötig, denn es gibt keine Realisierung von Impulsen und Wellenvektoren die gleichzeitig die Bedingungen $E_{\boldsymbol{P}} + E_{\boldsymbol{P}'} = \hbar\omega_{\boldsymbol{q}}$ und $\boldsymbol{P} + \boldsymbol{P}' = \hbar\boldsymbol{q}$ erfüllt[29]. Tatsächlich findet man, dass die Integrale aller Streuprozesse auf derartige $\delta$-Funktionen führen. Da hieraus stets eine Verletzung der relativistischen Energie-Impuls-Bilanz folgt, verschwinden alle Streuprozesse erster Ordnung

#### 5.2.2.2 *Mott-Streuung

Ein Fall, bei dem Streuprozesse erster Ordnung dennoch wichtig werden, entsteht bei einer semiklassischen Behandlung der Streuung von Fermionen im elektrostatischen Feld einer punktförmigen Ladung. Hier wird das elektromagnetische Feld *nicht* quantisiert, sondern durch das klassische Viererpotential

$$A^k = (\phi(\boldsymbol{x}), 0, 0, 0) \tag{5.119}$$

**29**) siehe Band II, Aufgabe 4.1.

ersetzt. Dann reduziert sich unter Beachtung von (5.2) und (5.23) der Streuoperator erster Ordnung auf

$$\begin{aligned}
\hat{W}^{(1)} &= \frac{e}{i\hbar c}\int d\Omega \hat{\overline{\psi}}(\vec{x})\,\gamma^k A_k(\vec{x})\,\hat{\psi}(\vec{x}) \\
&= \frac{e}{i\hbar c}\int d\Omega \hat{\overline{\psi}}(\vec{x})\,\gamma^0 \phi(\boldsymbol{x})\hat{\psi}(\vec{x})
\end{aligned} \tag{5.120}$$

Es treten jetzt nur noch fermionische Operatoren auf. Das klassische elektrostatische Potential $\phi$ soll das radialsymmetrische Feld einer schweren Ladung[30] beschreiben, an dem die einfallenden Fermionen gestreut werden. Wir werden im weiteren diese Ladung als Streuzentrum bezeichnen. Da das elektrostatische Feld einerseits nicht in die Quantisierung einbezogen wird, andererseits aber den bei der Streuung auftretenden Impulsübertrag auffängt und an die Zentralladung weitergibt, sind die im vorangegangenen Abschnitt diskutierten Bedingungen für das Verschwinden aller Streubeiträge erster Ordnung nicht mehr erfüllt. Wir interessieren uns hier für den Fall, dass ein einfallendes Fermion im Zustand $\hat{c}^\dagger_{p,\mu,+}|0\rangle$ an dem Zentrum gestreut wird und als Fermion im Zustand $\langle 0|\,\hat{c}_{p',\mu',+}$ das Streugebiet wieder verlässt. Dann lautet das zugehörige Streumatrixelement

$$S^{(1)}_{p'p,\mu'\mu} = \frac{e}{i\hbar c}\int d\Omega\,\langle 0|\,\hat{c}_{p',\mu',+}\hat{\overline{\psi}}(\vec{x})\,\gamma^0\phi(\boldsymbol{x})\hat{\psi}(\vec{x})\,\hat{c}^\dagger_{p,\mu,+}|0\rangle \tag{5.121}$$

aus dem wir mit dem Wick'schen Theorem[31]

$$\begin{aligned}
S^{(1)}_{p'p,\mu'\mu} &= \frac{e}{i\hbar c}\int d\Omega\,\overbrace{\hat{c}_{p',\mu',+}\hat{\overline{\psi}}}(\vec{x})\,\gamma^0\phi(\boldsymbol{x})\overbrace{\hat{\psi}(\vec{x})\,\hat{c}^\dagger}_{p,\mu,+} \\
&+ \frac{e}{i\hbar c}\int d\Omega\,\overbrace{\hat{c}_{p',\mu',+}\underbrace{\hat{\overline{\psi}}(\vec{x})\,\gamma^0\phi(\boldsymbol{x})\hat{\psi}}}\underbrace{(\vec{x})\,\hat{c}^\dagger}_{p,\mu,+}
\end{aligned} \tag{5.122}$$

erhalten. Da in $\psi(\vec{x})$ nur die Operatoren $c_{p,\mu,+}$ und $c^\dagger_{p,\mu,-}$ enthalten sind, verschwindet der zweite Beitrag. Die beiden verbleibenden Kontraktionen enthalten jeweils einen fermionischen Erzeugungs- bzw. Vernichtungsoperator. Damit tragen dort auch nur die Feldoperatoren

$$\hat{\psi}^{(+)}(\vec{x}) = \sum_\mu \int \frac{d^3p}{(2\pi\hbar)^{3/2}}\psi^{(\mu,+)}(\boldsymbol{p})\,\hat{c}_{p,\mu,+}\mathrm{e}^{-\frac{i}{\hbar}(E_p t - px)} \tag{5.123}$$

und

$$\hat{\overline{\psi}}^{(+)}(\vec{x}) = \sum_\mu \int \frac{d^3p}{(2\pi\hbar)^{3/2}}\overline{\psi}^{(\mu,+)}(\boldsymbol{p})\,\hat{c}^\dagger_{p,\mu,+}\mathrm{e}^{\frac{i}{\hbar}(E_p t - px)} \tag{5.124}$$

**30**) der sogenannten Zentralladung

**31**) Wir weisen noch einmal darauf hin, dass Kontraktionen innerhalb eines Wechselwirkungsterms nicht zulässig sind.

zur Streumatrix bei. Wir setzen jetzt diese Anteile in (5.122) ein und gelangen so zu

$$\begin{aligned} S^{(1)}_{p'p,\mu'\mu} &= \frac{e}{i\hbar}\int d^3x dt \sum_{\nu'}\int \frac{d^3q'}{(2\pi\hbar)^{3/2}}\sum_{\nu}\int \frac{d^3q}{(2\pi\hbar)^{3/2}}\overline{\psi}^{(\nu',+)}(\boldsymbol{q}')\,\gamma^0\psi^{(\nu,+)}(\boldsymbol{q}) \\ &\times\ \phi(\boldsymbol{x})e^{\frac{i}{\hbar}\left(E_{q'}t-\boldsymbol{q}'\boldsymbol{x}\right)}e^{-\frac{i}{\hbar}\left(E_q t-\boldsymbol{q}\boldsymbol{x}\right)} \\ &\times\ \langle 0|\,\hat{c}_{\boldsymbol{p}',\mu',+}\hat{c}^{\dagger}_{\boldsymbol{q}',\nu',+}\,|0\rangle\,\langle 0|\,\hat{c}_{\boldsymbol{q},\nu,+}\hat{c}^{\dagger}_{\boldsymbol{p},\mu,+}\,|0\rangle \end{aligned} \tag{5.125}$$

Wir können jetzt den Vakuumerwartungswert bestimmen

$$\langle 0|\,\hat{c}_{\boldsymbol{p}',\mu',+}\hat{c}^{\dagger}_{\boldsymbol{q}',\nu',+}\,|0\rangle\,\langle 0|\,\hat{c}_{\boldsymbol{q},\nu,+}\hat{c}^{\dagger}_{\boldsymbol{p},\mu,+}\,|0\rangle = \delta_{\mu'\nu'}\delta_{\mu\nu}\delta\left(\boldsymbol{p}'-\boldsymbol{q}'\right)\delta\left(\boldsymbol{p}-\boldsymbol{q}\right) \tag{5.126}$$

und gelangen damit zu

$$\begin{aligned} S^{(1)}_{p'p,\mu'\mu} &= \frac{e}{i\hbar}\int \frac{d^3x dt}{(2\pi\hbar)^3}\overline{\psi}^{(\mu',+)}(\boldsymbol{p}')\,\gamma^0\psi^{(\mu,+)}(\boldsymbol{p})\,\phi(\boldsymbol{x}) \\ &\quad \times e^{\frac{i}{\hbar}\left(E_{p'}t-\boldsymbol{p}'\boldsymbol{x}\right)}e^{-\frac{i}{\hbar}\left(E_p t-\boldsymbol{p}\boldsymbol{x}\right)} \\ &= \frac{e}{i\hbar}\int \frac{d^3x}{(2\pi\hbar)^2}\overline{\psi}^{(\mu',+)}(\boldsymbol{p}')\,\gamma^0\psi^{(\mu,+)}(\boldsymbol{p})\,\phi(\boldsymbol{x}) \\ &\quad \times e^{\frac{i}{\hbar}(\boldsymbol{p}-\boldsymbol{p}')\boldsymbol{x}}\delta\left(E_p-E_{p'}\right) \end{aligned} \tag{5.127}$$

Damit bleibt bei der Streuung eines Fermions an einem elektrostatischen Potential die Energie erhalten[32]. Um auch die Abhängigkeit vom Impuls zu bestimmen, setzen wir jetzt die konkrete Gestalt des Potentials der Zentralladung, also das Coulomb'sche Potential $\phi(\boldsymbol{x}) = Ze\,|\boldsymbol{x}|^{-1}$ ein. In (5.127) entsteht dadurch das Integral

$$I = \int \frac{d^3x}{|\boldsymbol{x}|}\exp\left\{\frac{i}{\hbar}\boldsymbol{Q}\boldsymbol{x}\right\} \tag{5.128}$$

mit $\boldsymbol{Q} = \boldsymbol{p} - \boldsymbol{p}'$. Dieses Integral kann als Grenzwert von

$$I(\varepsilon) = \int \frac{d^3x}{|\boldsymbol{x}|}\exp\left\{\frac{i}{\hbar}\boldsymbol{Q}\boldsymbol{x} - \varepsilon\,|\boldsymbol{x}|\right\} \tag{5.129}$$

für $\varepsilon \to 0$ bestimmt werden. Durch den Übergang zu Kugelkoordinaten mit der Polarachse in Richtung von $\boldsymbol{Q}$ erhalten wir

**32**) Diesem Ergebnis entspricht im Rahmen der klassischen Mechanik die elastischen Streuung an einem fixierten Streuzentrum.

$$
\begin{aligned}
I(\varepsilon) &= \int_0^\infty r^2 dr \int_0^\pi \sin\vartheta d\vartheta \int_0^{2\pi} d\varphi \frac{1}{r} \exp\left\{\frac{i}{\hbar} Qr\cos\vartheta - \varepsilon r\right\} \\
&= 2\pi \int_0^\infty r dr \int_{-1}^{1} dz \exp\left\{\frac{i}{\hbar} Qrz - \varepsilon r\right\} \\
&= \frac{2\pi\hbar}{iQ} \int_0^\infty dr \left(\exp\left\{\frac{i}{\hbar} Qr\right\} - \exp\left\{-\frac{i}{\hbar} Qr\right\}\right) \exp\{-\varepsilon r\} \\
&= \frac{2\pi\hbar^2}{iQ} \left(\frac{1}{\varepsilon\hbar - iQ} - \frac{1}{\varepsilon\hbar + iQ}\right) = \frac{4\pi\hbar^2}{\varepsilon^2\hbar^2 + Q^2}
\end{aligned}
\tag{5.130}
$$

Der Grenzübergang $\varepsilon \to 0$ liefert damit

$$
I = \frac{4\pi\hbar^2}{Q^2}
$$

Damit lautet (5.127):

$$
S^{(1)}_{p'p,\mu'\mu} = \frac{Ze^2}{i\hbar\pi} \overline{\psi}^{(\mu',+)}(\boldsymbol{p}')\, \gamma^0 \psi^{(\mu,+)}(\boldsymbol{p}) \frac{1}{|\boldsymbol{p} - \boldsymbol{p}'|^2} \delta\left(E_p - E_{p'}\right) \tag{5.131}
$$

Aus dieser Streumatrix können wir die Übergangswahrscheinlichkeit vom Zustand $(\boldsymbol{p}, \mu)$ in den Zustand $(\boldsymbol{p}', \mu')$ bestimmen. Dadurch entsteht das Quadrat der $\delta$-Funktion. Da sich hinter der $\delta$-Funktion aber eine Zeitintegration verbirgt, ist es zweckmäßiger, die Übergangsrate

$$
w^{(1)}_{p'p,\mu'\mu} = \lim_{t\to\infty} \frac{\left|S^{(1)}_{pp',\mu\mu'}\right|^2}{t} \tag{5.132}
$$

zu bestimmen[33]. Hierfür erhalten wir wegen

$$
\begin{aligned}
\lim_{t\to\infty} \frac{\delta^2\left(E_p - E_{p'}\right)}{t} &= \delta\left(E_p - E_{p'}\right) \lim_{t\to\infty} \frac{1}{2\pi\hbar t} \int_{-t/2}^{t/2} \exp\left\{\frac{E_p - E_{p'}}{\hbar} t'\right\} dt' \\
&= \delta\left(E_p - E_{p'}\right) \lim_{t\to\infty} \frac{1}{2\pi\hbar t} \int_{-t/2}^{t/2} dt' \\
&= \frac{\delta\left(E_p - E_{p'}\right)}{2\pi\hbar}
\end{aligned}
\tag{5.133}
$$

so dass die Übergangsrate durch

$$
w^{(1)}_{p'p,\mu'\mu} = \frac{Z^2 e^4}{2\hbar^3\pi^3} \left|\overline{\psi}^{(\mu',+)}(\boldsymbol{p}')\, \gamma^0 \psi^{(\mu,+)}(\boldsymbol{p})\right|^2 \frac{\delta\left(E_p - E_{p'}\right)}{|\boldsymbol{p} - \boldsymbol{p}'|^4} \tag{5.134}
$$

**33**) Siehe hierzu auch die Diskussion in Band III, Kap. 7.4.3.1.

bestimmt ist. Weil die Spinorientierung der Fermionen bei der experimentellen Analyse des vorliegenden Streuprozesses gewöhnlich irrelevant ist, müssen wir über alle Ein- und Ausgangskanäle mit unterschiedlichen Spineinstellungen $\mu$ und $\mu'$ summieren. Die Berechnung der Summe über alle Spineinstellungen von $\left|\overline{\psi}^{(\mu',+)}(\boldsymbol{p}')\,\gamma^0\psi^{(\mu,+)}(\boldsymbol{p})\right|^2$ ist eine rein algebraische Aufgabe. Unter Beachtung der Spinoreigenschaften für $\overline{\psi}^{(\mu',+)}$ und $\psi^{(\mu,+)}$ erhalten wir zunächst

$$\begin{aligned}
[\overline{\psi}^{(\mu',+)}(\boldsymbol{p}')\gamma^0\psi^{(\mu,+)}(\boldsymbol{p})]^* &= [(\psi^{(\mu',+)}(\boldsymbol{p}'))^\dagger\gamma^0\gamma^0\psi^{(\mu,+)}(\boldsymbol{p})]^* \\
&= [(\psi^{(\mu',+)}(\boldsymbol{p}'))^\dagger\psi^{(\mu,+)}(\boldsymbol{p})]^* \\
&= \psi_\alpha^{(\mu',+)}(\boldsymbol{p}')\psi_\alpha^{*(\mu,+)}(\boldsymbol{p}) \\
&= (\psi^{(\mu,+)}(\boldsymbol{p}))^\dagger\psi^{(\mu',+)}(\boldsymbol{p}') \\
&= \overline{\psi}^{(\mu,+)}(\boldsymbol{p})\gamma^0\psi^{(\mu',+)}(\boldsymbol{p}')
\end{aligned} \tag{5.135}$$

Die gesuchte Summe wird dann

$$\begin{aligned}
&\sum_{\mu,\mu'}\left|\overline{\psi}^{(\mu',+)}(\boldsymbol{p}')\,\gamma^0\psi^{(\mu,+)}(\boldsymbol{p})\right|^2 \\
&= \sum_{\mu,\mu'}\left(\overline{\psi}^{(\mu',+)}(\boldsymbol{p}')\,\psi^{(\mu,+)}(\boldsymbol{p})\right)^*\left(\overline{\psi}^{(\mu',+)}(\boldsymbol{p}')\,\gamma^0\psi^{(\mu,+)}(\boldsymbol{p})\right) \\
&= \sum_{\mu,\mu'}\left(\overline{\psi}^{(\mu,+)}(\boldsymbol{p})\,\gamma^0\psi^{(\mu',+)}(\boldsymbol{p}')\right)\left(\overline{\psi}^{(\mu',+)}(\boldsymbol{p}')\,\gamma^0\psi^{(\mu,+)}(\boldsymbol{p})\right) \\
&= \sum_{\mu,\mu'}\gamma^0_{\delta\sigma}\gamma^0_{\alpha\beta}\overline{\psi}_\alpha^{(\mu,+)}(\boldsymbol{p})\,\psi_\sigma^{(\mu,+)}(\boldsymbol{p})\,\psi_\beta^{(\mu',+)}(\boldsymbol{p}')\,\overline{\psi}_\delta^{(\mu',+)}(\boldsymbol{p}') \\
&= \gamma^0_{\delta\sigma}\gamma^0_{\alpha\beta}\sum_{\mu}\psi_\sigma^{(\mu,+)}(\boldsymbol{p})\,\overline{\psi}_\alpha^{(\mu,+)}(\boldsymbol{p})\sum_{\mu'}\psi_\beta^{(\mu',+)}(\boldsymbol{p}')\,\overline{\psi}_\delta^{(\mu',+)}(\boldsymbol{p}')
\end{aligned} \tag{5.136}$$

Berücksichtigen wir jetzt noch die Beziehung (5.74), dann erhalten wir

$$\begin{aligned}
&\sum_{\mu,\mu'}\left|\overline{\psi}^{(\mu',+)}(\boldsymbol{p}')\,\gamma^0\psi^{(\mu,+)}(\boldsymbol{p})\right|^2 \\
&= \frac{c}{2E_{\boldsymbol{p}}}\left(mc+\gamma^i p_i\right)_{\sigma\alpha}\gamma^0_{\alpha\beta}\frac{c}{2E_{\boldsymbol{p}'}}\left(mc+\gamma^j p_j'\right)_{\beta\delta}\gamma^0_{\delta\sigma} \\
&= \frac{c^2}{4E_{\boldsymbol{p}}E_{\boldsymbol{p}'}}\mathrm{Sp}\left[\left(mc+\gamma^i p_i\right)\gamma^0\left(mc+\gamma^j p_j'\right)\gamma^0\right] \\
&= \frac{c^2}{4E_{\boldsymbol{p}}E_{\boldsymbol{p}'}}\left(m^2c^2\,\mathrm{Sp}\gamma^0\gamma^0 + mcp_i\,\mathrm{Sp}\gamma^i\gamma^0\gamma^0 + mcp_j'\,\mathrm{Sp}\gamma^0\gamma^j\gamma^0\right. \\
&\qquad \left. + p_ip_j'\,\mathrm{Sp}\gamma^i\gamma^0\gamma^j\gamma^0\right)
\end{aligned} \tag{5.137}$$

Beachtet man $\mathrm{Sp}\gamma^0\gamma^0 = \mathrm{Sp}\,\hat{1} = 4$, $\mathrm{Sp}\gamma^i\gamma^0\gamma^0 = \mathrm{Sp}\gamma^i = 0$ und $\mathrm{Sp}\gamma^0\gamma^i\gamma^0 = \mathrm{Sp}\gamma^j\gamma^0\gamma^0 = 0$ sowie

$$\begin{aligned}
\mathrm{Sp}\gamma^i\gamma^0\gamma^j\gamma^0 &= \mathrm{Sp}\left[2g^{i0}\gamma^j\gamma^0 - \gamma^0\gamma^i\gamma^j\gamma^0\right] = 2g^{i0}\,\mathrm{Sp}\gamma^j\gamma^0 - \mathrm{Sp}\gamma^i\gamma^j \\
&= g^{i0}\mathrm{Sp}\left(\gamma^j\gamma^0 + \gamma^0\gamma^j\right) - \frac{1}{2}\mathrm{Sp}\left(\gamma^i\gamma^j + \gamma^j\gamma^i\right) \\
&= 2g^{i0}g^{j0}\mathrm{Sp}\hat{1} - g^{ij}\mathrm{Sp}\hat{1} \\
&= 8g^{i0}g^{j0} - 4g^{ij}
\end{aligned} \tag{5.138}$$

dann wird aus (5.137)

$$\begin{aligned}
\sum_{\mu,\mu'}\left|\overline{\psi}^{(\mu',+)}(\boldsymbol{p}')\,\gamma^0\psi^{(\mu,+)}(\boldsymbol{p})\right|^2 &= \frac{c^2}{E_{\boldsymbol{p}}E_{\boldsymbol{p}'}}\left(m^2c^2 + 2p^0p'^0 - p^ip'_i\right) \\
&= \frac{c^2}{E_{\boldsymbol{p}}E_{\boldsymbol{p}'}}\left(m^2c^2 + \frac{E_{\boldsymbol{p}}E_{\boldsymbol{p}'}}{c^2} + \boldsymbol{p}\boldsymbol{p}'\right)
\end{aligned} \tag{5.139}$$

Setzen wir diesen Ausdruck in die Streumatrix (5.134) ein, dann gelangen wir zu[34]

$$\begin{aligned}
w^{(1)}_{\boldsymbol{p}'\boldsymbol{p}} &= \frac{1}{2}\sum_{\mu,\mu'} w^{(1)}_{\boldsymbol{p}'\boldsymbol{p},\mu'\mu} = \frac{Z^2e^4}{4\hbar^3\pi^3}\frac{c^2}{E_{\boldsymbol{p}}E_{\boldsymbol{p}'}}\left(m^2c^2 + \frac{E_{\boldsymbol{p}}E_{\boldsymbol{p}'}}{c^2} + \boldsymbol{p}\boldsymbol{p}'\right)\frac{\delta\left(E_{\boldsymbol{p}} - E_{\boldsymbol{p}'}\right)}{|\boldsymbol{p}-\boldsymbol{p}'|^4} \\
&= \frac{Z^2e^4}{4\hbar^3\pi^3}\frac{c^2}{E^2_{\boldsymbol{p}}}\left(m^2c^2 + \frac{E^2_{\boldsymbol{p}}}{c^2} + \boldsymbol{p}\boldsymbol{p}'\right)\frac{\delta\left(E_{\boldsymbol{p}} - E_{\boldsymbol{p}'}\right)}{|\boldsymbol{p}-\boldsymbol{p}'|^4}
\end{aligned} \tag{5.140}$$

Aus der Energieerhaltung $E_{\boldsymbol{p}} = E_{\boldsymbol{p}'}$ folgt sofort $|\boldsymbol{p}| = |\boldsymbol{p}'| = p$. Definieren wir als Streuwinkel $\theta$ den Winkel zwischen Anfangs- und Endimpuls, dann ist $\boldsymbol{p}\boldsymbol{p}' = p^2\cos\theta$ und $|\boldsymbol{p}-\boldsymbol{p}'| = 2p\sin\theta/2$, so dass wir mit $E^2_{\boldsymbol{p}} = p^2c^2 + m^2c^4$ für die Übergangsrate

$$\begin{aligned}
w^{(1)}_{\boldsymbol{p}'\boldsymbol{p}} &= \frac{Z^2e^4}{4\hbar^3\pi^3}\frac{c^2}{E^2_{\boldsymbol{p}}}\left(2m^2c^2 + p^2 + p^2\cos\theta\right)\frac{\delta\left(E_{\boldsymbol{p}} - E_{\boldsymbol{p}'}\right)}{16p^4\sin^4\theta/2} \\
&= \frac{Z^2e^4}{32\hbar^3\pi^3}\frac{c^2}{E^2_{\boldsymbol{p}}}\left(\frac{E^2_{\boldsymbol{p}}}{c^2} - p^2\sin^2\theta/2\right)\frac{\delta\left(E_{\boldsymbol{p}} - E_{\boldsymbol{p}'}\right)}{p^4\sin^4\theta/2}
\end{aligned} \tag{5.141}$$

erhalten. Beachtet man schließlich noch die relativistischen Beziehungen[35]

$$E_{\boldsymbol{p}} = \frac{mc^2}{\sqrt{1-\frac{v^2}{c^2}}} \qquad \text{und} \qquad \boldsymbol{p} = \frac{m\boldsymbol{v}}{\sqrt{1-\frac{v^2}{c^2}}} \tag{5.142}$$

**34**) Der Vorfaktor $1/2$ vor der Summe berücksichtigt, dass sich das einlaufende Fermion entweder mit der Wahrscheinlichkeit $1/2$ im Spinzustand $S_z = \hbar/2$ (also $\mu = +1$) oder mit der Wahrscheinlichkeit $1/2$ im Spinzustand $S_z = -\hbar/2$ (also $\mu = -1$) befindet.

**35**) siehe Band II, Gleichung (4.30) und (4.34)

dann erhalten wir $\boldsymbol{p} = E_p \boldsymbol{v}/c^2$ und damit

$$w^{(1)}_{p'p} = \frac{Z^2 e^4}{32\hbar^3\pi^3}\left(1 - \frac{v^2}{c^2}\sin^2\theta/2\right)\frac{\delta\left(E_p - E_{p'}\right)}{p^4\sin^4\theta/2} \tag{5.143}$$

Diese Übergangswahrscheinlichkeit ist hier noch eine auf den Impulsraum bezogene Wahrscheinlichkeitsdichte. Um die Wahrscheinlichkeit für die Streuung aus einem Impulsvolumenelement der Größe $d^3p$ um den Impuls $\boldsymbol{p}$ in ein Impulsvolumenelement der Größe $d^3p'$ um $\boldsymbol{p}'$ zu bekommen, müssen wir $w^{(1)}_{pp'}$ mit $d^3p d^3p'$ multiplizieren. Beachtet man, dass in einem endlichen räumlichen Volumen $V$ pro Impuls ein Gebiet $(2\pi\hbar)^3/V$ zur Verfügung steht, dann erhalten wir als Übergangswahrscheinlichkeit für die Streuung vom diskreten Impuls $\boldsymbol{p}$ zum diskreten Impuls $\boldsymbol{p}'$

$$W^{(1)}_{p'p} = \frac{(2\pi\hbar)^6}{V^2} w^{(1)}_{p'p} = \frac{2Z^2e^4\pi^3\hbar^3}{V^2}\left(1 - \frac{v^2}{c^2}\sin^2\theta/2\right)\frac{\delta\left(E_p - E_{p'}\right)}{p^4\sin^4\theta/2} \tag{5.144}$$

Der durch diese Übergangswahrscheinlichkeit beschriebene Prozess wird als Mott-Streuung bezeichnet. Formal handelt es sich hierbei um einen Streuprozess erster Ordnung. Im Gegensatz zu der im vorangegangenen Abschnitt begründeten allgemeinen Regel über die Matrixelemente von Streuprozessen erster Ordnung verschwinden jetzt aber nicht mehr alle Streubeiträge. Die Ursache für die Verletzung dieser Regel liegt darin, dass bei der Mott-Streuung das elektromagnetische Feld nicht quantisiert wird und deshalb die Voraussetzung der Überlegungen in Abschnitt 5.2.2.1 auch nicht mehr erfüllt ist.

Hätten wir jedoch das quantisierte elektromagnetische Feld in die Rechnungen einbezogen, dann würden sich erst in der zweiten Ordnung Beiträge zur Streumatrix ergeben, die z. B. durch Diagramme der in Abb. 5.11 (rechts) dargestellten Struktur repräsentiert werden. Eine der beiden hier auftretenden Teilchenlinien symbolisiert dabei das schwere Streuzentrum, die andere das leichte Fermion. Die Streuung selbst wird durch den Austausch eines (virtuellen) Photons realisiert.

Im Grenzfall eines unendlich schweren Streuzentrums kann man dessen Teilchenlinie und die Photonenlinie durch klassische Feldvariablen ersetzen. Diese Näherung führt uns dann zurück auf die Mott'sche Theorie. Von dem ehemaligen Streuprozess zweiter Ordnung bleibt dann nur noch die quantenfeldtheoretische Behandlung des Propagators des leichten Partikels übrig und die Streuung reduziert sich auf einen Prozess erster Ordnung.

### 5.2.3 *Streuprozesse zweiter Ordnung

Bei Streuprozessen zweiter Ordnung handelt es sich um Beiträge zur Streumatrix mit zwei Vertizes, die von dem Streuoperator $\hat{W}^{(2)}$ stammen. Hier gibt es weitaus mehr Kombinationsmöglichkeiten, die wir jetzt qualitativ auf der Ebene der Feynman-Graphen diskutieren wollen. Die beiden Vertizes haben zusammen insgesamt sechs Enden. Diese können durch innere Linien untereinander verbunden werden oder müssen durch ein- bzw. auslaufende Teilchenlinien kompensiert werden. Dabei gibt es folgende Möglichkeiten:

1. Führt man *keine inneren Verknüpfungen* aus, dann entstehen jeweils zwei unverbundene Graphen, die zwei unabhängige Streuprozesse erster Ordnung darstellen, siehe Abb. 5.6 (links). Wie bereits in Abschnitt 5.2.2.1 bemerkt, verschwinden alle diese Beiträge. Es gibt aber auch unverbundene Graphen, die innere Linien enthalten, siehe Abb.5.6 (rechts). Solche Graphen zerfallen in einfache Produkte der verbundenen Graphen, so dass man sich im weiteren ausschließlich auf die Analyse verbundener Graphen beschränken kann.

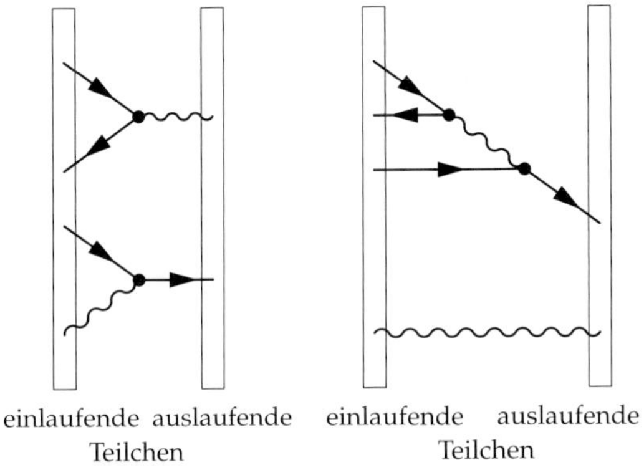


**Abb. 5.6** Unverbundene Graphen für Streuprozesse zweiter Ordnung mit drei einlaufenden Fermionen (zwei Teilchen und ein Antiteilchen) und einem einlaufenden Photon

2. Bei nur *einer inneren Linie* gibt es verschiedene Möglichkeiten, die verbleibenden ein- und auslaufenden Teilchen zu verteilen. Man macht sich leicht klar, dass die Zahl der Fermionen und Photonen, die insgesamt in den Anfangs- und Endzuständen auftreten, immer vier ist. Außerdem kann die Anzahl der äußeren Photonenlinien nur null oder zwei sein, andernfalls müssten sich Fermionen in Photonen oder umgekehrt umwandeln können. Schließlich kann man sich leicht überlegen[36], dass die

36) siehe Aufgabe 5.2

Pfeilrichtung der Fermionenlinien so gewählt ist, dass in einen Vertex stets eine Linie einläuft und eine herausführt. Unter Berücksichtigung dieser allgemeinen Regeln gibt es die folgenden Kombinationen

a) Der Anfangs- bzw. Endzustand enthält vier Teilchen, der jeweils andere Zustand ist der Vakuumzustand, siehe Abb. 5.7. Diese Diagramme entsprechen der spontanen Vernichtung bzw. Erzeugung von Teilchen-Antiteilchen-Paaren evtl. unter Einbeziehung eines Photonenpaares (rechtes Diagramm in Abb. 5.7). Solche Prozesse sind energetisch nicht möglich. Bei einer konkreten Berechnung der zu den Diagrammen gehörigen Streubeiträge würden diese verschwinden.

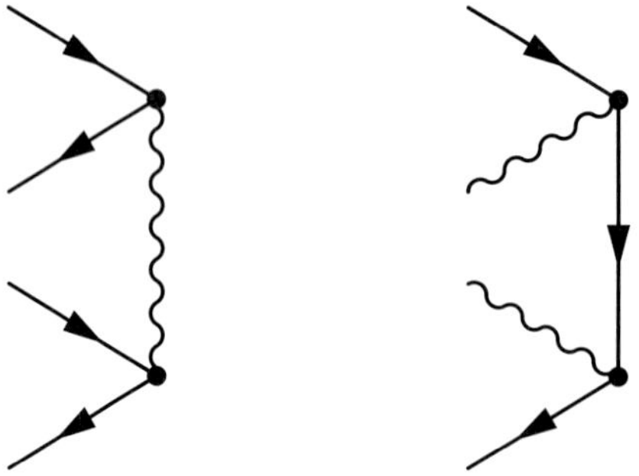

**Abb. 5.7** Beispiele für Streuprozesse zweiter Ordnung mit vier einlaufenden Partikeln. Diese Prozesse entsprechen einer ersatzlosen Vernichtung der einlaufenden Partikel. Ebenso wie der umgekehrte Fall der spontanen Erzeugung von vier Partikeln aus dem Vakuum sind diese Prozesse energetisch ausgeschlossen.

b) Eine ähnliche Situation liegt vor, wenn zu Beginn oder am Ende des Streuprozesses drei Partikel vorliegen würden, siehe Abb. 5.8. Auch hier kann man zeigen, dass diese Prozesse die Energie-Impuls-Bilanz verletzen und deshalb bei einer konkreten Berechnung der Streubeiträge den Wert null ergeben.

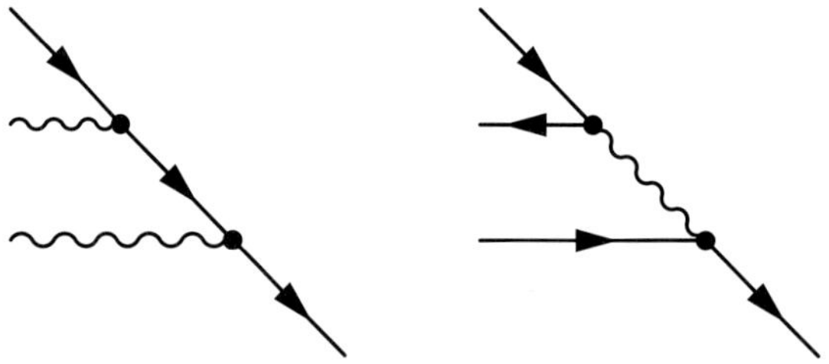

**Abb. 5.8** Beispiele für Streuprozesse zweiter Ordnung mit drei einlaufenden Partikeln. Die dargestellten Prozesse entsprechen einer induzierten Vernichtung von Fermionen oder der Absorbtion von zwei Photonen durch ein Teilchen.

c) Der Ausgangszustand enthält zwei Photonen und der Endzustand zwei Fermionen oder umgekehrt, siehe Abb. 5.9. Solchen Prozessen entspricht die Erzeugung eines Elektron-Positron-Paares aus zwei $\gamma$-Quanten bzw. die Vernichtung eines Elektron-Positron-Paares unter Bildung von zwei $\gamma$-Quanten. Solche Prozesse werden experimentell beobachtet. Für die Realisierung der Paarerzeugung ist ein externes Feld nötig, d. h. eine der einlaufenden Photonenlinien ist wie bei der Mott-Streuung durch ein statisches Feld[37] zu ersetzen. In Kernähe kann also ein $\gamma$-Quant in ein Elektron-Positron-Paar umgewandelt werden. Die Vernichtung des Elektron-Positron-Paares erfolgt in der Regel ebenfalls über einen itermediären Zustand, bei dem Elektron und Positron eine Art Atom, das sogenannte *Positronium*, bilden. Dabei umkreisen beide Partikel den gemeinsamen Schwerpunkt. In diesem Zweiteilchensystem unterliegen beide Partikel einem effektiven externen Feld, in dem dann die Paarvernichtung erfolgt.

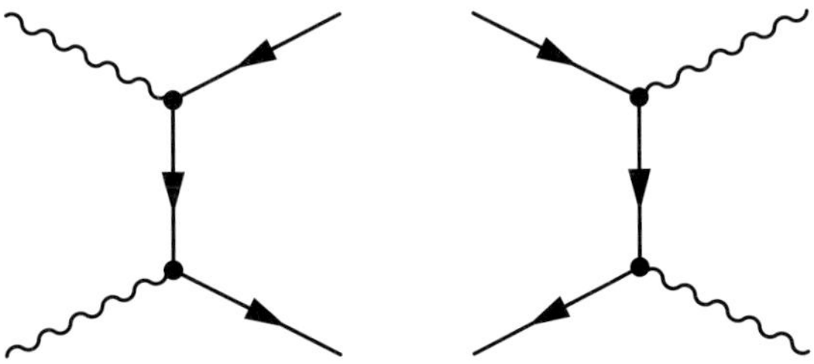

**Abb. 5.9** Paarerzeugung und Paarvernichtung als Streuprozesse zweiter Ordnung.

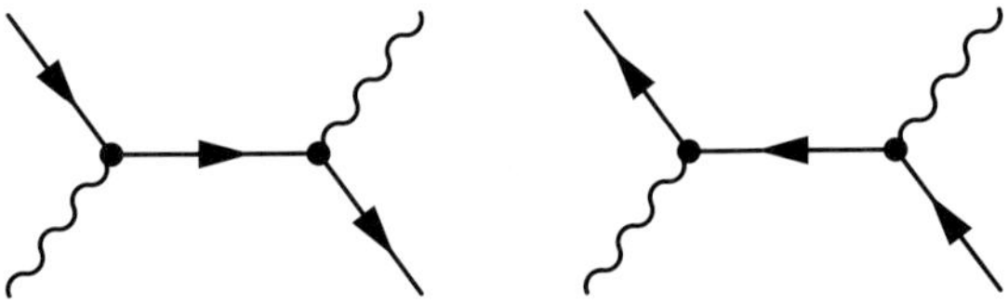

**Abb. 5.10** Streuung eines Teilchen bzw. eines Antiteilchens mit einem Photon

d) Ausgangszustand und Endzustand enthalten je eine Fermionen- und eine Photonenlinie, siehe Abb. 5.10. Solche Prozesse repräsentieren z. B. die Elektron-Photon-Streuung und führen auf die expe-

**37)** Bezieht man alternativ die Zentralladung der Mott-Streuung – also z. B. den Atomkern – als weiteres Materiefeld in die Quantenfeldtheorie ein, dann wird das externe Feld durch virtuelle Photonen repräsentiert, die zwischen dem Materiefeld des Kerns und dem Dirac-Feld der Fermionen ausgetauscht werden.

rimentell bekannte Compton-Streuung, die damit als ein Streuprozess zweiter Ordnung klassifiziert werden kann.

e) Anfangs- und Endzustand enthalten je zwei Fermionenlinien, siehe Abb. 5.11. Es handelt sich bei diesen Diagrammen um Streuprozesse von Fermionen an Fermionen, die durch den Austausch eines Photons vermittelt werden.

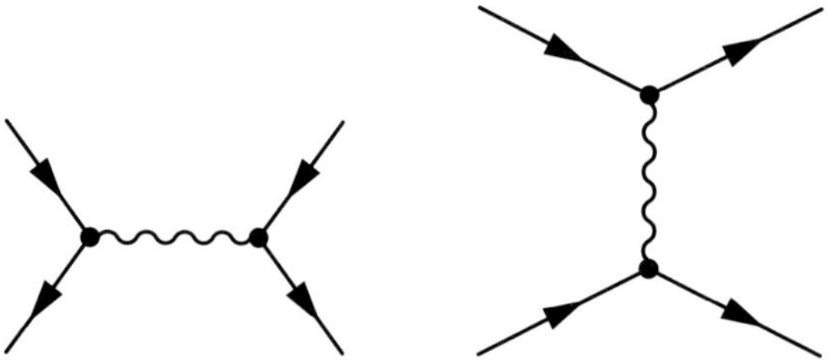

**Abb. 5.11** Beispiele für Streuprozesse zweiter Ordnung, die der Teilchen-Antiteilchen-Streuung (links) und der Teilchen-Teilchen-Streuung (rechts) entsprechen.

3. Diagramme mit zwei inneren Linien können nur zwei äußere Linien haben. Dabei sind die folgenden beiden Möglichkeiten realisierbar.

   a) Die beiden äußeren Linien sind Photonenlinien, siehe Abb. 5.12. Hier gibt es wieder energetisch verbotene Diagramme, z. B. wenn der Anfangs- oder Endzustand der Vakuumzustand ist (rechtes Diagramm), aber es gibt auch nichtverschwindende Beiträge, die zur Korrektur des Photonenpropagators beitragen (linkes Diagramm). Im Prinzip werden dabei virtuelle Teilchen-Antiteilchen-Paare erzeugt, die zu einer effektiven Polarisation des Vakuums führen und damit die freie Propagation der Photonen modifizieren.

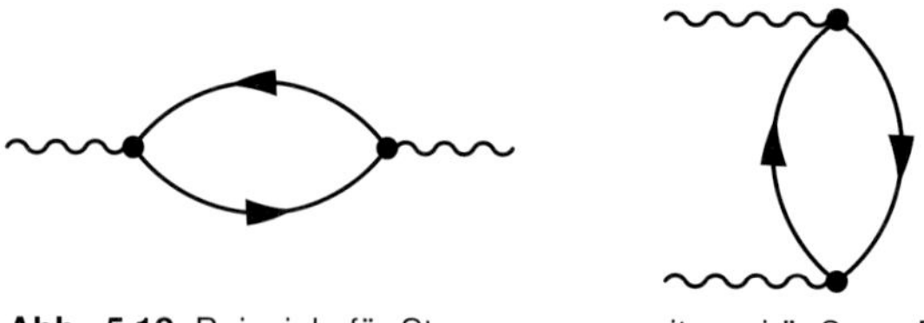

**Abb. 5.12** Beispiele für Streuprozesse mit zwei äußerer Photonenlinien.

   b) Die beiden äußeren Linien sind Fermionenlinien, siehe Abb. 5.13. Auch hier gibt es Prozesse, die den Vakuumzustand als Ausgangs- oder Endzustand haben (rechtes Diagramm). Diese Diagramme liefern bei der expliziten Bestimmmung der entsprechenden Streubeiträge den Wert null. Die verbleibenden Beiträge werden mit der sogenannten Selbstenergie der Fermionen in Verbindung gebracht und führen letztendlich zu einer Modifikation der Partikelmasse.

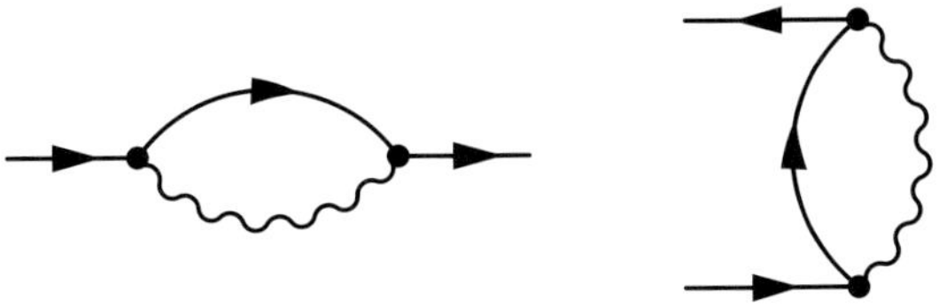

**Abb. 5.13** Beispiele für Streuprozesse mit zwei äußeren Fermionenlinien.

4. Es gibt nur innere Linien, d. h. Anfangs- und Endzustand sind leer. Dann ist nur ein Diagramm möglich, siehe Abb. 5.14. Diese Vakuumblase entspricht der Wahrscheinlichkeit, dass Vakuum in Vakuum übergeht. Da bei einem anfänglich vorhandenen Vakuumzustand nur diese eine Möglichkeit besteht, sollte die Wahrscheinlichkeit deshalb den Wert eins haben. Tatsächlich divergiert aber dieser Ausdruck, wie auch alle anderen Vakuumbeiträge höherer Ordnung.

   Solche Terme können aber aus der Theorie eliminiert werden. Dazu muss man beachten, dass auch die höheren Streubeiträge nicht nur verbundene Graphen, sondern auch eine Anzahl nichtverbundener Graphen enthalten, unter anderem auch Kombinationen zwischen Streuprozessen zweiter Ordnung und Vakuumblasen. Dividiert man jetzt die aus allen Streubeiträgen zusammengesetzte vollständige Streumatrix $S_{nm}^{W}$ durch $\langle 0| \hat{U}(t \to \infty) |0\rangle$ und stellt auf diese Weise die Normierung wieder her[38], dann heben sich alle Vakuumblasen heraus und es entstehen nur noch zusammenhängende Graphen mit äußeren Linien[39].

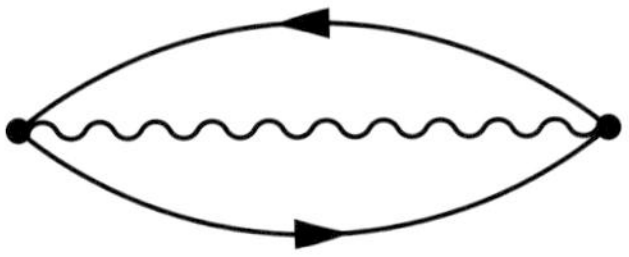

**Abb. 5.14** Vakuumblase als Streuprozess zweiter Ordnung

### 5.2.4 *Höhere Streuprozesse

Berücksichtigt man Streuoperatoren $\hat{W}^{(n)}$ höherer Ordnung, dann findet man eine Vielzahl weiterer Diagramme, von denen einige den Energie-Impuls-Satz

**38)** Dieses Verfahren ist natürlich nur formal möglich, da wir weder die detaillierte Struktur des Zählers noch des Nenners kennen. Der Beweis, dass sich alle Vakuumblasen im Gesamtausdruck gegenseitig eliminieren, erfolgt gewöhnlich induktiv unter Verwendung kombinatorischer und graphentheoretischer Methoden.

**39)** Wir werden dieses Verbundgraphentheorem für eine modifizierte Problemstellung in Band V dieser Lehrbuchreihe beweisen.

oder Symmetrien verletzen und deshalb verschwinden. Andere Beiträge kompensieren sich gegenseitig. Dazu gehören z. B. Fermionenringe mit einer ungeraden Zahl von Vertizes. Abbildung 5.15 zeigt einige dieser Graphen in den niedrigsten Ordnungen. Der erste Ring verbietet sich von selbst, weil er eine Kontraktion innerhalb eines Wechselwirkungsterms beinhaltet. Der zweite Ring mit drei Vertizes verschwindet nicht, wird aber von dem Beitrag des dritten Ringes mit entgegengesetzter Umlaufrichtung vollständig kompensiert. Diese Eigenschaft kann auf alle Fermionenringe mit einer ungeraden Zahl von Vertizes übertragen werden und ist Inhalt des Furry-Theorems.

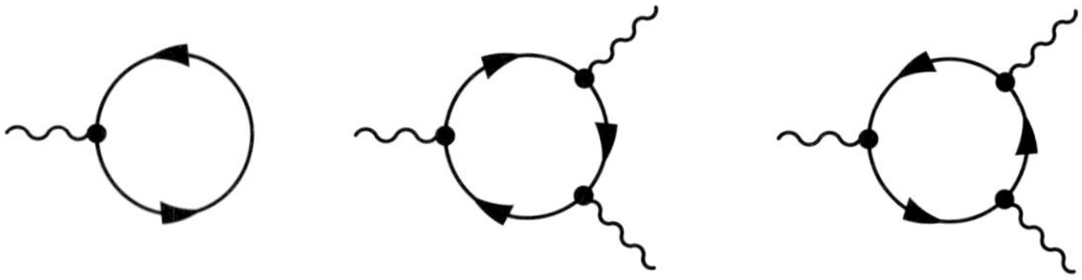

**Abb. 5.15** Fermionenringe mit einer ungeraden Anzahl von Vertizes

Ein weiterer Effekt, der erst als quantenfeldtheoretisches Phänomen auftritt und in der klassischen Maxwell-Theorie nicht erklärt werden kann, ist die Photon-Photon-Streuung. Dieser Prozess wird in der führenden Ordnung durch Fermionenringe mit vier Vertizes beschrieben. Die äußeren Linien beschreiben zwei einlaufende und zwei auslaufende Photonen, siehe Abb. 5.16. Durch Wechselwirkung der beiden Photonen wird ein virtuelles Teilchen-Antiteilchen-Paar erzeugt und anschließend unter Emmission von zwei Photonen wieder vernichtet.

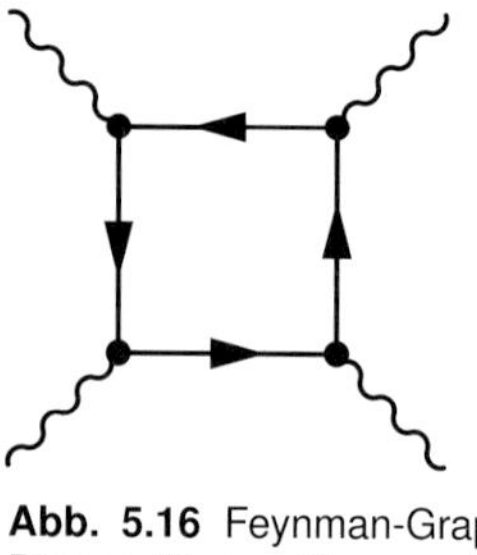

**Abb. 5.16** Feynman-Graph vierter Ordnung, der einen Beitrag zur Photon-Photon-Streuung liefert

## 5.2.5 *Feynman-Graphen in der Fourier-Darstellung

Mit der Feynman'schen Graphentechnik besitzen wir eine einfache Methode, das Wick'sche Theorem und damit alle zu einer Streumatrix beitragenden Streuprozesse in übersichtlicher Form darzustellen. Da man rückwärts jedem Graphen eindeutig einen mathematischen Ausdruck zuordnen kann, hat sich die Technik der Feynman-Graphen zu einem außerordentlich kraftvollen Hilfsmittel der Quantenfeldtheorie[40] entwickelt, zumal die einzelnen Diagramme anschaulich interpretiert werden können. Natürlich muss man sich stets darüber im Klaren sein, dass die inneren Linien jedes Graphen virtuelle Teilchen darstellen, die nur auf der Ebene der Theorie sinnvoll sind und anschaulich zum Verständnis eines Streuprozesses verwendet werden können, aber im Streuexperiment selbst nicht beobachtet werden können.

Bei der expliziten Behandlung der einzelnen Streuprozessse erweisen sich die vielen auszuführenden Integale oft als hinderlich. Man kann diese aber erheblich reduzieren und damit die Übersichtlichkeit verbessern, wenn man die Beiträge zur Streumatrix in der Fourier-Darstellung[41] bestimmt. Um die Elemente der Feynman'schen Graphentechnik in der Fourier-Darstellung zu gewinnen, gehen wir von den bereits vollständig auf Kontraktionen zurückgeführten Beiträgen der Streumatrix aus. Als Beispiel kann uns wieder (5.103) dienen.

Die mit den Anfangs- und Endzuständen verbundenen Kontraktionen werden wieder zu äußeren Linien. Dabei interessiert uns gewöhnlich der Impuls der ein- und auslaufenden Partikel, weniger der Ort. Deshalb repräsentiert jetzt jede einlaufende Linie die Kontraktion eines Erzeugungsoperators für fermionische Teilchen $c^\dagger_{\boldsymbol{p},\mu,+}$, für fermionische Antiteilchen $c^\dagger_{\boldsymbol{p},\mu,-}$ bzw. für bosonische Photonen $b^\dagger_{\boldsymbol{p},\lambda}$ mit einem Feldoperator $\hat{\psi}$, $\hat{\overline{\psi}}$ bzw. $\hat{A}^l$. Folglich sind die mit einer einlaufenden Fermionenlinie verbundenen Kontraktionen unter Beachtung von (4.386), (4.383) und (4.396) die Vakuumerwartungswerte

$$\begin{aligned}\langle 0|\,\hat{\psi}c^\dagger_{\boldsymbol{p},\mu,+}\,|0\rangle &= \sum_{\mu}\int d^3p'\Psi^{(\mu',+)}(\boldsymbol{p}')\,\langle 0|\,c_{\boldsymbol{p}',\mu',+}\hat{c}^\dagger_{\boldsymbol{p},\mu,+}\,|0\rangle\,\mathrm{e}^{-\frac{i}{\hbar}\left(E_{p'}t-\boldsymbol{p}'\boldsymbol{x}\right)}\\ &= \sum_{\mu}\int\frac{d^3p'}{(2\pi\hbar)^{3/2}}\psi^{(\mu',+)}(\boldsymbol{p}')\,\delta_{\mu\mu'}\delta(\boldsymbol{p}-\boldsymbol{p}')\,\mathrm{e}^{-\frac{i}{\hbar}\left(E_{p'}t-\boldsymbol{p}'\boldsymbol{x}\right)}\\ &= \frac{1}{(2\pi\hbar)^{3/2}}\psi^{(\mu,+)}(\boldsymbol{p})\,\mathrm{e}^{-\frac{i}{\hbar}\left(E_p t-\boldsymbol{p}\boldsymbol{x}\right)}\end{aligned}\tag{5.145}$$

bzw.

$$\langle 0|\,\hat{\overline{\psi}}c^\dagger_{\boldsymbol{p},\mu,-}\,|0\rangle = \frac{1}{(2\pi\hbar)^{3/2}}\overline{\psi}^{(\mu,-)}(-\boldsymbol{p})\,\mathrm{e}^{-\frac{i}{\hbar}\left(E_p t-\boldsymbol{p}\boldsymbol{x}\right)}\tag{5.146}$$

Für einlaufende Photonen erhalten wir mit (4.469)

$$\langle 0|\,\hat{A}^l b^\dagger_{\boldsymbol{k},\lambda}\,|0\rangle = u(\boldsymbol{k})e^l_{k\lambda}\mathrm{e}^{i(\boldsymbol{k}\boldsymbol{x}-\omega_k t)}\tag{5.147}$$

**40**) und darüber hinaus in modifizierter Form auch der statistischen Physik, siehe Band V dieser Lehrbuchreihe

**41**) oder Impulsdarstellung

Auf die gleiche Weise findet man für die auslaufenden Linien

$$\langle 0| c_{p,\mu,+} \hat{\overline{\psi}} |0\rangle = \frac{1}{(2\pi\hbar)^{3/2}} \overline{\psi}^{(\mu,+)}(\boldsymbol{p})\, \mathrm{e}^{\frac{i}{\hbar}(E_p t - \boldsymbol{p}\boldsymbol{x})} \tag{5.148}$$

und

$$\langle 0| c_{p,\mu,-} \hat{\psi} |0\rangle = \frac{1}{(2\pi\hbar)^{3/2}} \psi^{(\mu,-)}(-\boldsymbol{p})\, \mathrm{e}^{\frac{i}{\hbar}(E_p t - \boldsymbol{p}\boldsymbol{x})} \tag{5.149}$$

sowie

$$\langle 0| b_{\boldsymbol{k},\lambda} \hat{A}^{l(+)} |0\rangle = u(\boldsymbol{k}) e^{l}_{\boldsymbol{k}\lambda} \mathrm{e}^{-i(\boldsymbol{k}\boldsymbol{x} - \omega_k t)} \tag{5.150}$$

Die verbleibenden Kontraktionen sind, bis auf den Vorfaktor $-i$, die Propagatoren des Dirac- bzw. des Maxwell-Feldes. Diese Terme treten in den Feyn-man'schen Graphen wieder als innere Linien auf. Die Photonenlinien identifizieren wir deshalb mit[42]

$$i\Delta_M^{kl}(\vec{x} - \vec{y}) = -i\hbar^3 c g^{kl} \int \frac{d^4 q}{(2\pi\hbar)^4} \frac{\mathrm{e}^{-iq_i(x^i - y^i)/\hbar}}{q^i q_i} \tag{5.151}$$

wobei wir durch die Substitution $k_i \to q_i/\hbar$ den Photonenimpuls anstelle des Wellenzahlvektors als Variable eingeführt haben. Mit der gleichen Argumentation finden wir, dass die Fermionenlinien mit (5.88) dem Ausdruck

$$\begin{aligned} i\Delta^D(\vec{x} - \vec{y}) &= i\hbar\left(mc + i\hbar\gamma^i \partial_i\right) \int \frac{d^4 p}{(2\pi\hbar)^4} \frac{\mathrm{e}^{-\frac{i}{\hbar} p_i (x^i - y^i)}}{p^i p_i - m^2 c^2} \\ &= i \int \frac{d^4 p}{(2\pi\hbar)^4} \frac{\hbar\left(mc + \gamma^i p_i\right)}{p^i p_i - m^2 c^2} \mathrm{e}^{-\frac{i}{\hbar} p_i (x^i - y^i)} \end{aligned} \tag{5.152}$$

entsprechen. Nach diesen Vorbereitungen können wir jetzt die Exponentialanteile der äußeren und inneren Linien in die jeweiligen Vertizes einbeziehen und die mit jedem Vertex verbundene Integration über den Minkowski-Raum ausführen. Dann bleiben von jeder inneren Linie nur noch die Propagatoren in der Fourier-Darstellung. Eine Teilchenlinie wird deshalb mit

$$i\Delta^D(\vec{p}) = i\frac{1}{(2\pi\hbar)^4} \frac{\hbar\left(mc + \gamma^i p_i\right)}{p^i p_i - m^2 c^2 + i\varepsilon} \tag{5.153}$$

und eine Photonenlinie mit

$$i\Delta_M^{kl}(\vec{q}) = -i\hbar^3 c g^{kl} \frac{1}{(2\pi\hbar)^4} \frac{1}{q^i q_i + i\varepsilon} \tag{5.154}$$

identifiziert. Außerdem ist in der Fourier-Darstellung mit jeder inneren Linie eine Integration über den zugehörigen Impuls $\boldsymbol{p}$ bzw. $\boldsymbol{q}$ verbunden.

**42**) Man beachte, dass der Nenner im Sinne von (5.98) als Grenzwert zu verstehen ist.

Weiter führt die Integration über alle Vertexkoordinaten dazu, dass die Exponentialfaktoren der äußeren Linien verschwinden. Einlaufende und auslaufende äußere Linien sind deshalb in der Fourier-Darstellung nur noch einfache Faktoren. Jede äußere Linie hat also die Zuordnung

$$\begin{array}{llll} & & \text{einlaufend} & \text{auslaufend} \\ \text{Teilchen} & \rightarrow & \frac{1}{(2\pi\hbar)^{3/2}}\psi^{(\mu,+)}(\boldsymbol{p}) & \frac{1}{(2\pi\hbar)^{3/2}}\overline{\psi}^{(\mu,+)}(\boldsymbol{p}) \\ \text{Antiteilchen} & \rightarrow & \frac{1}{(2\pi\hbar)^{3/2}}\overline{\psi}^{(\mu,-)}(-\boldsymbol{p}) & \frac{1}{(2\pi\hbar)^{3/2}}\psi^{(\mu,-)}(-\boldsymbol{p}) \\ \text{Photon} & \rightarrow & \sqrt{\frac{\hbar^2 c}{2(2\pi)^3|\boldsymbol{q}|}}e^k_{\boldsymbol{q}\lambda} & \sqrt{\frac{\hbar^2 c}{2(2\pi)^3|\boldsymbol{q}|}}e^k_{\boldsymbol{q}\lambda} \end{array} \tag{5.155}$$

wobei wir für die Photonenlinien die Beziehung (4.424) für $u(\boldsymbol{k}) = u(\boldsymbol{q}/\hbar)$ explizit eingesetzt haben.

Die in die Vertizes einbezogenen Exponentialfunktionen liefern nach der Integration über die Vertexkoordinaten $\delta$-Funktionen von Summen aus je drei Viererimpulsen. Um das Vorzeichen der Summanden in diesen $\delta$-Funktionen festzulegen, erinnern wir daran, dass jeder Wechselwirkungsbeitrag (5.102) je einen Feldoperator $\hat{\psi}$ und $\hat{\overline{\psi}}$ beisteuert, die zur Bildung des Satzes der inneren und äußeren Fermionenlinien verwendet werden. Ist die Vertexkoordinate $\vec{x}$, dann liefert $\hat{\psi}$ in Verbindung mit einer äußeren Teilchenlinie den Exponenten $-i\hbar^{-1}\vec{p}\vec{x}$, siehe (5.145), während $\hat{\overline{\psi}}$ wegen (5.149) auf den Exponenten $i\hbar^{-1}\vec{p}\vec{x}$ führt. Ebenso gibt es eine Vorzeichenumkehr in Verbindung mit einer äußeren Antiteilchenlinie. In Verbindung mit einer inneren Linie führt $\hat{\psi}(\vec{x})$ zu einem Propagator[43] $\Delta^D(\vec{x} - \vec{x}')$, siehe (5.69), und deshalb wegen (5.152) wieder zu einem Exponenten $-i\hbar^{-1}\vec{p}\vec{x}$. Umgekehrt ergibt sich mit $\hat{\overline{\psi}}(\vec{x})$ ein Propagator $\Delta^D(\vec{x}' - \vec{x})$ und deshalb ein Exponent $i\hbar^{-1}\vec{p}\vec{x}$.

Integriert man jetzt über $\vec{x}$, dann gehen die mit $\hat{\psi}$ bzw. $\hat{\overline{\psi}}$ verbundenen Viererimpulse also mit entgegengesetzten Vorzeichen in die $\delta$-Funktion ein. Um diese Erkenntnis systematisch auf die Diagrammtechnik zu übertragen, gibt man jeder Propagatorlinie eine Orientierung, die schematisch mit dem Viererimpuls des Propagators in der Fourier-Darstellung übereinstimmt. Jeder Vertex besitzt folglich eine einlaufende und eine auslaufende Fermionenlinie. Der Impuls der auf einen Vertex zulaufenden Linie geht nach dieser Vereinbarung mit positivem Vorzeichen in den Vertex ein, der Impuls der weglaufende Linie wird mit einem negativen Vorzeichen versehen. Auf diese Weise stellt sich in jedem Vertex das richtige Vorzeichen der Impulse ein. In der Fourier-Darstellung hat der Vertex somit die Struktur

$$\frac{e}{i\hbar c}(2\pi\hbar)^4\gamma^k\delta(\vec{p}_{\text{ein}} - \vec{p}_{\text{aus}} \pm \vec{q}) \tag{5.156}$$

**43**) die Koordinate $\vec{x}'$ stammt natürlich vom Feldoperator $\hat{\overline{\psi}}(\vec{x}')$ eines topologisch benachbarten Vertex

wobei $\vec{p}_{\text{ein}}$ der Viererimpuls der einlaufenden und $\vec{p}_{\text{aus}}$ der Viererimpuls der auslaufenden Linie ist.

Offen bleibt hier noch der Impuls des Photons $\vec{q}$. Man kann auch diesen Linien eine Orientierung geben. Abgesehen von den äußeren einlaufenden bzw. auslaufenden Photonenlinien, die in einen Vertex münden bzw. aus diesem herauszeigen, kann man die Orientierung der inneren Linien willkürlich festlegen. Wichtig ist dabei nur, dass das Vorzeichen des zugehörigen Photonenimpulses $q$ negativ ist, wenn die Photonenlinie aus dem Vertex ausläuft und positiv, wenn die Photonenlinie in den Vertex einläuft. Durch die Orientierung der Linien wird garantiert, dass jeder Impuls – egal ob er einem Photon oder einem Fermion zugeordnet ist – in einem Vertex mit positivem Vorzeichen, in dem benachbarten Vertex dann mit negativem Vorzeichen auftritt.

## 5.3 *Behandlung von Divergenzen

### 5.3.1 *Strahlungskorrekturen

Die Propagatoren (5.153) und (5.154) basieren auf wechselwirkungsfreien Dirac- bzw. Maxwell-Feldern. Tatsächlich sind die Felder aber stets untereinander in Wechselwirkung. Man könnte so auf den richtigen Gedanken kommen, dass in jeder störungstheoretischen Entwicklung einer beliebigen Streumatrix die freien Propagatoren durch die realen Propagatoren[44] zu ersetzen sind. Im Prinzip verbirgt sich hinter dieser Idee eine geschickte Zusammenfassung störungstheoretischer Diagramme.

Als Beispiel betrachten wir eine Reihe von Feynman-Graphen, die alle zur Elektron-Photon-Streuung beitragen, siehe Abb. 5.17. Formal kann man jetzt alle Subgraphen zwischen den beiden äußeren Vertizes zu einem effektiven Fermionenpropagator zusammenfassen, der durch eine Doppellinie gekennzeichnet ist. Dieser Propagator ist damit auch der gesuchte (reale) Propagator unter dem Einfluss der Wechselwirkung und wird als *strahlungskorrigierter Fermionenpropagator* bezeichnet. Seine graphentheoretische Entwicklung ist in Abb. 5.18 dargestellt. Neben dem als erstes Glied dieser Entwicklung auftretenden ungestörten Propagator gibt es eine unendliche Reihe immer komplizierter werdender Graphen, die auch als Strahlungskorrekturen bezeichnet werden. Man kann sich anhand der im vorangegangenen Abschnitt entwickelten Regeln schnell klarmachen, dass nach der Ausführung aller – wegen der in den Vertizes vorhandenen $\delta$-Funktionen – trivialen Integrationen, die in jeden der Korrekturgraphen einlaufende Fermionenlinie nicht nur den glei-

**44**) also Propagatoren unter Beachtung der Wechselwirkung

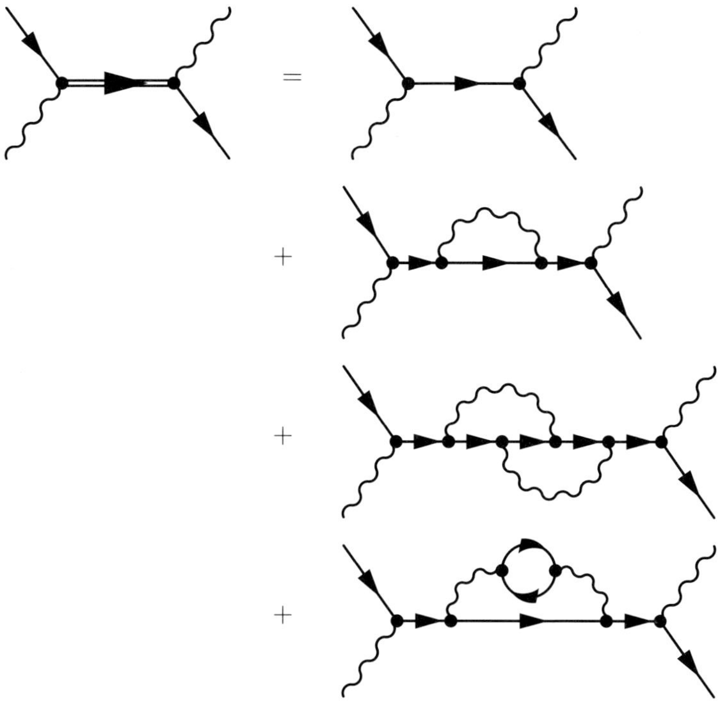

**Abb. 5.17** Graphische Darstellung einiger der ersten Beiträge zur Elektron-Photon-Streuung

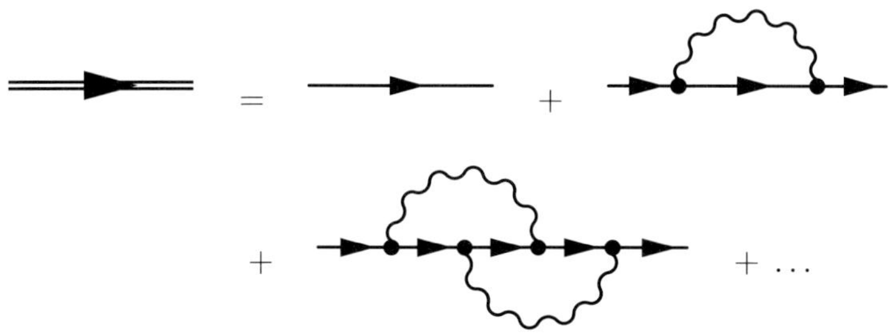

**Abb. 5.18** Graphische Darstellung der führenden Beiträge zum strahlungskorrigierten Fermionenpropagator

chen Impuls wie die auslaufende Linie besitzt, sondern auch nur noch multiplikativ mit dem Rest des Graphs zusammenhängt. Deshalb ist es möglich, die einlaufende Linie vom Restgraph zu amputieren. Analog könnte man auch mit der auslaufenden Linie verfahren. Es ist aber weitaus zweckmäßiger, diese Amputation bereits an der ersten Fermionenlinie durchzuführen, die zwei Subgraphen *reduzibel* verbindet. Ein reduzibler Graph enthält mindestens eine Linie, deren Durchtrennung zum Zerfall des Graphen führt. Alle Graphen, die nicht durch einen einfachen Schnitt in zwei Teile zerfallen, heißen *irreduzibel*.

Alle inneren Linien, die in Subgraphen reduzibel verbinden, tragen den gleichen Impuls wie die in Abb. 5.18 ein- und auslaufende Linie und sind außerdem nur multiplikativ mit den links und rechts liegenden Subgraphen verbunden. Deshalb kann man die gewünschte Amputation bereits an dieser Stelle durchführen, siehe Abb. 5.19. Damit zerfällt jeder Graph in ein Produkt

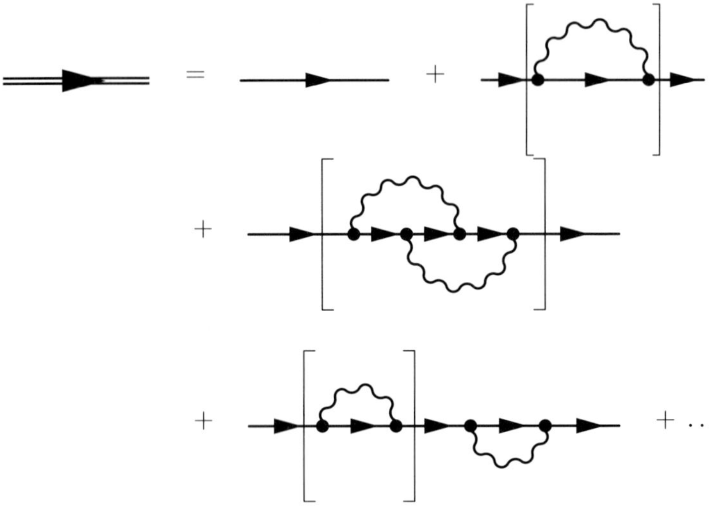

**Abb. 5.19** Faktorisierung der Beiträge zum strahlungskorrigierten Fermionenpropagators durch Amputationen irreduzibler Graphen. Diese sind in der Abbildung durch Klammern eingeschlossen.

aus der einlaufenden Linie, einem irreduziblen (amputierten) Subgraphen (in Abb. 5.19 die umklammerten Diagramme) und einem Restgraphen. Im günstigsten Fall (z. B. im zweiten und dritten Beitrag der Graphenentwicklung in Abb. 5.19) ist der Restgraph die auslaufende Linie, aber es kann sich auch um einen beliebig großen reduziblen oder irreduziblen Feynman-Graphen handeln. Unter Ausnutzung dieser Faktorisierung kann man jetzt die Reihenentwicklung des strahlungskorrigierten Fermionenpropagators in einer geeigneten Weise neu zusammenfassen.

Dazu sammelt man zunächst alle Diagramme, die den gleichen amputierten irreduziblen Subgraphen besitzen, in einer Teilreihe[45]. Offenbar hat, unabhängig von der Struktur des jeweils amputierten Subgraphen, diese Teilreihe wieder die gleiche Struktur wie der ursprüngliche strahlungskorrigierte Fermionengraph. Damit können wir die Graphenentwicklung entsprechend Abb. 5.20 symbolisch darstellen[46].

**45**) Jede dieser Teilreihen enthält unendlich viele Summanden.

**46**) Der genaue Beweis dieses Graphentheorems überschreitet den Rahmen des vorliegenden Lehrbuchs. Dazu verweisen wir auf die Spezialliteratur. In Band V dieser Lehrbuchreihe wird aber der Beweis für ein ähnliches Problem, nämlich der Mayer'schen Cluster-Entwicklung, angegeben.

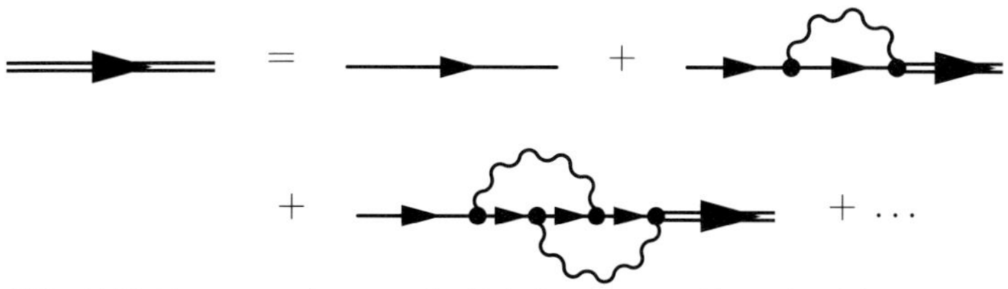

**Abb. 5.20** Zusammenfassung der Beiträge zum strahlungskorrigierten Fermionenpropagator in Form einer selbstkonsistenten Graphengleichung. Insbesondere sind im zweiten Diagramm dieser Reihe das zweite und vierte Diagramm aus Abb. 5.19 neben unendlich vielen anderen Beiträgen enthalten.

In einem zweiten Schritt können wir jetzt die amputierten, irreduziblen Subgraphen[47] zu einem – ebenfalls aus unendlich vielen Summanden bestehenden – Objekt zusammenfassen, siehe Abb. 5.21. Die Summe der irredu-

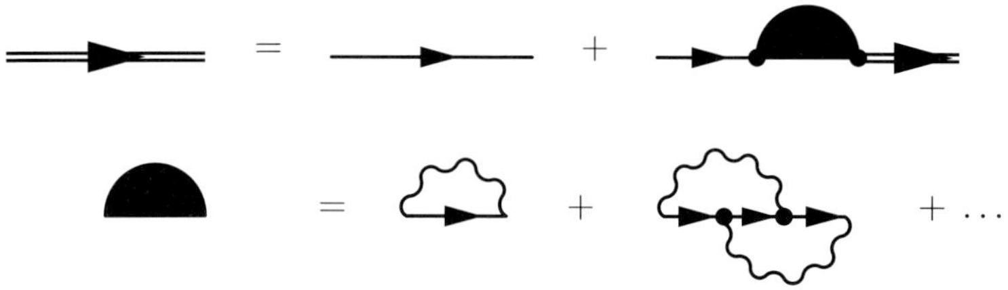

**Abb. 5.21** Graphische Darstellung der Dyson-Gleichung des Fermionenpropagators (oben) und der zugehörigen Selbstenergie (unten).

ziblen Subgraphen wird auch als *Selbstenergie* $-i\Sigma(\vec{p})$ des Fermions bezeichnet und graphisch durch einen gefüllten Halbkreis symbolisiert. Aus mathematischer Sicht handelt es sich hierbei um eine $4 \times 4$-Matrix, die im Raum der Bispinoren wirkt. Abbildung 5.21 legt nahe, dass der korrigierte Fermionenpropagator $i\widetilde{\Delta}^D(\vec{p})$ die sogenannte *Dyson-Gleichung*

$$i\widetilde{\Delta}^D(\vec{p}) = i\Delta^D(\vec{p}) + i\Delta^D(\vec{p})\frac{1}{i}\Sigma(\vec{p})\, i\widetilde{\Delta}^D(\vec{p}) \tag{5.157}$$

erfüllt. Aus mathematischer Sicht handelt es sich hierbei um eine exakte, wenn auch mehr formale oder symbolische Gleichung für den strahlungskorrigierten Fermionenpropagator. Das Problem besteht aber darin, dass man über die Kenntnis der Selbstenergie verfügen muss, um einen physikalisch verwertbaren Ausdruck für die Strahlungskorrektur zu erhalten. Da aber die Selbstenergie aus unendlich vielen amputierten Graphen besteht, die alle berechnet werden müssten, verfügt man letztendlich nur über eine störungstheoretische Aussage, die eine gewissen Teilmenge der in die Selbstenergie eingehenden Terme berücksichtigt. Aus (5.157) erhalten wir

$$\left[\Delta^D(\vec{p})\right]^{-1}\widetilde{\Delta}^D(\vec{p}) = \hat{1} + \Sigma(\vec{p})\,\widetilde{\Delta}^D(\vec{p}) \tag{5.158}$$

**47**) also die in Abb. 5.19 eingeklammerten Subgraphen

und damit

$$\left\{\left[\Delta^D(\vec{p})\right]^{-1} - \Sigma(\vec{p})\right\}\widetilde{\Delta}^D(\vec{p}) = \hat{1} \tag{5.159}$$

oder

$$\widetilde{\Delta}^D(\vec{p}) = \left\{\left[\Delta^D(\vec{p})\right]^{-1} - \Sigma(\vec{p})\right\}^{-1} \tag{5.160}$$

Analog kann man auch die Korrektur des Photonenpropagators behandeln. Die zugehörige Dyson-Gleichung ist in Abb. 5.22 graphisch dargestellt. Die

**Abb. 5.22** Graphische Darstellung der Dyson-Gleichung des Photonenpropagators

hier auftretenden irreduziblen Graphen lassen sich zur Selbstenergie der Photonen $-i\Pi(\vec{q})$ zusammenfassen, siehe Abb. 5.23, die symbolisch durch einen gefüllten Kreis dargestellt wird. Dabei ist $\Pi(\vec{q}) = \left(\Pi^{kl}(\vec{q})\right)$ ein Vierertensor,

$-i\Pi(\vec{q}) =$ 

**Abb. 5.23** Graphische Darstellung der ersten Terme der Entwicklung des Polarisationstensors nach irreduziblen Beiträgen

der manchmal auch als Polarisationstensor des Vakuums bezeichnet wird. Der korrigierte Photonenpropagator kann deshalb in der Form

$$\widetilde{\Delta}^M(\vec{q}) = \left\{\left[\Delta^M(\vec{q})\right]^{-1} - \Pi(\vec{q})\right\}^{-1} \tag{5.161}$$

geschrieben werden. Schließlich kann man auch die Vertizes korrigieren. Dazu fasst man alle irreduziblen Graphen mit jeweils einer äußeren Photonenlinie und zwei äußeren Fermionenlinien zu einem neuen, effektiven Vertex zusammen, der graphisch durch ein gefülltes Dreieck symbolisiert wird. Die ersten Beiträge dazu sind in Abb. 5.24 dargestellt.

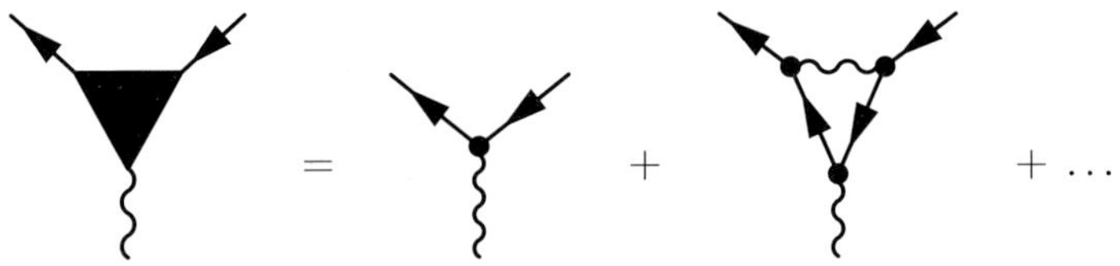

**Abb. 5.24** Graphische Darstellung der ersten Terme der Vertexkorrektur

## 5.3.2 *Regularisierung

### 5.3.2.1 *Problem

Wir wollen jetzt die Selbstenergie eines Fermions in der niedrigsten Ordnung der Störungstheorie bestimmen. Dazu berücksichtigen wir nur den aus zwei Vertizes bestehenden 1-Loop-Graphen, siehe Abb. 5.25. Mit den in Kap. 5.2.5 aufgestellten Regeln können wir diesen Graphen in seine Integraldarstellung

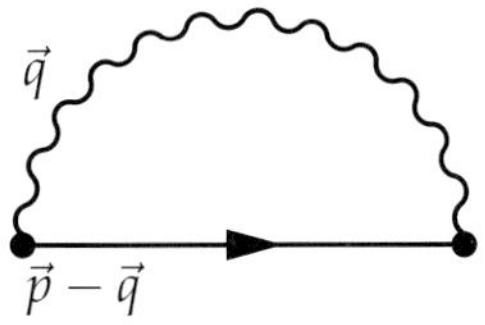


**Abb. 5.25** 1-Loop-Beitrag zur Fermionenselbstenergie

überführen. Dazu muss man beachten, dass der Graph aus einer Photonenlinie, einer Fermionenlinie und zwei Vertizes besteht. Obwohl wir, um zu dem hier dargestellten amputierten Subgraphen zu gelangen, die beiden Enden amputiert haben, dürfen wir die an diesen Enden erfolgenden Impulsüberträge nicht vernachlässigen. Deshalb muss an einem Vertex der einlaufende Viererimpuls $\vec{p}$, am anderen der auslaufende Viererimpuls $-\vec{p}'$ eingefügt werden. Die innere Photonenlinie trägt den Impuls $\vec{q}$, die Fermionenlinie den Impuls $\vec{P}$. Mit der in Abb. 5.25 gewählten Orientierung der inneren Linien gehören zum linken Vertex der einlaufende Fermionenimpuls $\vec{p}$, der auslaufende Fermionenimpuls $\vec{P}$ und der auslaufende Photonenimpuls $\vec{q}$. Der rechte Vertex enthält den einlaufenden Fermionenimpuls $\vec{P}$, den einlaufenden Photonenimpuls $\vec{q}$ und den auslaufenden Fermionenimpuls $\vec{p}'$. Über beide inneren Impulse ist zu integrieren. Wir erhalten daher mit (5.156)

$$\begin{aligned} -i\Sigma(\vec{p}) &= \int d^4q d^4P \left[\frac{e}{i\hbar c}(2\pi\hbar)^4 \gamma^k \delta\left(\vec{p} - \vec{P} - \vec{q}\right)\right] \\ &\times \left[i\Delta^D(\vec{P})\right]\left[i\Delta^M_{kl}(\vec{q})\right] \\ &\times \left[\frac{e}{i\hbar c}(2\pi\hbar)^4 \gamma^l \delta\left(\vec{P} - \vec{p}' + \vec{q}\right)\right] \end{aligned} \tag{5.162}$$

und nach der Integration über den inneren Fermionenimpuls $\vec{P}$

$$-i\Sigma(\vec{p}) = \frac{i^2 e^2}{\hbar^2 c^2} \int d^4q\,(2\pi\hbar)^8 \gamma^k i\Delta^D(\vec{p} - \vec{q})\, i\Delta^M_{kl}(\vec{q})\, \gamma^l \delta(\vec{p} - \vec{p}') \tag{5.163}$$

Die jetzt noch auftretende $\delta$-Funktion garantiert die Impulsbilanz, d. h. der einlaufende und der auslaufende Impuls sind gleich. Diese $\delta$-Funktion tritt als Faktor vor allen Graphen, einschließlich des freien Propagators, der in Abb. 5.18 dargestellten Entwicklung, auf und sichert die Viererimpulsbilanz. Da es sich bei $\delta(\vec{p} - \vec{p}')$ um einen gemeinsamen Faktor aller Graphen handelt, wird dieser gewöhnlich abgespalten. Wir werden die folgenden Rechnungen deshalb ohne Einschränkung mit dem verbleibenden Ausdruck

$$-i\Sigma(\vec{p}) = \frac{i^2 e^2}{\hbar^2 c^2} \int d^4 q \, (2\pi\hbar)^8 \, \gamma^k i\Delta^D(\vec{p} - \vec{q}) \, i\Delta^M_{kl}(\vec{q}) \, \gamma^l \tag{5.164}$$

fortsetzen können. Mit (5.153) und (5.154) erhalten wir dann

$$\begin{aligned} \Sigma(\vec{p}) &= \frac{ie^2}{\hbar^2 c^2} \int d^4 q \, (2\pi\hbar)^8 \, \gamma^k \Delta^D(\vec{p} - \vec{q}) \, \Delta^M_{kl}(\vec{q}) \, \gamma^l \\ &= -\frac{ie^2\hbar^2}{c} \int d^4 q \frac{\gamma^k \left(mc + \gamma^i (p_i - q_i)\right) \gamma_k}{\left[(p^i - q^i)(p_i - q_i) - m^2c^2 + i\varepsilon\right]} \frac{1}{\left[q^i q_i + i\varepsilon\right]} \end{aligned} \tag{5.165}$$

Betrachtet man den Integranden, dann hat er für große Werte $|\vec{q}|$ das asymptotische Verhalten $|\vec{q}|^{-3}$. Damit ist dieses Integral divergent und kann eigentlich nicht ausgewertet werden. Die Ursache für diese Divergenz liegt darin, dass sich die Integration über den ganzen vierdimensionalen Impulsraum erstreckt. Würden wir die Impulsintegration auf ein endliches Gebiet beschränken, dann wäre das Integral endlich. Erst die Ausdehnung des Integrationsgebietes, d. h. die Einbeziehung beliebig großer Impulse und deshalb beliebig kleiner de Broglie'scher Wellenlängen, führt zur Divergenz des Integrals. Aus diesem Grunde spricht man auch von einer Ultraviolett-Divergenz. Man könnte natürlich argumentieren, dass die Quantenfeldtheorie für Längenskalen unterhalb der Planck'schen Länge $\ell$ versagt und deshalb die obere Grenze der Integration durch einen maximalen Impuls begrenzt wird. Allerdings ist in der bisher formulierten Theorie diese Grenze gar nicht vorgesehen und müsste deshalb erst künstlich eingeführt werden.

Es gibt aber eine andere Methode, um mit dieser Divergenz physikalisch konsistent umzugehen. Die Idee besteht darin, divergente Terme definiert abzuspalten und getrennt zu behandeln. Dazu benötigen wir einerseits einige Techniken, um Integrale der Form (5.165) auszuwerten, andererseits sogenannte Regularisierungstechniken, um die Divergenzen abzuspalten.

#### 5.3.2.2 *Feynman-Parametrisierung

Das Hauptproblem bei der Behandlung von (5.165) ist die Behandlung des Nenners. Es erweist sich als sinnvoll, diesen so umzuformen, dass die Integration über den Impulsraum möglichst einfach wird. Dazu betrachten wir das Produkt

$$\frac{1}{uv} = \frac{1}{v-u}\left(\frac{1}{u} - \frac{1}{v}\right) = \frac{1}{v-u}\int_u^v \frac{dz}{z^2} \tag{5.166}$$

und substituieren $z = u\xi + v(1-\xi)$. Dann bekommen wir

$$\frac{1}{uv} = \int_0^1 \frac{d\xi}{[u\xi + v(1-\xi)]^2} = \int_0^1\int_0^1 d\xi_1 d\xi_2 \frac{\delta(\xi_1 + \xi_2 - 1)}{[u\xi_1 + v\xi_2]^2} \tag{5.167}$$

Analog findet man[48]

$$\frac{1}{u_1 u_2 \ldots u_n} = \underbrace{\int_0^1 \int_0^1 \ldots \int_0^1}_{n} \prod_{k=1}^{n} d\xi_k \frac{\delta\left(\sum_{k=1}^{n} \xi_k - 1\right)}{\left[\sum_{k=1}^{n} u_k \xi_k\right]^n} \tag{5.168}$$

Diese Formel wird auch als Feynman-Parametrisierung bezeichnet. Sind die $u_k$ maximal quadratische Funktionen in $\vec{q}$, dann ist die im Nenner von (5.168) auftretende Summe ebenfalls maximal in $\vec{q}$ quadratisch und kann deshalb mit der nachfolgend vorgestellten Techniken weiter ausgewertet werden.

#### 5.3.2.3 *Wick-Rotation

Mit Hilfe von (5.168) kann eine Vielzahl von Impulsintegralen, wie z. B. Integrale der Form (5.165), auf Impulsintegrale der Struktur

$$I = \int \frac{d^4 p}{[p^i p_i - \theta^2 + i\varepsilon]^n} = \int d^3 p \int_{-\infty}^{\infty} \frac{dp^0}{\left[(p^0)^2 - \boldsymbol{p}^2 - \theta^2 + i\varepsilon\right]^n} \tag{5.169}$$

mit $\varepsilon \to 0$ zurückgeführt werden. Die konkrete Umformung werden wir in den folgenden Abschnitten durchführen. Wir können das innere Integral in der komplexen Ebene behandeln. Die Polstellen des Integranden liegen bei

$$p^0 = \pm\sqrt{\boldsymbol{p}^2 + \theta^2 - i\varepsilon} = \pm\sqrt{\boldsymbol{p}^2 + \theta^2} \mp \frac{i\varepsilon}{2\sqrt{\boldsymbol{p}^2 + \theta^2}} + o\left(\varepsilon^2\right) \tag{5.170}$$

und die Integration erfolgt entlang der reellen Achse. Wir können jetzt den Integrationsweg zu einer geschlossenen Kurve erweitern, indem wir die Integration über einen in der oberen Halbebene[49] liegenden Kreisbogen mit dem Radius $R \to \infty$ fortsetzen. Der Beitrag dieses Bogens kann abgeschätzt werden als

$$I'_{Bogen} = \int_0^{\pi} \frac{R d\varphi}{[R^2 - \boldsymbol{p}^2 - \theta^2 + i\varepsilon]^n} \sim R^{1-2n} \to 0 \tag{5.171}$$

48) siehe Aufgabe 5.I
49) Man kann auch die Integrationskurve durch einen unendlich ausgedehnten Halbkreis in der unteren Ebene fortgesetzen. In diesem Fall verlaufen die nachfolgenden Schritte ganz analog.

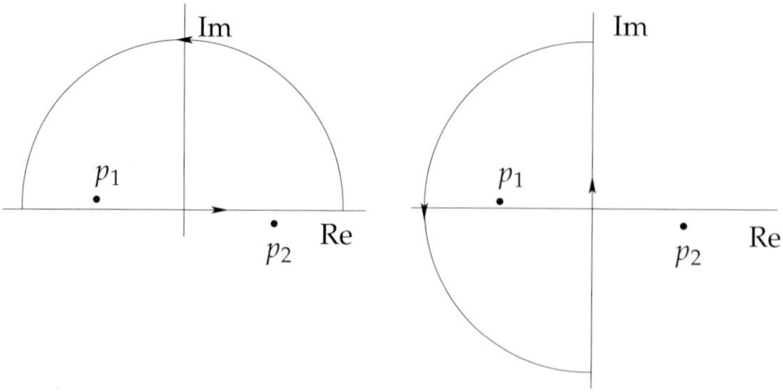


**Abb. 5.26** Die Integration entlang des in der linken Figur dargestellten Weges umschließt den gleichen Pol wie der um $90^o$ gedrehte Weg in der rechten Figur und liefert somit den gleichen Wert.

d. h. er liefert für $n \geq 1$ keinen Beitrag. Dann ist das innere Integral von (5.169), also

$$I^0 = \int \frac{dp^0}{\left[(p^0)^2 - \boldsymbol{p}^2 - \theta^2 + i\varepsilon\right]^n} \tag{5.172}$$

nur vom Residuum des eingeschlossenen Pols, nicht aber von der umschließenden Kurve abhängig. Wir können den Verlauf der Integrationskurve beliebig manipulieren, vorausgesetzt, es wird kein neuer Pol umschlossen oder ein ehemals umschlossener Pol gerät nicht in das Außengebiet. Insbesondere können wir die Kurve um $\pi/2$ rotieren, siehe Abb. 5.26. Der Wert des Integrals $I^0$ ändert sich durch diese Rotation nicht, denn er ist immer noch ausschließlich von dem umschlossenen Pol bestimmt. Da andererseits natürlich das Residuum durch das Integral entlang der neuen geschlossenen Kurve bestimmt ist, und der im Unendlichen verlaufende Halbkreis auch jetzt keinen Beitrag zum Integral liefert, wird $I^0$ jetzt durch die Integration entlang der imaginären Achse bestimmt. Damit ist aber

$$\begin{aligned} I^0 &= \int_{-i\infty}^{i\infty} \frac{dp^0}{\left[(p^0)^2 - \boldsymbol{p}^2 - \theta^2 + i\varepsilon\right]^n} = \int_{-\infty}^{\infty} \frac{id\xi}{[-\xi^2 - \boldsymbol{p}^2 - \theta^2 + i\varepsilon]^n} \\ &= \frac{i}{(-1)^n} \int_{-\infty}^{\infty} \frac{dp^0}{\left[(p^0)^2 + \boldsymbol{p}^2 + \theta^2 + i\varepsilon\right]^n} \end{aligned} \tag{5.173}$$

wobei wir im ersten Schritt die Substitution $p^0 = i\xi$, im zweiten Schritt $\xi = p^0$ verwendet haben. Wir können mit dieser als Wick-Rotation bezeichneten Operation die Integration über den Minkowski-Raum[50] in (5.169) durch eine

**50)** genauer müsste man sagen, über den Impulsraum mit Minkowski-Metrik

Integration über einen vierdimensionalen Euklidischen Raum ersetzen. Damit erhalten wir schließlich für das Integral (5.169)

$$I = \int \frac{d^4 p}{\left[p^i p_i - \theta^2 + i\varepsilon\right]^n} = \frac{i}{(-1)^n} \int \frac{d^4 p}{\left[p^2 + \theta^2 + i\varepsilon\right]^n} \tag{5.174}$$

wobei $p^2$ das Betragsquadrat des Vektors $\left(p^0, \boldsymbol{p}\right)$ des vierdimensionalen Euklidischen Raumes und $d^4 p$ das zugehörige vierdimensionale Integrationselement ist. Da das Integral jetzt regulär ist, können wir den Grenzübergang $\varepsilon \to 0$ ausführen und bekommen somit

$$I = \frac{i}{(-1)^n} \int \frac{d^4 p}{\left[p^2 + \theta^2\right]^n} \tag{5.175}$$

#### 5.3.2.4 *Dimensionsregularisierung

In (5.174) tritt nur noch das Betragsquadrat $p^2$ des euklidischen, vierdimensionalen Impulses auf. Deshalb kann man das Integral auch in vierdimensionale Kugelkoordinaten transformieren und auswerten. Wir wollen diese Rechnungen auf einen $d$-dimensionalen Raum ausweiten. Führen wir die Integration über die Winkelkoordinaten aus, dann erhalten wir das Integral

$$I = \frac{i}{(-1)^n} \int \frac{d^d p}{\left[p^2 + \theta^2\right]^n} = \frac{i S_d}{(-1)^n} \int_0^\infty \frac{p^{d-1} dp}{\left[p^2 + \theta^2\right]^n} \tag{5.176}$$

wobei $S_d$ die Oberfläche der $d$-dimensionalen Einheitskugel ist. Um $S_d$ zu bestimmen, berechnet man das Integral

$$J = \int d^d x \exp\left\{-x_1^2 - x_2^2 - \ldots - x_d^2\right\} \tag{5.177}$$

einmal in kartesischen Koordinaten und einmal in Kugelkoordinaten. In kartesischen Koordinaten bekommt man

$$J = \left( \int_{-\infty}^{\infty} dx_1 \exp\left\{-x_1^2\right\} \right) \ldots \left( \int_{-\infty}^{\infty} dx_d \exp\left\{-x_d^2\right\} \right) = \pi^{d/2} \tag{5.178}$$

während in Kugelkoordinaten

$$J = S_d \int_0^\infty r^{d-1} dr \exp\left\{-r^2\right\} = \frac{S_d}{2} \int_0^\infty \xi^{d/2-1} d\xi \exp\left\{-\xi\right\} = \frac{S_d}{2} \Gamma\left(\frac{d}{2}\right) \tag{5.179}$$

folgt, wobei $\Gamma(x)$ die Gamma-Funktion ist. Hieraus finden wir dann sofort durch einen Vergleich der Ergebnisse beider Rechnungen

$$S_d = \frac{2\pi^{d/2}}{\Gamma(d/2)} \tag{5.180}$$

so dass wir für (5.176)

$$I = \frac{2i\pi^{d/2}}{(-1)^n \Gamma(d/2)} \int_0^\infty \frac{p^{d-1}dp}{[p^2+\theta^2]^n} \tag{5.181}$$

erhalten. Jetzt kann auch die Integration über die Radialkomponente ausgeführt werden. Mit $p = \theta\xi$ erhalten wir

$$\begin{aligned} I &= \frac{2i\pi^{d/2}}{(-1)^n \Gamma(d/2)} \theta^{d-2n} \int_0^\infty \frac{\xi^{d-1}d\xi}{[\xi^2+1]^n} \\ &= \frac{i\pi^{d/2}}{(-1)^n \Gamma(d/2)} \theta^{d-2n} B(n-d/2, d/2) \end{aligned} \tag{5.182}$$

wobei $B(k,l)$ die Euler'sche Betafunktion[51] ist. Diese kann auch in der Form

$$B(k,l) = \frac{\Gamma(k)\Gamma(l)}{\Gamma(k+l)} \tag{5.183}$$

geschrieben werden. Damit erhalten wir aus (5.182)

$$I = \frac{i\pi^{d/2}}{(-1)^n} \frac{\Gamma(n-d/2)}{\Gamma(n)} \theta^{d-2n} \tag{5.184}$$

Die Gültigkeit dieses Resultats ist auf $d < 2n$ beschränkt. Für $d \geq 2n$ wird das Integral singulär. Wir erhalten daher ein fast divergentes Integral, wenn wir $d = 2n - \epsilon$ mit $\epsilon \ll 1$ setzen. Dann bekommen wir

$$I = \frac{i\pi^{d/2}}{(-1)^n} \frac{\Gamma(\epsilon/2)}{\Gamma(n)} \theta^{-\epsilon} \tag{5.185}$$

Beachtet man noch, dass sich die $\Gamma$-Funktion für kleine Argumente[52] wie

$$\Gamma(x) = \frac{1}{x} - C + o(x) \tag{5.186}$$

mit der Euler'schen Konstante $C \approx 0.5772$ verhält, dann bekommen wir für das Integral

$$I = \frac{i\pi^{d/2}}{(-1)^n \Gamma(n)} \theta^{-\epsilon} \left[\frac{2}{\epsilon} - C + o(\epsilon)\right] \tag{5.187}$$

bis auf Terme der Ordnung $\epsilon^r$ mit $r \geq 1$. Vergleichen wir jetzt noch das Ausgangsintegral (5.169) mit (5.185), dann finden wir speziell für $d = 4$ und $n = 2$

**51**) Die mathematischen Eigenschaften der Betafunktion sind u. a. in [19] zusammengefasst.

**52**) siehe [19] bzw. [1]

das endgültige Ergebnis

$$I = \int \frac{d^4p}{\left[p^i p_i - \theta^2 + i\varepsilon\right]^2} = \lim_{\epsilon \to 0} \frac{i\pi^2}{(-1)^2} \frac{\Gamma(\epsilon/2)}{\Gamma(2)} \theta^{-\epsilon} = \lim_{\epsilon \to 0} \frac{2i\pi^2}{\Gamma(2)\,\epsilon} \theta^{-\epsilon} - \frac{i\pi^2 C}{\Gamma(2)} \tag{5.188}$$

Beachtet man noch

$$\lim_{\epsilon \to 0} \frac{\theta^{-\epsilon} - 1}{-\epsilon} = \ln \theta \tag{5.189}$$

und $\Gamma(2) = 1$, dann kann das divergente Integral noch in die Form

$$\int \frac{d^4p}{\left[p^i p_i - \theta^2 + i\varepsilon\right]^2} = \lim_{\epsilon \to 0} \frac{2i\pi^2}{\epsilon} - 2i\pi^2 \ln \theta - i\pi^2 C \tag{5.190}$$

gebracht werden. Die Divergenz hängt jetzt nicht mehr von physikalischen Parametern ab. Diese sind in dem Ausdruck $\theta$ vereinigt.

### 5.3.3
### *Selbstenergie des Fermions

Mit diesen Resultaten können wir jetzt die Selbstenergie des Fermions (5.165) explizit berechnen. Zunächst liefert die Feynman-Parametrisierung (5.166) mit $u = (p^i - q^i)(p_i - q_i) - mc^2 + i\varepsilon$ und $v = q^i q_i + i\varepsilon$

$$\Sigma(\vec{p}) = -\frac{ie^2\hbar^2}{c} \int_0^1 d\xi \int d^4q \times \frac{\gamma^k \left(mc + \gamma^i (p_i - q_i)\right) \gamma_k}{\left[\xi \left((p^i - q^i)(p_i - q_i) - m^2c^2 + i\varepsilon\right) + (1 - \xi)\left(q^i q_i + i\varepsilon\right)\right]^2} \tag{5.191}$$

Mit $\vec{q} = \vec{Q} + \xi \vec{p}$ wird hieraus

$$\Sigma(\vec{p}) = -\frac{ie^2\hbar^2}{c} \int_0^1 d\xi \int d^4Q \frac{\gamma^k \left(mc + \gamma^i (p_i - Q_i - \xi p_i)\right) \gamma_k}{\left[\xi (1 - \xi) p^i p_i + Q^i Q_i - \xi m^2 c^2 + i\varepsilon\right]^2} \tag{5.192}$$

Der Nenner ist symmetrisch bzgl. $Q_i \to -Q_i$, der Zähler zerfällt in einen symmetrischen, von $Q_i$ unabhängigen Beitrag und einen antisymmetrischen, in $Q_i$ linearen Beitrag. Der letztere bildet zusammen mit dem Nenner eine ungerade Funktion, die bei der Integration über den Minkowski-Raum verschwindet.

Daher bleibt nur noch

$$\begin{aligned}\Sigma(\vec{p}) &= -\frac{ie^2\hbar^2}{c}\int_0^1 d\xi\gamma^k\left(mc+\gamma^i(1-\xi)p_i\right)\gamma_k \\ &\times \int d^4Q\frac{1}{\left[\xi(1-\xi)\,p^ip_i+Q^iQ_i-\xi m^2c^2+i\varepsilon\right]^2}\end{aligned} \tag{5.193}$$

Mit $\theta^2 = \xi m^2c^2 - \xi(1-\xi)\,p^ip_i$ können wir jetzt (5.188) verwenden und gelangen so zu

$$\begin{aligned}\Sigma(\vec{p}) &= \frac{\pi^2e^2\hbar^2}{c}\lim_{\epsilon\to 0}\Gamma(\epsilon/2)\int_0^1 d\xi \\ &\times \gamma^k\left(mc+\gamma^i(1-\xi)p_i\right)\gamma_k\left(\xi m^2c^2-\xi(1-\xi)\,p^ip_i\right)^{-\epsilon/2}\end{aligned} \tag{5.194}$$

Im nächsten Schritt wandeln wir unter Beachtung der Antikommutationsrelationen (2.29) für die $\gamma$-Matrizen den Zähler um. Es ist nämlich

$$\begin{aligned}\gamma^k\left(mc+\gamma^i(1-\xi)p_i\right)\gamma_k &= \gamma^k\gamma_k mc+\gamma^k\gamma^i(1-\xi)p_i\gamma_k \\ &= \gamma^k\gamma_k mc+\left(2g^{ki}-\gamma^i\gamma^k\right)(1-\xi)p_i\gamma_k \\ &= \gamma^k\gamma_k mc \\ &+ 2(1-\xi)p_i\gamma^i-\gamma^i\gamma^k\gamma_k(1-\xi)p_i\end{aligned} \tag{5.195}$$

Aus (2.29) folgt außerdem $\gamma^i\gamma_k+\gamma_k\gamma^i = 2\delta^i_k$ und nach der Verjüngung $\gamma^k\gamma_k = \delta^k_k\hat{1} = d\hat{1}$. Damit bleibt

$$\begin{aligned}\gamma^k\left(mc+\gamma^i(1-\xi)p_i\right)\gamma_k &= dmc+2(1-\xi)p_i\gamma^i-d\gamma^i(1-\xi)p_i \\ &= dmc+(2-d)(1-\xi)p_i\gamma^i \\ &= (4-\epsilon)mc-(2-\epsilon)(1-\xi)p_i\gamma^i\end{aligned} \tag{5.196}$$

wobei wir in der letzten Zeile $d = 4-\epsilon$ verwendet haben. Wir setzen dieses Resultat in (5.194) ein und gelangen so zu

$$\begin{aligned}\Sigma(\vec{p}) &= \frac{\pi^2e^2\hbar^2}{c}\lim_{\epsilon\to 0}\Gamma(\epsilon/2)\int_0^1 d\xi\left[(4-\epsilon)mc-(2-\epsilon)(1-\xi)p_i\gamma^i\right] \\ &\times \left(\xi m^2c^2-\xi(1-\xi)\,p^ip_i\right)^{-\epsilon/2}\end{aligned} \tag{5.197}$$

Schießlich gilt für kleine $\epsilon$ noch

$$x^{-\epsilon} = \exp(-\epsilon\ln x) = 1-\epsilon\ln x+o(\epsilon^2) \tag{5.198}$$

Damit und mit (5.186) erhalten wir eine Entwicklung der Selbstenergie nach Potenzen von $\epsilon$. Die führenden Ordnungen lauten

$$\begin{aligned}\Sigma(\vec{p}) &= \frac{\pi^2 e^2 \hbar^2}{c} \lim_{\epsilon\to 0} \Gamma(\epsilon/2) \int_0^1 d\xi \left[(4-\epsilon)mc - (2-\epsilon)(1-\xi)p_i\gamma^i\right] \\ &\times \left[1 - \frac{\epsilon}{2}\ln\left(\xi m^2c^2 - \xi(1-\xi)p^ip_i\right) + o\left(\epsilon^2\right)\right] \\ &= \frac{2\pi^2 e^2\hbar^2}{c}\left[\lim_{\epsilon\to 0}\frac{4mc - p_i\gamma^i}{\epsilon} + \Xi_{el}(\vec{p})\right] \qquad (5.199)\end{aligned}$$

mit

$$\begin{aligned}\Xi_{el}(\vec{p}) &= \frac{1+C}{2}p_i\gamma^i - (2C+1)mc + \int_0^1 d\xi\left[(1-\xi)\gamma^ip_i - 2mc\right] \\ &\times \ln\left(\xi m^2c^2 - \xi(1-\xi)p^ip_i\right) \qquad (5.200)\end{aligned}$$

Die Selbstenergie des Fermions zerfällt also in einen divergenten Term und einen regulären Beitrag. Die Interpretation des divergenten Terms werden wir in Abschnitt 5.3.6 besprechen.

### 5.3.4 *Selbstenergie des Photons

Auch die Korrektur des Photonenpropagators soll nur in der niedrigsten Ordnung bestimmt werden. Das hierzu gehörige Diagramm ist in Abb. 5.27 dargestellt. Hieraus erhält man, analog zum Vorgehen in Abschnitt 5.3.2.1, für

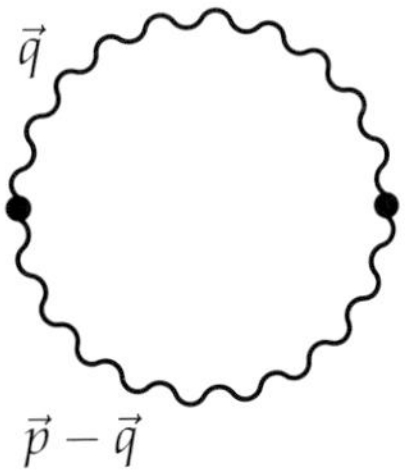


**Abb. 5.27** 1-Loop-Beitrag zur Vakuumpolarisation

den Tensor der Vakuumpolarisation[53]

$$\begin{aligned}\Pi^{kl}(\vec{q}) &= \frac{ie^2}{\hbar^2c^2}(2\pi\hbar)^8\int d^4p\gamma^k_{\alpha\beta}\left(\Delta^D_{\beta\delta}(\vec{p})\right)\gamma^l_{\delta\nu}\left(\Delta^D_{\nu\alpha}(\vec{p}-\vec{q})\right) \\ &= \frac{ie^2}{c^2}\int d^4p\frac{\mathrm{Sp}\gamma^k\left(mc+\gamma^ip_i\right)\gamma^l\left(mc+\gamma^i(p_i-q_i)\right)}{\left[p^ip_i - m^2c^2 + i\varepsilon\right]\left[\left(p^i-q^i\right)(p_i-q_i) - m^2c^2 + i\varepsilon\right]} \qquad (5.201)\end{aligned}$$

**53**) die in den Vertizes enthaltenen $\delta$-Funktionen wurden bereits durch Integration über die inneren Impulse eliminiert wobei wir im zweiten Schritt (5.153) verwendet haben. Mit der Feynman-Parametrisierung wird hieraus

$$\Pi^{kl}(\vec{q}) = \frac{ie^2}{c^2} \int_0^1 d\xi \int d^4p$$
$$\times \frac{\mathrm{Sp}\gamma^k \left(mc + \gamma^i p_i\right) \gamma^l \left(mc + \gamma^i \left(p_i - q_i\right)\right)}{\left[(1-\xi)\left[p^i p_i - m^2c^2\right] + \xi\left[\left(p^i - q^i\right)\left(p_i - q_i\right) - m^2c^2\right] + i\varepsilon\right]^2} \tag{5.202}$$

so dass wir mit der Substitution $\vec{p} = \vec{P} + \vec{q}\xi$ erhalten

$$\Pi^{kl}(\vec{q}) = \frac{ie^2}{c^2} \int_0^1 d\xi \int d^4P \tag{5.203}$$
$$\times \frac{\mathrm{Sp}\gamma^k \left(mc + \gamma^i \left(P_i + \xi q_i\right)\right) \gamma^l \left(mc + \gamma^i \left(P_i + (\xi - 1) q_i\right)\right)}{\left[P^i P_i + \xi(1-\xi) q_i q^i - m^2c^2 + i\varepsilon\right]^2}$$

Wir formen zuerst den Zähler des Integranden um. Nach dem Ausmultiplizieren ist

$$\begin{aligned} Z &= m^2c^2\mathrm{Sp}\gamma^k\gamma^l + mc\left(P_i + \xi q_i\right)\mathrm{Sp}\gamma^k\gamma^i\gamma^l + \left(mcP_i + (\xi - 1) q_i\right)\mathrm{Sp}\gamma^k\gamma^l\gamma^i \\ &+ \left(P_i + \xi q_i\right)\left(P_j + (\xi - 1) q_j\right)\mathrm{Sp}\gamma^k\gamma^i\gamma^l\gamma^j \end{aligned} \tag{5.204}$$

Unter Beachtung der Antikommutationsrelationen (2.29) der $\gamma$-Matrizen und von[54] $\mathrm{Sp}\gamma^k = 0$ folgt

$$\mathrm{Sp}\gamma^k\gamma^l = \frac{1}{2}\mathrm{Sp}\left(\gamma^k\gamma^l + \gamma^l\gamma^k\right) = dg^{kl} \qquad \mathrm{Sp}\gamma^k\gamma^l\gamma^i = 0 \tag{5.205}$$

wobei $d$ wieder die Dimension des Raumes, also $d = 4$, ist. Um $\mathrm{Sp}\gamma^k\gamma^i\gamma^l\gamma^j$ zu bestimmen, nutzen wir mehrfach (2.29) und (5.205)

$$\begin{aligned} \mathrm{Sp}\gamma^k\gamma^i\gamma^l\gamma^j &= 2g^{ki}\mathrm{Sp}\gamma^l\gamma^j - \mathrm{Sp}\gamma^i\gamma^k\gamma^l\gamma^j \\ &= 2dg^{ki}g^{lj} - \left(2g^{kl}\mathrm{Sp}\gamma^i\gamma^j - \mathrm{Sp}\gamma^i\gamma^l\gamma^k\gamma^j\right) \\ &= 2dg^{ki}g^{lj} - 2dg^{kl}g^{ij} + \left(2g^{kj}\mathrm{Sp}\gamma^i\gamma^l - \mathrm{Sp}\gamma^i\gamma^l\gamma^j\gamma^k\right) \\ &= 2dg^{ki}g^{lj} - 2dg^{kl}g^{ij} + 2dg^{kj}g^{il} - \mathrm{Sp}\gamma^k\gamma^i\gamma^l\gamma^j \end{aligned} \tag{5.206}$$

und erhalten

$$\mathrm{Sp}\gamma^k\gamma^i\gamma^l\gamma^j = dg^{ki}g^{lj} - dg^{kl}g^{ij} + dg^{kj}g^{il} \tag{5.207}$$

**54**) siehe hierzu die Diskussion in Kap. 2.2.1.1 nach Gleichung (2.15)

Damit lautet der Zähler

$$\begin{aligned}
Z &= m^2c^2dg^{kl} + (P_i + \xi q_i)\left(P_j + (\xi - 1)\, q_j\right) d\left(g^{ki}g^{lj} - g^{kl}g^{ij} + g^{kj}g^{il}\right) \\
&= m^2c^2dg^{kl} + d\left(P^k + \xi q^k\right)\left(P^l + (\xi - 1)\, q^l\right) \\
&- d\,(P_i + \xi q_i)\left(P^i + (\xi - 1)\, q^i\right) g^{kl} + d\left(P^l + \xi q^l\right)\left(P^k + (\xi - 1)\, q^k\right) \\
&= d\left[2P^kP^l + (2\xi - 1)\left(P^kq^l + q^kP^l\right) + 2\xi\,(\xi - 1)\, q^kq^l\right] \\
&+ d\left(m^2c^2 - P_iP^i - (2\xi - 1)\, P_iq^i + \xi\,(1 - \xi)\, q_iq^i\right) g^{kl} \qquad (5.208)
\end{aligned}$$

Bei der anschließenden Integration über $\vec{P}$ liefern die in $\vec{P}$ linearen Terme im Zähler keinen Beitrag und können weggelassen werden. Sortiert man die verbleibenden Teile im Zähler noch etwas um, dann erhält man

$$\begin{aligned}
Z &= d\left[2P^kP^l + \left(m^2c^2 - P_iP^i - \xi\,(1 - \xi)\, q_iq^i\right) g^{kl}\right] \\
&+ 2d\xi\,(1 - \xi)\left[q_iq^ig^{kl} - q^kq^l\right] \qquad (5.209)
\end{aligned}$$

Wir setzen jetzt die beiden Summanden getrennt in (5.204) ein und gelangen so zu den beiden Tensoren

$$\begin{aligned}
\Pi^{kl}_{(1)}(\vec{q}) &= \frac{2ie^2d}{c^2} \int_0^1 d\xi \int d^4P \frac{P^kP^l}{\left[P^iP_i + \xi\,(1 - \xi)\, q_iq^i - m^2c^2 + i\varepsilon\right]^2} \\
&- \frac{ie^2d}{c^2} \int_0^1 d\xi \int d^4P \frac{g^{kl}}{P^iP_i + \xi\,(1 - \xi)\, q_iq^i - m^2c^2 + i\varepsilon} \qquad (5.210)
\end{aligned}$$

und

$$\Pi^{kl}_{(2)}(\vec{q}) = \frac{2ie^2d}{c^2} \int_0^1 d\xi \int d^4P \frac{\xi\,(1 - \xi)\left[q_iq^ig^{kl} - q^kq^l\right]}{\left[P^iP_i + \xi\,(1 - \xi)\, q_iq^i - m^2c^2 + i\varepsilon\right]^2} \qquad (5.211)$$

Um den ersten Beitrag zu bestimmen, betrachten wir das Integral

$$\int \frac{(P_k + h_k)d^4P}{\left[\left(P^i + h^i\right)\left(P_i + h_i\right) - \theta^2 + i\varepsilon\right]^n} = 0 \qquad (5.212)$$

Dieses Integral verschwindet identisch, weil der Nenner symmetrisch bzgl. der Spiegelung an $h_i$ ist, der Zähler dagegen antisymmetrisch. Hieraus folgt die Identität

$$\begin{aligned}
&\int \frac{P_kd^4P}{\left[\left(P^i + h^i\right)\left(P_i + h_i\right) - \theta^2 + i\varepsilon\right]^n} \\
&= -h_k \int \frac{d^4P}{\left[\left(P^i + h^i\right)\left(P_i + h_i\right) - \theta^2 + i\varepsilon\right]^n} \qquad (5.213)
\end{aligned}$$

woraus nach der Differentation nach $h^l$ entsteht

$$\begin{aligned} -2n \int \frac{(P_l + h_l)\, P_k d^4 P}{\left[\left(P^i + h^i\right)(P_i + h_i) - \theta^2 + i\varepsilon\right]^{n+1}} \\ = -g_{kl} \int \frac{d^4 P}{\left[\left(P^i + h^i\right)(P_i + h_i) - \theta^2 + i\varepsilon\right]^{n}} \end{aligned} \tag{5.214}$$

Setzen wir jetzt $h_i = 0$ und $n = 1$, dann ist

$$2 \int \frac{P_l P_k d^4 P}{\left[P^i P_i - \theta^2 + i\varepsilon\right]^2} = g_{kl} \int \frac{d^4 p}{P^i P_i - \theta^2 + i\varepsilon} \tag{5.215}$$

Wegen dieser Identität heben sich die beiden Terme des Ausdrucks (5.210) gegenseitig auf. Deshalb ist

$$\Pi^{kl}_{(1)}(\vec{q}) = 0 \tag{5.216}$$

Der Polarisationstensor wird damit nur noch vom zweiten Beitrag, also (5.211), bestimmt

$$\begin{aligned} \Pi^{kl}(\vec{q}) &= \Pi^{kl}_{(2)}(\vec{q}) \\ &= \frac{2ie^2 d}{c^2} \int\limits_0^1 d\xi \int d^4 P \frac{\xi(1-\xi)\left[q_i q^i g^{kl} - q^k q^l\right]}{\left[P^i P_i + \xi(1-\xi)\, q_i q^i - m^2 c^2 + i\varepsilon\right]^2} \end{aligned} \tag{5.217}$$

Mit (5.188) und $d = 4 - \epsilon$ ist deshalb

$$\Pi^{kl}(\vec{q}) = -\frac{2e^2\pi^2}{c^2} \lim_{\epsilon \to 0} \frac{(4-\epsilon)\,\Gamma(\epsilon/2)}{\Gamma(2)} \int\limits_0^1 d\xi \frac{\xi(1-\xi)\left[q_i q^i g^{kl} - q^k q^l\right]}{\left[m^2 c^2 - \xi(1-\xi)\, q_i q^i\right]^{\epsilon/2}} \tag{5.218}$$

Die Entwicklung dieses Ausdrucks für kleine $\epsilon$ liefert jetzt

$$\Pi^{kl}(\vec{q}) = -\frac{16 e^2 \pi^2}{6c^2} \left[q_i q^i g^{kl} - q^k q^l\right] \left[\lim_{\epsilon \to 0} \frac{1}{\epsilon} + \Xi_{ph}(\vec{p})\right] \tag{5.219}$$

mit

$$\Xi_{ph}(\vec{p}) = -\frac{2C-1}{4} - 3 \int\limits_0^1 d\xi \xi (1-\xi) \ln\left[m^2 c^2 - \xi(1-\xi)\, q_i q^i\right] \tag{5.220}$$

Auch für die Vakuumpolarisation kann die Divergenz als additiver Term abgespalten werden.

## 5.3.5 *Vertexkorrektur

Die Vertexkorrektur lässt sich graphisch wie in Abb. 5.24 darstellen. Setzen wir voraus, dass der Vertex die Wechselwirkung eines einlaufendes Photons mit dem Impuls $\vec{q}$, eines einlaufenden Fermions mit $\vec{p}_{\text{ein}}$ und eines auslaufenden Fermions mit $\vec{p}_{\text{aus}}$ beschreibt, dann enthalten alle Diagramme, die zur Korrektur des Vertex beitragen, die Funktion $\delta(\vec{p}_{\text{ein}} - \vec{p}_{\text{aus}} + \vec{q})$. Es handelt sich hierbei um eine Konsequenz der Viererimpulsbilanz. Dieser gemeinsame Faktor aller Korrekturen, einschließlich des in Abb. 5.24 als erstes Diagramm aufgeführten einfachen Vertex (5.156), kann somit abgespalten werden. Bezeichnen wir mit $V^{(0)k}$ den verbleibenden Rest des ungestörten Vertex (5.156) und mit $V^k$ die entsprechende strahlungskorrigierte Größe, dann kann man die Diagrammstruktur in Abb. 5.24 formal in die Form

$$V^k(\vec{p}_{\text{ein}}, \vec{p}_{\text{aus}}) = V^{(0)k} + \delta V^k(\vec{p}_{\text{ein}}, \vec{p}_{\text{aus}}) \tag{5.221}$$

übersetzen, wobei die Vertexkorrektur $\delta V^k(\vec{p}_{\text{ein}}, \vec{p}_{\text{aus}})$ die Summe aller höheren Vertexgraphen erfasst. Wegen der – durch die abgespaltene $\delta$-Funktion festgelegten – Impulsbilanz treten als Argumente der Vertexkorrektur[55] $\delta V^k$ nur zwei unabhängige Viererimpulse auf. Setzt man in (5.221) den aus (5.156) folgenden Ausdruck für $V^{(0)k}$ ein und benutzt die Definition

$$\delta V^k(\vec{p}_{\text{ein}}, \vec{p}_{\text{aus}}) = \frac{e}{i\hbar c} (2\pi\hbar)^4 \, \Lambda^k(\vec{p}_{\text{ein}}, \vec{p}_{\text{aus}}) \tag{5.222}$$

dann erhalten wir für den strahlungskorrigierten Vertex

$$V^k(\vec{p}_{\text{ein}}, \vec{p}_{\text{aus}}) = \frac{e}{i\hbar c} (2\pi\hbar)^4 \left[\gamma^k + \Lambda^k(\vec{p}_{\text{ein}}, \vec{p}_{\text{aus}})\right] \tag{5.223}$$

Die zugehörige explizite Darstellung der Korrektur $\Lambda^k$ lässt sich in der bekannten Weise mit Hilfe der Feynman'schen Regeln aufschreiben und auswerten. Wir geben hier nur das Endresultat an. Die niedrigste Ordnung der Störungstheorie[56] liefert

$$\Lambda^k(\vec{p}_{\text{ein}}, \vec{p}_{\text{aus}}) = \frac{e^2}{8\pi^2 c\hbar} \gamma^k \lim_{\epsilon \to 0} \frac{1}{\epsilon} + \Lambda_{\text{reg}}(\vec{p}, \vec{p}\,') \tag{5.224}$$

wobei der Term $\Lambda_{\text{reg}}(\vec{p}, \vec{p}\,')$ regulär ist, also keine Divergenzen mehr enthält.

## 5.3.6 *Renormierung

### 5.3.6.1 *Renormierung der Fermionenmasse und des Fermionenpropagators

Wir wollen jetzt überlegen, in welcher Weise wir die in allen Strahlungskorrekturen additiv auftretenden Divergenzen beseitigen können. Dazu betrachten wir zuerst den strahlungskorrigierten Fermionenpropagator (5.160). Dieser enthält den inversen freien Propagator $\Delta^D(\vec{p})$. Um diesen zu bestimmen,

55) und damit auch des strahlungskorrigierten Vertex $V^k$
56) die durch den zweiten Graphen der Entwicklung in Abb. 5.24 bestimmt ist

formen wir den Nenner von (5.153) um. Beachtet man

$$\gamma^i p_i \gamma^j p_j = \frac{1}{2}\left(\gamma^i\gamma^j + \gamma^j\gamma^i\right) p_i p_j = g^{ij} p_i p_j = p^i p_i \tag{5.225}$$

dann erhalten wir

$$p^i p_i - m^2c^2 = \left(\gamma^i p_i + mc\right)\left(\gamma^i p_i - mc\right) \tag{5.226}$$

und folglich

$$\begin{aligned} \Delta^D(\vec{p}) &= \frac{\hbar}{(2\pi\hbar)^4}\left[\left(\gamma^i p_i + mc\right)\left(\gamma^i p_i - mc\right)\right]^{-1}\left(mc + \gamma^i p_i\right) \\ &= \frac{\hbar}{(2\pi\hbar)^4}\left(\gamma^i p_i - mc\right)^{-1} \end{aligned} \tag{5.227}$$

Hieraus erhalten wir dann für den inversen strahlungskorrigierten Fermionenpropagator

$$\left[\widetilde{\Delta}^D(\vec{p})\right]^{-1} = \left[\Delta^D(\vec{p})\right]^{-1} - \Sigma(\vec{p}) \tag{5.228}$$

$$\qquad = \frac{(2\pi\hbar)^4}{\hbar}\left[\gamma^i p_i - mc - \frac{\hbar}{(2\pi\hbar)^4}\Sigma(\vec{p})\right] \tag{5.229}$$

Setzen wir hier (5.199) ein, dann folgt

$$\left[\widetilde{\Delta}^D(\vec{p})\right]^{-1} = \frac{(2\pi\hbar)^4}{\hbar}\left[\gamma^i p_i - mc - \frac{\alpha}{8\pi^2}\left[\lim_{\epsilon\to 0}\frac{4mc - p_i\gamma^i}{\epsilon} + \Xi_{el}(\vec{p})\right]\right] \tag{5.230}$$

wobei $\alpha = e^2/(\hbar c)$ die Sommerfeld'sche Feinstrukturkonstante ist. Natürlich ist dieses Resultat nur eine Näherungsdarstellung, da wir nur die niedrigsten Beiträge der Strahlungskorrekturen, die sogenannten 1-Loop-Terme, berücksichtigt haben. Wie man sich leicht überlegen kann, werden höhere Ordnungen der Störungstheorie von höheren Potenzen $\alpha^n$ mit $n > 1$ begleitet. Die vorliegende Theorie ist deshalb auch nur konsistent bis zur Ordnung $\alpha$. Wir können somit noch vor dem Grenzübergang $\epsilon \to 0$ den Ausdruck (5.230) so umformen, dass nur Änderungen in den höheren Potenzen von $\alpha$ erfolgen. Das Ziel dieser Manipulationen besteht darin, aus (5.230) einen Ausdruck zu erhalten, dessen mathematische Struktur weitgehend mit (5.227) übereinstimmt. Dazu schreiben wir

$$\begin{aligned} \left[\widetilde{\Delta}^D(\vec{p})\right]^{-1} &= \frac{(2\pi\hbar)^4}{\hbar}\left[\left(1 + \frac{\alpha}{8\pi^2\epsilon}\right)\gamma^i p_i - \left(1 + \frac{\alpha}{2\pi^2\epsilon}\right)mc - \frac{\alpha}{8\pi^2}\Xi_{el}(\vec{p})\right] \\ &= \frac{(2\pi\hbar)^4}{\hbar}\left(1 + \frac{\alpha}{8\pi^2\epsilon}\right) \\ &\quad\times\left[\gamma^i p_i - \left(1 + \frac{3\alpha}{8\pi^2\epsilon} + \frac{\alpha}{8\pi^2 mc}\Xi_{el}(\vec{p})\right)mc\right] \end{aligned} \tag{5.231}$$

woraus wir schließlich

$$\left[\widetilde{\Delta}^D(\vec{p})\right] = \frac{\hbar}{(2\pi\hbar)^4} Z_2 \left[\gamma^i p_i - m'(\vec{p})c\right]^{-1} \tag{5.232}$$

mit der impulsabhängigen renormierten Masse

$$\begin{aligned} m'(\vec{p}) &= m\left(1 + \frac{3\alpha}{8\pi^2\epsilon} + \frac{\alpha}{8\pi^2 mc}\Xi_{el}(\vec{p})\right) \\ &= m\left(1 + \frac{3\alpha}{8\pi^2\epsilon}\right) + \frac{\alpha}{8\pi^2 c}\Xi_{el}(\vec{p}) \end{aligned} \tag{5.233}$$

und dem Skalierungsfaktor

$$Z_2 = 1 - \frac{\alpha}{8\pi^2\epsilon} \tag{5.234}$$

erhalten. Damit ist unser Ziel bereits erreicht, denn (5.232) und (5.227) stimmen bis auf den Vorfaktor $Z_2$ und die Masse überein. Der Skalierungsfaktor $Z_2$ wird später[57] in die Vertexrenormierung übernommen, so dass wir nach der Renormierung einen Propagator erhalten, der bis auf die veränderte Masse mit dem Fermionenpropagator des freien Feldes übereinstimmt. Mit anderen Worten, der strahlungskorrigierte Fermionenpropagator geht aus dem freien Fermionenpropagator durch die Substitution $m \longrightarrow m'(\vec{p})$ hervor.

Führen wir jetzt den Grenzübergang $\epsilon \longrightarrow 0$ aus, dann divergiert die Masse $m'$. Das ist natürlich nicht erwünscht, da jedes Fermion, also z. B. das Elektron, eine wohldefinierte Masse hat. Andererseits ist die in der ursprünglichen Theorie und damit im freien Propagator auftretende Masse $m$ experimentell unzugänglich, da diese nur in einem in der Realität gar nicht auftretenden freien Dirac-Feld beobachtbar ist. Deshalb bezeichnet man die Masse $m$ auch als nackte Masse und interpretiert die renormierte Masse des ruhenden Fermions, also (5.233) für den Impuls $\vec{p} = (mc, 0)$,

$$m_0 = m'(mc, 0) \tag{5.235}$$

als eigentliche, experimentell messbare Masse $m_0$. Für kleine $\epsilon$ ist dann näherungsweise $m \cong 8\pi^2 m_0 \epsilon / 3\alpha$, d. h. die nackte Masse des Fermions wird für $\epsilon \longrightarrow 0$ verschwinden.

#### 5.3.6.2 *Renormierung des Photonenpropagators

Setzen wir den Tensor der Vakuumpolarisation (5.219) in (5.161), also

$$\left[\widetilde{\Delta}^M(\vec{q})\right]^{-1} = \left[\Delta^M(\vec{q})\right]^{-1} - \Pi(\vec{q}) \tag{5.236}$$

**57**) siehe Abschnitt 5.3.6.3

ein, dann erhalten wir den inversen strahlungskorrigierten Propagator des Maxwell-Feldes. In der Komponentendarstellung lautet dieser dann

$$\left[\widetilde{\Delta}^M(\vec{q})\right]^{-1}_{kl} = -\frac{(2\pi\hbar)^4}{\hbar^3 c}\left[g_{kl}q^i q_i + \frac{\alpha}{6\pi^2}\left[q_i q^i g_{kl} - q_k q_l\right]\left[\frac{1}{\epsilon} + \Xi_{ph}(\vec{p})\right]\right] \tag{5.237}$$

wobei $\alpha$ wieder die Sommerfeld'sche Feinstrukturkonstante ist. Ähnlich wie bei der Renormierung des Fermionenpropagators ist der Photonenpropagator nur bis zur ersten Ordnung in $\alpha$ konsistent. Wir können deshalb wieder noch vor dem Grenzübergang $\epsilon \longrightarrow 0$ Umformungen vornehmen, die einerseits den Photonenpropagator bis zur ersten Ordnung in $\alpha$ unverändert lassen, andererseits aber dazu geeignet sind, die mathematische Struktur des renormierten Photonenpropagators so weit wie möglich an den freien Propagator des Maxwell-Feldes anzupassen. Unter Vernachlässigung aller in $\Xi_{ph}(\vec{p})$ enthaltenen regulären Korrekturterme können wir dann schreiben

$$\begin{aligned}\left[\widetilde{\Delta}^M(\vec{q})\right]^{-1}_{kl} &= -\frac{(2\pi\hbar)^4}{\hbar^3 c}\left[g_{kl}q^i q_i\left[1 + \frac{\alpha}{6\pi^2\epsilon}\right] - \frac{\alpha}{6\pi^2\epsilon}q_k q_l\right] \\ &= -\frac{(2\pi\hbar)^4}{\hbar^3 c}\left[1 + \frac{\alpha}{6\pi^2\epsilon}\right]q^i q_i\left[g_{kl} - \frac{\alpha}{6\pi^2\epsilon}\frac{q_k q_l}{q^i q_i}\right]\end{aligned} \tag{5.238}$$

Um den korrigierten Photonenpropagator zu erhalten, muss dieser Audruck invertiert werden. Diese Aufgabe läuft auf die Inversion des Ausdrucks in der eckigen Klammer hinaus. Dazu suchen wir zunächst eine Lösung der Gleichung

$$\left[g_{kl} + Aq_k q_l\right]\left[Bg^{lm} + Cq^l q^m\right] = \delta_k^m \tag{5.239}$$

zu finden. Durch Ausmultiplikation erhalten wir

$$\delta_k^m B + BAq^m q_k + Cq^m q_k + ACq^2 q^m q_k = \delta_k^m \tag{5.240}$$

wobei $q^2 = q^i q_i$ ist. Die Gleichung kann nur erfüllt werden, wenn die Koeffizienten vor $\delta_k^m$ und $q^m q_k$ jeder für sich verschwinden. Das führt uns auf die beiden Forderungen $B = 1$ und $BA + C + CA = 0$. Ist $A$ eine beliebige Größe, dann sind die Werte von $B$ und $C$ durch

$$B = 1 \qquad \text{und} \qquad C = -\frac{A}{1 + Aq^2} = -\frac{1}{A^{-1} + q^2} \tag{5.241}$$

gegeben. Aus (5.239) folgt aber auch, dass $Bg^{lm} + Cq^l q^m$ der zu $g_{kl} + Aq_k q_l$ inverse Tensor ist. Setzen wir speziell

$$A = -\frac{\alpha}{6\pi^2\epsilon}\frac{1}{q^2} \tag{5.242}$$

dann ist

$$C = \frac{\alpha}{6\pi^2\epsilon}\frac{1}{q^2} + o(\alpha^2) \tag{5.243}$$

und wir erhalten das gesuchte Inverse von (5.238)

$$\widetilde{\Delta}^M_{kl}(\vec{q}) = -\frac{Z_3\hbar^3 c}{(2\pi\hbar)^4}\frac{g_{kl} + Cq_k q_l}{q^i q_i} \tag{5.244}$$

wobei

$$Z_3 = 1 - \frac{\alpha}{6\pi^2\epsilon} \tag{5.245}$$

ist. Der strahlungskorrigierte Photonenpropagator unterscheidet sich in zwei Punkten vom Propagator freier Photonen. Einerseits ist er um den Faktor $Z_3$ reskaliert, zum anderen tritt ein longitudinaler Term $Cq_k q_l$ im Zähler auf. Es zeigt sich aber, dass der letztere keine Rolle spielt und weggelassen werden kann. Am einfachsten macht man sich das klar, wenn man eine äußere Photonenlinie betrachtet. Diese muss wegen (5.155) mit dem Polarisationsvektor multipliziert werden, der stets orthogonal auf dem Viererwellenvektor steht und somit zum Verschwinden des longitudinalen Beitrags führt. Überträgt man schließlich den Skalierungsfaktor $Z_3$ noch auf die Vertizes[58], dann stimmt der Photonenpropagator des Maxwell-Dirac-Felds mit dem freien Photonenpropagator überein.

#### 5.3.6.3 *Vertexrenormierung und Renormierung der Ladung

Wir wollen jetzt noch (5.223) unter Beachtung von (5.224) umformen. Dabei berücksichtigen wir von vornherein nur die divergenten Beiträge

$$V^k = \frac{e}{i\hbar c}(2\pi\hbar)^4\gamma^k\left[1 + \frac{\alpha}{8\pi^2\epsilon}\right] = \frac{e}{i\hbar c Z_1}(2\pi\hbar)^4\gamma^k \tag{5.246}$$

mit

$$Z_1 = 1 - \frac{\alpha}{8\pi^2\epsilon} \tag{5.247}$$

Allerdings ist dieser renormierte Vertex noch nicht vollständig. Da wir nämlich die inneren Linien so renormieren wollten, dass sie sich wie freie Propagatoren verhalten, müssen wir die dort entstandenen Korrekturen, die Skalierungsfaktoren $Z_2$ und $Z_3$, in die Vertizes einbeziehen. Da jeder Propagator zwei Vertizes verbindet, überträgt ein Fermionenpropagator einen Faktor $Z_2^{1/2}$ und ein Photonenpropagator $Z_3^{1/2}$ auf jeden der beiden Vertizes. Da andererseits zu jedem Vertex zwei Fermionenlinien und eine Photonenlinie gehören, ist der vollständig renormierte Vertex durch

$$\widetilde{V}^k = V^k Z_2 Z_3^{1/2} = V^{(0)k}\frac{Z_2 Z_3^{1/2}}{Z_1} \tag{5.248}$$

bestimmt. Diese Aussage gilt auch für Vertizes, die mit äußeren Linien verbunden werden. In diesem Fall reskaliert man die äußeren Linien mit den

**58**) siehe nachfolgender Abschnitt

Faktoren $Z_2^{-1/2}$ bzw. $Z_3^{-1/2}$, so dass auch die Vertizes, in die äußere Linien einmünden, entsprechend (5.248) renormiert werden können. Weil auf diese Weise die Faktoren $Z_2$ und $Z_3$ auch die äußeren Linien und damit letztendlich die Feldoperatoren der ein- bzw. auslaufenden Partikel renormieren, bezeichnet man diese beiden Größen auch als Feldamplitudenkorrekturen. Wegen (5.234) ist $Z_1 = Z_2$ und wir erhalten

$$\widetilde{V}^k = V^{(0)k} Z_3^{1/2} = \frac{e}{i\hbar c}(2\pi\hbar)^4 \left(1 - \frac{\alpha}{12\pi^2\epsilon}\right) \tag{5.249}$$

Damit aber auch der Vertex in seiner physikalischen Bedeutung unverändert bleibt, müssen wir die einzige noch verbliebene Größe, nämlich die Fermionenladung, renormieren und die neue Ladung

$$e' = e\left(1 - \frac{\alpha}{12\pi^2\epsilon}\right) \tag{5.250}$$

einführen. Auch hier gilt die gleiche Argumentation wie bei der Renormierung der Masse. Experimentell zugänglich ist nur die renormierte Ladung $e'$, die wir als eigentliche Fermionenladung $e_0$ identifizieren, während die nackte Ladung $e$ sich nur im wechselwirkungsfreien Fall manifestieren würde.

Insgesamt gelangen wir damit zu dem für die Konsistenz der quantenfeldtheoretischen Störungsentwicklung wichtigen Resultat, dass divergente Strahlungskorrekturen von der Fermionenmasse und der Fermionenladung aufgefangen werden können. Die Uminterpretation des Masse- und Ladungsbegriffs und damit die Unterscheidung zwischen experimentell zugänglichen und nackten Größen erlaubt es uns in einer konsistenten Weise mit den Divergenzen umzugehen. Diese werden letztendlich auf die experimentell nicht zugänglichen nackten Größen übertragen. Diese Größen bleiben zwar weiterhin die eigentlichen Parameter der Theorie, treten aber nach außen nicht mehr in Erscheinung.

Die Renormierbarkeit der Quantenelektrodynamik sorgt vielmehr dafür, dass alle ursprünglich für nackte Größen berechneten Streumatrizen durch die einfache Substitution $e \to e'$ und $m \to m'$ auch für die renormierten und damit experimentell bestimmten Ladungen und Massen erhalten bleiben. Alle weiteren Rechnungen können jetzt so verlaufen, als wären die divergenten Strahlungskorrekturen gar nicht vorhanden.

## Aufgaben

5.1 Zeigen Sie, dass aus der Darstellung (2.156) der Eigenspinoren der freien Dirac-Gleichung die Beziehung (5.74) abgeleitet werden kann.
*Hinweis*: Es ist sinnvoll, hierbei die einzelnen Komponenten getrennt zu bestimmen.

5.2 Begründen Sie unter Verwendung der Aufspaltung der Feldoperatoren $\psi$ in $\psi^{(+)}$ und $\psi^{(-)}$, warum in einen Vertex stets eine Fermionenlinie einläuft und eine herausführt.

5.3 Beweisen Sie folgende Aussage: Existieren zu einem gegebenen Streuprozess der Quantenelektrodynamik zusammenhängende Feynman-Graphen der Ordnung $n$ mit nichtverschwindenden Beiträgen, dann können erst wieder nichtverschwindende Diagramme in der Ordnung $n+2$ erwartet werden.

5.4 Beweisen Sie das Wick'sche Theorem für ein zeitgeordnetes Produkt aus drei Operatoren $\Phi(\vec{x}_1)\Phi(\vec{x}_2)\Phi(\vec{x}_3)$, indem sie explizit jeden der Feldoperatoren in Erzeugungs- und Vernichtungsoperatoren zerlegen und jedes der hierbei entstehenden Multinome in Normalordnung überführen.

5.5 Beweisen Sie, dass bei der Elektron-Photon-Streuung an einem ursprünglich ruhenden Elektron zwischen den Wellenvektoren $\boldsymbol{k}$ und $\boldsymbol{k}'$ des einfallenden und gestreuten Photons die Beziehung

$$|\boldsymbol{k}'| = \frac{|\boldsymbol{k}|}{1 + \frac{\hbar|\boldsymbol{k}|(1-\cos\theta)}{mc}}$$

besteht, wobei $\theta$ der Streuwinkel des Photons ist.

## Maple-Aufgaben

5.I Zeigen Sie, dass die ersten vier Ordnungen der Feynman-Parametrisierung korrekt sind.

5.II Bestimmen Sie unter Verwendung von MAPLE im Rahmen der Dimensionsregularisierung die folgenden Integrale:

a)

$$J_1 = \frac{1}{\pi^2}\int \frac{1}{\left[\vec{p}^2 - 2\vec{k}\vec{p} + |M|^2\right]^2} d^4p$$

b)

$$J_2 = \frac{1}{\pi^2}\int \frac{p_i}{\left[\vec{p}^2 - 2\vec{k}\vec{p} + |M|^2\right]^2} d^4p$$

c)

$$J_3 = \frac{1}{\pi^2}\int \frac{p_i p_j}{\left[\vec{p}^2 - 2\vec{k}\vec{p} + |M|^2\right]^3} d^4p$$

Dabei ist $d^4p$ das vierdimensionale Volumenelement, $\vec{k}\vec{p}$ ist das Skalarprodukt der Vierervektoren $\vec{k}$ und $\vec{p}$.

5.III Bestimmen Sie unter Verwendung von MAPLE im Rahmen der cut-off-Regularisierung die folgenden Integrale:

a)

$$J_1 = \frac{1}{\pi^2} \int \frac{1}{\left[\vec{p}^2 - 2\vec{k}\vec{p} + |M|^2\right]^2} d^4p$$

b)

$$J_2 = \frac{1}{\pi^2} \int \frac{p_i}{\left[\vec{p}^2 - 2\vec{k}\vec{p} + |M|^2\right]^2} d^4p$$

c)

$$J_3 = \frac{1}{\pi^2} \int \frac{p_i p_j}{\left[\vec{p}^2 - 2\vec{k}\vec{p} + |M|^2\right]^3} d^4p$$

d)

$$J_4 = \frac{1}{\pi^2} \int \frac{p_i p_j}{\left[\vec{p}^2 - 2\vec{k}\vec{p} + |M|^2\right]^2} d^4p$$

Bei dieser Form der Regularisierung werden die Divergenzen durch die Einführung einer oberen Integrationsgrenze im Impulsraum vermieden und können später als additive Beiträge abgespalten werden, die sich dann im Rahmen der Renormierungsprozedur eliminieren lassen.

5.IV Zeigen Sie, dass eine von null verschiedene Streumatrix für Streuprozesse zwischen drei Photonen (siehe Feynman-Diagramm Abb. 5.28) nicht existiert.

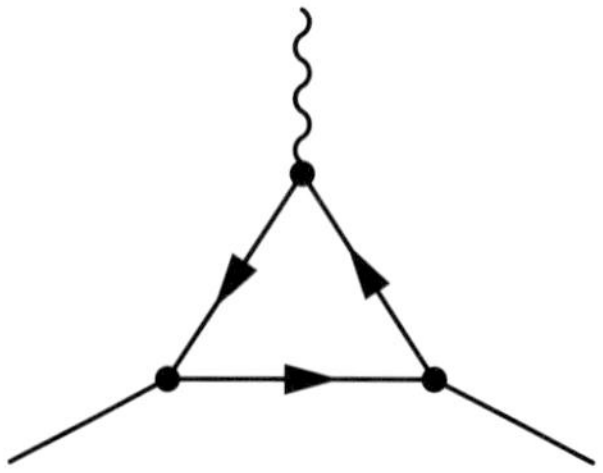

**Abb. 5.28** Feynman-Graph einer hypothetischen 3-Photonen-Wechselwirkung

5.V Bestimmen Sie den Propagator des Klein-Gordon-Feldes für gleiche Zeitargumente.

*Hinweis*: Gehen Sie von der erzeugenden Gleichung

$$\frac{\partial^2}{\partial t^2}P - c^2\Delta P + \frac{m^2c^4}{\hbar^2}P = -2\frac{mc^3}{\hbar}\delta_4\left(\vec{x}\right)$$

aus, wobei hier $\delta_4\left(\vec{x}\right)$ die auf den Minkowski-Raum bezogene Dirac'sche $\delta$-Funktion ist.

# 6
# Phänomenologische Elementarteilchentheorie

## 6.1
## Experimentelle Erkenntnisse

### 6.1.1
### Generelle Bemerkungen zur Elementarteilchentheorie

Der Begriff „Elementarteilchen" ist bis heute nicht sauber definiert. Allgemein versteht man unter einem Elementarteilchen ein Partikel, das sich nicht weiter zerlegen lässt. Waren aber im 19. Jahrhundert noch die Atome als elementar bezeichnet wordern, so neigte man in der ersten Hälfte des 20. Jahrhunderts eher dazu, die Bestandteile der Atome, also Elektronen, Neutronen und Protonen, als Elementarteilchen zu bezeichnen. Heute ist klar, dass sich ein Teil dieser Partikel, nämlich Neutronen und Protonen, aus noch kleineren Partikeln, den Quarks, zusammensetzt und damit eine innere, in Streuexperimenten nachweisbare Struktur aufweisen, während das Elektron nicht weiter zerlegt werden kann. Andererseits können die Quarks als Bestandteile der Neutronen und Protonen nicht isoliert und als freie Teilchen untersucht werden. Man findet deshalb häufig die Situation, dass einerseits solche zusammengesetzten Partikel wie Protonen oder Neutronen als Elementarteilchen bezeichnet werden, andererseits dieser Begriff auch für deren Komponenten verwendet wird.

Die meisten Elementarteilchen haben eine weitaus größere Masse als das Elektron und sind, wie etwa das Proton im Wasserstoffatom, auf ein verhältnismäßig kleines Volumen konzentriert. Diese enorme Massendichte, die wegen der Einstein'schen Formel $E = mc^2$ auch einer hohen Energiedichte entspricht, hat zur Folge, dass die Elementarteilchenphysik sowohl durch ausgeprägte Quanteneffekte als auch durch relativistische Phänomene geprägt ist. Eine gute Theorie der Elementarteilchen ist also eine relativistische Quantentheorie.

Üblicherweise basieren Prozesse mit Elementarteilchen auf Streuexperimenten. In Teilchenbeschleunigern werden dazu geladene Partikel auf sehr hohe Energien gebracht und dann auf ein Target oder auf in die Gegenrich-

*Theoretische Physik IV: Quantenmechanik 2.* Peter Reineker, Michael Schulz, Beatrix M. Schulz

ISBN: 978-3-527-40643-2

tung beschleunigte Teilchen geschossen. Kommt es dabei zu einem Stoß zwischen Partikeln, dann kann es zur Energieübertragung zwischen den Partikeln und in deren Folge zu charakteristischen, von der inneren Struktur der Partikel bestimmten Streuprozessen oder zur Bildung neuer Elementarteilchen kommen. Die hierzu notwendige Energie muss von den Stoßpartnern weitgehend in Form kinetischer Energie zur Verfügung gestellt werden. Je detaillierter man Informationen über die innere Struktur eines Elementarteilchens wünscht und je schwerer die neu zu erzeugenden Elementarteilchen sind, desto mehr Energie wird benötigt. Das erklärt den gewaltigen finanziellen und materiellen Aufwand zum Bau neuer und und größerer Beschleuniger.

Natürlich wäre es sinnvoll eine einheitliche Theorie der Elementarteilchen zu präsentieren. Allerdings ist die Situation wesentlich komplizierter als in der Atomphysik, wo man mit dem punktförmig gedachten, positiv geladenen Kern und einer entsprechenden Menge von Elektronen in der Lage ist, Spektrallinien und Molekülbindungen[1] hinreichend genau zu charakterisieren. Abweichungen vom Experiment entstehen gewöhnlich nur durch verwendete Näherungsverfahren oder die Vernachlässigung von prinzipiell erklärbaren Wechselwirkungen, etwa der Spin-Bahn-Kopplung oder relativistischer Effekte.

Tatsächlich kennt die Elementarteilchenphysik bereits eine sehr große Zahl von echten Elementarteilchen, also Partikeln die nach dem heutigen Erkenntnisstand keine innere Struktur aufweisen, so dass eine einheitliche Theorie wesentlich komplizierter wird. Zu den echten Elementarteilchen gehören die Leptonen, deren wichtigster Vertreter das Elektron ist, und die Quarks, aus denen z. B. das Neutron und das Proton besteht. Sowohl Leptonen als auch Quarks gehören zur Klasse der Fermionen und tragen einen Spin der Spinquantenzahl $s = 1/2$. Daneben gibt es noch bosonische Austauschteilchen mit ganzzahligem Spin, die ebenfalls als echte Elementarteilchen angesehen werden müssen. Solche Teilchen vermitteln die Wechselwirkung zwischen den fermionischen Elementarteilchen.

Quarks können nicht als freie Teilchen existieren, sie benötigen immer einen oder mehrere Partner, mit denen sie einen gebundenen Zustand eingehen. Auf diese Weise entstehen verschiedene Klassen von zusammengesetzten Elementarteilchen, die zwar eine innere Struktur besitzen, deren Bestandteile aber nicht isoliert werden können.

1) siehe Band III, Kap. 6-10

## 6.1.2 Leptonen

Es sind bisher insgesamt 12 Leptonen bekannt, wobei diese Zahl die jeweiligen Antiteilchen einschließt. Einige davon haben wir bereits kennengelernt. Neben dem Elektron und seinem Antiteilchen, dem Positron, gehören zur Klasse der Leptonen auch die in Kapitel 2.3 diskutierten Neutrinos. Wir hatten in diesem Kapitel bereits herausgestellt, dass neben dem Neutrino auch ein Antineutrino existiert. Diese vier Elementarteilchen bilden die erste leptonische Familie. Wir wollen jetzt eine geeignete Bezeichnung für diese Teilchen wählen. Das Elektron bezeichnen wir traditionell mit $e$, das Neutrino, das wir ab jetzt besser $e$-Neutrino (Elektron-Neutrino) nennen, bekommt das Symbol $\nu_e$. Antiteilchen charakterisieren wir durch einen Querbalken, so dass das Positron das Symbol $\overline{e}$ und das Anti-Elektron-Neutrino das Symbol $\overline{\nu}_e$ bekommt.

1947 wurde in der Höhenstrahlung ein weiteres Lepton, das sogenannte Myon $\mu$ mit der 207-fachen Elektronenmasse, entdeckt. Zusammen mit dem zugehörigen Neutrino, dem $\mu$-Neutrino $\nu_\mu$, und den entsprechenden Antiteilchen bilden dieses Elementarteilchen die zweite leptonische Familie. 1975 gelang der Nachweis eines weiteren Leptons, des Tau-Teilchens (Tauon) $\tau$, das zur dritten Leptonenfamilie gehört. Das zugehörige $\tau$-Neutrino $\nu_\tau$ wurde erst im Jahr 2000 experimentell verifiziert. Es ist bis jetzt offen, ob damit die Liste der Leptonen, siehe Tab. 6.1, vollständig ist, und wenn ja, warum es gerade sechs Leptonen und die zugehörigen sechs Antiteilchen gibt. Ebenso ist das Massenspektrum der Leptonen noch nicht ganz verstanden. Hier bieten sich zwar mit dem später zu diskutierenden Higgs-Feld Möglichkeiten zu tieferen Erkenntnissen, aber eine völlig befriedigende Antwort steht momentan noch aus.

**Tab. 6.1** Übersicht über die bekannten Leptonen. Zu jedem Lepton gehört ein entsprechendes Antiteilchen

| Lepton | Symbol | Ruheenergie | Spin | Ladung/$\lvert e \rvert$ | Lebendauer/s |
|---|---|---|---|---|---|
| Elektron | $e$ | 0.51 MeV | 1/2 | $-1$ | $\infty$ |
| Myon | $\mu$ | 106 MeV | 1/2 | $-1$ | $2.2\ 10^{-6}$ |
| Tauon | $\tau$ | 1777 MeV | 1/2 | $-1$ | $\approx 290\ 10^{-15}$ |
| $e$-Neutrino | $\nu_e$ | $< 5$ eV | 1/2 | 0 | $\infty$ |
| $\mu$-Neutrino | $\nu_\mu$ | $< 170$ keV | 1/2 | 0 | $\infty$ |
| $\tau$-Neutrino | $\nu_\tau$ | $< 24$ MeV | 1/2 | 0 | $\infty$ |

### 6.1.3
### Quarks

Quarks existieren nicht im isolierten Zustand. Trotzdem kann man sie mit geeigneten Streuexperimenten auch im gebundenen Zustand gut identifizieren. Nach dem heutigen Erkenntnisstand können auch die Quarks in drei Familien eingeteilt werden. Zur ersten Familie gehören das $u$-Quark (up) und das $d$-Quark (down) und die entsprechenden Antiteilchen $\overline{u}$ und $\overline{d}$, zur zweiten Familie das $c$-Quark (charm) und das $s$-Quark (strange) sowie die Antiteilchen $\overline{c}$ und $\overline{s}$ und zur dritten Familie schließlich die Quarks $t$ (top) und $b$ (bottom) inclusive $\overline{t}$ und $\overline{b}$. Man bezeichnet diese Quarktypen auch als Flavor und sagt dann, ein Quark hat den Flavor $u$, $d$, $s$, ... Quarks haben eine drittelzahlige Ladung, siehe Tab. 6.2.

**Tab. 6.2** Übersicht über die bekannten Quarks. Zu jedem Quark existiert jeweils ein Antiteilchen.

| Quark | Symbol | Ruheenergie | Spin | Ladung/$\|e\|$ | Farbladung |
|---|---|---|---|---|---|
| up | $u$ | $\approx$ 3 MeV | 1/2 | 2/3 | $r, g, b$ |
| down | $d$ | $\approx$ 10 MeV | 1/2 | −1/3 | $r, g, b$ |
| charme | $c$ | $\approx$ 1.2 GeV | 1/2 | 2/3 | $r, g, b$ |
| strange | $s$ | $\approx$ 100 MeV | 1/2 | −1/3 | $r, g, b$ |
| top | $t$ | $\approx$ 170 GeV | 1/2 | 2/3 | $r, g, b$ |
| bottom | $b$ | $\approx$ 4.2 GeV | 1/2 | −1/3 | $r, g, b$ |

Auch für die Quarks ist offen, ob die Liste fortgesetzt werden muss oder ob tatsächlich alle Quarks bereits bekannt sind. Ebenfalls noch nicht völlig klar ist, warum die Ladungen der Leptonen und der Quarks unterschiedlich sind. Neben dem Spin, der für alle Quarks stets mit der Spinquantenzahl 1/2 verbunden ist, besitzen alle Quarks mit der sogenannten Farbladung noch ein weiteres Charakteristikum, das ähnlich wie Masse oder Ladung zu handhaben ist. Es gibt insgesamt drei Farben, nämlich rot ($r$), grün ($g$) und blau ($b$) und die dazugehörigen Antifarben. Hinter dieser etwas seltsam anmutenden Namensgebung verbirgt sich letztendlich das Pauli-Prinzip. Es gibt Elementarteilchen, die aus drei Quarks mit gleicher Flavor und gleicher Spinquantenzahl aufgebaut sind[2]. Um das Pauli-Prinzip nicht zu verletzen, wurde ein zusätzlicher Freiheitsgrad zur Charakterisierung des Quarkzustands nötig. Deshalb unterscheidet man z. B. rote, grüne und blaue $d$-Quarks, $d_r$, $d_g$ und $d_b$. Da alle Quarks diese Aufteilung zeigen, gibt es insgesamt 18 Quarks und 18 Antiquarks, zusammen also 36 verschiedene Quarksorten.

2) So setzt sich das $\Delta^{++}$ Teilchen aus drei $u$-Quarks im gleichen Spinzustand zusammen.

### 6.1.4 Austauschteilchen

Nach dem heutigen Erkenntnisstand gibt es zwischen den fermionischen Partikeln vier fundamentale Wechselwirkungen. Bekannt ist uns schon die elektromagnetische Wechselwirkung, die wesentlich für die Eigenschaften eines Atoms verantwortlich ist und die auf klassischer Ebene durch die Elektrodynamik beschrieben wird. Wir hatten in Band III bereits empirisch diskutiert, dass ein elektromagnetisches Feld nur aus makroskopischer Sicht homogen ist. Auf der mikroskopischen Ebene zerfällt das Feld in Photonen, die z. B. für die Erklärung der Compton-Streuung oder des äußeren lichtelektrischen Effekts verantwortlich sind. Die Photonen können demnach auch als Elementarpartikel verstanden werden, die eine fundamentale Wechselwirkung – und zwar die elektromagnetische – zwischen elementaren, geladenen Fermionen vermitteln. Wegen dieser Eigenschaft bezeichnet man Photonen auch als Austauschteilchen.

Naiv könnte man sich vorstellen, dass eine Ladung ein Photon aussendet und eine andere dieses absorbiert. Tatsächlich haben wir aber bereits gezeigt, dass die spontane Emission eines Photons durch ein Elementarteilchen nicht möglich ist, weil sie zur Verletzung der relativistischen Energie-Impuls-Beziehungen führt[3]. Quantenmechanisch sind diese Zusammenhänge dagegen nur noch für die Erwartungswerte gültig, so dass tatsächlich eine kurzzeitig Verletzung dieser Relationen im Rahmen der Energie-Zeit-Unschärferelation möglich ist. So kann man z. B. die durch Abb. 5.11 beschriebenen Streuprozesse zweiter Ordnung so interpretieren, dass zwischen den beteiligten Fermionen ein Photon ausgetauscht wird. Allerdings kann es sich nicht um ein reales, also experimentell nachweisbares Photon handeln, weil dann in jedem der beiden Vertizes die relativistischen Energie-Impuls-Beziehungen gelten müssen[4]. Vielmehr erfolgt der Austausch eines *virtuellen* Photons zwischen den geladenen Partikeln. Dabei kann für die Dauer des Austauschs der relativistische Energieerhaltungssatz verletzt sein.

Auch für die anderen Wechselwirkungen werden Austauschteilchen beobachtet oder wenigstens vorhergesagt. Typisch ist, dass Austauschteilchen einen ganzzahligen Spin besitzen und deshalb Bosonen sind. Sie können aber

**3)** Siehe Kapitel 5.2.2.1 in diesem Lehrbuch und Band II, Aufgabe 4.1.

**4)** Die im vorangegangenen Kapitel diskutierte, für jeden Vertex gültige Viererimpulsbilanz verlangt nur, dass die Summe der einlaufenden und die der auslaufenden Viererimpulse komponentenweise gleich sind. Es wird aber nicht gefordert, dass die Energien der einzelnen Teilchen der relativistischen Energie-Impulsbeziehung $m^2c^4 + c^2p^2 = E_p^2$ genügen. Diese Bedingung müssen nur die – experimentell nachweisbaren – ein- und auslaufenden Teilchen erfüllen. Das wäre z. B. bei den in Abschnitt 5.2.2.1 behandelten Streuprozessen erster Ordnung der Fall, die eben aus diesem Grunde nicht realisiert werden können.

massiv oder masselos sein und Ladungen tragen oder neutral sein. Das Photon trägt zwar die Wechselwirkung zwischen elektrischen Ladungen, ist aber selbst neutral und besitzt keine Ruhemasse.

Etwa $10^3$-mal stärker als die elektromagnetische ist die starke Wechselwirkung[5], die zwischen Quarks auftritt und die insbesondere den Zusammenhalt des Atomkerns und zusammengesetzter Teilchen, wie Mesonen oder Baryonen, garantiert. Die Austauschteilchen der starken Wechselwirkung werden als Gluonen bezeichnet. Nach dem heutigen Erkenntnisstand gibt es insgesamt acht Gluonen, die wie das Photon keine Ruhemasse besitzen. Gluonen vermitteln die Wechselwirkung zwischen Farbladungen. Im Gegensatz zum Photon, das zwischen elektrischen Ladungen agiert und selbst neutral ist, tragen Gluonen selbst eine Farbladung. Farblose Materie, wie z. B. Leptonen, ist von der starken Wechselwirkung nicht betroffen.

Die schwache Wechselwirkung ist um den Faktor $10^{-11}$ geringer[6] als die elektromagnetische Wechselwirkung. Sie wirkt zwischen Leptonen, zwischen Quarks und zwischen Leptonen und Quarks. Für diese Wechselwirkung kennt man drei Austauschteilchen, die mit $W^+$, $W^-$ und $Z^0$ bezeichnet werden. Diese Teilchen sind im Gegensatz zu Photonen und Gluonen massiv und besitzen zudem auch eine Ladung. Die schwache Wechselwirkung spielt eine wichtige Rolle bei verschiedenen radioaktiven Zerfallsprozessen. Im Rahmen des Standardmodells wird für diese Wechselwirkung auch noch ein sogenanntes Higgs-Boson erwartet, das aber bisher noch nicht experimentell nachgewiesen werden konnte.

Als letzte Wechselwirkung verbleibt die extrem schwache[7], dafür aber im kosmologischen Maßstab[8] relevante Gravitationswechselwirkung zwischen beliebigen Massen. Als Austauschteilchen werden hier ungeladene, masselose Gravitonen erwartet.

### 6.1.5 Zusammengesetzte Elementarteilchen

Quarks selbst treten nicht als freie Elementarteilchen auf, sondern stets gebunden mit wenigstens einem anderen Quark. Aus allen bisher durchgeführten Experimenten weiß man, dass die aus Quarks zusammengesetzten Partikel nur dann isoliert existieren können, wenn das Gesamtteilchen eine weiße Far-

5) Der Größenvergleich bezieht sich auf die den beiden Wechselwirkungen entsprechenden Kräfte zwischen zwei Quarks im Atomkern.

6) siehe Fußnote 5

7) Die Gravitationskraft zwischen zwei Elektronen ist z. B. im Vergleich zur (elektromagnetischen) Coulomb-Kraft um den Faktor $10^{-40}$ geringer.

8) Während die elektromagnetische Wechselwirkung auf großen Skalen durch jeweils entgegengesetzte Ladungen abgeschirmt wird, bleibt die Gravitation selbst im kosmischen Maßstab wirksam.

be und eine ganzzahlige elektrische Ladung hat. Dabei versteht man unter einer weißen Farbe die "Überlagerung" roter, grüner und blauer Farbladungen[9] oder die Kompensation einer Farbe durch ihre Antifarbe. Der erste Fall wird bei Baryonen beobachtet. Diese bestehen aus jeweils drei Quarks, von denen jedes eine andere Farbe trägt. Dabei ist es aber egal, welchem der Quarks welche Farbe zugeordnet ist, wichtig ist nur die Farblosigkeit des Gesamtteilchens. Der zweite Fall tritt für die aus je einem Quark und einem Antiquark bestehenden Mesonen auf. Mesonen und Baryonen, die zusammen auch als Hadronen bezeichnet werden, bilden die einfachsten Elementarteilchen mit einer inneren Struktur.

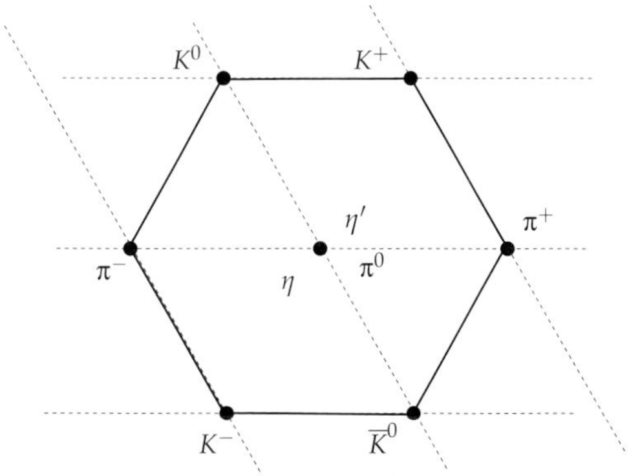


**Abb. 6.1** Pseudoskalares Mesonen-Nonett: Auf horizontal verlaufenden Linien befinden sich Mesonen gleicher Strangeness. Dabei trägt jedes $s$-Quark mit dem Wert $-1$, jedes $\overline{s}$-Quark mit dem Wert $+1$ und jedes andere Quark mit $0$ zur Strangeness des Mesons bei. Auf den schräg von links oben nach rechts unten verlaufenden Geraden liegen Partikel gleicher elektrischer Ladung.

**Tab. 6.3** Die Partikel des pseudoskalaren Mesonen-Nonetts. Die Strangeness eines Partikels ist die Differenz aus der Anzahl der $\overline{s}$-Quarks und der Anzahl der $s$-Quarks.

| Meson | $\pi^0$ | $\pi^+$ | $\pi^-$ | $\eta$ | $\eta'$ | $K^0$ | $\overline{K}^0$ | $K^+$ | $K^-$ |
|---|---|---|---|---|---|---|---|---|---|
| Flavorkombination | $u\overline{u}$ | $u\overline{d}$ | $d\overline{u}$ | $d\overline{d}$ | $s\overline{s}$ | $d\overline{s}$ | $s\overline{d}$ | $u\overline{s}$ | $s\overline{u}$ |
| elektr. Ladung in $\|e\|$ | 0 | 1 | $-1$ | 0 | 0 | 0 | 0 | 1 | $-1$ |
| Strangeness | 0 | 0 | 0 | 0 | 0 | 1 | $-1$ | 1 | $-1$ |

Die Vielzahl der Quarksorten bzgl. Flavor und Farbe erlaubt eine große Zahl verschiedener Kombinationsmöglichkeiten, von denen noch nicht alle Teilchen nachgewiesen sind. Aus den drei Quarks $u$, $d$ und $s$ und ihren Antiteilchen lassen sich 9 Mesonen mit Spin 0 bilden, die im sogenannten pseudoskalaren Mesonen-Nonett (siehe Abb. 6.1) schematisch zusammengefasst

**9**) Je eine rote, blaue und grüne Farbladung kompensieren sich und ergeben ein weißes Teilchen.

werden. Bei allen Partikeln dieses Nonetts ist der Anteil der Mesonenwellenfunktion, der die Flavor- und Farbeigenschaften beschreibt, vollständig symmetrisch, während der Spinanteil der Wellenfunktion total antisymmetrisch ist.

Es gibt aber auch Mesonen mit Spin 1, die im sogenannten Vektor-Nonett zusammengefasst werden. Auch hier sind im Prinzip alle in Tab. 6.3 aufgeführten Kombinationen vertreten, aber der durch Flavorkombinationen und Farbladung bestimmte Anteil der Wellenfunktion ist jetzt vollständig antisymmetrisch, der Spinanteil dagegen symmetrisch. Neben diesen Standard-Mesonen der Flavors $u$, $d$ und $s$ gibt es noch eine Vielzahl anderer Mesonen, so z. B. das $J/\Psi$-Teilchen als $c\bar{c}$, das $\Upsilon$-Meson als $b\bar{b}$ oder die Beauty-Mesonen $B^0$ ($b\bar{d}$) und $B^-$ ($b\bar{u}$).

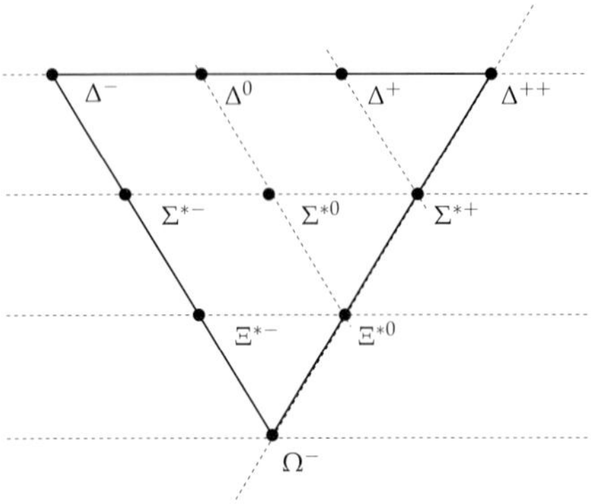


**Abb. 6.2** Baryonen-Dekuplett: Auf den horizontal verlaufenden Linien befinden sich die Baryonen gleicher Strangeness und auf den schräg von links oben nach rechts unten verlaufenden Geraden liegen Partikel gleicher elektrischer Ladung.

Etwas komplizierter ist die Situation bei den Baryonen. Auch hier fasst man die Elementarteilchen schematisch zusammen. Im sogenannten Baryonen-Dekuplett (siehe Abb. 6.2 und Tab. 6.4) werden alle Kombinationen von drei Quarks zugelassen, deren Gesamtwellenfunktion vollständig symmetrisch im Spin- und Flavoranteil, vollständig antisymmetrisch dagegen im Farbanteil ist. Folglich haben deshalb alle Partikel des Baryonen-Dekupletts die Gesamtspinquantenzahl 3/2.

**Tab. 6.4** Zusammensetzung der Partikel des Baryonen-Dekupletts

| Baryon | $\Delta^{++}$ | $\Delta^{+}$ | $\Delta^{0}$ | $\Delta^{-}$ | $\Sigma^{*+}$ | $\Sigma^{*0}$ | $\Sigma^{*-}$ | $\Xi^{*0}$ | $\Xi^{*-}$ | $\Omega^{-}$ |
|---|---|---|---|---|---|---|---|---|---|---|
| Flavorkombination | *uuu* | *uud* | *udd* | *ddd* | *uus* | *uds* | *dds* | *uss* | *dss* | *sss* |
| elektr. Ladung in $\|e\|$ | 2 | 1 | 0 | −1 | 1 | 0 | −1 | 0 | −1 | −1 |
| Strangeness | 0 | 0 | 0 | 0 | −1 | −1 | −1 | −2 | −2 | −3 |

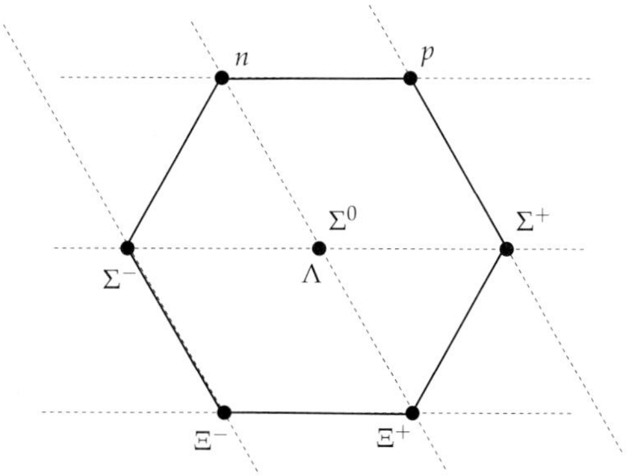


**Abb. 6.3** Baryonen-Oktett: Auf horizontal verlaufenden Linien befinden sich wieder Partikel gleicher Strangeness und auf den schräg von links oben nach rechts unten verlaufenden Geraden liegen Partikel gleicher elektrischer Ladung.

**Tab. 6.5** Partikel des Baryonen-Oktetts

| Baryon | $p$ | $n$ | $\Sigma^+$ | $\Sigma^0$ | $\Lambda$ | $\Sigma^-$ | $\Xi^0$ | $\Xi^-$ |
|---|---|---|---|---|---|---|---|---|
| Flavorkombination | $uud$ | $udd$ | $uus$ | $uds$ | $uds$ | $dds$ | $uss$ | $dss$ |
| elektr. Ladung in $\|e\|$ | 1 | 0 | 1 | 0 | 0 | $-1$ | 0 | $-1$ |
| Strangeness | 0 | 0 | $-1$ | $-1$ | $-1$ | $-1$ | $-2$ | $-2$ |

Im sogenannten Baryonen-Oktett werden Partikel zusammengefasst, bei denen der Farbanteil der Wellenfunktion des Baryons vollständig antisymmetrisch ist, der Spin- und Flavoranteil insgesamt vollständig symmetrisch, aber jeder der beiden Bestandteile für sich nur partiell symmetrisch ist. Wie wir später zeigen werden, führt das zu einer gewissen Verschränkung der Spin- und Flavorzustände dieser Baryonen. Zu den Teilchen des Baryonen-Oktetts gehören auch die beiden traditionellen Kernbestandteile Proton und Neutron, siehe Tab. 6.5 und Abb. 6.3. Auch im Fall der Baryonen gibt es noch eine ganze Reihe weiterer Kombinationen, z. B. das Beauty-Baryon $\Lambda_b = udb$. Schließlich sind auch höhere Kombinationen, z. B. das im Jahr 2002 entdeckte Pentaquark $udd\bar{s}$, bekannt.

## 6.2 *Gruppentheoretische Beschreibung

### 6.2.1 *Gruppen

Schon in dem vorangegangenen Kapitel zeigte sich, dass Symmetrien in der Elementarteilchentheorie eine noch weitaus wichtigere Rolle spielen, als wir diese bereits im Rahmen der Atomphysik[10] kennengelernt und erfolgreich genutzt haben. Die Gruppentheorie erlaubt uns eine übersichtliche Darstellung und Behandlung von Symmetrieeigenschaften. Natürlich käme man in vielen Fällen auch ohne den mathematisch wichtigen Begriff der Gruppe aus. Da aber die Gruppentheorie über die Behandlung von Symmetrien hinaus wichtige Erkenntnisse über die Gruppenelemente und damit, wie wir später sehen werden, über die Eigenschaften der Elementarteilchen liefert, können wir ein tieferes Verständnis vieler Phänomene der Elementarteilchenphysik erwarten.

Eine Gruppe $\mathbb{G}$ ist eine Menge von Elementen[11], zwischen denen eine Verknüpfung, die sogenannte Gruppenmultiplikation $\circ$, existiert, die folgende Eigenschaften erfüllt

a) Das Produkt $a \circ b$ zweier Elemente $a \in \mathbb{G}$ und $b \in \mathbb{G}$ dieser Gruppe ist wieder Element der Gruppe $\mathbb{G}$. Die Gruppenmultiplikation führt damit nicht aus der Gruppe heraus. Da es sich bei den Faktoren des Produkts um geordnete Paare handelt, kann $a \circ b \neq b \circ a$ gelten.

b) Die Gruppe $\mathbb{G}$ enthält stets ein Einselement $e$, für das gilt

$$a \circ e = e \circ a = a \tag{6.1}$$

wobei $a \in \mathbb{G}$ ein beliebiges Element der Gruppe ist.

c) Zu jedem Element $a$ der Gruppe gibt es ein inverses Element $a^{-1} \in \mathbb{G}$ mit der Eigenschaft

$$a \circ a^{-1} = a^{-1} \circ a = e \tag{6.2}$$

d) Die Gruppenmultiplikation ist assoziativ, d. h. es gilt für $a, b, c \in \mathbb{G}$

$$a \circ (b \circ c) = (a \circ b) \circ c = a \circ b \circ c \tag{6.3}$$

Endliche Gruppen bestehen aus einer endlichen Zahl $N$ von Elementen. Man bezeichnet die Anzahl $N$ der Gruppenelemente auch als Ordnung der endlichen Gruppe. Zusammen mit den Gruppen, die abzählbar unendlich viele Elemente enthalten, bilden sie die Klasse der diskreten Gruppen. Solche

10) siehe Band III, Kap. 6

11) Die Zahl der Elemente kann dabei endlich oder abzählbar unendlich oder nichtabzählbar unendlich sein.

Gruppen spielen unter anderem in der Kristallphysik eine wesentliche Rolle. Die einfachste diskrete Gruppe besteht nur aus dem Einselement $e$. In diesem Fall gilt natürlich $e \circ e = e$ und deshalb auch $e^{-1} = e$, so dass alle Gruppenaxiome erfüllt sind. Die Menge der ganzen Zahlen bildet ebenfalls eine diskrete Gruppe mit der gewöhnlichen Addition als Gruppenmultiplikation. Das Einselement ist in diesem Fall die 0, das inverse Element zu der ganzen Zahl $n$ ist offensichtlich $-n$.

Ist die Gruppenmultiplikation kommutativ, d. h. gilt für zwei beliebige Elemente $a, b \in \mathbb{G}$ die Beziehung $a \circ b = b \circ a$, dann spricht man auch von einer *Abel'schen Gruppe*. Die beiden soeben diskutierten Beispiele sind typische Abel'sche Gruppen. Als einfache Beispiele nicht-Abel'scher Gruppen gelten Permutationsgruppen[12]. Bei nur drei Objekten 1, 2 und 3 wird die Permutationsgruppe auch als $S_3$ mit den sechs Elementen

$$g_1 = \begin{pmatrix} 1 & 2 & 3 \\ 1 & 2 & 3 \end{pmatrix} \quad g_2 = \begin{pmatrix} 1 & 2 & 3 \\ 3 & 1 & 2 \end{pmatrix} \quad g_3 = \begin{pmatrix} 1 & 2 & 3 \\ 2 & 3 & 1 \end{pmatrix}$$
$$g_4 = \begin{pmatrix} 1 & 2 & 3 \\ 2 & 1 & 3 \end{pmatrix} \quad g_5 = \begin{pmatrix} 1 & 2 & 3 \\ 3 & 2 & 1 \end{pmatrix} \quad g_6 = \begin{pmatrix} 1 & 2 & 3 \\ 1 & 3 & 2 \end{pmatrix} \qquad (6.4)$$

bezeichnet. Dabei stehen in der ersten Zeile die Objekte vor der Permutation, in der zweiten Zeile die Objekte nach der Permutation. Dann bedeutet z. B. das Element $g_4$, dass Objekt 1 zu 2 und Objekt 2 zu 1 wird, während das Objekt 3 unverändert bleibt. Die Gruppenmultiplikation ist dann die Hintereinanderausführung von zwei Permutationen. So ergibt sich beispielsweise

$$g_5 \circ g_4 = \begin{pmatrix} 1 & 2 & 3 \\ 3 & 2 & 1 \end{pmatrix} \circ \begin{pmatrix} 1 & 2 & 3 \\ 2 & 1 & 3 \end{pmatrix} = \begin{pmatrix} 1 & 2 & 3 \\ 2 & 3 & 1 \end{pmatrix} = g_3 \qquad (6.5)$$

Die Verkettung der einzelnen Matrixelemente ist dabei sehr einfach. So wird in (6.5) im ersten Schritt[13] das Objekt 1 in 2 umbenannt und im zweiten Schritt bleibt die Bezeichnung von 2 unverändert. Als Konsequenz wird als Folge der beiden Permutationen das Objekt 1 in 2 umbenannt. Analog findet man aus den Teilschritten $2 \to 1$ und $1 \to 3$ das Gesamtergebnis $2 \to 3$ und aus $3 \to 3$ und anschließend $3 \to 1$ die Umbenennung $3 \to 1$. Der Vergleich mit den Gruppenelementen zeigt, dass offenbar $g_5 \circ g_4 = g_3$ ist. Man kann die Wirkung der Gruppenmultiplikation in einer Multiplikationstafel veranschaulichen. Bei einer Gruppe der Ordnung $N$ mit den Elementen $g_1$, $g_2$, ..., $g_N$ besteht diese aus den $N \times N$ Gruppenprodukten $g_i \circ g_j$. In unserem Fall

**12**) oft auch als symmetrische Gruppen bezeichnet
**13**) symbolisiert durch den rechten Faktor im Gruppenprodukt

ergibt sich folgende Tafel

| | $g_1$ | $g_2$ | $g_3$ | $g_4$ | $g_5$ | $g_6$ |
|---|---|---|---|---|---|---|
| $g_1$ | $g_1$ | $g_2$ | $g_3$ | $g_4$ | $g_5$ | $g_6$ |
| $g_2$ | $g_2$ | $g_3$ | $g_1$ | $g_5$ | $g_6$ | $g_4$ |
| $g_3$ | $g_3$ | $g_1$ | $g_2$ | $g_6$ | $g_4$ | $g_5$ |
| $g_4$ | $g_4$ | $g_6$ | $g_5$ | $g_1$ | $g_3$ | $g_2$ |
| $g_5$ | $g_5$ | $g_4$ | $g_6$ | $g_2$ | $g_1$ | $g_3$ |
| $g_6$ | $g_6$ | $g_5$ | $g_4$ | $g_3$ | $g_2$ | $g_1$ |

Man erkennt anhand dieser Tafel, dass die allgemeinen Gruppeneigenschaften erfüllt sind[14]. Andererseits handelt es sich um eine nicht-Abel'sche Gruppe, denn es ist z. B. $g_5 \circ g_4 = g_3$, während $g_4 \circ g_5 = g_2$ ergibt.

Von besonderer Bedeutung für die Quantentheorie sind die kontinuierlichen Gruppen. Jede kontinuierliche Gruppe besitzt eine nichtabzählbar große Menge von Elementen $g(a)$, die durch einen Parameter $a$ bzw. einen Parametersatz $a = \{a_1, a_2, ..., a_m\}$ charakterisiert werden. Je nach der Dimension des Parametersatzes spricht man deshalb auch von einer $m$-parametrigen Gruppe. Allerdings ist diese Eigenschaft nicht ausreichend für eine kontinuierliche Gruppe. Zusätzlich muss noch eine Stetigkeitseigenschaft gefordert werden. Erst wenn die mit der Gruppenmultiplikation verknüpften Parameter entsprechend

$$g(a) \circ g(b) = g(c) \qquad \longrightarrow \qquad c = \Gamma(a,b) \tag{6.6}$$

durch eine stetige Funktion $\Gamma$ verbunden sind, spricht man von einer kontinuierlichen Gruppe. So ist die Menge aller Vektoren eines linearen Vektorraums der Dimension $d$ bezüglich der Vektoraddition als Gruppenmultiplikation eine $d$-parametrige kontinuierliche Abel'sche Gruppe. Verwendet man dagegen das Kreuzprodukt als Gruppenmultiplikation, dann liegt keine Gruppe vor, weil wegen $\boldsymbol{a} \times (\boldsymbol{b} \times \boldsymbol{c}) \neq (\boldsymbol{a} \times \boldsymbol{b}) \times \boldsymbol{c}$ das Kreuzprodukt nicht assoziativ ist.

Eine Untergruppe $\mathbb{U}$ einer Gruppe $\mathbb{G}$ ist eine Teilmenge von $\mathbb{G}$. Jedes mit der für alle Elemente von $\mathbb{G}$ verbindlichen Gruppenmultiplikation gebildete Produkt zweier Elemente der Untergruppe $\mathbb{U}$ ist wieder ein Element der Untergruppe. Jede Gruppe enthält mit sich selbst und der nur aus dem Einselement $e$ bestehenden Gruppe zumindest zwei triviale Untergruppen. Untergruppen, die mit diesen beiden Gruppen nicht übereinstimmen, werden deshalb auch als echte Untergruppen bezeichnet.

**14**) So ist $g_1$ das Einselement und zu jedem Element findet man ein inverses Element, nämlich $g_1^{-1} = g_1$, $g_2^{-1} = g_3$, $g_3^{-1} = g_2$, $g_4^{-1} = g_4$, $g_5^{-1} = g_5$ und $g_6^{-1} = g_6$.

### 6.2.2 *Darstellung von Gruppen

#### 6.2.2.1 *Morphismen

Die Abbildung einer Gruppe $\mathbb{G}$ auf eine Gruppe $\mathbb{G}'$ ist ein Morphismus, wenn eine eindeutige Zuordnung

$$a \to a' \qquad \text{mit} \qquad a \in \mathbb{G} \qquad \text{und} \qquad a' \in \mathbb{G}' \tag{6.7}$$

existiert. Bleibt bei der Abbildung die Verknüpfung der Gruppenelemente über das Gruppenprodukt erhalten, gilt also

$$(a \circ b)' = a' \circ' b' \tag{6.8}$$

wobei wir mit $\circ$ die Gruppenmultiplikation bzgl. der Gruppe $\mathbb{G}$ und mit $\circ'$die Gruppenmultiplikation bzgl. der Gruppe $\mathbb{G}'$ bezeichnen, dann spricht man auch von einem Homomorphismus. Ist die Abbildung auch noch umkehrbar eindeutig, dann liegt ein sogenannter Isomorphismus vor. Eine isomorphe Abbildung einer Gruppe $\mathbb{G}$ auf sich selbst wird als Automorphismus bezeichnet.

#### 6.2.2.2 *Matrixdarstellung

Gibt es eine Gruppe $\mathbb{M}$ quadratischer Matrizen vom Rang $N$ mit der üblichen Matrixmultiplikation als Gruppenmultiplikation, die durch eine homomorphe Abbildung aus einer Gruppe $\mathbb{G}$ hervorgeht, dann bezeichnet man die Gruppe $\mathbb{M}$ als Matrixdarstellung der Gruppe $\mathbb{G}$. Jedem Element $g_i \in \mathbb{G}$ ist dann eine Matrix $M(g_i)$ zugeordnet. Der Homomorphismus führt dann auf die Forderung

$$M(g_i \circ g_j) = M(g_i)M(g_j) \tag{6.9}$$

für jedes Paar $(g_i, g_j)$ von Gruppenelementen. Aus dieser Beziehung folgt wegen $M(g_i) = M(g_i \circ e) = M(g_i)M(e)$, dass die Matrix des Einselements die Einheitsmatrix sein muss

$$M(e) = 1 \tag{6.10}$$

und wegen $M(e) = M(g_i \circ g_i^{-1}) = M(g_i)M(g_i^{-1})$, dass die Matrix des zu $g_i$ inversen Elements $g_i^{-1}$ die zu $M(g_i)$ inverse Matrix ist, also

$$M(g_i^{-1}) = M^{-1}(g_i) \tag{6.11}$$

Eine Gruppe $\mathbb{G}$ besitzt gewöhnlich beliebig viele verschiedene Matrixdarstellungen. Haben zwei Matrixdarstellungen $\mathbb{M}$ und $\mathbb{M}'$ einer Gruppe $\mathbb{G}$ dieselbe Dimension $N$, dann bezeichnet man beide Matrixdarstellungen als zueinander äquivalent, wenn alle Matrixelemente der einen Darstellung durch eine Ähnlichkeitstransformation aus der anderen Darstellung hervorgehen. Dazu muss eine reguläre Matrix $W$ gefunden werden, so dass

$$M'(g) = W^{-1}M(g)W \tag{6.12}$$

für alle $g \in \mathbb{G}$ gilt. Findet man keine Matrix $W$, die für alle Gruppenelemente $g$ von $\mathbb{G}$ die Bedingung (6.12) erfüllt, dann liegen mit $\mathbb{M}$ und $\mathbb{M}'$ zwei nicht äquivalente Matrixdarstellungen der Gruppe $\mathbb{G}$ vor.

Zu jeder Gruppe gehört die triviale Matrixdarstellung, bei der alle Gruppenelemente $g$ auf die Zahl 1 als Einheitsmatrix vom Rang 1 abgebildet werden. Man überzeugt sich leicht davon, dass diese Abbildung alle Forderungen an eine Matrixdarstellung erfüllt. Natürlich ist die triviale Darstellung nicht sehr hilfreich, da durch den fehlenden Isomorphismus die allen Gruppenelementen $g \in \mathbb{G}$ zugeordnete eindimensionale Einheitsmatrix keine Schlussfolgerungen über die Struktur der ursprünglichen Gruppe $\mathbb{G}$ erlaubt.

Neben der trivialen Darstellung findet man gewöhnlich auch verschiedene nichttriviale Matrixdarstellungen verschiedener Dimensionen, die bei gleicher Dimension nicht notwendig zueinander äquivalent sein müssen. Sind zwei Matrixdarstellungen $\mathbb{M}$ und $\mathbb{M}'$ bekannt[15], dann kann man hieraus weitere Matrixdarstellungen konstruieren. So bilden insbesondere die Matrizen

$$M''(g) = \begin{pmatrix} M(g) & 0 \\ 0 & M'(g) \end{pmatrix} \tag{6.13}$$

eine weitere, von $\mathbb{M}$ und $\mathbb{M}'$ verschiedene Matrixdarstellung der Gruppe $\mathbb{G}$.

Eine Matrixdarstellung $\mathbb{M}$ der Dimension $N$ einer Gruppe $\mathbb{G}$ heißt *reduzibel*, wenn sich alle ihre Matrizen $M(g)$ durch eine Ähnlichkeitstransformation (6.12) mit der regulären Matrix $W$ auf die Form

$$M(g) = \begin{pmatrix} M'(g) & H(g) \\ 0 & M''(g) \end{pmatrix} \tag{6.14}$$

bringen lassen, wobei $M'(g)$ und $M''(g)$ quadratische Matrizen vom Rang $N'$ bzw. $N''$ mit $N' + N'' = N$ sind. Existiert keine derartige Ähnlichkeitstransformation, dann ist die Darstellung irreduzibel. Kann man dagegen sogar eine Matrix $W$ finden, so dass $H(g) = 0$ wird, dann ist die Darstellung zerlegbar oder seperabel. In diesem Fall bildet auch die Menge der Matrizen $M'(g)$ und die Menge der Matrizen $M''(g)$ eine Matrixdarstellung der Gruppe $\mathbb{G}$.

#### 6.2.2.3 *Orthogonale und unitäre Matrixgruppen

**Orthogonale Matrixgruppen**

Die Menge aller orthogonalen $N \times N$-Matrizen $O$, also aller reellen Matrizen

15) Dabei können die Matrizen der beiden Matrixdarstellungen unterschiedliche oder gleiche Dimension haben. Im letzteren Fall ist es nicht notwendig, dass die beiden Darstellungen nicht äquivalent zueinander sein müssen, sie können auch zueinander äquivalent oder gar identisch sein.

mit der Eigenschaft $OO^T = O^T O = 1$ oder in Komponentendarstellung

$$\sum_{j=1}^{N} O_{ij} O_{kj} = \delta_{ik} \tag{6.15}$$

bildet die *orthogonale Gruppe* $\mathbb{O}(N)$ der Ordnung $N$ mit der gewöhnlichen Matrizenmultiplikation als Gruppenmultiplikation. Man kann sich leicht überlegen, dass sich aus der Forderung (6.15) insgesamt $N(N+1)/2$ unabhängige Gleichungen zur Bestimmung der $N^2$ Matrixelemente $O_{ij}$ einer orthogonalen Matrix der Dimension $N$ festlegen lassen. Damit bleiben $N(N-1)/2$ Matrixelemente unbestimmt, d. h. die Gruppenelemente von $\mathbb{O}(N)$ werden durch $N(N-1)/2$ freie, kontinuierlich wählbare Parameter bestimmt.

Eine Untergruppe von $\mathbb{O}(N)$ ist die spezielle orthogonale Gruppe $\mathbb{SO}(N)$. Diese besteht aus allen orthogonalen Matrizen mit $\det O = 1$. Da wegen

$$\det O^T O = \det O \det O^T = (\det O)^2 = \det 1 = 1 \tag{6.16}$$

für alle orthogonalen Matrizen stets $\det O = \pm 1$ gilt, wird durch die Einschränkung $\det O = 1$ die Zahl der kontinuierlichen Parameter der Gruppe $\mathbb{SO}(N)$ gegenüber der Gruppe $\mathbb{O}(N)$ nicht verändert. Die Einheitsmatrix ist sowohl Element der Gruppe $\mathbb{O}(N)$ als auch der Gruppe $\mathbb{SO}(N)$.

Als Beispiele wollen wir die konkrete Darstellung der Gruppen $\mathbb{O}(1)$ und $\mathbb{O}(2)$ sowie der zugehörigen speziellen Gruppen $\mathbb{SO}(1)$ und $\mathbb{SO}(2)$ diskutieren. Die Gruppe $\mathbb{O}(1)$ besitzt keinen kontinuierlichen Parameter und enthält nur die Elemente 1 und $-1$. Die Gruppe $\mathbb{SO}(1)$ besteht nur noch aus dem Einselement 1. Die Matrixgruppe $\mathbb{O}(2)$ ist eine einparametrige kontinuierliche Gruppe. Diese Gruppe wird durch $2 \times 2$-Matrizen gebildet, deren vier Elemente wegen

$$O = \begin{pmatrix} o_{11} & o_{12} \\ o_{21} & o_{22} \end{pmatrix} \quad \text{und} \quad O^T = \begin{pmatrix} o_{11} & o_{21} \\ o_{12} & o_{22} \end{pmatrix} \tag{6.17}$$

und wegen $O^T O = 1$ die Gleichungen

$$o_{11}^2 + o_{12}^2 = 1 \qquad o_{11} o_{21} + o_{12} o_{22} = 0 \qquad \text{und} \qquad o_{21}^2 + o_{22}^2 = 1 \tag{6.18}$$

erfüllen müssen. Die erste Gleichung führt auf $o_{11} = \cos\varphi$ und $o_{12} = \sin\varphi$, die dritte auf $o_{22} = \cos\phi$ und $o_{21} = \sin\phi$. Die zweite Gleichung stellt eine Verbindung zwischen den beiden Parametern $\varphi$ und $\phi$ her. Wir erhalten

$$\cos\varphi \sin\phi + \cos\phi \sin\varphi = \sin(\phi + \varphi) = 0 \tag{6.19}$$

und deshalb $\phi = -\varphi$ oder $\phi = \pi - \varphi$. Deshalb sind alle Matrizen

$$O = \begin{pmatrix} \cos\phi & -\sin\phi \\ \sin\phi & \cos\phi \end{pmatrix} \quad \text{und} \quad O = \begin{pmatrix} -\cos\phi & \sin\phi \\ \sin\phi & \cos\phi \end{pmatrix} \tag{6.20}$$

mit $\phi \in [0, 2\pi]$ Elemente von $\mathbb{O}(2)$. Die erste Klasse dieser Matrizen enthält für $\phi = 0$ das Einselement und besitzt die Determinante $\det O = 1$. Matrizen dieses Typs bilden damit die spezielle orthogonale Gruppe $\mathbb{SO}(2)$. Offensichtlich beschreiben diese Elemente Drehungen um eine feste Achse. Wir können deshalb die Gruppe $\mathbb{SO}(2)$ als Matrixdarstellung der Gruppe aller monoaxialen Drehungen verstehen. Für die zweite Klasse von Matrizen gilt $\det O = -1$. Diese Matrizen bilden keine Untergruppe, da die Determinante des Produkts zweier Matrizen mit negativer Determinante stets positiv ist.

#### Unitäre Matrixgruppen

Die *unitäre Gruppe* $\mathbb{U}(N)$ enthält alle unitären $N \times N$-Matrizen, d. h. alle Matrizen $U$, für die $UU^\dagger = U^\dagger U = 1$ gilt. Auch für diese Gruppe ist die gewöhnliche Matrizenmultiplikation die Gruppenmultiplikation. Da die Matrizenmultiplikation assoziativ ist, jedes Produkt von zwei unitären Matrizen wieder eine unitäre Matrix ergibt, die Einheitsmatrix als Einselement eine unitäre Matrix ist und schließlich jede Matrix $U^{-1} = U^\dagger$ unitär ist, wenn $U$ selbst eine unitäre Matrix ist, bildet die Menge der unitären Matrizen tatsächlich eine Gruppe. Wegen der Komplexwertigkeit der einzelnen Matrixelemente besteht jede Matrix aus $2N^2$ reellen Parametern. Andererseits kann man sich leicht überzeugen, dass die Forderung $UU^\dagger = 1$ nur $N^2$ dieser Elemente festlegt. Somit hat die Gruppe $\mathbb{U}(N)$ insgesamt $N^2$ kontinuierliche Parameter.

Da für jede unitäre Matrix $|\det U| = 1$ gilt, kann die Determinante einer beliebigen Matrix der Gruppe $\mathbb{U}(N)$ eine komplexe Zahl vom Betrag 1 sein. Die Elemente der speziellen unitären Gruppe $\mathbb{SU}(N)$ werden durch die Forderung $\det U = 1$ gegenüber der Gruppe $\mathbb{U}(N)$ eingeschränkt. Die Zahl der freien Parameter dieser Matrixgruppe beträgt deshalb nur noch $N^2 - 1$. Wie im Fall der orthogonalen Matrixgruppe ist auch $\mathbb{SU}(N)$ eine Untergruppe von $\mathbb{U}(N)$.

### 6.2.3 *Lie-Gruppen

#### 6.2.3.1 *Definition

Von besonderer Bedeutung für die Elementarteilchentheorie sind *Lie-Gruppen*. Diese gehören zu den kontinuierlichen Gruppen. Wie bereits in Abschnitt 6.2.1 erwähnt, besteht bei einer $m$-parametrigen, kontinuierlichen Gruppe ein stetiger Zusammenhang $c = \Gamma(a, b)$ zwischen den Parametersätzen $a$, $b$ und $c$, wenn die zugehörigen Gruppenelemente durch die Gruppenmultiplikation entsprechend $g(a) \circ g(b) = g(c)$ verbunden sind. Bei einer Lie-Gruppe ist dieser Zusammenhang analytisch, d. h. die nichtlineare $m$-dimensionale Vektorgleichung $c = \Gamma(a, b)$ kann nach $a$ oder $b$ aufgelöst werden, so dass man zu den stetigen Funktion $a = \Gamma'(b, c)$ und $b = \Gamma''(a, c)$ gelangt. Ein typisches Beispiel für eine zweiparametrige Lie-Gruppe ist die affine Transformation $x' = mx + n$, der man das Gruppenelement $g(m,n)$ zuordnen kann. Führt man eine zweite Transformation, $x'' = m'x' + n'$, mit dem Gruppenelement $g(m',n')$ aus, dann kann man $x''$ auch direkt aus $x$ über $x'' = \overline{m}x + \overline{n}$ bestimmen. Zwischen den Gruppenelementen besteht der Zusammenhang $g(\overline{m},\overline{n}) = g(m',n') \circ g(m,n)$, wobei wegen

$$x'' = m'x' + n' = m'mx + m'n + n' = \overline{m}x + \overline{b} \tag{6.21}$$

der analytische Zusammenhang $\overline{m} = m'm$ und $\overline{b} = m'n + n'$ zwischen den Parametern besteht.

Wir wollen uns in Zukunft auf solchen Lie-Gruppen beschränken, deren Parameterraum zusammenhängend ist. Das bedeutet, dass jedes Element des Gruppenraumes entlang kontinuierlicher Kurven $a(\xi)$ im Parameterraum mit jedem anderen Element verbunden ist.

#### 6.2.3.2 *Generatoren

Wir werden die folgenden Untersuchungen auf die Matrixdarstellung der Lie'schen Gruppen beziehen. Die Matrix des Gruppenelements $g(a)$ bezeichnen wir einfach mit $M(a)$. Wählen wir aus dem $m$-dimensionalen Parameterraum eine einparametrige Schar $a(\xi)$ aus, dann nennt man $M(\xi) = M(a(\xi))$ die zu dieser Schar gehörigen Matrizen. Wir wollen diese einparametrige Schar so wählen, dass für $\xi = 0$ das Einselement entsteht. Wir erhalten deshalb $g(a(0)) = e$ und folglich $M(0) = \hat{1}$. Wegen der Stetigkeit der Lie'schen Gruppe können wir die Parameterschar und damit die Matrix $M(\xi)$ um den Punkt $\xi = 0$ entwickeln

$$M(\xi) = \hat{1} + G\xi + ... \qquad \text{mit} \qquad G = \left.\frac{dM}{d\xi}\right|_{\xi=0} \tag{6.22}$$

Die Matrix $G$ ist dabei ein *Generator* der Gruppe. Bei einer $m$-parametrigen Lie-Gruppe gibt es $m$ voneinander linear unabhängige Generatoren. Die Bedeutung der Generatoren besteht darin, dass mit ihrer Hilfe alle anderen Elemente der jeweiligen Lie'schen Gruppe konstruiert werden können, auch wenn diese nicht in einer infinitesimal kleinen Umgebung um das Einselement liegen. Um diese wichtige Eigenschaft zu beweisen, zeigen wir zunächst, dass jede Matrix $M(\xi) = \exp(\xi G)$ ein Element der jeweiligen Lie-Gruppe ist. Da der allgemeine Beweis recht umfangreich ist, beschränken wir uns hierbei auf die unitären und orthogonalen Gruppen.

**Gruppe $\mathbb{U}(N)$**

Wir betrachten eine einparametrige Schar unitärer $N \times N$-Matrizen $U(\xi) \in \mathbb{U}(N)$ mit $U(0) = \hat{1}$. Dann gilt wegen $U^\dagger(\xi)\,U(\xi) = \hat{1}$ sofort

$$\left.\frac{dU^\dagger}{d\xi}U\right|_{\xi=0} + \left.U^\dagger\frac{dU}{d\xi}\right|_{\xi-0} = G^\dagger + G = 0 \tag{6.23}$$

d. h. jeder Generator $G$ der Gruppe $\mathbb{U}(N)$ ist antihermitesch. Demzufolge erhalten wir

$$\left(e^{\xi G}\right)^{+} e^{\xi G} = e^{\xi G^{+}} e^{\xi G} = e^{-\xi G} e^{\xi G} = \hat{1} \tag{6.24}$$

woraus sofort folgt, dass auch die Matrix $M(\xi) = \exp(\xi G)$ unitär sein muss und damit ein Element von $\mathbb{U}(N)$ ist.

**Gruppe** $\mathbb{SU}(N)$

Bei der Gruppe $\mathbb{SU}(N)$ erfüllen die unitären Matrizen der Schar $U(\xi)$ auch noch die Bedingung $\det U = 1$. In der infinitesimalen Umgebung um das Einselement erhalten wir mit $U(\xi) = \hat{1} + \xi G$ die Forderung $\det(\hat{1} + \xi G) = 1$. Entwickelt man diese Determinante nach Potenzen von $\xi$, dann findet man

$$\det(\hat{1} + \xi G) = \det \hat{1} + \xi \mathrm{tr} G + o(\xi^2) \tag{6.25}$$

woraus wir sofort erkennen, dass die Generatoren der $\mathbb{SU}(N)$ spurfreie, und wegen (6.23), antihermitesche Matrizen sein müssen. Wie im Folgenden gezeigt wird, ist dann aber auch jede Matrix $M(\xi) = \exp(\xi G)$ ein Element dieser Gruppe. Die Unitarität von $M(\xi)$ zeigt man wie im Fall der unitären Gruppe. Es bleibt noch zu beweisen, dass $\det M(\xi) = 1$ ist. Dazu benutzen wir die für jede reguläre Matrix $A$ gültige Identität

$$\det A = \exp \mathrm{tr} \ln A \tag{6.26}$$

Man kann diese Beziehung am einfachsten beweisen, wenn man bedenkt, dass sowohl die Spur als auch die Determinante invariant gegenüber einer Ähnlichkeitstransformation $A' = T^{-1}AT$ sind. Es ist nämlich

$$\det A' = \det T^{-1}AT = (\det T)^{-1} \det A \det T = \det A \tag{6.27}$$

und wegen

$$\begin{aligned}
-\ln A' &= \sum_{n=1}^{\infty} \frac{(1-A')^n}{n} = \sum_{n=1}^{\infty} \frac{(T^{-1}T - T^{-1}AT)^n}{n} = \sum_{n=1}^{\infty} \frac{\left[T^{-1}(1-A)T\right]^n}{n} \\
&= \frac{T^{-1}(1-A)T}{1} + \frac{T^{-1}(1-A)TT^{-1}(1-A)T}{2} + \dots \\
&= T^{-1}\left[\sum_{n=1}^{\infty} \frac{(1-A)^n}{n}\right] T = -T^{-1}[\ln A]T
\end{aligned} \tag{6.28}$$

folgt außerdem

$$\mathrm{tr} \ln A' = \mathrm{tr} T^{-1}[\ln A]T = \mathrm{tr} TT^{-1} \ln A = \mathrm{tr} \ln A \tag{6.29}$$

Wählen wir insbesondere eine Ähnlichkeitstransformation, die $A'$ in Diagonalform bringt, dann ist

$$\exp \mathrm{tr} \ln A' = \exp \sum_{i=1}^{N} \ln \lambda_i = \prod_{i=1}^{N} \exp \ln \lambda_i = \prod_{i=1}^{N} \lambda_i = \det A' \tag{6.30}$$

woraus wir mit (6.27) und (6.29) sofort (6.26) erhalten.

Setzten wir jetzt insbesondere $A = \exp(\xi G)$, dann bekommen wir aus (6.26) wegen $\mathrm{tr}G = 0$ sofort

$$\det \exp(\xi G) = \exp \mathrm{tr} \ln \exp(\xi G) = \exp \xi \mathrm{tr} G = 1 \tag{6.31}$$

d. h. jede Matrix $\exp(\xi G)$, die aus einem spurfreien antihermiteschen Generator der Gruppe $\mathbb{SU}(N)$ gebildet wird, ist ein Element dieser Gruppe.

**Gruppe $\mathbb{O}(N)$**

Für jede einparametrige Schar $O(\xi)$ mit $O(0) = \hat{1}$ von Matrizen der Gruppe $\mathbb{O}(N)$ gilt $O^T(\xi)O(\xi) = \hat{1}$. Deshalb bekommen wir sofort

$$\left.\frac{dO^T}{d\xi}O\right|_{\xi=0} + \left.O^T\frac{dO}{d\xi}\right|_{\xi=0} = G^T + G = 0 \tag{6.32}$$

Folglich sind die Generatoren der orthogonalen Gruppe antisymmetrisch, d. h. es gilt $G^T = -G$. Die Matrix $M(\xi) = \exp(\xi G)$ ist dann wegen

$$\left(e^{\xi G}\right)^T e^{\xi G} = e^{\xi G^T} e^{\xi G} = e^{-\xi G} e^{\xi G} = \hat{1} \tag{6.33}$$

ebenfalls orthogonal, so dass wir wie erwartet $M(\xi) \in \mathbb{O}(N)$ bekommen.

**Gruppe $\mathbb{SO}(N)$**

Diese Gruppe wird aus allen orthogonalen $N \times N$-Matrizen gebildet, deren Determinante den Wert 1 besitzt. Die Generatoren dieser Gruppe sind deshalb antisymmetrische Matrizen, die aus analogen Gründen wie die Matrizen der $\mathbb{SU}(N)$ spurfrei sind. Man zeigt analog wie im Fall der speziell unitären Gruppe, dass dann die aus einem beliebigen Generator $G$ dieser Gruppe gebildeten Matrizen $\exp(\xi G)$ orthogonal sind und die Determinante 1 haben.

Man kann die hier für die vier aus physikalischer Sicht wichtigsten Lie-Gruppen bewiesene Eigenschaft, dass die aus einem Generator $G$ der Lie-Gruppe gebildeten Matrizen $M(\xi) = \exp(\xi G)$ ebenfalls Elemente der Gruppe sind, auf alle anderen Lie-Gruppen verallgemeinern. Hierzu verweisen wir aber auf die mathematische Spezialliteratur.

Wir hatten bereits erwähnt, dass für eine $m$-parametrige Gruppe genau $m$ linear unabhängige Generatoren existieren, die als Basis eines linearen Vektorraums $\mathcal{G}$ verstanden werden können. Alle Generatoren der Gruppe sind dann Elemente dieses Vektorraums und können durch diese $m$ Basisgeneratoren dargestellt werden. Insbesondere gilt für zwei Generatoren $G \in \mathcal{G}$ und $G' \in \mathcal{G}$, dass mit allen Matrizen $\exp(\xi G)$ und $\exp(\xi G')$ auch die Matrizen $\exp(\xi a G)$ und $\exp(\xi a' G')$ mit beliebigen skalaren Koeffizenten $a$ und $a'$ einparametrige

Scharen der Gruppe bilden. Da neben je zwei Gruppenelementen auch jeweils deren Produkt zur Gruppe gehört, ist die Matrix $\exp(\xi a G)\exp(\xi a' G')$ ebenfalls ein Element der Gruppe mit dem zugehörigen Generator[16] $aG + a'G'$. Mit anderen Worten, jede Linearkombination zweier Generatoren bildet einen neuen Generator, der offensichtlich auch in $\mathcal{G}$ liegt. Aber nicht nur die Linearkombination von Generatoren, auch der Kommutator zweier Generatoren liegt wieder in dem $m$-dimensionalen, durch die Generatoren der Gruppe aufgespannten Vektorraum $\mathcal{G}$. Zum Beweis entwickeln wir das folgende Produkt von Gruppenelementen[17] bis zur zweiten Ordnung in $\xi^2$

$$\begin{aligned} e^{\xi G} e^{\xi G'} e^{-\xi G} e^{-\xi G'} &= \left(\hat{1} + \xi G + \frac{\xi^2}{2} G^2\right)\left(\hat{1} + \xi G' + \frac{\xi^2}{2} G'^2\right) \\ &\times \left(\hat{1} - \xi G + \frac{\xi^2}{2} G^2\right)\left(\hat{1} - \xi G' + \frac{\xi^2}{2} G'^2\right) + o(\xi^3) \\ &= \hat{1} + \xi^2 G G' - \xi^2 G' G + o(\xi^3) \\ &= \hat{1} + \xi^2 \left[G, G'\right] + o(\xi^3) \end{aligned} \tag{6.34}$$

Mit dem neuen Parameter $\eta = \xi^2$ ist dann der Kommutator $[G, G']$ der Generator[18], der durch das vierfache Produkt $e^{\xi G} e^{\xi G'} e^{-\xi G} e^{-\xi G'}$ definierten eindimensionalen Schar und somit ein Element des Raumes $\mathcal{G}$.

Wir können somit jetzt $m$ linear unabhängige Generatoren $G_i$ auswählen und als Basis des linearen Vektorraumes $\mathcal{G}$ deklarieren. Dann ist jeder Generator eine beliebige Linearkombination der $m$ Basisgeneratoren. Da jeder Kommutator von Generatoren wieder ein Generator ist und demzufolge in $\mathcal{G}$ liegt, gilt insbesondere für den Kommutator der Basisgeneratoren

$$[G_i, G_j] = \sum_{k=1}^{m} c_{ij}^k G_k \tag{6.35}$$

wobei die basisabhängigen Koeffizienten $c_{ij}^k$ auch als *Strukturkonstanten* bezeichnet werden. Verschwinden alle Strukturkonstanten, dann ist die zugehörige Lie-Gruppe eine Abel'sche Gruppe.

Wir kommen jetzt zu dem anfänglich erwähnten Problem zurück, dass jedes Gruppenelement einer Lie-Gruppe mit einem zusammenhängenden Parameterraum aus den Generatoren aufgebaut werden kann. Dazu betrachten wir einen beliebigen einparametrigen Weg $a(\xi)$ im Parameterraum und die zugehörigen Matrizen $M(\xi) = M(a(\xi))$. Der Weg soll dabei so gewählt sein, dass für $\xi = 0$ das Einselement $M(0) = M(a(0)) = \hat{1}$ erreicht wird.

Jede Matrix $M(\xi + d\xi)$ entlang dieses Weges geht aus einem infinitesimalen entfernten Vorgänger $M(\xi)$ durch die Multiplikation mit einer Matrix $M'(d\xi)$

**16)** Man erhält diesen Generator durch direkte Anwendung von (6.22).

**17)** das natürlich selbst wieder ein Gruppenelement ist

**18)** Auch jetzt bestimmt man den Generator am besten über die Definitionsgleichung (6.22), allerdings mit dem neuen Parameter $\eta$.

hervor, die sich in unmittelbarer Nähe des Einselements befinden muss, also $M(\xi + d\xi) = M(\xi)M'(d\xi)$. Wir nehmen ferner an, dass sich das Gruppenelement $M(\xi)$ durch einer Linearkombination aus $m$ linear unabhängigen Generatoren der Gruppe mit den $m$ skalaren Parametern $u_i(\xi)$ als Koeffizienten entsprechend

$$M(\xi) = \exp\left\{\sum_{i=1}^{m} G_i u_i(\xi)\right\} \tag{6.36}$$

darstellen lässt. Das ist nach unseren bisherigen Überlegungen in diesem Abschnitt zumindest richtig, solange sich $M(\xi)$ in der unmittelbaren Umgebung der Einheitsmatrix befindet. Können wir jetzt zeigen, dass auch die Matrix $M(\xi + d\xi)$ in eine Darstellung (6.36) gebracht werden kann, dann haben wir die obige Aussage in Form eines Induktionsbeweises bestätigt. Dazu müssen wir nur beachten, dass die Matrix $M'(d\xi)$ bis auf Terme der Ordnung $d\xi^2$ als

$$M'(d\xi) = \hat{1} + d\xi \sum_{i=1}^{m} G_i a_i = \exp\left\{d\xi \sum_{i=1}^{m} G_i a_i\right\} \tag{6.37}$$

mit skalaren Koeffizienten $a_i$ geschrieben werden kann. Beachtet man die *Baker-Campbell-Hausdorff-Formel*

$$\mathrm{e}^A \mathrm{e}^B = \mathrm{e}^{f(A,B)} \tag{6.38}$$

mit

$$f(A,B) = A + B + \frac{1}{2}[A,B] + \frac{1}{12}\{[A,[A,B]] + [[A,B],B]\} + \ldots \tag{6.39}$$

dann kann das Produkt $M(\xi)M'(d\xi)$ mit der Identifikation

$$A = \sum_{i=1}^{m} G_i u_i(\xi) \qquad \text{und} \qquad B = d\xi \sum_{i=1}^{m} G_i a_i \tag{6.40}$$

als $\exp\{f(A,B)\}$ dargestellt werden. Dabei ist $f(A,B)$ eine Linearkombination der Basisgeneratoren $G_i$ und von Kommutatoren verschiedener Ordnung der $G_i$. Wegen (6.35) können alle auftretenden Kommutatoren ebenfalls auf Linearkombinationen der Basisgeneratoren zurückgeführt werden, so dass letztendlich

$$f(A,B) = \sum_{i=1}^{m} G_i u_i(\xi + d\xi) \tag{6.41}$$

folgt, mit gegenüber den Koeffizienten $u_i(\xi)$ der Matrix $M(\xi)$ infinitesimal veränderten Größen $u_i(\xi + d\xi)$. Damit wird auch die Matrix $M(\xi + d\xi)$ vollständig aus den Generatoren $G_i$ der Gruppe aufgebaut. Die sukzessive

Fortsetzung dieser Prozedur führt schließlich dazu, dass jedes Gruppenelement $M$ einer Lie-Gruppe, das entlang einer kontinuierlichen Kurve im $m$-dimensionalen Parameterraum ausgehend vom Einselement erreichbar ist, durch

$$M = \exp\left\{\sum_{i=1}^{m} G_i u_i\right\} = \mathrm{e}^{\boldsymbol{u}\boldsymbol{G}} \tag{6.42}$$

dargestellt werden kann, wobei wir im letzten Schritt die Koeffizienten $u_i$ und die Generatoren $G_i$ zu Vektoren $\boldsymbol{u} = (u_1, ..., u_m)$ bzw. $\boldsymbol{G} = (G_1, ..., G_m)$ zusammengefasst haben. Da bei einer vorgegebenen Basis von Generatoren der Gruppe stets eine eindeutige Zuordnung zwischen dem Gruppenelement $M$ und den Koeffizienten $u_i$ besteht, kann man auch den Koeffizientenvektor $\boldsymbol{u}$ als $m$-dimensionalen Parametersatz der Gruppe verstehen.

#### 6.2.3.3 *Die Gruppe $\mathrm{SO}(3)$

Diese Gruppe entspricht der Menge aller dreidimensionalen orthogonalen Matrizen. Alle diese Matrizen vermitteln Drehungen im dreidimensionalen Raum. Um die Generatoren zu berechnen, benötigt man eine geeignete Parametrisierung. Dazu könnte man die Darstellung der Drehmatrizen mit Hilfe der Euler'schen Winkel[19] benutzen. Da sich diese Drehungen aber teilweise auf ein körperfestes Bezugssystem beziehen, das im Rahmen der quantenmechanischen Beschreibung von Partikeln weniger sinnvoll ist, wählt man meistens eine einfachere Form. Prinzipiell kann man jede Rotation auch als Superposition von Drehungen um die drei Achsen eines raumfesten Bezugsystems mit den Drehwinkeln $\varphi$, $\psi$ und $\vartheta$ darstellen, wobei allerdings die Reihenfolge dieser Elementardrehungen zu beachten ist. Jede dieser Elementardrehungen für sich bildet eine einparametrige Schar der Gruppe $\mathrm{SO}(3)$, die jeweils kontinuierlich mit dem Einselement, d. h. der dreidimensionalen Einheitsmatrix, zusammenhängt. Da diese Drehungen durch

$$O_x = \begin{pmatrix} 1 & 0 & 0 \\ 0 & \cos\varphi & \sin\varphi \\ 0 & -\sin\varphi & \cos\varphi \end{pmatrix} \qquad O_y = \begin{pmatrix} \cos\psi & 0 & -\sin\psi \\ 0 & 1 & 0 \\ \sin\psi & 0 & \cos\psi \end{pmatrix} \tag{6.43}$$

und

$$O_z = \begin{pmatrix} \cos\vartheta & \sin\vartheta & 0 \\ -\sin\vartheta & \cos\vartheta & 0 \\ 0 & 0 & 1 \end{pmatrix} \tag{6.44}$$

beschrieben werden, erhalten wir mit (6.22) sofort die drei Generatoren

$$G_x = \begin{pmatrix} 0 & 0 & 0 \\ 0 & 0 & 1 \\ 0 & -1 & 0 \end{pmatrix} \quad G_y = \begin{pmatrix} 0 & 0 & -1 \\ 0 & 0 & 0 \\ 1 & 0 & 0 \end{pmatrix} \quad G_z = \begin{pmatrix} 0 & 1 & 0 \\ -1 & 0 & 0 \\ 0 & 0 & 0 \end{pmatrix} \tag{6.45}$$

**19**) siehe Band I, Kap. 8.2.2

die den Vertauschungsrelationen

$$\left[G_\alpha, G_\beta\right] = -\varepsilon_{\alpha\beta\gamma} G_\gamma \tag{6.46}$$

genügen. Mit diesen Generatoren lautet die Darstellung einer beliebigen Matrix der Gruppe $\mathrm{SO}(3)$

$$O = \exp\left\{\theta_x G_x + \theta_y G_y + \theta_z G_z\right\} = \mathrm{e}^{\boldsymbol{\theta G}} \tag{6.47}$$

Bis auf einen skalaren Faktor stimmen die Vertauschungsrelationen (6.46) mit den Vertauschungsrelationen der Komponenten des Drehimpulsoperators[20], also $\left[\hat{L}_\alpha, \hat{L}_\beta\right] = i\hbar\varepsilon_{\alpha\beta\gamma}\hat{L}_\gamma$, überein. Setzt man $\hat{L}_\alpha = -i\hbar G_\alpha$, dann folgt aus dieser Beziehung sofort (6.46). Im Gegensatz zur ursprünglichen Matrizendarstellung haben wir mit den Drehimpulsoperatoren eine Operatordarstellung der Gruppe $\mathrm{SO}(3)$ vorliegen. Man kann auch höherdimensionale Matrixdarstellungen dieser Gruppe finden. Dazu stellt man z. B. die Kommutationsrelationen des Drehimpulses in der Basis der Eigenfunktionen von $\hat{L}_z$ und $\hat{\boldsymbol{L}}^2$, also $|l, m\rangle$, dar

$$\sum_{l'',m''} \left[\langle l,m|\,\hat{L}_\alpha\,|l'',m''\rangle\,\langle l'',m''|\,\hat{L}_\beta\,|l',m'\rangle\right.$$
$$\left. -\ \langle l,m|\,\hat{L}_\beta\,|l'',m''\rangle\,\langle l'',m''|\,\hat{L}_\alpha\,|l',m'\rangle\right] = i\hbar\varepsilon_{\alpha\beta\gamma}\,\langle l,m|\,\hat{L}_\gamma\,|l',m'\rangle \tag{6.48}$$

Da die Wirkung der drei Komponenten $\hat{L}_\alpha$ auf den Zustand $|l, m\rangle$ die Drehimpulsquantenzahl $l$ nicht ändert[21], verschwinden wegen der Orthogonalität der Basisfunktionen entweder beide Seiten von (6.48) oder wir erhalten für $l = l'$

$$\sum_{m''} \left[\langle l,m|\,\hat{L}_\alpha\,|l,m''\rangle\,\langle l,m''|\,\hat{L}_\beta\,|l,m'\rangle\right.$$
$$\left. -\ \langle l,m|\,\hat{L}_\beta\,|l,m''\rangle\,\langle l,m''|\,\hat{L}_\alpha\,|l,m'\rangle\right] = i\hbar\varepsilon_{\alpha\beta\gamma}\,\langle l,m|\,\hat{L}_\gamma\,|l,m'\rangle \tag{6.49}$$

Da andererseits die Quantenzahl $m$ von $-l$ bis $l$ läuft, bilden alle Matrixelemente $(L_\alpha)_{mm'} = \langle l,m|\,\hat{L}_\alpha\,|l,m'\rangle$ eine $(2l+1)$-dimensionale Matrix, deren Vertauschungsrelationen bis auf einen unwesentlichen Vorfaktor[22] mit den Generatoren der Gruppe $\mathrm{SO}(3)$ übereinstimmen. So entsteht für $l = 0$ eine triviale

**20**) Siehe Band III, Kap. 6.5.1

**21**) Für die z-Komponente gilt $\hat{L}_z\,|l,m\rangle = i\hbar m\,|l,m\rangle$. Die anderen beiden Komponenten zerlegt man am besten in die Leiteroperatoren $\hat{L}_\pm$. Da nach Band III (6.103) und (6.104) bis auf den Vorfaktor $\hat{L}_\pm\,|l,m\rangle \sim |l, m\pm 1\rangle$ gilt und $\hat{L}_x$ bzw. $\hat{L}_y$ Linearkombinationen der Leiteroperatoren sind, entstehen bei der Anwendung von $\hat{L}_x$ bzw. $\hat{L}_y$ auf einen Zustand $|l,m\rangle$ nur Linearkombinationen aus Eigenfunktionen mit dem gleichen $l$ und verändertem $m$.

**22**) der durch Reskalierung entsprechend $(L_\alpha)_{mm'} = -i\hbar\,(G_\alpha)_{mm'}$ eliminierbar ist

Identität, die nicht auf eine Lie-Gruppe führt[23], für $l = 1$ gelangen wir zu den Generatoren

$$G_x = \frac{i}{\sqrt{2}} \begin{pmatrix} 0 & 1 & 0 \\ 1 & 0 & 1 \\ 0 & 1 & 0 \end{pmatrix} \quad G_y = \frac{1}{\sqrt{2}} \begin{pmatrix} 0 & -1 & 0 \\ 1 & 0 & -1 \\ 0 & 1 & 0 \end{pmatrix} \quad G_z = i \begin{pmatrix} -1 & 0 & 0 \\ 0 & 0 & 0 \\ 0 & 0 & 1 \end{pmatrix} \tag{6.50}$$

die eine von (6.45) verschiedene dreidimensionale Darstellung der Generatoren der Gruppe $\mathbb{SO}(3)$ bilden, durch eine unitäre Transformation aber in diese überführt werden können. Für $l = 2$ erhalten wir die 5-dimensionalen Generatoren

$$G_x = i \begin{pmatrix} 0 & 1 & 0 & 0 & 0 \\ 1 & 0 & \frac{\sqrt{6}}{2} & 0 & 0 \\ 0 & \frac{\sqrt{6}}{2} & 0 & \frac{\sqrt{6}}{2} & 0 \\ 0 & 0 & \frac{\sqrt{6}}{2} & 0 & 1 \\ 0 & 0 & 0 & 1 & 0 \end{pmatrix} \quad G_y = \begin{pmatrix} 0 & -1 & 0 & 0 & 0 \\ 1 & 0 & -\frac{\sqrt{6}}{2} & 0 & 0 \\ 0 & \frac{\sqrt{6}}{2} & 0 & -\frac{\sqrt{6}}{2} & 0 \\ 0 & 0 & \frac{\sqrt{6}}{2} & 0 & -1 \\ 0 & 0 & 0 & 1 & 0 \end{pmatrix} \tag{6.51}$$

sowie

$$G_z = i \begin{pmatrix} -2 & 0 & 0 & 0 & 0 \\ 0 & -1 & 0 & 0 & 0 \\ 0 & 0 & 0 & 0 & 0 \\ 0 & 0 & 0 & 1 & 0 \\ 0 & 0 & 0 & 0 & 2 \end{pmatrix} \tag{6.52}$$

Mit diesen Generatoren haben wir eine höherdimensionale Darstellung der Gruppe $\mathbb{SO}(3)$ gewonnen. Natürlich kann man durch Berechnung der Matrixelemente der Komponenten des Drehimpulsoperators für $l > 2$ die Dimension der Darstellung noch beliebig weiter erhöhen.

#### 6.2.3.4 *Die Gruppe $\mathbb{SU}(2)$

Diese Gruppe ist die Menge aller unitären $2 \times 2$-Matrizen mir der Determinante 1. Sie besitzt einen 3-dimensionalen Parameterraum, der aus den Winkeln $\phi$, $\psi$ und $\theta$ gebildet wird. Jedem Punkt des Parameterraums ist eindeutig eine Matrix

$$U = \begin{pmatrix} e^{i\phi} \cos\theta & e^{i\psi} \sin\theta \\ -e^{-i\psi} \sin\theta & e^{-i\phi} \cos\theta \end{pmatrix} \tag{6.53}$$

zugeordnet. Dabei entspricht $\theta = \phi = 0$ dem Einselement. Da hierbei $\psi$ beliebig gewählt werden kann, entspricht dem Einselement eine eindimensionale

23) Alle Gruppenelemente werden auf 0 abgebildet, so dass eine wesentliche Eigenschaft der Lie-Gruppen, nämlich der analytische Zusammenhang zwischen den Parametern der einzelnen Elemente bei der Gruppenmultiplikation, nicht mehr gegeben ist.

Kurve im Parameterraum. Die Entwicklung um das Einselement liefert für kleine Werte $\theta$ und $\phi$

$$U = \hat{1} + i\phi\hat{\sigma}_z + i\theta\cos\psi\hat{\sigma}_y + i\theta\sin\psi\hat{\sigma}_x \tag{6.54}$$

wobei die $\hat{\sigma}_\alpha$ (mit $\alpha = x, y, z$) die Pauli-Matrizen sind. Mit den neuen Parametern $a_x = \theta\sin\psi$, $a_y = \theta\cos\psi$ und $a_z = \phi$ können wir auch $U = \hat{1} + ia_\alpha\hat{\sigma}_\alpha$ schreiben. Die drei Generatoren der Gruppe $\mathbb{SU}(2)$ stimmen dann bis auf den Faktor $i$ mit den Pauli-Matrizen überein, also $G_\alpha = i\hat{\sigma}_\alpha$. Jedes Element aus $\mathbb{SU}(2)$ lässt sich damit in der Form

$$U = \mathrm{e}^{\boldsymbol{u}\boldsymbol{G}} = \mathrm{e}^{i\boldsymbol{u}\hat{\boldsymbol{\sigma}}} \tag{6.55}$$

mit $\boldsymbol{u} = (u_x, u_y, u_z)$ und $\boldsymbol{G} = (G_x, G_y, G_z)$ schreiben. Die Generatoren sind durch die Kommutationsrelationen

$$[G_\alpha, G_\beta] = -2\varepsilon_{\alpha\beta\gamma}G_\gamma \tag{6.56}$$

miteinander verbunden. Diese Kommutationsrelation wird aber bis auf Vorfaktoren auch von den Komponenten des Drehimpulses und damit den Generatoren der Gruppe $\mathbb{SO}(3)$ erfüllt. Man spricht deshalb auch von einer lokalen Äquivalenz der Gruppen $\mathbb{SU}(2)$ und $\mathbb{SO}(3)$. Es handelt sich hierbei aber um keinen Isomorphismus, da die globalen topologischen Strukturen der Parameterräume[24] verschieden sind.

#### 6.2.3.5 *Die Gruppe $\mathbb{SU}(3)$

Diese Gruppe besitzt 8 unabhängige Generatoren. Man verwendet zu deren Darstellung oft die $3 \times 3$-dimensionalen Gell-Mann-Matrizen $\lambda_i$, die mit den Generatoren über $G_i = i\lambda_i$ verbunden sind. Nach den Überlegungen in den vorangegangenen Abschnitten müssen die Generatoren antihermitesch und spurfrei sein. Die Berechnung dieser Matrizen erfolgt analog zum Vorgehen zur Bestimmung der Generatoren der Gruppe $\mathbb{SU}(2)$ im vorangegangenen Abschnitt. Da aber die Parameterdarstellung der Elemente der Gruppe $\mathbb{SU}(3)$ wesentlich komplizierter als (6.53) ist, geben wir hier nur das Ergebnis an. Die Gell-Mann-Matrizen lauten

$$\lambda_1 = \begin{pmatrix} 0 & 1 & 0 \\ 1 & 0 & 0 \\ 0 & 0 & 0 \end{pmatrix} \quad \lambda_2 = \begin{pmatrix} 0 & -i & 0 \\ i & 0 & 0 \\ 0 & 0 & 0 \end{pmatrix} \quad \lambda_3 = \begin{pmatrix} 1 & 0 & 0 \\ 0 & -1 & 0 \\ 0 & 0 & 0 \end{pmatrix} \tag{6.57}$$

**24**) Wir bemerken an dieser Stelle, dass beide Parameterräume kompakt sind, weil etwa die Verschiebung der Winkel um Vielfache von $2\pi$ das gleiche Gruppenelement erzeugt.

sowie

$$\lambda_4 = \begin{pmatrix} 0 & 0 & 1 \\ 0 & 0 & 0 \\ 1 & 0 & 0 \end{pmatrix} \quad \lambda_5 = \begin{pmatrix} 0 & 0 & -i \\ 0 & 0 & 0 \\ i & 0 & 0 \end{pmatrix} \quad \lambda_6 = \begin{pmatrix} 0 & 0 & 0 \\ 0 & 0 & 1 \\ 0 & 1 & 0 \end{pmatrix}$$

$$\lambda_7 = \begin{pmatrix} 0 & 0 & 0 \\ 0 & 0 & -i \\ 0 & i & 0 \end{pmatrix} \quad \lambda_8 = \frac{1}{\sqrt{3}} \begin{pmatrix} 1 & 0 & 0 \\ 0 & 1 & 0 \\ 0 & 0 & -2 \end{pmatrix} \tag{6.58}$$

Die Vertauschungsrelationen der 8 linear unabhängigen Generatoren und damit der Gell-Mann-Matrizen lassen sich in der Form (6.35), also als

$$[\lambda_i, \lambda_j] = \sum_{k=1}^{8} c_{ij}^k \lambda_k = 2i \sum_{k=1}^{8} C_{ij}^k \lambda_k \tag{6.59}$$

schreiben. Die hier auftretenden $8^3$ Strukturkonstanten sind vollständig antisymmetrisch und in ihren Indizes zyklisch vertauschbar, d. h. es gilt

$$C_{ij}^k = C_{ki}^j = C_{jk}^i = -C_{ji}^k = -C_{ik}^j = -C_{kj}^i \tag{6.60}$$

Von den verbleibenden noch unabhängigen Strukturkonstanten verschwinden alle bis auf

$$C_{12}^3 = 1 \quad C_{14}^7 = C_{24}^6 = C_{25}^7 = C_{34}^5 = C_{51}^6 = C_{63}^7 = \frac{1}{2} \quad C_{45}^8 = C_{67}^8 = \frac{\sqrt{3}}{2} \tag{6.61}$$

Die Elemente der Gruppe $\mathbb{SU}(3)$ lassen sich unter Verwendung der Generatoren auch als

$$U = \exp\{\boldsymbol{u}\boldsymbol{G}\} = \exp\left\{\sum_{n=1}^{8} u_n G_n\right\} = \exp\left\{i \sum_{n=1}^{8} u_n \lambda_n\right\} \tag{6.62}$$

schreiben. Die ersten drei Gell-Mann-Matrizen (6.57) haben übrigens die Vertauschungsrelationen der Gruppe $\mathbb{SU}(2)$. Somit bildet die Gruppe $\mathbb{SU}(2)$ eine Untergruppe von $\mathbb{SU}(3)$. Außerdem lässt sich aus den beiden Diagonalmatrizen $\lambda_3$ und $\lambda_8$ eine zweiparametrige Abel'sche Untergruppe von $\mathbb{SU}(3)$ konstruieren.

## 6.3 *Teilchenzustände

### 6.3.1 *Spin-1/2-Teilchen

Leptonen und Quarks sind Fermionen mit dem Spin 1/2. In der Ortsdarstellung werden diese Partikel durch Spinoren $\psi$ beschrieben. Während im relativistischen Fall die Spinoren von Teilchen und Antiteilchen über die Dirac-Gleichung miteinander koppeln, genügen im nichtrelativistischen Grenzfall die Spinoren beider Teilchen einer separaten Pauli-Gleichung. Wir wollen uns hier nur auf den nichtrelativistischen Fall konzentrieren. Die Transformation von einem Spinzustand in einen anderen, etwa bei der Drehung des Koordinatensystems[25], wird durch unitäre $2 \times 2$-Matrizen $\widetilde{U}$ vermittelt, also $\psi' = \widetilde{U}\psi$. Die Unitarität verlangt, dass die Determinante von $\widetilde{U}$ den Betrag 1 hat, also $\det \widetilde{U} = \exp\{i\phi\}$, wobei $\phi$ eine reelle Zahl ist. Dann kann man für die $2 \times 2$-Matrix $\widetilde{U}$ aber auch $\widetilde{U} = \exp\{i\phi/2\}\, U$ schreiben, wobei $\det U = 1$ gilt. Da wir folglich die Spinortransformation auch in die Form $\psi' = \exp\{i\phi/2\}\, U\psi$ bringen können und der Phasenfaktor $\exp\{i\phi/2\}$ physikalisch irrelevant ist, können wir uns bei der Transformation zwischen zwei Spinzuständen $\psi$ und $\psi'$ auf das formale Transformationsgesetz $\psi' = U\psi$ mit $\det U = 1$ beschränken. Man sagt deshalb auch, dass Spinortransformationen vollständig durch die Elemente der Gruppe $\mathbb{SU}(2)$ realisiert werden.

Spinoren lassen sich aus den gemeinsamen Eigenfunktionen

$$\chi_+ = \left|\frac{1}{2},\frac{1}{2}\right\rangle = \begin{pmatrix} 1 \\ 0 \end{pmatrix} \quad \text{und} \quad \chi_- = \left|\frac{1}{2},-\frac{1}{2}\right\rangle = \begin{pmatrix} 0 \\ 1 \end{pmatrix} \tag{6.63}$$

des Quadrats des Spinoperators $\hat{\mathbf{S}}^2$ und der $z$-Komponente $\hat{S}_z$ aufbauen[26], wobei als Koeffizienten die jeweiligen Anteile der Wellenfunktion in der Ortsdarstellung verwendet werden. Somit lautet der Spinor eines Fermions

$$\psi(x,t) = \psi_+(x,t)\left|\frac{1}{2},\frac{1}{2}\right\rangle + \psi_-(x,t)\left|\frac{1}{2},-\frac{1}{2}\right\rangle = \begin{pmatrix} \psi_+(x,t) \\ \psi_-(x,t) \end{pmatrix} \tag{6.64}$$

Werden mehrere Fermionen zu einem gemeinsamen mikroskopischen Objekt vereinigt, dann müssen auch die Spinoren entsprechend kombiniert werden. Dazu können die in Band III abgeleiteten Regeln für die Zusammensetzung von Drehimpulsen[27] genutzt werden. So ergeben sich aus der Kombination von zwei Spin-1/2-Teilchen die drei symmetrischen Zustände

$$|1,1\rangle = \chi_+ \otimes \chi_+\,,\ |1,0\rangle = \frac{1}{\sqrt{2}}\left(\chi_+ \otimes \chi_- + \chi_- \otimes \chi_+\right),\ |1,-1\rangle = \chi_- \otimes \chi_- \tag{6.65}$$

und der antisymmetrische Zustand

$$|0,0\rangle = \frac{1}{\sqrt{2}}\left(\chi_+ \otimes \chi_- - \chi_- \otimes \chi_+\right) \tag{6.66}$$

wobei wir zur besseren Darstellung wieder das Tensorprodukt[28] verwendet haben. Addiert man zu diesen System ein weiteres Fermion, dann findet man

**25**) siehe Band III, Kap 9.2.3
**26**) Wir benutzen in den folgenden Abschnitten wieder die in Band III, Kap. 9.2.1 eingeführte Dirac-Schreibweise.
**27**) siehe Band III, Kap. 9.3.5 und 9.3.6
**28**) siehe Band III, Kap. 10.4.2

insgesamt $2^3$ verschiedene Eigenzustände für den Gesamtspin, nämlich die vier vollständig symmetrischen Zustände

$$\begin{aligned}
\left|\frac{3}{2},\frac{3}{2}\right\rangle &= \chi_+ \otimes \chi_+ \otimes \chi_+ \quad , \quad \left|\frac{3}{2},-\frac{3}{2}\right\rangle = \chi_- \otimes \chi_- \otimes \chi_- \\
\left|\frac{3}{2},\frac{1}{2}\right\rangle &= \frac{1}{\sqrt{3}}\left[\chi_+ \otimes \chi_+ \otimes \chi_- + \chi_+ \otimes \chi_- \otimes \chi_+ + \chi_- \otimes \chi_+ \otimes \chi_+\right] \\
\left|\frac{3}{2},-\frac{1}{2}\right\rangle &= \frac{1}{\sqrt{3}}\left[\chi_- \otimes \chi_- \otimes \chi_+ + \chi_- \otimes \chi_+ \otimes \chi_- + \chi_+ \otimes \chi_- \otimes \chi_-\right]
\end{aligned} \tag{6.67}$$

und weitere vier Zustände, die keine vollständige Symmetrie aufweisen, nämlich

$$\begin{aligned}
\left|\frac{1}{2},\frac{1}{2}\right\rangle &= \frac{1}{\sqrt{6}}\left(\chi_+ \otimes \chi_- + \chi_- \otimes \chi_+\right) \otimes \chi_+ - \sqrt{\frac{2}{3}}\chi_+ \otimes \chi_+ \otimes \chi_- \\
\left|\frac{1}{2},\frac{1}{2}\right\rangle &= \frac{1}{\sqrt{2}}\left(\chi_+ \otimes \chi_- - \chi_- \otimes \chi_+\right) \otimes \chi_+
\end{aligned} \tag{6.68}$$

sowie

$$\begin{aligned}
\left|\frac{1}{2},-\frac{1}{2}\right\rangle &= \sqrt{\frac{2}{3}}\chi_- \otimes \chi_- \otimes \chi_+ - \frac{1}{\sqrt{6}}\left(\chi_+ \otimes \chi_- + \chi_- \otimes \chi_+\right) \otimes \chi_- \\
\left|\frac{1}{2},-\frac{1}{2}\right\rangle &= \frac{1}{\sqrt{2}}\left(\chi_+ \otimes \chi_- - \chi_- \otimes \chi_+\right) \otimes \chi_-
\end{aligned} \tag{6.69}$$

Sowohl die beiden Zustände (6.68) als auch die beiden Zustände (6.69) sind bzgl. des Quadrats $\hat{J}^2$ des Gesamtspinoperators und seiner $z$-Komponente $\hat{J}_z$ entartet. Wir können also durch Linearkombinationen der beiden Eigenzustände zu neuen Eigenzuständen gelangen. So gelangt man z. B. zu den Zuständen

$$\begin{aligned}
\left|\frac{1}{2},\frac{1}{2}\right\rangle &= \frac{1}{\sqrt{2}}\chi_+ \otimes \left(\chi_+ \otimes \chi_- - \chi_- \otimes \chi_+\right) \\
\left|\frac{1}{2},\frac{1}{2}\right\rangle &= \frac{1}{\sqrt{2}}\left(\chi_+ \otimes \chi_- - \chi_- \otimes \chi_+\right) \otimes \chi_+
\end{aligned} \tag{6.70}$$

und

$$\begin{aligned}
\left|\frac{1}{2},-\frac{1}{2}\right\rangle &= \frac{1}{\sqrt{2}}\chi_- \otimes \left(\chi_- \otimes \chi_+ - \chi_+ \otimes \chi_-\right) \\
\left|\frac{1}{2},-\frac{1}{2}\right\rangle &= \frac{1}{\sqrt{2}}\left(\chi_+ \otimes \chi_- - \chi_- \otimes \chi_+\right) \otimes \chi_-
\end{aligned} \tag{6.71}$$

die entweder wie die jeweils erste Kombination antisymmetrisch im Spinpaar $(2,3)$ oder wie die jeweils zweite Kombination antisymmetrisch im Spinpaar

$(1,2)$ sind. Wir bemerken, dass sich aus diesen Zuständen durch geeignete Linearkombinationen auch Spinzustände erzeugen lassen, die antisymmetrisch bzgl. des Spinpaars $(1,3)$ sind.

## 6.3.2 *Isospin-Klassifizierung

### 6.3.2.1 *Nukleonen

Der Massenunterschied zwischen Proton und Neutron beträgt weniger als $0,15\%$. Zudem sind beide Teilchen Fermionen. Deshalb schlug Heisenberg 1932 vor, beide Teilchen als zwei verschiedene Zustände eines einzigen Teilchens, des sogenannten Nukleons, zu betrachten. In Anlehnung an die Theorie des Spins ordnet man dem Nukleon einen Isospin[29] zu. Der entsprechende Zustand kann ebenfalls als zweidimensionaler Spinor geschrieben werden

$$\psi = \begin{pmatrix} \psi_p \\ \psi_n \end{pmatrix} = \psi_p \left|p\right\rangle + \psi_n \left|n\right\rangle \tag{6.72}$$

wobei wir die beiden Isospin-Basiszustände

$$\left|p\right\rangle = \begin{pmatrix} 1 \\ 0 \end{pmatrix} \quad \text{und} \quad \left|n\right\rangle = \begin{pmatrix} 0 \\ 1 \end{pmatrix} \tag{6.73}$$

eingeführt haben, die den sogenannten Isospinraum aufspannen. Transformationen in diesem Raum werden als durch unitäre Matrizen vermittelte Drehungen verstanden. Aus den gleichen Gründen wie im vorangegangenen Abschnitt gibt es eine eindeutige Zuordnung zwischen den zulässigen Drehungen und den Elementen der Gruppe $\mathbb{SU}(2)$. Wir können deshalb aus dem Isospinor $\psi$ einen neuen Isospinor entsprechend (6.55), also

$$\psi' = \mathrm{e}^{\boldsymbol{u}\boldsymbol{G}}\psi = \mathrm{e}^{i\boldsymbol{u}\hat{\boldsymbol{\sigma}}}\psi \tag{6.74}$$

erzeugen. Schreiben wir den dreidimensionalen Parametervektor $\boldsymbol{u}$ in der Form $\boldsymbol{u} = \phi\boldsymbol{n}$ mit $\boldsymbol{n} = (n_1, n_2, n_3)$ und $|\boldsymbol{n}| = 1$, dann erhalten wir[30]

$$\psi' = \begin{pmatrix} \psi'_p \\ \psi'_n \end{pmatrix} = \begin{pmatrix} [\cos\phi + in_3\sin\phi]\,\psi_p + [(in_1 + n_2)\sin\phi]\,\psi_n \\ [(in_1 - n_2)\sin\phi]\,\psi_p + [\cos\phi - in_3\sin\phi]\,\psi_n \end{pmatrix} \tag{6.75}$$

**29**) Der Begriff Isospin stammt ursprünglich von dem etwas unglücklich gewählten Begriff isotopischer Spin, denn Isotope besitzen stets eine unterschiedliche Zahl von Nukleonen, aber die gleiche Kernladungszahl. Der Isospin ist aber eine sinnvolle Größe zur Charakterisierung von Atomkernen fester Nukleonenzahl und variabler Kernladungszahl. In der Kernphysik ist deshalb auch der Begriff isobarer Spin gebräuchlich.

**30**) vergleiche Band III, Aufgabe 9.4

Da der Isospinor nicht mit einer räumlichen Orientierung verbunden ist, verwendet man anstelle der Pauli-Matrizen häufig die Isospinoperatoren

$$\hat{I}_1 = \frac{1}{2}\hat{\sigma}_x \qquad \hat{I}_2 = \frac{1}{2}\hat{\sigma}_y \qquad \hat{I}_3 = \frac{1}{2}\hat{\sigma}_z \tag{6.76}$$

mit denen man die durch die Indizes $x$, $y$ und $z$ der Pauli-Matrizen entstehenden Assoziationen mit einer räumlichen Orientierung vermeiden möchte. Ebenfalls in Analogie zum Spin gilt

$$\hat{\boldsymbol{I}}^2\psi = \frac{3}{4}\psi \qquad \text{und} \qquad \hat{I}_3\,|p\rangle = \frac{1}{2}\,|p\rangle \qquad \text{sowie} \qquad \hat{I}_3\,|n\rangle = -\frac{1}{2}\,|n\rangle \tag{6.77}$$

Natürlich ist die Zuordnung des Zustands $|p\rangle$ zum Proton und des Zustands $|n\rangle$ zum Neutron nur eine Frage der Konvention. Es ist allgemein aber üblich, Partikel mit einer höheren elektrischen Ladung auch mit einem höheren Eigenwert der Isospinkomponente $I_3$ zu verbinden.

Der Isospin genügt den gleichen Additionsregeln wie der Spin. Der Gesamtisospinzustand eines solchen Systems kann[31] durch die gemeinsamen Eigenfunktionen $|I, I_3\rangle$ des Quadrats des Gesamtisospins $\hat{\boldsymbol{I}}^2$ und durch die dritte Komponente des Gesamtisospins $\hat{I}_3$ charakterisiert werden[32]. Die jeweiligen Eigenwertgleichungen lauten deshalb

$$\hat{\boldsymbol{I}}^2\,|I, I_3\rangle = I(I+1)\,|I, I_3\rangle \qquad \text{und} \qquad \hat{I}_3\,|I, I_3\rangle = I_3\,|I, I_3\rangle \tag{6.78}$$

Aus diesem Grund findet man für einen System aus zwei Nukleonen die drei symmetrischen Isospinzustände

$$|1,1\rangle = |p\rangle \otimes |p\rangle \qquad |1,-1\rangle = |n\rangle \otimes |n\rangle \tag{6.79}$$

sowie

$$|1,0\rangle = \frac{1}{\sqrt{2}}\left(|p\rangle \otimes |n\rangle + |n\rangle \otimes |p\rangle\right) \tag{6.80}$$

und den antisymmetrischen Zustand

$$|0,0\rangle = \frac{1}{\sqrt{2}}\left(|p\rangle \otimes |n\rangle - |n\rangle \otimes |p\rangle\right) \tag{6.81}$$

Da Bindungszustände zwischen zwei Protonen oder zwei Neutronen unbekannt sind, repräsentieren die beiden Zustände (6.79) keine stabilen Objekte.

**31**) in Analogie zum Gesamtdrehimpuls oder Gesamtspin eines Systems zusammengesetzter Partikel

**32**) Im Gegensatz zum Drehimpuls einzelner Partikel $\hat{\boldsymbol{L}}$ und dem Gesamtdrehimpuls $\hat{\boldsymbol{J}}$ des aus ihnen zusammengesetzten Systems verzichten wir im Kontext des Isospins auf unterschiedliche Bezeichnungen. Ob der Isospin eines Elementarteilchens oder eines zusammengesetzten Systems gemeint ist, geht sowieso aus dem Zusammenhang hervor.

Dann sollte auch der zweite Zustand des Tripletts, also (6.80) instabil sein, so dass der antisymmetrische Zustand (6.81) dem Bindungszustand des Deuteriumkerns entsprechen muss. Die Instabilität des Tripletts gibt dagegen zu der Vermutung Anlass, dass die Energie der Bindungszustände vom Gesamtisospin abhängig ist. Dann hätten die insgesamt drei Zustände (6.79) und (6.80) mit der Isospinquantenzahl 1 eine zu geringe Bindungsenergie, so dass diese Kombinationen wieder zerfallen. Der aus einem Proton und einen Neutron bestehende Deuteriumkern hätte damit den durch (6.81) beschriebenen antisymmetrischen Isospinzustand.

In schweren Atomkernen befinden sich gewöhnlich mehrere Nukleonen. Der Isospin eines solchen Kerns bestimmt sich ebenso wie beim Deuterium nach den bekannten Additionsregeln für Drehimpulse. Offen bleibt bei dieser Diskussion die Frage, ob der Isospin nur zur formalen Klassifikation der Atomkerne sinnvoll ist oder ob diesem eine fundamentalere Partikeleigenschaft zugrunde liegt. Wir hatten bereits darauf hingewiesen, dass zwischen allen Nukleonen Kräfte der starken Wechselwirkung bestehen. Es wird deshalb angenommen, dass Kernprozesse, die diese Kräfte nicht verändern, durch Drehungen im Isospinraum repräsentiert werden. Insbesondere ist die Umwandlung eines Protons in ein Neutron oder umgekehrt eine Drehung um die Achse $\boldsymbol{n} = (0,1,0)$ mit $\phi = \mp\pi/2$. Da die Eigenwerte von $\hat{\boldsymbol{I}}^2$ gegenüber Drehungen im Isospinraum invariant sind[33], muss der Gesamtisospin eine Erhaltungsgröße bei Kernprozessen sein, welche die Nukleonenzahl unverändert lassen. Tatsächlich ist aber die Invarianz der Kernkräfte bei Drehungen im Isospinraum nur eine Näherungsannahme[34]. Wir können deshalb davon ausgehen, dass der Isospin der Nukleonen eine Symmetrieeigenschaft der starken Wechselwirkung reflektiert, die aber partiell gebrochen ist.

#### 6.3.2.2 *Baryonen

Die aus drei Quarks zusammengesetzten Teilchen des Baryonen-Dekupletts, vgl. Tab. 6.4, lassen sich bzgl. ihrer Masse in vier Gruppen einteilen. Die vier Partikel $\Delta^-$, $\Delta^0$, $\Delta^+$ und $\Delta^{++}$ haben alle die gleiche Ruheenergie[35] von 1232 MeV. Ebenso haben die drei Partikel $\Sigma^{*-}$, $\Sigma^{*0}$ und $\Sigma^{*+}$ eine Energie von 1384 MeV, die beiden Teilchen des Dupletts $\Xi^{*-}$ und $\Xi^{*0}$ die Ruheenergie 1533 MeV und das Elementarteilchen $\Omega^-$ hat schließlich 1672 MeV. Diese Konstellation legt die Vermutung nahe, dass sich hinter den Partikeln gleicher Masse

**33)** Wegen $\hat{\boldsymbol{I}}^2\psi = I(I+1)\psi$ ist dann $I(I+1)U\psi = U\hat{\boldsymbol{I}}^2\psi = U\hat{\boldsymbol{I}}^2U^\dagger U\psi = U\hat{\boldsymbol{I}}^2U^\dagger\psi' = \hat{\boldsymbol{I}}'^2\psi'$. Andererseits ist wegen $\hat{\boldsymbol{I}}^2 = 3/4 \cdot \hat{1}$ sofort $\hat{\boldsymbol{I}}'^2 = 3/4UU^\dagger = 3/4 \cdot \hat{1} = \hat{\boldsymbol{I}}^2$, so dass auch der neue Zustand $\psi'$ den gleichen Eigenwert für $\hat{\boldsymbol{I}}^2$ liefert.

**34)** Offensichtlich wird die geforderte $\mathbb{SU}(2)$-Symmetrie bei einer genaueren Betrachtung zwar gebrochen, ist aber immer noch relevant.

**35)** Die Masse wird in der Elementarteilchentheorie unter Beachtung der Beziehung $E = mc^2$ üblicherweise als Ruheenergie ausgedrückt.

Darstellungen der Gruppe $\mathbb{SU}(2)$ mit verschiedenen Dimensionen verbergen. Auch hier benutzt man den Begriff des Isospins zur Klassifikation. So ordnet man den Δ-Partikeln die Isospinquantenzahl $I = 3/2$ zu, so dass insgesamt vier Eigenwerte $I_3$ möglich sind. Beachtet man noch die Konvention, Teilchen mit einer höheren Ladung einen höheren Spin zuzuordnen, dann findet man

$$\left|\Delta^-\right\rangle = \left|\frac{3}{2}, -\frac{3}{2}\right\rangle, \left|\Delta^0\right\rangle = \left|\frac{3}{2}, -\frac{1}{2}\right\rangle, \left|\Delta^+\right\rangle = \left|\frac{3}{2}, \frac{1}{2}\right\rangle, \left|\Delta^{++}\right\rangle = \left|\frac{3}{2}, \frac{3}{2}\right\rangle \tag{6.82}$$

Für das Triplett ist $I = 1$ und damit

$$\left|\Sigma^{*-}\right\rangle = |1, -1\rangle \ , \left|\Sigma^{*0}\right\rangle = |1, 0\rangle \ , \left|\Sigma^{*+}\right\rangle = |1, 1\rangle \tag{6.83}$$

während für das Duplett

$$\left|\Xi^{*-}\right\rangle = \left|\frac{1}{2}, -\frac{1}{2}\right\rangle \quad , \quad \left|\Xi^{*0}\right\rangle = \left|\frac{1}{2}, \frac{1}{2}\right\rangle \tag{6.84}$$

und das Singulett

$$\left|\Omega^-\right\rangle = |0, 0\rangle \tag{6.85}$$

gelten soll. Da andererseits alle Partikel des Baryonen-Dekupletts aus den Quarks $u$, $d$ und $s$ bestehen, kann man versuchen, diesen Partikeln einen Isospin zuzuordnen und den Isospin der zusammengesetzten Teilchen des Dekupletts aus den üblichen Additionsregeln abzuleiten. Weil das $\Omega^-$-Teilchen aus drei $s$-Quarks besteht, müssen diese den Isospin $I = 0$ haben. $\Delta^-$ hat die Zusammensetzung $ddd$. Daher kann das $d$-Quark nur den Isospin $-1/2$ und folglich das $u$-Quark nur den Isospin $1/2$ besitzen. Tatsächlich kann man mit diesen Annahmen das gesamte Baryonen-Dekuplett konstruieren. Die empirische Feststellung, dass nur $u$ und $d$ einen Isospin besitzen, führte dazu, diese beiden Partikel als Zustände eines einzigen Teilchens aufzufassen. Die beiden Basiszustände

$$|u\rangle = \begin{pmatrix} 1 \\ 0 \end{pmatrix} \qquad \text{und} \qquad |d\rangle = \begin{pmatrix} 0 \\ 1 \end{pmatrix} \tag{6.86}$$

spannen dann wieder einen Isospinraum auf, in dem alle allgemeinen Zustände

$$\psi = \begin{pmatrix} \psi_u \\ \psi_d \end{pmatrix} = \psi_u \, |u\rangle + \psi_d \, |d\rangle \tag{6.87}$$

liegen. Wegen dieser Eigenschaften fasst man die Quarks $u$ und $d$ gerne zu einer Familie zusammen. Im Gegensatz zu der Isospineigenschaft von Nukleonen ist die Verwandtschaft dieser beiden Quarks keine Folge der Symmetrie der starken Wechselwirkung, sondern resultiert aus einer Symmetrie der schwachen Wechselwirkung. Deshalb spricht man auch von einem schwachen Isospin, während die Isospineigenschaft der Nukleonen als starker Isospin bezeichnet wird.

### 6.3.3
### *Farbladungen

Wir hatten bereits erwähnt, dass jedes Quark eine von drei Farbladungen tragen kann. Deshalb ist es naheliegend, diese drei Farbladungen als drei Zustände eines einzigen Teilchens zu betrachten. Man beschreibt deshalb die Farbzustände eines Quarks durch einen dreikomponentigen Vektor, der sich aus den drei Basiszuständen

$$|r\rangle = \begin{pmatrix} 1 \\ 0 \\ 0 \end{pmatrix} \qquad |g\rangle = \begin{pmatrix} 0 \\ 1 \\ 0 \end{pmatrix} \qquad |b\rangle = \begin{pmatrix} 0 \\ 0 \\ 1 \end{pmatrix} \tag{6.88}$$

entsprechend

$$\psi_{\text{color}} = a_r |r\rangle + a_g |g\rangle + a_b |b\rangle \tag{6.89}$$

aufbaut. Ähnlich zur Situation beim Spin und Isospin werden Transformationen in dem durch die Basiszustände (6.88) aufgespannten Farbraum durch unitäre Matrizen vermittelt, die jetzt aber als $3 \times 3$-Matrizen Elemente der Gruppe $\mathbb{SU}(3)$ sind. Mit den Gell-Mann-Matrizen (6.57) und (6.58) erhalten wir deshalb das Transformationsgesetz

$$\psi'_{\text{color}} = \exp\left\{ i \sum_{n=1}^{8} u_n \lambda_n \right\} \psi_{\text{color}} \tag{6.90}$$

Bezüglich der Farbladung gilt die Regel, dass farbige Partikel, also z. B. freie Quarks, nicht existieren können. Nur durch Überlagerung von drei Partikeln mit unterschiedlichen Farben oder durch Kombination mit einem gleichfarbigen Antiteilchen können stabile zusammengesetzte Partikel entstehen. Für die aus drei Quarks zusammengesetzen Baryonen kommen deshalb insgesamt sechs linear unabhängige Farbkombinationen, nämlich[36]

$$|r\rangle|g\rangle|b\rangle \quad |r\rangle|b\rangle|g\rangle \quad |g\rangle|r\rangle|b\rangle \quad |g\rangle|b\rangle|r\rangle \quad |b\rangle|r\rangle|g\rangle \quad |b\rangle|g\rangle|r\rangle \tag{6.91}$$

in Frage. Gewöhnlich kombiniert man diese Farbzustände aber zu neuen Zuständen, von denen der vollständig symmetrische

$$\psi^{+}_{\text{color}} = \frac{|r\rangle|g\rangle|b\rangle + |r\rangle|b\rangle|g\rangle + |g\rangle|r\rangle|b\rangle + |g\rangle|b\rangle|r\rangle + |b\rangle|r\rangle|g\rangle + |b\rangle|g\rangle|r\rangle}{\sqrt{6}} \tag{6.92}$$

und der vollständig antisymmetrische

$$\psi^{-}_{\text{color}} = \frac{|r\rangle|g\rangle|b\rangle + |g\rangle|b\rangle|r\rangle + |b\rangle|r\rangle|g\rangle - |r\rangle|b\rangle|g\rangle - |g\rangle|r\rangle|b\rangle - |b\rangle|g\rangle|r\rangle}{\sqrt{6}} \tag{6.93}$$

**36)** Wir lassen ab jetzt der Einfachheit halber das Symbol $\otimes$ für das Tensorprodukt zwischen den Einzelzuständen wieder weg.

noch am einfachsten aufzuschreiben ist. Tatsächlich führen alle bisher bekannten experimentellen Ergebnisse zu der empirischen Forderung, dass nur der vollständig antisymmetrische Zustand realisiert wird.

### 6.3.4 *Flavor

Alternativ zur Klassifizierung der Quarks auf der Basis des Isospins, vgl. Abschnitt 6.3.2.2, kann man auch die drei Quarks $u$, $d$ und $s$ zu einer Familie zusammenfassen und als verschiedene Zustände eines Teilchens interpretieren. Man ordnet diesen Teilchen die Flavorzustände

$$|u\rangle = \begin{pmatrix} 1 \\ 0 \\ 0 \end{pmatrix} \qquad |d\rangle = \begin{pmatrix} 0 \\ 1 \\ 0 \end{pmatrix} \qquad |s\rangle = \begin{pmatrix} 0 \\ 0 \\ 1 \end{pmatrix} \tag{6.94}$$

zu, die als Basis den Flavorraum aufspannen. Bei dieser Art der Klassifizierung wird der Übergang zwischen verschiedenen Zuständen durch die Elemente der Gruppe $\mathbb{SU}(3)$ realisiert. Obwohl sich die Erweiterung der $(u, d)$-Familie zu einer Gruppe von drei Quarks für die Klassifizierung von Partikeln als sinnvoll erweisen wird, entspricht ihr keine echte, sondern höchstens eine partiell gebrochene Symmetrie[37].

Um den Zustand eines Quarks vollständig beschreiben zu können, benötigt man Angaben über seine räumliche Wellenfunktion, seinen Spin, seinen Flavor und seine Farbe. Der Isospin dagegen ist keine weitere Kenngröße, da die mit ihm verbundenen Symmetrien als $\mathbb{SU}(2)$-Untergruppe[38] der Gruppe $\mathbb{SU}(3)$ verstanden werden können. Zur Definition des Zustands eines Quarks verwendet man die vollständige Basis

$$|B\rangle = |\phi_n(x,t)\rangle \otimes |\phi_{\text{spin}}\rangle \otimes |\phi_{\text{flavor}}\rangle \otimes |\phi_{\text{color}}\rangle \tag{6.95}$$

die als äußeres Produkt der auf den Ortsraum bezogenen Basiselemente[39] $|\phi_n(x,t)\rangle \in \mathcal{H}_0$, der beiden Basisspinoren $|\phi_{\text{spin}}\rangle = \chi_\pm \in \mathcal{H}_{\text{spin}}$, der drei Basiszustände $|\phi_{\text{flavor}}\rangle$ des Flavorraums $\mathcal{H}_{\text{flavor}}$ und der drei Basiszustände $|\phi_{\text{color}}\rangle$ des Farbraums $\mathcal{H}_{\text{color}}$ ausgedrückt werden kann. Der durch die Basis $|B\rangle$ aufgespannte Hilbert-Raum $\mathcal{H}$ ist dann der Produktraum $\mathcal{H} = \mathcal{H}_0 \otimes \mathcal{H}_{\text{spin}} \otimes \mathcal{H}_{\text{flavor}} \otimes \mathcal{H}_{\text{color}}$ der separaten Hilbert-Räume für den Ortsanteil $\mathcal{H}_0$, für den Spinanteil $\mathcal{H}_{\text{spin}}$, für Flavor $\mathcal{H}_{\text{flavor}}$ und Farbe $\mathcal{H}_{\text{color}}$. Jeder allgemeine Quarkzustand lässt sich dann als Linearkombination der Basiselemente (6.95) darstellen.

37) Dazu sind bereits die Massen der drei Quarks zu verschieden.

38) erzeugt durch die ersten drei Gell-Mann-Matrizen (6.57) als Generatoren

39) Diese spannen den gewöhnlichen Hilbert-Raum $\mathcal{H}_0$ der Wellenfunktionen auf.

### 6.3.5 *Vollständiger Quantenzustand von Baryonen

Die Darstellung des vollständigen Quantenzustands eines Quarks (6.95) als äußeres Produkt der auf den Ortsraum bezogenen Wellenfunktion $|\phi_n(x,t)\rangle$, der Spinzustands $|\phi_{\text{spin}}\rangle$, des Flavorzustands $|\phi_{\text{flavor}}\rangle$ und des Farbzustands $|\phi_{\text{color}}\rangle$ bleibt auch für die aus mehreren Quarks bestehenden Bindungszustände erhalten. So gilt für die Basiselemente eines Baryons

$$|B\rangle_{\text{baryon}} = |B\rangle_1 \otimes |B\rangle_2 \otimes |B\rangle_3 \tag{6.96}$$

wobei jeder der drei Faktoren $|B\rangle_i$ $(i = 1, ..., 3)$ entsprechend (6.95) strukturiert ist. Deshalb können wir für diese Basiszustände auch schreiben

$$|B\rangle_{\text{baryon}} = |\Phi_{\text{raum}}\rangle \otimes |\Phi_{\text{spin}}\rangle \otimes |\Phi_{\text{flavor}}\rangle \otimes |\Phi_{\text{color}}\rangle \tag{6.97}$$

wobei die Zustände $|\Phi\rangle$ das direkte Produkt der Basiszustände der einzelnen Quarks für die jeweilige Eigenschaft sind, also z. B. $|\Phi_{\text{raum}}\rangle = |\phi_{n_1}(x_1,t)\rangle \otimes |\phi_{n_2}(x_2,t)\rangle \otimes |\phi_{n_3}(x_3,t)\rangle$. Da wir annehmen, dass die Quarks $u$, $d$ und $s$ nur verschiedene Zustände eines Teilchens sind, liegt mit jedem Baryon ein System von drei identischen Teilchen vor. Weil Quarks Spin-1/2-Teilchen sind, gelten die für identische Fermionen üblichen Regeln. Das bedeutet insbesondere, dass jedes Baryon eine bzgl. der Teilchenvertauschung vollständig antisymmetrische Kombination von Basiszuständen (6.97) sein muss.

Wir beschränken uns bei den folgenden Untersuchungen auf Baryonen im Grundzustand. Dann tragen nur solche Basiszustände $|B\rangle_{\text{baryon}}$ bei, deren auf den Ortsraum bezogener Anteil $|\Phi_{\text{raum}}\rangle$ für alle drei Quarks den Grundzustand $|\phi_0(x,t)\rangle$ repräsentiert. Diese Beiträge treten in jeder einen Baryonengrundzustand beschreibenden Linearkombination zulässiger Basiszustände (6.97) als ein separierbarer Faktor

$$\left|\Phi^{(0)}_{\text{raum}}\right\rangle = |\phi_0(x_1,t)\rangle \otimes |\phi_0(x_2,t)\rangle \otimes |\phi_0(x_3,t)\rangle \tag{6.98}$$

auf, der gegenüber beliebigen Teilchenpermutationen vollständig symmetrisch ist. Aus der Diskussion der Farbladungen in Abschnitt 6.3.3 ist uns bereits die empirische Regel bekannt, dass nur solche Bindungszustände zulässig sind, die in der Farbladung vollständig antisymmetrisch sind. Der einzige zulässige Farbzustand ist deshalb durch (6.94), also $|\Phi_{\text{color}}\rangle = \psi^{-}_{\text{color}}$ bestimmt. Damit ist der Gesamtzustand eines Baryons ausschließlich aus Basiszuständen der Form

$$|B'\rangle_{\text{baryon}} = \left|\Phi^{(0)}_{\text{raum}}\right\rangle \otimes \psi^{-}_{\text{color}} \otimes |\Phi_{\text{spin}}\rangle \otimes |\Phi_{\text{flavor}}\rangle \tag{6.99}$$

aufgebaut, wobei $|\Phi_{\text{spin}}\rangle \otimes |\Phi_{\text{flavor}}\rangle$ bzgl. Teilchenaustausch vollständig symmetrisch sein muss, damit der Gesamtzustand vollständig antisymmetrisch wird. Aus Abschnitt 6.3.1 wissen wir, dass der aus drei Einzelspinzuständen gebildete Gesamtspinzustand 8 Eigenzustände besitzt, von denen vier vollständig symmetrisch sind, siehe (6.67), und vier weitere antisymmetrisch nur bei der Vertauschung von zwei Partikeln sind, siehe (6.70) und (6.71).

Wir wollen zuerst den Fall untersuchen, dass der Spinanteil vollständig symmetrisch ist. Dann ist die Spinquantenzahl des Baryons $3/2$ und die $z$-Komponente des Spins hat die möglichen Einstellungen $-3\hbar/2$, $-\hbar/2$, $\hbar/2$ und $3\hbar/2$. In diesem Fall muss auch der Flavoranteil $|\Phi_{\text{flavor}}\rangle$ vollständig symmetrisch sein. Tatsächlich findet man genau 10 linear unabhängige Kombinationen von Flavorzuständen, die diese Forderung erfüllen. Diese entsprechen genau den Teilchen des Baryonen-Dekupletts

$$
\begin{aligned}
|\Delta^-\rangle &\to |d\rangle\,|d\rangle\,|d\rangle \\
|\Delta^0\rangle &\to \frac{1}{\sqrt{3}}\left(|u\rangle\,|d\rangle\,|d\rangle + |d\rangle\,|u\rangle\,|d\rangle + |d\rangle\,|d\rangle\,|u\rangle\right) \\
|\Delta^+\rangle &\to \frac{1}{\sqrt{3}}\left(|u\rangle\,|u\rangle\,|d\rangle + |u\rangle\,|d\rangle\,|u\rangle + |d\rangle\,|u\rangle\,|u\rangle\right) \\
|\Delta^{++}\rangle &\to |u\rangle\,|u\rangle\,|u\rangle \\
|\Sigma^{*-}\rangle &\to \frac{1}{\sqrt{3}}\left(|s\rangle\,|d\rangle\,|d\rangle + |d\rangle\,|s\rangle\,|d\rangle + |d\rangle\,|d\rangle\,|s\rangle\right) \\
|\Sigma^{*0}\rangle &\to \frac{1}{\sqrt{6}}\left(|s\rangle\,|d\rangle\,|u\rangle + |s\rangle\,|u\rangle\,|d\rangle + |d\rangle\,|u\rangle\,|s\rangle + \right. \\
&\qquad \left. |d\rangle\,|s\rangle\,|u\rangle + |u\rangle\,|s\rangle\,|d\rangle + |u\rangle\,|d\rangle\,|s\rangle\right) \\
|\Sigma^{*+}\rangle &\to \frac{1}{\sqrt{3}}\left(|s\rangle\,|u\rangle\,|u\rangle + |u\rangle\,|s\rangle\,|u\rangle + |u\rangle\,|u\rangle\,|s\rangle\right) \\
|\Xi^{*-}\rangle &\to \frac{1}{\sqrt{3}}\left(|s\rangle\,|s\rangle\,|d\rangle + |s\rangle\,|d\rangle\,|s\rangle + |d\rangle\,|s\rangle\,|s\rangle\right) \\
|\Xi^{*0}\rangle &\to \frac{1}{\sqrt{3}}\left(|s\rangle\,|s\rangle\,|u\rangle + |s\rangle\,|u\rangle\,|s\rangle + |u\rangle\,|s\rangle\,|s\rangle\right) \\
|\Omega^-\rangle &\to |s\rangle\,|s\rangle\,|s\rangle
\end{aligned}
\tag{6.100}
$$

Wir haben hier der Einfachheit halber wieder das Symbol für das direkte Produkt zwischen den Zuständen der Einzelpartikel weggelassen. Die vollständig antisymmetrische Wellenfunktion der Teilchen des Baryonen-Dekupletts wird durch die Basis (6.99) bestimmt. Offensichtlich sind die Beiträge für den räumlichen Anteil der Wellenfunktion, für Spin, Flavor und Farbe innerhalb der Gesamtzustandsfunktion für ein Partikel des Baryonen-Dekupletts stets separabel

$$
\psi_{\text{baryon}} = \left|\Phi^{(0)}_{\text{raum}}\right\rangle \otimes \psi^-_{\text{color}} \otimes \psi^+_{\text{spin}} \otimes \psi^+_{\text{flavor}} \tag{6.101}
$$

dabei ist $\psi^+$ ein aus den jeweiligen Einzelpartikelzuständen konstruierter vollständig symmetrischer Zustand, $\psi^-$ ein vollständig antisymmetrischer

Zustand. Die Antisymmetrie der Gesamtwellenfunktion entsteht ausschließlich durch den Farbladungsanteil.

Es gibt aber neben den vollständig symmetrischen Spinzuständen noch die Zustände (6.70) und (6.71), die nur bei Vertauschung von zwei Partikeln antisymmetrisch sind. Baryonen, die solche Spinzustände besitzen, haben die Gesamtspinquantenzahl $1/2$ und demnach nur die beiden Einstellungen $-\hbar/2$ und $\hbar/2$ der $z$-Komponente des Spins. Wir bezeichnen die beiden Zustände, die antisymmetrisch beim Tausch von Quark 1 und 2 bzw. beim Tausch von Quark 2 und 3 sind[40], mit $\psi_{\text{spin}}^{(12)}$ bzw. $\psi_{\text{spin}}^{(23)}$. Wie wir bereits erwähnt hatten, lassen sich aus diesen unabhängigen Zuständen auch noch zwei abhängige Zustände[41] $\psi_{\text{spin}}^{(13)}$ konstruieren.

Um zulässige Wellenfunktionen für Baryonen zu konstruieren, benötigen wir teilweise antisymmetrische Flavorzustände. Insgesamt lassen sich acht linear unabhängige zusammengesetzte Zustände konstruieren, die gegenüber einem Tausch von Quark 1 und 2 antisymmetrisch sind

$$\begin{aligned}
|n\rangle^{(12)} &= \frac{1}{\sqrt{2}}\left(|u\rangle\,|d\rangle - |d\rangle\,|u\rangle\right)|d\rangle \\
|p\rangle^{(12)} &= \frac{1}{\sqrt{2}}\left(|u\rangle\,|d\rangle - |d\rangle\,|u\rangle\right)|u\rangle \\
|\Sigma^-\rangle^{(12)} &= \frac{1}{\sqrt{2}}\left(|d\rangle\,|s\rangle - |s\rangle\,|d\rangle\right)|d\rangle \\
\left|\Sigma^0\right\rangle^{(12)} &= \frac{1}{\sqrt{12}}\left\{2\left(|u\rangle\,|d\rangle - |d\rangle\,|u\rangle\right)|s\rangle - \left(|s\rangle\,|u\rangle - |u\rangle\,|s\rangle\right)|d\rangle\right. \\
&\quad \left. - \left(|d\rangle\,|s\rangle - |s\rangle\,|d\rangle\right)|u\rangle\right\} \\
|\Lambda\rangle^{(12)} &= \frac{1}{\sqrt{4}}\left\{\left(|u\rangle\,|s\rangle - |s\rangle\,|u\rangle\right)|d\rangle + \left(|d\rangle\,|s\rangle - |s\rangle\,|d\rangle\right)|u\rangle\right\} \\
|\Sigma^+\rangle^{(12)} &= \frac{1}{\sqrt{2}}\left(|u\rangle\,|s\rangle - |s\rangle\,|u\rangle\right)|u\rangle \\
|\Xi^-\rangle^{(12)} &= \frac{1}{\sqrt{2}}\left(|d\rangle\,|s\rangle - |s\rangle\,|d\rangle\right)|s\rangle \\
\left|\Xi^0\right\rangle^{(12)} &= \frac{1}{\sqrt{2}}\left(|u\rangle\,|s\rangle - |s\rangle\,|u\rangle\right)|s\rangle
\end{aligned} \tag{6.102}$$

Ebenso findet man acht Zustände, die bei einem Tausch von Quark 2 und 3 antisymmetrisch sind. Dazu genügt es, die Quarknummerierung in den Zuständen (6.102) zyklisch zu vertauschen. Weitere 8 Zustände, in denen eine Antisymmetrie bzgl. des Austausches von Quark 1 und 3 vorliegt, sind von den ersten beiden Konstruktionen linear abhängig. Wir bezeichen einen Flavorzu-

**40**) Es handelt sich hierbei jeweils um die zweiten bzw. ersten Zustände in (6.70) und (6.71).

**41**) je einer für die $z$-Komponente $\hbar/2$ und $-\hbar/2$

stand, der antisymmetrisch in den Quarks 1 und 2 ist, mit $\psi^{(12)}_{\text{flavor}}$. Dementsprechend gibt es auch die Zustände $\psi^{(23)}_{\text{flavor}}$ und $\psi^{(13)}_{\text{flavor}}$. Zusammen mit den partiell antisymmetrischen Spinzuständen kann man dann vollständig symmetrische, verschränkte Spin-Flavor-Zustände entsprechend

$$\psi^{+}_{\text{spin,flavor}} = \frac{2}{\sqrt{3}} \left( \psi^{(12)}_{\text{spin}} \psi^{(12)}_{\text{flavor}} + \psi^{(23)}_{\text{spin}} \psi^{(23)}_{\text{flavor}} + \psi^{(13)}_{\text{spin}} \psi^{(13)}_{\text{flavor}} \right) \tag{6.103}$$

erzeugen[42]. Da wir auf diese Weise zu jedem der 8 Flavorkombinationen noch zwei Spineinstellungen bekommen, werden insgesamt 8 zusammengesetzte Partikel jeweils mit der Spineinstellung $\pm\hbar/2$ gefunden. Die Gesamtwellenfunktion

$$\psi_{\text{baryon}} = \left| \Phi^{(0)}_{\text{raum}} \right\rangle \otimes \psi^{-}_{\text{color}} \otimes \psi^{+}_{\text{spin,flavor}} \tag{6.104}$$

ist wieder vollständig antisymmetrisch und beschreibt die 8 Partikel des Baryonen-Oktetts, vgl. Tab. 6.5, zu denen auch das Neutron und das Proton gehören.

### 6.3.6
### *Vollständiger Quantenzustand von Mesonen

Mesonen bestehen aus einem Quark und einem Antiquark. Auch hier kann der quantenmechanische Zustand aus Basiszuständen der Form

$$\left| B' \right\rangle_{\text{baryon}} = \left| \Phi^{(0)}_{\text{raum}} \right\rangle \otimes \left| \Phi_{\text{color}} \right\rangle \otimes \left| \Phi_{\text{spin}} \right\rangle \otimes \left| \Phi_{\text{flavor}} \right\rangle \tag{6.105}$$

gebildet werden, wobei die einzelnen Teilzustände aus jeweils zwei Quarkteilzuständen zu bilden sind. Wie bei den Baryonen ist im Grundzustand $\left| \Phi^{(0)}_{\text{raum}} \right\rangle$ symmetrisch. Die Spinzustände addieren sich entweder zu einem Zustand des vollständig symmetrischen Tripletts (6.65) oder des antisymmetrischen Singuletts (6.66). Von allen möglichen Farbkombination werden experimentell nur die gegenüber unitären Transformationen im Farbraum invarianten Zustände

$$|r\rangle |\bar{r}\rangle + |g\rangle \bar{g}\rangle + |b\rangle |\bar{b}\rangle \qquad \text{und} \qquad |\bar{r}\rangle |r\rangle + |\bar{g}\rangle |g\rangle + |\bar{b}\rangle |b\rangle \tag{6.106}$$

beobachtet[43]. Hieraus lassen sich jeweils ein vollständig symmetrischer Farbzustand

$$\psi^{+}_{\text{color}} = \frac{1}{\sqrt{12}} \left( |r\rangle |\bar{r}\rangle + |g\rangle |\bar{g}\rangle + |b\rangle |\bar{b}\rangle + |\bar{r}\rangle |r\rangle + |\bar{g}\rangle |g\rangle + |\bar{b}\rangle |b\rangle \right) \tag{6.107}$$

**42)** Der ungewöhnliche Normierungsfaktor entsteht, weil die bzgl. der Quarks 1 und 3 antisymmetrischen Zustände von den anderen beiden Kombinationen linear abhängig sind.

**43)** Wie bereits in Abschnitt 6.1.1 angedeutet, bezeichnet man einen Antiteilchenzustand mit einem Querbalken, also z. B. $|\bar{r}\rangle$ oder $|\bar{u}\rangle$.

**Tab. 6.6** Basiskomponenten des Flavorzustandes für Mesonen, links pseudoskalares Nonett, rechts Vektor-Nonett

| Name | Komponenten des Flavorzustands | Name | Komponenten des Flavorzustands |
|---|---|---|---|
| $\pi^+$ | $\|u\rangle \|\overline{d}\rangle$ | $\rho^+$ | $\|u\rangle \|\overline{d}\rangle$ |
| $\pi^0$ | $\frac{1}{\sqrt{2}}\left(\|u\rangle \|\overline{u}\rangle - \|d\rangle \|\overline{d}\rangle\right)$ | $\rho^0$ | $\frac{1}{\sqrt{2}}\left(\|u\rangle \|\overline{u}\rangle - \|d\rangle \|\overline{d}\rangle\right)$ |
| $\pi^-$ | $\|d\rangle \|\overline{u}\rangle$ | $\rho^-$ | $\|d\rangle \|\overline{u}\rangle$ |
| $K^+$ | $\|u\rangle \|\overline{s}\rangle$ | $K^{*+}$ | $\|u\rangle \|\overline{s}\rangle$ |
| $K^0$ | $\|d\rangle \|\overline{s}\rangle$ | $K^{*0}$ | $\|d\rangle \|\overline{s}\rangle$ |
| $\overline{K}^0$ | $\|s\rangle \|\overline{d}\rangle$ | $\overline{K}^{*0}$ | $\|s\rangle \|\overline{d}\rangle$ |
| $K^-$ | $\|s\rangle \|\overline{u}\rangle$ | $K^{*-}$ | $\|s\rangle \|\overline{u}\rangle$ |
| $\eta$ | $\frac{1}{\sqrt{6}}\left(\|u\rangle \|\overline{u}\rangle + \|d\rangle \|\overline{d}\rangle - 2\|s\rangle \|\overline{s}\rangle\right)$ | $\omega$ | $\frac{1}{\sqrt{2}}\left(\|u\rangle \|\overline{u}\rangle + \|d\rangle \|\overline{d}\rangle\right)$ |
| $\eta'$ | $\frac{1}{\sqrt{3}}\left(\|u\rangle \|\overline{u}\rangle + \|d\rangle \|\overline{d}\rangle + \|s\rangle \|\overline{s}\rangle\right)$ | $\Phi$ | $\|s\rangle \|\overline{s}\rangle$ |

und ein vollständig antisymmetrischer Farbzustand

$$\psi^-_{\text{color}} = \frac{1}{\sqrt{12}}\left(|r\rangle|\overline{r}\rangle + |g\rangle|\overline{g}\rangle + |b\rangle|\overline{b}\rangle - |\overline{r}\rangle|r\rangle - |\overline{g}\rangle|g\rangle - |\overline{b}\rangle|b\rangle\right) \tag{6.108}$$

bilden. Der Flavorzustand kann ebenfalls symmetrisch oder antisymmetrisch gewählt werden, wobei man jeden Zustand aus den 9 Kombinationen $|u\rangle|\overline{u}\rangle$, $|u\rangle|\overline{d}\rangle$, ...,$|s\rangle|\overline{s}\rangle$ aufbauen kann. Tatsächlich ist es aber aufgrund empirischer Befunde sinnvoll, die drei Kombinationen $|u\rangle|\overline{u}\rangle$, $|d\rangle|\overline{d}\rangle$ und $|s\rangle|\overline{s}\rangle$ durch untereinander ebenfalls unabhängige Linearkombinationen zu ersetzen, siehe Tab. 6.6. Unabhängig davon kann man aus den 9 Grundkonfigurationen 9 symmetrische Zustände, z. B.

$$\frac{1}{\sqrt{2}}\left(|u\rangle|\overline{s}\rangle + |\overline{s}\rangle|u\rangle\right) \quad \text{oder} \quad \frac{1}{\sqrt{2}}\left(|s\rangle|\overline{u}\rangle + |\overline{u}\rangle|s\rangle\right) \tag{6.109}$$

und 9 antisymmetrische Zustände, z. B.

$$\frac{1}{\sqrt{2}}\left(|u\rangle|\overline{s}\rangle - |\overline{s}\rangle|u\rangle\right) \quad \text{oder} \quad \frac{1}{\sqrt{2}}\left(|s\rangle|\overline{u}\rangle - |\overline{u}\rangle|s\rangle\right) \tag{6.110}$$

bilden. Wir können damit folgende Konstruktionen finden:

1. Ist der Spinzustand antisymmetrisch, dann muss das Produkt aus Flavor- und Farbzustand symmetrisch sein. Der Gesamtzustand eines solchen Mesons lautet dann

$$\psi_{\text{meson}} = \left|\Phi^{(0)}_{\text{raum}}\right\rangle \otimes \psi^{\pm}_{\text{color}} \otimes \psi^{-}_{\text{spin}} \otimes \psi^{\pm}_{\text{flavor}} \tag{6.111}$$

Diese Teilchen haben den Gesamtspin 0 und gehören zum sogenannten pseudoskalaren Nonett[44]. Da es insgesamt 9 unabhängige Flavorkombi-

**44)** Der Begriff pseudoskalar bezieht sich darauf, dass die Spinorientierungen der beiden Quarks sich gegenseitig aufheben, so dass ein spinloses Teilchen entsteht.

nationen gibt, die entweder antisymmetrisch oder symmetrisch kombiniert werden können, kann ein Meson des Nonetts in zwei Zuständen vorliegen, nämlich in einem in Flavor und Farbe jeweils symmetrischen und einem in Flavor und Farbe antisymmetrischen Zustand.

2. Ist der Spinanteil des Zustands dagegen symmetrisch, dann muss das Produkt aus Flavor- und Farbzustand antisymmetrisch sein. Der Gesamtzustand eines solchen Mesons lautet damit

$$\psi_{\text{meson}} = \left|\Phi^{(0)}_{\text{raum}}\right\rangle \otimes \psi^{+}_{\text{spin}} \otimes \psi^{\pm}_{\text{flavor}} \otimes \psi^{\mp}_{\text{color}} \tag{6.112}$$

Mesonen mit einem solchen Gesamtzustand werden zum Vektor-Nonett gezählt, dessen Partikel alle die Spinquantenzahl 1 und damit die Spineinstellungen $-\hbar$, 0, $\hbar$ haben. Auch für diese Teilchen muss der Flavorzustand je nach der Symmetrie des Farbanteils durch Symmetrisierung bzw. Antisymmetrisierung der in Tab. 6.6 angegebenen Komponenten erzeugt werden.

## Aufgaben

6.1 Zeigen Sie, dass jede Gruppe $\mathbb{G}$, die aus hermiteschen Operatoren $\hat{A}_n \in \mathbb{G}$ besteht, stets eine Abel'sche Gruppe ist.

6.2 Zeigen Sie, dass die Gruppe $\mathbb{SU}(2)$ eine Untergruppe von $\mathbb{SU}(3)$ ist. Benutzen Sie dazu die jeweiligen Generatoren der beiden Gruppen.

6.3 Gegeben sei eine Gruppe mit insgesamt $n$ linear unabhängigen Generatoren. Zeigen Sie, dass die aus den Strukturkonstanten $c^k_{ij}$ der Kommutationsrelationen (6.35) dieser Generatoren $G_i$ gebildeten Matrizen $c^k = (c^k_{ij})$ dann Generatoren der gleichen Gruppe in der Matrixdarstellung sind.

6.4 Zeigen Sie, dass die Menge der ganzen Zahlen bzgl. der Addition als Gruppenmultiplikation eine Abel'sche Gruppe ist. Zeigen Sie ferner, dass die geraden Zahlen eine Untergruppe bilden, die ungeraden Zahlen dagegen nicht.

6.5 Zeigen Sie, dass die Zustände (6.106) invariant gegenüber allen unitären Transformationen im Farbraum sind.

## Maple-Aufgaben

6.I Bestimmen Sie die Generatoren der eigentlichen Lorentz-Transformation und deren Strukturkonstanten. Nutzen Sie diese zur Entwicklung der Lorentz-Transformation nach kleinen Drehungen im Raum-Zeit-Kontinuum.

6.II Ein Element der $\mathbb{SU}(2)$ wird mit einem zweiten Element aus der infinitesimalen Umgebung des Einselement von $\mathbb{SU}(2)$ multipliziert. Man gebe das Additionstheorem der Parameter $u_n$ und $v_n$ für die Multiplikation in der Standarddarstellung

$$\exp\{i\sigma_n w_n\} = \exp\{i\sigma_n u_n\} \exp\{i\sigma_n v_n\}$$

mit $v^2 = v_n v_n \ll 1$ an.

6.III Zeigen Sie, dass alle spurfreien hermiteschen $3 \times 3$-Matrizen als Linearkombination aus den 8 Gell-Mann-Matrizen dargestellt werden können.

6.IV Zeigen Sie, dass die drei Generatoren

$$g_x = \begin{pmatrix} 0 & 0 & 0 \\ 0 & 0 & 1 \\ 0 & -1 & 0 \end{pmatrix} \quad g_y = \begin{pmatrix} 0 & 0 & -1 \\ 0 & 0 & 0 \\ 1 & 0 & 0 \end{pmatrix} \quad g_z = \begin{pmatrix} 0 & 1 & 0 \\ -1 & 0 & 0 \\ 0 & 0 & 0 \end{pmatrix}$$

der Gruppe $\mathbb{SO}(3)$ durch eine unitäre Transformation in die Generatoren

$$G_x = \frac{i}{\sqrt{2}} \begin{pmatrix} 0 & 1 & 0 \\ 1 & 0 & 1 \\ 0 & 1 & 0 \end{pmatrix} \qquad G_y = \frac{1}{\sqrt{2}} \begin{pmatrix} 0 & -1 & 0 \\ 1 & 0 & -1 \\ 0 & 1 & 0 \end{pmatrix}$$

und

$$G_z = i \begin{pmatrix} -1 & 0 & 0 \\ 0 & 0 & 0 \\ 0 & 0 & 1 \end{pmatrix}$$

überführt werden können. Bestimmen Sie die Transformationsmatrix.

6.V Bestimmen Sie die Strukturkoeffizienten der Lorentz-Gruppe.

# 7 *Eichfelder und Standardmodell

## 7.1 *Eichfelder

### 7.1.1 *Lokale $\mathbb{U}(1)$-Eichinvarianz

Wir hatten bereits mehrfach betont, dass ein beliebiger Zustand $\psi$ stets nur bis auf eine Phase festgelegt ist. Insofern sind die beiden Zustände $\psi$ und $\psi' = \exp\{i\phi\}\,\psi$ physikalisch völlig gleichwertig. Wir hatten bei der Diskussion des Noether-Theorems der klassischen Feldtheorie[1] bereits gefunden, dass die Invarianz der Wirkung gegenüber einer solchen globalen Eichtransformation mit einer Ladungserhaltung verbunden ist. Solche globalen Eichtransformationen mit einer räumlich und zeitlich konstanten Phase $\phi$ werden auch als Eichtransformationen erster Art bezeichnet.

Andererseits haben wir uns aber auch im Rahmen der Analyse der ordnungslinearisierten Schrödinger-Gleichung[2] und bei der Untersuchung der Eigenschaften der Dirac- und der Klein-Gordon-Gleichung[3] mit der lokalen Eichinvarianz befasst. In diesem Fall ist die Phase $\phi$ eine Funktion von Ort und Zeit. Jede lokale $\mathbb{U}(1)$-Transformation des quantenmechanischen Zustands führte zu einer gleichzeitigen Änderung des elektromagnetischen Viererpotentials

$$\psi' = \exp\{i\phi\}\,\psi \quad \rightarrow \quad A'_i = A_i - \frac{\hbar c}{e}\phi_{,i} \tag{7.1}$$

Wir werden jetzt den Sprachgebrauch an das weitere Vorhaben anpassen. Da sich $\psi'$ und $\psi$ physikalisch nicht unterscheiden, spricht man von einer $\mathbb{U}(1)$-Symmetrie des Zustandsvektors und damit des hiermit beschriebenen *Materiefeldes* $\psi$. Das Viererpotential, das letztendlich die Auswirkungen der Transformation $\psi \rightarrow \psi'$ durch den gleichzeitigen Übergang $A_i \rightarrow A'_i$ kompensiert, bezeichnet man als *Eichfeld*. Da es auch Theorien mit lokalen $\mathbb{U}(1)$-Symmetrien gibt, bei denen die Kopplung zwischen Eichfeldern und Mate-

1) siehe Band II, Kap. 5.7 und Abschnitt 4.3.3.3 in diesem Band
2) siehe Band III, Kap. 9.4.2
3) siehe Kap. 2.2.3 und Kap. 2.4.1

*Theoretische Physik IV: Quantenmechanik 2.* Peter Reineker, Michael Schulz, Beatrix M. Schulz

ISBN: 978-3-527-40643-2

riefeldern nicht über elektrische Ladungen erfolgt, ersetzen wir $e/\hbar c$ durch eine vorerst unspezifische Kopplungskonstante $g$. Die einzige Aufgabe dieser Kopplungskonstante besteht darin, dass Maßsystem für das Eichfeld zu fixieren[4]. Dann lauten die den Übergang $\psi \to \psi'$ und $A_i \to A_i'$ beschreibenden Eichtransformationen

$$\psi' = \exp\{i\phi\}\,\psi \quad \text{und} \quad A_i' = A_i + g^{-1}\phi_{,i} \tag{7.2}$$

Eine Eichtransformation ändert weder den physikalischen Gehalt des Eichfeldes noch den der Materiefelder. Auf dieser sogenannten *Eichinvarianz* beruht das Prinzip der minimalen Kopplung[5], bei dem die Ableitungen $\partial_i$ der freien quantenmechanischen Evolutionsgleichungen durch kovariante Ableitungen

$$\mathcal{D}_i = \partial_i - igA_i \tag{7.3}$$

ersetzt werden, um so das elektromagnetische Feld korrekt an das Materiefeld anzukoppeln. Wir können diese Aussage prinzipiell auf jede $\mathbb{U}(1)$-eichinvariante Theorie übertragen.

Von zentraler Bedeutung für die weitere Diskussion ist die Lagrange-Dichte eines Materiefeldes bei vorausgesetzter minimaler Kopplung mit einem Eichfeld. Auch hier können wir die Erkenntnisse, die wir bei der Behandlung quantenmechanischer Gleichungen im elektromagnetischen Feld gewonnen haben, problemlos verallgemeinern.

Unter Verwendung der kovarianten Ableitung (7.3) erhalten wir für die Lagrange-Dichte des Klein-Gordon-Maxwell-Feldes (4.183)

$$\mathcal{L} = \frac{\hbar^2}{2m}\left(\mathcal{D}_k\psi\right)^*\left(\mathcal{D}^k\psi\right) - \frac{mc^2}{2}\psi^*\psi - \frac{1}{4}F^{ik}F_{ik} \tag{7.4}$$

wobei

$$F_{ik} = A_{k,i} - A_{i,k} \tag{7.5}$$

der zum Eichfeld $A_i$ gehörige Feldstärketensor ist. Wie wir aus der klassischen Elektrodynamik wissen, ist dieser Tensor invariant gegenüber den Eichtransformationen (7.2). Für das Dirac-Maxwell-Feld bekommen wir mit (4.190) die ebenfalls gegenüber beliebigen $\mathbb{U}(1)$-Eichtransformation invariante Lagrange-Dichte

$$\mathcal{L} = i\hbar c\overline{\psi}\gamma^k\mathcal{D}_k\psi - mc^2\overline{\psi}\psi - \frac{1}{4}F^{ik}F_{ik} \tag{7.6}$$

Die Eichinvarianz der beiden Lagrange-Dichten (7.4) und (7.6) ist eine unmittelbare Konsequenz der zentralen Eigenschaft der kovarianten Ableitung[6]

$$\left(\mathcal{D}_k\psi\right)' = \mathcal{D}_k'\psi' = \mathcal{D}_k' e^{i\phi}\psi = e^{i\phi}\mathcal{D}_k\psi \tag{7.7}$$

**4**) Prinzipiell können wir auch $g$ in das Eichfeld einbeziehen und damit $g = 1$ wählen.

**5**) siehe Kap. 2.2.3 und Kap. 2.4.1 sowie Band III, Kap. 9.4.2

**6**) siehe Band III, Kap. 9.4.2

wobei

$$\mathcal{D}_i = \partial_i - igA_i \qquad \text{und} \qquad \mathcal{D}'_i = \partial_i - igA'_i \tag{7.8}$$

ist und zwischen den gestrichenen und ungestrichenen Größen die Eichtransformation (7.1) besteht. Offensichtlich erlauben die inneren Freiheiten des Eichfeldes[7] beliebige lokale $\mathbb{U}(1)$-Transformationen (7.2) der Materiewellenfunktion $\psi$. Dabei spielt es keine große Rolle, welche physikalischen Eigenschaften das Eichfeld eigentlich repräsentiert. Ausschlaggebend für jede Eichtheorie ist, dass die Lagrange-Dichte bei einer Eichtransformation invariant bleibt.

## 7.1.2 *$\mathbb{SU}(2)$-Invarianz

### 7.1.2.1 *Isospinpaare des Klein-Gordon-Feldes

Wir wollen jetzt einen Isospinor betrachten und die Frage beantworten, inwieweit sich eine Lagrange-Dichte konstruieren lässt, die gegenüber beliebigen lokalen Drehungen im Isospinraum invariant ist. Zunächst wollen wir den Fall untersuchen, dass der Isospinor aus zwei Ortswellenfunktionen $\psi_1$ und $\psi_2$ besteht

$$\psi = \begin{pmatrix} \psi_1 \\ \psi_2 \end{pmatrix} \tag{7.9}$$

die jede für sich die Klein-Gordon-Gleichung erfüllen. Die zugehörige Lagrange-Dichte kann deshalb in Verallgemeinerung von (7.4) im feldfreien Zustand zunächst in der kompakten Form

$$\mathcal{L} = \frac{\hbar^2}{2m} \left(\partial_k \psi\right)^+ \left(\partial^k \psi\right) - \frac{mc^2}{2} \psi^+ \psi \tag{7.10}$$

geschrieben werden. Gegenüber einer beliebigen globalen Drehung im Isospinraum, also $\psi' = U\psi$ mit einer orts- und zeitunabhängigen unitären Matrix $U$, ist diese Lagrange-Dichte sicher invariant. Für eine lokale Drehung im Isospinraum, die durch die Elemente der Gruppe $\mathbb{SU}(2)$ vermittelt wird und die wir allgemein in der Form (6.55), also

$$\psi'(\boldsymbol{x}, t) = \exp\left\{ i \sum_{\alpha=1}^{3} u_\alpha(\boldsymbol{x}, t) \hat{\sigma}_\alpha \right\} \psi(\boldsymbol{x}, t) = \mathrm{e}^{iu(\boldsymbol{x},t)\hat{\sigma}} \psi(\boldsymbol{x}, t) \tag{7.11}$$

mit drei orts- und zeitabhängigen Funktionen $u_\alpha(\boldsymbol{x}, t)$ schreiben können, ist die Invarianz dieser Lagrange-Dichte nicht mehr gewährleistet. Um aber dennoch die Invarianz zu garantieren, muss das Isospinorfeld $\psi$ an ein zusätzliches Feld koppeln, das die Auswirkungen der Drehung mit seinen eigenen

**7)** d. h. die Eigenschaft, dass $A_i$ und $A'_i = A_i + g^{-1}\varphi_{,i}$ physikalisch gleichwertige Felder darstellen

Eichfreiheiten wieder kompensiert. Im Unterschied zum Eichfeld einer $\mathbb{U}(1)$-invarianten Theorie haben wir aber bei der Drehung im Isospinraum drei unterschiedliche Phasenfaktoren $u_\alpha(\boldsymbol{x},t)$ vorliegen, so dass auch zu erwarten ist, dass wir anstelle des Vierervektorfeldes $A_i$ jetzt drei Viererfelder $W_{\alpha i}$ mit ($i = 0, ..., 3$ und $\alpha = 1, 2, 3$) berücksichtigen müssen. Mit diesen sogenannten *Yang-Mills-Feldern* können wir entsprechend dem Prinzip der minimalen Kopplung die kovariante Ableitung

$$\mathcal{D}_i = \hat{1}\,\partial_i - ig \sum_{\alpha=1}^{3} \hat{\sigma}_\alpha W_{\alpha i}(\boldsymbol{x},t) = \hat{1}\,\partial_i - ig\hat{\boldsymbol{\sigma}}\boldsymbol{W}_i(\boldsymbol{x},t) \tag{7.12}$$

mit den vier dreidimensionalen Vektorfeldern $\boldsymbol{W}_k = \{W_{1k}, W_{2k}, W_{3k}\}$ ($k = 0, ..., 3$) definieren. Die Kopplungskonstante $g$ dient – analog zum vorangegangenen Abschnitt – zur Festlegung des Maßsystems für die Yang-Mills-Felder $\boldsymbol{W}_i$. Bei den Differentialoperatoren der kovarianten Ableitung handelt es sich jetzt um $2 \times 2$-Matrizen. Das Prinzip der minimalen Kopplung führt uns damit auf die Lagrange-Dichte

$$\mathcal{L} = \frac{\hbar^2}{2m}(\mathcal{D}_k\psi)^\dagger(\mathcal{D}^k\psi) - \frac{mc^2}{2}\psi^\dagger\psi \tag{7.13}$$

Damit diese Lagrange-Dichte invariant gegenüber Drehungen im Isospinraum wird, muss sich die kovariante Ableitung des Isospinors wie der Isospinor selbst transformieren. Das führt uns wieder auf die Eigenschaft (7.7), die jetzt aber zu

$$(\mathcal{D}_k\psi)' = \mathcal{D}'_k\psi' = \mathcal{D}'_k e^{i\boldsymbol{u}\hat{\boldsymbol{\sigma}}}\psi = e^{i\boldsymbol{u}\hat{\boldsymbol{\sigma}}}\mathcal{D}_k\psi \tag{7.14}$$

verallgemeinert werden muss und damit die für jede Eichtransformation gültige Forderung

$$\mathcal{D}'_k = e^{i\boldsymbol{u}\hat{\boldsymbol{\sigma}}}\mathcal{D}_k e^{-i\boldsymbol{u}\hat{\boldsymbol{\sigma}}} \tag{7.15}$$

liefert. Hieraus können wir die notwendigen Eichtransformationen der Yang-Mills-Felder ableiten. Für die folgenden Betrachtungen beschränken wir uns auf infinitesimale Drehungen im Isospinraum. Dazu führen wir den infinitesimal kleinen Parameter $\varepsilon$ ein und schreiben für die lokalen infinitesimalen Phasenänderungen

$$\boldsymbol{u} = \boldsymbol{u}(\boldsymbol{x},t) = \varepsilon\boldsymbol{n}(\boldsymbol{x},t) \tag{7.16}$$

und für die zu erwartende Änderung der Yang-Mills Felder

$$W'_{\alpha k} = W_{\alpha k} + \varepsilon w_{\alpha k} \tag{7.17}$$

Damit ist dann

$$\mathcal{D}'_k = \mathcal{D}_k - ig\varepsilon\boldsymbol{w}_k\hat{\boldsymbol{\sigma}} \qquad e^{i\varepsilon\boldsymbol{n}\hat{\boldsymbol{\sigma}}} = \hat{1} + i\varepsilon\boldsymbol{n}\hat{\boldsymbol{\sigma}} \qquad e^{-i\varepsilon\boldsymbol{n}\hat{\boldsymbol{\sigma}}} = \hat{1} - i\varepsilon\boldsymbol{n}\hat{\boldsymbol{\sigma}} \tag{7.18}$$

wobei wir die vier dreidimensionalen Vektorfelder $\boldsymbol{w}_k = (w_{1k}, w_{2k}, w_{3k})$ eingeführt haben. Setzen wir diese Relationen in (7.15) ein, dann gelangen wir bei Berücksichtigung aller Terme bis zur ersten Ordnung in $\varepsilon$ zu

$$\mathcal{D}_k - ig\varepsilon \boldsymbol{w}_k \hat{\boldsymbol{\sigma}} = \mathcal{D}_k - i\varepsilon \left( \mathcal{D}_k \boldsymbol{n}\hat{\boldsymbol{\sigma}} - \boldsymbol{n}\hat{\boldsymbol{\sigma}} \mathcal{D}_k \right) \tag{7.19}$$

und mit (7.12) weiter zu

$$\boldsymbol{w}_k \hat{\boldsymbol{\sigma}} = \frac{1}{g} \boldsymbol{n}_{,k} \hat{\boldsymbol{\sigma}} - i \left( \boldsymbol{W}_k \hat{\boldsymbol{\sigma}} \left( \boldsymbol{n}\hat{\boldsymbol{\sigma}} \right) - \left( \boldsymbol{n}\hat{\boldsymbol{\sigma}} \right) \boldsymbol{W}_k \hat{\boldsymbol{\sigma}} \right) \tag{7.20}$$

Der Klammerausdruck lässt sich unter Verwendung der Komponentenschreibweise und der Kommutationsrelationen für die Pauli-Matrizen, also

$$\left[ \hat{\sigma}_\alpha, \hat{\sigma}_\beta \right] = 2i\varepsilon_{\alpha\beta\gamma} \sigma_\gamma \tag{7.21}$$

wie folgt umformen

$$\begin{aligned} \boldsymbol{W}_k \hat{\boldsymbol{\sigma}} \left( \boldsymbol{n}\hat{\boldsymbol{\sigma}} \right) - \left( \boldsymbol{n}\hat{\boldsymbol{\sigma}} \right) \boldsymbol{W}_k \hat{\boldsymbol{\sigma}} &= 2i\varepsilon_{\alpha\beta\gamma} W_{\alpha k} n_\beta \hat{\boldsymbol{\sigma}}_\gamma \\ &= W_{\alpha k} \sigma_\alpha n_\beta \sigma_\beta - n_\beta \sigma_\beta W_{\alpha k} \sigma_\alpha \\ &= W_{\alpha k} n_\beta (\sigma_\alpha \sigma_\beta - \sigma_\beta \sigma_\alpha) \\ &= 2i\varepsilon_{\alpha\beta\gamma} \sigma_\gamma W_{\alpha k} n_\beta \\ &= -2i \left( \boldsymbol{n} \times \boldsymbol{W}_k \right) \hat{\boldsymbol{\sigma}} \end{aligned} \tag{7.22}$$

Damit erhalten wir für die infinitesimale Eichtransformation der Yang-Mills-Felder

$$\boldsymbol{w}_k = \frac{1}{g} \boldsymbol{n}_{,k} - 2 \left( \boldsymbol{n} \times \boldsymbol{W}_k \right) \tag{7.23}$$

Zum Vergleich betrachten wir die infinitesimalen Eichtransformationen einer $\mathbb{U}(1)$-invarianten Theorie. Hier erhalten wir mit der infinitesimalen Phase[8]

$$\phi' = \varepsilon n \tag{7.24}$$

die infinitesimalen Eichtransformation des Vektorpotentials[9]

$$A_i' = A_i + \varepsilon a_i \tag{7.25}$$

wobei der aus (7.2) sofort ablesbare Zusammenhang

$$a_i = g^{-1} n_{,i} \tag{7.26}$$

gilt. Offensichlich besitzt bei einer infinitesimalen Änderung der Phase des Materiefeldes die infinitesimale Änderung $\boldsymbol{w}_k$ der Eichfelder einer $\mathbb{SU}(2)$-invarianten Theorie (7.23) Terme, die linear in den Eichfeldern sind, im Gegensatz zur infinitesimalen Änderung der Eichfelder einer $\mathbb{U}(1)$-invarianten

**8**) anstelle von (7.16) für die $\mathbb{SU}(2)$-invariante Theorie
**9**) anstelle (7.17)

Theorie (7.26), die nicht vom Eichfeld abhängig ist. Dieser zusätzliche Beitrag ist eine unmittelbare Folge davon, dass die Transformationen im Isospinraum durch Matrizen der nicht-Abelschen Gruppe $\mathbb{SU}(2)$ erfolgen.

Die Kenntnis der Lagrange-Dichte (7.13) und des Transformationsverhaltens der Yang-Mills-Felder (7.23) reicht noch nicht, um die vollständigen Feldgleichungen zu bestimmen. Dazu fehlt noch der Term, der die freien Yang-Mills-Felder beschreibt. Es wäre natürlich wünschenswert, wenn dieser Term eine ähnlich Struktur wie im Fall einer $\mathbb{U}(1)$-invarianten Theorie hat. Deshalb wollen wir zu jedem Yang-Mills-Feld einen Feldstärketensor $\widetilde{F}_{\alpha}^{ik}$ bestimmen, so dass wir die Lagrange-Dichte der freien Yang-Mills-Felder in der Form

$$\widetilde{\mathcal{L}}_{YM} = -\frac{1}{4}\sum_{\alpha=1}^{3} \widetilde{F}_{\alpha}^{ik}\widetilde{F}_{ik\alpha} = -\frac{1}{4}\widetilde{\boldsymbol{F}}^{ik}\widetilde{\boldsymbol{F}}_{ik} \tag{7.27}$$

schreiben können, wobei wir insgesamt 16 dreidimensionale Vektoren $\widetilde{\boldsymbol{F}}^{ik} = \left\{\widetilde{F}_1^{ik}, \widetilde{F}_2^{ik}, \widetilde{F}_3^{ik}\right\}$ eingeführt haben. Es zeigt sich aber, dass diese Feldstärketensoren nicht mehr nur aus den Ableitungen der Yang-Mills-Felder entsprechend

$$\widetilde{F}_{\alpha}^{ik} = W_a^{k,i} - W_a^{i,k} \tag{7.28}$$

aufgebaut sein können. Um die korrekte Form zu finden, gehen wir zunächst – und wie sich bald herausstellen wird, fälschlicherweise – davon aus, dass die infinitesimalen Eichtransformationen $\boldsymbol{W}_k' = \boldsymbol{W}_k + \varepsilon\boldsymbol{w}_k$ die Lagrange-Dichte (7.27) invariant lassen. Dann können wir mit (7.28) auch $\widetilde{\boldsymbol{F}}_{ik}' = \widetilde{\boldsymbol{F}}_{ik} + \varepsilon\widetilde{\boldsymbol{f}}_{ik}$ schreiben, wobei die Änderungen $\widetilde{\boldsymbol{f}}_{ik}$ des Feldstärketensors als Folge der Eichtransformation entsprechend

$$\widetilde{\boldsymbol{f}}_{ik} = \boldsymbol{w}_{k,i} - \boldsymbol{w}_{i,k} \tag{7.29}$$

aus den Änderungen $\boldsymbol{w}_k$ der Yang-Mills-Felder bestimmt werden. Für die als invariant angenommene Lagrange-Dichte ergibt sich somit bis zur linearen Ordnung in $\varepsilon$

$$\begin{aligned} \widetilde{\mathcal{L}}_{YM}' - \widetilde{\mathcal{L}}_{YM} &= -\frac{1}{4}\left(\widetilde{\boldsymbol{F}}^{ik} + \varepsilon\widetilde{\boldsymbol{f}}^{ik}\right)\left(\widetilde{\boldsymbol{F}}_{ik} + \varepsilon\widetilde{\boldsymbol{f}}_{ik}\right) + \frac{1}{4}\widetilde{\boldsymbol{F}}^{ik}\widetilde{\boldsymbol{F}}_{ik} \\ &= -\frac{\varepsilon}{2}\widetilde{\boldsymbol{F}}^{ik}\widetilde{\boldsymbol{f}}_{ik} = 0 \end{aligned} \tag{7.30}$$

Mit (7.23) erhalten wir aus (7.29)

$$\begin{aligned} \widetilde{\boldsymbol{f}}_{ik} &= 2\left(\boldsymbol{n}\times\boldsymbol{W}_i\right)_{,k} - 2\left(\boldsymbol{n}\times\boldsymbol{W}_k\right)_{,i} \\ &= 2\left(\boldsymbol{n}_{,k}\times\boldsymbol{W}_i - \boldsymbol{n}_{,i}\times\boldsymbol{W}_k\right) - 2\boldsymbol{n}\times\widetilde{\boldsymbol{F}}_{ik} \end{aligned} \tag{7.31}$$

woraus man sofort sieht, dass die in (7.30) verlangte Beziehung, d. h. die Orthogonalität zwischen $\widetilde{\boldsymbol{F}}^{ik}$ und $\widetilde{\boldsymbol{f}}^{ik}$, nicht allgemein garantiert werden kann.

Allerdings erkennt man anhand dieses Ergebnisses auch, wie man den Feldstärketensor und damit die Lagrange-Dichte des Yang-Mills-Feldes wählen muss, um die Invarianzbedingung (7.30) doch noch erfüllen zu können. Verwendet man nämlich anstelle von (7.28) die Definition

$$\boldsymbol{F}^{ik} = \boldsymbol{W}^{k,i} - \boldsymbol{W}^{i,k} + 2g\boldsymbol{W}^{i} \times \boldsymbol{W}^{k} = \widetilde{\boldsymbol{F}}^{ik} + 2g(\boldsymbol{W}^{i} \times \boldsymbol{W}^{k}) \tag{7.32}$$

dann erhält man mit

$$\mathcal{L}_{YM} = -\frac{1}{4}\sum_{\alpha=1}^{3} F_{\alpha}^{ik} F_{ik\alpha} = -\frac{1}{4}\boldsymbol{F}^{ik}\boldsymbol{F}_{ik} \tag{7.33}$$

anstelle von (7.30) die Invarianzforderung

$$\mathcal{L}'_{YM} - \mathcal{L}_{YM} = -\frac{1}{4}(\boldsymbol{F}^{ik} + \varepsilon\boldsymbol{f}^{ik})(\boldsymbol{F}_{ik} + \varepsilon\boldsymbol{f}_{ik}) + \frac{1}{4}\boldsymbol{F}^{ik}\boldsymbol{F}_{ik} = -\frac{\varepsilon}{2}\boldsymbol{F}^{ik}\boldsymbol{f}_{ik} = 0 \tag{7.34}$$

wobei die infolge der infinitesimalen Eichtransformation erfolgende Änderung $\boldsymbol{f}_{ik}$ des neuen Feldstärketensors wegen (7.23) lautet[10]

$$\begin{aligned} \boldsymbol{f}_{ik} &= \widetilde{\boldsymbol{f}}_{ik} + 2g\,(\boldsymbol{W}_i \times \boldsymbol{w}_k + \boldsymbol{w}_i \times \boldsymbol{W}_k) \\ &= \widetilde{\boldsymbol{f}}_{ik} + 2\,(\boldsymbol{W}_i \times \boldsymbol{n}_{,k} + \boldsymbol{n}_{,i} \times \boldsymbol{W}_k) \\ &+ 4g\,[\boldsymbol{W}_k \times (\boldsymbol{n} \times \boldsymbol{W}_i) + (\boldsymbol{n} \times \boldsymbol{W}_k) \times \boldsymbol{W}_i] \end{aligned} \tag{7.35}$$

Wegen der Jacobi-Identität $(\boldsymbol{a} \times \boldsymbol{b}) \times \boldsymbol{c} + (\boldsymbol{c} \times \boldsymbol{a}) \times \boldsymbol{b} + (\boldsymbol{b} \times \boldsymbol{c}) \times \boldsymbol{a} = 0$ ist

$$\boldsymbol{W}_k \times (\boldsymbol{n} \times \boldsymbol{W}_i) + (\boldsymbol{n} \times \boldsymbol{W}_k) \times \boldsymbol{W}_i = \boldsymbol{n} \times (\boldsymbol{W}_k \times \boldsymbol{W}_i) \tag{7.36}$$

so dass wir aus (7.35) mit (7.32) und (7.31) die Beziehung

$$\boldsymbol{f}_{ik} = -2\boldsymbol{n} \times \left[\widetilde{\boldsymbol{F}}_{ik} - 2g\,(\boldsymbol{W}_k \times \boldsymbol{W}_i)\right] = -2\boldsymbol{n} \times \boldsymbol{F}_{ik} \tag{7.37}$$

erhalten. Damit bekommen wir dann auch aus (7.34)

$$\mathcal{L}'_{YM} - \mathcal{L}_{YM} = \varepsilon\boldsymbol{F}^{ik}\,(\boldsymbol{n} \times \boldsymbol{F}_{ik}) = \varepsilon\boldsymbol{n}\left(\boldsymbol{F}_{ik} \times \boldsymbol{F}^{ik}\right) = 0 \tag{7.38}$$

wobei man sich den letzten, zur gewünschten Invarianz der Lagrange-Dichte gegenüber den Eichtransformationen führenden Schritt am besten in der Komponentenschreibweise klar macht. Es ist nämlich

$$\begin{aligned} \left(\boldsymbol{F}_{ik} \times \boldsymbol{F}^{ik}\right)_{\alpha} = \varepsilon_{\alpha\beta\gamma} F_{ik\beta} F_{\gamma}^{ik} &= \frac{1}{2}\varepsilon_{\alpha\beta\gamma}\left(F_{ik\beta}F_{\gamma}^{ik} + F_{\beta}^{ik}F_{ik\gamma}\right) \\ &= \frac{1}{2}\varepsilon_{\alpha\beta\gamma}\left(F_{ik\beta}F_{\gamma}^{ik} - F_{\gamma}^{ik}F_{ik\beta}\right) = 0 \end{aligned} \tag{7.39}$$

**10**) Man beachte, dass nur Terme linear in $\epsilon$ berücksichtigt werden.

Dabei haben wir beim letzten Schritt im zweiten Summanden die Indizes $\beta$ und $\gamma$ vertauscht und die Antisymmetrie von $\varepsilon_{\alpha\beta\gamma}$ berücksichtigt.

Die Lagrange-Dichte des gesamten aus $\mathbb{SU}(2)$-symmetrischem Klein-Gordon-Feld und Yang-Mills-Feld zusammengesetzten Systems ist mit (7.13) und (7.33) gegeben durch

$$\mathcal{L} = \frac{\hbar^2}{2m}(\mathcal{D}_k\psi)^\dagger(\mathcal{D}^k\psi) - \frac{mc^2}{2}\psi^\dagger\psi - \frac{1}{4}\boldsymbol{F}^{ik}\boldsymbol{F}_{ik} \tag{7.40}$$

Wir bemerken, dass im Gegensatz zur Eichtheorie für $\mathbb{U}(1)$-symmetrische Materiefelder der Feldstärketensor $\boldsymbol{F}^{ik}$ der Yang-Mills-Felder bei einer $\mathbb{SU}(2)$-Symmetrie nicht mehr eichinvariant ist. Diese Bedingung wird erst durch die Lagrange-Dichte erfüllt.

Ein weiterer Unterschied zu einer $\mathbb{U}(1)$-invarianten Eichtheorie folgt aus (7.32). Der Feldstärketensor ist zwar immer noch antisymmetrisch in seinen raum-zeitlichen Indizes, er ist aber nicht mehr linear in den Yang-Mills-Feldern. Damit ist das aus klassischer Sicht für freie Felder erwartete Superpositionsprinzip nicht mehr uneingeschränkt anwendbar.

Die $\mathbb{SU}(2)$-symmetrische Langrange-Dichte (7.40) impliziert, dass beide Isospinzustände die gleiche Masse besitzen. Wie wir aus dem vorangegangenen Kapitel wissen, ist diese Voraussetzung aber höchstens eine Näherungsannahme. Will man für die beiden Isospinzustände unterschiedliche Massen berücksichtigen, dann könnte man eine Massenmatrix einführen

$$m\psi^\dagger\psi \to \psi^\dagger \begin{pmatrix} m_1 & 0 \\ 0 & m_2 \end{pmatrix} \psi \tag{7.41}$$

die den einzelnen Spinorkomponenten unterschiedliche Massen zuordnet. Allerdings ist ein solcher Term nicht mehr invariant gegenüber Drehungen im Isospinraum. Deshalb muss man nach neuen Wegen suchen, dieses Problem zu beheben. Wir werden uns damit im Abschnitt 7.1.4 noch genauer befassen. Vorläufig nehmen wir aber an, dass die Masse für alle Isospinzustände gleich ist.

#### 7.1.2.2 *Isospinpaare des Dirac-Feldes

Wir können die Diskussion des vorangegangenen Kapitels auch für Dirac-Felder durchführen. Dann sind die Komponenten $\psi_1$ und $\psi_2$ des Isospinors (7.9) nicht mehr reelle oder komplexe Funktionen, wie im soeben diskutierten Fall des Klein-Gordon-Feldes, sondern Bispinoren. Da Drehungen im Isospinraum überhaupt nicht den geometrischen Charakter der Komponenten betreffen, haben alle obigen Rechnungen auch für das Dirac-Feld Bestand. Desweiteren gelten die Regeln

$$\gamma^k \begin{pmatrix} \psi_1 \\ \psi_2 \end{pmatrix} = \begin{pmatrix} \gamma^k\psi_1 \\ \gamma^k\psi_2 \end{pmatrix} \quad \text{und} \quad \left(\psi_1^\dagger, \psi_2^\dagger\right)\gamma^k = \left(\psi_1^\dagger\gamma^k, \psi_2^\dagger\gamma^k\right) \tag{7.42}$$

so dass insbesondere

$$\overline{\psi} = \psi^{\dagger}\gamma^{0} = \left(\psi_1^{\dagger}, \psi_2^{\dagger}\right)\gamma^{0} = \left(\psi_1^{\dagger}\gamma^{0}, \psi_2^{\dagger}\gamma^{0}\right) = \left(\overline{\psi}_1, \overline{\psi}_2\right) \tag{7.43}$$

gilt. Unter Beachtung dieser formalen Beziehungen erhalten wir anstelle von (7.6) die Lagrange-Dichte des Dirac-Isospinors

$$\mathcal{L} = i\hbar c\overline{\psi}\gamma^{k}\mathcal{D}_{k}\psi - mc^{2}\overline{\psi}\psi - \frac{1}{4}\boldsymbol{F}^{ik}\boldsymbol{F}_{ik} \tag{7.44}$$

die sich gegenüber der Lagrange-Dichte des Dirac-Maxwell-Feldes nur in der Struktur der Materiefelder[11] und des Feldstärketensors der Yang-Mills-Felder unterscheidet.

#### 7.1.2.3 *Feldgleichungen

Aus den Lagrange-Dichten (7.40) und (7.44) lassen sich die Feldgleichungen für die Materiefelder und die Yang-Mills-Felder ableiten. Die Anwendung der Euler-Lagrange'schen Feldgleichungen bzgl. der einzelnen Komponenten der Isospinoren erzeugt[12] nach dem gleichen Schema wie in Abschnitt 4.3.5 aus (7.40) die Klein-Gordon-Gleichung

$$\hbar^{2}\mathcal{D}^{k}\mathcal{D}_{k}\psi - m^{2}c^{2}\psi = 0 \tag{7.45}$$

und aus (7.44) die Dirac-Gleichung

$$i\hbar\gamma^{k}\mathcal{D}_{k}\psi - mc\psi = 0 \tag{7.46}$$

für die jeweiligen Isospinoren. Die Kopplung zwischen den Isospinorkomponenten erfolgt über die in den kovarianten Ableitungen enthaltenen Yang-Mills-Felder. Deren Feldgleichungen sind etwas aufwändiger zu erhalten. Dazu formen wir zunächst den Beitrag der freien Yang-Mills-Felder etwas um. Mit (7.32) ist

$$\begin{aligned}
\boldsymbol{F}^{ik}\boldsymbol{F}_{ik} &= \left(\boldsymbol{W}^{k,i} - \boldsymbol{W}^{i,k} + 2g\boldsymbol{W}^{i}\times\boldsymbol{W}^{k}\right)\left(\boldsymbol{W}_{k,i} - \boldsymbol{W}_{i,k} + 2g\boldsymbol{W}_{i}\times\boldsymbol{W}_{k}\right) \\
&= 2\boldsymbol{W}^{k,i}\boldsymbol{W}_{k,i} - 2\boldsymbol{W}^{i,k}\boldsymbol{W}_{k,i} + 4g\left(\boldsymbol{W}^{k,i} - \boldsymbol{W}^{i,k}\right)\left(\boldsymbol{W}_{i}\times\boldsymbol{W}_{k}\right) \\
&\quad +4g^{2}\left(\boldsymbol{W}^{i}\times\boldsymbol{W}^{k}\right)\left(\boldsymbol{W}_{i}\times\boldsymbol{W}_{k}\right) \\
&= 2\boldsymbol{W}^{k,i}\boldsymbol{W}_{k,i} - 2\boldsymbol{W}^{i,k}\boldsymbol{W}_{k,i} + 4g\left[\left(\boldsymbol{W}^{k,i} - \boldsymbol{W}^{i,k}\right)\times\boldsymbol{W}_{i}\right]\boldsymbol{W}_{k} \\
&\quad +4g^{2}\left[\left(\boldsymbol{W}^{i}\boldsymbol{W}_{i}\right)\left(\boldsymbol{W}^{k}\boldsymbol{W}_{k}\right) - \left(\boldsymbol{W}^{i}\boldsymbol{W}_{k}\right)\left(\boldsymbol{W}^{k}\boldsymbol{W}_{i}\right)\right]
\end{aligned} \tag{7.47}$$

**11**) $\psi$ ist ein Isospinor mit Bispinoren als Komponenten anstelle der einfachen Bispinoren in (7.6).

**12**) siehe Aufgabe 7.1

Hieraus erhalten wir dann sowohl für das Dirac- als auch das Klein-Gordon-Feld[13]

$$\frac{\partial}{\partial x^i}\frac{\partial \mathcal{L}}{\partial \boldsymbol{W}_{k,i}} = -\frac{1}{4}\left[4\boldsymbol{W}^{k,i} - 4\boldsymbol{W}^{i,k} + 8g\boldsymbol{W}^i \times \boldsymbol{W}^k\right]_{,i} = -\boldsymbol{F}^{ik}_{,i} \tag{7.48}$$

Die Ableitung nach $\boldsymbol{W}^i$ enthält sowohl Beiträge, die von der Kopplung zwischen Yang-Mills-Feldern und Materiefeldern stammen, als auch Terme, die nur von dem Anteil der freien Yang-Mills-Felder kommen. Die letzteren sind für Dirac- und Klein-Gordon-Feld gleich und lauten

$$\begin{aligned}\frac{\partial \mathcal{L}_{YM}}{\partial \boldsymbol{W}_k} &= -2g\left[\left(\boldsymbol{W}^{k,i} - \boldsymbol{W}^{i,k}\right) \times \boldsymbol{W}_i\right] - 4g^2\left[\left(\boldsymbol{W}^i\boldsymbol{W}_i\right)\boldsymbol{W}^k - \left(\boldsymbol{W}^k\boldsymbol{W}_i\right)\boldsymbol{W}^i\right]\\ &= -2g\left[\left(\boldsymbol{W}^{k,i} - \boldsymbol{W}^{i,k}\right) \times \boldsymbol{W}_i\right] - 4g^2\boldsymbol{W}_i \times \left(\boldsymbol{W}^k \times \boldsymbol{W}^i\right)\\ &= -2g\boldsymbol{F}^{ik} \times \boldsymbol{W}_i\end{aligned} \tag{7.49}$$

wobei wir im vorletzten Schritt die Vektorrechenregel $\boldsymbol{a} \times (\boldsymbol{b} \times \boldsymbol{c}) = (\boldsymbol{ac})\,\boldsymbol{b} - (\boldsymbol{ab})\,\boldsymbol{c}$ benutzt haben. Für die Materieanteile erhalten wir dagegen im Fall des Klein-Gordon-Felds mit $\mathcal{D}^k = \partial^k - ig\boldsymbol{W}^k\hat{\boldsymbol{\sigma}}$

$$\frac{\partial \mathcal{L}_{\mathrm{KG}}}{\partial \boldsymbol{W}_k} = \frac{ig\hbar^2}{2m}\left[\psi^\dagger\hat{\boldsymbol{\sigma}}\mathcal{D}^k\psi - \left(\mathcal{D}^k\psi\right)^\dagger\hat{\boldsymbol{\sigma}}\psi\right] = \boldsymbol{J}^k_{\mathrm{KG}} \tag{7.50}$$

und für das Dirac-Feld

$$\frac{\partial \mathcal{L}_D}{\partial \boldsymbol{W}_k} = g\hbar c\overline{\psi}\gamma^k\hat{\boldsymbol{\sigma}}\psi = \boldsymbol{J}^k_{\mathrm{D}} \tag{7.51}$$

In diesen Gleichungen sind $\boldsymbol{J}^k_{\mathrm{KG}}$ bzw. $\boldsymbol{J}^k_{\mathrm{D}}$ die durch das Klein-Gordon- bzw. Dirac-Isospinorfeld verursachten Materieströme. Fassen wir die Terme zusammen, dann lauten die Feldgleichungen für das Yang-Mills-Feld

$$\boldsymbol{F}^{ik}_{,i} + 2g\boldsymbol{W}_i \times \boldsymbol{F}^{ik} = -\boldsymbol{J}^k_{\mathrm{KG}} \qquad \text{und} \qquad \boldsymbol{F}^{ik}_{,i} + 2g\boldsymbol{W}_i \times \boldsymbol{F}^{ik} = -\boldsymbol{J}^k_{\mathrm{D}} \tag{7.52}$$

wobei die erste Gleichung für den Klein-Gordon-Fall, die zweite für den Dirac-Fall gültig ist.

Im Gegensatz zu den Maxwell-Gleichungen – oder allgemeiner den Feldgleichungen der Eichfelder einer $\mathbb{U}(1)$-invarianten Theorie – sind die Yang-Mills-Feldgleichungen nichtlinear. Damit führt eine beliebige Skalierung der

**13)** Eigentlich müssten in der folgenden Gleichung die Ableitungen nach den einzelnen Feldkomponenten, also nach $W_{\alpha k,i}$ stehen. Es ist bei relativ umfangreichen Gleichungen aber üblich, die Ableitungen zusammenzufassen. In diesem Sinne versteht man unter $\partial\mathcal{L}/\partial\boldsymbol{W}_{k,i}$ den Vektor $(\partial\mathcal{L}/\partial W_{1,k,i}, \partial\mathcal{L}/\partial W_{2,k,i}, \partial\mathcal{L}/\partial W_{3,k,i})$. Im Prinzip kann man mit solchen formalen Ableitungen wie mit normalen Ableitungen umgehen. Im Zweifelsfall empfiehlt es sich jedoch, wieder zur Komponentenschreibweise zurückzukehren.

Materieströme mit einem räumlich und zeitlich konstanten Faktor $\boldsymbol{J}^k \to \alpha \boldsymbol{J}^k$ nicht mehr zu einer entsprechenden Skalierung des Feldstärketensors $\boldsymbol{F}^{ik} \to \alpha \boldsymbol{F}^{ik}$.

Ähnlich wie bei den Maxwell-Gleichungen werden die inhomogenen Feldgleichungen (7.52) noch ergänzt durch eine Gruppe homogener Feldgleichungen, die ausschließlich der Antisymmetrie des Feldstärketensors $\boldsymbol{F}^{ik}$ zu verdanken ist. Bildet man unter Beachtung von (7.32) die zyklische Summe

$$\text{zykl. Summe} = \boldsymbol{F}_{ik,m} + \boldsymbol{F}_{km,i} + \boldsymbol{F}_{mi,k} \tag{7.53}$$

dann heben sich analog zur Situation in der Elektrodynamik alle zweiten Ableitungen gegenseitig auf. Es bleiben aber die nichtlinearen Terme bestehen

$$\text{zykl. Summe} = 2g\left[(\boldsymbol{W}_i \times \boldsymbol{W}_k)_{,m} + (\boldsymbol{W}_k \times \boldsymbol{W}_m)_{,i} + (\boldsymbol{W}_m \times \boldsymbol{W}_i)_{,k}\right] \tag{7.54}$$

die mit Hilfe der weiter oben bereits benutzten Jacobi-Identität noch umgeformt werden können. Somit bleibt

$$\boldsymbol{F}_{ik,m} + \boldsymbol{F}_{km,i} + \boldsymbol{F}_{mi,k} = 2g\left[\boldsymbol{F}_{mi} \times \boldsymbol{W}_k + \boldsymbol{F}_{ik} \times \boldsymbol{W}_m + \boldsymbol{F}_{k,m} \times \boldsymbol{W}_i\right] \tag{7.55}$$

Auch diese homogenen Gleichungen sind nichtlinear. Das hat insbesondere zur Folge, dass die dem Magnetfeld entsprechende Terme nicht mehr einer Gleichung der Form $\operatorname{div}\boldsymbol{B} = 0$ genügen. Damit können für die "magnetischen Komponenten" des Yang-Mills-Feldes durchaus Monopole existieren.

### 7.1.3 *$\mathbb{SU}(3)$-Invarianz

Bei dieser Invarianz werden dreikomponentige Zustände

$$\psi = \begin{pmatrix} \psi_1 \\ \psi_2 \\ \psi_3 \end{pmatrix} \tag{7.56}$$

betrachtet, deren einzelne Komponenten z.B. im Fall von Klein-Gordon-Feldern komplexe Funktionen, im Fall von Dirac-Feldern Bispinoren sind. Verlangt wird die Invarianz der zu diesem Materiefeld gehörigen Lagrange-Dichte gegenüber allen durch die Elemente der Gruppe $\mathbb{SU}(3)$ beschriebenen Transformationen. In diesem Fall können wir die Eichtransformationen (7.11) der dreikomponentigen Materiefelder

$$\psi'(\boldsymbol{x}, t) = \exp\left\{i \sum_{\alpha=1}^{8} u_\alpha(\boldsymbol{x}, t)\hat{\lambda}_\alpha\right\} \psi(\boldsymbol{x}, t) \tag{7.57}$$

mit Hilfe der Gell-Mann-Matrizen $\hat{\lambda}_\alpha$ und den 8 unabhängigen Phasenfeldern $u_\alpha(\boldsymbol{x}, t)$ beschreiben. Dementsprechend erwarten wir auch 8 Eichfelder

$G_{\alpha i}(\boldsymbol{x}, t)$. Im Rahmen der Theorie der starken Wechselwirkung werden diese Felder mit den verschiedenen, die Wechselwirkung zwischen den Quarks erzeugenden Gluonensorten identifiziert. Aus den Eichfeldern $G_{\alpha i}(\boldsymbol{x}, t)$ bekommen wir dann die kovariante Ableitung

$$\mathcal{D}_i = \hat{1}\,\partial_i - ig \sum_{\alpha=1}^{8} \hat{\lambda}_\alpha G_{\alpha i}(\boldsymbol{x}, t) \tag{7.58}$$

die als Verallgemeinerung der in (7.12) definierten kovarianten Ableitung einer $\mathbb{SU}(2)$-invarianten Eichtheorie zu verstehen ist.

### 7.1.4
### *Brechung der Eichsymmetrie, Teilchenmassen

Ein offenes Problem bei der Einführung von Symmetrien und nichtabelschen Eichfeldern war die Erklärung der unterschiedlichen Masse von Partikeln, die an sich durch eine Symmetrieoperation auseinander hervorgehen sollten. Eine mögliche Lösung dieses Problems bietet sich mit der Einführung einer Art Selbstwechselwirkung des Materiefeldes an. Als Ergebnis des Symmetriebruchs einer ursprünglich symmetrisch formulierten Theorie können dann die Massen erzeugt werden. Wir werden uns in diesem Abschnitt mit dem Prinzip des Symmetriebruchs und seinen Auswirkungen für die Theorie befassen.

#### 7.1.4.1 *Brechung der globalen $\mathbb{U}(1)$-Symmetrie

Um die physikalische Bedeutung dieser Sebstwechselwirkung zu verstehen, betrachten wir die Lagrangedichte des Klein-Gordon-Feldes (7.4) mit dem komplexen Materiefeld $\psi$ und ohne Wechselwirkung mit einem Eichfeld

$$\mathcal{L} = \frac{\hbar^2}{2m}(\partial_k \psi)^*(\partial^k \psi) - \frac{mc^2}{2}\psi^*\psi \tag{7.59}$$

und vergleichen diese mit der modifizierten Lagrangedichte

$$\mathcal{L}_V = \frac{\hbar^2}{2m}(\partial_k \psi)^*(\partial^k \psi) - V(|\psi|) \tag{7.60}$$

die man aus (7.59) erhält, indem man den zweiten, als *Massenterm*[14] bezeichneten Ausdruck durch das Potential

$$V(|\psi|) = \left(\frac{mc^2}{2\lambda^{1/2}} - \frac{\lambda^{1/2}}{2}|\psi|^2\right)^2 \tag{7.61}$$

**14**) Als Massenterme werden in der Feldtheorie die in den Feldern $\varphi$ quadratischen Beiträge zur Lagrange- bzw. Hamiltondichte bezeichnet. Massenterme enthalten keine Ableitungen der Felder.

ersetzt. Diese scheinbar geringfügige Modifikation hat jedoch tiefgreifende Änderungen der Dynamik des Feldes zur Folge, ganz abgesehen von der Tatsache, dass die zugehörige Feldgleichung nichtlinear ist.

Offenbar sind die beiden Lagrange-Dichten (7.59) und (7.60), ebenso wie die zugehörigen Feldgleichungen, also

$$\hbar^2 \partial_k \partial^k \psi + m^2 c^2 \psi = 0 \qquad \text{bzw.} \qquad \hbar^2 \partial_k \partial^k \psi + m \left. \frac{\partial V(\xi)}{\partial \xi} \right|_{\xi = |\psi|} \frac{\psi}{|\psi|} = 0 \quad (7.62)$$

invariant gegenüber beliebigen globalen $\mathbb{U}(1)$-Eichtransformationen von $\psi$. Wir wollen jetzt die orts- und zeitunabhängigen Lösungen der beiden Feldgleichungen untersuchen. Im ersten Fall erhalten wir sofort $\psi_0 = 0$, d. h. auch diese Lösung ist invariant gegenüber Eichtransformationen. Im zweiten Fall müssen wir

$$\left. \frac{\partial V(\xi)}{\partial \xi} \right|_{\xi = |\psi|} \frac{\psi}{|\psi|} = -2\lambda^{1/2} \left( \frac{mc^2}{2\lambda^{1/2}} - \frac{\lambda^{1/2}}{2} |\psi|^2 \right) \psi = 0 \tag{7.63}$$

lösen, woraus wir die gegenüber den Eichtransformationen invariante Lösung $\psi_0 = 0$ und außerdem

$$|\psi_0| = \sqrt{\frac{mc^2}{\lambda}} \tag{7.64}$$

erhalten. Es handelt sich im zweiten Fall sogar um ein Kontinuum von Lösungen, die in der komplexen Ebene einen Kreis mit dem Radius $(m/\lambda)^{1/2} c$ bilden. Die globalen Eichtransformationen $\psi' = \exp\{-i\phi\}\, \psi$ mit räumlich und zeitlich konstanter Phase überführen zwar die einzelnen Lösungen des Kontinuums ineinander, aber jede Lösung $\psi_0 \neq 0$ der Gleichungen (7.63) ist für sich allein genommen nicht mehr invariant gegenüber der Eichtransformation.

Wir wollen jetzt die physikalische Bedeutung der gewonnenen Lösungen diskutieren. Dazu betrachten wir die zu (7.59) bzw. (7.60) gehörige Hamilton-Dichte

$$\mathcal{H} = \frac{\hbar^2}{2m} (\partial_k \psi)^* (\partial^k \psi) + \frac{mc^2}{2} \psi^* \psi \tag{7.65}$$

bzw.

$$\mathcal{H}_V = \frac{\hbar^2}{2m} (\partial_k \psi)^* (\partial^k \psi) + V(|\psi|) \tag{7.66}$$

Beide Ausdrücke sind positiv definit, d. h. es gilt $\mathcal{H} \geq 0$ bzw. $\mathcal{H}_V \geq 0$ für beliebige $\psi$. Deshalb ist im ersten Fall $\psi_0 = 0$ der Grundzustand mit der Energie $H = \int d^3x \mathcal{H} = 0$. Es handelt sich hierbei auch um den einzigen Grundzustand, da jede andere Funktion[15] $\psi$ stets positive Beiträge liefert, die nach der Integration über das gesamte zulässige Raumgebiet zu $H > 0$ führen. Die Lösungen (7.64) liefern dagegen den Grundzustand für das modifizierte

**15**) auch wenn sie räumlich und zeitlich veränderlich ist

Klein-Gordon-Feld. Auch in diesem Fall finden wir $H_V = \int d^3x \mathcal{H}_V = 0$. Man überzeugt sich leicht, dass jede von den Grundzustandslösungen abweichende Funktion stets $H_V > 0$ zur Folge hat. Das trifft insbesondere auch für die andere aus den Feldgleichungen folgende Lösung $\psi_0 = 0$ zu, die einer konstanten Hamilton-Dichte $\mathcal{H}_V = V(0) = m^2c^4/4\lambda$ entspricht und offensichtlich keinen Grundzustand repräsentiert.

Wir kommen daher zu der folgenden Erkenntnis: Obwohl Lagrange-Dichte und Feldgleichungen invariant gegenüber einer Eichtransformation sind und damit eine durch die Gruppe $\mathbb{U}(1)$ geprägte Symmetrie besitzen, kann diese Symmetrieeigenschaft für den Grundzustand verloren gehen. Man spricht deshalb auch von einer spontanen Symmetriebrechung[16].

Wir wollen jetzt noch die Eigenschaften schwacher Anregungszustände untersuchen. Dazu schreiben wir $\psi = \psi_0 + \varphi$ und entwickeln die Hamilton-Dichte nach Potenzen von $\varphi$. Da im ersten Fall $\psi_0 = 0$ gilt, ändert sich die zugehörige Hamilton-Dichte nicht. Insbesondere ist der Massenterm positiv definit. Würden wir im zweiten Fall die Hamilton-Dichte $\mathcal{H}_V$ um den Zustand $\psi_0 = 0$ entwickeln, kämen wir auf

$$\mathcal{H}_V = \frac{\hbar^2}{2m}(\partial_k \varphi)^*(\partial^k \varphi) + \frac{m^2c^4}{4\lambda} - \frac{mc^2}{2}\varphi^*\varphi + \frac{\lambda}{4}(\varphi^*\varphi)^2 \qquad (7.67)$$

Abgesehen von einer unwesentlichen Verschiebung der Hamilton-Dichte ist jetzt der Massenterm negativ definit. Auch hierin zeigt sich, dass $\psi_0 = 0$ für $\mathcal{H}_V$ keinen Grundzustand darstellt. Mit zunehmenden, aber noch hinreichend kleinen Werten $|\varphi|$ nimmt $\mathcal{H}_V$ ab, so dass ein System, dass seine Energie möglichst minimieren will, zu immer größeren Feldamplituden strebt. Erst wenn bei zu großen Feldamplituden der Term $|\varphi|^4$ relevant wird, stabilisiert sich diese Entwicklung wieder und das System erreicht einen der durch (7.64) definierten Grundzustände.

Entwickeln wir $\mathcal{H}_V$ um einen der Grundzustände $\psi_0$ der durch (7.64) bestimmten Lösungsmenge, dann erhalten wir

$$\mathcal{H}_V = \frac{\hbar^2}{2m}(\partial_k \varphi)^*(\partial^k \varphi) + \lambda[\mathrm{Re}\,(\psi_0^*\varphi)]^2 + \lambda\,|\varphi|^2\,\mathrm{Re}\,(\psi_0^*\varphi) + \frac{\lambda}{4}\,|\varphi|^4 \qquad (7.68)$$

Hier scheint der Massenterm wieder positiv zu sein. Allerdings müssen wir eine kleine Einschränkung machen. Dazu beachten wir, dass die komplexe Anregung $\varphi$ auch entsprechend

$$\varphi = \psi_0(u + iv) \qquad (7.69)$$

**16**) Wir werden uns mit diesem Phänomen noch genauer bei der Untersuchung von Phasenübergängen befassen, siehe Band V dieser Lehrbuchreihe.

in zwei reelle Felder $u$ und $v$ zerlegt werden kann. Setzen wir (7.69) in (7.68) ein, dann bekommen wir mit (7.64) und einem reellen Wert für $\psi_0$

$$\begin{aligned} \mathcal{H}_V &= \frac{\hbar^2 c^2}{2\lambda}\left[u_{,k}u^{,k} + v_{,k}v^{,k}\right] + \frac{m^2c^4}{\lambda}u^2 \\ &+ \frac{m^2c^4}{\lambda}\left(u^2+v^2\right)u + \frac{m^2c^4}{4\lambda}\left(u^2+v^2\right)^2 \end{aligned} \tag{7.70}$$

Offenbar gibt es nur einen Massenterm der das reelle Feld $u$ betrifft. Dem zweiten reellen Feld $v$ kann dagegen kein Massenterm zugeordnet werden. Man sagt, dass diese Anregung und damit nach einer Quantisierung die entsprechenden Partikel masselos sind. Solche Teilchen werden auch als Goldstone-Bosonen, die entsprechenden Feldkomponenten als *Goldstone-Moden* bezeichnet. Sie hängen eng mit dem Auftreten eines Kontinuums von Grundzuständen zusammen: da man von einem Grundzustand in einen anderen Grundzustand entlang des komplexen Kreises mit dem Radius (7.64) wechseln kann, ohne dabei eine Energiebarriere überschreiten zu müssen, kann es bei einer Bewegung in diese Richtung auch keinen Massenterm geben.

Ist $\psi_0$ dagegen eine komplexe Feldamplitude, die man z. B. in der Form

$$\psi_0 = |\psi_0|\mathrm{e}^{i\alpha} = |\psi_0|(\cos\alpha + i\sin\alpha) \tag{7.71}$$

schreiben kann, dann würden wir eine Hamilton-Dichte erhalten, die sowohl quadratische Terme in $u$ und $v$ enthält, neben den Nichtlinearitäten aber auch noch zusätzlich den bilinearen Mischterm $uv$ aufweist. Hier könnte man vermuten, dass jetzt beide reellen Felder $u$ und $v$ eine Masse tragen. Man erkennt aber schnell, dass man aus dem ursprünglichen komplexen Feld durch eine unitäre Transformation ein neues Feld

$$\phi' = |\psi_0|(u' + iv') = \phi\mathrm{e}^{-i\alpha} \tag{7.72}$$

mit

$$u' = u\cos\alpha + v\sin\alpha \quad \text{und} \quad v' = v\cos\alpha - u\sin\alpha \tag{7.73}$$

bilden kann, dessen Hamilton-Dichte aus (7.70) durch die Substitutionen $u \to u'$ und $v \to v'$ hervorgeht. Mit anderen Worten, die Elimination des Mischterms $uv$ durch eine unitäre Transformation führt wieder zurück auf eine Feldtheorie mit Goldstone-Moden.

#### 7.1.4.2 *Brechung der lokalen $\mathbb{U}(1)$-Symmetrie

Wir wollen jetzt von der Lagrange-Dichte verlangen, dass diese nicht nur global, sondern auch lokal eichinvariant bzgl. $\mathbb{U}(1)$-Transformationen ist. Für ein skalares Feld könnten wir dann anstelle (7.60) die Lagrange-Dichte

$$\mathcal{L}_V = \frac{\hbar^2}{2m}\left(\mathcal{D}_k\psi\right)^*\left(\mathcal{D}^k\psi\right) - V(|\psi|) - \frac{1}{4}F_{ik}F^{ik} \tag{7.74}$$

verwenden. Die Invarianz dieser Lagrange-Dichte besteht gegenüber den Eichtransformationen (7.1), also

$$\psi' = \exp\{i\phi\}\,\psi \quad \text{und} \quad A_i' = A_i + g^{-1}\phi_{,i} \tag{7.75}$$

wobei wir als kovariante Ableitung (7.3) benutzen. Aus dieser Darstellung könnte man vermuten, dass die mit dem Viererpotential $A_i$ verbundenen Austauschteilchen masselos sind[17]. Das Feld $\psi$ ist gewöhnlich komplex. Wir können aber die Eichtransformation nutzen, um in jedem Raumpunkt und zu jeder Zeit ein reelles Feld zu erhalten. Mit $\psi = \psi_1 + i\psi_2$ erhalten wir

$$\begin{aligned} \psi' &= (\cos\phi + i\sin\phi)\,(\psi_1 + i\psi_2) \\ &= \cos\phi\psi_1 - \sin\phi\psi_2 + i\,(\sin\phi\psi_1 + \cos\phi\psi_2) \end{aligned} \tag{7.76}$$

Ein reelles Feld entsteht, wenn wir die Phase entsprechend

$$\phi = -\arctan\frac{\psi_2}{\psi_1} \tag{7.77}$$

festlegen. Die gleichzeitige Transformation $A_i \to A_i'$ lässt die Lagrange-Dichte invariant. Wir lassen wie üblich nach der Eichtransformation wieder die Striche an den einzelnen Feldern weg und entwickeln die Lagrange-Dichte um den Grundzustand. Dazu setzen wir jetzt $\psi = \psi_0 + \varphi$, wobei $\psi_0$ eine reelle Größe mit dem durch (7.64) definierten Wert, $\varphi$ dagegen die Fluktuation um diesen Wert darstellt. Dann nimmt wegen

$$\begin{aligned} (\mathcal{D}_k\psi)^*(\mathcal{D}^k\psi) &= [\partial_k\varphi + igA_k(\psi_0+\varphi)]\,[\partial^k\varphi - igA^k(\psi_0+\varphi)] \\ &= \partial_k\varphi\partial^k\varphi + g^2A^kA_k(\psi_0+\varphi)^2 \end{aligned} \tag{7.78}$$

und

$$V(|\psi|) = \left(\frac{mc^2}{2\lambda^{1/2}} - \frac{\lambda^{1/2}}{2}(\psi_0+\varphi)^2\right)^2 = \frac{\lambda\varphi^2}{4}(2\psi_0+\varphi)^2 \tag{7.79}$$

die Lagrange-Dichte die folgende Form an

$$\begin{aligned} \mathcal{L}_V &= \left[\frac{\hbar^2}{2m}\partial_k\varphi\partial^k\varphi - mc^2\varphi^2\right] - \left[\frac{1}{4}F_{ik}F^{ik} - \frac{\hbar^2c^2g^2}{2\lambda}A^kA_k\right] \\ &\quad + \frac{\hbar^2g^2}{2m}\left[2\psi_0\varphi + \varphi^2\right]A^kA_k - \lambda\left(\psi_0\varphi^3 + \frac{\varphi^4}{4}\right) \end{aligned} \tag{7.80}$$

17) In der Lagrange-Dichte und in der zugehörigen Hamilton-Dichte treten nur Ableitungen von $A_i$ quadratisch auf. Ein Massenterm der Struktur $A_iA^i$ existiert dagegen nicht.

Die erste Zeile beschreibt dabei zwei freie Felder $\varphi$ und $A_k$, die zweite Zeile deren Wechselwirkung. Vernachlässigen wir für einen Moment diesen nichtlinearen Beitrag, dann genügt das Materiefeld $\varphi$ der Klein-Gordon-Gleichung, das Eichfeld dagegen einer homogenen Proca-Gleichung[18],

$$F^{ik}_{,k} - \frac{\hbar^2 c^2 g^2}{\lambda} A^i = 0 \tag{7.81}$$

die aus klassischer Sicht als eine Maxwell-Gleichung für massive Photonen oder allgemeiner – da der Charakter des Eichfeldes ja bisher überhaupt nicht mit einem physikalischen Phänomen verbunden wurde – für massive Austauschteilchen verstanden werden kann. Es ist üblich, die nach der Quantisierung dem Eichfeld zugeordneten Teilchen als Eich-Bosonen zu bezeichnen. Die Masse des Eich-Bosons ergibt sich unmittelbar aus (7.81)

$$m_{\text{EB}} = \sqrt{\frac{\hbar^2 c^2 g^2}{\lambda}} = \frac{\hbar c g}{\sqrt{\lambda}} \tag{7.82}$$

wobei die Masse (über $\lambda$) durch die Eigenschaften des Potentials $V(|\psi|)$ und die Kopplungskonstante $g$ bestimmt ist. Auf der anderen Seite treten in der Lagrange-Dichte (7.80) keine Goldstone-Bosonen mehr auf[19]. Diese werden durch die lokale Eichung und die Symmetriebrechung zugunsten der massiven Bosonen eliminiert.

Man gewinnt zunächst den Eindruck, dass bei diesem als *Higgs-Mechanismus* bekannten Verfahren die Freiheitsgrade der Felder verändert werden. Tatsächlich liegt vor der Symmetriebrechung ein Vektorfeld und ein komplexes skalares Feld[20] vor, danach aber nur noch das Vektorfeld und ein reelles skalares Feld. Bei einer genaueren Betrachtung stellt man aber fest, dass das vor der Symmetriebrechung ursprünglich masselose Vektorfeld $A_i$ nur zwei Freiheitsgrade besitzt, was man z. B. daran erkennt, dass nur Photonen mit Spin $\pm\hbar$ existieren. Für massive Vektorfelder wird man aber neben den beiden transversalen Polarisationsfreiheitsgraden auch noch eine longitudinale Komponente finden. Folglich gibt es für den Spin des Eich-Bosons die drei Einstellungen $0, \pm\hbar$. Insgesamt verändert also die Symmetriebrechung nicht die Zahl der Freiheitsgrade.

Mit dem Higgs-Mechanismus bietet sich ein Weg, massive Partikel als Folge von Symmetriebrechungen einer zunächst masselosen Theorie zu erzeugen, so dass das bisher unbefriedigend beantwortete Problem der Massenunterschiede zwischen verschiedenen Isospinzuständen gelöst werden kann.

**18)** siehe Band II, Aufgabe 5.1

**19)** Alle im Anteil der freien Felder von (7.80) auftretenden Felder $\psi$ und $A^k$ – also die erste Zeile dieser Lagrange-Dichte – besitzen eine Masse.

**20)** das somit aus zwei Komponenten besteht

## 7.2
## *Standardmodell

### 7.2.1
### *Einführung

Zur Beschreibung der wesentlichen Eigenschaften der Elementarteilchen bietet das heute allgemein akzeptierte Standardmodell eine ausreichende Basis. Dieses Modell setzt die Invarianz der Lagrange-Dichte gegenüber lokalen Eichtransformationen der Gruppen $\mathbb{U}(1)$, $\mathbb{SU}(2)$ und $\mathbb{SU}(3)$ voraus. Das Standardmodell wird primär nur für die Fermionen formuliert, während die Bosonen durch – mit der geforderten Eichinvarianz verbundene – Eichfelder automatisch festgelegt werden.

Das Standardmodell basiert auf empirischen Erkenntnissen, die sich im Wesentlichen in den nachfolgend aufgeführten Annahmen äußern.

#### 7.2.1.1 *Fermionenfamilien

Die Fermionen können in drei Familien eingeteilt werden, zwischen denen eine gewisse Ähnlichkeit besteht. Wir werden uns deshalb nur auf das Verhalten einer Familie konzentrieren, die stellvertretend für die anderen beiden Familien verstanden werden kann. Zu jeder Familie gehören zwei Leptonen und zwei Quarks

$$\begin{pmatrix} \nu_e \\ e \\ u \\ d \end{pmatrix} \quad \begin{pmatrix} \nu_\mu \\ \mu \\ c \\ s \end{pmatrix} \quad \begin{pmatrix} \nu_\tau \\ \tau \\ t \\ b \end{pmatrix} \tag{7.83}$$

Jedes Teilchen innerhalb einer Familie wird durch einen Bispinor repräsentiert. Um die Darstellung möglichst einfach zu halten[21], bezeichnen wir die Bispinoren mit den gleichen Symbolen wie die zugehörigen Elementarteilchen. Im freien oder nackten Zustand sind alle Teilchen masselos. Die Partikelmassen entstehen im Rahmen des Standardmodells erst als Folge von lokalen Symmetriebrüchen der Eichinvarianz unter Einbeziehung sogenannter Higgs-Felder[22].

#### 7.2.1.2 *Links- und Rechtshändigkeit

Bei der Diskussion der Weyl-Gleichung in Abschnitt 2.3 und der damit beschriebenen Neutrinos hatten wir bereits darauf hingewiesen, dass es nur linkshändige, aber keine rechtshändigen Neutrinos gibt. Prinzipiell kann man

21) Damit folgen wir der üblichen Konvention innerhalb der Elementarteilchenphysik.

22) Die Behandlung der hierzu notwendigen Theorie übersteigt aber den Rahmen dieses Lehrbuchs. Deshalb wird auf die umfangreiche Literatur verwiesen.

wegen der im Standardmodell für die nackten Teilchen angenommenen Masselosigkeit alle Fermionen in freie Partikel mit links- bzw. rechtsgerichteter Helizität einteilen[23]. Im Gegensatz zu den Neutrinos erwarten wir aber entsprechend der experimentellen Beobachtung rechts- und linkshändige Elektronen, Myonen, Tauonen und Quarks, d. h. Elementarteilchen, bei denen die Spinkomponente in Bewegungsrichtung $\pm\hbar/2$ sein kann.

Wir bezeichnen die zugehörigen Bispinoren der links- bzw. rechtshändigen Partikel mit dem Index $L$ bzw. $R$. Aus einer allgemeinen Lösung der massefreien Dirac-Gleichung lassen sich die rechts- bzw. linkshändigen Zustände durch Anwendung der Projektionsoperatoren $\hat{P}_L$ und $\hat{P}_R$ gewinnen. Man kann diese Projektoren am einfachsten aus der chiralen Darstellung der Dirac-Gleichung gewinnen. Um diese Darstellung zu erhalten, unterwerfen wir die Standardform (2.32) der Dirac-Gleichung einer unitären Transformation mit[24]

$$U = \frac{1}{\sqrt{2}} \begin{pmatrix} \hat{1} & \hat{1} \\ \hat{1} & -\hat{1} \end{pmatrix} \tag{7.84}$$

Damit nehmen die $\gamma$-Matrizen die Form

$$\gamma^0_{ch} = U\gamma^0 U^\dagger = \begin{pmatrix} 0 & \hat{1} \\ \hat{1} & 0 \end{pmatrix} \qquad \gamma^\alpha_{ch} = U\gamma^\alpha U^\dagger = \begin{pmatrix} 0 & -\hat{\sigma}_\alpha \\ \hat{\sigma}_\alpha & 0 \end{pmatrix} \tag{7.85}$$

an und der transformierte Zustand $\psi_{ch} = U\psi$ genügt der Dirac-Gleichung

$$\left[i\hbar\gamma^i_{ch}\partial_i - mc\right]\psi_{ch} = 0 \tag{7.86}$$

Schreiben wir die Lösung dieser Dirac-Gleichung in der Form

$$\psi_{ch} = \begin{pmatrix} \chi_{ch} \\ \varphi_{ch} \end{pmatrix} \exp\left\{\frac{i}{\hbar}\vec{p}\vec{x}\right\} \tag{7.87}$$

mit dem kovarianten Viererimpuls $\vec{p} = (E/c, -\boldsymbol{p})$ und dem kontravarianten Vierervektor $\vec{x} = (ct, \boldsymbol{x})$, dann erhalten wir die Bedingungsgleichung für die beiden Spinoren $\chi_{ch}$ und $\varphi_{ch}$

$$\begin{pmatrix} mc & p_0 + \hat{\sigma}\boldsymbol{p} \\ p_0 - \hat{\sigma}\boldsymbol{p} & mc \end{pmatrix} \begin{pmatrix} \chi_{ch} \\ \varphi_{ch} \end{pmatrix} = 0 \tag{7.88}$$

und damit

$$mc\chi_{ch} = [p_0 + \hat{\sigma}\boldsymbol{p}]\,\varphi_{ch} \qquad mc\varphi_{ch} = [p_0 - \hat{\sigma}\boldsymbol{p}]\,\chi_{ch} \tag{7.89}$$

**23**) Bei massiven Teilchen ist diese Einteilung nicht sinnvoll, da der Massenterm der Dirac-Gleichung eine permanente Mischung erzeugt.

**24**) Man beachte die Ähnlichkeit mit der unitären Transformation, die zwischen den Weyl-Gleichungen und der Schrödinger'schen Darstellung der Dirac-Gleichung vermittelt.

Für den Fall masseloser Teilchen mit positiver Energie[25] und verschwindender Masse, also $m = 0$ und damit $p_0 = |\boldsymbol{p}| = p$, sind dann die Spinoren $\varphi_{ch}$ und $\chi_{ch}$ Eigenlösungen des Helizitätsoperators $\hat{\sigma}\boldsymbol{n}$ mit $\boldsymbol{n} = \boldsymbol{p}/p$

$$\hat{\sigma}\boldsymbol{n}\varphi_{ch} = -\varphi_{ch} \qquad \text{bzw.} \qquad \hat{\sigma}\boldsymbol{n}\chi_{ch} = \chi_{ch} \tag{7.90}$$

und entsprechen damit den Lösungen der links- bzw. rechtshändigen Weyl-Gleichung (2.364), wobei für $\chi_{ch}$ in Bewegungsrichtung nur die Spineinstellung $\hbar/2$, für $\varphi_{ch}$ dagegen nur der Spineigenwert $-\hbar/2$ gemessen werden kann. In der chiralen Darstellung ist damit der obere Spinor mit einem rechtshändigen Teilchen, der untere mit einem linkshändigen Teilchen verbunden. Wir können deshalb einen Spinor in dieser Darstellung auch entsprechend $\psi = \psi_R + \psi_L$ mit

$$\psi_R = \begin{pmatrix} \chi_{ch} \\ 0 \end{pmatrix} = \hat{P}_R \psi \qquad \psi_L = \begin{pmatrix} 0 \\ \varphi_{ch} \end{pmatrix} = \hat{P}_L \psi \tag{7.91}$$

zerlegen, wobei die Projektionsoperatoren durch die Matrizen

$$\hat{P}_R = \begin{pmatrix} \hat{1} & 0 \\ 0 & 0 \end{pmatrix} \qquad \text{und} \qquad \hat{P}_L = \begin{pmatrix} 0 & 0 \\ 0 & \hat{1} \end{pmatrix} \tag{7.92}$$

definiert sind. Man überzeugt sich leicht davon, dass $\hat{P}_R + \hat{P}_L = 1$, $\hat{P}_R \hat{P}_L = \hat{P}_L \hat{P}_R = 0$ sowie die übliche Itempotenz der Projektoren, also $\hat{P}_L^2 = \hat{P}_L$ und $\hat{P}_R^2 = \hat{P}_R$, gilt. Außerdem ist

$$\hat{P}_L \gamma_{ch}^k = \gamma_{ch}^k \hat{P}_R \qquad \text{und} \qquad \hat{P}_R \gamma_{ch}^k = \gamma_{ch}^k \hat{P}_L \tag{7.93}$$

Hieraus erhalten wir

$$\overline{\psi}_L = \overline{\psi} \hat{P}_R \qquad \text{und} \qquad \overline{\psi}_R = \overline{\psi} \hat{P}_L \tag{7.94}$$

Zum Beweis der ersten Beziehung betrachten wir

$$\overline{\psi}_L = \psi_L^\dagger \gamma_{ch}^0 = \left(\hat{P}_L \psi\right)^\dagger \gamma_{ch}^0 = \psi^\dagger \hat{P}_L \gamma_{ch}^0 = \psi^\dagger \gamma_{ch}^0 \hat{P}_R = \overline{\psi} \hat{P}_R \tag{7.95}$$

Analog lässt sich die zweite Relation in (7.94) beweisen. Damit kann insbesondere der Partikelstrom wegen

$$\begin{aligned} j^k &= c\overline{\psi}\gamma_{ch}^k \psi = c\overline{\psi}\left(\hat{P}_L^2 + \hat{P}_R^2\right)\gamma_{ch}^k \psi = c\overline{\psi}\hat{P}_L^2 \gamma_{ch}^k \psi + c\overline{\psi}\hat{P}_R^2 \gamma_{ch}^k \psi \\ &= c\overline{\psi}_R \hat{P}_L \gamma_{ch}^k \psi + c\overline{\psi}_L \hat{P}_R \gamma_{ch}^k \psi = c\overline{\psi}_R \gamma_{ch}^k \hat{P}_R \psi + c\overline{\psi}_L \gamma_{ch}^k \hat{P}_L \psi \\ &= c\overline{\psi}_R \gamma_{ch}^k \psi_R + c\overline{\psi}_L \gamma_{ch}^k \psi_L = j_R^k + j_L^k \end{aligned} \tag{7.96}$$

**25)** Teilchen negativer Energie, also Antiteilchen, erzeugt man aus diesen Lösungen am einfachsten durch Ladungskonjugation, siehe Kap. 2.2.4.4.

in einen rechts- und einen linkshändigen Beitrag

$$j_R^k = c\overline{\psi}_R \gamma_{ch}^k \psi_R \qquad \text{und} \qquad j_R^k = c\overline{\psi}_L \gamma_{ch}^k \psi_L \tag{7.97}$$

zerlegt werden. Im Rahmen des Standardmodells unterscheiden wir z. B. zwischen den Bispinoren $e_L$ und $e_R$, die aber zum Bispinor $e = e_L + e_R$ zusammengefasst werden können. Neutrinos, die als Teilchen nur linkshändig[26] orientiert sind, werden dagegen nicht weiter unterschieden.

#### 7.2.1.3 *Symmetrien

**$\mathbb{U}(1)$-Symmetrie**

Alle Fermionen genügen der $\mathbb{U}(1)$-Symmetrie, d. h. jede lokale Eichtransformation der diesen Teilchen zugeordneten Bispinoren darf die Lagrange-Dichte nicht ändern.

**$\mathbb{SU}(2)$-Symmetrie**

Transformationen der $\mathbb{SU}(2)$-Gruppe werden auf Isospinoren angewandt. Innerhalb des Standardmodells fasst man die linkshändigen Mitglieder einer Familie zu Leptonen- bzw. Quark-Isospinoren zusammen, also z. B. innerhalb der ersten Familie gibt es die Isospinoren

$$L = \begin{pmatrix} \nu_e \\ e_L \end{pmatrix} \qquad \text{und} \qquad Q = \begin{pmatrix} u_L \\ d_L \end{pmatrix} \tag{7.98}$$

während die rechtshändigen Komponenten $e_R$, $u_R$ und $d_R$ nicht von $\mathbb{SU}(2)$-Transformationen berührt werden[27].

**$\mathbb{SU}(3)$-Symmetrie**

Die drei Farbzustände jedes Quarks unterliegen der $\mathbb{SU}(3)$-Symmetrie, d. h. die Lagrange-Dichte ist invariant gegenüber $\mathbb{SU}(3)$-Transformationen der folgenden Tripletts

$$\begin{pmatrix} u_{L,r} \\ u_{L,g} \\ u_{L,b} \end{pmatrix} \quad \begin{pmatrix} u_{R,r} \\ u_{R,g} \\ u_{R,b} \end{pmatrix} \quad \begin{pmatrix} d_{L,r} \\ d_{L,g} \\ d_{L,b} \end{pmatrix} \quad \begin{pmatrix} d_{R,r} \\ d_{R,g} \\ d_{R,b} \end{pmatrix} \tag{7.99}$$

**26**) und als Antiteilchen nur rechtshändig

**27**) Diese Idee beruht auf der durch experimentelle Befunde unterstützten Annahme, dass es keine rechtshändigen Neutrinos gibt. Hätten Neutrinos jedoch eine Masse, dann gäbe es auch rechtshändige Neutrinos und die Theorie wäre dementsprechend zu ändern. Ohne rechtshändige Neutrinos gibt es aber keine $\mathbb{SU}(2)$-Symmetrie für rechtshändige Leptonen. Um eine gewisse Äquivalenz herzustellen, verlangt man deshalb auch von den rechtshändigen Quarks keine $\mathbb{SU}(2)$-Symmetrie.

#### 7.2.1.4 *Wechselwirkungen

**Elektrische Ladungen**

Die Wechselwirkungen zwischen elektrischen Ladungen erfolgen über das elektromagnetische Feld. Die Kopplung an dieses Feld wird durch die jeweilige Ladung des Teilchens definiert. Die Form der Lagrange-Dichte für diese Wechselwirkung haben wir bereits in Kap. 4.3.5.3 diskutiert. Danach ist

$$\mathcal{L}_{\text{em}} = -e\overline{\psi}\gamma^i A_i \psi \tag{7.100}$$

wobei wir die Elementarladung $e$ gegebenenfalls durch die Ladung des jeweiligen Partikels zu ersetzen haben.

**Isospinladung**

Fermionen können auch an bestimmte Komponenten $Z_i$ der Yang-Mills-Felder ankoppeln. Die hierbei auftretende, die Stärke der Kopplung beschreibende Ladung wird Isospinladung $q_{\text{iso}}$ genannt. Es wird auch hier erwartet, dass der Beitrag zur Lagrange-Dichte durch einen Term der Form

$$\mathcal{L}_{\text{em}} = -q_{\text{iso}}\overline{\psi}\gamma^i Z_i \psi \tag{7.101}$$

beschrieben werden kann.

#### 7.2.1.5 *Higgs-Felder

Die Massen der Teilchen sollen durch Symmetriebrechung erklärt werden. Der hierzu notwendige Beitrag zur Lagrange-Dichte soll aber nicht von einer nichtlinearen Modifikation der Materiefeldanteile stammen, da bei Ausschaltung aller anderen Felder die Theorie freie, masselose Teilchen liefern soll. Deshalb kommt eine Selbstwechselwirkung der Materiefelder nicht in Frage. Man kann aber ein zusätzliches Feld, das sogenannte Higgs-Feld, einführen, dessen Wirkung ursprünglich masselosen Teilchen eine Masse gibt. Das Konzept verläuft ganz ähnlich zu dem in Abschnitt 7.1.4.2 beschriebenen Verfahren, nur das jetzt nicht den masselosen Partikeln der Austauschfelder, sondern den Materiefeldern eine Masse verliehen wird.

Im Rahmen des Standardmodells sind die experimentell ermittelten Massen der Elementarteilchen die Folge eines Symmetriebruchs des Higgs-Feldes.

#### 7.2.1.6 *Eichfelder

Zur Herstellung der Invarianz der Lagrange-Dichte gegenüber lokalen Symmetrietransformationen der Gruppen $\mathbb{U}(1)$, $\mathbb{SU}(2)$, $\mathbb{SU}(3)$ werden Eichfelder benötigt. Diese werden nach dem Prinzip der minimalen Kopplung in die Lagrange-Dichte eingefügt und liefern damit auch die oben beschriebenen Wechselwirkungen. Zur Vervollständigung der Theorie müssen aber auch noch die Beiträge der freien Eichfelder berücksichtigt werden. Dazu fügt man bilineare Terme aus den entsprechenden Feldstärketensoren in die Lagrange-Dichte ein, also z.B. (7.33) für die Eichfelder, die zur Aufrechterhaltung der $\mathbb{SU}(2)$-Symmetrie benötigt werden.

#### 7.2.1.7 *Vollständige Lagrange-Dichte

Die Lagrange-Dichte jeder Familie setzt sich aus den folgenden Anteilen zusammen:

a) Lagrange-Dichte der masselosen Leptonen $\mathcal{L}_L$ inklusive der Kopplung an die Eichfelder,

b) Lagrange-Dichte der freien, masselosen Quarks $\mathcal{L}_Q$, ebenfalls mit Berücksichtigung der Eichfelder,

c) Beitrag des Higgs-Feldes $\mathcal{L}_H$,

d) Anteil der freien Eichfelder $\mathcal{L}_B$, die letztendlich die Bosonen des Standardmodells beschreiben,

e) Wechselwirkung zwischen Leptonen und Higgs-Feld $\mathcal{L}_{L-H}$,

f) Wechselwirkung zwischen Quarks und Higgs-Feld $\mathcal{L}_{Q-H}$.

Die innerhalb des Standardmodells berücksichtigten Symmetrien, die Einteilung der Elementarteilchen in Familien inklusive deren Anzahl und die Begründung des Higgs-Felds basieren ausschließlich auf empirischen Erkenntnissen. Eine fundamentalere Theorie, aus der alle im Standardmodell zusammengefassten Erkenntnisse konsistent abgeleitet werden können, ist momentan noch nicht bekannt. Es gibt allerdings einige vielversprechende Kandidaten[28], die möglicherweise genau diese Forderung erfüllen.

## 7.2.2 *Weinberg-Salam-Theorie

Die Weinberg-Salam-Theorie gilt als eine der bisher erfolgreichsten Anwendungen des Standardmodells. Dabei geht es primär darum, die aus der oben beschriebenen $\mathbb{U}(1)$- und $\mathbb{SU}(2)$-Symmetrie zu erwartende Wechselwirkung über die Eichfelder zu bestimmen. Als Konsequenz ergibt sich eine Theorie, in der elektromagnetische und schwache Wechselwirkung zu der sogenannten elektroschwachen Wechselwirkung vereinigt werden.

#### 7.2.2.1 *Leptonenanteil

Wir betrachten vorerst nur die Leptonen der ersten Familie, also Elektronen und Elektron-Neutrinos. Für die linkshändigen, zu einem Isospinor zusam-

**28**) dazu gehören insbesondere die Stringtheorien

mengefassten Leptonen wird sowohl eine $\mathbb{U}(1)$- als auch eine $\mathbb{SU}(2)$-Symmetrie erwartet. Die kovariante Ableitung muss deshalb beide Transformationen des $L$-Spinors (7.98) mit entsprechenden Eichfeldern auffangen. Für das einzige rechtshändige Lepton $e_R$ wird dagegen nur die Invarianz gegenüber Transformationen der Gruppe $\mathbb{U}(1)$ erwartet. Dementsprechend lautet die Lagrange-Dichte des Leptonenanteils

$$\mathcal{L} = i\hbar c(\overline{L}\gamma^k \mathcal{D}_k^L L + \overline{e}_R \gamma^k \mathcal{D}_k^R e_R) \tag{7.102}$$

mit den kovarianten Ableitungen

$$\mathcal{D}_k^L = \partial_k - ieg_L X_k - ieg'\hat{\sigma}\mathbf{W}_k \qquad \text{und} \qquad \mathcal{D}_k^R = \partial_k - ieg_R X_k \tag{7.103}$$

In dieser Dichte treten drei Kopplungskonstanten, $g_L$, $g_R$ und $g'$, auf, wobei die beiden ersten die Kopplung an ein Viererpotential $X_k$ beschreiben und $g'$ die Kopplung an die Yang-Mills-Felder berücksichtigt. Aus allen drei Konstanten ist aus Dimensionsgründen bereits die Elementarladung des Elektrons herausgezogen. Im Prinzip spräche nichts dagegen, zwei Viererpotentiale $X_k^L$ und $X_k^R$ einzuführen. Man kann aber zeigen, dass man wegen der Äquivalenz der links- und rechtshändigen Elektronen am Ende wieder auf ein gemeinsames Eichfeld $X_k$ zurückgeführt wird.

Setzten wir die kovarianten Ableitungen (7.103) explizit in (7.102) ein, dann erhalten wir mit (7.98)

$$\begin{aligned} \mathcal{L} &= i\hbar c(\overline{\nu}_e \gamma^k \partial_k \nu_e + \overline{e}_L \gamma^k \partial_k e_L + \overline{e}_R \gamma^k \partial_k e_R) + \hbar c e g_R \overline{e}_R \gamma^k e_R X_k \\ &+ \hbar c e\,(\overline{\nu}_e, \overline{e}_L) \begin{pmatrix} g_L X_k + g' W_{3,k} & g'(W_{1,k} - iW_{2,k}) \\ g'(W_{1,k} + iW_{2,k}) & g_L X_k - g' W_{3,k} \end{pmatrix} \begin{pmatrix} \gamma^k \nu_e \\ \gamma^k e_L \end{pmatrix} \end{aligned} \tag{7.104}$$

Für die weiteren Betrachtungen können wir die beiden Felder $W_{1,k}$ und $W_{2,k}$ zu den neuen Feldern

$$W_k^- = -\frac{1}{\sqrt{2}}(W_{1,k} - iW_{2,k}) \qquad \text{und} \qquad W_k^+ = -\frac{1}{\sqrt{2}}(W_{1,k} + iW_{2,k}) \tag{7.105}$$

vereinigen. Um die Bedeutung dieser Felder besser zu verstehen, führen wir die Matrizenmultiplikation im letzten Beitrag der Lagrange-Dichte aus und gelangen so zu

$$\begin{aligned} \mathcal{L} &= i\hbar c(\overline{\nu}_e \gamma^k \partial_k \nu_e + \overline{e}_L \gamma^k \partial_k e_L + \overline{e}_R \gamma^k \partial_k e_R) \\ &- \sqrt{2}\hbar c e g' \left[ W_k^- \overline{\nu}_e \gamma^k e_L + W_k^+ \overline{e}_L \gamma^k \nu_e \right] \\ &+ \hbar c e\,(g_L X_k + g' W_{3,k})\,\overline{\nu}_e \gamma^k \nu_e \\ &+ \hbar c e \overline{e}_L\,(g_L X_k - g' W_{3,k})\,\gamma^k e_L + \hbar c e g_R \overline{e}_R \gamma^k e_R X_k \end{aligned} \tag{7.106}$$

Die Felder $W_k^{\pm}$ vermitteln die Umwandlung von Neutrinos in linkshändige Elektronen und umgekehrt[29]. Da die elektrische Ladung eine Erhaltungsgröße ist, müssen die nach der Quantisierung aus diesen Feldern entstehenden Austauschteilchen ($W^{\pm}$-Bosonen) Ladungen tragen.

Weder $X_k$ noch $W_{3,k}$ kann für sich allein mit dem Viererpotential des elektromagnetischen Feldes identifiziert werden. In beiden Fällen würden auch die Neutrinos untereinander eine elektromagnetische Wechselwirkung aufweisen. Es besteht aber die Alternative, die Linearkombination $g_L X_k + g' W_{3,k}$ als ein neues Feld zu interpretieren, das die Wechselwirkung zwischen den Neutrinos vermittelt. Aus technischen Gründen führt man den sogenannten Weinberg-Winkel

$$\sin\theta_W = \frac{g_L}{\sqrt{g_L^2 + g'^2}} \tag{7.107}$$

ein, mit dessen Hilfe wir das Feld

$$Z_k = \frac{g_L X_k + g' W_{3,k}}{\sqrt{g_L^2 + g'^2}} = X_k \sin\theta_W + W_{3,k} \cos\theta_W \tag{7.108}$$

bilden können. Dieses neue Feld und das hierzu in der $X_k$-$W_{3,k}$-Ebene senkrechte Feld

$$A_k = W_{3,k} \sin\theta_W - X_k \cos\theta_W \tag{7.109}$$

benutzen wir jetzt, um die ursprünglichen Felder $X_k$ und $W_{3,k}$ zu eliminieren. Aus (7.108) und (7.109) erhalten wir sofort

$$X_k = Z_k \sin\theta_W - A_k \cos\theta_W \qquad \text{und} \qquad W_{3,k} = Z_k \cos\theta_W + A_k \sin\theta_W \tag{7.110}$$

und damit schließlich aus (7.106)

$$\begin{aligned} \mathcal{L} = {} & i\hbar c(\overline{\nu}_e \gamma^k \partial_k \nu_e + \overline{e}_L \gamma^k \partial_k e_L + \overline{e}_R \gamma^k \partial_k e_R) \\ & - \sqrt{2}\hbar c e g' \left[ W_k^- \overline{\nu}_e \gamma^k e_L + W_k^+ \overline{e}_L \gamma^k \nu_e \right] + \hbar c e \sqrt{g_L^2 + g'^2} Z_k \overline{\nu}_e \gamma^k \nu_e \\ & + \hbar c e \left[ (g_L \sin\theta_W - g' \cos\theta_W)\, \overline{e}_L \gamma^k e_L + g_R \sin\theta_W \overline{e}_R \gamma^k e_R \right] Z_k \\ & - \hbar c e \left[ (g_L \cos\theta_W + g' \sin\theta_W)\, \overline{e}_L \gamma^k e_L + g_R \cos\theta_W \overline{e}_R \gamma^k e_R \right] A_k \end{aligned} \tag{7.111}$$

Offenbar kann man das Feld $A_k$ als Viererpotential des elektromagnetischen Feldes verstehen. Dann müssen aber links- und rechtshändige Elektronen gleichermaßen auf dieses Feld reagieren, d. h. wir müssen

$$g_L \cos\theta_W + g' \sin\theta_W = g_R \cos\theta_W \tag{7.112}$$

**29)** So beschreibt der Beitrag $W_k^- \overline{\nu}_e \gamma^k e_L$ nach der Quantisierung einen Prozess, bei dem unter Einbeziehung eines $W^-$-Bosons ein Elektron vernichtet und ein Neutrino erzeugt wird.

verlangen. Beachtet man die Definition des Weinberg-Winkels (7.107), dann erhalten wir

$$g_L \cos\theta_W + g' \sin\theta_W = \frac{g_L g' + g' g_L}{\sqrt{g_L^2 + g'^2}} = 2 g_L \cos\theta_W \tag{7.113}$$

so dass wir zu der Forderung $g_R = 2g_L$ kommen. Damit lässt sich der Beitrag der Wechselwirkung der Elektronen mit dem elektromagnetischen Feld schreiben als

$$\begin{aligned} \mathcal{L}_{e-A} &= -\hbar c e g_R \cos\theta_W \left[\bar{e}_L \gamma^k e_L + \bar{e}_R \gamma^k e_R\right] A_k \\ &= -\hbar c e g_R \cos\theta_W \bar{\psi}_e \gamma^k \psi_e A_k \end{aligned} \tag{7.114}$$

wobei $\psi_e$ der Bispinor der Elektronen ist. Der Vergleich mit dem Wechselwirkungsterm des Dirac-Maxwell-Feldes (4.193) zeigt, dass dann[30]

$$g_R = \frac{1}{\hbar c \cos\theta_W} \tag{7.115}$$

Damit sind alle Kopplungskonstanten auf die Ladung des Elektrons und den Weinberg-Winkel zurückgeführt, denn für die anderen beiden Kopplungen finden wir sofort

$$g_L = \frac{1}{2\hbar c \cos\theta_W} \qquad \text{und} \qquad g' = \frac{1}{2\hbar c \sin\theta_W} \tag{7.116}$$

Hieraus ergibt sich schließlich noch

$$\sqrt{g_L^2 + g'^2} = \frac{1}{\hbar c \sin 2\theta_W} \tag{7.117}$$

und somit erhalten wir für die Lagrange-Dichte

$$\begin{aligned} \mathcal{L} &= i\hbar c(\bar{\nu}_e \gamma^k \partial_k \nu_e + \bar{e}_L \gamma^k \partial_k e_L + \bar{e}_R \gamma^k \partial_k e_R) - \frac{1}{c} j_{\text{el}}^k A_k \\ &- \frac{e}{\sqrt{2}\sin\theta_W}\left[W_k^- \bar{\nu}_e \gamma^k e_L + W_k^+ \bar{e}_L \gamma^k \nu_e\right] \\ &+ \frac{e}{\sin 2\theta_W}\left[\bar{\nu}_e \gamma^k \nu_e + \left(2\sin^2\theta_W \bar{e}_R \gamma^k e_R - \cos 2\theta_W \bar{e}_L \gamma^k e_L\right)\right] Z_k \end{aligned} \tag{7.118}$$

wobei

$$j_{\text{el}}^k = ec\left[\bar{e}_L \gamma^k e_L + \bar{e}_R \gamma^k e_R\right] = ec\bar{\psi}_e \gamma^k \psi_e \tag{7.119}$$

der Ladungsstrom der Elektronen ist. Offensichtlich ist die Wechselwirkung rechts- und linkshändiger Elektronen mit dem Feld $Z_3$ unterschiedlich.

**30)** Man beachte, dass $q$ hier die Elementarladung des Elektrons ist, also $q = e$ gilt.

Es wäre aber trotzdem wünschenswert, auch diese Wechselwirkung auf einen weiteren Strom, den sogenannten Neutralstrom, zurückzuführen. Dieser Strom setzt sich aus drei Teilströmen zusammen, dessen Vorfaktoren mit Ladungen identifiziert werden können. Um diese Ladungen näher zu bestimmen, benutzen wir die Zuordnung zwischen Neutrinos und Elektronen und dem Isospin. Nach der Konvention des Standardmodells bilden die rechtshändigen Elektronen ein Singulett und haben deshalb die Isospinkomponente $I_3 = 0$. Das Duplett aus Neutrinos und linkshändigen Elektronen hat den Isospin $I = 1/2$, wobei dem Neutrino die Komponente $I_3 = 1/2$, dem Elektron dagegen $I_3 = -1/2$ zugeordnet wird. Mit der Ladungszahl[31] $q_Z = q/|e|$, die für Elektronen den Wert $-1$ und für Neutrinos den Wert 0 besitzt, können wir die drei Vorfaktoren vor den Teilströmen aus einer durch $q_Z$ und $I_3$ bestimmten Isospinladung

$$Q\left(I_3, \frac{q}{|e|}\right) = \frac{2\,|e|}{\sin 2\theta_W}\left[I_3 - q_Z \sin^2\theta_W\right] \tag{7.120}$$

ableiten. Es ist nämlich

$$Q_{\nu_e} = Q\left(\frac{1}{2}, 0\right) = \frac{|e|}{\sin 2\theta_W} \qquad Q_{e_R} = Q(0, -1) = \frac{2\,|e| \sin^2\theta_W}{\sin 2\theta_W} \tag{7.121}$$

und

$$Q_{e_L} = Q\left(-\frac{1}{2}, -1\right) = \frac{|e|}{\sin 2\theta_W}\left[-1 + 2\sin^2\theta_W\right] = -\frac{|e| \cos 2\theta_W}{\sin 2\theta_W} \tag{7.122}$$

Mit den drei sogenannten *Neutralteilströmen*

$$j^k_{\mathrm{n},\nu_e} = Q_{\nu_e} c\overline{\nu}_e \gamma^k \nu_e \qquad j^k_{\mathrm{n},e_R} = Q_{e_R} c\overline{e}_R \gamma^k e_R \qquad j^k_{\mathrm{n},e_L} = Q_{e_L} c\overline{e}_L \gamma^k e_L \tag{7.123}$$

und dem aus diesen gebildeten Neutralstrom

$$j^k_{\mathrm{n}} = j^k_{\mathrm{n},\nu_e} + j^k_{\mathrm{n},e_R} + j^k_{\mathrm{n},e_L} \tag{7.124}$$

kann dann die Lagrange-Dichte des Leptonenanteils wie folgt geschrieben werden

$$\begin{aligned} \mathcal{L} &= i\hbar c(\overline{\nu}_e \gamma^k \partial_k \nu_e + \overline{e}_L \gamma^k \partial_k e_L + \overline{e}_R \gamma^k \partial_k e_R) - \frac{1}{c} j^k_{\mathrm{el}} A_k - \frac{1}{c} j^k_{\mathrm{n}} Z_k \\ &- \frac{e}{\sqrt{2}\sin\theta_W}\left[W^-_k \overline{\nu}_e \gamma^k e_L + W^+_k \overline{e}_L \gamma^k \nu_e\right] \end{aligned} \tag{7.125}$$

Der Weinberg-Winkel $\theta_W$ kann im Rahmen des Standardmodells theoretisch nicht weiter festgelegt werden und muss experimentell bestimmt werden. Es wurde ein Wert von

$$\sin\theta_W \approx 0.23 \tag{7.126}$$

**31**) d. h. der Ladung des Partikels in Einheiten $|e|$

ermittelt. Damit unterscheiden sich die Kopplungskonstanten für die Wechselwirkung zwischen Elektronen über das elektromagnetische Feld $A_i$ einerseits und über die drei Felder $W_i^-$, $W_i^+$ und $Z_i$ eigentlich nur unwesentlich. Tatsächlich ist jedoch die durch die Eichfelder $W_i^\pm$ und $Z_i$ vermittelte Wechselwirkung um den Faktor $10^{-3}$ geringer als die Kraft zwischen elektrischen Ladungen. Man spricht deshalb auch von einer schwachen Kraft als Folge der durch $W_i^\pm$ und $Z_i$ vermittelten schwachen Wechselwirkung. Die Ursache für diesen scheinbaren Wiederspruch zwischen einer im Verhältnis zur elektromagnetischen Wechselwirkung nahezu gleichartigen Kopplungskonstante und der relativen Schwäche der Wechselwirkung liegt in der relativ großen Masse der nach der Quantisierung der Theorie resultierenden $W$- und $Z$-Bosonen[32]. Dadurch wird insbesondere auch die Reichweite der schwachen Wechselwirkung auf einen Abstand von $10^{-16}$ cm reduziert, so dass diese Wechselwirkung nur bei sehr kleinen Teilchenabständen relevant wird.

Die Lagrange-Dichte (7.125) beschreibt das Verhalten der Leptonen einer Familie unter dem Einfluss von Eichfeldern, die zur Sicherung der $\mathbb{U}(1)$- und $\mathbb{SU}(2)$-Symmetrie notwendig waren. Die mit dieser Dichte verbundene Theorie wird wegen der gemeinsamen Abstammung der Felder $A_k$, $W_k^\pm$ und $Z_k$ aus den ursprünglichen Eichfeldern $X_k$ und $\boldsymbol{W}_k$ auch als *Theorie der elektroschwachen Wechselwirkung* oder nach ihren Autoren als Weinberg-Salam-Theorie bezeichnet. Von besonderer Bedeutung ist dabei, dass sich zwei fundamentale Wechselwirkungen, nämlich die elektromagnetische und die schwache Wechselwirkung, in einer gemeinsamen Theorie vereinigen ließen. Dieses Konzept hat sich als richtungsweisend für die moderne Physik erwiesen. Ein beträchtlicher Teil der modernen physikalischen Forschung zielt heute darauf ab, eine Theorie zu schaffen, die alle vier bekannten fundamentalen Wechselwirkungen[33] in sich vereinigt.

#### 7.2.2.2 *Bosonenanteil

Um die Lagrange-Dichte (7.125) zu vervollständigen, wird noch der Anteil der freien Eichfelder benötigt. Da diese nach der Quantisierung Bosonen liefern, spricht man auch einfach von Bosonenfeldern. In den ursprünglichen Eichfeldern können wir unter Beachtung von (7.6) und(7.33) schreiben

$$\mathcal{L}_B = -\frac{1}{4} F^{ik} F_{ik} - \frac{1}{4} \boldsymbol{F}^{ik} \boldsymbol{F}_{ik} \tag{7.127}$$

**32**) Die Masse selbst ist zwar durch die Wechselwirkung mit einem Higgs-Feld als Folge eines Symmetriebruchs bestimmt, wird aber nach der Quantisierung auf die Bosonen übertragen. Je schwerer die Bosonen sind, desto kleiner wird der Streuquerschnitt und desto geringer die effektive Wechselwirkung.

**33**) also elektromagnetische, schwache, starke Wechselwirkung und Gravitation

wobei die Feldstärketensoren nach (7.5) und (7.32) sowie unter Beachtung der im vorangegangenen Abschnitt eingeführten Bezeichnungen durch

$$F_{ik} = X_{k,i} - X_{i,k} \tag{7.128}$$

bzw.

$$\boldsymbol{F}_{ik} = \boldsymbol{W}_{k,i} - \boldsymbol{W}_{i,k} + 2eg'\boldsymbol{W}_i \times \boldsymbol{W}_k \tag{7.129}$$

festgelegt sind. Mit Hilfe der Beziehungen (7.110), also

$$X_k = Z_k \sin\theta_W - A_k \cos\theta_W \qquad \text{und} \qquad W_{3,k} = Z_k \cos\theta_W + A_k \sin\theta_W \tag{7.130}$$

und den aus (7.105) folgenden Relationen

$$W_{1,k} = -\frac{1}{\sqrt{2}}\left(W_k^+ + W_k^-\right) \qquad \text{und} \qquad W_{2,k} = \frac{i}{\sqrt{2}}\left(W_k^+ - W_k^-\right) \tag{7.131}$$

kann man die Lagrange-Dichte dann durch die neuen Felder $A_k$, $W_k^\pm$ und $Z_k$ und den aus diesen Größen gebildeten linearen Feldstärketensoren

$$F_{ik}^{\mathrm{el}} = A_{k,i} - A_{i,k} \qquad Z_{ik} = Z_{k,i} - Z_{i,k} \qquad W_{ik}^\pm = W_{k,i}^\pm - W_{i,k}^\pm \tag{7.132}$$

ausdrücken. Da die Struktur von $\mathcal{L}_B$ nach dieser Transformation ziemlich kompliziert aussieht, verzichten wir hier auf eine explizite Darstellung. Wegen der bereits in (7.129) enthaltenen Nichtlinearitäten treten in der Lagrange-Dichte jetzt Terme bis zur vierten Ordnung in den Feldern auf. Damit sind insbesondere aber auch die aus (7.127) über die Euler-Lagrange-Gleichungen erhältlichen freien Feldgleichungen des elektromagnetischen Viererpotentials $A_i$ nicht mehr linear in allen Feldern[34]. Allerdings hängen alle nichtlinearen Terme in diesen modifizierten Maxwell-Gleichungen von den Feldern der schwachen Wechselwirkung $W_k^\pm$ und $Z_k$ ab. Vernachlässigt man diese Felder, dann erhält man wieder die klassischen Feldgleichungen des freien Maxwell-Feldes $F_{ik}^{\mathrm{el},k} = 0$, bzw. wenn man den Leptonenanteil (7.125) noch in die Euler-Lagrange-Gleichungen einbezieht, die inhomogenen Feldgleichungen

$$F_{ik}^{\mathrm{el},k} = -\frac{1}{c} j_i \tag{7.133}$$

der Maxwell-Theorie.

**34**) Wir merken an, dass die Feldgleichungen aber linear in den Komponenten des elektromagnetischen Vierervektors $A_i$ sind. Es treten nur Nichtlinearitäten der Form $W_k^+ A^k W_i^-$ auf, so dass die Feldgleichungen für das elektromagnetische Viererpotential Ähnlichkeiten mit der Proca-Gleichung, siehe Gleichung (7.81) und Band II, Aufgabe 5.1, aber mit einer von der lokalen Struktur der Bosonenfelder $W_k^\pm$ abhängigen Masse, haben.

## 7.2.3
## *Quarkfelder

### 7.2.3.1 *$\mathbb{U}(1)$- und $\mathbb{SU}(2)$-Invarianz

Man kann die Weinberg-Salam-Theorie auch auf die Quarks einer Familie anwenden. Auch hier unterscheidet man zwischen den ein Duplett $Q$ bildenden linkshändigen Quarks $u_L$ und $d_L$ einerseits und den rechtshändigen Quarks $u_R$ und $d_R$. Im Gegensatz zu den Leptonen gibt es jetzt aber zwei Sorten von rechtshändigen Partikeln[35]. Die Lagrange-Dichte kann deshalb in Analogie zu (7.102) als

$$\mathcal{L} = i\hbar c(\overline{Q}\gamma^k \mathcal{D}_k^L Q + \overline{u}_R \gamma^k \mathcal{D}_k^{R,u} u_R + \overline{d}_R \gamma^k \mathcal{D}_k^{R,d} d_R) \tag{7.134}$$

geschrieben werden, wobei wir die drei kovarianten Ableitungen

$$\mathcal{D}_k^L = \partial_k - ieg_L X_k - ieg' \boldsymbol{\sigma} \mathbf{W}_k \tag{7.135}$$

und

$$\mathcal{D}_k^{R,u} = \partial_k - ieg_R^u X_k \qquad \text{und} \qquad \mathcal{D}_k^{R,d} = \partial_k - ieg_R^d X_k \tag{7.136}$$

mit den vier Kopplungskonstanten $g_L$, $g'$, $g_R^u$ und $g_R^d$, aus denen wieder die Elementarladung des Elektrons herausgezogen wurde, verwenden. Damit haben wir wieder die Eichinvarianz der Lagrange-Dichte gegenüber Transformationen der Gruppe $\mathbb{U}(1)$ für alle vier Quarkspinoren und gegenüber Transformationen der Gruppe $\mathbb{SU}(2)$ für das aus den Quarks $u_L$ und $d_L$ gebildete Duplett gesichert. Mit den gleichen Argumenten wie im Fall der Leptonen kann man die Lagrange-Dichte des Quarkanteils umformen und erhält nach einigen, hier nicht weiter vollzogenen Rechnungen

$$\begin{aligned} \mathcal{L} &= i\hbar c(\overline{u}_L \gamma^k \partial_k u_L + \overline{d}_L \gamma^k \partial_k d_L + \overline{u}_R \gamma^k \partial_k u_R + \overline{d}_R \gamma^k \partial_k d_R) \\ &\quad - \frac{1}{c} j_{\text{el}}^k A_k - \frac{1}{c} j_{\text{n}}^k Z_k - \frac{e}{\sqrt{2}\sin\theta_W} \left[ W_k^- \overline{u}_L \gamma^k d_L + W_k^+ \overline{d}_L \gamma^k u_L \right] \end{aligned} \tag{7.137}$$

wobei der Ladungsstrom der Quarks[36] durch

$$\begin{aligned} j_{\text{el}}^k &= |e|\, c \left[ \frac{2}{3} \left( \overline{u}_L \gamma^k u_L + \overline{u}_R \gamma^k u_R \right) - \frac{1}{3} \left( \overline{d}_L \gamma^k d_L + \overline{d}_R \gamma^k d_R \right) \right] \\ &= c \left[ \frac{2\,|e|}{3} \overline{u} \gamma^k u + \frac{e}{3} \overline{d} \gamma^k d \right] \end{aligned} \tag{7.138}$$

und der neutrale Strom durch

$$j_{\text{n}}^k = c \left[ Q_{u_L} \overline{u}_L \gamma^k u_L + Q_{u_R} \overline{u}_R \gamma^k u_R + Q_{d_L} \overline{d}_L \gamma^k d_L + Q_{d_R} \overline{d}_R \gamma^k d_R \right] \tag{7.139}$$

**35)** Bei den Leptonen wurden die rechtshändigen Neutrinos ausgeschlossen.

**36)** Man beachte, dass das $u$-Quark die Ladung $2\,|e|\,/3$, das $d$-Quark die Ladung $e/3$ besitzt.

gegeben ist. Die hier auftretenden Isospinladungen bestimmen sich nach der gleichen Regel (7.120) wie im Fall der Leptonen und führen auf

$$Q_{u_L} = Q\left(\frac{1}{2}, \frac{2}{3}\right) = \frac{|e|\left(3 - 4\sin^2\theta_W\right)}{3\sin 2\theta_W} \tag{7.140}$$

und

$$Q_{u_R} = Q\left(0, \frac{2}{3}\right) = -\frac{2\,|e|\sin\theta_W}{3\cos\theta_W} \tag{7.141}$$

sowie

$$Q_{d_L} = Q\left(-\frac{1}{2}, -\frac{1}{3}\right) = -\frac{|e|\left(3 - 2\sin^2\theta_W\right)}{3\sin 2\theta_W} \tag{7.142}$$

und

$$Q_{u_R} = Q\left(0, -\frac{1}{3}\right) = \frac{|e|\sin\theta_W}{3\cos\theta_W} \tag{7.143}$$

Der bosonische Teil der Weinberg-Salam-Modells für Quarks ist dem bosonischen Teil der Leptonentheorie äquivalent.

#### 7.2.3.2 *Quantenchromodynamik: $\mathbb{SU}(3)$-Invarianz

Will man auch noch die Farbzustände der Quarks berücksichtigen, dann erweitert man die einzelnen Quarkzustände zu Tripletts der Form

$$u_L = \begin{pmatrix} u_{L,r} \\ u_{L,g} \\ u_{L,b} \end{pmatrix} \quad \ldots \quad d_R = \begin{pmatrix} d_{R,r} \\ d_{R,g} \\ d_{R,b} \end{pmatrix} \tag{7.144}$$

und verlangt die Invarianz dieser Tripletts gegenüber Transformationen der Gruppe $\mathbb{SU}(3)$. Da alle Partikelfelder stets noch gegenüber Transformationen der Gruppe $\mathbb{U}(1)$ und die linkshändigen, zu Dupletts zusammengefassten Felder außerdem noch gegenüber $\mathbb{SU}(2)$-Transformationen invariant sind, erwarten wir jetzt die kovarianten Ableitungen

$$\mathcal{D}_k^{R,u} = \partial_k - ieg_R^u X_k - ig'' \sum_{m=1}^{8} \lambda_m G_k^m \tag{7.145}$$

und

$$\mathcal{D}_k^{R,d} = \partial_k - ieg_R^d X_k - ig'' \sum_{m=1}^{8} \lambda_m G_k^m \tag{7.146}$$

für die rechtshändigen Partikel und

$$\mathcal{D}_k^{L} = \partial_k - ieg_R^u X_k - ieg'\boldsymbol{\sigma}\mathbf{W}_k - ig'' \sum_{m=1}^{8} \lambda_m G_k^m \tag{7.147}$$

für die linkshändigen Partikel. Die hier auftretenden Matrizen $\lambda_m$ sind die Gell-Mann-Matrizen (6.58), die 8 zugehörigen Eichfelder $G_k^m$ werden auch als Gluonenfelder bezeichnet[37]. Man kann jetzt ähnlich wie beim Weinberg-Salam-Modell vorgehen und die Eichfelder physikalisch sinnvollen Größen zuordnen. Das ist die Aufgabe der Quantenchromodynamik. Für Details verweisen wir auf die weiterführende Literatur. Wir wollen hier nur festhalten, dass durch die Gluonenfelder die starke Wechselwirkung beschrieben wird. Die Gluonen tragen selbst Farbladungen, sind aber elektrisch nicht geladen. Im Prinzip kann man die Gluonenfelder so klassifizieren, dass jede Gluonensorte die Wechselwirkung zwischen Quarks einer Farb- und einer Antifarbladung vermittelt. Dann gibt es insgesamt aber 9 Gluonenfelder, die den Farbkombinationen $r\bar{r}$, $r\bar{g}$, ..., $b\bar{b}$ entsprechen[38]. Da aber die Superposition $r\bar{r} + g\bar{g} + b\bar{b}$ invariant gegenüber Drehungen im Farbraum und daher farblos ist, besteht zwischen den 9 potentiellen Gluonenfeldern eine lineare Abhängigkeit, so dass es insgesamt – in Übereinstimmung zur Zahl der Eichfelder der $\mathbb{SU}(3)$-Symmetrie – nur 8 unabhängige Gluonensorten gibt.

Die durch die Gluonen vermittelten Kräfte zwischen Quarks mit verschiedenen Farbladungen sind attraktiv. Deshalb sind auch Partikel wie das $\Delta^{++}$-Baryon stabil, obwohl sie aus drei sich elektrisch gegenseitig abstoßenden Quarks gleichen Flavors bestehen.

Betrachtet man ein einzelnes Elektron der Ladung $e$, dann ist diese Ladung eigentlich nur aus Messungen in einem makroskopischen Abstand zu verstehen. Tatsächlich besitzt das Elektron eine viel größere (wahrscheinlich sogar divergente) nackte Ladung. Durch den als Polarisation des Vakuums bezeichneten Effekt werden aber um das Elektron herum Positron-Elektron-Paare generiert, wobei die Positronen angezogen, die Elektronen abgestoßen werden. Dadurch wird die Ladung des zentralen Elektrons abgeschirmt, so dass es nach außen eine viel geringere Ladung aufweist. Je mehr man sich dem Elektron nähert, um so größer wird die effektive Ladung des Elektrons oder alternativ die Stärke der Kopplung zwischen Elektron und elektromagnetischem

37) An sich wäre es korrekt, die Schreibweise der kovarianten Ableitungen in der Form

$$\mathcal{D}_k^{R,u} = (\partial_k - ieg_R^u X_k)\,\hat{1}_3 - ig'' \sum_{m=1}^{8} \lambda_m G_k^m \tag{7.148}$$

und

$$\mathcal{D}_k^L = (\partial_k - ieg_R^u X_k)\,\hat{1}_2 \otimes \hat{1}_3 - ieg' \boldsymbol{W}_k \hat{\sigma} \otimes \hat{1}_3 - ig'' \sum_{m=1}^{8} G_k^m \hat{1}_2 \otimes \lambda_m \tag{7.149}$$

zu schreiben, wobei $\hat{1}_2$ und $\hat{1}_3$ im Isospin-Raum bzw. Farbraum wirkende Einheitsmatrizen sind.

38) Deshalb sagt man auch, dass Gluonen zweifarbig sind, da die einzelnen Sorten durch Farbpaare bestimmt sind.

Feld. Man spricht in diesem Sinne auch von einer laufenden Kopplungskonstante, die mit Annäherung an das Elektron immer weiter zunimmt.

Bei Quarks ist die Situation genau umgekehrt. Je näher sich die Quarks kommen, desto schwächer wird ihre Wechselwirkung. Mit anderen Worten, in der Nähe eines Quarks verhält sich ein anderes Quark nahezu wechselwirkungsfrei. Man spricht deshalb auch von der asymptotischen Freiheit der Quarks. Umgekehrt werden die Wechselwirkungskräfte zwischen Quarks immer stärker, je weiter diese Teilchen sich entfernen. Die Ursache hierfür liegt offenbar in der Wirkung der Gluonen, die sich an der Polarisation des Vakuums beteiligen und die Farblosigkeit des Gesamtsystems herstellen.

Experimentelle Ergebnisse sprechen dafür, dass auf großen Skalen das durch Gluonen vermittelte effektive Wechselwirkungspotential zwischen Quarks von der Struktur

$$V(|x - x'|) \sim |x - x'| \tag{7.150}$$

zu sein scheint, d. h. zwischen den Partikeln herrscht ab einer bestimmten Distanz eine gleichbleibende Kraft. Dieses als *confinement* bezeichnete Phänomen ist wohl auch die Ursache dafür, dass bisher keine freien Quarks beobachtet werden konnten. Entfernt man zwei insgesamt farblose Quarks zu weit voneinander, dann erhält das kombinierte Teilchen mit wachsendem Quarkabstand immer mehr Energie. Diese reicht aus, um ab einer kritischen Distanz ein Quark-Antiquark-Paar zu bilden, das sich mit den ursprünglichen Quarks so verbindet, dass zwei neue Teilchen entstehen, von denen jedes für sich aber wieder farblos ist. Wir haben damit zwar das ursprüngliche Quarkpaar getrennt, aber als Endresultat liegen zwei neue Partikel vor, in denen die Quarks nur im gebundenen Zustand existieren.

## Aufgaben

7.1 Zeigen Sie, dass sich aus den Lagrange-Dichten (7.40) und (7.44) die Klein-Gordon-Gleichung bzw. die Dirac-Gleichung als Feldgleichung für die einzelnen Isospinorkomponenten des Materiefeldes ableiten lassen.

7.2 Zeigen Sie, dass

$$\exp\{i\sigma n\xi\} = \cos\xi + i\sigma n \sin\xi$$

gilt.

7.3 Zeigen Sie, dass für die unter (7.92) definierten Projektoren die Eigenschaften $\hat{P}_R + \hat{P}_L = 1$, $\hat{P}_R\hat{P}_L = \hat{P}_L\hat{P}_R = 0$ sowie $\hat{P}_L^2 = \hat{P}_L$ und $\hat{P}_R^2 = \hat{P}_R$ gelten.

7.4 Zeigen Sie, dass die unitäre Transformation $\psi' = \hat{U}\psi$ und die Transformation der kovarianten Ableitung (7.3) entsprechend $(\mathcal{D}_k\psi)' = \hat{U}(\mathcal{D}\psi)$ die Transformation

$$A'_k = \hat{U}A_k\hat{U}^\dagger - ig^{-1}\hat{U}_{,k}\hat{U}^\dagger$$

nach sich zieht.

7.5 Zeigen Sie unter Verwendung von (7.32), dass die zyklische Summe (7.53) verschwindet.

## Maple-Aufgaben

7.I Stellen Sie den spontanen Symmetriebruch des Potentials $V = (\phi_1^2 + \phi_2^2 - \lambda)^2$ eines zweikomponentigen Feldes graphisch dar!

7.II Schreiben Sie die Vakuum-Maxwell-Gleichungen (mit der Vereinbarung $\boldsymbol{B} = \boldsymbol{H}$ und $\boldsymbol{D} = \boldsymbol{E}$) in der Dirac-Form als $\hat{L}\psi = \phi$ mit

$$\hat{L} = \sum_{i=0}^{3} a_i \hat{p}_i$$

wobei die $a_i$ hermitesche $4 \times 4$-Matrizen sind und die beiden 'Bispinoren' die Form

$$\psi = \begin{pmatrix} 0 \\ H_x - iE_x \\ H_y - iE_y \\ H_z - iE_z \end{pmatrix} \quad \text{und} \quad \phi = \begin{pmatrix} c\varrho \\ j_x \\ j_y \\ j_z \end{pmatrix}$$

haben.

7.III Finden Sie unter Vernachlässigung aller Terme der Ordnung $g^2$ eine von der Kopplungskonstanten $g$ unabhängige, stationäre Lösung der freien Yang-Mills-Feldgleichungen für die drei Vierervektoren $(\vec{W}_1, \vec{W}_2, \vec{W}_3)$, wobei das dritte Feld $\vec{W}_3$ überall im Raum identisch verschwinden soll, das erste Feld $\vec{W}_1$ einem homogenen elektrischen Feld entspricht und das zweite Feld einen reinen magnetischen Feldcharakter hat!

7.IV Zeigen Sie, dass durch die Transformation $\Phi = \exp\{i\boldsymbol{\sigma n}\phi\}\,\psi$ der Bispinor $\Phi$ so eingestellt werden kann, dass er nur noch eine *reelle* Komponente besitzt!

7.V Zeigen Sie, dass für die aus Yang-Mills-Feldern gebildeten Größen $A_k = \sigma \boldsymbol{W}_k$ $(k = 0, ..., 3)$ die Beziehung

$$\frac{\partial}{\partial x^l} A_k - \frac{\partial}{\partial x^k} A_l - ig\,[A_l, A_k] = \sigma \boldsymbol{F}_{kl}$$

gilt.

## Literaturverzeichnis


1 M. Abramowitz, I. Stegun: *Handbook of Mathematical Functions* (Dover Publications, Inc., New York 1970)

2 M. Alonso, H. Valk: *Quantum Mechanics. Principles and Applications* (Addison-Wesley Publishing Company, 1977)

3 J.-L. Basdevant, J. Dalibard: *Quantum Mechanics* (Springer-Verlag, Berlin, Heidelberg 2002)

4 Berkeley: *Physik Kurs, Bd. 4: Quantenphysik* (Vieweg, Braunschweig 1985)

5 D.I. Blochinzew: *Grundlagen der Quantenmechanik* (H. Deutsch, Zürich, Frankfurt 1972)

6 J.D. Bjorken, S.D. Drell: *Relativistische Quantenmechanik* (B.I. Hochschultaschenbücher, Bd. 98, Mannheim 1966)

7 J.D. Bjorken, S.D. Drell: *Relativistische Quantenfeldtheorie* (B.I. Hochschultaschenbücher, Bd. 101, Mannheim 1967)

8 N.N. Bogoljubov, D.V. Sirkov: *Quantenfelder* (Deutscher Verlag der Wissenschaften, Berlin 1984)

9 A.Z. Capri: *Nonrelativistic Quantum Mechanics* (Benjamin/Cummings Publishing Company, 1985)

10 A.S. Davydov: *Quantenmechanik* (VEB Verlag der Wissenschaften, Berlin 1987)

11 J. Dreszer: *Mathematik Handbuch für Technik und Naturwissenschaft* (Verlag Harri Deutsch, Zürich 1975)

12 R.P. Feynman, A.R. Hibbs: *Quantum Mechanics and Path Integrals* (McGraw-Hill Book Company, 1965)

13 E. Fick: *Einführung in die Grundlagen der Quantentheorie* (Akademische Verlagsgesellschaft, Frankfurt 1979)

14 S. Flügge: *Lehrbuch der Theoretischen Physik, Bd. IV* (Springer-Verlag, Berlin-Göttingen-Heidelberg 1964)

15 S. Flügge: *Rechenmethoden der Quantentheorie*, Heidelberger Taschenbücher, Bd. 6 (Springer-Verlag, Heidelberg, New York 1965)

16 S. Gasiorowitz: *Quantum Mechanics* (W.A. Benjamin Inc., New York, Amsterdam 1989)

17 K. Gottfried: *Quantum Mechanics* (Addison-Wesley Publishing Company, Redwood City 1989)

18 K. Gottfried, V.F. Weisskopf: *Concepts of Particle Physics, Bd. I – II* (Oxford University Press, New York 1986)

19 I.S. Gradshteyn, I.M. Ryshik: *Table of Integrals, Series and Products* (Academic Press, New York 1980)

20 G. Grawert: *Quantenmechanik* (Akademische Verlagsgesellschaft, Uni-Text, Vieweg, 1985)

21 W. Greiner: *Quantenmechanik: Spezielle Kapitel* (Verlag Harri Deutsch, Frankfurt 1993)

22 W. Greiner, B. Müller: *Quantenmechanik Teil 2: Symmetrien* (Verlag Harri Deutsch, Frankfurt 1990)

23 W. Greiner, B. Müller: *Eichtheorie der schwachen Wechselwirkung* (Verlag Harri Deutsch, Frankfurt 1995)

24 W. Greiner, J. Reinhardt: *Quantenelektrodynamik* (Verlag Harri Deutsch, Frankfurt 1995)

25 W. Greiner, A. Schäfer: *Quantenchromodynamik* (Verlag Harri Deutsch, Frankfurt 2007)

26 H. Haken: *Quantum Field Theory of Solids* (North Holland, Amsterdam 1983)

27 H. Haken: *Quantenfeldtheorie des Festkörpers* (Teubner, Stuttgart 1993)

28 H. Haken, H.C. Wolf: *Atom- und Quantenphysik* (Springer-Verlag, Berlin 2004)

29 K. Handrich und S. Kobe: *Amorphe Ferro- und Ferrimagnetika* (Wiley-VCH, Weinberg 1980)

30 G. Heinrich, E. Straube und G. Helmis: *Rubber elasticity of polymer networks* Advances in Polymer Science, Bd. 85 (Springer, Berlin, 1988)

31 M. Kaku: *Quantum Field Theory* (Oxford University Press, New York 1993)

32 E. Kamke: *Differentialgleichungen, Lösungsmethoden und Lösungen, 2. Partielle Differentialgleichungen erster Ordnung für eine gesuchte Funktion* (Teubner, Stuttgart 1979)

33 G. Kane: *Modern Elementary particle Physics* (Addison-Wesley, Reading 1993)

34 H. Kleinert: *Pfadintegrale* (Wissenschaftsverlag, Mannheim 1993)

35 L.D. Landau, E.M. Lifshitz: *Lehrbuch der Theoretischen Physik, Bd. 3, Quantenmechanik* (Akademieverlag, Berlin 1984)

**36** L.D. Landau, E.M. Lifshitz: *Lehrbuch der Theoretischen Physik, Bd. 4, Relativistische Quantentheorie* (Akademieverlag, Berlin 1984)

**37** R.L. Liboff: *Introductory Quantum Mechanics* (Addison-Wesley Publishing Company, 1980)

**38** A. Messiah: *Quantenmechanik, Bd. 1, 2* (De-Gruyter, Berlin 1985)

**39** W. Nolting: *Grundkurs: Theoretische Physik, Band 5: Quantenmechanik, Teil 1: Grundlagen, Teil 2: Methoden und Anwendungen* (Springer-Verlag, Berlin, Heidelberg 2002)

**40** H. Rollnik: *Quantentheorie 1, Grundlagen, Wellenmechanik, Axiomatik, Quantentheorie 2, Quantisierung und Symmetrien physikalischer Systeme, Relativistische Quantentheorie* (Springer-Verlag, Berlin, Heidelberg 2003)

**41** L.H. Ryder: *Quantum Field Theory* (Cambridge University Press, Cambridge 1996)

**42** L.I. Schiff: *Quantum Mechanics* (McGraw-Hill Book Company, 1968)

**43** W.I. Smirnov: *Lehrgang der höheren Mathematik III.2* (Harri Deutsch, Frankfurt(M) 1995)

**44** M. Schubert, G. Weber: *Quantentheorie I, II* (VEB Verlag der Wissenschaften, Berlin 1980)

**45** R. Shankar: *Principles of Quantum Mechanics* (Plenum Press, New York 1987)

**46** S. Weinberg: *Quantum Theory of Fields, Band I-III* (Cambridge University Press, Cambridge 1998)

# Sachverzeichnis



*Theoretische Physik IV: Quantenmechanik 2*. Peter Reineker, Michael Schulz, Beatrix M. Schulz

ISBN: 978-3-527-40643-2